Collana

Highlander

David Irving

LA GUERRA DI HITLER

Volume II
luglio 1941, aprile 1945

Edizioni clandestine
GRUPPO SANTELLI

Parte V
Crociata in Russia

Il ladro di nazioni

Così Adolf Hitler, a 52 anni, partì alla conquista dell'Unione Sovietica.

Nella loro poderosa, incessante avanzata, le legioni della *Wehrmacht* e delle *Waffen SS* si aprirono un varco attraverso le monotone pianure spazzate dal vento, i luminosi campi di girasoli dell'Ucraina e le paludi attorno al lago Ilmen. Proseguendo nelle nude steppe, nei rocciosi deserti e nell'inospitale tundra invasa da nugoli di zanzare, l'esausta marea nazista raggiunse le alture caucasiche.

In pochi giorni, le avanguardie corazzate del feldmaresciallo Leeb avevano raggiunto Dvinsk (o Daugavpils), mentre i carri armati di Bock accerchiavano una lunga sac-ca ovale tra Bialystock e Minsk, nella quale sarebbero stati catturati 350.000 soldati sovietici. In meno di un mese anche Smolensk cadde in mano tedesca e Rundstedt arrivò alle porte di Kiev. Avanzando, l'esercito tedesco incontra-va ancora molti convogli ferroviari russi carichi di grano e materie prime diretti in Germania.

Nonostante ciò, si ravvisavano segnali preoccupanti. Stalin, proclamando la "guerra patriottica", aveva risvegliato nella popolazione un orgoglio nazionale che avrebbe reso la resistenza più ostinata. Inoltre i carri armati e gli aerei sovietici risultavano molto più numerosi di quanto fosse stato riferito a Hitler e la cosa inquietante era l'inaspettata tenacia del soldato russo audace, caparbio e pronto a sacrificare la propria vita. Federico *il Grande* aveva detto: "Per essere certi di averlo ucciso, bisogna colpire ogni russo due volte con assoluta precisione e poi rigirarlo, per constatare l'avvenuto decesso".

Il 16 luglio 1941, Halder scrisse in una lettera personale: "I sovietici fanno contrattaccare i propri uomini senza il sostegno dell'artiglieria, facendo susseguire una dozzina di ondate l'una a ridosso dell'altra. Spesso si tratta di reclute inesperte che si tengono tra loro sottobraccio e, con i moschetti ancora a tracolla, minacciati dai commissari politici e dagli ufficiali, caricano le nostre mitragliatrici. La superiorità numerica ha sempre rappresentato il punto di forza dell'Urss e adesso il comando sovietico ci sta costringendo a massacrare quei disgraziati che avanzano decisi verso la morte".

Altro fondamentale ostacolo all'invasione, la vastità del territorio nemico. Hitler, poiché a differenza di Napo-leone disponeva di motore a scoppio e aviazione, non si era lasciato spaventare da quelle enormi distanze ma, qualche mese più tardi, avrebbe imparato che in certe situazioni i cavalli hanno, rispetto ai mezzi meccanici, alcuni indiscutibili vantaggi. Il generale Guderian ebbe a scrivere il 30 ottobre 1941: "Si può ben dire che non stiamo combattendo contro i sovietici, bensì contro le intemperie e contro questa regione desolata e incolta. Si tratta di una lotta molto dura che divora uomini e tempo".

Quella campagna poteva dirsi un azzardo. La Germania stava affrontando l'Urss tenendo in riserva solo 10-15 divisioni.

Quando, il 27 giugno, arrivò Ribbentrop, Hitler gli confidò di sentirsi come il cavaliere che, attraversato inconsapevolmente il lago di Costanza gelato, morì di paura nell'apprendere quanto compiuto: "Se avessi avuto il benché minimo indizio della forza numerica dell'Armata Rossa, non avrei mai preso la decisione di attaccare".

Ma l'azzardo pareva portare a un lieto fine. Il giorno seguente,

Stalin dettò un memorandum segreto nel quale raccomandava di contattare immediatamente l'ambasciatore tedesco per chiedere la pace e offrire al Führer un nuovo "Brest-Litovsk"[1] che desse ufficialmente soddisfazione alle pretese tedesche sugli Stati Baltici e sull'Ucraina.

Come il 29 giugno Guderian scrisse in una missiva privata, gli ucraini accolsero la *Wehrmacht* con calore: "Oggi c'è una messa di ringraziamento nelle locali chiese ortodosse, perché siamo considerati come liberatori. Spero che non li deluderemo". Due giorni più tardi aggiunse: "I primi villaggi sovietici (finora eravamo in Polonia) trasmettono un'idea di profonda tristezza. Gli abitanti, ruteni bianchi, sono abbastanza amichevoli e non mostrano preoccupazione per il crollo sovietico. Eppure, soprattutto tra i militari, i più la pensano diversamente e hanno intrapreso una lotta ardua e coraggiosa".

La *Tana del Lupo* del Führer si trovava una decina di chilometri a est di Rastenburg. Il gruppetto di baracche in legno e fortificazioni in cemento, protetto da reti mimetiche appese alle cime degli alberi, era invisibile anche dal-l'alto. A poche centinaia di metri, dalla parte opposta del-la strada, lo staff operativo di Jodl occupava un accampa-mento simile. Hitler predisse: "Un giorno questo quartier generale diverrà un sito storico di estrema importanza perché qui abbiamo *generato un nuovo ordine mondiale.*"

Jodl rispose seccamente che sarebbe stato più adatto come prigione militare: non aveva torto, poiché il complesso sorgeva in una delle zone più insalubri e paludose della Masuria.

"Senza dubbio, qualche funzionario del governo ha valutato che la quotazione del terreno fosse più a buon mercato", sospirò Hitler.

Il compilatore dei diari dello staff di Jodl, in una lettera personale datata 27 giugno, si espresse in questo modo: "Siamo tor-

1 Ndt. Il trattato di Brest-Litovsk, stipulato tra Russia e imperi centrali il 3 marzo 1918, presso la città bielorussa di Brest (allora conosciuta come 'Brest-Litovsk'), sancì l'uscita della Russia dalla prima guerra mondiale.

mentati dalle zanzare. Sarebbe stato difficile scegliere un luogo più assurdo di questo: bosco deciduo con abbondanti pozze paludose, terreno sabbioso e stagni, l'ideale per far proliferare quegli odiosi insetti".

Anche la segretaria Christa Schroeder ne fornì una descrizione: "Le baracche sono sparpagliate nel bosco, raggruppate a seconda delle competenze. Il bunker in cui noi pernottiamo, grande come uno scomparto ferroviario, ha un aspetto gradevole, con pareti rivestite in legno chiaro [...] Poiché il rumore prodotto dal sistema di condizionamento dell'aria è fastidioso [...] durante la notte lo spengiamo, col risultato che [...] per tutto il giorno seguente andiamo in giro con le gambe gonfie. A parte il tormento delle zanzare, il posto è incantevole. Gli uomini grazie agli alti stivali di cuoio e alle pesanti divise, avendo vulnerabile solo il collo, sono maggiormente protetti dalle loro punture. Alcuni girano con il capo coperto da una zanzariera. Ovunque compaia un insetto molesto s'ingaggia con quegli una sfida mortale. Nei primi giorni, questa circostanza ha fatto talvolta pronunciare battute ilari al Capo [Hitler], il quale sostiene che la caccia aerea sia di esclusiva competenza della *Luftwaffe*. Corre inoltre voce che, a fine giugno, queste zanzare saranno sostituite da altre maggiormente aggressive. Che Dio ci salvi! All'interno, poiché la vegetazione allontana il calore, fa quasi freddo. Ce ne avvediamo recandoci in strada, dove si viene soffocati dall'afa. Poco dopo le 10:00 del mattino, Gerda Daranowski ed io andiamo al bunker che funge da mensa, un lungo locale dalle pareti imbiancate a calce, affondato per metà nel terreno. Le sue minuscole finestre, occluse da reti, sono poste in alto e un tavolo per una ventina di persone occupa l'intera lunghezza del locale. Qui, il Capo pranza e cena con i suoi generali, gli ufficiali dello Stato Maggiore generale, gli assistenti e i medici. Per la prima colazione e il caffè pomeridiano vi andiamo anche io e Gerda. Il Capo siede di fronte alle carte dell'Unione Sovietica appese alla parete. Adesso confessa apertamente le sue preoccupazioni, continuando a sottolineare l'enorme pericolo che il bolscevismo rappresenta per l'Europa e asserendo che, se avesse atteso un altro anno, probabilmente sarebbe stato troppo tardi [...]. Ogni mattina aspettiamo nella sala da pranzo numero 1 che il Capo, proveniente dalla stanza delle carte geografiche dove è stato aggiornato sulla situazione, si affacci per la colazione. Devo precisare che questa per lui consiste solo in un bicchiere di latte e una purea di mele: un pasto modesto e di poche pretese. In seguito, verso le 13:00 ci rechiamo alla riunione che si tiene nella stanza delle carte. Vengono presentati i dati sui mezzi corazzati e gli aerei nemici abbattuti: sembra che di entrambi, i sovietici dispongano di un ingente quantitativo, perché abbiamo già distrutto più di 3.500 velivoli e 1.000 carri armati. Si dice che combattano fino alla fine e, laddove necessario, si uccidano. Ad esempio, a Kovno, si è verificato questo fatto: i nostri soldati hanno mandato un prigioniero sovietico in un bunker per convincere i russi lì riparatisi ad arrendersi, ma pare che il messaggero stesso sia stato ucciso dal commissario politico presente. Poi l'intero bunker è stato fatto saltare in aria dagli occupanti. In altre parole, ritengono che alla resa sia preferibile la morte. C'è un commissario della *GPU*, aggregato a ogni unità, a cui l'ufficiale comandante deve ubbidire. In mancanza dei loro superiori, i soldati sono una marmaglia. Pur primitivi, si battono con ostinazione, il che ovviamente rappresenta un fastidio e porterà a duri combattimenti. I francesi, i belgi etc. essendo intelligenti, quando si avvedevano dell'inutilità del loro sacrificio, proclamavano la resa, i sovietici, invece, avvinti dal timore di ciò che potrebbe accadere ai loro cari nel caso di una sconfitta, si battono fino alla morte. Se non ci sono esigenze impellenti, dopo pranzo facciamo un sonnellino in modo da essere vigili e reattive per tutto il resto della giornata. Poi, intorno alle 17:00, reclamate dal Capo, siamo sommerse di dolci! Quella che ne fa più incetta, riceve le sue congratulazioni. Questa pausa caffè, quasi sempre si protrae fino alle 19:00 e a volte anche oltre. Poi per la cena ci accomodiamo nella sala numero 2. Finalmente, pur restando sempre a disposizione, possiamo starcene un po' per contro nostro, finché il Capo non ci chiama nel suo studio dove in genere è in corso una riunione ristretta ai suoi più intimi collaboratori: nuovamente caffè e dolciumi. Spesso, qui mi sento inutile. Se considero quello che effettivamente faccio in tutta la giornata, la desolante risposta è: assolutamente niente. Mangiamo, dormiamo, beviamo e, laddove troppo pigre per intervenire, ascoltiamo quelli che parlano. Questa mattina il Capo ha detto che, se mai i soldati tedeschi si sono meritati un encomio, è in questa campagna. Tutto sta andando meglio di quanto avesse preventivato. Ci sono stati molti colpi di fortuna, ad esempio il fatto che i sovietici ci siano venuti incontro, invece di attenderci all'interno del paese. E ancora, che il nemico non sia riuscito a distruggere i due ponti di Dvinsk. Credo che, una volta occupata Minsk, la nostra avanzata si farà travolgente. Se sarà rimasto qualche isolato comunista nelle nostre retrovie, quando vedrà la 'benedizione' della vita dall'altra parte, si affretterà a convertirsi".

Prima del 30 giugno, l'accerchiamento di Minsk era ultimato. Il Gruppo d'Armate di Centro aveva fatto 290.000 prigionieri e sottratto al nemico 25.000 carri armati e 1.400 pezzi di artiglieria. Riflettendo l'ottimismo dello Stato Maggiore generale, il 3 luglio, Halder scrisse entusiasta: "Non è esagerato affermare che la campagna di Russia è stata vinta in sole due settimane. Ovviamente questo non significa che sia già giunta a conclusione".

In una lettera privata del 29 giugno, il redattore dei memoriali di guerra di Jodl indicò che l'*OKW* era concorde nell'affermare che la campagna in atto fosse un successo oltre ogni aspettativa. "Con la conquista di Dvinsk e Minsk, in una settimana abbiamo coperto un terzo della strada che ci separava da Leningrado e Mosca. Di questo passo entreremo in entrambe le città in un paio di settimane, ma è possibile anche prima".

Hitler era della stessa opinione. Fissando la carta geografica appesa alla parete della sala mensa esclamò, facendosi udire anche dalle segretarie: "Tra poche settimane saremo a Mosca. La raderò al suolo e in luogo di quella farò costruire un lago artificiale".

Hitler ebbe ragione di sentire profumo di facile vittoria per tutto il luglio 1941. Il 2 del mese, gli venne mostrato il testo decodificato di un rapporto turco che riportava che sia Stalin sia il maresciallo Timosenko[2], in privato, avevano confidato ad alcuni

2 Ndt. Semen Timosenko (18 febbraio 1895 – 31 marzo 1970), comandante militare sovie-

diplomatici stranieri di aver già considerato perse Leningrado, Minsk, Kiev e persino Mosca. Un altro rapporto cifrato proveniente dall'ambasciata americana a Mosca descriveva le precauzioni adottate contro gli attacchi aerei e riferiva della precaria situazione alimentare e delle voci secondo cui i sovietici stavano trasferendo altrove le loro riserve auree.

Il 4 luglio, durante il pranzo con Ribbentrop, Hitler si dilungò sui suoi progetti per colonizzare il territorio sovietico. Il giorno successivo, con la campagna di Russia che sembrava volgere al termine, Hitler, sempre a pranzo, spiegò ai pochi presenti il motivo per cui aveva attaccato l'Urss senza prima formulare un'ufficiale dichiarazione di guerra o simulare pretestuosi incidenti alla frontiera: "Innanzi al tribunale della Storia a nessuno vengono richiesti i motivi che l'hanno condotto a un conflitto. Perché Alessandro invase l'India? Perché i romani combatterono le guerre puniche o Federico II intraprese la sua seconda campagna di Slesia? Ai fini della Storia conta solo il vincitore". Lui, Hitler, doveva rispondere unicamente al suo popolo. "Sacrificare centinaia di migliaia di soldati soltanto per non essere criticato [circa il modo in cui la guerra ha avuto inizio] sarebbe stato criminale. Io passerò alla Storia come il distruttore del bolscevismo, indipendentemente dal fatto che ci sia stato o meno un incidente di frontiera. Solo il risultato viene giudicato. Se sconfitto, non potrò cavarmela accampando a scusa questioni di protocollo".

Secondo i calcoli di Hitler, le forze per l'attacco contro Mosca non potevano essere ricompattate prima del mese di agosto, nel frattempo le divisioni corazzate dovevano "bonificare" il nord. Non aveva ancora deciso a quale livello di priorità mettere Mosca nella sua lista di obiettivi: per lui essa corrispondeva unicamente al nome di una località, disse, mentre Leningrado era la vera roccaforte del bolscevismo, la città in cui, nel 1917, era nata

tico durante l'invasione nazista dell'Unione Sovietica del 1941, promosse la meccanizzazione dell'esercito e l'incremento della produzione dei carri armati. Timosenko fu insignito di numerose decorazioni, tra cui l'Ordine della Vittoria, nel 1945, l'Ordine di Lenin e l'Ordine della Bandiera Rossa, che ottenne per ben cinque volte, e fu due volte Eroe dell'Unione Sovietica (1940 e 1965).

quell'ideologia.

Oramai la coalizione era completata: la Slovacchia aveva dichiarato guerra all'Urss il 23 giugno, l'Ungheria e la Finlandia avevano posticipato di qualche giorno, finché l'aviazione sovietica le aveva attaccate.

Poi, il governo di Vichy ruppe le relazioni diplomatiche con Mosca e migliaia di francesi risposero alla chiamata di volontari per combattere il bolscevismo: tra questi si presentarono 150 piloti, 20 dei quali tra i più celebri del paese. Volontari giunsero anche dalla Danimarca, dalla Norvegia, dalla Spagna, dal Belgio. Perfino in Croazia, si svilupparono alcuni contingenti desiderosi di combattere in Russia.

Hitler dispose che i volontari provenienti da nazioni "germaniche" fossero inquadrati nelle *SS*, mentre la *Wehrmacht* si sarebbe occupata degli altri. Tutti erano tenuti a giurare fedeltà al Führer. La Svezia e la Svizzera costituivano le due sole eccezioni: "nazioni in congedo", era solito definirle Hitler con disprezzo.

Come lui aveva previsto, la battaglia contro il bolscevismo si stava dimostrando un punto di coesione per tutta l'Europa. Il 10 luglio, Hewel così disse del Führer: "Lo aveva previsto con le seguenti parole. '*Sono stato costretto passo dopo passo a entrare in questo conflitto, ma la Germania ne uscirà come la più grande nazione del mondo*'. Hitler ritiene che Churchill crollerà di botto, all'improvviso. Quindi in Inghilterra sorgerà un'immensa ondata di anti-americanismo e la Gran Bretagna sarà la prima nazione che si aggregherà all'Europa nella lotta contro l'America". Poi Hewel aggiunse con giubilo: "[Il Führer] ha una fiducia sconfinata nella vittoria. I compiti che oggi deve affrontare, dice, sono niente a paragone degli anni della lotta, soprattutto perché il nostro è l'esercito più forte del pianeta".

Anche il Vaticano fece sapere che "gradiva quell'atteggiamento" verso l'Unione Sovietica. L'annuncio di Churchill, comunicato per radio il primo giorno dell'*Operazione Barbarossa*, in cui egli dichiarava la sua immediata offerta d'aiuto a Stalin, non sorprese affatto Hitler, che in privato commentò con sarcasmo: "Churchill, Stalin e Roosevelt, ecco i combattenti per la libertà!"

Fiducioso nella vittoria, l'8 luglio 1941, il Führer ordinò a Brauchitsch di non inviare sul fronte orientale ulteriori carri armati. Il numero delle divisioni corazzate schierato a Est doveva essere ridotto e gli uomini inoperosi trasferiti in Germania per addestrare nuove reclute. Il giorno 13 confermò l'ordine in una direttiva dell'*OKW*: in aggiunta alle 20 divisioni corazzate già esistenti, entro il 1° maggio 1942, l'esercito doveva istituirne solo 12 per il fronte orientale e 24 per ulteriori impieghi. Il giorno successivo Hitler decretò che, dopo la sconfitta dell'Unione Sovietica, la *Luftwaffe* avrebbe avuto un notevole potenziamento.

Abbiamo scarse indicazioni su quali fossero i reali obiettivi di Hitler in quei giorni. Pare che pensasse a una guerra futura, da combattere, magari anni dopo la sua morte, tra il Vecchio e il nuovo Mondo. Una sera, verso la fine di luglio, chiacchierando sull'innato autoritarismo del popolo inglese, dichiarò: "Sono sicuro che la fine di questa guerra segnerà l'inizio di una durevole amicizia tra noi e gli inglesi. Ma, se dobbiamo vivere di comune accordo con la Gran Bretagna, dobbiamo prima assestarle un colpo tale da tramortirla: chiunque esiga rispetto dagli inglesi deve necessariamente agire così".

Il 15 luglio, il vice di Jeschonnek, impegnato in un tour dei territori occupati, scrisse nel proprio diario: "L'equipaggiamento dell'Armata Rossa continua a impressionarci [...]. Hanno eretto delle enormi fortificazioni, per la maggior parte ancora incomplete, a difesa del saliente di Lemberg [Lvov]. In questa regione, a testimonianza dei preparativi sovietici per l'attacco, ci sono ben 63 aeroporti, ciascuno con due piste di atterraggio, ancora non ultimati".

Il giorno seguente, venne catturato in prossimità di Vitebsk il figlio di Stalin, Jacob, tenente in una divisione di carri armati sovietica. Tra le prove che i russi si preparavano a colpire la Germania c'era, secondo il generale della *Luftwaffe* Wolfram Richthofen, l'immane bottino di pezzi d'artiglieria e blindati catturato a Dobromysl: "In parte provengono dalla divisione in cui presta servizio il figlio di Stalin, che ha confermato i preparativi di un'offensiva". Hitler apprese che addosso a Jacob Stalin era stata trovata una lettera di un amico che riportava come, prima della loro "gita a Berlino", intendesse nuovamente andare a trovare Anushka. Gli interrogatori del giovane Stalin e dell'ex segretario del dittatore, anch'egli catturato, rivelarono che Stalin aveva in programma di sfruttare l'*intellighenzia* tedesca per migliorare il livello culturale del popolo sovietico: così, un giorno, Europa e Asia sarebbero divenute le invincibili roccaforti del bolscevismo.

I nuovi modelli sovietici di carri corazzati destavano in Hitler preoccupazione. Quei veicoli uscivano improvvisamente dai boschi come mostri primordiali, della cui esistenza i suoi esperti non gli avevano minimamente parlato: un carro armato da 52 tonnellate, con una corazza talmente spessa da poter essere intaccata solo da pezzi antiaerei da 88 millimetri della *Luftwaffe*; e ancora, a sud di Dubno, altri blindati da un centinaio di tonnellate. Il 4 luglio, il cronista di guerra dell'*OKW*, Helmut Greiner, affermò con fiducia: "I russi hanno perso moltissimi velivoli e 4.600 carri armati, quindi non dovrebbero averne ancora molti". Ma a metà luglio, per quanto i carri armati nemici resi inutilizzabili dagli esausti artiglieri del Führer fossero ormai 8.000, continuavano ad arrivarne altri. A fine luglio, i mezzi catturati o distrutti ammontavano a 12.000. Quando il 4 agosto, Hitler visitò il Gruppo d'Armate di Centro, confidò a Guderian: "Se avessi saputo che avevano tanti mezzi corazzati, ci avrei pensato due volte prima di ordinare l'invasione".

Il 20 luglio, un colonnello dell'*Abwehr* annotò con una certa apprensione: "Canaris è appena tornato dal quartier generale del Führer: dice che vi regna un crescente nervosismo. Appare sempre più evidente che la campagna di Russia non procede secondo le previsioni. Si stanno moltiplicando i segnali che questa guerra, invece di portare al crollo del bolscevismo, ne favorirà il rafforzamento. In particolare, Canaris dice di aver assistito a una colpevolizzazione dell'*Abwehr*, reo di non aver fornito esaustive informazioni sulle potenzialità belliche dell'esercito sovietico. Per esempio, si dice che il Führer avrebbe dichiarato che non si sarebbe mai avventurato in questa campagna se fosse stato a conoscenza dell'esistenza di carri armati sovietici ultrapesanti".

Il giorno successivo, il responsabile dei memoriali di guerra dell'*OKW*, Greiner, scriveva in forma privata: "Ieri, durante il pranzo, nessuno ha toccato questo argomento con il Führer. Sulle prime, appariva molto taciturno e adombrato. Poi, ripresosi, ha tenuto un monologo di oltre un'ora sui nostri audaci e intrepidi alleati italiani e sulle preoccupazioni che gli stessi gli stanno causando. È impossibile non apprezzarne la brillantezza di giudizio e la capacità di intuito. Appare in ottime condizioni di salute anche se raramente si corica prima dell'alba".

Il 3 luglio Hitler aveva ricevuto, da coloro addetti al monitoraggio delle emittenti straniere, la trascrizione del primo discorso radiofonico di Stalin dall'inizio dell'*Operazione Barbarossa*. Ripresosi dallo shock iniziale, egli definiva Hitler e Ribbentrop mostri cannibali e sosteneva che il primo nutrisse l'ambizione di riportare lo zar sul trono e distruggere le repubbliche indipendenti che costituivano l'Unione Sovietica: "Le *germanizzerà* rendendole schiave dei principi e dei baroni tedeschi". Si appellò ai patrioti sovietici, perché tutto ciò che potesse essere di qualche utilità alle avanzanti milizie germaniche fosse distrutto: materiale rotabile ferroviario, raccolti, carburante e materie prime. Occorreva istituire, alle spalle delle linee tedesche, brigate partigiane incaricate di minare strade e ponti, distruggere depositi di armi, convogli e braccare il nemico: "Questa guerra contro la Germania nazista non deve essere considerato un conflitto come gli altri".

La guerra partigiana fornì ai gruppi speciali delle *SS* un'ulteriore scusa per compiere operazioni di sterminio, nelle quali gli ebrei russi venivano sempre più considerati "elementi partigiani".

Il 10 luglio, Hitler telefonò a Brauchitsch per dissuaderlo dall'affidare alle divisioni corazzate l'attacco a Kiev poiché, essendo la popolazione di quella città ebraica nella percentuale del 35%, i ponti che attraversavano il Dnepr [Nipro] non sarebbero stati trovati intatti.

Adesso il Führer doveva tenere conto di un altro fattore: i vasti centri urbani di Leningrado e Mosca sarebbero divenuti trappole mortali, qualora i suoi preziosi carri armati vi si fossero avventurati. Così Hitler decise che le due città dovessero essere messe sotto assedio e conquistate attraverso bombardamenti aerei e fame. Due giorni dopo il discorso radiofonico di Stalin, Hitler disse ai suoi assistenti che Mosca "sarebbe scomparsa dalla faccia della terra" e l'8 luglio confermò a Brauchitsch e Halder che la distruzione della città era necessaria anche per eliminarne gli abitanti, che altrimenti l'esercito tedesco avrebbe dovuto sfamare per tutto l'inverno. Ordinò quindi alla *Luftwaffe* di radere al suolo Mosca, ricorrendo a bombardamenti a tappeto.

Emotivamente, Hitler era maggiormente attratto dalla distruzione di Leningrado.

Il 16 luglio Bormann annotò: "La regione di Leningrado è rivendicata dalla Finlandia. Una volta rasa al suolo la città, il Führer affiderà la provincia al controllo dei finlandesi".

Il 21 luglio Hitler visitò il quartier generale di Leeb. Il diario di guerra del Gruppo di Armate riporta: "Il Führer ha sottolineato che si aspetta una consistente resistenza del nemico a sud di Leningrado perché quella città, negli ultimi 24 anni, è stata additata alla nazione come luogo simbolo della rivolta e, data la mentalità slava già messa a dura prova da questo conflitto, la capitolazione di questa potrebbe portare al definivo crollo sovietico".

Quanto al fatto che quella esagerata concentrazione di forze contro Leningrado avrebbe costretto ad affidare alla sola fanteria l'attacco contro Mosca, "il Führer non è preoccupato, perché per lui Mosca è solo un dettaglio".

La sua soluzione strategica era però ferocemente avversata dallo Stato Maggiore generale. Il 28 luglio Halder scrisse un'irritata lettera personale: "Hitler sta di nuovo giocando al signore della Guerra e ci infastidisce con certe idee tanto assurde da mettere a repentaglio i successi da noi conseguiti fino a oggi. A differenza dei francesi, i russi non scapperanno laddove si avvedano di essere stati tatticamente sconfitti: dovranno essere uccisi uno ad uno, lungo un territorio costituito in egual misura da foreste e paludi. Tutto questo richiede tempo e i suoi nervi non reggeranno. Ormai devo presentarmi a rapporto da lui un giorno sì e uno no. Ore di discorsi inutili e l'inevitabile conclusione che esiste una sola persona capace di condurre in maniera appropriata una guerra, lui".

Il 14 luglio, Hitler disse all'ambasciatore giapponese Oshima: "In virtù delle vittorie riportate, non perderemo la testa. Non ci spingeremo più in là di quello che possiamo oggettivamente tenere".

Eppure, sembrava non esserci limite alle sue ambizioni territoriali. Il 20, Rundstedt scrisse: "Oggi se anche Halder è stato qui con alcuni piani di vasta portata, non bisogna pensare troppo in grande".

Hitler fu sentito osservare: "Sono entrato in questa guerra da nazionalista, ma ne uscirò imperialista". In un'occasione era stato sentito vantarsi: "A Chamberlain piace trascorrere il fine settimana in campagna: bene, durante i weekend io conquisterò le nazioni!"

In quei giorni, mentre passeggiava nell'oscurità tra le baracche in compagnia della sua segretaria personale, Hitler se ne uscì con un'ironica osservazione che aveva praticamente il significato di quanto sopra. La segretaria aveva dimenticato la torcia elettrica sulla scrivania del Führer. Un attendente mandato a recuperarla, riferì che questa non c'era più. Hitler allora, divertito, rassicurò la segretaria: "Stia tranquilla, io ai miei simili al più sottraggo le nazioni, non le torce elettriche!" Poi, ridendo:

"Meglio così, perché è il pesce piccolo che ha la peggio, quello grosso, in qualche modo, se la cava sempre".

Il 16 luglio, durante una riunione di 5 ore con i suoi più importanti collaboratori (Rosenberg, Lammers, Keitel, Göring e Bormann), Hitler insistette sul punto che soltanto la Germania aveva il diritto di trarre vantaggio dalla sconfitta dell'Unione Sovietica. Quanto ai loro veri scopi, dovevano naturalmente essere tenuti segreti, ma i leader del *Reich* non dovevano avere dubbi: come aveva fatto in Norvegia, in Olanda e in Belgio, dove aveva anticipatamente stabilito in segreto le proprie pretese territoriali, anche in Urss la Germania doveva atteggiarsi a protettrice. "Fate in modo che nelle nostre menti non aleggino dubbi: noi non ce ne andremo mai dai territori conquistati. Anche se occorresse una guerra di 100 anni, mai più dovrà esistere una potenza militare a ovest degli Urali. Non permetteremo che qualcuno che non sia tedesco porti delle armi!"

Poiché nei successivi tre anni l'Ucraina avrebbe avuto un'importanza vitale come granaio della Germania, Hitler voleva che il gerarca nazista Erich Kock fosse nominato commissario del *Reich* in quella regione. Kock, un protetto di Göring, era un viceré duro e crudele che aveva mostrato il proprio temperamento nel dirigere gli affari economici della Prussia orientale.

"Verso le 18:00 hanno fatto una pausa caffè", riportò nel proprio diario Otto Bräutigam, ufficiale di collegamento con l'esercito per conto di Rosenberg.

"Il maresciallo del *Reich* era di ottimo umore. Il Führer ha espresso dure critiche nei confronti degli svedesi, per lo scarso contingente fornito nella lotta contro il bolscevismo e persino Göring ha definito quel popolo decadente. I finlandesi, invece, in virtù del loro coraggio, si sono meritati un encomio. Dopo la pausa, sono ripresi i lavori e verso le 20:30 è stato raggiunto un definitivo accordo. Rosenberg ci ha riferito l'esito dei colloqui. Ha trovato un compromesso col maresciallo del *Reich* che dirige l'economia dei territori orientali occupati e con Himmler, che ha deciso di dirigere le operazioni delle unità di polizia delle *SS* dalla sede di Berlino. Rosenberg ci ha anche detto che sono state sollevate serie obiezioni nei confronti di ogni candidato per i vari posti di commissario del *Reich*, ma che alla fine tutti avevano ottenuto l'incarico: il gerarca Hinrich Lohse per l'Ostland [Paesi Baltici], il delegato Kasche per la Russia con sede a Mosca, il gerarca Wilhelm Kube per l'Ucraina e il capo di Stato Maggiore Schickedanz insieme al delegato Hermann Neubacher, in qualità di direttore economico per il Caucaso. Nel corso di successive chiacchiere durante la pausa caffè, il Führer, dilungandosi sulla potenza delle unità corazzate sovietiche, ha definito essenziale la germanizzazione della Crimea. Ha detto a Göring: 'Come sa, questa campagna, a causa della nostra scarsa conoscenza della forza del nemico, ha destato in me forti preoccupazioni. Non so se avrei preso la stessa decisione, se fossi stato informato nei dettagli della forza militare sovietica'".

In Unione Sovietica, ha spiegato Hitler, non bisognava incoraggiare l'istruzione né la pratica religiosa, un punto di vista sul quale si trovava in disaccordo con il cattolico Franz Papen. Questi gli aveva perfino sottoposto una lunga analisi, in cui sosteneva fosse giunto il momento di reintrodurre il cristianesimo in Russia. Ma il Führer non volle sentire parlare. Ironizzando sulla questione, ha osservato che forse avrebbe preso in considerazione l'idea di liberalizzare in Urss tutte le confessioni cristiane, "in modo che possano farsi fuori a vicenda a colpi di crocefissi".

In quel nuovo impero tedesco, i soldati con 12 anni di servizio avrebbero ricevuto fattorie complete di animali e macchine agrarie. Hitler chiedeva solo che qualcuno di quella nuova dinastia di agricoltori sposasse ragazze del luogo. Avrebbero dovuto conservare le loro armi, in modo da poter rispondere a eventuali mobilitazioni contro le orde asiatiche. I sottufficiali avrebbero dovuto gestire i distributori di benzina lungo le autostrade. I soldati-contadini avrebbero inoltre svolto la funzione di educatori.

Questo, però, non significava affatto che Hitler intendesse istruire le masse: "È nostro interesse che quel popolo sappia quanto necessario per riconoscere la segnaletica stradale, non altro".

Il 17 luglio firmò i decreti ufficiali che rendevano questi piani operativi, istituendo un ministero per l'Oriente che, sotto la direzione di Rosenberg, avrebbe amministrato i territori occupati. Himmler venne incaricato con pieni poteri del mantenimento dell'ordine e dello sfruttamento dei nuovi domini.

La "soluzione finale della questione ebraica", programmata dai nazisti prese a quel punto una tragica svolta. In alcune regioni, specialmente nei Paesi Baltici, il "problema ebraico" si era risolto da solo. I nativi si erano già presi la loro vendetta per gli "eccessi ebraici" avvenuti dopo l'invasione sovietica della Lituania del 1940. Hitler era stato informato che una mattina i 'commissari ebrei' dell'Armata Rossa, radunati tutti gli uomini d'affari del posto, li avevano giustiziati. Ora che la situazione si era ribaltata, lettoni e lituani uccidevano ogni ebreo su cui riuscivano a mettere le mani.

Il 5 luglio, allorché il Gruppo di Armate di Leeb attirò l'attenzione del quartier generale del Führer su questi pogrom, il colonnello Schmundt rispose che la cosa non riguardava l'esercito tedesco poiché si trattava di "una necessaria opera di bonifica".

Qualche giorno dopo, Otto Bräutigam, visitando la città lituana di Kovno, fu così turbato da scrivere l'11 luglio nel proprio memoriale: "Mentre noi ci voltiamo dall'altra parte, la polizia ausiliaria lituana effettua numerosi pogrom contro gli ebrei".

Quale fosse lo spirito che ispirava Hitler nei suoi metodi contro gli ebrei europei risulta evidente da un'annotazione, fatta da Hewel nel proprio diario, datata 10 luglio: "Dice: Mi sento come il Robert Koch[3] della politica. Sono stato io a dimostrare che gli ebrei sono il bacillo e il fermento dai quali trae origine la dissoluzione della società. Le nazioni possono sopravvivere senza gli ebrei... e di fatto, meglio. Questo, il colpo più crudele ch'io abbia inferto loro".

Hitler utilizzò nuovamente questa metafora medica alcuni giorni più tardi, quando spiegò al ministero della Difesa croato: "Perché si riformi un focolaio d'infezione, basta che un solo stato tolleri al suo interno una famiglia ebrea. Quando in Europa non ci saranno più giudei, l'unità delle nazioni europee non potrà più essere infranta. Non importa dove saranno mandati, se in Madagascar o in Siberia". Aveva intenzione, aggiunse, di porre ogni nazione di fronte a questo problema.

Nel 1939, Hitler aveva confidato a uno stupefatto Friedrich Boetticher, addetto militare tedesco a Washington, di essere in possesso di documenti che testimoniavano l'origine ebraica di Roosevelt. A queste non identificate influenze giudaiche, Hitler attribuiva i tentativi di costui di provocare un conclamato conflitto con la Germania.

Il 13 luglio, il diplomatico tedesco Hasso Etzdorf citò alcu-

---

3 Ndt. Heinrich Hermann Robert Koch (Clausthal-Zellerfeld, 11 dicembre 1843 –Baden-Baden, 27 maggio 1910) è stato un medico e batteriologo tedesco, premio Nobel per la medicina nel 1905. Grazie alle sue ricerche microbiologiche riuscì a scoprire l'agente della tubercolosi, il Mycobacterium tubercolosis denominato appunto bacillo di Koch.

ne frasi del Führer: "Finché le operazioni sul fronte orientale saranno in corso, non abboccheremo ad alcuna sfida, ma dopo, se ancora ne manifesteranno l'intenzione, gli americani avranno la loro guerra".

Il diplomatico riferì pure che Hitler aveva detto all'ammiraglio Raeder di voler fare quanto in suo potere per impedire a Roosevelt di entrare in guerra per un altro paio di mesi, perché la *Luftwaffe* era ancora impegnata nella campagna di Russia. Inoltre, come spiegò Raeder, "il Führer pensa che una vittoria in Russia modificherà l'atteggiamento statunitense".

Per non correre rischi, egli vietò perfino di posare mine nei porti islandesi.

Fu riferito che la marina americana aveva avuto ordine di aprire il fuoco, senza alcun avvertimento e senza bisogno di provocazione, contro qualsiasi nave da guerra tedesca: ai comandanti era anche stato ordinato di negare un eventuale addebito e di attribuire ogni responsabilità a unità britanniche. In quel modo, Roosevelt sperava di sollecitare una reazione della Germania.

Il 20 luglio, Canaris riferì: "In Ribbentrop si percepisce una certa delusione. Anch'egli, adesso, deve rassegnarsi a un'imminente entrata in guerra degli Stati Uniti. Per la prima volta ha usato toni sprezzanti verso i rapporti di Thomsen e Boetticher".

Al momento le quotazioni del ministro degli Esteri presso Hitler toccavano il livello più basso, tanto che il Führer talvolta incoraggiava i suoi collaboratori a prendersi gioco di lui. In luglio, la scelta tra Ribbentrop e Rosenberg per la conduzione della propaganda in Unione Sovietica provocò una furiosa discussione. In linea con il suo carattere, Hitler decise di dare mano libera a entrambi i ministri. A tal proposito, il 28, Ribbentrop ebbe un violento alterco con Hitler e si fece beffe della sua decisione d'intraprendere la campagna di Russia. Il Führer era talmente furibondo che si accasciò su una poltrona, poi, respirando affannosamente, ordinò al pietrificato Ribbentrop di non osare mai più mettere in discussione le sue decisioni. Alla fine, Hitler incaricò Lammers di informare il ministro degli Esteri che, in tempo di guerra, il servizio diplomatico doveva starsene in disparte finché i fucili non avessero smesso di parlare.

Quell'estate, nonostante il caldo e i progressivi segni di un suo misterioso malessere, Hitler tramutò le sue conversazioni in lunghi monologhi espressi in un pittoresco dialetto austriaco e rivolti ai pochi intimi che si riunivano nel suo bunker o che sedevano con lui a pranzo o a cena. Hitler talvolta parlava del partito e del cristianesimo: "Non dobbiamo combattere la religione, bensì lasciarla avvizzire".

Così scrisse Christa Schroeder nel luglio 1941:

"Nelle discussioni serali con il Capo, la Chiesa gioca un ruolo importante...Ciò che Lui osserva in proposito è talmente convincente, come il fatto che la Chiesa, attraverso mendacia e ipocrisia, abbia rallentato il progresso dell'umanità, culturalmente parlando, di almeno due secoli! Dovrei veramente cominciare a trascrivere ciò che il Capo dice. Ma questi discorsi si protraggono così a lungo che alla fine si è troppo stanchi e privi dell'energia necessaria. La scorsa notte, albeggiava allorché siamo usciti dal bunker del Capo. Eppure, invece di andare a riposare, ingeriti dolciumi, abbiamo passeggiato due ore, in questo paese delle fate, dei cui meravigliosi paesaggi mai potrei sentirmi appagata. Ci coricammo solo alle 14:00 o 15:00 [...]".

Il 4 agosto Hitler fece visita al colonnello Bock, nel quartier generale del Gruppo d'Armate Centro.

La battaglia di Smolensk si stava avviando al termine. Altri 300.000 prigionieri russi stavano marciando verso ovest, ma era evidente che il Führer non aveva ancora deciso come condurre la fase successiva della campagna. In primo luogo, era ancora intossicato dagli "storici trionfi" di Bock. "Adesso", aveva esclamato quel mattino, "in questa zona metteremo le cose in ordine per almeno un migliaio di anni". In secondo luogo, si stava ammalando. Infine, qual era esattamente la forza militare sovietica che ancora andava distrutta? Halder stesso avrebbe successivamente ammesso di aver sottovalutato il colosso sovietico: "Quando iniziammo la campagna pensavamo che ci saremmo trovati a fronteggiare 200 divisioni nemiche. Ad oggi ne abbiamo già contate 360".

Per Hitler la chiave di tutto stava nelle industrie di materie prime situate, dietro Charckiv, nella regione del Donez: "Lì giace il motore dell'economia sovietica".

A un diplomatico il Führer spiegò: "Presto, occuperemo le regioni più ricche dell'Urss, che forniscono il 61% del ferro dell'intero paese e il 35% del molibdeno. E quando interromperemo i loro rifornimenti petroliferi provenienti dal sud il destino del bolscevismo sarà segnato".

Kiev

Nell'estate del 1941, Hitler si ammalava per la prima volta negli ultimi 5 anni. Indubbiamente, lo stress della campagna di Russia, unitamente al clima caldo e malarico del luogo in cui sorgeva la *Tana del Lupo*, furono determinanti. Contratta la dissenteria a causa delle acque salmastre della Masuria, nel bel mezzo di una cruciale controversia strategica con i suoi generali, la debolezza fisica del Führer non poté che condizionarne la capacità d'imporre le proprie direttive. Il suo grandioso piano, che prevedeva un ampio movimento di accerchiamento da parte dei Gruppi d'Armate Nord e Sud su Mosca, era contrastato da Brauchitsch e dai collaboratori di quest'ultimo, che proponevano invece un attacco frontale sulla città, portato avanti dal Gruppo d'Armate di Centro agli ordini del feldmaresciallo Bock. Brauchitsch, ignorando gli ordini del Führer restava a Berlino. Quando il comandante in capo dell'esercito fece una delle sue rare visite alla *Tana del Lupo*, Hitler lo avvertì inutilmente che i fronti, com'era accaduto durante la Grande Guerra, rischiavano di restare statici.

Alla *Tana del Lupo*, Hitler teneva ogni mattina e ogni sera riunioni di guerra che non tardarono a trasformarsi in sceneggiate dominate dai suoi insistenti monologhi lunghi alcune ore, che assorbivano le energie dei generali, le cui menti ricorrevano inevitabilmente verso i compiti, ben più importanti, che li attendevano. I singoli generali, davanti a numerose persone spesso troppo compiacenti, il più delle volte si astenevano dall'esprimere le proprie opinioni. Ma alcuni comandanti, tra cui Rundstedt, Reichenau, Guderian, Manstein e, più tardi, Milch, Zeitzler e Ferdinand Schörner, si avvidero che, in privato, era possibile parlare a Hitler con maggiore franchezza.

Il 6 agosto, fatta visita a Rundstedt e al generale Antonescu presso il quartier generale del Gruppo d'Armate Sud sito nella città ucraina di Berdichev, Hitler sembrava aver maturato una decisione definitiva: occorreva occuparsi in primo luogo di Leningrado, anche perché i meteorologi assicuravano che il clima secco si sarebbe protratto più a lungo al centro sud, e solo successivamente di Mosca. Tuttavia, quando fu in procinto di emanare l'ordine, il Führer cadde ammalato. Il 7 agosto, Hewel avrebbe laconicamente riportato nel proprio diario: "Il Führer è malato". Quel mattino, come rivela il memoriale del dottor Morell, Hitler ebbe un improvviso capogiro seguito da conati di vomito. Morell scrisse: "Da 5-6 settimane, la protratta permanenza nel bunker ha condotto il Führer a una profonda depressione. [Hans] Junge mi ha telefonato chiedendomi di correre immediatamente da lui".

Il medico trovò Hitler estremamente pallido.

"Sto male", sottolineò il Führer. "Poco fa ho avuto un vivace scambio di opinioni [con Ribbentrop]: persa la calma nella discussione, ho iniziato a stare male".

Morell, perplesso, si avvide che Hitler focalizzava il dolore in una zona poco sopra l'arcata sopraccigliare e aveva le mani tremolanti. Preso dal panico, il medico, mentre gli iniettava dei polivitaminici, piegò l'ago della siringa ipodermica. Poi, gli fece ingerire una pillola di *Yatren*, un farmaco utile solo contro la dissenteria America, patologia solitamente presente nelle regioni tropicali. Hitler presentava la pressione arteriosa a 170 e avvertiva un forte ronzio nelle orecchie. Morell diagnosticò: "Spasmi vascolari con flusso di sangue alle tempie dovuti a molteplici ragioni". Per cena, concesse al Führer un uovo alla coque, purea di patate e fragole.

Sembrava, quello, un tipico attacco di dissenteria bacillare.

Il mattino del giorno 8, Hitler mandò un attendente dal dottor Morell per dirgli che "l'ultima volta che aveva trascorso un'intera giornata a letto risaliva al precedente conflitto mondiale, allorché venne asfissiato dai gas". Fiero di questo primato, il Führer alle 11:00 si alzò.

"Sono andato da lui", dicono gli appunti di Morell, "senza essere stato chiamato. Il Führer, pur essendo molto irritabile – non ha chiuso occhio – e sentendosi peggio del giorno precedente, non ha alcuna intenzione di restarsene confinato a letto".

Hitler rifiutò ulteriori iniezioni: là dove il giorno precedente Morell aveva infilato l'ago, avvertiva dolore, borbottò, e non intendeva sottoporsi nuovamente a quel tormento. Quindi, pur persistendo il fastidioso ronzio nelle orecchie, si vestì, recandosi poi nella stanza delle carte geografiche. Morell lo avvertì che, per pranzo, avrebbe dovuto accontentarsi di un tè e qualche biscotto. "Ha ordinato spaghetti e fragole", annotò però il medico.

I generali non sembravano particolarmente dispiaciuti della malattia debilitante del Führer, sebbene Halder, quello stesso giorno, scrisse: "Nonostante il malessere che l'ha colpito, il Führer ha dato al comandante in capo [Brauchitsch] particolareggiate istruzioni sulla tattica a cui la *Luftwaffe* dovrà attenersi". Tra loro, però, molti presero volutamente a ignorare le indicazioni strategiche del Führer, per agire di testa propria.

"Pare che adesso vada meglio, dottore", disse Hitler, il 9 agosto, a Morell. "Che ne dice di procedere a una breve visita? Poi, voglio andare nella stanza delle mappe".

Durante il Consiglio di guerra che seguì, Hitler, avvertito nuovamente il ronzio, fece chiamare Morell per domandargli se fosse opportuno ricorrere alle sanguisughe per abbassargli la pressione arteriosa. Morell che stava già preparando i suoi polivitaminici, il *Tonophosphan*, un termoforo e altre panacee, non vide alcun motivo per non accontentarlo. Heinz Linge, l'attendente, in seguito riportò la scena: "Il Führer sedeva innanzi a uno specchio e osservava affascinato le sanguisughe che placavano la loro sete con il suo sangue".

[Dal diario di Morell, 11 agosto]: "Prima lo avevo punto leggermente sotto il lobo auricolare, ma la pelle era dura come il cuoio ed è stato necessario spingere con forza, per far uscire alcune gocce di sangue. Il Führer stesso ha tolto le sanguisughe dal vasetto. Poiché mi scivolavano dalle pinze, ho dovuto applicarle a mano. La prima aspirava con avidità, la seconda, posta più indietro, lo faceva lentamente. La prima si è staccata dopo poco, lasciandosi andare ciondolando nella parte posteriore. La seconda ha continuato a succhiare per una buona mezz'ora."

Dopo questa operazione, la testa di Hitler continuò a sanguinare per un paio di ore e Morell dovette ricorrere a bendaggi. Per questo motivo, Hitler decise di non presentarsi a pranzo, ma ricomparve durante la successiva riunione e al tè. "Non avverte più il ronzio", annotò Morell.

Nei giorni seguenti, la pressione arteriosa del Führer tornò a valori normali. "Pulsazioni sul lobo sinistro della testa", scrisse Morell, il 12. "Sopportate numerose discussioni, è teso". Il 14, Morell convinse Hitler a sottoporsi a un esame del sangue e all'elettrocardiogramma. I risultati pervennero il giorno 16: come era d'aspettarsi, per un uomo che viveva pressoché perennemente al chiuso, i globuli rossi latitavano.

"Inoltre", annotò Morell il 18, "il bunker è umido e le alte temperature facilitano l'insorgere di funghi: ho trovato i miei stivali, che non avevo calzato per due giorni, ricoperti di muffa. Le pareti dei nuovi rifugi trasudano acqua e l'impianto di aerazione è causa di raffreddori. Ho fatto notare tutto ciò dopo appena quattro giorni di permanenza in loco. I più lamentano un senso di oppressione al torace, anemia e una più generalizzata psicosi da bunker. Ho ricordato al Führer che, sin dal principio, gli avevo raccomandato frequenti spostamenti, anche in auto, e lunghi periodi da trascorrere sul suo treno speciale e, laddove possibile, in alta quota. All'epoca il Führer mi aveva risposto che, a causa della centralizzazione del suo servizio di informazioni, cose del genere non erano possibili. Gli ho consigliato di tornare alla Berghof per un paio di settimane".

Hitler informò il medico di aver assunto un blando sedativo, ma non voleva che la cosa divenisse una consuetudine. Sosteneva di stare bene, ma Goebbels, che gli fece visita quello stesso giorno, scrisse che il Führer appariva debole e malaticcio: "Probabilmente è il risultato della dissenteria e dei malesseri accusati nelle ultime settimane".

L'elettrocardiogramma aveva rilevato una depressione dell'onda T del tracciato. Allarmato, Morell aveva inviato il test effettuato a un luminare di patologie cardiache, il professor Karl Weber, direttore dell'Istituto di cardiologia a Bad Nauheim, dicendogli solamente che l'esame era stato effettuato su "un diplomatico molto impegnato". Weber confermò l'esistenza di "un notevole appiattimento delle onde S-T/I e S-T/II".

Poi, aggiunse: "Se la cosa non è conseguenza di una cura con digitale o di un'infezione, dobbiamo presumere di essere in presenza di una sclerosi coronarica". Raccomandò di ripetere altri elettrocardiogrammi a intervalli di due settimane.

La diagnosi definitiva, sclerosi coronarica a rapida evoluzione, dimostrò che l'illustre "paziente A" di Morell soffriva di una patologia cardiaca praticamente incurabile. Non era un'anomalia in un uomo dell'età di Hitler, ma si correva il rischio di un'angina pectoris o un'embolia con possibili conseguenze letali. Per il momento, Morell si astenne dall'informarne Hitler e, in sua presenza, dichiarò che egli godeva di una salute invidiabile.

In privato, però, Morell prese a informarsi scrupolosamente su quel tipo di patologie e, in breve, al già stracolmo armadietto del Führer vennero ad aggiungersi nuovi farmaci. Hitler accettò passivamente le vaghe diagnosi del suo medico: "Morell", confidò a un altro dottore, "ha detto che il mio consumo energetico, a causa dell'intenso e ininterrotto lavoro, è alto come nei tropici".

Il 18 agosto 1941, il generale Brauchitsch, dato che la presa della città avrebbe necessitato di almeno un paio di mesi, consegnò al Führer una richiesta scritta per l'immediata ripresa del piano di attacco contro Mosca. Hitler, ovviamente, la respinse in blocco. A suo parere era più urgente privare Stalin delle materie prime e dell'industria bellica. Aggiunse che una rapida avanzata verso sud avrebbe incoraggiato l'Iran a porre resistenza all'invasione anglo-sovietica che, come Hitler sapeva, era già in programma. In ogni caso voleva che la Crimea cadesse in mano tedesca perché i bombardieri sovietici che avevano recentemente attaccato la Romania provenivano da lì.

Inoltre, un incubo ricorrente ogni notte tormentava il Führer: i giacimenti petroliferi di Ploesti in fiamme. I generali dei corpi corazzati Hoth e Guderian, poco entusiasti della strategia di Hitler, obiettavano che i loro carri necessitavano di riparazioni. Il Führer, avendo sentito la stessa scusa prima di Dunkerque, non diede loro ascolto. Era evidente, disse, che i due stavano cercando di dissimulare la loro disapprovazione per il suo piano strategico. L'Alto Comando dell'esercito continuò ostinatamente a studiare un piano di attacco su Mosca e solo in seguito si rese conto che la strategia di Hitler avrebbe offerto migliori probabilità di riuscita.

In effetti, le armate di Bock, al sopraggiungere dell'inverno, si trovarono impantanate davanti a Mosca, e lacolpa venne attribuita alla malattia del Führer.

"Ancora oggi sono convinto", avrebbe detto Göring nel 1945 ai suoi carcerieri, "che se l'astuto piano di Hitler non fosse stato annacquato, la campagna di Russia si sarebbe decisa entro i primi mesi del 1942".

All'interno della zona di sicurezza 1, la vita ruotava intorno a Hitler. Coloro ammessi in quel recinto erano considerati privilegiati. La presenza in loco di collaboratrici femminili era mal tollerata:

"Per qualcuno [scrisse Christa Schroeder in una lettera] è una scocciatura che, anche in tempo di guerra, il Capo abbia al seguito i propri collaboratori personali e, in particolare, si critica che tra questi siano comprese anche due donne. Noi non siamo qui in gita di piacere, ma perché il Capo ci vuole al suo fianco. Sostiene che senza il nostro apporto non potrebbe lavorare e più di una volta ha sottolineato, in presenza di quei signori, che senza di noi [...] si troverebbe in un groviglio inestricabile [...]. Non deve essere stata cosa gradita, quando il Capo ha chiesto al suo aiutante della *Wehrmacht* [Schmundt] se al prossimo quartier generale fosse stato previsto un alloggio anche per le sue donne. Essendo stata la risposta negativa, il Führer, arrabbiato, ha ordinato di provvedere. Forse pensavano che ci saremmo trattenute all'accampamento solo per pochi giorni! Ciò per dire quanto desiderino liberarsi della nostra presenza".

Tre settimane dopo, la stessa segretaria si lamentava della monotonia quotidiana: "Siamo qui da 9 settimane e si vocifera che ci rimarremo sino a fine ottobre. Sono così stufa della prolungata inattività, che alcuni giorni fa ho tentato di convincere il Capo che una segretaria era più che sufficiente...". Le altre cose da lei riportate riflettono, senza ombra di dubbio, i pensieri più reconditi di Hitler. Ecco quanto Christa Schroeder, il 20 agosto, annotava:

"Pochi giorni fa abbiamo assistito a un cinegiornale britannico che mostrava la terribile devastazione di interi quartieri londinesi. I grandi magazzini, il Parlamento e innumerevoli edifici apparivano completamente distrutti o avvolti dalle fiamme. Il commentatore diceva che gli inglesi resistono perché sanno che Berlino versa nelle stesse condizioni. Oh, se quei poveri inglesi conoscessero la verità! La cosa che più desidero è che, liquidata l'Unione Sovietica, la Gran Bretagna si faccia avanti con proposte di pace. La guerra con quel paese può portare solo al reciproco annientamento delle nostre città. Nel frattempo, Roosevelt se la ride in attesa del giorno in cui erediterà le fortune dell'Inghilterra. Non riesco a comprendere il motivo per cui gli inglesi non diano ascolto alla voce della ragione. Ora che ci stiamo espandendo a Oriente non abbiamo più bisogno delle loro colonie. Reputo maggiormente comodo prolungare i nostri confini: l'Ucraina e la Crimea sono talmente fertili che potremo coltivarvi tutto ciò di cui necessitiamo. Il resto, caffè, tè, cacao e altro, lo importeremo dal Sud America. È tutto così semplice e ovvio".

Gli uomini che a Londra e a Washington tenevano il potere, però, pretendevano la caduta di Hitler. Nella seconda settimana di agosto, Churchill e Roosevelt si incontrarono al largo di Terranova dove proclamarono gli 8 punti della Carta Atlantica. In essa si affermava che i paesi alleati non aspiravano a conquiste territoriali, disapprovavano qualsiasi mutamento di confini che non fosse in accordo col desiderio liberamente espresso dai popoli interessati e che tutte le nazioni dovevano avere uguale accesso alle materie prime del pianeta e agli oceani.

L'Unione Sovietica, che aveva perduto i territori europei annessi nel 1940, nel 1942 sottoscrisse la Carta insieme a una ventina di stati in conflitto con la Germania.

Il 25 agosto, Gran Bretagna e Urss invasero l'Iran. Gli Stati Uniti succedettero agli inglesi nella sorveglianza navale del Canale di Danimarca, assumendosi il compito di scortare i convogli nell'Atlantico settentrionale. A Washington, la distinzione tra neutralità e intervento bellico diveniva ogni giorno più confusa.

Hitler accolse la scaltra proposta di Goebbels di fare immediatamente seguire, al comunicato radio di Clement Attle (vice di Churchill) in merito ai colloqui atlantici, due comunicati straordinari che annunciavano che i porti sul Mar Nero di Odessa e Nikolaev erano stretti d'assedio e i giacimenti minerari di ferro caduti in mano tedesca.

Il 18 agosto, Hitler, preoccupato per le crescenti proteste dei cattolici contro il Programma *Aktion T4* di eutanasia, decise di incontrare Goebbels. Come quest'ultimo riportò nel suo memoriale, la segreta eliminazione dei malati psichiatrici, fino al quel momento era proseguita senza inconvenienti.

Il 30 gennaio 1941, Philipp Bouhler, che ne era responsabile, aveva detto a Goebbels che, pur essendo già stati soppressi 80.000 pazienti, ne restavano ancora 60.000 in lista d'attesa. "Un lavoro duro, ma necessario", annotò Goebbels nel proprio diario.

Ai primi di luglio, il vescovo di Munster, il conte Galen, aveva fatto esplodere lo scandalo in una lettera pastorale e il 27 intrapreso un'azione giudiziaria nei confronti di ignoti. Questa, poiché il già citato decreto promulgato da Hitler nel 1939 in favore dell'eutanasia non era mai stato pubblicato, era motivo di imbarazzo nel partito nazista e nel governo. Bormann sottopose al Führer un memorandum, che suggeriva di giustiziare l'alto prelato per sedizione. Seppure Goebbels lo spalleggiasse, sostenendo che Galen aveva mosso nel suo sermone accuseinfondate, Hitler saggiamente ne ignorò i consigli e, il 24 agosto, dispose la sospensione immediata del *Programma di Eutanasia*. Nonostante l'ordine, l'attuazione del programma non conobbe sosta.[4]

Assorbito dall'*Operazione Barbarossa*, Hitler non si avvide che Bormann aveva dichiarato guerra alla Chiesa. In un'occasione il Führer sottolineò: "Se mia madre fosse ancora in vita, essendo stata lei una fervente praticante, non avrei mai voluto recarle dispiacere. Dobbiamo rispettare il credo del nostro popolo".

Hitler assicurò a Goebbels e a Rosenberg che non avrebbe dimenticato l'atteggiamento tenuto dai capi della Chiesa tedesca durante questa situazione di emergenza, ma sostenne la necessità di agire con cautela, finché la guerra non si fosse vittoriosamente conclusa. Così, il 30 luglio 1941, Bormann mandò una circolare a tutti i gerarchi, ordinando loro, per conto del Führer, di astenersi da ogni forma di persecuzione contro le comunità religiose: tali soprusi, aggiunse, avrebbero soltanto diviso la nazione che Hitler, con tanta fatica, aveva unito. Anche in merito alla questione ebraica, appare oggi indubbio che non fosse Hitler a costituire il principale istigatore, bensì Goebbels. "Nella campagna a Est", recita un memorandum di quest'ultimo, "il soldato tedesco ha conosciuto gli ebrei in tutta la loro crudeltà e ripugnanza. È evidente come il milite, rientrato a casa a conclusione del conflitto, non possa in alcun modo tollerare la presenza di ebrei".

Sin dall'estate 1940, Goebbels aveva predisposto la rapida deportazione in Polonia di 70.000 cittadini berlinesi, dichiarati ebrei, ma la carenza di mezzi di trasporto causata dalla guerra ne aveva temporaneamente bloccato il progetto.

Tuttavia, il 18 agosto, Goebbels propose al Führer una serie di brutali misure per snidare e terrorizzare gli ebrei. In seguito, lo stesso Goebbels annotò: "Bisogna immaginare, se solo ne avessero il potere, il trattamento che gli ebrei riserverebbero al nostro popolo, per cui, adesso che se ne presenta l'opportunità, avendo noi il comando, bisogna agire di conseguenza... Per quanto riguarda la faccenda degli ebrei, sono riuscito a convincere il

4 Nda. Il Programma Eutanasia, dietro iniziativa dei gerarchi locali, si protrasse in effetti fino al febbraio 1945.

Führer. Egli concorda che possiamo imporre un distintivo, ben visibile, a tutti gli ebrei residenti nel *Reich*: essi saranno tenuti a mostrarlo pubblicamente, in modo da poter essere prontamente identificati, laddove promotori di scontento o disfattismo. Inoltre, in futuro, assegneremo agli ebrei che lavorano razioni di cibo inferiori a quelle destinate ai tedeschi... In linea di massima, il Führer approva l'evacuazione a Est degli ebrei berlinesi, non appena possibile".

Evidentemente, Hitler, parlando con Goebbels, rammentò il proprio discorso al Parlamento del primo gennaio 1939.

"Il Führer è convinto che si stia avverando la profezia che fece allora in Parlamento e cioè che se gli ebrei fossero nuovamente riusciti a provocare un conflitto mondiale, questo si sarebbe concluso con la loro distruzione. In queste settimane e mesi, tutto si sta concretizzando in maniera inquietante. A Est i semiti, come già avviene in Germania, dovranno pagare dazio. Nel mondo che ci attende, il popolo giudaico avrà ben poco da festeggiare".

Il 18 agosto, il quartier generale del Führer fu allietato da una splendida giornata d'estate. A seguito delle raccomandazioni del dottor Morell, Hitler trascorse le quattro ore di colloquio con Goebbels passeggiando nei boschi: cosa che non si ripeteva da ormai cinque settimane.

Chiese a Goebbels quale atmosfera regnasse a Berlino, dove recentemente si erano registrate esigue e poco invasive incursioni aeree sovietiche. Il morale del popolo non destava in lui preoccupazione. Attendeva con trepidazione l'inizio della grande offensiva verso sud della *Wehrmacht*. "Al Führer non interessa occupare particolari regioni o città", scrisse Goebbels. "Ove possibile, preferisce contenere le perdite. Non è sua intenzione conquistare Pietroburgo [Leningrado] o Kiev con le armi, preferisce affamarle sino a indurle alla capitolazione; non appena la prima sarà isolata, alla *Luftwaffe* e all'artiglieria darà ordine di distruggerne le linee di comunicazione con il resto del paese. Le prime incursioni aeree colpiranno i bacini idrici, le centrali elettriche e i gasdotti".

Forse, fantasticava Hitler, a quel punto Stalin avrebbe gettato la spugna: "Stalin ha ben poco in comune con i plutocrati di

Londra... Nel momento in cui valuterà che il sistema bolscevico volge al collasso e può essere salvato solo con la resa, non esiterà... Il Führer sembra convinto che Mosca e Londra perseguissero la stessa linea politica già molto prima di giugno".

Avevano il medesimo obiettivo: la distruzione del *Reich*. Stalin era stato sul punto di attaccare la Germania molto prima del giugno 1941 e, a conferma di ciò, gli ufficiali della *Wehrmacht* al fronte avevano rinvenuto, nelle mani del nemico, dettagliate carte geografiche del territorio tedesco, austriaco e della Slesia. Alcune ricognizioni aeree avevano rivelato l'edificazione di numerose fabbriche di armamenti al di là dei Monti Urali e la costruzione di nuove strade, la cui esistenza era stata volutamente mantenuta segreta, lungo le quali le truppe russe avanzavano rapidamente, lasciando che l'ignaro nemico seguitasse a percorrere le uniche vie di sua conoscenza. Nelle baracche dell'Armata Rossa furono rinvenuti manichini di soldati tedeschi destinati al tiro al bersaglio, confezionati molto tempo prima del giugno 1941.

La maggior parte dei comandanti del Führer erano concordi nel ritenere ottimale la scelta di attaccare la Russia e il momento in cui si era intrapresa la campagna.

Come dichiarò più di una volta, Hitler non voleva incorrere nell'errore commesso da Napoleone e così i genieri della *Wehrmacht*, coadiuvati da migliaia di prigionieri, lavoravano giorno e notte per ristabilire le linee ferroviarie russe distrutte e collegarle al diverso scartamento delle ferrovie tedesche. A metà agosto, un doppio binario arrivava già fino a Smolensk.

Il 17, Hitler fece una predica ai suoi collaboratori sui pericoli dell'eccessivo ottimismo. "Bisogna sempre ipotizzare che il nemico farà quello che noi ci auspichiamo non faccia", disse a Hewel. "Per esempio", gli chiese, "come avrebbe agito Stalin se non fossero esistite le paludi del Pripet?"

Il 19 agosto, Bormann annotò queste parole di Hitler: "Grazie al mio operato, la nazione tedesca ha guadagnato 2 milioni e mezzo di persone. Anche se le chiedo un sacrificio del 10%, ho dato comunque il 90%".

Quel giorno il dottor Morell scrisse: "Oggi il Führer, accampando buona salute e un ottimo umore, non ha voluto essere visitato". Ma il giorno successivo, Hitler era nuovamente attanagliato dalla depressione. "Ieri, dopo aver a lungo lavorato", continuò Morell, "palesava irrequietezza. Le mani gli tremavano e accusava capogiri". Pur manifestando l'intenzione di invitare Mussolini a fargli visita sul fronte orientale, Hitler, a causa del fastidioso protrarsi del ronzio che avvertiva nelle orecchie, temporeggiava. Il 21, sbottò con Morell: "La varietà del cibo, qui, è piuttosto limitata". Il medico annotò: "Il guaio è che, essendo vegetariano, rifiuta molti dei cibi che gli vengono suggeriti". Hitler esigeva nuovamente di sottoporsi al piacevole rimedio, com'egli lo considerava, delle sanguisughe, ma quelle precedentemente usate su di lui, tranne una, erano morte: evidentemente il sangue del Führer non aveva portato loro alcun beneficio.

"Confido", scrisse Morell il 22 agosto, "di applicargli ancora le sanguisughe prima della visita del Duce, in modo che la sua testa, durante quella giornata, possa rimanere lucida".

"Applicate tre sanguisughe [scrisse Morell il 23 agosto]. Il Führer, dopo il trattamento, afferma di sentirsi meglio".

Recuperata la salute, Hitler si dedicò nuovamente all'interminabile contrasto con lo Stato Maggiore generale dell'esercito. Il 21 agosto, dettò una perentoria lettera per Brauchitsch che cominciava così: "La proposta dell'esercito per la prosecuzione delle operazioni a Est non si accorda con le mie intenzioni. Di seguito le mie disposizioni..." e specificò nuovamente gli obiettivi individuati nel dicembre 1940: a nord, l'isolamento di Leningrado, a sud la conquista della Crimea, delle regioni industriali e carbonifere del Donez e dei campi petroliferi del Caucaso. Il Gruppo Armate Centro, che si trovava di fronte a Mosca agli ordini del feldmaresciallo Bock, doveva attestarsi sulla difensiva.

Quel secco diniego a perseguire una strategia che non fosse quella da lui disposta causò nell'esercito ulteriori malumori. Brauchitsch fu colpito da un lieve attacco di cuore. Halder pianse letteralmente per la "mania [del Führer] di redigere trattati":

"Alle mie spalle ci sono giorni atroci", scrisse alla moglie il 23 agosto. "Ho di nuovo offerto le mie dimissioni per evitare un atto di follia. Il risultato è stato nullo... L'obiettivo che mi ero proposto, di dare il colpo di grazia ai russi prima di fine anno, non verrà raggiunto... La Storia rivolgerà contro di noi la più grave accusa che possa essere imputata ad un Alto Comando, e cioè che, per eccesso di prudenza, non abbiamo profittato dell'impeto guerriero delle nostre truppe. È occorsa la stessa cosa sul fronte occidentale, ma là il collasso interno del nemico ha steso un velo pietoso sui nostri errori". Il diario di Bock rivela un animo altrettanto angosciato. "Non voglio conquistare Mosca, ma distruggere l'esercito nemico. E il grosso di quell'esercito si trova qui, innanzi a me!"

Bock telefonò al colonnello Schmundt chiedendogli che almeno il Führer concedesse udienza a Guderian. A quest'ultimo, fu in effetti concesso un colloquio alla mezzanotte del 23 agosto. Dopo aver appreso le ragioni per cui Hitler voleva che l'avanzata principale fosse diretta a sud, Guderian rivide le proprie posizioni. "Sono tornato il giorno 24", avrebbe scritto, "soddisfatto e con grandi speranze".

Ma la collera di Bock e l'indignazione di Halder per il ripensamento di Guderian furono enormi. Halder lo privò del suo reparto più forte, vale a dire il Quarantaseiesimo *Panzer*, assegnandolo alla Quarta Armata sul fronte di Mosca. Con solo due corpi a disposizione, l'offensiva di Guderian zoppicò e incespicò.

"Dal 27, sto lottando per ottenere rinforzi, ma mi sono stati concessi col contagocce e comunque troppo tardi", scrisse Guderian in una missiva.

Il suo capo di Stato Maggiore osservò nel proprio diario: "[Guderian] ha l'impressione che [Bock e Halder] persistano nell'attenersi alla loro personale strategia: l'attacco su Mosca".

Ai primi di settembre, mentre arrivava il cattivo tempo, fu chiaro che l'Armata Rossa a nord del fiume Desna, si era sottratta alla sua stretta.

Il Duce giunse alla *Tana del Lupo*, il 25 agosto 1941. Hewel annotò: "Consiglio di guerra, poi, pasto in comune nel bunker mensa e colloquio con il mio Capo [Ribbentrop]. A sera, buffet freddo in giardino. Mussolini, oltre che poco attraente, è terribilmente stupido...".

Il giorno successivo, Hitler mostrò al Duce il campo di battaglia di Brest-Litovsk, dove i proiettili da due tonnellate dei suoi mortai da 620 millimetri avevano ridotto la cittadella in macerie. Ammise che i servizi segreti lo avevano male informato in merito alla capacità di resistenza dei russi, ma sottolineò anche che la vittoria sarebbe stata comunque sua entro la primavera del 1942.

Quella sera, i due partirono alla volta del quartier generale meridionale del Führer, situato in Galizia. Mussolini, in via confidenziale, gli rivelò le difficoltà che incontrava al momento il fascismo in Italia.[5]

Un anno dopo, Hitler avrebbe ricordato così lo sfogo del Duce: "Mi dica, cosa farebbe lei se avesse ufficiali non completamente convinti dell'ideologia e del regime, al punto che quando ci si appella alla ragione di stato o alla fede politica, loro asseriscono che, in quanto monarchici, devono lealtà unicamente al re?"

Quell'ammissione di impotenza davanti alla monarchia italiana fu un grave colpo per il Führer, che non dimenticò mai quelle parole.

Il giorno seguente, 28 agosto, Hitler e Mussolini viaggiarono attraverso la fertile campagna Ucraina fino a Uman, dove si trovava la postazione di comando di Rundstedt. "Il suo viso, bruciato dal sole, era di un colore rosso vivo", scrisse Morell, riferendosi a Hitler. "Il volto gli scottava in più punti e questo influiva sul suo pessimo umore".

Tre mesi più tardi, il Führer descrisse le proprie impressioni: "Laggiù ho visto migliaia di donne, ma nessuna di loro portava il benché minimo ornamento. Nei loro squallidi tuguri non si trovavano posate, né attrezzature necessarie a una casa. Una miseria che regnava in una regione particolarmente fertile. Solo dopo che ebbero personalmente appurato che i commissari venivano giustiziati, quegli individui terrorizzati, a poco a poco, ripresero

---

5 Nda. Il 30 agosto 1941, Canaris dopo una serie di colloqui con la sua controparte italiana, il colonnello Cesare Amé, definì precaria e molto grave la situazione italiana, peggiorata dalla sorpresa causata dalla campagna di Russia.

sembianze umane".

L'estate volgeva al termine e l'Unione Sovietica ancora non era stata sconfitta. Alla fine di agosto, Christa Schroeder scrisse:

"La nostra permanenza qui al quartier generale si fa sempre più lunga. In principio, pensavamo che saremmo stati di ritorno a Berlino entro fine luglio, poi si è parlato di metà ottobre e, adesso, stanno già dicendo fine ottobre, se mai così sarà. La temperatura è già autunnale e se al Capo verrà in mente di trascorrere in loco l'inverno, congeleremo. Una così prolungata permanenza nel bunker non può farci alcun bene. Anche il Capo non gode di ottima salute e, poiché sta troppo poco tempo all'aria aperta, quando effettua brevi sortite in auto, è ipersensibile al sole e al vento. Mi sarebbe piaciuto stare in Galizia, tutti parevano favorevoli a tale alternativa, ma da quelle parti si è poco sicuri. Laggiù, la campagna permette un più ampio respiro. Qui, nella foresta, alla lunga ogni cosa sembra racchiudersi attorno a noi. In campagna, non avevamo la sensazione di sentirci prigionieri: si vedevano i contadini lavorare nei campi, mentre qui, attorniati da sentinelle, non facciamo altro che mostrare la nostra tessera di identificazione. Del resto, suppongo che ovunque ci possiamo trovare Berlino, la Berghof o altrove – essendo sempre circondati dalle solite facce, è inevitabile percepirsi isolati dal mondo".

Quale, in Europa, sarebbe stato il *nuovo ordine* auspicato da Hitler era un segreto che lui stesso custodiva gelosamente. Ovviamente, slavi e bolscevichi, specialmente se ebrei, non avrebbero prosperato, ma le posizioni di nazioni come Italia, Francia, Ungheria e persino Unione Sovietica rimanevano da definire. Puttkamer, l'11 agosto, scrisse alcune frasi rivelatrici:

"Ieri, a pranzo, il Führer ha parlato dei nostri rapporti con la Francia. Abbiamo compreso così perché egli, in merito, non accetta le proposte che gli vengono inoltrate. Ha detto che, confidando nell'onestà di Darlan, ritiene possibile raggiungere dei rapporti ragionevoli con la Francia passando dall'armistizio a una pace preliminare. Secondo lui, nonostante le nostre pesanti richieste (previste dai francesi), si tratta di una strada percorribile: la Francia dopo averle accettate, entrerà in guerra al nostro fianco.

Se fossimo soli, si potrebbe ottenere dai francesi ogni cosa. Le pretese dell'Italia sulla Corsica e Tunisi costituiscono un ostacolo. Nessun governo francese può accoglierle, ma non potendo convincere gli italiani a rinunciarvi, egli deve appoggiarne le richieste. Ha sottolineato che non può barattare l'Italia, nostra alleata, con la Francia. Questo è il nocciolo del problema. Ne ha parlato con Jodl e me e per noi la faccenda rappresenta un'assoluta novità".

L'8 settembre, riferendosi all'Ungheria, Hitler disse a Hewel: "Queste sono alleanze di convenienza. Per esempio, l'alleanza con l'Italia riguarda solo un'intesa tra me e il Duce, non una comunione tra i nostri popoli. Noi tedeschi nutriamo simpatie solo per finnici e inglesi. Potremmo tutt'al più percepire una qualche affinità con gli svedesi". Poi, aggiunse: " Un'alleanza con i britannici, sarebbe certo un accordo tra popoli. La Gran Bretagna dovrebbe solamente disinteressarsi dell'Europa: in cambio, potrebbe tenersi il suo impero e, se lo desidera, prendersi anche il resto del mondo!"

La conquista dell'Ucraina permetteva alla Germania di non considerare più indispensabili alcune regioni della Francia, da cui provenivano le materie prime. Come il 16 settembre, Hitler spiegò al proprio ambasciatore in Francia, Otto Abetz, le sole miniere sovietiche di Krivoi Rog avrebbero fornito mensilmente un milione di tonnellate di ferro. Del territorio francese, il Führer intendeva tenere esclusivamente Alsazia, Lorena e la costa della Manica antistante l'Inghilterra. In cambio di quelle che considerava richieste moderate, assicurò ad Abetz che la Francia, nel nuovo ordinamento europeo, avrebbe goduto di numerosi benefici.

Il 15 settembre 1941, Weizsäcker descrisse la politica di Hitler in quei giorni: "Lo stato di semidepressione di quattro settimane fa e il decadimento fisico sono ormai superati. Si è deciso di costruire un'autostrada fino alla Crimea. Si fanno ipotesi sulla capitolazione e destituzione di Stalin. Se si rintanerà in Asia, potrebbe persino essergli concesso un trattato di pace".

Il giorno successivo, anche Papen sollevò con Hitler l'argomento del futuro di Stalin e il Führer ripeté quanto detto a Goebbels un mese addietro: una volta che la *Wehrmacht* avesse occupato una certa linea sul territorio sovietico, forse sarebbe stato possibile trovare un'intesa con il dittatore comunista, un uomo, senza dubbio, di notevoli meriti.

Un diplomatico, Hasso Etzdorf, annotò: "Per quanto concerne il destino di Stalin, Hitler vede due possibilità: o verrà giustiziato dal suo popolo o giungerà a patti con noi. Essendo il più grande uomo di stato in vita, Stalin deve rendersi conto che, a 66 anni, non può lanciarsi in un progetto che richiede, per essere portato a compimento, un'intera esistenza. Perciò, con il nostro aiuto, cercherà di salvare il salvabile. In questo è nostro compito cercare una mediazione conveniente per noi e soddisfacente per lui. Se Stalin si risolvesse a cercare un allargamento dei suoi confini verso sud, in direzione del Golfo Persico, come lui [Hitler] gli aveva raccomandato nel novembre del 1940, una coesistenza pacifica tra Unione Sovietica e Germania sarebbe possibile".

Da parte sua, Papen convinse il Führer della necessità di elaborare "un piano di pace costruttivo" capace di ispirare tutti gli europei, da perorare a seguito della disfatta sovietica. "Il Führer ha parlato poi del suoi progetti per l'Oriente", riferisce l'unica annotazione esistente sul colloquio del 16 settembre tra Hitler e Abetz:

"Pietroburgo [Leningrado], il 'nido velenoso' da cui per tanto tempo il pericolo asiatico è stato 'vomitato' nel Baltico, deve sparire dalla faccia della terra. La città è già stata isolata... Gli asiatici e i bolscevichi devono essere cacciati fuori dall'Europa, questo fenomeno di 'pestilenza asiatica' durato 250 anni è giunto al termine. Gli Urali saranno la frontiera oltre la quale Stalin e i suoi successori potranno fare ciò che vorranno. Ma lui [Hitler], allestendo occasionali spedizioni di controllo, farà in modo che i bolscevichi non abbiano pace neppure là. Dopo l'espulsione degli asiatici, l'Europa non dipenderà più da alcuna potenza esterna: soddisferà in proprio l'esigenza di materie prime e avrà mercato di esportazione nei territori sovietici. La nuova Russia al di qua degli Urali diverrà 'la nostra India', a portata di mano – meno distante rispetto alla vera India per gli inglesi. L'impero germanico abbraccerà 135 milioni di persone e ne dominerà altri 150".

Colonne portanti del nuovo impero sarebbero state la *Wehr-*

macht e le *SS*. Pubblicamente, Hitler parlava con Himmler esclusivamente di argomenti marginali e innocui quali l'architettura, il salotto della signora Bruckmann o il valore nutritivo della patata o della soia. In privato, invece, i due escogitavano i modi più appropriati per combattere i crescenti movimenti partigiani, attivi nei territori occupati. Hitler, che legava quei movimenti al discorso radiofonico fatto da Stalin in giugno, sosteneva che il trattamento riservato a quei criminali, ove catturati, fosse troppo mite.

Il 7 settembre, mentre Himmler si trovava alla *Tana del Lupo*, Hitler impose che, qualora il responsabile dell'assassinio avvenuto a Parigi di un sottufficiale tedesco non fosse immediatamente stato individuato, si sarebbero dovuti fucilare 50 ostaggi, e che, successivamente, per ogni tedesco ucciso, ci sarebbero dovuti essere 100 comunisti giustiziati. Alle proteste del comandante tedesco, Hitler rispose delegando a lui i modi e la misura delle rappresaglie.

L'assedio di Leningrado simboleggiò l'abruttimento di quel conflitto. Gli equipaggi dei mezzi corazzati di Leeb vedevano le scintillanti guglie dorate dell'edificio del comando della marina sovietica davanti a loro, vicine ma irraggiungibili. Nella direttiva ufficiale numero 35, emessa il 6 settembre, Hitler dispose che Leningrado venisse isolata dalle forze terrestri russe in modo da poter riavere, per la seconda metà di settembre al più tardi, i carri armati e le squadriglie aeree di Richthofen disponibili per l'attacco su Mosca.

Il 9 settembre, la *Luftwaffe* prese a bombardare giorno e notte la città. Il vice di Jeschonnek scrisse nel proprio memoriale: "Pare che laggiù ci sia già carenza di cibo".

Il 10, l'ufficiale di collegamento di Rosenberg, dal quartier generale del Führer, redasse questo rapporto:

"La popolazione rimasta in città, in seguito all'evacuazione delle zone limitrofe, è addirittura aumentata. A Leningrado è già quasi impossibile reperire pane, zucchero e carne. Il Führer vuole evitare una guerriglia casa per casa che provocherebbe pesanti perdite nel nostro esercito. La città, una volta circondata, deve essere affamata e fatta a pezzi con l'artiglieria. Se, a farla capitolare, occorreranno pochi giorni o alcune settimane in più o in meno non ha importanza, perché le forze necessarie a mantenere l'assedio non dovranno essere molto numerose. I finlandesi hanno suggerito di deviare il lago Ladoga nel golfo di Finlandia, per cancellare Leningrado, sommergendola".

Il 12 settembre il generale Halder fece notare al Gruppo di Armate di Leeb che, a breve, i loro blindati sarebbero stati necessari sul fronte di Mosca. Il generale Hans Reinhardt protestò per le conseguenze che tale ordine, avrebbe prodotto sui suoi uomini: "Sono alle porte della città e nessuno impedirà loro di entrarci!" Ma il Führer aveva deciso che Leningrado dovesse essere rasa al suolo con i bombardamenti e i carri armati dislocati dove sarebbero stati più utili. L'ammiraglio Raeder chiese di risparmiare almeno i cantieri navali, ma Hitler non volle sentire ragioni. In merito ai mezzi corazzati, Keitel comunicò invece a Leeb di rimandarne il trasferimento di 48 ore.

Il giorno 12, il comandante della *Luftwaffe* Richthofen scrisse: "Il colonnello Schmundt ha parlato della Finlandia e di Leningrado. Sopra la seconda, *passerà l'aratro*!"

Il 16 settembre, fermata l'avanzata dei carri armati, cominciò la loro dislocazione su Mosca.

La notizia della capitolazione di Kiev giunse al quartier generale del Führer nel tardo pomeriggio del 19 settembre. Nei giorni a seguire, Hitler riprese a parlare dei suoi progetti europei. Werner Koeppen, ufficiale di collegamento di Rosenberg, annotò queste storiche conversazioni:

"*Pranzo, 19 settembre*. Todt ha riferito sul suo ultimo viaggio a Oslo e a Trondheim e sull'inizio dei lavori per l'importante collegamento stradale tra Germania e Danimarca. Il Führer ha esposto il suo progetto di ricostruire Trondheim con una disposizione a terrazze, in modo che ogni edificio possa godere tutto il giorno della luce del sole... Poi, ha parlato della necessità di costruire due reti autostradali, una verso Trondheim, l'altra fino in Crimea. A conclusione della guerra, i cittadini del *Reich* avranno la possibilità, spostandosi con la loro *Volkswagen* di toccare con mano i territori conquistati, affinché, laddove se ne presentasse l'esigenza, fossero successivamente disposti a battersi per non perderne il possesso. Non dobbiamo commettere l'errore di pensare, nel dopoguerra, in termini colonialisti, che la proprietà di quelle terre sia esclusiva di pochi capitalisti o di alcuni gruppi di aziende... Se è vero che la ferrovia abbrevia le distanze, la strada le rende accessibili a tutti".

Un assurdo, disse Hitler a Seyss-Inquart il giorno 26, che l'Europa occidentale fosse costretta a soddisfare le proprie esigenze, importando materie prime da lontane colonie, quando nell'Est si trovava un territorio scarsamente popolato e ricco di ogni tipologia di risorse. "Una volta che avremo saldamente occupato le regioni europee dell'Unione Sovietica, la guerra a est degli Urali, per quanto ci riguarda, potrà proseguire anche per altri 100 anni". Hitler, appreso che nei pressi di Charkiv si trovavano alcune piantagioni di gomma, ne aveva ammirato l'eccellente campionario. "Le gigantesche fattorie introdotte da Stalin, anche in futuro, costituiranno il modo migliore per sfruttare la terra...".

Se il governo di occupazione avesse il controllo della distribuzione di alcol e tabacco, aveva detto a pranzo alcuni giorni prima, la popolazione di quelle terre sarebbe tutta alle nostre dipendenze.

"La frontiera tra Europa e Asia", ribatté Hitler durante la cena del 23, "non corrisponde agli Urali, ma ai luoghi dove finiscono gli insediamenti di ceppo germanico e cominciano le etnie slave. È nostro dovere spingere questo confine quanto più possibile a oriente, se necessario, ben oltre gli Urali. La legge eterna della natura conferisce alla Germania, in qualità di potenza predominante, il diritto davanti alla Storia di sottomettere i popoli di razza inferiore, di dominarli e costringerli a compiere lavori che essa ritiene utili al proprio benessere".

Si parlò, poi, di un programma di pulizia etnica che, a conclusione dell'*Operazione Barbarossa*, a Berlino, Praga e Vienna avrebbe riguardato anche gli ebrei.

"[Questi ultimi] dovranno essere trasferiti nelle regioni adiacenti al territorio bolscevico", dettò Goebbels il giorno 23 (il microfilm è in parte indecifrabile).

Sin dall'inizio della campagna di Russia, nel "protettorato" di Boemia-Moravia si era registrata una forte resistenza armata, con conseguenti sabotaggi e attentati. A Hitler giunse voce di preparativi per un'insurrezione generale. "Devono rendersi conto che non c'è scampo: solo quando regnava la grande Russia, madre di tutti gli slavi, certa gente poteva ancora sperare".

Qualche giorno dopo, a pranzo, Koeppen riferì le osservazioni di Hitler: "Continua a ripetere che conosce bene i cechi. Per loro [il protettore tedesco] Neurath era solo un simpatico individuo la cui mitezza e allegria era stata interpretata quale debolezza e incapacità. I cechi sono una nazione di *ciclisti*: anche quanto si inchinano dalla vita in su, con le gambe continuano a scalciare!"

Una sera di fine settembre, Otto Bräutigam annotò nel proprio diario questa affermazione del Führer:

"Abbiamo prova che il governo ceco abbia emesso disposizioni per boicottare la produzione bellica. La produttività è scesa del 20-30%, le munizioni hanno detonatori difettosi e persino le piastre corazzate della *Skoda* mostrano imperfezioni riconducibili unicamente ad azioni di sabotaggio".

Su suggerimento di Bormann, Hitler nominò Heydrich protettore ad interim. Quando il 24 settembre quest'ultimo si recò alla *Tana del Lupo*, Hitler gli disse che il suo compito sarebbe consistito in "una missione di combattimento" di durata limitata. Diede ad Heydrich carta bianca, dicendogli di agire come riteneva opportuno.

Il 27 settembre Heydrich, tornato a Praga, fece imprigionare coloro ritenuti responsabili della rivolta, tra i quali spiccava il Primo ministro e generale Alois Eliàs. Il giorno seguente, Himmler fu informato della confessione di Eliàs circa un complotto ordito con l'appoggio del governo in esilio di Benes. Elias venne condannato a morte, ma, poiché Hitler pensò che tenerlo in vita in qualità di ostaggio avrebbe garantito un più retto comportamento dei cechi, sopravvisse fino al 1942.

Il Führer aveva informato dettagliatamente Heydrich sul ruolo del suo protettorato nel *nuovo ordine*: il 2 ottobre, a Praga, Heydrich ne parlò a sua volta, in via riservata, ai governatori locali tedeschi. Un giorno, disse, il protettorato sarebbe stato definitivamente colonizzato dai tedeschi. "Questo non significa", spiegò Heydrich, "che adesso dobbiamo impegnarci a germanizzare tutta la plebaglia ceca... Per coloro di buona razza e di altrettante ottime intenzioni la faccenda è semplice: verranno germanizzati. Ci libereremo degli altri, quelli ostili o appartenenti a una razza inferiore, convogliandoli quanto più a Est possibile".

I cechi inferiori, ma amichevoli nelle intenzioni, sarebbero stati mandati a lavorare nel *Reich*. La categoria più inopportuna, quella composta da individui con ottime credenziali razziali ma avversi al nazismo, necessitava di essere immediatamente estinta[6].

Hitler consigliò ad Heydrich di gestire i lavoratori cechi con bastone e carota. In qualsiasi fabbrica in cui si fossero verificati dei sabotaggi doveva provvedere a giustiziare 10 operai, ma laddove si riscontravano ottimi livelli di produzione i lavoratori dovevano essere premiati con razioni extra. Heydrich si spinse oltre e fece conoscere ai cechi il programma completo di previdenza sociale di Bismarck. "Gli operai cechi hanno accettato pacatamente l'eliminazione dei cospiratori", scrisse Koeppen quello stesso 2 ottobre, dopo che Heydrich, arrivato da Praga, aveva fatto, a cena, il suo primo rapporto.

"Per loro, la cosa più importante è avere cibo e lavoro... Un operaio ha persino scritto a Heydrich, firmando con il proprio nome e dicendo che la storia dei cechi è sempre stata così: affinché a lungo regni la pace, ogni nuova generazione deve subire una lezione. Inoltre, ha aggiunto che, riconosciuti loro alcuni diritti, nessuno avrebbe da ridire neppure se fossero fucilati altri 2.000 uomini". E i nazisti, in proposito, furono all'altezza della situazione.

Un misero raccolto

Quello che Hitler supponeva essere l'ultimo atto dell'*Ope-*

6 Ndt. Nel settembre del 1940, Hitler si era espresso allo stesso modo con Neurath, col segretario di stato Karl-Hermann Frank e con il ministro della Giustizia: "I cechi da noi rifiutati per motivi razziali o per atteggiamento avverso al Reich non devono essere assimilati, bensì fisicamente soppressi". Il 6 ottobre 1941, Hitler annunciò che gli ebrei del protettorato sarebbero stati tutti deportati a Est. "Al termine della guerra, il Führer intende trasferire dalla Boemia a Est tutti gli elementi che, a causa della loro razza, siano ritenuti privi di valore".

razione Barbarossa ebbe inizio. Alle 5:30 del 2 ottobre 1941, il Gruppo di armate del feldmaresciallo Bock, composto da quasi 2.000 carri armati comandati da Guderian, Erich Hoepner e Hoth, aprì la prima fase dell'*Operazione Tifone*, ovvero l'attacco contro Mosca.

Quel giorno, al quartier generale del Führer il pranzo cominciò in ritardo perché Hitler doveva ascoltare i primi rapporti di quella battaglia, studiata per distruggere le armate del maresciallo Timosenko. A tavola Hitler era insolitamente taciturno. Ruppe il silenzio solo per informarsi sulle previsioni del tempo e poi, per abbandonarsi ai ricordi della Berghof, dove, anche in quel momento, gli operai di Bormann stavano apportando migliorie architettoniche.

Le condizioni climatiche sull'Unione Sovietica non destavano stupore. Non più tardi del 14 agosto, il vice di Jeschonnek, Hoffmann Waldau, aveva scritto in forma privata al quartier generale della *Luftwaffe*: "Tutto viene eccessivamente ritardato. Alla fine di ottobre la guerra si impantanerà nella neve". E il 9 settembre, tre giorni dopo che Hitler aveva emesso la direttiva per l'*Operazione Tifone*, Waldau, aveva tristemente predetto: "Andiamo incontro a una campagna invernale. Cominciano le vere difficoltà di questa guerra, ma la mia fiducia nella vittoria finale rimane immutata".

Alle 13:30 del 3 ottobre 1941, il treno del Führer giunse a Berlino. Hitler, in auto, si recò al Palazzo dello Sport dove tenne uno dei più efficaci discorsi della sua vita, completamente improvvisato e quindi, come Hewel riferì successivamente, "enormemente sincero". Hitler, per l'accoglienza riservatagli nella capitale, appariva felice: "C'era la stessa atmosfera delle nostre migliori riunioni durante gli anni della lotta. Ciò grazie al fatto che, non essendo stati distribuiti inviti, il pubblico in sala era veramente rappresentativo del popolo. Le persone comuni costituiscono il pubblico più entusiasta, coloro che nell'intimo mi supportano. A differenza dei nostri intellettuali, che ondeggiano a seconda di dove spira il vento, queste persone hanno in sé un equilibrio che consente loro di tollerare i pesi più gravosi".

Nel suo discorso delineò il proprio ruolo di unificatore dell'Europa e spiegò per quale motivo l'Italia, l'Ungheria, le nazioni scandinave e il Giappone si fossero avvicinati alla Germania. "Sfortunatamente, non lo ha fatto la nazione che per tutta la vita ho corteggiato, vale a dire la Gran Bretagna. Non che la responsabilità di questo sia da attribuire al popolo britannico nel suo complesso, ma ad alcune persone che, spinte da una totale e illogica avversione, favorita e appoggiata da quel potente nemico che è il giudaismo internazionale, hanno impedito un qualsiasi accordo tra noi. In tutti gli anni in cui ho cercato di raggiungere un'intesa, ho sempre avuto di fronte un Churchill che sbraitava: 'Voglio la guerra!'. Bene, adesso l'ha avuta".

Un'ora più tardi, il treno riportava Hitler al quartier generale.

La vittoria, in Unione Sovietica, sembrava certa. Guderian avanzava su Orel. Intorno a Vyazma e a Bryansk le armate di Bock, come reti da pesca gettate in mare, stavano raccogliendo prede: tra le loro maglie sarebbero rimasti intrappolati 673.000 soldati nemici. Sul mare di Azov, Rundstedt distrusse la Diciottesima Armata sovietica catturando altri 100.000 uomini.

Hitler fu colto da una singolare allegrezza e, durante i pasti, prese a chiacchierare a ruota libera di facezie quali i diversi tipi di caviale, le ostriche e non specificati batteri che, alcuni decenni addietro, avevano decimato colonie di granchi.

L'Unione Sovietica? "Abbiamo in progetto grandi cose: canali e linee ferroviarie con scartamento identico a quello della Germania. La popolazione... deve vegetare. Per quello che rimarrà dell'Impero di Stalin [a est degli Urali] il bolscevismo sarà buona cosa; la certezza per noi della loro perenne ignoranza". Così scrisse Weitzsäcker dei progetti del Führer.

Il 6 ottobre, a cena, Hitler appariva di ottimo umore. Poiché il maggiore Engel era stato morso da un cane, egli diede il via a una serie di battute sugli effetti spaventosi che avrebbe comportato il diffondersi della rabbia all'interno del quartier generale. Alla fine della cena, fu proiettato il cinegiornale. Hitler vide le truppe al comando di Manstein, cui adesso, per l'attacco contro la Crimea, era stata affidata l'Undicesima Armata, avanzare combattendo e le Armate Nord rendere vani i frenetici tentativi sovietici di liberare Leningrado.

Il 7 ottobre, la sacca di Bryansk era completamente circondata e le divisioni corazzate stavano per chiudere l'altro ampio cerchio intorno a Vyazma. Preso dagli importanti avvenimenti militari, quel giorno, benché Himmler festeggiasse il 41° compleanno, Hitler saltò il pasto. Hewel se ne meravigliò e scrisse nel proprio memoriale: "Jodl dice che questa è la giornata più importante dell'intera campagna di Russia, la paragona a Königgrätz"[7].

Le intercettazioni di dispacci in codice, provenienti da diplomatici residenti a Mosca, facevano pensare prossima la conclusione del conflitto. L'ambasciatore turco parlava di decine di migliaia di vittime civili, in città. Per un certo tempo, Hitler vagliò la possibilità che il gruppo di guardie del corpo delle *SS* avanzasse di circa 150 chilometri sino a Rostov sul Don, porta d'accesso ai giacimenti petroliferi del Caucaso. "Poiché presto avremo esaurito il carburante, è di vitale importanza impossessarsi di quei pozzi di greggio", disse Keitel a Canaris quello stesso mese.

Il generale Eduard Wagner, quartiermastro generale dell'esercito, scrisse in forma privata: "Avanziamo su Mosca. L'impressione è che la capitolazione sovietica sia imminente e che già questa sera, al Cremlino faranno i bagagli. Ciò che adesso conta è che le armate corazzate raggiungano gli obiettivi prefissati. Si stanno definendo strategie un tempo inimmaginabili. A est di Mosca!!! Le capacità militari del Führer continuano a stupirmi. In questa campagna, egli sta intervenendo con decisione in tutte le operazioni e, fino a questo momento, senza sbagliare un colpo. L'importante vittoria a sud è esclusivamente opera sua".

L'8 ottobre, Jodl replicò il suo trionfale verdetto: "Abbiamo finalmente e senza ombra di dubbio vinto la guerra!"

Hitler firmò un ordine dell'*OKW* che proibiva a Bock di accettare, se gli fosse stata offerta, la resa di Mosca. Nessun soldato

---

7 Ndt. Nella battaglia di Königgrätz (3 luglio 1866), la guerra austroprussiana volse a favore della Prussia. La convergenza di molteplici unità nella stessa posizione consentì ai prussiani di intrappolare e distruggere le truppe nemiche. Tale battaglia costituì l'avvenimento centrale della guerra. L'armistizio venne firmato tre settimane più tardi.

tedesco doveva metterci piede perché la città, una volta circondata, andava distrutta con i bombardamenti. Alcuni piccoli varchi sarebbero stati lasciati per consentire alla popolazione civile di fuggire verso est, oltre le linee sovietiche, alimentando il caos che là regnava. Su tutto il fronte orientale, intanto, cominciava a piovere.

L'imminente vittoria sollevava Hitler da ulteriori preoccupazioni strategiche. Il Giappone sarebbe stato libero di attaccare gli Stati Uniti, che, in questo caso, difficilmente avrebbero potuto aiutare la Gran Bretagna nello scontro finale con la Germania. Rendendosene conto, Roosevelt inviò a Mosca Averell Harriman perché studiasse con il britannico Beaverbrook le modalità di un immediato sostegno militare da offrire a Stalin.

Il 6 ottobre, il Führer era in possesso del testo della lettera scritta da Roosevelt, come credenziale di Harriman, da presentare a Stalin:

"Harry Hopkins mi ha parlato dettagliatamente delle incoraggianti e soddisfacenti visite da lui fattele. Non sto a dirle quanto tutti noi siamo entusiasti del valore mostrato dall'Armata Rossa. Sono certo che troveremo modo di procurarci materiali e approvvigionamenti necessari per continuare a combattere Hitler su tutti i fronti, compreso il suo. Voglio cogliere questa occasione per esprimere la mia piena fiducia sul fatto che il suo esercito riesca a prevalere e per assicurarle la fornitura di quanto nelle nostre possibilità per sostenerlo nella lotta".

Hitler fece divulgare il testo di quella missiva in tutto il continente americano. Inoltre con grande disappunto di Roosevelt, provvide a modificare il messaggio del Presidente, arricchendolo con qualche "mio caro amico Stalin" e a conclusione, sostituendo un "molto cordialmente" finale, con un untuoso "con sincera amicizia".

In ogni caso, Roosevelt aveva decisamente sconfinato dalla sbandierata neutralità e l'11 settembre aveva dato disposizioni alla marina di "sparare a vista contro qualsiasi nave da guerra appartenente alle potenze dell'Asse in navigazione".

L'ammiraglio Raeder implorò il Führer di permettere alle

navi tedesche, nell'eventualità, di rispondere al fuoco, ma Hitler, non vedendone alcun beneficio politico o militare, non si lasciò convincere.

Il 7 ottobre 1941, sul quartier generale di Hitler, cadde la prima neve. "Gli dèi del tempo", scrisse quattro giorni dopo Guderian, "si sono fatti beffe di noi: prima la pioggia, poi, ieri una bufera di neve al mattino, gelo nel pomeriggio e durante la nottata e oggi, disgelo. Le strade non hanno tenuta e la nostra avanzata ne risente".

Il 16, un pilota di caccia, recatosi dal Führer per ricevere la Croce di Ferro, annunciò che la pianura russa era già coperta da 20 centimetri di neve.

Il 17, a Leningrado la temperatura scendeva sotto lo zero, mentre all'estremo nord si raggiungevano già i -33. Il giorno successivo le condizioni climatiche erano talmente sfavorevoli da impedire qualsiasi significativo spostamento della linea del fronte.

Il Gruppo Armate di Bock era paralizzato dalla neve e dal fango e non c'era alcuna possibilità di muoversi se non a piedi o su carri trainati a mano. Essendo le strade poche e distanti tra loro, adesso era su queste che i russi concentravano la loro difesa. Ogni notte la temperatura, scendendo, gelava la neve e ogni mattina lo sbalzo termico rendeva il tutto una poltiglia fangosa che impossibilitava ogni spostamento.

Mentre avanzavano dibattendosi nella melma, i soldati tedeschi incontravano lunghe file di prigionieri sovietici diretti a Ovest. "Le colonne di prigionieri russi, che si muovevano lungo le strade, sembravano branchi di animali istupiditi", scrisse uno degli assistenti di Canaris. "Tenuti a bada a pugni e a frustate, quei miserabili marciavano finché, esausti, per fame, malattie o freddo non venivano lasciati morenti ai bordi delle strade".

"La Sesta Armata [di Reichenau] ha disposto che i prigionieri che rallentano la marcia siano fucilati. Purtroppo, spesso, molti vengono giustiziati alla presenza di testimoni. La popolazione", continuava il rapporto, "saluta i soldati tedeschi come liberatori, ma c'è il pericolo che questo stato d'animo, a fronte di un nostro comportamento errato, possa trasformarsi in ostilità".

Durante la campagna di Russia, la prima grossa operazione delle *SS* contro gli ebrei fu condotta a Kiev verso la fine di settembre. Il rapporto fatto a Canaris dal sopra citato assistente recitava: "Gli ordini sono che gli ebrei vengano reinsediati. Questo avviene nel modo seguente: agli ebrei viene ingiunto, con breve preavviso, di recarsi in determinati punti di raccolta con indosso i loro abiti migliori e i gioielli. Senza distinzione di classe sociale, sesso o età, vengono così trasferiti in un luogo fuori città, precedentemente predisposto, dove, con il pretesto di dover assolvere ad alcune formalità vengono privati dei vestiti e dei preziosi. Poi, condotti lontano dalla strada, vengono sterminati. I riflessi negativi sulle squadre tedesche adibite a questo compito sono inevitabili e, in genere, le esecuzioni possono essere effettuate solo sotto l'effetto dell'alcol. La popolazione indigena palesa talvolta indifferenza, talvolta soddisfazione verso questo programma di pulizia, di cui è perfettamente consapevole, e la milizia ucraina vi prende attivamente parte".

Si registravano persino proteste perché alcuni ebrei riuscivano a sfuggire alla rete delle *SS*. Le ragioni del pogrom di Kiev sono tutt'ora ignote.

Comunque, quale che ne sia stato il motivo, negli ultimi due giorni di settembre vennero giustiziati 33.771 ebrei sovietici. Un mese più tardi, la cifra era salita a 75.000. Alcuni documenti indicano come la responsabilità di Hitler non andasse oltre la decisione di deportare a Est tutti i semiti europei e che quanto accadde agli ebrei sovietici e a quelli europei, dopo il loro arrivo a "Est", sia imputabile a Himmler, Heydrich e alle autorità locali.

Il 18 settembre 1941, Himmler scrisse ad Arthur Greiser, il brutale gerarca del *Wartheland* (territori polacchi annessi alla Germania nell'invasione di due anni prima):

"Il Führer desidera che il territorio del vecchio *Reich* e il protettorato [di Boemia-Moravia] siano ripuliti dagli ebrei, trasferendoli a Est quanto prima. Come primo passo, sto cercando di deportare il più lontano possibile i giudei del vecchio *Reich* e del protettorato nei territori orientali annessi nel 1939. La prossima primavera poi, saranno dislocati ancora più a oriente [Urss]".

I primi 60.000, informò Himmler, presto sarebbero stati confinati nel ghetto di Lodz, dove avrebbero passato l'inverno. Incaricato di questa "migrazione ebraica", sarebbe stato Heydrich. La seconda fase, il trasferimento in Unione Sovietica, non poteva cominciare finché non fosse terminata la campagna di Russia e le esigenze militari di trasporti ferroviari non fossero scemate.

L'atteggiamento personale di Hitler è messo in evidenza da un episodio accaduto in quel periodo. Appreso che i sovietici stavano deportando circa 400.000 tedeschi del Volga e persino liquidandone alcune migliaia, il comandante del *Reich* Rosenberg propose, come rappresaglia, di "convogliare tutti gli ebrei dell'Europa centrale" nei territori orientali da poco occupati.

Il 14 settembre, Rosenberg inviò quindi il proprio ufficiale di collegamento, Otto Bräutigam, a ottenere il consenso del Führer per questa operazione.

Secondo il diario di Bräutigam, il generale Bodenschatz credeva che le difficoltà del trasporto rendessero al momento inattuabile una tale strategia: "Finalmente ho incontrato il colonnello Schmundt. Egli, con mia grande sorpresa, [ha detto] che si trattava di una faccenda importante e urgente, per la quale il Führer avrebbe manifestato interesse".

Hitler, in proposito, ordinò di chiedere l'opinione di Ribbentrop. Il giorno 21, il barone Steengracht, rappresentante di Ribbentrop, riferì l'opinione del ministro degli Esteri sulla deportazione sovietica dei tedeschi residenti sul Volga e sulle opportune "contromisure da prendere contro gli ebrei presenti nelle zone occupate".

Poi, scrisse: "Il Führer ancora non si è deciso".

Il giorno seguente Koeppen annotò che Hitler avevarisolto di tenere in serbo le rappresaglie contro gli ebrei "nell'eventualità di una entrata in guerra degli Stati Uniti".

Due giorni a seguire, dopo un colloquio privato, Goebbels riportò nel proprio memoriale: "È opinione del Führer che, a poco a poco, gli ebrei lascino definitivamente la Germania". Quell'esplicito orientamento di Hitler fu documentato, nei mesi successivi, da numerose fonti.

Così, il 10 febbraio 1942, la sezione D III del ministero degli Esteri ebbe a decretare: "La guerra contro l'Urss ha nel frattempo reso altri territori disponibili per la soluzione finale [vale a dire la deportazione di tutti gli ebrei fuori dall'Europa]. In conseguenza di ciò, il Führer ha deciso che gli ebrei devono essere scaricati (*abgeschoben*) non in Madagascar, ma a Oriente". E il 28 luglio 1942 Himmler in persona avrebbe dettato queste parole al comandante di plotone delle *SS* Gottlob Berger: "I territori orientali occupati devono essere liberati dagli ebrei [*judenfrei*][8]. Il Führer ha posto sulle mie spalle l'onere dell'esecuzione di quest'ordine estremamente grave. Di conseguenza, nessuno può togliermene la responsabilità".

Quale che fosse il senso che Hitler attribuiva al termine *judenfrei*, resta il fatto che, fra i suoi subordinati, gli ebrei sovietici avevano pochi difensori. Nell'ambito dell'esercito tedesco raramente si registrava una qualche opposizione alla loro liquidazione sommaria: persino Manstein la considerava una salutare misura preventiva, atta a inibire la formazione di gruppi partigiani. Reichenau la giustificò, invece, come parte della missione tedesca di liberare l'Europa dal "pericolo degli ebrei asiatici".

In un messaggio ai suoi soldati, proclamò:

"A Est ogni soldato non è solamente un guerriero che deve attenersi alle consuete regole della guerra, ma anche l'inflessibile alfiere di un puro ideale germanico e il vendicatore di atti bestiali commessi contro i tedeschi e le razze affini. È questo che ogni militare deve comprendere perché dobbiamo pretendere un duro, ma giusto tributo dai subumani ebrei. Ciò ci consentirà anche di soffocare sul nascere eventuali insurrezioni alle spalle della *Wehrmacht*, dal momento che l'esperienza dimostra che queste sono sempre concepite da ebrei...".

Tale proclama, considerato eccellente dallo stesso Hitler, fu fatto subito circolare tra gli Alti Comandi.

Non è mai venuto alla luce alcun diretto rapporto scritto da Himmler o Heydrich sui barbari massacri di ebrei sovietici di

8 Nda. Ciò che Himmler intendeva per "territori orientali" è evidente dalla lettera a Greiser datata 8 settembre 1941, citata nelle pagine che precedono.

cui i due uomini erano testimoni. Per esempio il 5 ottobre, a cena, Himmler, di ritorno da un lungo giro in Ucraina durante il quale aveva visitato Kiev, Nikolaev e Kherson, riferì a Hitler le proprie impressioni su alcune di quelle località. Werner Koeppen, che quella sera era stato invitato alla tavola del Führer, annotò le parole di Himmler: "A Kiev... il numero degli abitanti è ancora alto. La popolazione è in prevalenza povera, potremmo fare facilmente a meno dell'80-90%!"

"Tutti gli ebrei devono essere trasferiti", stabilì Hitler quello stesso giorno, riferendosi a quelli del *Reich*, "e non in Polonia, ma a Oriente. Solo le nostre esigenze di trasporti militari ci hanno sinora impedito di farlo".

Da quelle parole, Himmler trasse le proprie conclusioni. Al disperato Friedrich Uebelhöer, governatore di Lods, dove 60.000 ebrei provenienti dal *Reich* erano stati scaricati, Himmler scrisse il giorno 10 che quello era il "volere del Führer".

Gli aiutanti, le segretarie e gli stenografi di Hitler che sopravvissero alla guerra hanno tutti testimoniato che mai, neppure una volta, al quartier generale del Führer venne accennato a episodi di sterminio di ebrei sovietici o europei, neppure in forma confidenziale.

Eppure, il colonnello Schmundt sembra aver sospettato ciò che stava accadendo: infatti, quando il cameraman di Hitler, Walter Frentz, che aveva accompagnato Himmler a Minsk insieme allo scenografo Bensa von Arent, si trovò ad assistere inorridito a un'esecuzione di massa, Schmundt gli consigliò di distruggere l'unica fotografia scattata nell'occasione e di "evitare di mettere il naso in cose non di sua pertinenza".

Verso la metà ottobre del 1941, nonostante le pessime condizioni meteorologiche, Hitler era ancora pieno di ottimismo. Il 13, addirittura, cominciò a gettare le basi della versione nazista di un'Europa unita.

Hewel scrisse: "Il ministro degli Esteri del *Reich* in visita al Führer. Prime idee per un manifesto europeo. Riguarderà innanzitutto la sfera economica e sarà redatto probabilmente all'inizio dell'inverno. Il Führer appare rilassato e di ottimo umore".

A cena, Hitler rivelò che aveva pensato di riunire gli esperti economici di Danimarca, Olanda, Belgio, Svezia e Finlandia. "Tutti coloro che hanno a cuore il futuro dell'Europa possono contribuire", disse, riferendosi alla colonizzazione dell'Oriente. Quando Todt e il commissario del distretto di Kassel, Fritz Sauckel, cenarono con Hitler il 17 ottobre non fecero che parlare di ciò che avevano appena visto a Est. Nuovamente, Hitler fantasticò ad alta voce sui nuovi immensi progetti di lavori pubblici per mezzo dei quali avrebbe dato respiro all'Est. "Soprattutto, dobbiamo costruire una rete stradale", scrisse Koeppen quella sera, descrivendo la conversazione che si era tenuta nel corso della cena:

"Ha detto a Todt che deve ampliare notevolmente i suoi progetti originali. A questo scopo, per i prossimi vent'anni, potrà usare 3 milioni di prigionieri. Le strade più importanti (oggi il Führer ha parlato non solo dell'autostrada che porterà in Crimea, ma anche di quella diretta al Caucaso e di altre 2 o 3 che attraverseranno i territori più settentrionali) devono essere tracciate attraverso scenari panoramici. Nei luoghi in cui si incontreranno grandi fiumi dovranno sorgere cittadine tedesche, in cui si ergeranno i centri della *Wehrmacht*, della polizia, dell'amministrazione e del partito. Lungo le principali arterie, saranno previste fattorie tedesche e presto la steppa perderà l'attuale monotono aspetto asiatico. Tra 10 anni, vi si saranno stabiliti 4 milioni di tedeschi e tra 20, almeno 10 milioni. Verranno non solo dal *Reich*, bensì dall'America e dalla Scandinavia, dall'Olanda e dalle Fiandre. E anche il resto d'Europa, in questa riorganizzazione degli incolti territori sovietici, farà la sua parte... Poi, il Führer è tornato a ripetere che 'contrariamente a quanto alcuni pensano' ai nativi non dovranno essere concessi educazione, né benessere. Sarà sufficiente la conoscenza della segnaletica stradale e non dovrà esservi trasferito alcun insegnante tedesco. Per 'libertà' gli ucraini intendono la facoltà di lavarsi una volta al mese, invece di due: i tedeschi, con le loro spazzole, non sarebbero molto amati. Hitler, in qualità di Führer, gestirà quelle regioni sulla base di freddi calcoli e ciò che gli slavi penseranno non avrà su di lui alcun effetto.

Nessuno, tra coloro che oggi mangiano il pane tedesco, si irrita perché nel XII secolo i granai a est dell'Elba furono riconquistati con la spada. A Est stiamo oggi reiterando un processo simile alla conquista dell'America. Esclusivamente per ragioni climatiche, non possiamo avventurarci oltre la Crimea (non ha menzionato il Caucaso); ancora adesso centinaia tra i nostri alpini inviati a Creta soffrono di malaria! Il Führer ha continuato a sottolineare che vorrebbe avere 10-12 anni meno per vedere il completamento di questa grandiosa opera".

Nel frattempo, ebbe inizio la fase successiva della deportazione degli ebrei europei. L'evidenza dei fatti suggerisce che l'intenzione di Hitler fosse duplice: istituire una forza lavoro ebraica per i progetti urbanistici a Est e tenere in ostaggio la popolazione semita.(L'idea 'dell'ostaggio ebraico' tornerà ancora negli ultimi mesi del 1943)[9].

In nessun documento, compare il proposito di sterminarli. Fino a quel momento, Adolf Eichmann, uno dei massimi esperti in questioni ebraiche di cui Hitler disponesse, aveva tenuto regolari conferenze sui problemi associati al *Piano Madagascar*: per esempio la rieducazione di professionisti ebrei per trasformarli in operai, agricoltori, artigiani, necessari sull'isola.

Il 15 ottobre 1941, invece, prese il via il grande esodo verso l'Est con il provvisorio trasferimento degli ebrei nel ghetto di Lodz. Albert Speer accolse con gaudio quei trasferimenti, perché abbisognava di edifici liberi dove sistemare le famiglie tedesche allontanate dai quartieri da bonificare.

Il 18 ottobre, Himmler appuntò sulla rubrica telefonica un messaggio che aveva appena dettato a Heydrich: "Nessuna migrazione oltremare per gli ebrei".

Il giorno successivo, Heydrich confermò a Himmler: "Con trasporti giornalieri di un migliaio di persone, tra il 15 ottobre e l'8 novembre, verranno destinati al ghetto di Lodz 20.000 ebrei e 5.000 zingari".

Se Himmler lasciò temporaneamente in vita gli ebrei in base al lavoro che potevano svolgere, a Est, i gerarchi nazisti non pa-

9 Nda. Nell'ottobre 1943, Hitler si oppose alla liquidazione degli ebrei di Roma.

lesavano alcuna intenzione a sfamare coloro non sfruttabili: una missiva datata 25 ottobre, rinvenuta negli archivi delle *SS*, riporta il nulla osta di Eichmann alla proposta del gerarca Lohse di uccidere con il gas, all'interno di camion, tutti quelli che arrivavano a Riga. Questa operazione, inizialmente localizzata, andò sempre più diffondendosi.

Presto, 152.000 semiti provenienti dal ghetto di Lodz e dai territori di Greiser vennero deportati ancora più a est, nel campo di Chelmno, dove, l'8 dicembre, ebbe inizio lo sterminio. È possibile dedurre chi fossero gli istigatori di tutto ciò, poiché, il 1° maggio 1942, Greiser stesso ricordò, in una lettera destinata a Himmler, che il programma di 'trattamento speciale' dei 100.000 ebrei del suo distretto era stato autorizzato dallo stesso Himmler "con l'approvazione di Heydrich". Hitler neppure veniva menzionato. Dalla metà di novembre in poi, le ferrovie tedesche mandarono verso Minsk (Bielorussia) convogli carichi di ebrei radunati a Vienna, Brno, Brema, Berlino e Varsavia, mentre altri furono condotti a Kaunas e Riga. In queste ultime località, i deportati furono fucilati poco dopo il loro arrivo.

A Minsk, gli ebrei tedeschi inizialmente sopravvissero, ma la loro buona sorte non durò a lungo. I nazisti liquidarono i 35.000 ebrei russi locali per far posto ai nuovi arrivi, sistemati in un apposito ghetto chiamato Hamburg dal nome della città da cui giunse il primo gruppo. Secondo Hersch Smolar, ebreo comunista a capo della resistenza, fra i nuovi arrivati prevalevano individui tanto mediocri quanto presuntuosi. "Animo, ho fatto posto per voi a scapito di 35.000 ebrei russi!" gridò il comandante maggiore della squadra *SS* Scheidel, che controllava il ghetto.

In principio, si dispose che gli ebrei tedeschi, a differenza di quelli dell'Est (*Ostjuden*), iniziassero a Oriente una nuova vita. Dalle intercettazioni di alcuni messaggi della polizia, risulta infatti che i loro treni fossero forniti di cibo, denaro e di tutto il necessario per il viaggio e per un soggiorno di alcune settimane. In realtà, Wilhelm Kube, rappresentante di Rosenberg nella Rutenia Bianca (odierna Bielorussia), annotò il 31 luglio 1942 che, dal giorno 28 dello stesso mese, 10.000 persone, tra cui 6.500

ebrei russi, donne, bambini e anziani non utilizzabili come forza lavoro, erano state giustiziate.

Gli appunti scritti a mano da Himmler sulla rubrica telefonica accennavano a una conversazione avvenuta tra lui e Heydrich il 17 novembre 1941, a proposito della necessità di "liberarsi degli ebrei". Dodici giorni dopo, Heydrich trasmise inviti per una conferenza interministeriale sulla soluzione finale del problema ebraico: riunione che, rinviata al gennaio 1942, divenne celebre come Conferenza di Wannsee[10].

Non esiste alcuna prova documentata che Hitler fosse al corrente di cosa stesse accadendo agli ebrei. Le sue osservazioni, annotate il 25 ottobre 1941 da Bormann, indicano che non ne sapesse alcunché: "Dalla tribuna del Parlamento, ho predetto agli ebrei che, se non si fosse potuta evitare la guerra, essi sarebbero spariti dall'Europa. Quella stirpe di criminali responsabile dei 2.000.000 di morti della Grande Guerra, ne ha adesso altre centinaia di migliaia sulla coscienza. Quindi, che nessuno venga a dirmi che non possiamo confinarli nei paludosi territori dell'Unione Sovietica! Anche i nostri soldati si trovano là e chi si preoccupa per loro? Tra l'altro, non è una cosa negativa che alcuni ci attribuiscano di aver congegnato un piano di sterminio per gli ebrei".

Tuttavia, Hitler aggiunse che, proprio come stava procrastinando la resa dei conti con il turbolento vescovo Galen, "anche con gli ebrei mi sono scoperto paziente. È inutile cercarsi nuove grane in un momento come questo".

In seguito, Hans Lammers testimoniò che quella era la reale politica del Führer: lui stesso glielo aveva confermato asserendo: "Non desidero essere nuovamente seccato con il problema ebraico fino alla conclusione della guerra".

Nella maggior parte delle circostanze, Hitler era un pragmatico. Non sarebbe stato da lui autorizzare l'impiego di preziosi

10 Ndt. Alla Conferenza di Wannsee, cui parteciparono 15 alti ufficiali nazisti, fu deciso come attuare la "soluzione finale della questione ebraica". L'incontro si tenne il 20 gennaio 1942 in una villa sulla riva del lago Wannsee a Berlino. L'ordine per l'avvio della Conferenza fu dato da Göring. Dopo varie discussioni, venne stabilito di compiere una vera e propria pulizia etnica, lo sterminio totale della razza ebraica.

mezzi di trasporto per dislocare a Est milioni di ebrei, se lo scopo era ucciderli appena giunti a destinazione; né avrebbe volontariamente dissipato la mano d'opera di cui le sue industrie avevano disperato bisogno. Heinrich Heim rammenta un irritato commento sfuggito a Hitler quando gli alleati annunciarono via radio che era in corso un'operazione atta allo sterminio degli ebrei: "Gli ebrei dovrebbero essermi riconoscenti, perché da loro non desidero altro che duro lavoro".

Quando in novembre apparve sul giornale *Das Reich* un feroce articolo di Goebbels titolato "La colpa è degli ebrei", Hitler, che si trovava a Berlino per le esequie del generale della *Luftwaffe* Ernst Udet, lo sollecitò ad ammorbidire i toni al fine di "non creare ulteriori problemi". Nella stessa occasione, Hitler chiese a Goebbels di mostrare maggior tolleranza nei confronti dei matrimoni misti.

Il 22 novembre, Goebbels, riferendosi a quell'episodio, iniziò i suoi appunti così: "Sulla questione ebraica il Führer è perfettamente in linea con il mio pensiero". Ma, come risulta dai fatti riferiti, l'affermazione risultava alquanto inverosimile.

Erano Heydrich e i fanatici gerarchi nazisti dei territori orientali, i responsabili di una sconcertante, brutale e meticolosa interpretazione del decreto varato da Hitler, secondo il quale gli ebrei dovevano finalmente "sparire dall'Europa".

Il ruolo personale di Himmler è ambivalente. Il 30 novembre 1941, convocato alla *Tana del lupo* per un colloquio riservato con il Führer, discusse con lui del destino di un treno carico di 1.035 ebrei berlinesi. Una pagina del dossier di Himmler rinvenuta negli archivi di Mosca riporta gli appuntamenti che, quel giorno, aveva in calendario. Risulta che tra le 12:00 e le 13:00 incontrò il maggiore delle *SS*, Günther d'Alquèn, giornalista alle dipendenze di Goebbels, col quale discusse un rapporto sull'unità di Polizia delle *SS e* su quelle, 'testa di morto'[11].

In seguito, Himmler lavorò per un'ora, ricevendo una visita di mezz'ora circa del generale Dietl, con cui parlò della brigata *SS*

11 Ndt. Le SS-Totenkopfverbände (traducibile in 'Unità testa di morto') furono reparti appartenenti al corpo delle SS e adibiti alla custodia dei campi di concentramento.

dislocata sul fronte di Murmansk e, infine, pranzò con il Führer. Gli stessi appunti dicono che alle 13:30 Himmler conversò telefonicamente dal bunker di Hitler con Heydrich, al quale dette ordine esplicito chegli ebrei sul treno proveniente da Berlino non dovessero essere uccisi[12].

Eppure, il programma di sterminio procedeva ormai autonomamente. L'articolo di Goebbels, recepito come un messaggio proveniente dall'alto, lo favoriva, rendendo inutili gli ordini scritti. Questa è la prova lampante che lo stato del Führer era diventato ormai indipendente dal Führer stesso. Quella stessa mattina, 5.000 ebrei, fra cui quelli sul treno partito tre giorni prima da Berlino (il settimo che in quella giornata lasciava la città), derubati di ogni loro bene, vennero fucilati alle 9:00 e sepolti in alcune fosse comuni a Skirotawa, presso Riga.

I ruoli ricoperti in quel massacro dalle *SS*, dall'esercito e dal Comando Supremo di Hitler sono oggi ben documentati. I 1.035 ebrei tedeschi espulsi da Berlino, furono giustiziati nei pressi di Riga non appena arrivati, prima ancora del sopraggiungere di una colonna di camion che ne portava altri 4.000, ai quali venne riservata la stessa sorte. Il colonnello Bruns, che comandava un reparto del genio, vedendosi così privato della manodopera di cui urgentemente necessitava, presentò una timida protesta al sindaco tedesco della città, Hugo Wittrock e al capo di Stato di quest'ultimo, tale Werner Altemeyer, un giovane ufficiale delle *SS* dal viso infantile, i capelli biondi e gli occhi azzurri. In breve, però, Bruns, rassegnatosi, si recò sul posto per assistere alle esecuzioni. Quattro anni dopo, ancora ricordava le urla dei militari che procedevano alle uccisioni e portava impressa nella memoria una splendida ragazza che indossava una maglietta rossa fiammante. "Inviai sul posto due ufficiali", disse Bruns nell'aprile del 1945 a due militari tedeschi come lui tratti in arresto, "perché volevo dei testimoni. Non dissi loro cosa sarebbe avvenuto, ma soltanto di

12 Nda. L'appunto originale di Himmler sulla sua conversazione telefonica del 30 Novembre 1941 è pubblicata, come facsimile – ottenuto tramite un'intercettazione britannica. Prima ch'io trascrivessi queste note, alla fine degli anni '60, nessun altro storico se ne era interessato. Riuscii a visionare l'agenda di Himmler di quel giorno solo nel maggio 1998.

recarsi nella foresta di Skirotawa, osservare bene ciò che accadeva e farmene rapporto scritto". Bruns protestò poi presso il proprio superiore, il generale Alfred Jacob, che si trovava al quartier generale di Angerburg. Questi rispose di aver ricevuto analoghe proteste da ufficiali del genio dislocati in Ucraina. Le stesse uccisioni di massa, infatti, erano iniziate pure là.

Ciò che sorprende in questa sordida vicenda è la mancanza di coraggio di Bruns e dei suoi superiori i quali, in merito alla vicenda, non ebbero la forza di firmare e inviare un dettagliato rapporto a Hitler. A tal proposito va sottolineato che, dal quartier generale del Führer, diversamente da quanto sostenuto da Altemeyer, non era stato emesso alcun ordine.

Quando, due settimane dopo, Bruns incontrò Altemeyer, apprese che erano giunte disposizioni di non effettuare più massacri come quello. "Bisogna agire con maggior circospezione" (*Das soll vorsichtiger gemacht werden*), aggiunse Altemeyer ammiccando furbescamente.

Il giorno successivo, 1° dicembre, verso le 13:00 Himmler telefonò a Heydrich proprio per parlargli delle "uccisioni avvenute a Riga".

Qualcuno, e non poteva che essere stato Hitler, lo aveva rimproverato, per cui Himmler, nella stessa giornata, inviò, via radio, due messaggi al comandante maggiore del Gruppo d'Armata di stanza a Riga, Friedrich Jeckeln, minacciando provvedimenti disciplinari qualora si fossero nuovamente verificate iniziative arbitrarie "non attinenti alle disposizioni emanate da me medesimo o, per mio conto, dall'ufficio di sicurezza del *Reich*, a proposito del trattamento da riservare agli ebrei trasferiti nelle province baltiche"[13].

Himmler ordinò a Jeckelin, il cocciuto sterminatore, di presentarsi immediatamente a rapporto. Dopo che i due, il giorno 4, s'incontrarono, per alcuni mesi non furono compiute uccisioni di massa di ebrei tedeschi.

---

13 Nda. Si deve ringraziare l'assidua opera dei decodificatori britannici se questi importanti messaggi, rimasti fino a oggi sconosciuti, sono finalmente divenuti di pubblico dominio.

Difficilmente si potrebbe sottovalutare l'enorme e sconvolgente significato di quell'orribile episodio. Le stragi erano iniziate, indipendentemente dagli ordini, che mai giunsero dall'alto. Alcuni giovani storici tedeschi, che ancora tentano di far chiarezza su molti aspetti della seconda guerra mondiale, sostengono che Hitler "potrebbe aver reso nota la decisione di mettere a morte tutti gli ebrei durante un incontro segreto durato un paio di ore, tenutosi a Berlino il 12 dicembre 1941, giorno successivo a quello di inizio della guerra con gli Stati Uniti, a cui parteciparono una cinquantina di gerarchi e comandanti del *Reich*".

Se ciò corrispondesse a verità, qualcuno, tra i presenti, dovrebbe avere annotato quell'importante decisione nei propri carteggi privati o, in seguito, durante la prigionia. Goebbels, che aveva chiesto a Hitler di tenere quella riunione, si limitò a scrivere: "In merito agli ebrei, il Führer è deciso a procedere a una salutare pulizia". Ancora una volta, dunque, Goebbels richiamava quel discorso del 1939 nel quale Hitler aveva profetizzato, qualora fossero stati causa di un altro conflitto mondiale, la distruzione degli ebrei. "Quella non era una frase vuota", commentò Goebbels. "La guerra ci è precipitata addosso e la distruzione dei giudei non può che esserne l'inevitabile conseguenza. La questione va vista senza sentimentalismi".

Gli storici tedeschi più attempati, meno timorosi rispetto ai loro giovani colleghi contemporanei del recente e ripugnante accanimento giudiziario nei confronti della ricerca storica non conformista, si prendevano gioco dell'idea che quel discorso di Hitler potesse essere qualcosa di diverso da una noiosa e ormai trita routine.

Il lento svolgersi di quegli eventi a Berlino è attentamente particolareggiato dal Ministro del *Reich* Hans Frank nei suoi carteggi privati. Il 16 dicembre, nel riferire al Consiglio dei ministri del suo Governatorato generale che Heydrich annunciava un'importante conferenza, da tenersi a gennaio, sul tema del trasferimento a Oriente degli ebrei europei, Frank irritato commentò: "Immaginate un po': saranno alloggiati in comode abitazioni nelle province baltiche! A Berlino dicono: 'perché tante discussioni? A noi quegli individui non servono, dunque, che ognuno liquidi i propri in loco!'".

Trovandosi Hitler in quel periodo nel suo quartier generale nella Prussia orientale, tali parole possono essere imputate unicamente all'ufficio di Heydrich.

Negli stessi giorni, Goebbels emanò una direttiva segreta che vietava agli editori di usare il termine 'liquidare' in relazione alle "esecuzioni sommarie a Oriente. Quella parola, precisava Goebbels, andava usata solo in riferimento agli atti criminali compiuti dai russi.

Gli storici hanno cercato e ancora cercheranno invano, un ordine chiaro e definitivo per ciò che, dall'inizio degli anni '70, è stato definito "olocausto".

Considerata la vastità della crescente e selvaggia guerriglia partigiana che infuriava dietro le linee del fonte orientale, anche l'argomento di discussione di un successivo incontro tra il Führer e Himmler, da questi contrassegnato nella sua agenda, in data 18 dicembre 1941, con il nome di "questione ebraica" non può essere con certezza riferito a un contesto europeo. In base agli scritti dello stesso Himmler, infatti, in quei giorni la sola preoccupazione di Hitler era quella di "spazzare via i partigiani".

A metà ottobre 1941, il destino di Mosca appariva segnato. Il giorno 11, Guderian, pieno di ottimismo, scriveva: "Riteniamo di avere ormai distrutto il grosso dell'esercito nemico. Ciò che ne resta non può certo essere gran cosa. Ma", aggiungeva con cautela, "non dobbiamo abbassare la guardia: la guerra, a volte, riserva brutte sorprese".

Pochi giorni più tardi, il sopraggiungere di un inverno particolarmente precoce si rivelò come la prima delle sgradite sorprese riservate loro: "I nativi dicono che da 30 anni non giungeva tanto in anticipo. I nostri soldati non hanno ancora le divise invernali e manchiamo di liquido antigelo per i motori. Inoltre, i cavalli non hanno riparo". Il brutto tempo colpì anche il settore meridionale. "So no preoccupato", scrisse Rundstedt alla propria famiglia il giorno 14. "Le pessime condizioni climatiche hanno bloccato ogni cosa".

Al centro, il Gruppo Armate di Block affondava intanto in un pantano autunnale senza precedenti, costituito da fango, pioggia e neve. I camion spesso dovevano essere rimossi dalla melma con gli argani. Da un giorno all'altro, l'esercito tedesco perse 150.000 dei 500.000 veicoli di cui disponeva. Il nemico, che combatteva a pochi chilometri dalle proprie fabbriche di armi e dagli arsenali bellici, nel ritirarsi distruggeva sistematicamente rotaie e scambi ferroviari.

Il vice capo di Stato Maggiore della *Luftwaffe*, il generale Hoffmann Waldau, che il 10 ottobre aveva ottimisticamente predetto "finché il tempo non peggiorerà, il nemico non potrà impedirci di circondare Mosca", una settimana dopo, fece seguire a quelle parole un'avvilente annotazione: "I nostri sogni più grandi sono stati cancellati da pioggia e neve. Siamo intrappolati in una palude sconfinata. La temperatura scende a -12 gradi, nevica abbondantemente e piove".

Le speranze di Hitler in merito a una rapida capitolazione di Stalin furono pertanto deluse dall'improvviso deteriorarsi delle condizioni climatiche.

Il 26 ottobre, a pranzo, il Führer chiese sino a che punto l'esercito impegnato a Oriente fosse stato fornito del necessario equipaggiamento invernale.

Durante l'estate, Hitler aveva continuamente ammonito Wagner di pensare alle esigenze invernali delle truppe, ma le lettere private di questi testimoniano che egli affrontò la questione solo a partire dal 19 ottobre. In quella circostanza, però, Wagner assicurò al Führer che entro la fine del mese sia Leeb che Rundstedt avrebbero ricevuto il 50% dell'equipaggiamento invernale, mentre il Gruppo Armate Centro, numericamente superiore, ne avrebbe ricevuto un terzo. Wagner sostenne che la distruzione, operata dai sovietici, dell'unica linea ferroviaria lungo il mare di Azov avrebbe ritardato gli approvvigionamenti diretti a Sud.

"Il Führer è stato molto comprensivo con me", annotò Wagner.

Di fatto, lo Stato Maggiore generale era maggiormente fiducioso di Hitler. Il 29 ottobre, Wagner scrisse che era stato raggiunto un oleodotto nemico ancora in produzione, cosa che avrebbe permesso ai mezzi corazzati di avanzare fino a Rostov. "Anche tutto il resto ha ripreso a muoversi e siamo convinti che presto potremo assestare a Mosca il colpo di grazia".

Ma l'inverno stava inesorabilmente avanzando: il 30 ottobre, allorché l'ammiraglio Canaris si stava recando a Rastenburg, a causa della nebbia il suo aereo andò quasia cozzare contro un altro. Quando Hitler s'imbatté in lui, mentre si stava recando nella sala delle carte geografiche, gli chiese che tempo avesse trovato al fronte. Canaris rispose: "Pessimo!"

Il giorno successivo, nevicò anche alla *Tana del Lupo*.

Il 1° novembre, Hitler trascorse un'ora al quartier generale dello Stato Maggiore generale per ispezionare personalmente l'equipaggiamento invernale. Wagner annotò: "Ha osservato e ascoltato ogni cosa con massimo interesse. Aveva un aspetto fresco e appariva di ottimo umore". Un umore che ben presto mutò in agitazione e nervosismo. Dall'inizio dell'*Operazione Barbarossa,* aveva perso 150.000 uomini: una guerra di quelle proporzioni rischiava di distruggere il metabolismo nazionale.

Tramite le intercettazioni radio, Hitler sapeva che Churchill si stava organizzando per inviare armi nel porto russo di Arckangelsk (Arcangelo), ma ancora sperava che la popolazione inglese potesse contrastare la sua politica di guerra e deporlo dalla carica. La ragione per cui aveva rifiutato le offerte di collaborazione dei francesi, rivelò Hitler al colonnello Wilhelm Speidel, era che esse avrebbero ostacolato una futura armonia con la Gran Bretagna. Quando l'ammiraglio Fricke dichiarò che la sconfitta militare dell'Inghilterra era necessaria per introdurre in Europa un *nuovo ordine* e che questa sconfitta poteva essere ottenuta concentrandosi sulla guerra sottomarina, Hitler spiegò che era sempre disposto a rappacificarsi con gli inglesi perché il territorio già conquistato in Europa dalla Germania era sufficiente alle necessità presenti e future del popolo tedesco. "Evidentemente", riferì l'ammiraglio, "il Führer sarebbe soddisfatto se la Gran Bretagna, una volta conclusa la campagna a Est, desse segnali di buon senso (cosa impossibile da attendersi in un uomo come Churchill) anche se questo dovesse pregiudicare i domini non ancora occupati".

Il Mediterraneo stava nel frattempo diventando una delle zone più vulnerabili dell'Asse, specialmente adesso che la posizione di Mussolini era minacciata da un diffuso malcontento popolare. Hitler rifletteva che, se solo avesse potuto impadronirsi di Gibilterra – cosa impossibile senza il consenso spagnolo l'intero problema sarebbe stato inesistente.

Mentre la situazione degli approvvigionamenti di Rommel peggiorava, Hitler lamentò che i vertici della *Wehrmacht* non lo avevano informato della criticità presente nel contesto mediterraneo. Proteste infondate, giacché Raeder, oltre a far presente la gravità della situazione già ai primi di luglio, aveva richiesto a Göring di impiegare la *Luftwaffe* a difesa della rotta di rifornimenti verso Tripoli.A metà ottobre Hitler, via lettera, promise al Duce che Göring gli avrebbe fornito l'appoggio della*Luftwaffe*. E il 27 spiegò a Fricke: "In Italia, un cambiamento di governo significherebbe il tramonto del fascismo e di conseguenza il passaggio del paese dalla parte del nemico".

In effetti, molti italiani già si mostravano filo-britannici. La defezione dell'Italia avrebbe causato la perditadella Francia e un voltafaccia della Spagna.

"La salvaguardia del nostro territorio europeo deveessere ritenuta una priorità strategica", decretò Hitler.

Pertanto, l'idea di una guerra globale con gli inglesi doveva essere abbandonata: il centro operativo dei sommergibili dall'Atlantico sarebbe passato al Mediterraneo. Invano Fricke obiettò che, con l'Urss sull'orlo del baratro, non era quello il momento di togliere il cappio dal collo alla Gran Bretagna: era l'Italia, semmai, a doversi impegnare maggiormente per scortare fino a Tripoli i convogli di rifornimenti, chiudendo con campi minati lo stretto di Sicilia e occupando Malta.

Secondo Hitler i rischi per l'Italia, ventre molle dell'Europa, erano così immediati che girarsi dall'altra parte sarebbe servito solo a peggiorare le cose.

Prova di resistenza

Ormai Hitler sapeva senza possibilità di errore di aver trovato in Stalin un degno avversario. Mentre l'Armata Rossa, nonostante le sconfitte patite, resisteva con sempre maggiore determinazione, Hitler sentiva crescere in sé l'ammirazione per l'avversario bolscevico. "Questo Stalin è un grand'uomo", disse ai suoi esterrefatti generali. "Sostenere il contrario non avrebbe senso. Gli storici del futuro dovranno ammettere che gli eventi dei nostri giorni sono determinati dalla collisione o collusione di personalità superiori, le cui strade si incrociano una volta ogni diversi secoli".

La *Wehrmacht* aveva catturato oltre 3.000.000 di prigionieri e l'Unione Sovietica perso la maggior parte delle risorse di alluminio, manganese, ghisa e carbone. Non appena le armate di Hitler fossero riuscite a spingersi oltre Rostov e a penetrare nel Caucaso, Stalin avrebbe dovuto rinunciare anche al 90% della fornitura di petrolio. Da Mosca, venivano evacuate decine di migliaia di persone e alcuni di coloro costretti a rimanere nella capitale, in previsione della resa della città, cercavano di procurarsi vessilli con la croce uncinata e vocabolari di tedesco.

Eppure, nelle prime due settimane di novembre, leforze tedesche si trovarono immobilizzate a causa del fango. Alcuni generali, e tra loro Erich Hoepner, criticavano aspramente i superiori per non aver lasciato i gruppi corazzati liberi di avanzare durante l'offensiva di ottobre: quell'eccessiva cautela, prossima al disfattismo, aveva privato Hoepner della possibilità di distruggere le riserve sovietiche. Adesso, quelle riserve, cui si erano aggiunti gli operai delle fabbriche di Mosca e le divisioni arrivate dalla Siberia, tutte dotate di un eccellente equipaggiamento invernale, stavano radunandosi per la difesa della capitale.

Non avendo ancora subìto un tracollo militare, la Germania si trovava in una posizione di forza dalla quale Hitler era disposto a offrire condizioni di pace al nemico: infatti, verso i primi di novembre i diplomatici di Ribbentrop captarono segnali che indicavano come il Führer perorasse un accordo di pace. Etzdorf, ufficiale di collegamento di Ribbentrop con lo Stato Maggiore generale, li riportò così: "L'ambasciatore presso il Vaticano, Bergen, dovrà essere sostituito da un uomo più attivo e capace di profittare delle possibilità di accordi che da laggiù si presentano. Tutti gli articoli sulla stampa estera riguardanti opportunità di pace devono essere accuratamente raccolti e subito inviati. Stessa procedura è richiesta per la situazione interna all'Unione Sovietica".

Weizsäcker, che non vedeva alcuna concreta possibilità di giungere a una fine concordata dei combattimenti, disse a Halder che, al momento, non sussistevano indizi a conferma di una possibile volontà di pace della Gran Bretagna e, anzi, aveva la netta impressione che qualsiasi mossa approntata in quella direzione dalla Germania avrebbe incontrato un netto rifiuto.

A fine mese, Hitler ebbe modo di appurare l'esattezza delle impressioni di Weizsäcker. Le istruzioni, emesse dal ministero degli Esteri britannico, di ridicolizzare qualsiasi "intento pacificatore" del Führer giunsero infatti in mano tedesca: "L'attuale ricerca di un accordo", sottolineava il documento, "non viene, come apparirebbe dalle intenzioni, in un momento di vittoria tedesca, ma in una situazione in cui la Germania è più che mai lontana dall'ottenere un successo militare".

Hitler, a un ministro in visita a Berlino per il quinto anniversario del patto anti-Comintern, ricordò che in una precedente occasione Lord Halifax si era vantato di essere "un uomo abbastanza forte" da potersi permettere di ignorare le innumerevoli lettere che nel 1940 giungevano da ogni parte dell'Inghilterra per chiedere la pace: era quella un'ulteriore prova, disse Hitler, che a Londra le forze suicide "giudaico-bolsceviche" avevano ancora il sopravvento. Infine, aggiunse di essere più che mai irritato dal fatto che quel "cretino di Churchill" interrompesse il suo imponente sforzo di ricostruzione culturale.

Se per Hitler l'iniziale eccitazione scaturita dal coinvolgimento nella guerra si era ormai affievolita, l'esaltazione non sembrava al contrario aver abbandonato i suoi generali. Le lettere di Halder ai familiari erano piene di orgoglio per i progressi fatti dal "suo esercito". Lo stesso ordinò al Gruppo di Armate di Bock di ritardare l'avanzata su Mosca finché il rafforzamento logistico non avesse permesso un'offensiva più ambiziosa: la Nona Armata doveva avanzare in profondità oltre la città, in direzione di Kalinin, verso il bacino del Volga e verso Selizharovo, e la Seconda Armata Corazzata di Guderian si vide assegnare, come obiettivo finale per l'inverno, la città di Gorki.

Il Führer, dimenticata ogni incertezza, approvò quei piani. L'11 novembre, Jodl firmò una direttiva per i Gruppi d'Armate spiegando che quegli ambiziosi traguardi dovevano essere raggiunti prima che iniziasse il periodo delle forti nevicate.

Halder, durante una riunione di Stato Maggiore tenutasi a Orsha il 13 novembre, contando con ottimismo su sei settimane di tempo prima che il vero inverno incombesse, sostenne vigorosamente quei propositi. Non essendo però Bock né Rundstedt d'accordo con obiettivi tanto lontani, alla fine venne concordata solo una limitata avanzata su Mosca. Se fosse stata adottata la "grandiosa" strategia di Halder, sicuramente Hitler avrebbe diretto il suo esercito verso un'inevitabile catastrofe.

In effetti, Hitler si trovava di fronte a un bivio. Aveva rimandato fino al 1942 l'offensiva verso i campi petroliferi del Caucaso, che probabilmente per quel periodo sarebbero già stati distrutti, ma, nonostante ciò, palesava ancora ottimismo.

Halder scrisse: "Nel complesso, dava l'impressione di aspettarsi che, quando le due parti in conflitto si fossero rese conto che si stavano distruggendo a vicenda, tutto si sarebbe concluso con un accordo di pace".

Insomma, la visione di una seconda Verdun continuava a presentarsi alla mente del Führer, insieme alla condiscendente consapevolezza che, poiché aveva combattuto valorosamente, a Stalin sarebbe stata risparmiata la sorte altrimenti meritata. Una vaga premonizione di ciò compare nelle parole che Hitler disse, il 29 novembre 1941, al ministro degli Approvvigionamenti Todt, quando questi, di ritorno dal fronte russo, riferì:

"Data la supremazia industriale bellica anglosassone, non potremo mai vincere questa guerra!" Il Führer replicò freddamente: "Allora, come dovrei porvi fine? Non pare ci siano molte possibilità di intervenire politicamente".

Ancora prima di avviare l'*Operazione Barbarossa*, Hitler si era reso conto di quanto la produzione tedesca di aerei e carri armati fosse inadeguata e l'industria aeronautica oppressa da personaggi capaci solo di progettare e concretizzare velivoli obsoleti. Il generale Ernst Udet, direttore della produzione aeronautica, riconosciute le proprie colpe, in novembre si tolse la vita. Quale successore, fu scelto il feldmaresciallo Erhard Milch, l'energico vice di Göring: ma si dovette attendere fino al 1943 affinché questo avvicendamento potesse dare risultati concreti.

Per quanto riguardava la progettazione di carri armati, Hitler si reputava un vero esperto. A novembre del 1941, iniziò però a temere che l'utilità offensiva dei carri armati potesse ben presto tramontare. Le divisioni corazzate avrebbero pertanto dovuto completare in fretta il programma tedesco di conquiste territoriali, il che comportava la necessità di costruire un maggior numero di mezzi corazzati più potenti. L'enorme produzione russa di carri lo aveva profondamente turbato e quando, il 29 novembre 1941, Todt gli descrisse due nuovi modelli sovietici esaminati a Orel, Hitler esclamò esasperato: "Com'è possibile che un popolo tanto primitivo possa raggiungere simili traguardi tecnologici in così poco tempo?"

Nove mesi erano trascorsi da quando, il 18 febbraio 1941, il Führer aveva indetto, alla Berghof, una riunione di studio sui progetti di alcuni nuovi carri armati. Nell'occasione, aveva ordinato che sui blindati tedeschi fossero apportate modifiche, tra cui l'inserimento di cannoni a canna lunga di maggior calibro. Il 26 maggio, chiese che sui futuri mezzi corazzati fosse previsto un cannone ancora più potente e, a tal proposito, ordinò sia alla *Henschel* sia al professor Ferdinand Porsche[14] di produrre proto-

14 Ndt. Ferdinand Porsche (1875 - 1951) fondatore della omonima casa automobilistica, nel 1931 fu ideatore, su richiesta di Adolf Hitler, del modello VW Type 1, meglio conosciuto come Maggiolino, la cui produzione darà vita all'impero Volkswagen.

tipi che montassero un 88 millimetri. I progettisti si erano mostrati interdetti, ma Hitler figurò loro "l'effetto morale e fisico" di un proiettile di quel calibro sulla torretta di un carro nemico: questo, aggiunse, si sarebbe disintegrato all'istante.

Durante la riunione del 29 novembre, Hitler, ricordando nuovamente che l'era dei carri armati sarebbe presto finita, chiese di concentrarsi su 3 modelli base: un blindato leggero da ricognizione simile al *Tipo III* già in dotazione; un prototipo medio *Tipo IV* e un mezzo corazzato pesante (il futuro *Panther*[15]) per surclassare il sovietico *T-34*. A metà novembre, Bock aveva ripreso l'avanzata su Mosca. Il giorno 15, aveva cominciato a muoversi la sua ala settentrionale, seguita due giorni dopo da quella più a sud. Tutti i comandanti avevano assicurato che l'Armata Rossa non fosse disposta in profondità, ma il fatto che la resistenza nemica si facesse progressivamente più forte avvicinandosi alla città, portò il Führer a sospettare di essere stato, ancora una volta, male informato.

Seccamente, affermò al sofferente Brauchitsch che il problema stava nella volontà di vittoria dell'esercito. Frattanto, la Prima Armata Corazzata del generale Kleist era riuscita nell'impresa di conquistare Rostov, sul Don. Al fronte, la temperatura era scesa a -10 gradi: i mezzi corazzati avevano problemi di messa in moto e la Sesta Armata di Reichenau, reperiti comodi alloggiamenti invernali, pareva restìa a lasciarli.

Il 22 novembre arrivò Ribbentrop, sicuramente per parlare dell'ingente dimostrazione di solidarietà europea che stava per essere inscenata a Berlino. Hitler ne ascoltò per radio il discorso, rivolto agli ambasciatori e ai ministri degli Esteri alleati della Germania e dei paesi amichevolmente neutrali. Se l'Urss si fosse trovata prossima alla disfatta, quel discorso sarebbe stato tempestivo e azzeccato, ma Ribbentrop, forse perché irritato dalla

---

15 Ndt. Il Panzer V o Panther fu utilizzato dalla metà del 1943 fino alla conclusione della seconda guerra mondiale. Progettato per contrastare il T-34 prestò servizio al fianco dei più pesanti Tiger I e Tiger II. Combinando potenza di fuoco, protezione e mobilità, esso è frequentemente considerato (insieme al sovietico T-34-85) come il miglior progetto di carro armato della seconda guerra mondiale. Fu lo stesso Hitler che, il 27 febbraio 1944, ordinò che tali carri armati fossero conosciuti con il nome di Panther.

costante ed efficace campagna propagandistica inglese che attribuiva a lui, quale ministro degli Esteri di Hitler, la responsabilità della guerra, fece del governo britannico il bersaglio della sua pesante ironia. A conclusione della manifestazione, Ribbentrop stesso telefonò al Führer per chiedergli se il discorso appena tenuto fosse stato di suo gradimento. Hitler, che non lo aveva affatto apprezzato, stava ancora imprecando contro il ministro degli Esteri quando, alle 19:00, il suo treno lasciò il quartiere generale dirigendosi verso Berlino. Nella capitale, ebbe inizio una serie di ricevimenti in onore dei neo-firmatari del patto anti-Comintern. Costoro formavano una comitiva estremamente bizzarra: gli ungheresi dovevano essere tenuti separati dai romeni e a Ciano fu riservata una gelida cortesia. I turchi avevano declinato l'invito di adesione al patto e, dalle intercettazioni di alcuni messaggi della marina britannica, Hitler era venuto a sapere che la Turchia stava nuovamente facendo il doppio gioco.

La Francia di Vicky non venne invitata, evidentemente il Führer sperava ancora di poter trattare con gli inglesi a discapito dei francesi. Eppure, in quel momento, un'intera legione di volontari francesi stava combattendo agli ordini di Bock e, dalle intercettazioni di alcuni messaggi americani, i tedeschi sapevano che Pétain aveva lodato la Germania per essersi attenuta ai termini dell'armistizio. Tuttavia, albergava in Hitler un risentimento che aveva radici profonde nella storia recente per essere facilmente dimenticato: lo dimostrò una sua sgarbata risposta a una lettera del maresciallo francese, nella quale il Führer sostenne che l'avvenuta fucilazione di un gruppo di "comunisti" francesi come rappresaglia per il barbaro assassinio di alcuni graduati tedeschi "durante l'adempimento del loro dovere" era ampiamente giustificata. Hitler fece anche un confronto con quella che egli indicò come una discreta presenza tedesca in Francia e l'arroganza mostrata, tra le due guerre, dai militari francesi in Renania, quando questi ultimi erano soliti far scendere dai marciapiedi i cittadini tedeschi a colpi di frustino, spingendosi anche a violentare 16.000 donne tedesche senza che nessuno fosse punito.

Una causa dello scontento in Francia era rappresentata dal

fatto che la Germania – come aveva fatto la Francia dopo la prima guerra mondiale a spese dei tedeschi – trattenesse ancora un milione di prigionieri francesi. Ma Hitler non poteva rinunciare a quella forza lavoro, perché l'agricoltura e l'industria bellica tedesca dipendevano dall'utilizzo dei prigionieri di guerra. Anche Albert Speer, il suo capo architetto, sollecitava mano d'opera per i lavori di costruzione della nuova Berlino. Proprio in quei giorni, Speer, pranzando con il Führer, gli mostrò gli ultimi modelli in scala dei futuri palazzi di Berlino: la sontuosa Grande Sala, l'ufficio del maresciallo del *Reich* e il nuovo stadio. Riuscì così a convincerlo a fornirgli 30.000 prigionieri sovietici per l'attuazione di quei lavori. A fine colloquio, Hitler assicurò a Speer che neppure la guerra gli avrebbe impedito di concretizzare quei piani.

Il 27 novembre, mentre si trovava a Berlino, Hitler apprese che i colloqui tra Giappone e Usa erano stati interrotti. Ebbe anche un incontro privato con l'ambasciatore giapponese Oshima che, velatamente, lo informò dell'imminenza del conflitto tra il suo paese e gli Stati Uniti: due settimane più tardi, Hitler ammise con i propri collaboratori che avrebbe dovuto prestare maggiore attenzione alle caute parole di Oshima.

Gli Stati Uniti sembravano ancora dubbiosi sull'opportunità di impegnarsi in una guerra in Europa. Seppure numerosi cacciatorpedinieri americani fossero stati affondati dagli *U-Boote*[16], Roosevelt non aveva praticamente palesato alcuna reazione.

Il 6 dicembre furono mostrati al Führer alcuni dispacci provenienti da Hans Thomsen, il suo incaricato d'affari a Washington, che elencavano i motivi per cui Roosevelt non avrebbe dichiarato guerra finché l'incremento delle Forze Armate statuniten-

16 Ndt. U-Boot, abbreviazione di Unterseeboot, è il termine che indica genericamente i battelli sommergibili tedeschi durante la prima e seconda guerra mondiale. Principali obiettivi delle campagne militari degli U-Boot, in entrambi i conflitti, furono i convogli statunitensi e britannici che portavano rifornimenti in Europa. Significativa la seguente frase di Churchill in proposito: "I sottomarini nemici devono essere chiamati U-Boot. Il termine 'sottomarino' deve essere riservato solo ai vascelli subacquei alleati. Gli U-Boot sono quei codardi furfanti che affondano le nostre navi, mentre i sottomarini sono quegli apparecchi nobili e coraggiosi che affondano le loro".

si non fosse stato ultimato. La consapevolezza dell'incombente riarmo americano persuase Hitler che, in fondo, una guerra tra Stati Uniti e Giappone, impegnando nel Pacifico per tutto il 1942 quel potente nemico, non poteva che giovargli.

Gli addetti tedeschi a Tokio avvertirono Berlino che, entro la fine dell'anno, il Giappone avrebbe mosso guerra e che presto i nipponici avrebbero proposto alla Germania un patto che impegnasse i due paesi a non trattare una pace separata con gli USA. In effetti, Ribbentrop aveva già ricevuto quella richiesta il 18 novembre e, nel timore di un compromesso tra giapponesi e americani, aveva dato "in linea di principio" la propria approvazione. Nella settimana che seguì, tuttavia, pervennero a Hitler rapporti contrastanti.

Il 28 novembre il Führer ricevette un telegramma da Thomsen che riferiva come Cordell Hull[17] avesse consegnato ai giapponesi quello che poteva dirsi un ultimatum "destinato a provocare l'immediata rottura dei colloqui". Hitler ne discusse le implicazioni con i propri collaboratori, poi mandò Ribbentrop a informare il generale Oshima che, qualora avesse deciso di entrare in guerra contro Gran Bretagna e Stati Uniti, il Giappone non avrebbe avuto a pentirsene e la cosa sarebbe rientrata nell'interesse dell'Asse. Allorché Oshima domandò stupito se dovesse dedurre un'imminente estensione del conflitto tedesco agli Stati Uniti, Ribbentrop rispose: "Roosevelt è un fanatico. È impossibile prevedere ciò che farà". Alla fine, Ribbentrop diede ai giapponesi le auspicate rassicurazioni: "In caso di una guerra tra Giappone e Stati Uniti, la Germania entrerebbe subito nel conflitto... Il Führer su questo non ha alcun dubbio".

Sembra però che i dubbi li avesse Ribbentrop e il giorno seguente, 29 novembre, sul treno che li stava riportando nella Prussia orientale, chiese al Führer quale sarebbe stato l'atteggiamento tedesco se veramente i giapponesi avessero attaccato gli

17 Ndt. Cordell Hull (Olympus, 2 ottobre 1871 – Washington, 23 luglio 1955) è stato segretario di stato americano e Premio Nobel per la pace nel 1945. Allo scoppio della seconda guerra mondiale, il suo ruolo fu fondamentale per la ricerca della cooperazione tra gli alleati, cooperazione che racchiudeva in sé l'embrione di quella che, al termine del conflitto, sarebbe divenuta l'Organizzazione delle Nazioni Unite.

Stati Uniti. Hitler, lasciando da parte le finezze diplomatiche, disse che, in quell'eventualità, una Germania non interventista a favore del Giappone avrebbe decretato la fine del Patto Tripartito. Del resto, "gli americani ci stanno sparando contro, perciò con loro la guerra è già iniziata".

Trascorse qualche giorno prima che l'attenzione di Hitler, impegnato in un giro d'ispezione tra i comandi dell'esercito sul traballante fronte orientale, fosse nuovamente rivolta al Giappone.

Solo al ritornò poté leggere l'ultimo telegramma da Tokyo: i giapponesi chiedevano nuovamente che Germania e Italia si schierassero al loro fianco. Le istruzioni segrete che Tokyo inviava all'ambasciatore a Berlino, Oshima, erano espresse in termini ancora più chiari: l'ambasciatore doveva informare in via riservata Hitler e Ribbentrop che la guerra sarebbe iniziata "più in fretta di quanto si potesse immaginare".

Oshima si incontrò con Ribbentrop il 2 dicembre e lo vide nuovamente il giorno successivo, ma il ministro degli Esteri dovette tergiversare, perché non riusciva a mettersi in contatto con il Führer. Vi riuscì nella serata del 4 dicembre e, quella stessa sera, chiese a Roma di approvare la controproposta tedesca per un accordo. Alle 4:00 consegnò a Oshima il testo di un trattato italo-tedesco-giapponese. Esso andava addirittura oltre le speranze giapponesi.

"Il nostro punto di vista", telegrafò Ribbentrop al suo corrispondente di Tokyo, "è che le potenze dell'Asse e il Giappone si considerino unite in un'epocale lotta".

Ma gli occhi di Hitler erano rivolti altrove. Man mano che l'inverno avanzava, sul fronte russo gli scontri si facevano sempre più frequenti ed era evidente che il massiccio attacco tedesco contro Mosca stesse per scattare. I combattimenti da ambe le parti apparivano di una ferocia inaudita. I referti delle autopsie rivelarono che i soldati sovietici, che difendevano l'assediata Leningrado, avevano fatto ricorso al cannibalismo. Alcuni cadaveri di militari tedeschi ritrovati dietro le linee nemiche mancavano di alcune parti del corpo, benché le uniformi risultassero intatte.

Il rigore invernale esigeva il suo tributo.

Mentre la *Luftwaffe* e le *SS* erano adeguatamente rifornite di indumenti invernali, l'equipaggiamento della *Wehrmacht* era ancora imbottigliato nelle retrovie della rete ferroviaria fra Minsk e Smolensk. Le tubature esterne delle locomotive tedesche erano rese inefficienti dalle rigide temperature. Invece di 18 convogli giornalieri di rifornimenti, era un successo se ciascuna armata sul fronte di Leningrado ne riceveva uno. Inoltre, quando finalmente tutto il materiale fu consegnato, questi si rivelò insufficiente a contrastare l'inverno russo. Parecchie settimane prima, Brauchitsch aveva fatto sfilare davanti al Führer una dozzina di soldati riforniti del nuovo speciale equipaggiamento in dotazione all'esercito: adesso Hitler veniva a conoscenza che quella dozzina di uniformi era tutto ciò che la *Wehrmacht* aveva e che, nel frattempo, i suoi uomini, stretti nella morsa del gelo alle porte di Mosca, stavano lentamente morendo assiderati.

La sconfitta subita a Rostov, sul Don, dalla Prima Armata Corazzata fu un brutto colpo per il Führer. Un rapporto dei servizi segreti confermò che la strategia originaria di Hitler era proprio ciò che i sovietici avevano maggiormente temuto. Il maresciallo Timosenko aveva da poco tenuto a Mosca un discorso segreto al Comitato Supremo di Difesa:

"Se la Germania riuscisse a prendere Mosca, sebbene per noi questo rappresentasse una cocente sconfitta, non intaccherebbe la nostra strategia globale. L'unica cosa necessaria è il petrolio. Durante i negoziati tra il 1939 e il 1941, la Germania insisteva sul problema delle forniture di petrolio per non mettere in difficoltà la propria economia. Perciò dobbiamo fare quanto nelle nostre possibilità per costringere la Germania ad aumentare il suo fabbisogno di greggio e mantenere le loro armate fuori dal Caucaso".

Adesso, il compito dell'Armata Rossa, disse Timosenko, era respingere i tedeschi tanto indietro, da poterne distruggere i depositi di mezzi corazzati e munizioni, dislocati nella regione, per l'offensiva contro il Caucaso.

Quanto Hitler deve aver maledetto i generali dello Stato Maggiore generale per averlo convertito alla loro strategia di un'offensiva su Mosca! Adesso, nonostante le riserve dell'esercito fossero ormai alla fine e le condizioni fisiche dei soldati allo stremo, non aveva altra scelta che cercare di superare l'inverno. Ancora oggi è motivo di dibattito fino a che punto l'esercito fosse stato sincero nell'informare il Führer sulle condizioni disperate delle truppe. I comandanti dei due Gruppi di Armate, Bock e Rundstedt, erano convinti che a Hitler venisse nascosta la realtà.

"Dobbiamo accettare il triste fatto", scrisse Guderian in una lettera privata, "che il nostro Alto Comando, nel mistificare la situazione, ha commesso un grave errore. Ignorando volutamente i nostri rapporti sulla declinante capacità combattiva delle truppe, ha continuato ad affidarci compiti offensivi impossibili da eseguire, senza preoccuparsi di fornirci materiali idonei a contrastare il rigido inverno. Adesso si dice colto di sorpresa da temperature che toccano i -35 gradi. E noi qui, oltre al freddo e alla guerra dobbiamo sopportare tanta incompetenza e pressappochismo".

Furono le immediate conseguenze della perdita di Rostov a far sentire per la prima volta a Hitler quella mancanza di *Zivilcourage*. I disperati appelli di Kleist circa la vulnerabilità del suo fianco sinistro e le insopportabili condizioni climatiche furono nascosti al Führer. Così, quando Kleist fu costretto a ritirare la propria avanguardia, con l'intenzione di ripiegare sul Mius, il 30 novembre, Hitler glielo vietò, ordinandogli di difendere una linea posta otto chilometri più avanti. Ma nella stessa serata, Brauchitsch ricevette il deciso rifiuto di Rundstedt. "Se i miei superiori non hanno fiducia nelle mie capacità di comando, chiedo di essere sollevato dall'incarico".

Immediatamente, Hitler lo destituì. Poi, confermò il proprio ordine nel corso di un'ispezione al quartier generale di Kleist a Mariupol (Zdanov), sul mare d'Azov. Non portò con sé alcun ufficiale dello Stato Maggiore generale, ma solo i suoi aiutanti. Avrebbe desiderato destituire anche Kleist, ma il generale delle *SS* Sepp Dietrich, la cui Divisione della Guardia del Corpo si era trovata in prima linea nella battaglia, ne difese strenuamente l'operato. Schmundt, a sua volta, disse a Hitler che il capo di Stato

Maggiore di Kleist gli aveva mostrato le copie dei disperati appelli inviati dall'Armata Corazzata ancor prima dell'attacco a Rostov. Quei messaggi anticipavano ciò che sarebbe accaduto e il Führer, sorpreso, appurò che a lui non erano stati resi noti.

"E così, l'Armata Corazzata aveva prodotto rapporti dettagliati...", esclamò. "Dunque non sono loro da biasimare!"

Il 3 dicembre, di pessimo umore, telefonò allo staff di Jodl: l'armata di Kleist non aveva colpe su quanto accaduto a Rostov, le loro comunicazioni erano presumibilmente state insabbiate dallo Stato Maggiore generale. Hitler, pur riprendendo ad avere fiducia in Rundstedt, coerentemente al suo stile, non gli riaffidò l'incarico da cui lo aveva sollevato.

La sconfitta di Rostov, paragonata a ciò che avvenne a Mosca, perse importanza.

Il 1° dicembre, la possente Quarta Armata del generale Kluge cominciò la sua massiccia avanzata attraverso i boschi e le paludi a ovest della capitale.

Il 2 dicembre, un battaglione di ricognizione raggiunse, sotto una bufera di neve, Chimki, alla porte di Mosca, ma venne respinto da operai sovietici armati. Fu questo un grave trauma per l'esercito tedesco. Intanto i russi evacuavano la città e le strade e gli edifici pubblici venivano minati.

Il 4 dicembre, con una temperatura di -21 gradi, sia i blindati di Hoepner che la fanteria di Kluge si trovarono a un punto morto. Guderian, durante una visita al campo di battaglia, appurò che gli equipaggi dei carri armati non avevano perso il proprio ottimismo. Ma il feldmaresciallo Bock avvertì l'*OKW* che presto le sue truppe non sarebbero più state in grado di avanzare: "Se l'attacco non viene annullato", disse a Jodl, "sarà quasi impossibile mutare tattica e porsi sulla difensiva".

Il 5, Guderian, personalmente alla testa della 269ª Divisione di Fanteria, si rese conto che anche la sua azione non aveva alcuna possibilità di successo. Il suo capo di Stato Maggiore annotò: "Stamattina -30 gradi. Le torrette dei carri armati sono bloccate dal gelo e il fuoco dell'artiglieria è irregolare perché la polvere da sparo deflagra in modo anomalo". Col passare delle ore, la temperatura scese addirittura a -35 gradi.

Il 5 dicembre, quattro armate sovietiche diedero inizio a un contrattacco a nord di Mosca. Il giorno successivo, altre dieci armate piombarono sulle esauste e semi-assiderate truppe di Bock. A questo punto, cominciò la vera emergenza. La *Luftwaffe* non poteva alzarsi in volo. Per scongelare i motori dei mezzi corazzati si scavavano buche dove, con il carburante, si alimentava il fuoco. I congegni di mira telescopici erano inutilizzabili, come pure le armi e le batterie di artiglieria. I sovietici si avvalevano di oli e tecniche di lubrificazione specifiche per quelle temperature, e i loro formidabili *T-34*, la cui corazza era impenetrabile ai proiettili anticarro tedeschi da 37 millimetri, comparvero in massa.

"Inimmaginabili orde di esseri umani venivano scagliate contro di noi dalle profondità dell'Unione Sovietica", ricordò un ufficiale dell'*OKW*. "Rivedo ancora le mappe che indicavano le nostre posizioni nei giorni e nelle settimane che seguirono: dove fino a quel momento prevaleva il blu delle nostre truppe, ogni settore del fronte, da Leningrado fino al mare d'Azov, era ora pieno di frecce rosse che puntavano al cuore della Germania".

Il gelo aveva ridotto all'impotenza uno degli eserciti più moderni al mondo. Se i feriti non venivano posti al riparo, nel giro di mezz'ora morivano per congelamento. Il 9, un reparto accusò 1.500 casi di assideramento e a 350 uomini fu necessario amputare un arto. Quotidianamente perivano 1.100 cavalli.

Così, un ufficiale tedesco descrisse i combattimenti a nord di Mosca: "L'offensiva nemica che avanzava sulla neve era formata da successive ondate di ingenti reparti. Le nostre mitragliatrici sparavano senza sosta, al punto che non riuscivamo a sentire neppure le nostre stesse voci. Davanti a noi, si stendeva uno scuro e macabro tappeto di morti e moribondi, ma quelle masse umane continuavano ad avvicinarsi, quasi fossero inesauribili. Gli ultimi sovietici cadevano sotto i colpi delle mitragliatrici solo quando erano a portata delle nostre bombe a mano. Subito dopo, mentre i nostri mitraglieri cercavano di rifiatare, ecco in distanza qualcosa che si muoveva, una spessa linea scura sull'orizzonte. E tutto riprendeva come prima".

Anche un ufficiale nel pieno delle forze avrebbe vacillato di fronte a situazioni del genere. Il feldmaresciallo Brauchitsch, che già era malato, il 6 dicembre rassegnò le dimissioni. Hitler rispose che in quel momento non poteva accettare defezioni e Brauchitsch lasciò la stanza senza una parola. Chi avrebbe potuto prendere il suo posto? Schmundt cercò di convincere Hitler ad assumere il titolo di comandante in capo e il Führer rispose che ci avrebbe pensato. In verità aveva già cominciato a interpretare quel ruolo, o almeno ci stava provando. Per esempio, quando il 7 dicembre apparve chiaro che il contingente che teneva il saliente fortificato di Tikvin correva il rischio di essere accerchiato, Hitler ordinò di abbandonare la città in rovina senza neppure consultare Brauchitsch. Halder, sconsolato, scrisse nel suo diario: "Il comandante in capo [Brauchitsch] ormai viene usato come portalettere. Il Führer tratta direttamente, scavalcandolo, con i comandanti dei Gruppi di Armate. La cosa più terribile è che l'Alto Comando, non comprendendo in quali condizioni versino i nostri soldati, si affidi a un mosaico di iniziative laddove bisognerebbe operare scelte coraggiose".

Verso la mezzanotte di quel sabato 7 dicembre 1941, il brusio delle conversazioni, quando nel bunker improvvisamente irruppe Otto Dietrich, capo ufficio stampa di Hitler, si placò. Il Führer, in principio alquanto seccato, lo redarguì, ma poi si avvide che Dietrich sventolava un foglio di carta: la *Reuter*, agenzia di stampa britannica, aveva appena annunciato che il Giappone aveva sferrato unattacco aereo a Pearl Harbour, nelle Haway, contro la flotta americana. Hitler, raggiante, esclamò: "Questa è la svolta decisiva!" Poi, senza berretto e senza scorta, si precipitò fuori del bunker e corse a mostrare il bollettino a Keitel e Jodl. "Adesso, sarà impossibile perdere la guerra", si rallegrò con Walther Hewel. "Abbiamo un alleato che in 3.000 anni di storia non è mai stato vinto e un altro", continuò riferendosi all'Italia, "che, pur non avendo mai riportato successi, è sempre riuscito a finire le guerre dalla parte giusta".

Pur senza ufficializzare l'entrata in guerra, Hitler ordinò alla marina di affondare, ovunque si trovassero, le navi americane.

La sera dell'8 dicembre, prima di dirigersi a Berlino, discusse con i propri collaboratori quale fosse il modo migliore per dichiarare guerra agli Stati Uniti, ottenendo l'entusiastico consenso del popolo tedesco. I rapporti dicevano che a Washington tirasse una brutta aria. Sempre quella stessa sera dell'8 dicembre, la costa occidentale degli Usa era stata gettata nel panico da un falso allarme aereo seguito il giorno successivo da un allarme sulla costa atlantica. Alcune settimane dopo, Hitler disse, in tono di scherno: "Roosevelt dichiara guerra [sic]... ma si allontana in tutta fretta da Washington per timore delle incursioni aeree, rifugiandosi nella sua tenuta. Poi, di nuovo torna a Washington... Il modo in cui si comporta rende isterico il suo popolo".

Il Führer arrivò a Berlino alle 11:00. Così si espresse Goebbels in merito all'opinione di Hitler sull'attacco dei giapponesi: "È stato colto di sorpresa, esattamente come me al punto che, da principio, stentava a credervi." I giapponesi avevano, secondo lui, adottato la tattica più adeguata: "Il Führer è dell'opinione che, in un conflitto moderno, il ricorso all'ultimatum sia del tutto datato. Nel momento in cui ti proponi di sconfiggere un nemico, devi procedere senza indugi e non attendere ch'egli si rafforzi ulteriormente per colpirti."

Per Hitler era giunto il meraviglioso momento di dare pubblicamente a quel "pezzente" di Roosevelt il pubblico smacco che da tempo meritava.

La sera del 9, Berlino ordinò alla propria ambasciata a Washington di bruciare gli archivi e i codici segreti. Il ministro degli Esteri fornì a Hitler un elenco di tutte leviolazioni della neutralità commesse da Roosevelt.

Poco dopo le 14:00 del giorno 11, Ribbentrop lesse all'addetto americano a Berlino, la dichiarazione di guerra della Germania: adesso, il Presidente Roosevelt aveva la guerra tanto desiderata, concluse Ribbentrop.

Eppure, nell'intimo, un brutto presentimento tormentava il Führer. Il maggiore Below, che gli era andato incontro alla stazione, lo trovò preoccupato per gli effetti a lungo termine di Pearl

Harbour. Anche Ribbentrop dichiarò (ma solo in seguito) di essere rimasto sconcertato del modo in cui il Patto Tripartito, voluto per tenere gli Usa fuori dal conflitto, avesse invece trascinato questi ultimi in una guerra aperta con il *Reich*. In un discorso ai gerarchi, tenuto il 12 dicembre, Hitler ammise di aver trascorso notti insonni a interrogarsi sull'opportunità di muovere guerra all'America. Accantonata la questione delle difficoltà militari sul fronte orientale come un "inevitabile grattacapo", si mostrò fiducioso che le "plutocrazie" occidentali, davanti al rischio di perdere i loro possedimenti in Estremo Oriente, frammentassero le proprie forze. Nonostante i vantaggi strategici che la cosa poteva comportare, Hitler fu udito dire: "Non ho mai voluto che le cose si mettessero in questo modo. Adesso, loro", aggiunse alludendo agli inglesi, "perderanno Singapore!"

Dopo aver fatto ritorno alla *Tana del Lupo*, con l'*Operazione Barbarossa* in incombente crisi invernale, Hitler commentò con Hewel: "È ben strano che con l'aiuto del Giappone stiamo distruggendo le posizioni della razza bianca in Estremo Oriente e altrettanto lo è che la Gran Bretagna combatta contro l'Europa a fianco di quei porci bolscevichi!"

Hitler assume il comando

Nei cupi mesi di quell'inverno, il Führer dette prova della sua ferrea determinazione. Mentre i generali vedevano come unica possibilità di salvezza un'ignominiosa ritirata, egli ordinò loro di mantenere le posizioni fino al disgelo primaverile. E quando questi, sollevando obiezioni, disobbedirono, Hitler li rimosse dall'incarico, assumendo egli stesso il comando dell'esercito. La cosa, poiché l'ascendente di Hitler era incredibile, a poco a poco portò sul fronte orientale un nuovo spirito combattivo.

Alcuni esperti ufficiali credettero persino, e si dissero pronti a giurarlo, di aver visto il Führer nel bel mezzo della battaglia: "Pensavamo che tutto volgesse alla fine, poi Hitler ha fatto un'ispezione nel settore di nostra competenza chiedendoci un ultimo sforzo e così abbiamo resistito!" In realtà, trascorsero molti mesi prima che il Führer si arrischiasse a muoversi dal proprio quartier generale.

"Sono stato costretto ad agire spietatamente. Ho dovuto allontanare persino i generali a me più fedeli: due generali d'armata, ad esempio, che, ormai allo stremo delle forze, con esse avevano smarrito ogni volontà... Durante l'inverno uno dei due venne ad annunciarmi:

"*Mein Führer*, non possiamo resistere oltre, dobbiamo ritirarci". Io gli domandai: "Dove diavolo pensa di ritirarsi? Quanto lontano?" "Beh", replicò lui, "non saprei!" "Crede forse che 50 chilometri indietro faccia meno freddo e che i problemi di rifornimento saranno meno gravi? E, retrocedendo, ha intenzione di portare con sé le sue armi pesanti? Ce la farà a trasportarle?" Il generale disse: "No, non è possibile". "Quindi lei ha intenzione di lasciarle ai sovietici. E come pensa di battersi dopo, se non avrà più a disposizione un'artiglieria pesante? Lui ribatté: "*Mein Führer*, qualunque cosa accada agli armamenti, salvi almeno gli uomini". Perciò, lo incalzai: "Pensa a una ritirata fino ai confini del *Reich* o cosa? Dove ha intenzione di fermarsi?" "Beh, *Mein Führer*, probabilmente non avremo altra scelta". Di fronte a tali discorsi, potevo solo rispondere: "Torni in patria quanto prima e lasci l'esercito nelle mie mani. Così la *Wehrmacht* resterà al fronte".

La controffensiva russa aveva creato una spaccatura di una cinquantina di chilometri tra le armate di Kluge e quelle di Guderian e fu attraverso quella fenditura che si incunearono la fanteria e i mezzi corazzati sovietici. L'uso della più efficace arma anticarro, il proiettile *Testa Rossa* dalla testata esplosiva a carica cava, di cui Hitler aveva assistito a una dimostrazione il 25 novembre, era stato da lui espressamente vietato, per impedire che il nemico ne venisse troppo presto a conoscenza. Il timore di cadere prigionieri dei sovietici e la penuria di armi, carburante, foraggio per cavalli e riserve, produsse nelle truppe tedesche uno schiacciante senso d'inferiorità.

"Abbiamo sottovalutato il nemico, la vastità del territorio e i capricci del clima", scrisse rassegnato Guderian il 10 dicembre, "e adesso stiamo pagando caro questo errore". Hitler inviò il malandato comandante in capo Brauchitsch sul fronte di Mosca, affinché potesse personalmente rendersi conto della situazione. Guderian lo incontrò a Roslavl il 14 dicembre e in seguito scrisse: "Ho dovuto viaggiare in auto per 22 ore sotto una bufera di neve, per raggiungerlo".

Brauchitsch ordinò a Guderian di resistere sulla linea davanti a Kursk, ma, come Bock e Kluge, anche il comandante delle forze corazzate conosceva un'unica soluzione: ritirarsi finché questo era ancora possibile. Hitler continuò a ignorare quegli appelli: "Non posso mandare tutti a casa solo perché il Gruppo Armate Centro comincia a imbarcare acqua", obiettò. E in questo rifiuto fu incoraggiato dagli angosciati appelli dei comandanti di altri settori che lo pregavano di non dare inizio a una disastrosa ritirata generale. Ciò che più mancava al Gruppo Armate Centro erano le riserve.

La sera del 14 dicembre, Hitler ordinò a Jodl di accertare quanti reparti potessero essere racimolati all'interno del *Reich*. Il generale Friedrich Fromm[18] spiegò che il suo esercito di riservisti aveva in addestramento parecchie divisioni. A mezzanotte e mezza il Führer impartì a Fromm l'ordine di recarsi alla cancelleria, dove il generale si assunse l'impegno di costituire immediatamente 4 divisioni e mezza, fornite di equipaggiamento invernale e sci. Alle 13:00 del giorno successivo, Hitler telefonò al generale Leeb, da cui era pervenuta la richiesta di permesso per far indietreggiare il Gruppo Armate Nord fino al fiume Volkhov, facendogli notare che quella mossa avrebbe consentito ai sovietici di

18 Ndt. Friedrich Fromm (Charlottenburg, 8 ottobre 1888 – Brandeburgo sulla Havel, 12 marzo 1945). Durante la seconda guerra mondiale, fu nominato comandante in capo dell'esercito della riserva e incaricato dell'addestramento e dei rimpiazzi nell'esercito tedesco. Nonostante fosse a conoscenza della cospirazione ai danni del Führer, non intervenne fino a quando, fallito l'attentato, fornì i nomi dei congiurati, ordinandone l'arresto. Questa tardiva reazione mise in evidenza se non la sua colpevolezza, mai accertata, la sua inerzia nell'impedire il tentativo di assassinio. Egli stesso fu pertanto arrestato, e condannato a morte dalla Corte Popolare Tedesca. Hitler in persona commutò la pena di morte per impiccagione in una "più onorevole" fucilazione.

far affluire a Leningrado truppe e rifornimenti.

Quella sera, mentre a bordo del treno speciale lasciava Berlino, Hitler stese la sua prima disposizione di 'resistenza a oltranza' (*Halte-Befehl*) per il fronte orientale: "Qualsiasi ritirata su larga scala di grandi sezioni dell'esercito nel bel mezzo dell'inverno, tenuto conto della limitata mobilità, avrebbe gravissime conseguenze".

Alla Quarta Armata venne ordinato di non muoversi di un solo metro. Quel controverso ordine, durante la notte, venne aspramente dibattuto. Lossberg sostenne che fosse giunto il momento di affidare la conduzione strategica della guerra a un indiscusso esperto come il generale Manstein, ma Jodl, arrivando dal vagone delle riunioni di Hitler, annunciò: "Il Führer ha già deciso di risolvere la questione del comando in modo diverso".

Hitler giunse alla *Tana del Lupo* alle 11:00 del 16 dicembre. Il suo ordine di 'resistenza a oltranza' fu comunicato a Bock da Halder, alle 12:10. A Goebbels, venuto a fargli visita, Hitler confidò di avere deciso di destituire dall'incarico i tre comandanti dei Gruppi di Armate: presentavano tutti problemi di stomaco, ironizzò.

Poiché Hitler non aveva più alcuna fiducia nelle capacità di giudizio di Brauchitsch, inviò sul fronte di Mosca il proprio aiutante in capo Schmundt. Quando questi tornò con un dettagliato rendiconto dei timori di Guderian, la verità affluì finalmente alle orecchie del Führer. Quella sera, mentre attendeva una telefonata di Hitler con la promessa di rinforzi, Guderian scrisse alla moglie: "Solo il Cielo sa se, e come, ne verremo fuori... Sono contento che il Führer adesso sia informato di ciò che sta accadendo e spero voglia affrontare con il consueto vigore gli impedimenti burocratici del ministero della Guerra, delle ferrovie e di tutti gli altri enti... Di notte veglio cercando una soluzione che permetta ai miei uomini, che non dispongono di riparo, di sopravvivere a questo tremendo inverno". Verso la mezzanotte, Bock inviò a Schmundt il testo del rapporto da lui inviato tre giorni prima a Brauchitsch. Diceva: "Il Führer deve decidere se il mio Gruppo di Armate deve restare a combattere, rischiando il totale annientamento, o ritirarsi, andando incontro ad altrettanti pericoli. Se si risolve per la ritirata, deve essere consapevole che al nuovo fronte non giungeranno abbastanza soldati per poterlo tenere e che la nuova posizione non disporrebbe di strutture in grado di accoglierli, né comporterebbe una linea più ridotta".

Piuttosto che mostrarlo a Hitler, Brauchitsch aveva distrutto quel rapporto. Telefonicamente, Bock aggiunse che la sua 267ª Divisione di Fanteria proprio quel giorno era stata costretta ad abbandonare nella ritirata l'artiglieria. Il Führer gli parlò personalmente al telefono: "In questa situazione la risposta può essere una sola, vale a dire non cedere un palmo. Chiudere le falle e resistere!" Bock replicò con rabbia che il suo fronte poteva crollare da un momento all'altro e Hitler ribadì: "Questo è un rischio che dobbiamo correre".

"Il problema del nostro fronte", spiegò qualche minuto dopo a Brauchitsch e Halder, "è uno solo: il nemico dispone di più soldati".

Per questo, bisognava immediatamente inviare sul fronte russo, in treno, i rinforzi più semplici: fucilieri ciascuno dei quali fornito di cibo in scatola, alcol e cioccolata in quantità sufficiente per otto dieci giorni. Inoltre, dovevano essere inviati a Bock un migliaio di camion e da Cracovia 2.000 *SS*.

Alle 3:00 del mattino, Hitler telefonò a Guderian per informarlo dei rinforzi che si accingevano a raggiungere il fronte con un ponte aereo.

Quello stesso giorno, 17 dicembre, il generale della *Luftwaffe* Richthofen, giunse con Göring alla *Tana del Lupo*. Così Richthofen annotò:

"Jeschonnek e io siamo andati a trovare il Führer. Appare teso, ma lucido. Gli ho più volte ripetuto che ciò che adesso importa è mantenere vivi e combattivi i nostri soldati lasciandoli dove si trovano. Ciò che al fronte manca sono fucilieri, equipaggiamento invernale, cibo e soprattutto la volontà di resistere. Ho sottolineato, che se lui si rivolgerà personalmente a ogni soldato, tutto andrà bene. Il Führer ha ascoltato con grande interesse. Sta pensando di emanare un importante proclama. Göring e io siamo stati molto persuasivi. Il Führer impreca ad alta voce contro i comandanti dell'esercito responsabili di gran parte di questa confusione. Si trova alle prese con un imponente progetto di riorganizzazione".

Hitler firmò il famoso *Halte-Befehl*, che subito fu trasmesso al fronte:

"Non sono consentiti spostamenti di ritirata, che porterebbero alla totale perdita di armi pesanti ed equipaggiamento. Sotto la guida degli ufficiali, i soldati devono essere costretti a opporre una fanatica resistenza sulle loro posizioni, indipendentemente da eventuali infiltrazioni nemiche sui fianchi o da tergo. Solo così guadagneremo il tempo necessario affinché giungano i rinforzi predisposti".

Non era, quello, il momento di tenere in considerazione i sentimenti personali e Hitler destituì Bock, affidando a Kluge il comando del Gruppo Armate Centro. Poiché non attribuiva al primo alcuna specifica colpa, chiese a Schmundt di chiarirgli bene questo punto. Meno cordiale fu il congedo di Brauchitsch, comandante in capo dell'esercito. L'impressione ricavata da Hitler due settimane prima, durante la visita alle armate di Rundstedt, che i fatti gli venissero deliberatamente occultati, era stata confermata dall'inspiegabile rimozione dell'allarmante messaggio inviato da Bock il giorno 13. Verso la fine di dicembre, Hitler inviò a tutti i comandanti della *Wehrmacht* una direttiva generale in cui si rammentava la necessità di tenere in giusta considerazione ogni rapporto perché quelli, per l'esercizio del comando militare, erano strumenti imprescindibili: "È dovere di ogni soldato riferire con lealtà quali ordini non siano stati eseguiti e quali errori commessi". Ma la cosa più preoccupante erano i sempre più numerosi indizi che testimoniavano l'incapacità di Brauchitsch e la riluttanza generalizzata di questi a eseguire gli ordini del Führer. In proposito, il 19 dicembre Hitler si era deciso, seguendo il consiglio di Schmundt, ad assumere egli stesso il Comando Supremo. Non conosceva alcun generale capace di instillare nell'esercito lo spirito nazionalsocialista, spiegò a Brauchitsch, sussurrandogli anche: "Spero che rimarremo amici".

L'incarico di Halder non avrebbe subito variazioni, mentre Keitel avrebbe assolto le funzioni di ministro della Guerra. Che Halder non avesse seguito l'identica sorte di Brauchitsch, sorprese molti, ma Hitler abbisognava dell'abilità e dell'esperienza dell'attuale capo di Stato Maggiore generale e così l'ambizioso e qualificato Halder imparò a controllare la grande avversione che nutriva per Hitler. Nel frattempo, Hitler e Schmundt prepararono un ordine del giorno diretto ai soldati dell'esercito e alle *Waffen SS*: "La lotta per la libertà della nostra patria sta raggiungendo il culmine e dovremo prendere decisioni che scuoteranno il mondo. Il primo a dover sostenere la lotta è l'esercito e a tal fine da oggi io ne sarò il capo supremo. Come soldato che ha combattuto molte battaglie nella Grande Guerra, condivido pienamente la nostra volontà di vittoria. Adolf Hitler".

Presto, il generale Guderian seguì la sorte di Brauchitsch. I suoi diretti superiori ne avevano intuiti i silenti preparativi per far retrocedere la Seconda Armata Corazzata. La cosa apparve evidente a Halder dal modo in cui i blindati si stavano raggruppando intorno a Orel e l'esercito veniva scaglionato in profondità. Lo stesso Kluge non nutriva alcuna simpatia per Guderian e quando, il 20 dicembre quest'ultimo si presentò al quartier generale del Führer, Kluge telefonò a Halder e a Schmundt per avvertirli che Guderian aveva perso il proprio sangue freddo.

Infatti, Guderian espose a Hitler le condizioni della Seconda Armata in tono drammatico: le sue truppe erano stremate, inferiori di numero ed era impossibile scavare trincee nel terreno gelato. Hitler ribatté: "Usate l'artiglieria pesante o i mortai per aprire dei crateri e metteteci dentro stufe elettriche". E con sarcasmo domandò a Guderian: "Crede che i granatieri di Federico *il Grande* si divertissero a morire per la patria?" Guderian ribatté che era tempo che Hitler si liberasse di esperti di scrivania quali Keitel, Jodl e Halder, gente che non aveva mai calpestato un campo di battaglia.

Il giorno dopo, Guderian, in aereo, tornò a Orel dove informò i suoi ufficiali del rinnovato ordine di resistenza a oltranza. Ma la ritirata dei suoi mezzi corazzati non ebbe fine. Poi, il 25 dicembre, Kluge rese nota la sua incompatibilità con Guderian, imponendo al Führer una scelta. Poco prima di mezzanotte, Hitler telefonò a Kluge comunicandogli l'immediata destituzione di Guderian.

Con il comando dell'esercito, su Hitler si abbatté una montagna di lavoro. Adesso la consueta riunione per il tè nel bunker non cominciava mai prima di mezzanotte e, in un'occasione, ebbe inizio addirittura alle 2:00. Questo significava che il Führer e i suoi esausti collaboratori non potevano coricarsi prima delle 4:00 – 5:00 del mattino. Al suo quartier generale, la ricorrenza del Natale, diversamente da quanto accadeva nei ministeri di Berlino, fu una festa priva di allegria. Hitler ricevette uno a uno tutti i suoi collaboratori consegnando loro una busta che conteneva una piccola somma di denaro e qualche volta inviando una confezione di caffè accompagnata dai suoi personali auguri.

Il 24, Hewel scrisse: "Un Natale triste. La mente del Führer è altrove. Niente candele".

Due giorni prima Hitler aveva saputo da Kluge che lo Stato Maggiore generale stava inviando in aereo a Smolensk centinaia di soldati semi-assiderati, privi di armi e di equipaggiamento adeguato.

"Un'ulteriore porcheria!" aveva gridato al telefono. E Kluge: "Credo, *mein Führer*, che domani dovremo prendere una importante decisione".

Il giorno dopo, infatti, Hitler autorizzò l'uso dei proiettili anticarro a carica cava *Testa Rossa*. Un frammento di un altro celebre memoriale, quello di Canaris, dipinge efficacemente l'atmosfera:

"24 dicembre 1941.

Il generale Schmundt fa confronti con il 1812 e parla di 'momento della verità' per il nazionalsocialismo. Le perdite di equipaggiamento sono spaventose: camion, artiglieria e velivoli devono essere distrutti o abbandonati perché non abbiamo il carburante per riportarli indietro. Tutto ciò ha un effetto deleterio sulla volontà di battersi dei nostri uomini, che si rendono improvvisamente conto di essere guidati male. Le decisioni del Führer [la destituzione di Brauchitsch e altri] sono giuste e hanno colpito persone non esenti da responsabilità, checché la gente ne dica... Il trattamento da noi riservato ai prigionieri russi sta creando spaventose conseguenze. Nella ritirata da Mosca, abbiamo dovuto abbandonare alcuni ospedali da campo. I sovietici, trascinati all'esterno feriti e malati, li hanno appesi a testa in giù e, cosparsi i corpi di benzina, hanno dato loro fuoco... In un'altra occasione, alcuni prigionieri tedeschi sono stati decapitati e le loro teste disposte sul terreno a formare il simbolo delle *SS*".

Quando la Croce Rossa intervenne, affinché entrambi gli schieramenti rispettassero le convenzioni internazionali, Hitler rispose negativamente. Come spiegò a Keitel e Jodl, non voleva che i suoi soldati si mettessero in testa l'idea che, qualora fatti prigionieri, i sovietici li avrebbero trattati umanamente.

Era giunta la fine dell'anno e il fronte orientale poteva sfaldarsi da un momento all'altro. Di fronte alle ripetute richieste di Kluge, di poter effettuare brevi ripiegamenti, Hitler ribatteva con sarcasmo che, nel momento in cui partivano, potevano arretrare fino al Dnjepr o addirittura fino al confine polacco. Hitler raccontò al feldmaresciallo come lui, in qualità di fante nelle Fiandre, avesse sopportato, insieme ai suoi camerati, dieci giorni di incessanti bombardamenti sempre mantenendo la posizione. Kluge ribatté che nelle Fiandre non si combatte a temperature inferiori ai -30 gradi: "Il mio comandante d'armata mi ha detto che se alla Quindicesima Divisione di Fanteria fosse ordinato di resistere, i soldati non obbedirebbero perché stremati". Al che, Hitler sbottò: "Se così fosse, questa è la fine dell'esercito tedesco" e, troncata la conversazione, lasciò la stanza.

Nessuno dei collaboratori del Führer avrebbe dimenticato la sera del 31 dicembre. Per tutto il giorno, Kluge era stato al telefono col generale Halder, supplicandolo diautorizzarlo a procedere a un ripiegamento. Hitler nel suo rifiuto fu irremovibile.

Qualsiasi arretramento era destinato a provocare un crollo generale, spiegò, e dispose di restare in posizione in attesa di rinforzi. Anche quella cena fu servita molto tardi. Poi, Hitler sonnecchiò esausto, in attesa degli ultimi minuti del 1941. I suoi assistenti si riunirono in mensa ad attenderlo, ma alle 23:30 Kluge chiamò con urgenza dal fronte e per le 3 ore a seguire (il tempo è annotato con precisione nei diari di Bormann, Hewel e nei verbali del Gruppo di Armate) Hitler discusse con il feldmaresciallo, alternando il tono rabbioso a quello persuasivo, sempre insistendo sulla necessità di non ripiegare di un solo metro. Hitler negò a Kluge persino un arretramento di 30 chilometri, in un settore del fronte che si estendeva per 150. Infine Hitler raggiunse i più stretti collaboratori per il tè: erano le 2:30. "Sono felice di essere capace di superare ogni grave impedimento", disse. "Speriamo che il 1942mi porti alcune delle gioie del 1941. Le preoccupazioni possono attendere. Fino a oggi è stato così: i momenti duri hanno sempre preannunciato eventi significativi".

In un angolo, un fonografo diffondeva la *Settima Sinfonia* di Bruckner, ma nessuno era nelle condizioni di spirito per apprezzarla.

Due settimane dopo, Christa Schroeder avrebbe scritto: "La sera dell'ultimo dell'anno, durante la cena, eravamo tutti piuttosto allegri. Dopo siamo stati convocati per la solita riunione del tè, ma il Capo, esausto, si è assopito. Perciò di comune accordo siamo rimasti in silenzio, cosa che ha dissolto quel poco di allegrezza che eravamo riusciti a esprimere. Poi, il Capo si è allontanato per una riunione e coloro che si erano radunati per portargli gli auguri di buon anno, si aggiravano cupi. Non ho parole per descrivere quella scena. Era una cosa talmente triste che, tornata nel mio bunker, sono scoppiata a piangere e quando sono tornata in mensa mi sono imbattuta in un paio di ragazzi della scorta.

Accortisi del mio pianto, hanno cercato di consolarmi con belle parole e alcol e alla fine, ebbri, abbiamo intonato a pieni polmoni *All'ancora al largo del Madagascar!* e *Abbiamo la peste a bordo!*, celebri canti marinari".

La rigida e inflessibile guida di Hitler stabilizzò il fronte il tempo necessario: a metà gennaio del 1942, quando il Führer poté autorizzare Kluge a un ripiegamento dei comparti più esposti del suo Gruppo di Armate, arrivati i tanto attesi rinforzi, una nuova posizione difensiva era stata approntata. Il popolo tedesco aveva raccolto e inviato indumenti per tenere caldi i soldati ed era stato possibile salvare buona parte dell'equipaggiamento pesante.

La crisi invernale era stata superata, ma il costo, in termini di ufficiali allontanati dal Führer per incoraggiare le milizie, era stato notevole. Il generale Otto Forster che già nel 1938, a causa di una diatriba sulle fortificazioni, era incorso nell'ira di Hitler, fu destituito per aver fatto arretrare le proprie truppe. Il feldmaresciallo Reichenau fu ucciso da un infarto e Bock, ritrovata miracolosamente la stima del Führer, fu chiamato a sostituirlo al comando del Gruppo Armate Sud. Il generale Sponeck, che aveva abbandonato Kerck, venne condannato alla fucilazione, ma in seguito Hitler commutò la pena. Il generale Hoepner, che l'8 gennaio aveva fatto ripiegare la sua Divisione Corazzata su posizioni invernali, venne radiato dall'esercito. Infuriato per la perdita dei suoi "diritti pensionistici", Hoepner, citato in giudizio il *Reich*, vinse la causa. Hitler allora volle dichiararsi al di sopra della legge e il 26 aprile ordinò al Parlamento di approvare un decreto ad hoc, che gli concedeva pieni poteri nei confronti di tutti i cittadini del *Reich* "indipendentemente dai loro cosiddetti diritti acquisiti". Molti tedeschi non compresero perché il Führer necessitasse di accaparrarsi poteri, in un regime dittatoriale apparentemente superflui ma, come Goebbels avrebbe appreso in seguito, lo scopo era legittimare preventivamente i passi radicali che aveva intenzione di compiere contro "reazionari, impiegati statali, avvocati e alcuni ambienti del corpo ufficiali".

Fra il dicembre del 1941 e il gennaio 1942 nel quartier generale confluirono numerosi rapporti dei servizi segreti che indicavano l'esistenza di un piano anglo-americano per un'invasione della Norvegia settentrionale, da effettuarsi nella prossima primavera. Hitler sospettava che il nemico avesse promesso Narvik alla Svezia e quella convinzione lo portò a rafforzare la flotta tedesca nella regione scandinava. Le navi da battaglia *Scharnhorst* e *Gneisenau*, bloccate a Brest, sulla costa atlantica francese, da tempo non potevano prendere il largo a causa dei numerosi attacchi aerei nemici. Hitler, già innervosito per quell'ozio forzato, il 26 dicembre ricevette la richiesta della marina di una speciale copertura aerea che consentisse le esercitazioni delle due navi. Fu quella la goccia che fece traboccare il vaso: "Sono sempre stato un sostenitore delle grosse navi", dichiarò il Führer. "Ma hanno fatto il loro tempo. Sono troppo vulnerabili agli attacchi aerei".

Poi, convocò Raeder per discutere con lui il trasferimento delle due imbarcazioni da guerra in Norvegia, dove, fuori dal campo d'azione della *RAF*, avrebbero potuto riprendere la loro attività.

Il 29 dicembre ordinò a Raeder di farle partire da Brest e, poiché la circumnavigazione delle isole britanniche le avrebbe esposte a grossi rischi, suggerì di far percorrere loro il canale della Manica.

"Bisogna evitare qualsiasi mossa che possa mettere gli inglesi sull'avviso", annotò il suo aiutante navale. "Se la manovra avrà successo, [il Führer] vorrebbe presto portare al sicuro, in Norvegia, tutte le navi disponibili. Questa operazione avrà sulla Gran Bretagna un effetto deterrente. Churchill ha dichiarato che gli inglesi dovranno sopportare sanguinosi sacrifici e ciò potrebbe significare che ha in progetto un'invasione in Norvegia".

Il vice-ammiraglio Otto Ciliax insistette affinché le navi arrivassero nello stretto di Dover a mezzogiorno inoltrato: cosa del resto inevitabile se dovevano avventurarsi fuori dal porto di Brest con il favore delle tenebre. Raeder non approvava affatto questa strategia, ma poiché l'alternativa significava rinunciare all'impiego delle due grosse navi, non poteva essere neppure presa in considerazione. Il tentativo sarebbe stato effettuato entro un mese.

Probabilmente, solo dopo il febbraio 1942, Hitler realizzò di aver salvato il proprio esercito da una colossale disfatta. Prima del 20 febbraio, il gelo era costato alle Forze Armate 112.627 uomini, di cui 14.357 avevano subìto amputazioni. Nel complesso, l'*Operazione Barbarossa* aveva richiesto, fino a quel momento, tra morti e feriti, il sacrificio di 1.000.000 di soldati tedeschi (i decessi erano stati circa 200.000), ma il rancore che serpeggiava tra i soldati, non diretto verso il Führer, si riversava sui generali. Una testimonianza estremamente significativa, prodotta da un soldato semplice, giunse fino a Bormann. In essa il milite descriveva come il suo battaglione, prima di essere lanciato in azione sul Donez, avesse marciato senza meta per quasi 500 chilometri:

"Il nostro battaglione è stato gettato nella mischia come rinforzo di emergenza, ma troppo tardi e senza armi adeguate. I sovietici, disponendo di carri armati pesanti e ingenti reparti di fanteria, ci hanno respinto. A causa del gelo, le nostre mitragliatrici si erano inceppate e comunque le munizioni scarseggiavano... Nel frattempo, l'intero fronte cominciava a cedere, su ben 100 chilometri. Ovunque, i soldati, in preda al panico, indietreggiavano convulsamente, senza dare ascolto agli ufficiali che, nel tentativo di mettere ordine, puntavano le armi contro di loro. Regnava una confusione indescrivibile. Era quello un comportamento mai riscontrato neppure nei russi e raramente nei francesi in Francia: colonne di militari in fuga si rincorrevano gli uni con gli altri, spesso correndo fianco a fianco lungo la stessa strada, lasciando il terreno cosparso di elmetti, armi, maschere antigas e quanto altro trovavano loro di impedimento nello sforzo. Centinaia di autocarri ardevano, incendiati dai nostri stessi soldati perché a causa del gelo o dalla mancanza di carburante non potevano più muoversi. Depositi di munizioni, magazzini di vestiario, di viveri, tutto divampava. Le strade della ritirata abbondavano di cadaveri, di carcasse di cavalli e veicoli distrutti. Alla fine, su quel caos sono piombati persino i bombardieri tedeschi, dando il tocco finale alla tragedia... Informi masse di miserabili avvolti in coperte di fortuna, le gambe protette da stracci e bendaggi, arrancavano come fantasmi della ritirata napoleonica. Per quattro giorni il nostro contingente ha seguitato a combattere proteggendo quella catastrofica ritirata. Il quinto giorno i carri armati sovietici ci hanno sopraffatti, spazzando via i resti del nostro battaglione. Io sono riuscito a sfuggire ai mezzi corazzati nemici che perseguivano il perverso piacere di inseguire ogni uomo finché non lo straziavano tra i cingoli, nascondendomi in un profondo cratere tra cumuli di neve. Noi, sopravvissuti a tanto orrore, abbiamo un solo desiderio: che il Führer assicuri una terribile punizione a coloro che ne sono stati responsabili...".

La mente del Führer era già volta all'imminente offensiva di primavera. Hitler confidava di poter far avanzare nel Caucaso, verso la fine di aprile del 1942, il Gruppo Armate Sud. Come spiegò ai giapponesi, ai quali però tenne nascoste alcune delle sue vere ambizioni, un attacco a sud offriva più vantaggi che non la presa di Mosca: avrebbe, infatti, risolto il problema della mancanza di petrolio e tenuta neutrale la Turchia. Se tutto fosse andato per il verso giusto, in autunno, la *Wehrmacht* avrebbe marciato su Bagdad. Rivelò il suo piano strategico a Bock il 18 gennaio, prima che quegli si dirigesse a Poltava per assumere il comando del Gruppo Armate Sud. Il Führer aveva ormai compreso che la guerra si sarebbe protratta anche per il 1943 e lo stesso Göring, il 9 febbraio 1942, discusse con lui "la sollecita fornitura di locomotive per l'inverno 1942-1943".

L'equipaggiamento doveva essere in grado di sopportare quantomeno il successivo inverno russo.

Inizialmente, gli alleati della Germania non sembrarono gradire l'idea di un'offensiva primaverile. Poi, il feldmaresciallo Keitel, con un indubbio successo diplomatico, convinse sia la Romania sia l'Ungheria ad aumentare i loro contingenti sul fronte orientale. Anche l'Italia accettò di inviare ulteriori divisioni. La Bulgaria, invece, rimase non allineata. Il suo re, benché ammiratore di Hitler, apprezzò che il Führer chiedesse all'esercito bulgaro solo di dissuadere la Turchia dal commettere qualche sciocchezza. In ogni caso, mentre il disgelo primaverile addolciva il clima, l'atteggiamento della Turchia nei confronti di Hitler cominciò a farsi più cordiale e il Presidente turco assicurò a Franz

Papen, in via privata, di essere sempre più convinto della vittoria finale tedesca. Avendo appreso dalle intercettazioni radio che la Gran Bretagna, irritata, aveva bloccato le forniture belliche alla Turchia, in aprile, Hitler acconsentì a fornire al governo di Ankara mezzi corazzati, armi, sommergibili e aerei.

I paesi neutrali e la Germania non erano i soli a necessitare dei prodotti dell'industria bellica tedesca. Hitler dovette escogitare il modo di razionalizzare la produzione delle armi e superare non poche difficoltà burocratiche per rifornire le proprie Forze Armate.

Il 3 dicembre, in viaggio sul suo aereo privato verso il fronte orientale, aveva dettato per il ministro degli Approvvigionamenti Todt un decreto col quale ordinava la riorganizzazione e il potenziamento della produzione bellica. In sostanza, questa doveva essere concentrata negli stabilimenti più efficienti, dando la priorità ad armamenti standardizzati e meno sofisticati, seguendo metodologie di produzione di massa.

Todt diede inizio a una radicale ristrutturazione dell'industria di guerra. Il 10 gennaio, Hitler decretò che l'industria nel suo complesso tornasse a un trattamento preferenziale per l'esercito a scapito di *Luftwaffe* e marina.

A fine gennaio, Todt espose al Führer i suoi piani: i produttori di armi avrebbero avuto il controllo dei loro progetti e sarebbe stato introdotto il sistema del "contratto a prezzo fisso".

Il 7 febbraio, Todt si recò alla *Tana del Lupo* a rapporto da Hitler dove i due cenarono insieme. Il mattino dopo Todt era morto e i resti carbonizzati del suo corpo giacevano nel relitto dell'*Heinkel* schiantatosi al suolo durante il decollo dall'aeroporto di Rastenburg.

Desolato per la perdita del vecchio amico, Hitler ordinò al ministro dell'Aviazione di progettare una scatola di registrazione da installare nella cabina di tutti gli aerei di futura fabbricazione, in modo che fossero registrate le cause di ogni incidente[19]. Il Führer

19 Ndt. Per quanto l'australiano David Warren sia considerato quale inventore della cosiddetta "scatola nera" nel 1954, sembra che Hitler lo abbia in qualche modo preceduto, ideando, con almeno 12 anni di anticipo, una scatola di registrazione da inserire su tutti gli

tornò a Berlino per le esequie di Todt. Erano ore molto importanti. Mentre il suo treno raggiungeva la capitale, le sue navi da guerra stavano percorrendo la Manica: a mezzogiorno sarebbero transitate per Dover e ancora gli inglesi sembravano non essersi accorti di loro. In Estremo Oriente era appena iniziato l'attacco giapponese contro Singapore, bastione dell'impero britannico. La fine del dominio inglese in India sembrava sempre più vicina.

Nelle prime ore del 13 febbraio 1942, lo spostamento della flotta tedesca nei mari norvegesi fu concluso con successo. La *Scharnhorst*, benché danneggiata da due mine raggiunse Wilhelmshaven. La *Gneisenau*, anch'essa danneggiata da una, raggiunse Kiel. La Prinz Eugen giunse indenne alla meta. Nel corso dello scontro aereo-navale gli inglesi avevano perso 20 bombardieri, 16 caccia e 6 aerosiluranti; Adolf Galland[20] aveva perso solo 7 caccia.

Il *Times* di Londra commentò: "Dal XVII° secolo, nelle nostre acque territoriali non accadeva un fatto altrettanto mortificante per il nostro orgoglio marittimo".

Hitler, che aveva "tremato per la salvaguardia delle navi", come testimoniò Goebbels, adesso poteva tirare il fiato.

Il giorno successivo, il Führer parlò a 10.000 tenenti di nuova nomina assiepati al Palazzo dello Sport di Berlino. Lo fotografie lo mostrano mentre con piglio severo, fiancheggiato da Keitel, Milch e Himmler, stringe con forza il leggio. Quando lasciò la tribuna, scoppiò un fragoroso applauso e 10.000 voci intonarono l'inno nazionale.

La sera seguente, si diresse in treno al quartier generale nella Prussia orientale.

Verso mezzanotte Ribbentrop percorse il corridoio del vago-

---

aerei delle Forze Armate tedesche. Tali apparecchi andarono perduti al termine del conflitto.

20 Ndt. Adolf Galland (Westerholt, 19 marzo 1912 – Remagen, 9 febbraio 1996), aviatore tedesco, divenne celebre nella seconda guerra mondiale, durante la quale gli furono accreditate oltre 100 vittorie e ven ne nominato generale delle Forze Armate d'aria, incarico che mantenne dal dicembre del 1941 al dicembre del 1944. Catturato dalle Forze Armate statunitensi nel 1945, venne imprigionato fino al 1947. Successivamente, trovò lavoro nel settore tattico della Royal Air Force, dal 1948 al 1955, e in seguito, così come molti altri gerarchi tedeschi, si trasferì in Argentina, dove divenne assistente della crescente industria bellica di quella nazione.

ne per portargli notizia che Churchill aveva appena annunciato in radio la caduta di Singapore. Il ministro degli Esteri dettò poi alla Schroeder la bozza di un entusiasmante comunicato stampa, da diffondersi il mattino seguente.

Ma Hitler, scuotendo la testa, lo avvertì: “Dobbiamo ragionare in termini di secoli. Chissà, in futuro i musi gialli potrebbero rappresentare la nostra più grande minaccia”.

E così detto, stracciò il testo del messaggio.

La parola di Hitler è legge

La prima metà del 1942 sembrò nuovamente portare l’Urss sull’orlo della disfatta. I soldati tedeschi, ritrovata la fiducia grazie all’incitamento del Führer, avevano superato il terrore dell’inverno russo, dove persino Napoleone aveva fallito. Alla fine di febbraio, i diplomatici stranieri a Berlino furono informati che il Führer aveva deciso di condurre la guerra fino in fondo.

Come il 27 febbraio la segretaria di Hitler descrisse efficacemente, subito dopo il ritorno del Führer da Berlino, l’atmosfera al quartier generale appariva cupa:

“Dopo due giorni di tempo mite, improvvisamente la temperatura è tornata a scendere [...]. Il Capo è sempre stanco, ma non va mai a letto e questo per noi è un vero supplizio. In genere, trascorrevamo la maggior parte delle serate ascoltando dei dischi, ma adesso, dopo la disgraziata fine di Todt, le serate musicali sono rare e alle riunioni del tè si vedono sempre le stesse facce. Non c’è alcun stimolo dall’esterno e nessuno ha esperienze personali da raccontare, così la conversazione è spesso noiosa. C’è anche uno *scottih terrier*, ma poiché è ostinato e capriccioso, non gode di molte simpatie. Il Capo dice che gli ricorda una spazzola per pavimenti e asserisce che mai si farebbe fotografare in sua compagnia”.

La salute di Hitler aveva sopportato male l’inverno, ciononostante lui non si dava tregua. In dicembre aveva detto ad Halder in tono di scherno: “Voi generali vi date da fare finché le cose volgono al meglio. Quando la faccenda si complica, marcate visita o date le dimissioni!"

Ordinò un serie di arresti. L'8 marzo Engel, il suo aiutante per l'esercito, notificò al comandante delle *SS*: "Il Führer ha disposto che il consigliere capo delle ferrovie del *Reich* Landberger e il consigliere Hahn... siano immediatamente messi agli arresti. Entrambi sono accusati di aver dimostrato grave incompetenza".

Morell aggiunse all'armadietto del Führer una varietà sempre maggiore di medicinali, ma, nonostante i suoi sforzi, i visitatori che quella primavera giunsero a Rastenburg, trovarono Hitler pallido, teso e sofferente. Il Führer confidò a Goebbels di essere soggetto a capogiri.

"Il Führer mi ha descritto", scrisse Goebbels in merito a una conversazione del 19 marzo, "quanto, negli ultimi mesi, siamo stati prossimi a una tragedia napoleonica... La colpa di ciò ricade in massima parte su Brauchitsch. Il Führer nutre per lui solo disprezzo: dice che è un cialtrone vigliacco e presuntuoso, incapace di comprendere ciò che accade e meno che mai di apportarvi soluzioni. Con le sue continue disobbedienze ha mandato in fumo l'intero piano della campagna d'oriente, elaborata da Hitler con cristallina chiarezza. Il Führer non aveva alcuna intenzione di dirigersi su Mosca: voleva tagliare fuori il Caucaso [dal resto dell'Urss], colpendo in questo modo il sistema sovietico nel suo punto più vulnerabile. Ma Brauchitsch e lo Stato Maggiore credevano di essere più astuti e così Brauchitsch ha insistito su Mosca. Cercava vittorie di prestigio, non effettive".

Per l'imminente offensiva a Oriente, Hitler aveva stabilito una chiara lista di priorità. Questa volta il generale Halder le accettò nei termini esatti in cui Hitler le aveva esposte durante una riunione del 28 marzo 1942.

La massiccia offensiva estiva (*Operazione Blu*), si sarebbe aperta con la presa di Voronez, sul Don. Quindi, le armate sarebbero scese in direzione sud-est, seguendo il Don verso Stalingrado, scavando, sulla sponda del fiume, gli alloggiamenti per l'inverno. Hitler confidava che, entro i primi di settembre, le sue truppe potessero raggiungere le montagne del Caucaso. Avrebbe deciso in seguito, a seconda delle vittorie conseguite nell'estate, quali operazioni intraprendere al centro e contro Leningrado. Dopo la sconfitta del grosso dell'Armata Rossa, Hitler aveva in mente di edificare un immenso vallo orientale oltre il quale avrebbe potuto anche scatenarsi una guerra secolare contro gli sparpagliati residui delle forze bolsceviche. "Allora, l'Urss sarà per noi ciò che l'India è per gli inglesi", disse a Goebbels.

L'Unione Sovietica aveva già perso le miniere di ferro di Krivoi Rog e il manganese di Nikopol e di conseguenza la blindatura dei suoi più recenti carri armati risultava di cattiva qualità. Se l'*Operazione Blu* si fosse conclusa con successo, Stalin sarebbe rimasto sprovvisto anche di carbone e greggio. Poiché la marina insisteva affinché Rommel s'impossessasse del Canale di Suez, Halder, spazientito, sbottò: "L'operazione del Caucaso è di vitale importanza per i nostri rifornimenti di carburante".

Sostenne, inoltre, che solo un successo in Caucaso avrebbe consentito al Reich di sopravvivere a quella guerra. Le parole di Halder vennero trascritte dal suo ufficiale di collegamento con la marina, in un documento che è ancora conservato nell'archivio della marina tedesca, ma alla fine della guerra, Halder e altri esponenti militari di rilievo come il generale Adolf Heusinger[21], sostennero di essersi unanimamente opposti alla campagna del Caucaso.

Nel marzo del 1942, la Gran Bretagna venne in soccorso all'Unione Sovietica intensificando le incursioni aeree.

Nella notte del 3 marzo, la *RAF* fece cadere 450 tonnellate di bombe su una fabbrica di armi di Parigi, uccidendo 800 civili francesi. Hitler ordinò alla *Luftwaffe* un'immediata rappresaglia da compiersi in territorio britannico, ma pochi giorni dopo cancellò l'ordine, spiegando a Jeschonnek che voleva evitare di provocare ritorsioni aeree su città tedesche; inoltre la loro aviazione non era attrezzata per compiere bombardamenti a tappeto sulle città inglesi.

21 Adolf Heusinger (4 agosto 1897 – 30 novembre 1982), capo di Stato Maggiore generale dell'esercito durante la seconda guerra mondiale, al termine del conflitto servì come primo Ispettore generale delle Bundeswehr (Forze Armate della Germania Occidentale) dal 1957 al 1961. A partire da quell'anno fino al 1964 fu Presidente del Comitato Militare della NATO.

Una settimana dopo, oltre 200 bombardieri britannici dotati di bombe incendiarie quasi rasero al suolo Lubecca, cittadina medioevale baltica, causando 320 vittime civili. In un ulteriore ripensamento, Hitler ordinò alcuni attacchi su cittadine inglesi, scelte sulla base della loro vulnerabilità e valore culturale: gli stessi criteri adottati da Churchill. Venne però esplicitamente vietato di colpire Londra.

Verso la fine di marzo, Hitler intuì che le penisole di Brest e Cherbourg avrebbero potuto rappresentare l'obiettivo di un'attacco da parte degli Alleati. Così, il 27, dispose che tutte le riserve disponibili fossero dislocate nella zona a ovest di Caen e Saint-Nazaire e che la base di sommergibili sita in quest'ultima cittadina fosse rafforzata. Proprio il mattino successivo, gli inglesi effettuarono lì un'azione di *commandos*: il vecchio cacciatorpediniere *Campbelltown*, scortato da siluranti e lance a motore, si mosse prima dell'alba e, speronati i cancelli del bacino di carenaggio e fatti sbarcare gli uomini, venne abbandonato. Gli operai francesi del cantiere e alcuni passanti, incuriositi, erano ancora accalcati intorno alla nave imbottita di esplosivo, quando, alle 11:45, la deflagrazione uccise 62 persone.

Furono arrestati circa 150 inglesi. I dati delle interrogazioni mostrati a Hitler indicavano come essi fossero reputati il fior fiore delle Forze Armate di Churchill. I più non credevano in una vittoria della Gran Bretagna, bensì presentivano che quella guerra si sarebbe conclusa con una disastrosa sconfitta. Secondo loro, la propaganda di Goebbels si era conquistata un discreto pubblico: "Tutti noi nutriamo simpatia per la Germania. Solo non approviamo le sue intenzioni di conquistare il mondo!"

Quando fu loro assicurato che Hitler, in merito alla Gran Bretagna, non aveva alcun progetto, il maggiore inglese esclamò: "Ma allora perché non lo dite al nostro governo e al popolo inglese! Sarei felice di trasmettere io stesso il vostro messaggio di pace, per poi ripresentarmi da voi come prigioniero. Ma per l'amore di Dio, fatelo subito, prima che centinaia di migliaia di uomini siano sacrificati da ambo le parti in un folle conflitto estivo![22]"

22 Nda. Tali interrogatori furono ritrovati negli archivi del ministero degli Esteri, nei fasci-

Quel 20 aprile, Hitler compì 53 anni. Il giorno del suo compleanno gli giunsero gli auguri della madre, di Eva Braun e delle sorelle. Egli rispose inviando loro del prosciutto che aveva appena ricevuto in dono da un estimatore iberico, con la raccomandazione, prima di mangiarlo, di cuocerlo con cura. Raeder, Göring, Milch, Ribbentrop e una moltitudine di personaggi di minore rilevanza presenziarono al pranzo celebrativo. Immediatamente dopo, furono mostrati al Führer i primi due carri armati *Tiger*.

Sul fronte orientale le strade e i campi si stavano asciugando e la neve era sparita quasi ovunque. Mai in vita sua Hitler aveva desiderato tanto il sopraggiungere della primavera.

La vita nel bunker si era protratta per 6 lunghi mesi causandogli una permanente spossatezza e l'insorgere dei primi capelli bianchi. Poiché i medici gli avevano prescritto un periodo di solitudine alla Berghof, Hitler chiese a Ribbentrop di organizzargli a breve un incontro con il Duce. Così, il 24 aprile sul suo treno speciale lasciò la *Tana del Lupo* per affrontare la prima tappa del viaggio che lo avrebbe condotto in Baviera. Era seguito dall'altrettanto imponente convoglio ferroviario di Ribbentrop: "È stupefacente che il ministro degli Esteri lasci a qualcuno la precedenza!" si burlò Hitler.

In una tappa a Berlino, Hitler aveva deciso di parlare al Parlamento per chiedere quei poteri che gli permettessero di neutralizzare per sempre gli avvocati del ministero della Giustizia. Il 26 aprile, 4 ore prima del discorso, Hitler mostrò a Hans Lammers il decreto preparato. Questi osservò che sarebbe stato sufficiente che il Parlamento lo approvasse per acclamazione: Göring, che ne era il Presidente, avrebbe fatto seguire alle parole del Führer una formale accettazione. Questo, un estratto dell'energico discorso tenuto da Hitler, presente integralmente negli archivi del Parlamento:

"...Mi aspetto una cosa: che la nazione, dovunque io non trovi l'obbedienza incondizionata richiesta dalla causa suprema, mi

---

coli riguardanti Paul Schmidt, Etzdorf e Weizsächer, oltre che nei diari del personale della marina (12 aprile) e di Goebbels (15 aprile 1942).

dia il diritto di agire come meglio credo. Per noi è questione di vita o di morte. [*Applauso*] Al fronte e in patria, nei trasporti, nell'amministrazione statale e nella magistratura deve esserci obbedienza assoluta a un'idea, quella della lotta per la vittoria. [*Applauso*]. Che nessuno adesso parli dei propri diritti acquisiti.[23] Che ognuno comprenda che d'ora innanzi ci saranno unicamente doveri".

Alle 16:24, quando la seduta si concluse (fu l'ultima per quel Parlamento), Adolf Hitler era divenuto *la legge*.

Nel corso del suo incontro con Mussolini a Klessheim, nei pressi di Salisburgo, Hitler dipinse la posizione tedesca in Urss in termini ottimistici asserendo che nel 1943, in Ucraina, il raccolto avrebbe fornito almeno 7 milioni di tonnellate di grano. Entrambi i dittatori convennero che bisognava tener d'occhio la Francia, ma che la Turchia stava avvicinandosi all'Asse, se non altro in conseguenza della sua avversità ai russi. Molti indizi lo confermavano. Recentemente i turchi avevano fatto pagare un pesante pedaggio all'inviato britannico in Bulgaria, il cui bagaglio era misteriosamente saltato in aria in un albergo di Costantinopoli.

Una seconda riunione tra Hitler e Mussolini si svolse alla Berghof. Gli italiani facevano pressioni per l'occupazione a breve scadenza di Malta, ma il Führer guardava a quell'operazione con il consueto malcelato scetticismo, non solo perché era stabilito fosse condotta principalmente dall'Italia e quindi ai suoi occhi destinata a un sicuro insuccesso ma altresì perché lui seguitava a sostenere che la guerra potesse essere vinta solo a Oriente. Il Mediterraneo costituiva uno scenario secondario, utile solo per tenere impegnate le forze nemiche.

Tuttavia, per rispetto dell'alleato, Hitler si era sempre finto favorevole all'*Operazione Ercole*: dal 2 aprile, in previsione di uno sbarco, l'aviazione italiana e tedesca avevano iniziato a bombardare Malta senza pietà. A metà mese Hitler aveva acconsentito anche a fornire dei paracadutisti tedeschi per un eventuale attacco, purché nel frattempo gli inglesi non avessero compiuto azioni in Norvegia o Francia. Ritenendo che l'offensiva di Rommel in Nord Africa dovesse anticipare viste le limitate forze d'aviazione

23 Nda. Hitler si riferiva alla causa intentata da Hoepner, di cui ho parlato precedentemente.

dell'Asse presenti nel Mediterraneo una qualsiasi contromossa inglese, precisò che l'*Operazione Ercole* fosse rimandata a conclusione della prima. Ai primi di maggio, l'*OKW* stabilì che Rommel sferrasse il suo attacco alla fine del mese e che l'*Operazione Ercole* fosse procrastinata a cavallo tra metà luglio e metà agosto.

Gli stessi obiettivi dell'offensiva di Rommel erano oggetto di controversia: gli italiani volevano che il generale si assestasse su una posizione tra Sollum e il passo di Halfaya, il Führer, sapendo, da un rapporto pervenuto dalla Finlandia, che il 90% della popolazione egiziana era antiinglese e dunque matura per una rivoluzione, pretendeva l'Egitto.

Il flusso di informazioni che perveniva al Führer era necessariamente stupefacente. Hewel annotò di avergli trasmesso – solo nel 1941 – oltre 1.100 dispacci diplomatici. Divenuto comandante in capo dell'esercito, Hitler si era assunto un'ulteriore mole di lavoro, come attesta il fatto che, solo ai primi di aprile del 1942, i dispacci ricevuti ammontavano già a 800.

Non avremo mai la possibilità di conoscere tutte le informazioni dei servizi segreti sulle quali Hitler basò le proprie strategie. Poche settimane prima, avevano avuto inizio le decodificazioni sui collegamenti radio-telefonici nemici tra Londra e Washinghton e, dal marzo 1942, Hitler riceveva, attraverso Himmler, un regolare flusso di trascrizioni che comprendeva anche le conversazioni segrete tra Roosevelt e Churchill[24].

La decodificazione di dispacci turchi e jugoslavi provenienti da Mosca permise al Führer di seguire le diverse congetture fatte da Stalin sull'imminente offensiva tedesca: si pensava che l'intenzione di Hitler fosse nascondere, con movimenti collaterali, un nuovo attacco frontale contro Mosca. La decifrazione dei telegrammi americani diretti dal Cairo a Washington diede risultati ancora migliori: in febbraio, gli italiani ne decodificarono uno nel quale Washington chiedeva informazioni per una possibile invasione dell'Africa nord-occidentale. Alla fine di aprile, il Cairo avvisava gli americani della precaria situazione di Malta: le mu-

24 Nda. Sfortunatamente, quelle trascrizioni, durante la guerra o successivamente, sparirono.

nizioni di contraerea scarseggiavano e altrettanto il carburante. Altri messaggi americani rivelarono la forza e la disposizione delle truppe che fronteggiavano Rommel. Hitler carpì molte informazioni anche da fonti diplomatiche più ortodosse. Da queste gli giunsero le prime voci circa una possibile invasione della Francia condotta dall'ammiraglio Mountbatten con mezzi anfibi. Probabilmente, una delle intercettazioni più dannose per gli inglesi fu quella della conferma (sbandierata da Churchill, che pareva aver dimenticato il detto "in guerra anche i muri hanno orecchie") che la crescente perdita di navi stava conducendo la Gran Bretagna al momento di maggiore criticità patito dall'inizio del conflitto. Questa ammissione incoraggiò Hitler a inasprire la lotta aerea e sottomarina contro i convogli che battevano Atlantico e Artico. Nell'ultima settimana di maggio, attaccato il convoglio *PQ16* diretto verso il nord della Russia, furono affondate 7 navi con 32.400 tonnellate di rifornimenti bellici, tra cui 147 carri armati, 77 aerei e 770 veicoli a motore. Ogni vascello nemico affondato riduceva il rischio dell'apertura di un nuovo fronte.

Durante il maggio 1942, le armate di Hitler in Oriente riconquistarono l'iniziativa militare. Solo la crescente minaccia partigiana nelle retrovie del Gruppo Armate Centro diretto da Kluge destò qualche preoccupazione. Agli occhi di molti tedeschi, era stata persa una grande opportunità: quella di attirare dalla propria parte gli ucraini, tradizionalmente anti-sovietici. Questo, l'ultimo messaggio di Reichenau rivolto a Hitler, prima di morire il 17 gennaio del 1942 nell'incidente aereo in cui fu coinvolto il velivolo che lo stava conducendo in Germania, a seguito di un colpo apoplettico. Goebbels e soprattutto Rosenberg, erano della stessa opinione. L'8 maggio, quest'ultimo disse al Führer che un maggiore tatto sarebbe stato sufficiente per portare gli operai sovietici a lavorare volontariamente per la Germania: invece Sauckel, responsabile della forza lavoro, trattandoli come schiavi stava spingendo masse di ucraini alla fuga, fornendo così nuove reclute alle bande partigiane. Il gerarca Erick Kock, commissario del *Reich* per l'Ucraina, ancora più despota di Sauckel, faceva di tutto per sottrarsi alla supervisione di Rosenberg.

"Abbiamo sempre sostenuto che agli slavi, di tanto in tanto, fa piacere ricevere una buona dose di frustrate", disse in proposito Rosenberg, che però criticò aspramente quanti, prendendo ciò alla lettera, andavano in giro per le città ucraine con la frusta in mano. A Hitler l'idea di utilizzare i prigionieri sovietici nella lotta contro i partigiani non dispiaceva affatto, ma nessuno riuscì a persuaderlo a nominare "governi fantoccio russi" nelle regioni conquistate.

Lo Stato Maggiore generale chiese al Führer il permesso di usare gas asfissianti per contrastare le bande partigiane. Sebbene si trattasse di combattere una guerra illegale con armi illecite, Hitler ne escluse l'impiego. Allo stesso modo, proibì allo Stato Maggiore generale di studiare il ricorso a una guerra batteriologica, tranne che per scopi difensivi. L'esperienza da lui vissuta con i gas nella prima guerra mondiale e le conseguenze di cui ancora risentiva, lo indussero a mostrarsi inflessibile fino alla fine. Benché gli inglesi si avvalessero di bombe al fosforo, risultando i vapori prodotti da queste altamente tossici, Hitler ne escluse l'utilizzo da parte della *Luftwaffe*. E poiché gli scienziati tedeschi avevano sviluppato dei gas nervini (*Sarin* e *Tabun*) facendo loro raggiungere un grado di sofisticazione sconosciuto al nemico, quei divieti giocarono un ruolo importante sull'esito del conflitto.

A metà aprile, Hitler convocò al quartier generale il colonnello Lahousen, responsabile delle attività sovversive e di sabotaggio dell'*Abwehr* di Canaris, per discutere, insieme a Jodl, l'impiego di forze partigiane pro-tedesche. I prigionieri sovietici che si erano offerti volontari per quelle operazioni si dimostrarono sorprendentemente efficaci nell'infiltrarsi tra le linee russe, in abili civili o con le loro uniformi, per compiere missioni clandestine. Il Gruppo Armate Sud e, specialmente, la Diciassettesima Armata, ebbero per loro parole di lode. Sempre in aprile alcuni agenti dell'*Abwehr*, a coppie, erano stati paracadutati a Voronez, Stalingrado e Krasnodar per sabotare snodi ferroviari di particolare importanza, centrali elettriche e installazioni petrolifere. Furono inoltre predisposti speciali gruppi d'assalto: uno per difendere i pozzi petroliferi di Maykop, un altro per interrompere la linea ferroviaria che collegava Mosca con Baku attraverso Rostov e un terzo per organizzare un'insurrezione in Georgia.

Il gruppo più nutrito era il battaglione *Bergmann*, composto da 200 unità tedesche esperte della lingua russa e 550 prigionieri sovietici "rieducati", provenienti dalla regione del Caucaso. Il loro compito consisteva nell'infiltrarsi tra le montagne caucasiche, controllare i passi di comunicazione più importanti e armare le frangeanti-sovietiche della popolazione.

Nel corso di queste operazioni, né tedeschi né sovietici, laddove catturati, potevano attendersi misericordia.

Con una schiacciante superiorità aerea, l'8 maggio, l'Undicesima Armata del generale Manstein in Crimea dette inizio all'offensiva tedesca di primavera. Il 15 maggio, erano già caduti in mano tedesca qualcosa come

170.000 sovietici e le rimanenti forze nemiche erano state distrutte o avevano cercato salvezza raggiungendo il Mar Nero a bordo di zattere.

La seconda offensiva, l'*Operazione Fridericus*, secondo i piani, avrebbe dovuto avere inizio il 18 con la conquista, a opera del Gruppo di Armate di Kleist e della Sesta Armata, del saliente di Izyum a est di Charkiv. Ma il giorno 12 i sovietici mandarono tutto all'aria, sferrando per primi un attacco sul saliente in direzione di Charkiv, con un utilizzo di divisioni corazzate senza precedente. In serata poiché erano già giunti a meno di 25 chilometri dalla città, Bock telefonò ad Halder riferendo che l'*Operazione Fridericus* doveva essere abbandonata in favore della difesa di Charkiv: il capo dello Stato Maggiore generale rispose però che Hitler la pensava diversamente.

"Questa non è una questione di reputazione", lo avvertì Bock. "Ne va della vita o della morte!"

Bock riteneva che la loro unica salvezza consistesse nel ritirare 3-4 divisioni corazzate e di fanteria per contrastare l'attacco sovietico a sud della città. Il 14 maggio, nel momento più critico della battaglia, Bock sollecitò Halder a favorire urgentemente quella soluzione, ma il Führer non volle saperne. Al contrario, ordinò che l'*Operazione Fridericus* proseguisse verso sud, come previsto. Telefonò personalmente a Bock spiegandogli che, nei momenti di difficoltà, la migliore soluzione era il contrattacco. Affinché non ci fossero malintesi, chiese a Halder di confermare i suoi ordini per iscritto. Per un paio di giorni, mentre Hitler ripeteva ai suoi generali di non perdere il controllo dei nervi, ci furono enormi difficoltà.

Il 22, Kleist, congiuntosi alla Sesta Armata, accerchiò il nemico. Una settimana più tardi, la sanguinosa battaglia era finita, con 239.000 sovietici prigionieri e 1.240 carri armati catturati o distrutti. Hitler aveva riconquistato il Donez[25].

L'euforia di Hitler durante quella vittoriosa battaglia trapela dal diario di Richthofen, che pranzò con lui il 21 maggio: "A tavola, con nostro grande sollazzo, il Führer si è dilungato su un'infinità di futili argomenti tra cui quello degli "speciali privilegi dei fumatori", come, per esempio, il diritto di convogliare le zanzare verso i non fumatori. Poi, ha continuato parlando dell'idiozia degli sport invernali, della caccia, dell'abitudine di allevare cervi per poi spararagli e mangiarseli. A proposito della diffusa mania dei trofei, ironizzò: 'Forse, i nostri soldati dovrebbero esporre allo stesso modo nelle loro case le mascelle dei soldati russi uccisi?'".

Dopo la vittoria di Charkiv, Hitler per un breve periodo tornò a Berlino. Il 29 maggio, ribadì a Goebbels che il principale obiettivo dell'*Operazione Blu* sarebbe stato il Caucaso: "Così strangoleremo l'economia sovietica".

Halder continuava ad assicurargli che le riserve di Stalin andavano esaurendosi: le voci, secondo cui Stalin, al di là degli Urali, stava mobilitando per l'inverno una riserva di oltre 100 divisioni che gli consentisse di resistere anche se Mosca avesse capitolato, non furono tenute in considerazione.

In privato, in più occasioni, Hitler lodò l'energica conduzio-

25 Nda. A seguito della clamorosa vittoria, tutti tentarono di attribuirsene il merito. Così Halder dichiarò, in una nota successiva alla conclusione della battaglia, di aver consigliato il proseguo dell'Operazione Fridericus. Secondo quanto riportato nel diario di Bock, al contrario, Halder si era opposto accanitamente a quella decisione. Secondo le Memorie di Keitel, fu lo stesso Hitler a "ordinare che l'operazione seguisse il corso stabilito".

ne militare di Stalin che era valsa ai russi la salvezza dell'Armata Rossa. "Se non possiamo emulare la loro asprezza e mancanza di scrupoli", disse, "faremmo meglio a rinunciare a combattere".

Alcune sequenze cinematografiche sovietiche, strappate al nemico, mostravano l'incubo della battaglia per Mosca: i carri armati, le armi e gli autocarri tedeschi abbandonati sul terreno innevato risaltavano in mucchi scuri e, su ogni cosa primeggiavano i volti di migliaia di prigionieri tedeschi laceri e affamati, avviati verso un destino incerto. Proprio le espressioni di quegli anonimi soldati davano speranza al Führer, che non vedeva in essi traccia di paura o di resa personale.

Il drammatico confronto tra *intelligence* e sicari non era limitato al fronte orientale. Nel maggio del 1942, l'attività dei servizi segreti alleati in Norvegia risultava in forte aumento. Josef Terboven, commissario del *Reich* per quella nazione, venne convocato da Hitler e, in seguito, Himmler riferì a Heydrich sul colloquio avvenuto.

Il 27, mentre entrava a Praga a bordo della sua *Mercedes* scoperta, Heydrich fu ferito a morte. Il vero scopo di quell'attentato stava nel "mettere a ferro e fuoco il continente" provocando ritorsioni tedesche contro la popolazione ceca. Infatti, per vendicare l'assassinio di Heydrich, i tedeschi rasero al suolo Lidice, il villaggio reo – come venne appurato di aver dato rifugio agli attentatori.

Secondo l'opinione del generale delle *SS* Karl Wolff, l'attentato a Heydrich spinse Himmler ad approcciare con rinnovato vigore il problema ebraico. Alcuni testimoni hanno riferito l'effetto traumatizzante che quell'evento ebbe sul comandante del *Reich*, che quel giorno si presentò a cena dal Führer ceruleo e incapace di parlare. Poiché, secondo il diario di Goebbels, un congresso ebraico tenutosi a Mosca aveva appena diffuso l'ordine ai propri accoliti di avvalersi di metodi terroristici per contrastare i nazisti, i tedeschi ritennero che Heydrich rappresentasse la prima vittima di quella disposizione.

Goebbels ordinò l'arresto di 500 ebrei berlinesi. La sorte della maggioranza di quei deportati era rapida e definitiva. Gli archivi dell'ufficio imposte di Berlino rivelano che la Gestapo ne curò le annotazioni solo 10 giorni dopo un rastrellamento, il 27 maggio, allegando la lista di "coloro da allora deceduti" e l'elenco delle proprietà dichiarate prima della deportazione[26].

Il 29 maggio, Goebbels riuscì finalmente a convincere il Führer che tutti gli ebrei ancora presenti in città andavano immediatamente espulsi. Secondo le stime di Goebbels, nella capitale si trovavano ancora 40.000 giudei "che non avevano niente da perdere".

Il Führer pensava ancora a una soluzione geografica: pur dichiarandosi d'accordo con Goebbels che sarebbe stato controproducente sistemare gente fonte di guai, quali riteneva fossero gli ebrei, in una terra come la Siberia, difficile e quindi atta a rafforzarne il carattere, Hitler avrebbe preferito collocarli in un luogo come l'Africa centrale. "Lì vivrebbero in un clima che certamente li infiacchirebbe". Goebbels scrisse: "In ogni modo è desiderio del Führer allontanare gli ebrei dall'Europa".

Non è facile conciliare queste affermazioni, fatte mentre si avvicinava l'estate del 1942, con la credenza diffusa che Hitler avesse disposto un programma di sterminio.

Mentre, il 30 maggio, tornava con il suo treno speciale nella Prussia orientale, dopo aver parlato a Berlino a un gruppo di cadetti, Hitler fu raggiunto dalla preoccupante notizia che gli inglesi avevano bombardato Colonia. Il gerarca locale riferiva che i danni erano ingenti. Göring sosteneva che solo 70-80 aerei avevano raggiunto la città, ma Churchill affermava che un migliaio di bombardieri aveva preso parte all'azione. Neppure Churchill, rifletté Hitler, avrebbe potuto permettersi di gonfiare dieci volte il numero dei suoi velivoli.

Quindi, giunse alla conclusione che gli aerei della *RAF* su Colonia fossero quantificabili in circa 300 unità. Quando il generale Jeschonnek insistette sulla meno credibile versione della

---

26 Nda. La lettera della Gestapo, datata Berlino, 5 giugno 1942, è citata da Gerald Reitlinger ne La soluzione finale. Il tentativo di sterminio degli ebrei d'Europa, Milano, Il Saggiatore, 1961.

Luftwaffe, Hitler ribatté: "Fino a oggi, non mi sono arreso a fronte di una spiacevole verità. Ma se devo trarne le giuste conclusioni, devo sapere esattamente come stanno le cose".

Göring avvilito non nascose che l'aviazione non era in grado di controllare la situazione.

L'Europa si preparava ad affrontare una nuova stagione di violenze. Il contributo di Hitler fu la deportazione degli ebrei dall'Europa centrale. Il Führer era convinto che, con il tempo, l'intero continente avrebbe compreso le motivazioni del suo odio per quella razza.

"In qualche modo", ragionava anche Goebbels, "dobbiamo eliminarli prima che siano loro a sbarazzarsi di noi".

Sulla natura di quella "soppressione" esistono svariate interpretazioni. Se Hitler era senza dubbio proiettato verso l'espulsione dal territorio europeo, permangono incertezze sull'identità dell'originario ideatore delle terribili procedure di sterminio, adottate laddove quell'inumano esodo era indirizzato.

Goebbels, parlando con Hitler, non mancava mai di tornare sull'argomento. Il 19 gennaio, durante una visita alla *Tana del Lupo*, discussero nuovamente della questione ebraica e, successivamente, Goebbels annotò: "Il Führer rimane incondizionatamente fermo sulla linea dura".

Non si può però considerare questa frase come una prova che tali "iniziative" provenissero da Hitler. Pochi giorni dopo, oltretutto, le espulsioni degli ebrei da Berlino si interruppero per molti mesi. Ciò che si conosce con assoluta certezza è che, nel corso della famosa Conferenza internazionale tenutasi a Wansee, il 20 gennaio di quell'anno, sul tema della "questione ebraica", il collaboratore di Himmler, Reinhard Heydrich, così riferì ai funzionari governativi presenti: "Il Führer, in sostituzione del sito precedentemente individuato [Madagascar], ha disposto il trasferimento di tutti gli ebrei verso i territori orientali. Lì essi lavoreranno alla costruzione di una rete stradale fino a morire sopraffatti dalla fatica".

Questo e non una parola di più è ciò che rivelano le carte inerenti la tanto discussa Conferenza del Wansee[27].

Gli appunti di Himmler ("*Questione ebraica. Riunione a Berlino*"), mostrano che il giorno seguente, a proposito di quella discussione, ricevette una telefonata da Heydrich. Quattro giorni dopo, il comandante del *Reich* scrisse: "Ebrei nei KZ" [campi di concentramento]".

Il 27 e il 28, chiamò nuovamente Heydrich a proposito dell'arresto degli ebrei. In quei giorni, Himmler fu spesso ospite alla tavola del Führer: per esempio il 25 gennaio, quando, secondo la testimonianza di Heinrich Heim, Hitler disse, riflettendo ad alta voce:

"Se oggi allontano gli ebrei, i nostri cittadini ne saranno turbati: 'Cosa sarà di loro?' si chiederanno. Ma a questa stessa gente importava forse qualcosa di quanto accadeva ai tedeschi che un tempo furono costretti a emigrare? Dobbiamo portare a termine questa operazione, in fretta. Non è una buona soluzione estrarre un dente poco per volta nell'arco di 3 mesi: una volta tolto il dente, il dolore è finito. Gli ebrei debbono andarsene dall'Europa, altrimenti non raggiungeremo mai alcun accordo continentale. Ovunque, gli ebrei portano guai. E insomma, non sono io, in realtà, umano? ARoma, durante la tirannia dei papi, i giudei erano maltrattati. Fino al 1830, una volta all'anno, in tutta la città veniva data la caccia a otto ebrei montati su dei somari. Io mi limito ad asserire: 'Devono andarsene'. Se poi, nel corso dell'esodo dovessero morire, io non posso farci niente. Una cosa, tuttavia, vedo con chiarezza: la loro totale eliminazione [*kaputt geht*] qualora non se ne vadano di buon grado".

Considerati i commensali (Himmler, Lammers e il colonnello Hans Zeitzler), quel discorso privato fu molto significativo.

Il 27 gennaio durante una cena con altri personaggi, Hitler ripeté: "Gli ebrei devono andarsene dall'Europa! La cosa migliore sarebbe in Unione Sovietica. Non nutro alcuna simpatia per la

27 Nda. I file del Ministero degli Esteri sulla soluzione finale della questione ebraica (fascicolo 1513) contengono il memorandum originale dell'Ufficio centrale per la Sicurezza del Reich (RSHA) in merito alla Conferenza di Wansee. Esso, sintetizzato da Goebbels nel suo diario, in data 7 marzo 1942, non contiene alcun riferimento all'intervento di Hitler in merito all'iniziativa dello sterminio ebraico.

razza ebraica".

Tre giorni più tardi, parlando al Palazzo dello Sport di Berlino, ricordò il "profetico avvertimento" ch'egli rivolse nel 1939 agli ebrei di tutto il mondo.

"Il Führer", scrisse Goebbels dopo aver pranzato con Hitler il 17 febbraio, "ancora una volta ha espresso la propria dura decisione di mettere gli ebrei alla porta".

Il solo possibile riferimento a metodi più spietati può trovarsi in un frammento contenuto nei diari di Goebbels dove si afferma che Hitler ammetteva in quel contesto "le maggiori prospettive aperte dallo scenario di guerra... in tutto il loro significato". In un documento datato primi di marzo del 1942, contenente un rendiconto sulla Conferenza di Wannsee, l'ufficio di Heydrich informò tutti i ministeri che gli 11 milioni di ebrei europei dovevano, per il momento, essere "concentrati a Est" e che, a guerra conclusa gli stessi sarebbero probabilmente stati trasferiti in un luogo più lontano come il Madagascar.

Nel frattempo, il 6 marzo, Heydrich tenne una seconda riunione interministeriale per esaminare lo spiacevole problema posto dagli individui con metà o un quarto di sangue ebreo. Forse, dopo opportuna sterilizzazione, si poteva permettere loro di restare. Venne citata un'opinione "proveniente dall'alto", cioè da Hitler, secondo la quale bisognava operare una netta distinzione tra ebrei e non ebrei, perché non era accettabile che una mini razza di semi-ebrei venisse perpetuata per legge. Poichè la procedura di classificazione avrebbe richiesto un colossale sforzo burocratico, il processo di classificazione fu accantonato.

Neppure agli avvocati piaceva ciò che si celava dietro quel discorso. Il 12 marzo, infatti, Franz Schlegelberger, funzionario del ministero della Giustizia, scrisse a Lammers, capo della cancelleria del *Reich*, commentando ciò di cui gli era giunta voce. "Pare che si discutano provvedimenti", scrisse, "che io considero assolutamente insostenibili". Sottolineando la necessità di informare il Führer in tempo utile (per evitare il peggio), la lettera suggeriva un incontro urgente.

Il 18 marzo, Lammers rispose che si sarebbe trovato a Berlino per la fine del mese di marzo. Così si legge in un successivo promemoria contenuto nei carteggi di Schlegelberger portati a conoscenza degli uffici ministeriali: "Il ministro Lammers mi ha informato che il Führer ha ribadito la sua volontà di rimandare la soluzione del problema ebraico alla fine della guerra. Stando così le cose, secondo il ministro Lammers, ogni discussione avrebbe un carattere puramente teorico. Egli comunque farà in modo che, qualsiasi cosa accada, nessuna decisione venga presa in seguito a improvvise richieste di terzi [rivolte a Hitler] senza che sia stata portata a sua conoscenza".

Goebbels, parlando da Berlino, sperava in una soluzione più rapida e spietata, benché di ciò in presenza del Führer non facesse parola. Il 19 marzo registrò nel suo memoriale solo questa affermazione di Hitler: "Gli ebrei devono andarsene dall'Europa. Se necessario, dovremo ricorrere a metodi più brutali".

Che Goebbels la sapesse lunga risulta con chiarezza da quanto annotò nel suo diario il giorno 27: "A cominciare da Lublino", scrisse, "gli ebrei vengono spinti a Oriente, fuori del Governatorato generale. Il sistema adottato lì è barbaro e indescrivibile e degli ebrei non rimane molto. In generale, si può asserire che il 60% di loro deve essere liquidato e il 40% impiegato nel lavoro". Goebbels, inoltre, riportò che il comandante di brigata delle *SS* Odilo Globocnik, ex gerarca di Vienna, stava portando a termine quel compito con cura e discrezione. Non appena ripuliti, i ghetti del Governatorato sarebbero stati nuovamente riempiti con gli ebrei deportati dal *Reich* e il ciclo sarebbe ricominciato.

"Adesso gli ebrei hanno di che preoccuparsi", commentò Goebbels. Ma evidentemente non discusse mai questi fatti con il Führer. Così, questo ministro dalla doppia faccia scrisse il 26 aprile, dopo un'altra visita a Hitler: "Ho nuovamente parlato con il Führer della questione ebraica. La sua posizione in proposito è senza pietà. Vuole costringere gli ebrei ad allontanarsi dal continente. In questo momento Himmler si sta occupando del massiccio trasferimento di giudei dalle città tedesche ai ghetti orientali".

Gli ebrei venivano rastrellati nella Francia occupata, in Olanda, in Belgio e nella Slovacchia. Sotto la direzione di Globocnik venivano inviati a Oriente anche dal Governatorato di Hans Frank, a cominciare dai ghetti di Lublino.

Era palese che migliaia di loro sarebbero stati sterminati non appena giunti a destinazione, ma i documenti disponibili fanno solo accenni indiretti ai responsabili di quelle atrocità. A Cracovia, il 9 aprile 1942, durante una riunione di gabinetto, Hans Frank declinò ogni responsabilità: "Ovviamente", disse, "i lavori, in caso di una direttiva proveniente dall'alto con l'ordine di trasferire gli ebrei affinché vengano liquidati, saranno interrotti"[28].

Da una lettera del 23 giugno firmata dal comandante maggiore delle *SS* Viktor Brack e indirizzata a Himmler, risulta evidente che il secondo voleva tenere segreta l'operazione, avendo egli riferito che Globocnik era ansioso di condurla a termine il più in fretta possibile, nel timore che un giorno un qualsiasi impedimento dovesse inibirne la completa realizzazione: "Lei stesso, comandante del *Reich*, in un'occasione ha affermato che il lavoro doveva essere eseguito rapidamente, per favorirne la segretezza".

Il divario tra ciò che accadeva a Oriente e ciò che Hitler conosceva divenne sempre più marcato. Il 15 maggio, a pranzo, parlando con i suoi collaboratori Hitler accennò di nuovo alla necessità di deportare a Est gli ebrei e, con indignazione, alle malriposte simpatie della borghesia nei confronti degli stessi.

"Come se la cavano bene i giudei", osservò, "a paragone degli emigranti tedeschi del XIX secolo, molti dei quali sulla via dell'Australia erano persino morti!"

Goebbels seccato che nella sua Berlino rimanessero ancora 40.000 ebrei, il giorno 29, sempre a pranzo con Hitler, sollevò la questione: "Desidero informare ancora una volta il Führer del mio piano di evacuazione di tutti gli ebrei della capitale".

In tutta risposta, Hitler si limitò a divagare su quale sarebbe stata, dopo la guerra, la loro migliore collocazione. La Siberia era

---

28 Nda. In queste frasi è fondamentale l'uso delle parole. Solitamente, in riferimento a Hitler si utilizzava la formula von höchster Stelle, con cui si intendeva il 'livello massimo'. In questo caso compare, invece, la frase von höheren Stelle ovvero, più genericamente, 'dall'alto'.

da escludere perché avrebbe generato bacilli ebraici maggiormente resistenti. Anche la Palestina si doveva scartare: gli arabi non li volevano. Forse, l'Africa centrale? In ogni caso l'Europa doveva essere loro preclusa. Il 24 luglio, Hitler tornò ad accennare al Madagascar.

Himmler non rivelò i suoi piani. Dai carteggi risulta che il 9 luglio i suoi responsabili delle *SS*, Kruger e Globocnik, gli riferirono a voce sulla "soluzione del problema ebraico". Il 16, Himmler si recò dal Führer. Alcune foto conservate negli archivi polacchi mostrano Himmler mentre, il 17, visita l'immenso stabilimento di gomma sintetica che i lavoratori forzati stavano costruendo ad Auschwitz e, il 18, ispeziona l'omonimo campo di concentramento in compagnia del generale delle *SS* Hans Kammler e Fritz Brache, distretto dell'Alta Slesia.

Il primo carico di ebrei destinato ad Auschwitz lasciò Berlino il giorno 11. Nelle disarmanti condizioni sanitarie del campo, un'epidemia tifoidea uccideva ogni giorno centinaia di reclusi, ma nonostante, ciò, i convogli ferroviari seguitavano ad arrivare. Il 4 settembre, in risposta a una richiesta di 1.000 deportati da convogliare allacostruzione di una ferrovia sul Danubio, Auschwitz informò Berlino di non potervi provvedere fino al termine della quarantena. Si trattava di una singolare quarantena a senso unico: "Benché il tifo continui a imperversare", diceva un messaggio delle *SS* decifrato dagli intercettatori inglesi, "nuovi arrivi si succedono".

Contrariamente a quanto successivamente sostenuto da alcuni tribunali, Hitler non visitò mai alcun campo di concentramento, tantomeno Auschwitz. Né, in verità, si recò in alcuna città bombardata. Alcuni studiosi hanno anche sostenuto che Himmler, in occasione di una sua visita, avrebbe assistito alla "liquidazione" di un carico di ebrei, affermazione non suffragata da alcuna prova. Dopo la guerra, interrogato dagli inglesi, Albert Hoffmann, il trentaquattrenne vice di Bracht, disse di ricordare quel giorno e dichiarò anche di aver accompagnato Himmler nella visita al campo: le condizioni degli internati, raccontò, erano peggiori di quelle da lui stesso appurate nel 1938, a Dachau.

"Assistemmo a maltrattamenti e Himmler volle ispezionare i forni dove venivano bruciati i corpi". Ma il resoconto dell'interrogatorio di Hoffmann aggiunge: "Egli si rifiutava di credere nel modo più assoluto ai racconti di atrocità pubblicati sulla stampa estera".

Il 19 luglio 1942, giorno successivo a quello della visita ad Auschwitz, Himmler inviò a Kruger un ordine scritto: "Dispongo che il trasferimento dell'intera popolazione ebraica del Governatorato Generale sia completato entro il 31 dicembre di quest'anno".

Forse Hitler sognava ancora il suo Madagascar, ma intanto, il capo ufficio di Cracovia delle ferrovie orientali, riferiva: "Dal 22 luglio, ogni giorno, parte da Varsavia un convoglio con 5.000 ebrei diretto a Treblinka. Due volte alla settimana ne parte un altro con altrettanti ebrei da Przemysl diretto a Belsec."

Il ministero dei Trasporti del *Reich* passò questi dati al generale delle *SS* Karl Wolff, capo di Stato Maggiore di Himmler, aggiungendo un post scriptum: "Globocnik è stato informato".

Wolff lo ringraziò ossequiosamente per avergli comunicato che "ogni giorno, da 2 settimane, un treno con 5.000 membri della *Razza Eletta* va a Treblinka".

Il 28 luglio, Himmler rivolse un gentile rimprovero al suo aiutante in capo, il generale delle *SS* Gottlob Berger: "I territori orientali occupati", scrisse, "devono essere liberati dagli ebrei. Il Führer in persona mi ha affidato questo arduo compito e nessuno può privarmene"[29].

Nell'agosto del 1942 i tedeschi fecero il primo approccio informale con gli ungheresi affinché cominciassero a deportare a Oriente il loro milione di ebrei.

---

29 Nda. Alcuni riferimenti alla sistemazione degli ebrei polacchi, si possono rinvenire nella lettera di Himmler del 19 luglio 1942 al generale Friedrich Krüge, capo delle SS e della polizia a Cracovia (documento microfilmato 175, rullino 122, pag. 1914); Wolff fu processato nel 1964 dalla corte di Monaco e condannato a 15 anni di prigione. Durante il processo, il generale Zelewski testimoniò che, dal suo punto di vista, "Hitler non era a conoscenza dell'uccisione di massa degli ebrei. Il tutto sembrava partire unicamente da Himmler". La lettera Wolff – Ganzemüller si trova nei file di Himmler (documento microfilmato 175, rullino 54, pag. 8626 e seguenti).

Il giorno 15, il conte Sztójay[30], inviato ungherese a Berlino, fece notare a Budapest che quello era "un radicale distacco" dall'originaria opinione di Hitler, che il problema dovesse essere rimandato al termine del conflitto.

"I tedeschi", riferì, "sono decisi a liberare l'Europa dagli elementi ebraici senza ulteriore indugio: intendono deportarli nei territori orientali, dove saranno sistemati in ghetti o in campi di lavoro. Secondo informazioni degne di fede, Himmler, nel corso di una riunione dei capi delle *SS*, avrebbe dichiarato che il governo tedesco desidera portare a compimento questo esodo in un anno".

Himmler seguitava a ingannare il Führer.

Il 17 settembre, annotò a proposito della riunione tenutasi quello stesso giorno: "1. Emigrazione degli ebrei. Come dovrà essere affrontata in futuro? 2. Sistemazione di Lublino". E poi accanto scrisse ancora: "Condizioni nel Governatorato generale" e "Globus" [soprannome di Globocnik].

Sei giorni dopo, Goebbels parlò in termini più espliciti a 60 giornalisti governativi e, chiedendo loro riservatezza, fece presente che a Berlino c'erano ancora 48.000 ebrei "consapevoli", aggiunse, "che nel corso di questa guerra verranno deportati a Est e abbandonati al loro mortale destino. Questi ebrei", concluse "essendo coscienti del trattamento a loro riservato sino a quando saranno in vita arrecheranno al *Reich* il maggior danno possibile".

Operazione Blu

Intorno alla metà del 1942, Hitler diede ordine alla *Wehrmacht* di procedere all'*Operazione Blu*, una campagna bellica grazie alla quale auspicava di divenire padrone indiscusso dell'Europa

30 Ndt. Döme Sztójay (Versec, 5 gennaio 1883 - Budapest, 22 agosto 1946), militare e diplomatico ungherese, fu nominato Primo Ministro dell'Ungheria durante la seconda guerra mondiale. Il suo governo fu attivamente implicato nella deportazione degli ebrei. In seguito all'arrivo dell'Armata Rossa in Ungheria, fuggì in Germania, ma fu catturato dagli americani ed estradato nuovamente nel suo paese nel 1945, dove fu condannato a morte, da un tribunale popolare comunista, per crimini di guerra.

fino ai territori di Astrachan, Baku e Stalingrado. In realtà, nonostante la potenza delle Forze Armate tedesche, i recenti scontri dimostravano come fosse l'Unione Sovietica a detenere il primato strategico del conflitto. Compreso l'errore di Charkiv, uno dei più gravi secondo Hitler, l'Armata Rossa pareva decisa a non permettere più al nemico di circondarla. Ne consegue che, nelle successive fasi, le conquiste dell'*Operazione Blu* in termini di prigionieri e bottino fossero sempre più scarse. Deciso a resistere all'invasione, l'esercito sovietico approfittò di due fattori fondamentali: il rapido sopraggiungere dell'inverno e le crescenti difficoltà di approvvigionamento tedesche.

Eppure Hitler, incoraggiato dalla disfatta sovietica di Charkiv, ritenne di poter procrastinare l'*Operazione Blu*, in favore di due battaglie preliminari che avrebbero portato al definitivo annientamento delle armate nemiche sopravvissute alla battaglia. Tali operazioni furono denominate *Fridericus II* e *Wilhelm*.

Il 1° giugno, recatosi a Poltava – presso il quartier generale del feldmaresciallo Bock Hitler convinse i generali ad avallare il suo piano, inducendoli a soppesare la grande opportunità che si palesava loro innanzi: "Ciò che sarà annientato oggi non potrà ostacolare il nostro cammino a *Operazione Blu* avviata", sosteneva.

Il 4 giugno, Hitler, deciso a rendere omaggio al maresciallo di Finlandia, Mannerheim, che festeggiava il suo 75° compleanno, prese un volo che lo avrebbe condotto, come raramente accadeva, fuori dai confini del *Reich*. Sul treno speciale di Mannerheim, con lo sfondo del lago Saimaa illuminato dal sole, Hitler, ascoltato il brillante discorso del Presidente Ryti, decise di intervenire a sua volta. Mentre l'ambasciatore tedesco volgeva su di lui uno sguardo di cauta disapprovazione e il maresciallo, probabilmente inconsapevole della sua avversione per il tabacco, sbuffava amabilmente sul volto dell'improvvisato oratore il fumo del sigaro, il Führer si espresse in un prudente discorso sulla scomoda posizione in cui si era trovato durante la guerra finlandese contro la Russia. Non appena il *Focke-Wulf* a 4 motori di Hitler si fu allontanato, un Mannerheim assai lusingato esclamò: "Che uomo straordinario!"

Nuovamente in volo, Hitler fu informato della morte di Heydrich, avvenuta in seguito alle ferite riportate nell'attentato. Avendo inoltre saputo che diversi tedeschi, tra coloro "emigrati per motivazioni politiche", militavano nella legione francese contro le truppe di Rommel in Nord Africa, la sua attenzione fu nuovamente rivolta alla questione ebraica. In un messaggio radio, inviato il 9 giugno al quartier generale di Rommel, il Führer diede ordine di "non mostrare alcuna pietà", durante gli scontri, nei confronti di quegli espatriati e, nel caso di una loro cattura, ne sentenziò "l'immediata esecuzione dietro disposizione del più vicino ufficiale tedesco".

Al funerale di Heydrich, che ebbe luogo quello stesso giorno presso la cancelleria, partecipò anche il Presidente ceco Emil Hácha, accompagnato dai membri del suo governo. Seicento uomini, appartenenti alle alte sfere della Germania, si raccolsero intorno a Hitler per rendere omaggio al capo della *Gestapo*, 'l'uomo', come amava definirlo Hitler, 'dai nervi d'acciaio'.

Secondo Wilhelm Sheid, Hitler intendeva istruirlo affinché Heydrich potesse un giorno succedergli. A Praga, quest'ultimo, uniformatosi al modello comportamentale del Führer, si era conquistato le simpatie dei lavoratori e, prima della sua morte, 20 convalescenziari per gli operai erano già stati ultimati. Diffusasi la notizia del suo decesso, 50.000 lavoratori cechi scesero in piazza per manifestare la propria rabbia contro un attentato che ritenevano organizzato dagli inglesi. Sulle ultime note della *Marcia Funebre di Sigfrido*, fu Himmler a prendere la parola, ricordando il giorno in cui Heydrich fu posto al comando di Boemia e Moravia: "I più, tra i cechi e persino tra i tedeschi, ritenevano che egli avrebbe instaurato un governo basato sul sangue e sul terrore". Ma ciò non si era verificato, continuava Himmler, spiegando come Heydrich, seppure intervenendo con la necessaria durezza contro i dissidenti per garantire il rispetto per l'autorità tedesca, avesse avviato profonde riforme sociali.

Prima della partenza del Presidente ceco, Hitler gli consigliò di mantenere sotto controllo la popolazione: se si fossero verificate nuovamente sommosse anti-tedesche, quali quelle che in settembre avevano richiesto la presenza di Heydrich a Praga, la deportazione di tutti di cechi dalla Boemia e dalla Moravia sarebbe stata garantita. Allorché Hácha gli chiese se potesse riferire tale minaccia al popolo, Hitler gli raccomandò di farlo. Erano le 23:10, quando Hitler partì per la Baviera.

Il 9 giugno, ebbe inizio l'*Operazione Wilhelm*, e, quasi in contemporanea, il generale Manstein diede il via al prolungato bombardamento della roccaforte di Sebastopoli, in Crimea, mentre l'*Operazione Blu*, seppur inizialmente prevista per la metà del mese, veniva rinviata al 22 giugno, data in cui partì anche l'*Operazione Fridericus II*.

Il 15 giugno l'ammiraglio Raeder si recò alla Berghof, intenzionato a convincere il Führer ad approvare l'occupazione di Malta. A maggio, Hitler era stato aggiornato, grazie alle dettagliate informazioni ottenute da Kurt Student, generale dei paracadutisti, in merito alle fortificazioni e alle difese dell'isola. Eppure, per quanto informati sulle eventuali strategie britanniche a salvaguardia del territorio, sussistevano incognite sulle capacità italiane.

Secondo l'aiutante di Jodl alla marina: "Vista l'inadeguatezza delle truppe d'assalto italiane e la loro totale incapacità nel mantenere l'adeguata segretezza, il Führer non ha molta fiducia in questa operazione. L'assalto di Malta appare particolarmente difficile, ancora più di quanto fosse Creta".

Per questo, Hitler si dilungò in una serie di argomentazioni volte a bocciare l'invasione. In primo luogo, dichiarò, anche qualora avessero avuto successo, gli italiani non avrebbero potuto garantire alcun rifornimento alle truppe sull'isola. L'Alto Comando della marina ribatté che, sino ad allora, erano riusciti ad assicurare il rifornimento a Rommel in Nord Africa, garantendosi il passaggio su una rotta ben più difficile di quella da percorrere per un'eventuale sostegno alle legioni su Malta. Particolarmente azzardata appariva inoltre l'affermazione di Hitler in merito al fatto che l'occupazione britannica dell'isola non fosse poi così dannosa, dal momento che mutava i convogli nemici, destinati al rifornimento, in facili bersagli. Ad ogni modo, per quanto il Führer avesse autorizzato – per tutto il mese di maggio l'elaborazione di piani teorici d'attacco, il 15 giugno apparve chiaro che l'assalto di Malta non si sarebbe verificato.

Grazie alla prudente politica che Hitler aveva imposto nel 1940, erano 200 i sommergibili in servizio o prossimi a entrarvi. Di sicuro, per quanto anche la navi da guerra avessero un forte potere deterrente, egli si rammaricava di non aver indirizzato l'intera produzione navale verso la costruzione dei meno vulnerabili sottomarini. Per questo, allorché la marina gli aveva sottoposto il piano de "la mossa del cavaliere", che prevedeva l'annientamento, da parte dell'intera flotta presente in Norvegia, del convoglio navale *PQ 17* degli Alleati – finalizzato al rifornimento della Russia settentrionale Hitler si dichiarò inizialmente contrario. Solo quando l'ufficiale di collegamento di Raeder assicurò che non vi sarebbe stato alcun rischio, purché fosse stato garantito l'appoggio della *Luftwaffe*, Hitler concesse l'approvazione a procedere, ordinando però che ogni portaerei nemica nelle vicinanze fosse prima localizzata e resa inabile a un eventuale intervento.

Sul fronte russo, le Forze Armate sovietiche rimanevano in attesa della mossa tedesca. Era chiaro che le operazioni di Kluge a ovest di Mosca, volte a ingannare i russi in merito alle reali intenzioni tedesche, non sortivano più l'effetto sperato.

Il 16 giugno, un'agenzia stampa alleata a Mosca lasciò trapelare numerosi dettagli sulle strategie belliche tedesche, mostrando le lacune del servizio di sicurezza di Hitler. Furioso, Hitler prese a sospettare la presenza di una spia nello stesso Stato Maggiore generale di Halder. La sua rabbia aumentò allorché si seppe che un ufficiale di Stato Maggiore di alto grado, che recava con sé i piani segreti della prima fase dell'*Operazione Blu* (relativi all'avanzata dei carri armati verso il Don a Voronez) aveva dovuto compiere un atterraggio di emergenza in una terra di nessuno, reiterando quanto si era verificato nel 1940 con l'*affare Mechelen*[31].

31 Ndt. Con il termine affare Mechelen ci si riferisce all'incidente aereo verificatosi nel corso dell'Operazione Giallo. Il 10 gennaio 1940 un piccolo velivolo con un ufficiale tedesco a bordo precipitò nel Belgio neutrale, nella località di Vucht, comune di Maasmechelen. Tale

Fortemente turbato dall'accaduto, Hitler firmò una direttiva volta a rafforzare le misure di sicurezza introdotte due anni prima: "Nel corso della fase preparatoria di operazioni altamente rischiose e importanti, la sicurezza deve essere posta in primo piano. Il rischio che i piani strategici, caduti in mani nemiche, possano compromettere l'intera operazione è elevatissimo."

Nonostante sussistesse tale pericolo per l'*Operazione Blu*, egli ordinò che fosse rispettato quanto precedentemente stabilito.

Intorno alla mezzanotte del 21 giugno, Hitler salì sul treno che da Monaco lo avrebbe condotto a Berlino. Con la mente, ripercorreva la tesa notte di 12 mesi prima, allorché l'*Operazione Barbarossa* stava per scattare. Se non fosse stato per la caparbietà di alcuni generali dell'esercito, la Russia sarebbe stata sconfitta l'estate precedente. Durante una sosta, il Führer fu raggiunto da una splendida notizia: la roccaforte britannica di Tobruk, in Nord Africa, era stata conquistata dalle truppe di Rommel e il generale si stava preparando a invadere l'Egitto. Hitler lo promosse immediatamente, comunicandoglielo via telegrafo, feldmaresciallo. A pranzo, concordò entusiasticamente con Goebbels in merito alla diffusa popolarità di Rommel e affermò che, per garantirgli la più ampia libertà di movimento, avrebbe telefonato a Mussolini. Nel messaggio che telegrafò a quest'ultimo non poteva mancare la frase da lui pronunciata ormai abitualmente: "La Dea fortuna sfiora solo una volta i comandanti dell'esercito e, se non si è pronti ad afferrarla, raramente potrà accadere di incontrarla nuovamente".

Convinto Mussolini, l'*Operazione Ercole* fu ulteriormente procrastinata e Rommel si disse speranzoso di arrivare al Cairo entro una settimana. In contrasto con l'ottimismo di Hitler, che già presentiva l'Egitto nelle sue mani, l'avanzata di Rommel veniva però osservata con profonda apprensione sia dal comando italiano sia dal feldmaresciallo Kesselring.

---

incidente, a seguito del quale alcuni piani dell'Operazione Blu finirono nelle mani dei militari francesi e britannici, pur non determinando l'abbandono del progetto, gettò in una profonda crisi Hitler e il suo entourage.

Nel mese di giugno erano solo 3.000 le tonnellate di rifornimenti destinate all'intera armata del Nord Africa.

"A Rommel devono essere inviati tutti gli approvvigionamenti di cui abbisogna", annunciò Hitler il 28 giugno, allorché, durante la cena, pervenne la notizia che i soldati comandati dal feldmaresciallo avevano accerchiato quattro divisioni nemiche nella fortificazione di Marsa Matrul. Concordò inoltre con Keitel, il quale si disse convinto che "la conquista di Alessandria da parte dei tedeschi causerà ai britannici una rabbia maggiore della resa di Singapore." Infine, aggiunse "Speriamo che la delegazione statunitense al Cairo, data l'effimera cifratura dei loro telegrammi, persista a tenerci informati sulle strategie britanniche!" Di sicuro, riteneva Hitler in quel momento, non appena terminata l'*Operazione Blu*, la pace anglo-tedesca sarebbe stata garantita. Eppure, l'esercito britannico, tutt'altro che sconfitto, si stava preparando a una salda resistenza. Assemblato a un centinaio di chilometri da Alessandria, nella località di El Alamein, si sarebbe ben presto trovato a fronteggiare l'esigua armata di Rommel, che disponeva soltanto di una settantina di carri armati e auto blindate.

L'*Operazione Blu* ebbe inizio all'alba del 28 giugno 1942. Al comando del generale Weichs, le divisioni tedesche e ungheresi avanzarono a est verso la città di Voronez, sul Don. A distanza di due giorni, la Sesta Armata, guidata dal generale Paulus procedette verso sud. Incoraggiato dalle notizie pervenutegli attraverso Halder, Hitler, convinto che le riserve sovietiche fossero esaurite, decise di sottrarre due divisioni corazzate all'*Operazione Blu* per attaccare Mosca. Tutt'altro che preoccupato per la strategia flessibile del suo avversario al Sud, il maresciallo Timosenko, intendeva contrastarla spostando celermente i carri armati lungo il Don, così da impedire alle truppe nemiche di retrocedere oltre il fiume. Ciò che più temeva, forse perché memore della battaglia di Dunkerque del 1940 e di quella di Leningrado del 1941, era l'eccessivo prolungarsi dei combattimenti a Voronez. Lo stesso Keitel, colto da un funesto presentimento, gli chiese di recarsi immediatamente da Bock per ordinargli di non perdere tempo a conquistare la città di Voronez, richiesta che il Führer avallò. Non appena giunto a Poltava, però, alle ore 7:00 del 3 luglio, fu incapace di mostrare tanta decisione di fronte al feldmaresciallo. I suoi ordini parvero talmente vaghi e confusionari che lo stesso Bock fu costretto, al termine del colloquio, a chiedergli: "Dunque devo conquistare Voronez se la cosa non presenta grosse difficoltà, ma lasciar perdere se tale espugnazione richiede uno sforzo eccessivo?" Hitler assentì.

In realtà, per quanto la presa della città fosse rapida ed efficace, le truppe tedesche vennero successivamente coinvolte in un violento contrattacco sovietico, che costò loro un'enorme perdita di tempo. Quando, il giorno 8, le divisioni riuscirono ad allontanarsi, riuscirono a proseguire soltanto un giorno, prima di rimanere senza carburante. Nel realizzare che l'armata sovietica si era ormai messa in salvo, Hitler, colto da un attacco di rabbia, destituì Bock, spiegando a Keitel come, per quanto la sua ammirazione per il felmaresciallo fosse immutata, in momenti di crisi dovesse contare solo su coloro che accettavano di seguire alla lettera le sue disposizioni.

Questa prima fase dell'*Operazione Blu* si era conclusa senza molto successo: se Weichs aveva catturato 28.000 soldati nemici e 1.000 carri armati, la Sesta Armata si era dovuta accontentare di 45.000 prigionieri e 200 mezzi blindati. Anche la seconda fase, che ebbe inizio una settimana più tardi e che consisteva nell'accerchiare l'esercito nemico a nord del fiume Donez, si concluse con la mera conquista di Millerovo e con la cattura di un esiguo numero di soldati nemici (14.000).

Appare oggi chiaro come l'Armata Rossa fosse uscita praticamente illesa da questi primi scontri. Ma all'epoca Hitler, mal consigliato dallo Stato Maggiore generale dell'esercito, si convinse che il nemico non avesse molte cartucce a sua disposizione.

Grazie a una ricognizione aerea del 21 giugno, effettuata nel sud dell'Inghilterra, la Terza Squadra Aerea della *Luftwaffe* aveva potuto riferire la presenza di circa 3.000 imbarcazioni, ancorate tra Portsmouth e Portland e di molte altre nelle secche di

Southampton e Poole. Di fronte a tali rivelazioni, Hitler non solo accettò il suggerimento di Halder di inviare a Ovest una divisione corazzata, ma stabilì che permanessero in zona anche tre divisioni di riserva, oltre alla divisione *SS Das Reich* e ai paracadutisti della Settima Divisione Aerea.

Il 26 giugno, decise inoltre che, "nel caso la resistenza sovietica si fosse rivelata più debole del previsto", intendeva inviare a Occidente anche le divisioni *SS Leibstandarte Adolf Hitler* e *Totenkopf*. In una direttiva, datata 9 luglio, si dichiarò convinto di un imminente sbarco alleato tra Dieppe e Lehavre oppure in Normandia, giacché tali zone costiere, raggiungibili anche con piccole imbarcazioni, rientravano nel raggio d'azione dei caccia nemici.

Sembra che Hitler fosse convinto, grazie probabilmente ad alcune intercettazioni di messaggi tra Londra e Washington, che la recente visita di Churchill negli Stati Uniti fosse volta a sconsigliare l'entrata in guerra di questi ultimi prima del 1943.

Al tempo stesso egli sapeva che l'Inghilterra non intendeva più procrastinare il proprio aiuto ai sovietici. Per questo, reputava fortemente positivo l'avvenuto affondamento di 24 delle 36 navi mercantili costituenti il convoglio *PQ 17*, che si sapeva essere diretto nella Russia settentrionale: oltretutto, l'intera operazione non aveva richiesto l'intervento delle preziose navi da guerra tedesche, tra cui la *Tirpitz*.

Dal momento che, durante i quotidiani Consigli di guerra, i collaboratori del Führer reputavano certa la vittoria in Oriente, Hitler, non avendo motivo di dubitarne, prese a fare progetti sulla 'sistemazione' dei sudtirolesi in Crimea.

Il 16 luglio, spiegò a Himmler che non riteneva necessaria la formale annessione della Transcaucasia al *Reich*, bensì il mero controllo dei pozzi petroliferi e delle frontiere. Tali territori, denominati "Protettorati liberi del Caucaso", sarebbero stati affidati a un generale residente in loco, incaricato di proteggere gli interessi tedeschi.

Il 23 luglio Hitler, rivolgendosi a Bormann, gli ordinò di dare a Rosenberg indicazioni generali in merito al controllo della popolazione a Est. Non occorreva adottare le misure di sanità pubblica standard. Avendo saputo che oltre un milione di bambini erano stati concepiti da rapporti tra i soldati tedeschi e le donne sovietiche, ordinò a Himmler di identificare tali infanti e, selezionati coloro promettenti dal punto di vista razziale, di "importarli" in Germania. Alle madri, purché sane e con determinate caratteristiche, era concesso di seguire il proprio figlio. Temendo però che anche i bambini scartati potessero contribuire a migliorare il sangue sovietico, ordinò che ai soldati fossero distribuite ingenti quantità di contraccettivi. In merito all'educazione dei bambini sovietici, Himmler affermò: "Il Führer ha stabilito che si insegni loro: in primo luogo i segnali stradali, affinché non si facciano schiacciare dai mezzi tedeschi; in secondo luogo a contare fino a 25 e infine a scrivere i loro nomi. Non occorre che sappiano altro".

Essendo ormai imminente lo scontro finale che avrebbe segnato le sorti del fronte orientale, Hitler decise di trasferirsi in un quartier generale appositamente costruito a Vinnica, in Ucraina, il cui nome in codice era *Lupo Mannaro*.

Alle 8:15 del 16 luglio, tutti i suoi collaboratori salirono su 16 aerei per raggiungere la nuova postazione. Qui, nel timore di un attacco di paracadutisti travestiti da soldati tedeschi, invece dei consueti bunker in cemento, essi erano alloggiati in scomode baracche. Il clima era particolarmente umido e il rischio di malaria talmente elevato, che ogni sera erano costretti ad assumere un farmaco antimalarico spiacevolmente acre. Se durante il giorno l'aria era oppressa da un insopportabile caldo afoso, le notti erano gelide. Hitler, oppresso da una perenne emicrania, detestava quel luogo e si sfogava con i suoi collaboratori. Helmut Greiner, che si occupava di compilare i diari dell'*OKW*, in una lettera personale, scrisse:

"Il Führer è snervato dal clima e ricorda con rimpianto il vecchio quartier generale (di Rastenburg), cosa che lascia presagire quale sarà la nostra collocazione invernale. Del resto, le operazioni in Caucaso saranno terminate prima che sopraggiunga il freddo".

La conquista del Caucaso avrebbe posto fine alle incessanti preoccupazioni di Hitler per il rifornimento di petrolio. Lui stesso asserì: “Se non riusciremo a conquistare almeno Majkop, non potremo continuare la guerra”.

Per contro, se l'armata tedesca avesse occupato non solo i giacimenti di Majkop e di Groznyj, la cui produzione consisteva in 5 milioni di tonnellate di greggio annui, ma altresì i pozzi petroliferi di Baku, la sconfitta di Stalin sarebbe stata certa.

In effetti, il nemico, di fronte all'incedere della Sesta Armata guidata da Paulus, si ritirava sempre più verso Stalingrado, quasi il comando militare non fosse più in grado di mantenere il controllo sulla situazione. Alla fine di luglio, Hitler emanò molteplici direttive in cui riferiva ottimisticamente che, in sole tre settimane, tutti i traguardi prefissati nella zona del fronte meridionale erano stati raggiunti. Perfino la resistenza del maresciallo Timosenko aveva richiesto meno tempo di quello inizialmente prefigurato: “Solo qualche sparuto gruppo delle sue armate, fortuitamente sfuggito all'accerchiamento, è riuscito a rifugiarsi a sud del fiume Don!” dichiarò Hitler.

Il Gruppo Armate Sud era stato suddiviso in due eserciti, A e B, comandati rispettivamente dal feldmaresciallo List, designato con riluttanza dal Führer per quell'incarico, e dal generale Weichs. Il primo avrebbe dovuto attorniare i soldati sovietici in fuga a sud di Rostov, prima di impossessarsi del Caucaso e della costa sul Mar Nero; il secondo dirigersi verso sud-est, in direzione di Stalingrado e del Volga, che Hitler reputava la principale via di comunicazione utilizzata da Stalin. L'offensiva sarebbe poi proseguita fino ad Astrachan e al Mar Caspio.

Hitler aveva destinato alla conquista di Stalingrado solo la Sesta Armata di Paulus.

Il 23 luglio, dopo violenti e prolungati scontri, Rostov fu infine conquistata, ma il nemico riuscì a fuggire, facendo saltare i ponti dietro di sé. Due giorni dopo la presa di Rostov, l'intera sponda occidentale del Don era nelle mani dei tedeschi. Fu allora che si verificò la prima crisi nei rifornimenti: per più giorni, la Sesta Armata, priva di carburante, fu impossibilitata a spostarsi e il 25 luglio, a peggiorare la situazione, pervenne un'ordinanza del generale Wagner in cui si stabiliva di convogliare tutto l'impegno logistico nel Caucaso, a discapito della Sesta Armata. Di fronte alle proteste di Weichs, Hitler annullò l'ordine di Wagner, ma i rifornimenti giunsero solo dopo 10 giorni, permettendo alle truppe sovietiche di costruire una solida linea difensiva a ovest di Stalingrado. L'afoso quartier generale di Hitler in Ucraina divenne, in quei giorni, teatro di accesi dibattiti: se Halder protestava in privato contro l'ignoranza, in materia bellica, di quel "dilettante", Hitler si lamentava della disobbedienza del primo, che in più di un'occasione aveva ignorato i suoi ordini di dirottare uno dei corpi corazzati del gruppo di Rostov alla Sesta Armata.

Il 26 luglio, il gruppo di List, coadiuvato dalla Quarta Squadra Aerea al comando di Richthofen, attraversava il Don, apprestandosi alla conquista del Caucaso.

Il 30 luglio, Halder annotò: "Durante la riunione con il Führer, il generale Jodl ha dichiarato che Stalingrado deciderà le sorti del Caucaso".

Un'affermazione sostenuta precedentemente dallo stesso Halder. Alla fine, nonostante la disapprovazione di List il quale sosteneva che, non solo anche il suo gruppo soffriva per la carenza di rifornimenti, ma affrontare lo scontro nel Caucaso con un'armata così ridotta sarebbe stato eccessivamente rischioso fu stabilito l'immediato trasferimento della Quarta Armata Corazzata da lui guidata a Weichs. Altrettanto irremovibile apparve la decisione, sempre contrastata da List, di trasferire in Francia la divisione *Groß Deutschland*. In tal modo a due sole armate tedesche, sostenute da truppe alleate poco affidabili, furono destinati gli obiettivi primari dell'intera campagna bellica: Stalingrado e il Caucaso. Un provvedimento che, se le risorse militari del nemico si fossero realmente palesate prossime all'esaurimento, poteva risultare vincente ma, nel caso contrario, rivelarsi del tutto fallimentare.

Seppure, fino al 1943, Hitler non avesse preso mai in considerazione la possibilità di un attacco da Occidente, da tempo circolavano voci che supportavano tale eventualità. Un agente dell'*Abwehr*, infiltrato nell'ambasciata britannica a Madrid, segnalò che la Gran Bretagna si apprestava ad assemblare 2.400 imbarcazioni per un tentativo di invasione, da effettuarsi verso la fine di agosto, sulla Manica o sulla costa atlantica francese.

Il 18 luglio, ebbe inizio a Londra una serie di colloqui tra Churchill e l'uomo di fiducia di Roosevelt, Harry Hopkins. Due giorni più tardi, un dispaccio di intercettazioni telefoniche fu inviato a Himmler e di certo ne ricevette copia lo stesso Hitler corredato da commenti di un generale delle *SS*:

"Sebbene in tali conversazioni siano utilizzati esclusivamente nomi in codice, si può dedurre quanto segue: oggi o domani si dovrebbe tenere un incontro particolarmente importante tra inglesi e americani. In tale riunione verrà deciso dove e quando stabilire il secondo fronte. A prendere la parola sono per lo più ufficiali dello Stato Maggiore generale, ambasciatori e ministri".

Il 13 agosto, un fidato agente dell'*Abwehr* che operava nell'Inghilterra meridionale confermò che, quale obiettivo primario dell'attacco, era stato scelto il porto di Dieppe.

A Occidente, Hitler disponeva di 26 divisioni. Eppure, più studiava gli ingombranti atlanti stradali militari disegnati dai suoi esperti, più si sentiva opprimere dall'angoscia. Inviò Walter Frentz, un operatore cinematografico del suo staff, a fotografare tutto ciò che trovava lungo la costa. Nel visionare le immagini realizzate, che mostravano come l'intera zona fosse effettivamente vulnerabile a un eventuale attacco da parte degli Alleati, Hitler decise di costruire un fronte inespugnabile lungo la costa atlantica maggiormente esposta al nemico.

Il 13 agosto, convocati al quartier generale Albert Speer e altri esperti, diede loro le direttive sul nuovo vallo atlantico: questo doveva essere costruito in modo tale, da poter garantire la difesa dell'intero tratto costiero, tramite l'esiguo dispiegamento di mezzo milione di soldati. Per realizzarlo, non si doveva badare a spese: "Ciò che più è costoso è il soldato tedesco. Maggiore sarà il sangue risparmiato grazie a una fortificazione ottimamente eretta, maggiore sarà il nostro guadagno".

Il vallo avrebbe dovuto essere ultimato entro la fine di aprile del 1943. Occorreva curare, in modo particolare, le basi per i sottomarini e le postazioni in cui dislocare l'artiglieria. Mitragliatrici pesanti, carri armati e armi anticarro dovevano essere posizionati in un luogo sicuro, giacché Hitler temeva che qualsiasi attacco nemico avrebbe avuto inizio con un massiccio bombardamento aereo.

"Sarebbe saggio reputare la nostra *Luftwaffe* così debole a Ovest, da apparire inesistente", decretò Hitler. Ogni bunker deve essere costruito a prova di gas e munito di riserve di ossigeno. Nel prevedere l'utilizzo, da parte degli Alleati, di bombe al napalm, i bunker dovevano essere dotati di sporgenze per rallentare la colata dell'olio bollente. Occorreva costruire una struttura talmente imponente da scoraggiare un attacco nemico. Qualora questi avesse deciso di procedere, il dispiegamento di forze avrebbe dovuto essere tale da far immediatamente distinguere il vero obiettivo dalle manovre puramente diversive.

Nell'agosto 1942, Hitler ipotizzava che la tentata occupazione sarebbe stata preceduta, nel corso della notte, da truppe aviotrasportate, con l'ordine di distruggere i sistemi di trasporto e rendere inutilizzabili i quartier generali. La vera invasione avrebbe avuto luogo il giorno successivo all'alba, con 3.000-4.000 mezzi da sbarco sostenuti da una forza aerea decisamente superiore. Naturalmente, come egli fece notare a un diplomatico dei Balcani il 14 agosto, quei folli inglesi avrebbero potuto attaccare anche prima del 1943. "Finché al governo ci sarà gente lunatica, come quell'ubriacone di Churchill, o maccabei[32] e teste vuote come quell'elegantone impomatato di Eden – ministro della Guerra e degli Affari Esteri dobbiamo essere preparati a tutto!"

"Siamo pronti per qualsiasi sorpresa", scrisse Rundstedt in una lettera privata il 15 agosto, "in particolar modo adesso che Churchill si è recato a Mosca. Bene, che vengano pure!"

Ciò che accadde quattro giorni dopo fu un vero e proprio *coup de théatre* da parte degli inglesi: due brigate di soldati canadesi furono sbarcate con 30 carri armati ai due lati di Dieppe.

32 Ndt. I Maccabei furono la famiglia ebraica che, nel II secolo a.C., guidò la ribellione contro il seleucide Antioco IV Epifane. Essi diedero vita a una dinastia che regnò in Giudea con il nome di Asmosei.

Un'incursione che si concluse nella totale disfatta: gli inglesi persero un cacciatorpediniere, 33 mezzi da sbarco, un centinaio di aeroplani e 4.000 uomini, di cui 1.179 perirono sulla spiaggia o poco distante[33].

Alle 18:15, Rundstedt inviò un messaggio radio, in cui informava un sorridente Führer che, a terra, non era rimasto un solo soldato inglese armato.

Il 21 Runstedt annotò:

"Schmundt mi ha informato che Lui era molto felice e soddisfatto circa lo svolgimento dei fatti a Dieppe. Zeitzler (il capo di Stato di Rundstedt) si è recato ieri sul posto e ha raccontato che la scena presentatasi ai suoi occhi appariva apocalittica: corpi di inglesi disseminati ovunque, imbarcazioni distrutte...".

Hitler inviò il suo interprete, Schmidt, a interrogare i prigionieri. Tra questi, uno ammise esplicitamente: "Gli uomini che hanno ordinato e organizzato questo raid sono dei criminali e meritano di essere fucilati perché colpevoli dell'avvenuto sterminio".

Dal punto di vista politico, la decisione di Churchill di attaccare Dieppe costituì indubbiamente un grosso errore. Un totale spreco di risorse militari solo per conquistare un porto e alcune postazioni radar e di artiglieria. Hitler non comprendeva perché gli inglesi non avessero fatto ricorso ai paracadutisti: se questi si fossero lanciati nelle retrovie, bloccando le riserve tedesche, forse la storia avrebbe avuto un diverso epilogo. A settembre, però, Hitler affermò che, nella futura invasione, il nemico avrebbe senza dubbio fatto ampio uso di forza aerea: "Non siamo i soli ad aver imparato qualcosa a Dieppe. Anche loro hanno appreso la lezione. Dobbiamo prepararci a sostenere un attacco impostato in un modo totalmente diverso e in un luogo differente". Il vallo atlantico era di fondamentale importanza: "Se l'anno prossimo non ci saranno attacchi a Ovest, avremo vinto la guerra".

---

33 Nda. Per la descrizione dell'attacco a Dieppe, ho utilizzato i diari di guerra del Nono Corpo Aeronautico, dello staff della marina, il documento Sbarco nemico a Dieppe, il diario di Koller (generale del Terzo Corpo Aeronautico) e le memorie di Junge. Il 20 agosto 1942, l'ammiraglio Krancke riportò a Raeder: "Lo sbarco nemico a Dieppe è stato vagliato con estrema cura al quartier generale del Führer".

Halder cade in disgrazia

Tra l'esercito di Hitler e Baku si ergeva il Caucaso, 700 miglia di impervie e frastagliate montagne, soverchiate dall'Elbrus, un vulcano spento alto 5.600 metri. Circondata ai lati dai mari Nero e Caspio, tale catena montuosa costituiva, da secoli, una formidabile barriera contro l'altrui ambizione militare. Le dinastie mongola, timuride, selgiuchide e ottomana ne avevano costeggiato l'estremità orientale e, nella sua crociata diretta a Nord, perfino l'Islam, al pari di Pietro *il Grande* durante l'invasione della Persia settentrionale, aveva scelto la via del Mar Caspio. Seppure il Caucaso apparisse inespugnabile, Hitler decise di creare un precedente storico. Tutt'altro che impressionato dagli ostacoli che madre natura poneva loro innanzi, diede ordine al feldmaresciallo List di addentrarsi in quel territorio inospitale e, raggiunta la flotta sovietica ancorata sul Mar Nero, di annientarla. Avendo ricevuto da Halder e dai servizi segreti dell'esercito informazioni errate e incomplete in merito alle capacità belliche di Stalin, Hitler aveva impegnato le sue truppe su un numero eccessivo di fronti, relegando ad alleati poco affidabili il fondamentale compito di guardargli i fianchi. A differenza di quanto prospettato loro, i soldati romeni, ungheresi e italiani, di per sé scarsamente motivati e mal equipaggiati, si trovavano di fronte divisioni nemiche praticamente inesauribili. Hitler, a corto di riserve, non aveva alcuna possibilità di contrastare l'inaspettata invincibilità sovietica. I generali sovietici catturati nel corso delle battaglie, allorché interrogati sulle Forze Armate a disposizione di Stalin, si limitavano a sorridere, affermando: "Sarà la maggiore sorpresa della vostra vita!"

Ma Hitler non intendeva farsi sorprendere. Sapendo che i sovietici avrebbero di certo tentato di sopraffare le truppe ungheresi e italiane sul Don, arrivò a prevedere, il 16 agosto, che Stalin avrebbe reiterato la manovra del 1920 contro l'Armata Bianca sovietica: attraversato il Don a Serafimovich, si sarebbe diretto verso Rostov, minacciando l'intero fronte meridionale.

Per questo, per tutto il mese di agosto, Halder ricevette l'ordine di trasferire, dal fronte di Stalingrado a una zona collocata alle spalle dell'armata italiana, la Ventiduesima Divisione Corazzata. A quanto pare, Halder ignorò tale direttiva, tanto che nel suo diario, così come nei registri della divisione da lui guidata, non ve ne compare traccia. La Storia ha dimostrato quanto i timori di Hitler fossero fondati[34].

Il 2 agosto, il Colonnello Gehlen, capo dei servizi segreti dislocati a Oriente, fece trapelare l'informazione che, nel solo mese di luglio, Stalin si era procurato altre 54 divisioni di fanteria e 56 corazzate. Nell'inviare tali dati a Hitler il giorno successivo, Halder dovette ammettere che le informazioni precedentemente raccolte dai servizi segreti fossero del tutto inaffidabili. A giustificazione di un errore così madornale, aggiunse che gli eclatanti risultati ottenuti dal nemico erano dovuti al massiccio impiego di manodopera femminile nelle fabbriche e che, avendo ormai a disposizione soltanto diciottenni, Stalin non avrebbe, in futuro, potuto creare più di una trentina di nuove divisioni. Inoltre, avendo l'Armata Rossa perso 3.800 carri armati nel mese di luglio – e non potendo importarne più di 400 e produrne più di 1.000 al mese – riteneva che anche la produzione di divisioni corazzate si sarebbe ben presto esaurita.

A distanza di due sole settimane, però, l'ottimismo di Halder ebbe fine: nuovi dati di Gehlen attestavano l'esistenza di 593 divisioni in mano al governo sovietico, molte delle quali trattenute ancora come riserva. Ma Hitler, saldamente ancorato alle informazioni ottenute precedentemente, si convinse che il colonnello Gehlen fosse stato ingannato dai russi al fine di avvilire il nemico.

Secondo Halder, il Führer appariva furioso: "Io, animato dal più grande genio di tutti i tempi, posto a capo della più potente nazione industriale; io, le cui decisioni provocano il terrore in tutto il mondo, fatico a produrre 600carri armati al mese, laddo-

---

34 Nda. Non meraviglia il fatto che, l'11 febbraio 1943, Hitler biasimò, per il disastro di Stalingrado, non solo i suoi deboli alleati, ma altresì lo Stato Maggiore dell'esercito, che aveva volutamente ignorato i suoi ordini o li aveva eseguiti solo parzialmente (dal diario di Richthofen).

ve Stalin ne produce 1.000?" La sola speranza di Hitler giaceva nella capacità, del suo esercito, di privare la Russia delle basi economiche per perseverare negli scontri. Il che si traduceva nella conquista del Caucaso, ove si trovavano i giacimenti petroliferi.

Il 9 agosto, l'armata del generale Ruoff espugnò Krasnodar e i mezzi blindati di Kleist invasero Majkop, ove trovarono i pozzi desolatamente distrutti. Hitler ordinò a List di oltrepassare le montagne e raggiungere i porti di Tuapse e Suchumi nel più breve tempo possibile, così da privare la flotta russa di quei rifugi e permettere all'esercito tedesco di ricevere via mare i rifornimenti necessari a proseguire i combattimenti.

Per attraversare il Caucaso e raggiungere Tuapse, vi era una sola strada disponibile che, partendo da Armavir, passava per Majkop. Se la Quarta Armata Aerea appariva ancora fiduciosa, l'11 agosto, Canaris, recatosi al quartier generale di Hitler, scrisse nel proprio diario:

"Keitel non condivide l'ottimismo di Richthofen. Sembra convinto che i sovietici cercheranno di mantenere salda la propria posizione nel Caucaso occidentale e bloccheranno con ogni mezzo la strada per Tuapse."[35]

Sei giorni dopo, le unità corazzate di Kleist, giunte sul versante orientale, vennero bloccate dalle forze aeree nemiche: là i sovietici avevano stanziato oltre 3.000 aerei, compresi quelli solitamente utilizzati per l'addestramento e i velivoli *Lend-Lease*[36].

Il tempo stringeva. A nord-est, nonostante l'opprimente afa estiva, l'offensiva di Weichs su Stalingrado sembrava procedere bene. La Quarta Armata Corazzata, capeggiata dal generale Hoth, si dispose a pochi chilometri dal versante meridionale del-

35 Nda. Richthofen appariva in disaccordo con lo Stato Maggiore dell'esercito. Il 12 agosto, scrive nel suo diario: "L'esercito meridionale sovietico è distrutto. Una parte di esso è in fuga verso le montagne del Caucaso."

36 Ndt. Lend-Lease, in italiano Legge Affitti e Prestiti, era il nome del programma con il quale gli Stati Uniti, tra il 1941 e il 1945, rifornirono Regno Unito, Russia, Francia, Cina e altri paesi alleati di grandi quantitativi di materiale bellico. Il programma, che fornì un supplemento prezioso di camion, jeep, navi da sbarco e aerei da trasporto, fu decisivo per la vittoria degli Alleati nella seconda guerra mondiale, soprattutto negli anni in cui gli Stati Uniti non erano ancora coinvolti direttamente nel conflitto.

la città, mentre la Sesta Armata di Paulus, raggiunto il Volga in un punto poco a nord, prima ancora che calassero le tenebre, inabissava, grazie ai cannoni di 88 millimetri, le prime imbarcazioni sovietiche. Eppure, anche a Stalingrado, la resistenza dell'Armata Rossa appariva più tenace del previsto.

Hitler, che non disponeva di ulteriori risorse in termini di mezzi e soldati, aveva assistito impotente al profondo logorio del Gruppo Armate Centro, provocato dai feroci attacchi delle truppe sovietiche. Aveva ordinato al feldmaresciallo Kluge di conquistare un saliente sovietico collocato a Sukhinichi, circa 250 chilometri da Mosca, in direzione sud-ovest, il cui attacco era stato precedentemente sospeso a causa del sopraggiungere dell'inverno. Questa operazione, denominata *Wirbelwind* (ovvero *Turbine*), serviva a creare una prima postazione in vista di un successivo attacco contro Mosca[37].

Il logoramento subìto dalla Nona Armata del generale Walther Model a Rzev e Subtsoff non preoccuparono particolarmente Hitler, che probabilmente si auspicava una seconda Charkiv. Di fronte all'insistenza di Kluge di rinunciare all'*Operazione Turbine*, per volgere i suoi 500 carri armati in sostegno della Nona Armata in difficoltà, Hitler non volle sentirne ragioni. A quanto pare, Kluge si allontanò furioso dal quartier generale urlando: "In tal caso, sarà Lei, *mein Führer*, ad assumersene la responsabilità!"

L'attacco, che ebbe inizio l'11 agosto in un terreno particolarmente difficile – nella zona pesantemente fortificata, foreste paludose si alternavano a campi minati – fallì miseramente.

Quando, il 22 agosto, Kluge fu nuovamente convocato al quartier generale, venne rimproverato del fallimento e invitato a

37 Nda. Per il resoconto dell'Operazione Turbine, mi sono basato sul diario di guerra del distaccamento dell'OKW di Greiner e sul diario di Halder. Negli scritti, successivi al conflitto, del generale Salmuth (Quarta Armata), in data 27 marzo 1946, egli suggeriva che l'Operazione Turbine fosse un lampante esempio dell'incapacità militare di Hitler: "Essa fu progettata come una duplice tenaglia dal nord e dal sud. L'offensiva russa a Rzev colpì esattamente nel mezzo, annullando l'efficacia della preventivata manovra. Ripetutamente Kluge domandò che l'operazione fosse annullata. Di fronte alla secca replica del Führer, Kluge, accusato Hitler di voler sacrificare senza motivo 30.000 40.000 uomini, aggiunse: "State a guardare, l'offensiva nemica passerà attraverso il nostro esercito, quasi fosse burro!"

ritentare la manovra come azione di contenimento. Quattro mesi dopo, egli così si lamentò: "Il nostro più grande errore quest'anno è costituito dall'assalto a Sukhinichi. Esso rappresenta l'esempio perfetto di come un attacco non deve essere organizzato. Si è attaccato in ogni direzione possibile invece di concentrare tutte le divisioni corazzate in un unico punto!"[38]

Frattanto, a Rzev, la Nona Armata era allo stremo.

Il 24 agosto, Halder chiese il permesso di ordinarne la ritirata. Un solo reggimento aveva perso otto comandanti in una settimana. L'odio di Hitler nei confronti dello Stato Maggiore generale esplose in tutta la sua furia: "Sembra che voi non siate capaci di fornire altri suggerimenti, che non siano *battere in ritirata*", rimproverò ad Halder, "ma io devo pretendere dai miei ufficiali la stessa tenacia che richiedo ai soldati". Per la prima volta, Halder perse la testa: "Laggiù ci sono migliaia di fucilieri e tenenti destinati a morte certa, solo perché ai loro comandanti è negato prendere l'unica decisione possibile". Hitler lo interruppe insultandolo freddamente: "Proprio lei, *Herr* Halder, pretende di insegnarmi qualcosa sui nostri soldati? Lei, che fin dai tempi della prima guerra mondiale si nasconde dietro una scrivania? Mai ha conquistato un gallone, da apporre sulla sua uniforme, per una ferita di guerra".

Il feldmaresciallo Manstein, divenuto tale in seguito alla conquista di Sebastopoli, fu testimone della sfuriata di Hitler ai danni di Halder. Tornato dalla Crimea, si stava dirigendo a Nord, dove la sua Undicesima Armata si apprestava a predisporre, nel mese di settembre, l'assalto finale contro Leningrado. Finché la città non fosse stata distrutta, Hitler non poteva spostare le divisioni ivi stanziate in Lapponia, dove le uniche miniere di nichel ancora sotto il controllo tedesco erano costantemente minacciate dalle armate nemiche. In difesa di tali giacimenti, per il momento, si trovava solo l'esercito del generale Dietl. Se fosse stato

38 Nda. Tale citazione proviene dal consiglio di guerra di Hitler del 12 dicembre 1942. I documenti originali di Greiner provano però che il 12 agosto 1942 – e dunque all'inizio dell'Operazione Turbine – Hitler disse ad Halder "Le forze devono essere mantenute strettamente unite in un'unica direzione di attacco, Sukhinichi".

al posto di Churchill o Stalin, dichiarava Hitler, avrebbe tentato di impossessarsi di tali miniere con ogni mezzo possibile: senza di esse, infatti, la Germania sarebbe stata impossibilitata – entro pochi mesi – alla produzione di carri armati e proiettili.

Per l'operazione di Leningrado, denominata *Nordlicht* (traducibile in *Luci del Nord*), egli promise al feldmaresciallo Georg Küchler, comandante del Gruppo Armate Nord, una potenza di artiglieria mai più concessa dai tempi di Verdun. Allorché il feldmaresciallo si disse pronto a sferrare l'offensiva finale sulla città entro la fine di ottobre, Jodl obiettò che sarebbe stato troppo tardi.

Il 23 agosto, Hitler informò Küchler della sua intenzione di affidare a Manstein l'assalto a Leningrado. Quando, insieme, studiarono le fotografie aeree della zona, Hitler, nel vedere quel vero e proprio labirinto di strade e palazzine, manifestò il proprio timore che si potesse arrivare a infiniti scontri casa per casa. Lo stesso Küchler gli aveva fatto notare come, non appena principiato l'assalto, centinaia di migliaia di lavoratori, abbandonati i loro attrezzi, avrebbero imbracciato fucili, gettandosi nelle trincee. Unica tecnica vincente risultava pertanto quella di un prolungato bombardamento di ogni fabbrica di munizioni, officina, edificio di partito e postazione di comando. In seguito Manstein riferì a Küchler che, in base alla propria esperienza a Sebastopoli, non riteneva il semplice bombardamento, per quanto prolungato, sufficiente a terrorizzare i russi. In realtà, Hitler temeva, più di ogni altra cosa, che l'armata sovietica attaccasse per prima nel punto più stretto in cui le linee tedesche erano assiepate. Contando sull'imminente arrivo dei primi 9 carri armati *Tiger* che egli, come disse a Küchler, intendeva predisporre dietro la prima linea Hitler ordinò a Manstein di dare il via all'operazione il 14 settembre, facendola precedere da tre giorni di intensi bombardamenti, volti a fiaccare la resistenza della città.

Il 27 agosto, prima che tutto ciò potesse essere messo in pratica, l'armata sovietica colpì proprio là dove Hitler aveva temuto, nel punto in cui l'esercito tedesco era maggiormente vulnerabile. Pesanti le perdite subite dalla Diciottesima Armata del generale Georg Lindemann, che abbisognò del soccorso dell'Undicesima

Armata. L'attacco a Leningrado dovette essere posticipato a un futuro alquanto indefinito. Intanto, nel quartier generale di Hitler, la temperatura continuava a salire e il sole ucraino induriva la terra, ingiallendo l'erba. Nuvole di polvere si sollevavano a ogni passaggio, ricoprendo i radi cespugli e le esigue piante sopravvissute.

Il 31 agosto, così scriveva Greiner, addetto ai memoriali di guerra dell'*OKW*:

"Al desiderio, che tutti in questo periodo proviamo, di pioggia e freddo, si associa il timore per la comparsa di tali elementi, giacché si dice che l'umidità, in questi luoghi, sia assolutamente spiacevole. Il nostro campo è situato all'interno della foresta e, per quanto il caldo sia insopportabile, sappiamo che non dobbiamo lasciare il riparo degli alberi".

Non appena terminata la lettera, la prima pioggia cominciò a cadere e una lieve nebbia si sollevava nel sottobosco.

Con il risveglio della resistenza a Malta, influenzata dallo sbarco sull'isola di un convoglio britannico, rifornire le truppe di Rommel divenne sempre più difficoltoso. La Germania pagava ora a caro prezzo l'istintiva repulsione di Hitler verso l'*Operazione Ercole*, che prevedeva l'invasione dell'isola. Se, nel mese di giugno, la carenza di acqua aveva ostacolato i difensori della *Free French* a Bir Hacheim, per tutta la durata di luglio e agosto Rommel fu ossessionato dalla mancanza di carburante. Effettuate, nei mesi di giugno e luglio circa 12.000 missioni, ad agosto non gli restavano che poche centinaia di tonnellate di gasolio. Dovendo, le truppe tedesche in loco, spostarsi di frequente per riorganizzarsi, ogni chilometro nel deserto riduceva spaventosamente le loro risorse. I cacciabombardieri nemici potevano ormai sorvolare il deserto pressoché indisturbati.

Alla fine di luglio, il delegato di Jodl, Warlimont, recatosi in Nord Africa per constatare di persona la situazione, fece rapporto a Hitler: Rommel si trovava innanzi un nemico sempre più forte, sia a terra che nei cieli. Volgendosi spazientito a Göring, Hitler affermò: "Ha sentito? Bombardamenti a raffica nel deserto".

Allorché Rommel lanciò le proprie truppe alla conquista di El Alamein, il nemico, oltre ad apparire numericamente superiore e maggiormente rifornito, risultò a conoscenza dei piani tedeschi grazie alle intercettazioni.

Il 3 settembre l'*Africa Korps* retrocedette fino al punto di partenza. Per quanto Raeder e gli ufficiali della marina sottolineassero l'importanza di quanto stava accadendo in Africa ai fini della totalità della guerra, l'esercito si rifiutò di prestare attenzione ai loro timori. Jodl convinse Hitler che l'offensiva egiziana non fosse del tutto perduta e che il nemico difficilmente sarebbe riuscito a penetrare le difese di Rommel a El Alamein. Convinto che la situazione non potesse degenerare oltre, il Führer non adottò alcun provvedimento per ripristinare la supremazia tedesca sui cieli egiziani.

Giunse l'autunno e nel magnifico bosco di querce in cui il quartier generale di Hitler era collocato si diffondevano aromi di campi mietuti, di girasoli stesi sui tetti a seccare e di cocomeri – utilizzati come mangime per il bestiame. I neri papaveri e le spighe di grano ingiallite indicavano la fine della stagione estiva, con la quale – anche se Hitler non poteva prevederlo – sarebbe giunta un'infinita serie di sconfitte e delusioni.

Eppure, Stalingrado si ergeva tentatrice e provocante innanzi ai comandanti tedeschi, mostrandosi ai loro occhi quale facile preda. Hitler diede disposizioni che la totalità maschile della popolazione, confermatasi caparbiamente comunista, fosse eliminata e le donne condotte altrove. Ogni giorno, i bombardieri di Richthofen lanciavano migliaia di tonnellate di esplosivi contro le postazioni russe. Per quasi tre chilometri, sul campo di battaglia aleggiava una densa coltre di polvere. Si avanzava lentamente e Richthofen rivolgeva aperte critiche ai comandanti Paulus e Hoth, asserendo che, se solo avessero avuto fegato, Stalingrado sarebbe stata conquistata in due giorni.

Nel Caucaso, il feldmaresciallo List non godeva di miglior sorte. Le sue divisioni rimanevano a una trentina di chilometri dal Mar Nero. Di fronte al crescente nervosismo del Führer per la scarsità di risultati, Jodl protestò che, per obbedire ai suoi ordini, le truppe di List avevano abbandonato il loro utile equipaggiamento da montagna, divenendo così semplici divisioni di fanteria. Hitler sostenne al contrario che, nel mese di luglio, egli aveva ordinato loro di mantenere le attrezzature alpine. La discussione tra i due, che proseguì a lungo, era sintomatica dell'inarrestabile deteriorarsi della situazione bellica.

Alla fine di agosto, Hiler convocò List al quartier generale. Di fronte al conservatore e religioso feldmaresciallo, il Führer non ebbe però la forza di esporre alcun biasimo. Tutt'altro, pranzò con lui conversando amabilmente, finché questi tornò nel Caucaso. Solo allora, Hitler lo criticò aspramente, soffermandosi sul fatto che egli si fosse presentato al suo cospetto munito di una semplice carta 1:1.000.000 della Russia meridionale, priva di alcuna segnalazione dei suoi reparti. Nel frattempo, Hitler covava per il capo di Stato Maggiore Halder una crescente antipatia. Appariva ormai chiaro, a coloro interni al suo staff, che quegli fosse ormai caduto in disgrazia, al punto che, in sua assenza, già si discuteva su chi dovesse esserne il successore.

Nei giorni seguenti, Jodl intervenne in sua difesa, presentando un memorandum in cui descriveva come lo Stato Maggiore dell'esercito avesse, nelle settimane antecedenti l'offensiva del Caucaso, obbedito fedelmente agli ordini del Führer. Questi, stressato dal clima e dalla consapevolezza di andare incontro, in Unione Sovietica, a una clamorosa sconfitta, appariva del tutto incapace di mantenere la propria obiettività.

Il 7 settembre, la situazione degenerò irrimediabilmente. Dopo essersi recato a Stalino, per parlare con List, Jodl tornò a Vinnica per riferire a Hitler. Il quadro che tracciò della situazione in Caucaso apparve spaventoso. La Quarta Divisione Alpina, ricevuto l'ordine di avanzare verso le città costiere georgiane di Gudauta e Sukhumi, doveva percorrere 90 chilometri circa di sentieri di montagna. I rifornimenti dovevano essere caricati sul dorso di muli, ma ne occorrevano altri 2.000 per trasportare il tutto. Non potendo la simultanea avanzata verso Tuapse, porto dislocato nell'estremità occidentale, essere ultimata prima del sopraggiungere dell'inverno, i generali reputavano quale unica alternativa possibile ritirarsi dai passi caucasici e concentrarsi sull'obiettivo di Tuapse.

Non appena Jodl riferì tali opinioni a Hitler, questi esplose in una furiosa scenata: secondo lui, Jodl, inviato sul Caucaso per incentivare l'offensiva e rianimare lo spirito dei comandanti in loco, si era lasciato avvilire dai suoi stessi camerati. Pronunciate quelle parole, si allontanò, rifiutandosi, per la prima volta, di stringere la mano non solo a Jodl, ma perfino a Keitel e annunciando che, a partire da quel momento, avrebbe consumato i pasti in solitudine. La sua ostilità si sarebbe protratta fino agli ultimi giorni di gennaio. Quella sera, terminata la cena, convocò Bormann, ordinandogli che alcuni stenografi registrassero ogni parola pronunciata in tutti i Consigli di guerra.

Nei giorni successivi, pensò di rimpiazzare Keitel con Kesserling e informò Jodl che, non potendo più lavorare con lui, intendeva sostituirlo con Paulus non appena questi avesse conquistato Stalingrado.

Il 9 settembre arrivarono da Berlino gli stenografi del Parlamento e Hitler ribadì la sua decisione di depennare Halder, secondo lui non più in grado di reggere lo stress della guerra, dal proprio staff. Quel pomeriggio, inviò Keitel a sollecitare le dimissioni non solo del capo di Stato Maggiore, ma dello stesso List. Non avendo ancora individuato un degno sostituto, Hitler stesso intendeva accollarsi il comando del Gruppo Armate A del Caucaso, decisione inverosimile, dal momento che egli si era già promosso comandante in capo dell'esercito e comandante supremo della *Wehrmacht*.

List acconsentì a presentare le dimissioni quella sera stessa, mentre Halder, certo del ripensamento del Führer, così come era stato per Keitel e Jodl, ancora in carica, mantenne il proprio ruolo.

In realtà, la posizione di Jodl non poteva essere paragonata a quella di Halder: il primo godeva della simpatia del Führer che, fiducioso della sua lealtà, si era oltretutto abituato a vedere quella testa calva dall'altro lato del tavolo delle carte geografiche. Lo stesso Jodl commentò al riguardo di fronte al proprio rappresentante: "Il Führer dovrà cercare a lungo prima di trovare un generale dell'esercito migliore di me e un più fervente nazionalsocialista!"

Nonostante ciò, Hitler lo trattò a lungo con silenzioso disprezzo.

Sotto la supervisione di Bormann, i primi tre stenografi prestarono giuramento il 12 settembre e, due giorni dopo, la cerimonia fu ripetuta da un secondo gruppo.

La verbalizzazione delle riunioni, che constava in circa 500 pagine al giorno, veniva ripetutamente controllata dagli assistenti di Hitler, prima di essere archiviata: "Quando vinciamo una battaglia, i miei feldmarescialli se ne prendono il merito", spiegava Hitler, "ma ogni sconfitta viene imputata a un mio errore".

Due anni più tardi, in una conversazione con un medico specialista, Hitler addusse un ulteriore motivazione per il ripetuto utilizzo di stenografi. Il dottore, di cui segue un'annotazione in merito alla discussione, si chiedeva se il Führer avesse letto la biografia del Kaiser Guglielmo II dell'autore inglese J.D. Chamier:

"Hitler sostiene che per uno straniero, purché sufficientemente preparato in merito al paese, al popolo, alla lingua e alla storia di colui che si appresta a giudicare, sia più semplice esprimere un'opinione oggettiva su un uomo di stato. 'Presumibilmente,' dissi io, 'Chamier non conosceva il Kaiser personalmente, come si può dedurre dallasua giovane età. Eppure il suo libro non solo mostra una perfetta conoscenza di archivi e documenti, ma altresì fa riferimento a informazioni piuttosto personali, come le lettere del Kaiser e appunti sulle sue conversazioni con amici e nemici'. Hitler aggiunse che, per molto tempo, lui stesso aveva fatto in modo che le più importanti discussioni e conferenze militari fossero accuratamente registrate da alcunistenografi per i posteri. E che forse, allorché egli fosse stato morto e sepolto, qualche scrittore inglese dotato di obiettività gli avrebbe garantito quel trattamento imparziale che l'attuale generazione non voleva riservargli"[39]. A metà settembre del 1942, lo Stato Maggiore generale tornò a reiterare il rassicurante ritornello di un'imminente fine dell'impero sovietico. Hitler accennava ottimisticamente,

39 Nda. Il diario del Dott. Erwin Giesing, estratti di una discussione con Hitler in merito alla biografia del Kaiser Guglielmo II, scritta da J.D. Chamier. Tale biografia, uscita in Germania con il titolo Ein Fabeltier unserer Zeit: Glanz und Tragödie Kaiser Wilhelm II, fu bandita dal Terzo Reich, secondo i doc. della Commissione di Censura del partito nazista (Collezione di documenti nazisti, Archivio Federale di Coblenza).

a Weichs e Paulus, di future campagne e della conquista di Astrachan, sul Mar Caspio.

Il 13 settembre, ebbe inizio il sistematico assalto a Stalingrado. Il giorno seguente, lo stesso Richthofen era più che mai convinto che i russi stessero definitivamente cedendo. Nel suo diario privato, Weizsächer descrisse così la sua conversazione con l'amico Halder: "Asserisce che lascia il suo incarico scevro da ogni preoccupazione per il suo esercito. I sovietici sono ormai talmente indeboliti da non costituire la minaccia che essi rappresentarono per noi lo scorso inverno. Il punto debole è oggi l'Africa". (Da notare come Rommel, che puntualmente non teneva in alcuna considerazione lo Stato Maggiore, fosse fortemente inviso al generale Halder).

Mentre i russi intraprendevano una battaglia eroica per Stalingrado, combattendo per ogni centimetro di quella martoriata cittadina, Halder ancora esitava a obbedire all'ordine di Hitler, secondo cui occorreva dislocare sul Don la Ventiduesima Divisione Corazzata, come appoggio alla troppo vulnerabile Ottava Armata italiana. Che fosse per inerzia o testardaggine – Hitler, sempre più furioso, propendeva per la prima ipotesi – tale titubanza gli valse la definitiva perdita del posto.

Il 17 settembre, senza considerare i suggerimenti di Keitel, che reputava Manstein o Paulus maggiormente idonei all'incarico, nominato il vivace generale Zeitzler come successore di Halder, inviò a Parigi il giorno successivo, Schmundt e il generale Günther Blumentritt (che avrebbe rimpiazzato Zeitzler quale capo di Stato Maggiore di Rundstedt).

La sera del 23 settembre Schmundt tornò al quartier generale ucraino portando con sé Zeitzler, perplesso e ancora ignaro della promozione. All'una del mattino, Hitler, fatto prelevare il quarantasettenne generale dal capanno degli ospiti, s'imbarcò in un acceso discorso su List e Halder, in cui definiva quest'ultimo "più un professore che un soldato!"

Quando l'imbarazzato Zeitzler tentò di difenderne la reputazione, Hitler lo interruppe e, balzato in piedi, gli annunciò la nomina – con effetto immediato a comandante dello Stato Maggiore dell'esercito. Il giorno successivo, a mezzogiorno, Halder partecipò al suo ultimo consiglio di guerra. Alla fine, Hitler, in presenza di Keitel e degli stenografi, lo congedò, rimproverandogli la totale mancanza di quell'idealismo fanatico che Moltke[40] aveva dimostrato nel servire la monarchia. Non appena Halder si fu allontanato, un'atmosfera vittoriosa aleggiò tra gli ufficiali dell'*OKW*, che esultavano per il trattamento ricevuto dallo Stato Maggiore dell'esercito.

Schmundt proclamò che l'ultima barriera era ormai crollata e che, finalmente represso lo "spirito di Zossen"[41], l'esercito tedesco sarebbe stato profondamente imbevuto del vero spirito nazionalsocialista. Seppure non del tutto accondiscendente, Zeitzler era indubbiamente più allineato all'ideologia del partito di quanto non fosse Halder. In ogni caso, Keitel trovò opportuno metterlo in guardia: "Eviti di contraddire il Führer e di ricordargli che, su un medesimo argomento, si sia espresso diversamente in una precedente occasione. Allo stesso modo non osi mai asserire che i fatti hanno dimostrato ch'egli avesse torto e lei ragione. Né lo informi sulle nostre perdite – occorre risparmiare i suoi nervi".

Hitler, che sperava Zeitzler riuscisse a ristrutturare lo Stato Maggiore dell'esercito, gli conferì subito due particolari compiti: l'allontanamento dei comandanti di armata più anziani – alcuni di loro ormai ultrasessantenni – e la 'rottamazione' dei tradizionali pantaloni a righe rosse e dei distintivi dello Stato Maggiore, ormai datati. Zeitzler, però, si rifiutò di inaugurare il suo nuovo incarico con ordinanze così radicali. In un terzo provvedimento, Hitler assoggettò le decisioni personali dello Stato Maggiore alla giurisdizione dell'*Army Personnel Branch*, alla cui direzione pose

40 Ndt. Helmuth Karl Bernhard Graf von Moltke (Parchim, 26 ottobre 1800 – Berlino, 24 aprile 1891), generale prussiano e feldmaresciallo, ricoprì per trent'anni la carica di capo di Stato Maggiore dell'esercito prussiano e fu artefice delle vittorie sull'Impero Austro-Ungarico e sulla Francia nel XIX secolo. È conosciuto anche come Moltke il Vecchio per distinguerlo dal nipote Helmuth Johann Ludwig von Moltke, che comandò l'esercito imperiale tedesco allo scoppio della prima guerra mondiale.

41 Ndt. Il riferimento è al fallito 'complotto di Zossen', con cui Halder, nel novembre 1939, iniziò a cospirare con il generale Brauchitsch, promettendogli supporto se fosse riuscito a fermare le mire espansionistiche di Hitler.

il suo stesso aiutante in capo, il generale Schmundt. In tal modo, per la prima volta, Hitler assunse il controllo assoluto delle più alte nomine dell'esercito. La sfrontata massoneria degli ufficiali di Stato Maggiore doveva essere definitivamente cancellata. Hitler ordinò:

"a) Deve esistere un solo corpo ufficiali. I migliori riceveranno un addestramento speciale per poter ricevere, nel più breve tempo possibile, incarichi di comando sul fronte.

b) Non deve esistere limite al numero di ufficiali scelti per tale addestramento".

In questo modo, una massa di entusiasti comandanti di prima linea, esperti in questioni di Stato Maggiore e promossi, nel pieno delle proprie capacità fisiche e mentali, ai vertici della carriera militare, avrebbero donato nuova linfa a un esercito ormai fiacco. Dunque, la sostituzione di Halder, con un ufficiale più giovane di 11 anni, fu solo l'inizio di un approfondito rinnovamento.

Quando Hiltler tornò a Berlino, il 27 settembre 1942, la prima pioggia autunnale ricadeva sulla città. Un'atmosfera malinconica gravava sulla popolazione, stanca di attendere oltre la notizia della caduta di Stalingrado.

Persistendo, nonostante i vani sforzi della contraerea e dei caccia tedeschi, i bombardamenti britannici notturni sulle città, l'entusiasmo del paese cominciava ad affievolirsi. Nel timore che bellissime cittadine come Monaco, Vienna, Linz e Norimberga potessero essere distrutte, Hitler ordinò alla *Luftwaffe* di costruire torri di artiglieria contraerea per difenderle. Nel mese di settembre pesanti incursioni erano state effettuate su Brema, Duisburg, Dusseldorf e Monaco. La *Luftwaffe*, che oltretutto stava procedendo in quel periodo a una vera e propria ristrutturazione, non poteva in alcun modo competere con la superiorità nemica: i bombardieri *Heinkel 177* erano spesso afflitti da danni al motore e i tanto magnificati cacciabombardieri *Messerschmitt 210* erano stati completamente scartati per problemi tecnici all'inizio del 1942.

Hitler, che ben poco s'intendeva di aeroplani e aveva fiduciosamente affidato la *Luftwaffe* alle mani del più esperto Göring, cominciò a pentirsi di tale scelta. Aveva recentemente appreso che i servizi segreti britannici stavano paracadutando tonnellate di materiale da sabotaggio agli agenti dislocati sul territorio olandese. La Gestapo di Himmler, infiltratasi in quella rete, tendeva imboscate a ogni invio nemico di agenti ed equipaggiamento in un perpetuo 'gioco all'inglese', del quale il Führer veniva costantemente informato.

Perfino la Danimarca, ponte cruciale con la Scandinavia, principiava a mostrarsi restia all'interferenza tedesca. Il 25 settembre, allorché Hitler inviò i consueti auguri al re Cristiano X, in occasione del suo compleanno, ricevette una risposta deliberatamente fredda e poco amichevole. Considerando tale scarsa considerazione come un vero e proprio oltraggio, Hitler richiamò il suo ambasciatore, il comandante militare da Copenhagen ed espulse da Berlino i diplomatici danesi, incaricando l'ex ufficiale della Gestapo Werner Best di agire nella capitale danese come suo uomo di fiducia.

Ciò che Hitler più temeva era però l'invasione nemica della Francia. Il fallito raid di Dieppe, conclusosi in poche ore, era servito a dimostrare che ciò non era impossibile. "Come ben sapete," ripeté il 29 settembre a Göring, Speer, Rundstedt e a un manipolo di selezionati generali riuniti presso la cancelleria del Consiglio dei ministri, "non mi sono mai arreso. Ma non possiamo non ammettere che un massiccio sbarco nemico sul territorio francese potrebbe danneggiarci enormemente."

Essendo l'aviazione inglese nettamente superiore, l'unico modo per respingere l'attacco pareva essere il ricorso a bunker più resistenti e a difese anticarro. La trascrizione del suo discorso contiene anche ulteriori annotazioni:

"Al momento il Führer reputa fondamentale far sì che il suo paese non muti in un campo di battaglia, conseguenza tragica quanto inevitabile dell'invasione del nemico a Occidente. Se riusciamo a evitare che tale evento si verifichi prima della primavera, potremo scongiurarne pericolo. Dobbiamo far fronte adesso a una pesante scarsità di viveri. Solo attraverso un incremento della produzione di armi di artiglieria e munizioni antiaeree, potremo difenderci dalle incursioni degli Alleati. In primavera, le nostre migliori divisioni marceranno verso la Mesopotamia e verrà il giorno in cui costringeremo i nostri nemici a firmare una pace che noi detteremo loro. Un tempo il *Reich* ha sofferto a causa della modestia dimostrata. Il nostro nuovo *Reich* non commetterà lo stesso errore negli obiettivi di questa guerra".

Il giorno successivo, Hitler parlò al popolo tedesco, scusandosi per non averlo più fatto da molti mesi. Attribuì la sua assenza al poco tempo che egli aveva a disposizione, inferiore sicuramente a quello di un Primo ministro che girava il mondo in camicia di seta:

"È naturalmente impossibile parlare di Ideali con certa gente. Se queste persone credono che le operazioni di Namsos o Aandalsnes siano da reputarsi vittoriose, se esse ritengono perfino Dunkerque come la più grande conquista della Storia o guardano a un'incursione durata nove ore come una straordinaria testimonianza del trionfo nazionale, ovviamente non potremo mai paragonare ai loro i nostri modesti successi. Se anche conquistiamo terreno sul Don, raggiungendo il Volga, se deprediamo ed espugniamo Stalingrado – e di questo possono essere certi – tali conquiste appariranno insulse ai loro occhi. Perfino l'avanzata nel Caucaso avrà per loro lo stesso insignificante valore dell'occupazione dell'Ucraina, della conquista delle miniere di carbone del Donez, dell'esserci impossessati del 65-70% delle miniere di ferro sovietiche, dell'aver occupato, per il popolo tedesco e quindi per l'Europa, la più estesa regione produttrice di grano a livello mondiale e infine di esserci impossessati dei pozzi petroliferi caucasici. Tutto ciò è niente! Eppure, se le truppe canadesi, seguite da un esiguo codazzo di soldati inglesi, riescono a sbarcare a Dieppe e a rimanervi per sole nove ore prima di essere spazzati via, allora questa costituisce 'un'incoraggiante e sbalorditiva dimostrazione dell'inesauribile, trionfante energia, tipica dell'impero britannico! Se il Signor Churchill ora dice 'Vogliamo lasciare che i tedeschi siano tormentati dall'incertezza di dove noi apriremo un secondo fronte', io posso solo rispondere 'Sig. Churchill, fino a questo momento, lei non ci ha dato alcun motivo per angustiarci!'. Forse dovremo riflettere, questo sì, perché se ci trovassimo di fronte a un uomo di grande capacità e levatura, potrei facilmente dedurre dove costui intenderà colpire. Avendo però innanzi una nullità dal punto di vista militare, è impossibile fare previsioni, giacché questi può colpire anche nei luoghi più insensati. Questo è l'aspetto spiacevole: non si può prevedere la mossa di paralitici e ubriaconi".

Africa e Stalingrado

Hitler riteneva di poter affrontare l'inverno con ottimismo. La messe era stata migliore del previsto e Speer stava indirizzando l'industria bellica tedesca verso una massiccia produzione di carri armati e pezzi di artiglieria. Sotto la guida del feldmaresciallo Milch, procedeva rapidamente anche la riorganizzazione della *Luftwaffe*. Fortificate le coste atlantiche e installate le basi della marina in Norvegia, i sommergibili impedivano il passaggio dei convogli Alleati diretti verso l'Artico.

Il 1° ottobre 1942, Rommel, giunto alla cancelleria di Berlino, spiegò come la superiorità aerea britannica lo avesse indotto ad abbandonare l'offensiva di El Alamein. Hitler gli mostrò allora i prototipi dei cannoni motorizzati portati da Speer: si trattava di impressionanti veicoli blindati essenziali nell'intelaiatura, su cui erano stati posti i collaudati cannoni da 105 mm. Il Führer, promesso a Rommel di inviare in Africa 40 nuovi carri armati *Tiger*, lo informò anche di una nuova arma così potente da scaraventare un uomo a terra dal cavallo a una distanza di circa tre chilometri. Alcuni mesi prima, lo stesso Speer lo aveva messo al corrente sulle avviate ricerche di armi atomiche messe in atto in Germania.

Prima di recarsi in Austria per un periodo di riposo, Rommel scrisse al suo sostituto, il generale Stumme:

"Il Führer mi ha garantito che saranno presto inviati tutti i rinforzi possibili. In modo particolare, potremo contare su nuovissimi carri armati pesanti, mortai, cannoni anticarro da 75, 88 e 76,2 mm. Per la nostra prossima offensiva, dovremo essere equipaggiati con un numero elevato di razzi da 15, 28 e 30 cm (e relativi dispositivi di lancio) e con almeno 500 generatori di cortine fumogene".

Quando, il 4 ottobre, Hitler tornò al quartier generale ucraino, Halder si era definitivamente accomiatato. Zeitzler aveva preso il comando del fronte orientale, Jodl e l'*OKW* guidavano gli altri teatri di guerra in una divisione di responsabilità che rispecchiava le decisioni dei Consigli di guerra. In particolare Zeitzler, di ritorno a Vinnica dal fronte meridionale, emanò, all'insaputa di Hitler, una serie di direttive volte a migliorare l'efficienza bellica dell'esercito. Allorché avvertì il Führer della necessità di recedere da un determinato saliente, per non perdere la fiducia dei soldati nei loro comandanti, quegli lo aggredì dicendo: "Cosa vuole saperne lei, semplice ufficiale di Stato Maggiore, del sentire dei nostri soldati!"

Ma Zeitzler si affrettò a ricordare al Führer che, nell'agosto del 1914, allorché combatteva in Belgio come portastendardo della fanteria, "sono stato promosso per il coraggio dimostrato in battaglia e per ben due volte sono rimasto ferito. La mia esperienza sul fronte può essere ritenuta valida quanto la sua!"

Colpito da tanta audacia, Hitler lo autorizzò a procedere, evitando, a partire da quel momento, di rivolgergli ulteriori attacchi personali. Se la stima del Führer per Zeitzler uscì accresciuta da quello scontro, la sua considerazione per Keitel diminuiva ogni giorno, come emergeva dai commenti ironici che Hitler rivolgeva ai comandanti assenti: "L'orizzonte dei miei feldmarescialli", osservò un giorno, "ha le dimensioni del coperchio di un gabinetto!" Keitel non reagì alle risate generali suscitate da tali considerazioni, ma il giorno successivo Zeitzler chiese di parlare in privato con Hitler: "*Mein Führer* temo, come generale dell'esercito, di dover criticare il linguaggio da lei usato nel rivolgersi ai nostri feldmarescialli. Le chiedo la cortesia di non adottare tali espressioni offensive in mia presenza". Quando Hitler, come risposta, gli strinse la mano, il generale lo ringraziò. Tre mesi più tardi, durante una visita del Primo ministro romeno Antonescu, Hitler gli presentò Zeitzler dicendo: "Questo è il mio nuovo capo di Stato Maggiore generale, un uomo dai nervi d'acciaio e con una grande esperienza militare".

Il conflitto aveva ormai assunto nuove dimensioni rispetto a quelle del 1939. Le operazioni di sabotaggio, perpetrate a Ovest dagli Alleati con un discreto successo, fossero esse rivolte a un deposito di carburante in Germania o a una base radar in Francia, stavano corrodendo l'iniziale serenità del Führer. Il suo atteggiamento nei confronti dei soldati nemici, catturati nel corso di queste operazioni, divenne tutt'altro che clemente: quando sei inglesi, due dei quali indossavano uniformi tedesche, furono presi prigionieri in Nord Africa, ne ordinò l'immediata esecuzione. Del resto, un solo sabotatore poteva paralizzare un'intera centrale e privare la *Luftwaffe* di migliaia di tonnellate di alluminio. Oltretutto, in un manuale di addestramento dei commando britannici, caduto nelle loro mani, i tedeschi rinvennero diagrammi grafici su come tagliare la gola ai nemici e legare un cappio intorno al collo dei prigionieri, così che il minimo gesto ne determinasse l'immediato strangolamento. Nel mese di settembre, Hitler fu inoltre informato che gli inglesi avevano sparato senza alcun ritegno contro i naufraghi di una nave posamine tedesca.

Il 4 ottobre, a tale ignominiosa rivelazione, si aggiunse un'ulteriore tragica notizia: la notte precedente, un reparto speciale britannico, fatta irruzione nella piccola isola di Sark, sulla Manica, ove era dislocata una compagnia di fucilieri tedeschi, aveva prelevato durante la notte cinque genieri dal loro albergo e, ammanettatili, li aveva uccisi. Quando Hitler, per rappresaglia, ordinò che tutti i soldati nemici fatti prigionieri a Dieppe fossero ammanettati, gli inglesi minacciarono di vendicarsi su un numero pari di soldati dell'Asse, detenuti nei loro campi di prigionia.

Il 7 ottobre, Hitler redasse un comunicato per la radio dell'*OKW*: "I membri delle squadre terroristiche e di sabotaggio inglesi e dei loro alleati agiscono non da soldati, ma da criminali. Come tali saranno trattati dalle nostre truppe, che dovranno eliminarli senza pietà, ovunque essi si trovino".

Quando il generale Jodl lo esortò a non mettere in pratica tali parole, la cui minaccia sarebbe stata sufficiente ad assolvere il ruolo di deterrente, Hitler rifiutò tale suggerimento. Per giustificare l'estrema decisione, sostenne che i metodi perpetrati dai commando nemici erano stati dichiarati illegali dalla stessa Convenzione di Ginevra: "I documenti rinvenuti mostrano come a quei soldati viene data istruzione non solo di legare i prigionieri, bensì di giustiziarli sommariamente nel caso in cui siano di intralcio". Quando, il 19 ottobre, Jodl distribuì con estrema riluttanza l'ordine ai comandanti, si raccomandò di non farlo cadere in mani nemiche. Il desiderio di vendetta ebbe senz'altro un ruolo importante nell'atteggiamento di Hitler. Come testimoniano le registrazioni, il Consiglio di guerra del 23 ottobre iniziò con le seguenti parole: "Come rappresaglia alla recente incursione aerea britannica su un ospedale da campo in Africa, il Führer ha ordinato l'immediata esecuzione degli inglesi catturati durante le operazioni di sabotaggio alla centrale di Glomfjord".

Una settimana dopo, il tentativo, messo in atto da sei marinai britannici in abiti civili, di distruggere la nave da battaglia *Tirpitz* ancorata in un fiordo norvegese fallì a causa del maltempo, che provocò il naufragio delle siluranti a due posti inglesi. Catturati dalle guardie di frontiera norvegesi, i militari, estraendo le armi che tenevano nascoste, avevano aperto il fuoco e cinque di loro erano riusciti a fuggire in Svezia. Hitler ordinò che il sesto, un ragazzo di vent'anni, fosse immediatamente giustiziato. Stessa sorte toccò, venti giorni dopo, a 14 soldati di un commando inglese che attaccarono la centrale idroelettrica norvegese Vermok, a Rjukan. La scelta di tale obiettivo era determinata dall'importanza che esso aveva per il programma di ricerca atomica tedesco. Catturati i sopravvissuti, la polizia norvegese li fucilò prima del calare del sole.

Nel frattempo, grazie anche all'ambigua politica degli italiani e all'inettitudine dei governi fantoccio insediati da Hitler, una guerra partigiana di inaudita ferocia infuriava nei Balcani. Gli italiani, occupato il Montenegro, avevano annesso larghe strisce di costa croata. In Serbia, i partigiani furono crudelmente soppressi dai tedeschi, mentre in Croazia il territorio era devastato da scontri tra bande di guerriglieri rivali che saccheggiavano e uccidevano. Sotto il comando di Draza Mihailovic, i cetnici lottavano per la restaurazione della monarchia in Jugoslavia, osteggiati, seppure inefficacemente, dai partigiani scarsamente equipaggiati di Tito. La Seconda Armata di Mussolini, guidata dall'ambiguo generale Mario Roatta[42], schieratasi in favore dei primi, forniva loro le armi necessarie a combattere gli ùstascia[43]. In realtà, gli italiani si apprestavano a tessere un'intricata ragnatela. La Croazia, sul cui territorio si snodavano le linee di rifornimento tedesche per il Nord Africa e da cui, oltretutto, provenivano le 200.000 tonnellate di bauxite annualmente importate in Germania, rappresentava per Hitler un territorio di importanza strategica. Era dunque fondamentale che vi fosse mantenuto l'ordine. Eppure gli italiani, opprimendo la popolazione croata, favorivano quegli stessi ebrei sovversivi, verso i quali il capo dello stato croato, il *Poglavnik* (guida) Ante Pavelic, stava adottando leggi repressive di stampo nazista. A settembre, Hitler discusse a lungo la situazione con Pavelic. Due divisioni tedesche si trovavano in Croazia e un battaglione croato stava combattendo nei pressi di Stalingrado. A causa dell'incoerente comportamento di Roatta, si presentava la necessità di richiamare in Croazia la legione che le *SS* stavano addestrando, allo scopo di riportare l'ordine nel paese. Eppure Hitler, non volendo mettere in imbarazzo Mussolini, depurò ogni messaggio inviato a Roma di qualsiasi riferimento che potesse destarne la suscettibilità. Privatamente, il Führer non poteva che biasimare il mite atteggiamento adottato dagli italiani nei confronti dei serbi, con i quali solo la forza bruta avrebbe, secondo lui, permesso di ottenere un risultato soddisfacente:

---

42 Ndt. Mario Roatta, generale e agente segreto italiano, fu capo del Servizio Informazioni Militari (SIM) dal 1934 al 1939. Dal 1936 fu nominato comandante del Corpo Truppe Volontarie (CTV) italiane nella guerra civile spagnola, al fianco degli insorti nazionalisti guidati da Franco. Comandante della seconda Armata in Croazia dal '42, in seguito alla devastazione di interi villaggi, Roatta si guadagnò il sinistro soprannome di bestia nera.

43 Ndt. Il termine ùstascia, adottato dagli slavi balcanici per indicare coloro in lotta contro i turchi, venne ripreso dal croato Ante Pavelic per indicare gli appartenenti al movimento nazionalista croato di estrema destra che si opponeva al regno di Jugoslavia dominato dai serbi.

"Per principio, nel combattere l'illegalità, è bene che tutti capiscano che qualsiasi crudeltà diviene lecita e si ha la massima libertà di azione", affermò. "Se i terroristi si fanno scudo con i corpi di donne e bambini, i nostri soldati devono avere il coraggio di aprire il fuoco senza esitare, purché questo serva a spazzare via gli eversori".

Tra agosto e novembre, si annoveravano 1.337 partigiani sovietici uccisi in battaglia, mentre il numero dei prigionieri giustiziati dalle forze di sicurezza di Himmler ammontava a 8.564. Un rapporto di questi al Führer elencava 16.553 "partigiani complici e sospetti" arrestati, di cui 14.257 erano stati immediatamente fucilati e riferiva che 363.211 ebrei russi erano stati uccisi per le medesime imputazioni.

In riferimento agli ebrei tedeschi, lo stesso Goebbels non pareva proteso a un più mite atteggiamento. Il 23 settembre, durante una conversazione con ragguardevoli giornalisti berlinesi, affermò che i giudei erano perfettamente consapevoli che sarebbero presto stati deportati a Est e "abbandonati a un orribile destino". "Possono già presentire l'inesorabile sopraggiungere dell'annientamento fisico" aggiunse " e per questo tenteranno in ogni modo, nella breve vita che rimane loro, di danneggiare il *Reich* in ogni modo possibile".

Frattanto, a partire dal luglio 1942, riprese le deportazioni da Berlino, innumerevoli convogli lasciarono la capitale. Le principali destinazioni: Auschwitz e un indefinito Est. Ritenendo inammissibile il numero degli ebrei ancora presenti nel settore giuridico, Goebbels stabilì che essi dovessero essere dichiarati "incondizionatamente estirpabili", termine dietro al quale si celavano sinistre accezioni. Otto Thierack, nuovo ministro della Giustizia, rifiutò di procedere a qualsiasi provvedimento: "Finché il Führer non emetterà specifiche direttive in merito ai tedeschi con sangue parzialmente ebreo, non sarà possibile effettuare epurazioni nell'ambiente forense".

Negli archivi, ogni riferimento alle operazioni criminali naziste era celato dietro a diplomatici eufemismi. Per esempio, in merito alle accuse, da parte della comunità ebraica newyorkese, il 30 novembre Himmler, in una lettera al capo della Gestapo Heinrich Müller, asserì, in onore degli archivi, che tali voci erano giustificate dall'elevato tasso di mortalità nei campi di lavoro nazisti.

Hitler continuava a guardare a Est senza preoccupazione. Presto le truppe avrebbero goduto di una meritata tregua invernale. Il 14 ottobre ordinò che, nella predisposizione delle postazioni invernali lungo la linea del fronte, si facesse ricorso ai prigionieri, ai civili e perfino alle donne, come manodopera. Il giorno successivo, il feldmaresciallo Richthofen annotò sul proprio diario: "Il Führer appare di ottimo umore, sia per Stalingrado che per il fatto di essersi liberato di Halder. È stato particolarmente affettuoso con me e ha più volte maledetto (giustamente) List. I miei piani operativi – in Caucaso – sono stati approvati. Gli ho descritto i lati deboli della nostra fanteria, le tattiche che intendiamo adottare e le problematiche insite nel territorio. Anche Zeitzler mi è parso amichevole e determinato".

Tuttavia, nell'ultima settimana di ottobre, il morale delle truppe di Paulus posizionate a Stalingrado precipitò. Secondo Richthofen "l'insorgere di tale depressione era da attribuirsi alla stanchezza dei soldati e dei loro comandanti, oltre che alla pedante indulgenza dell'esercito, forte di 12.000 uomini per divisione, di cui solo un migliaio dislocato al fronte. Ne ho parlato a Paulus, ma lui, ovviamente, non condivide la mia opinione".

La conquista dei giacimenti petroliferi del Caucaso non poteva essere realizzata prima del sopraggiungere dell'inverno. Seppure Majkop fosse da agosto in mani tedesche, i pozzi erano stati incendiati o ricoperti col cemento e coloro esperti in materia avevano sentenziato l'impossibilità di ripristinarli prima di un anno. La Germania, oltretutto, scarseggiava di manodopera. Se l'industria si affidava ai 6 milioni di lavoratori stranieri procurati dal dittatore del lavoro, Fritz Sauckel, le tre divisioni promesse da Speer, che intendeva arruolare gli operai delle industrie belliche, non furono mai realizzate. Di fronte alle proteste dell'esercito, che richiedeva un incremento di un milione di uomini,

Hitler ordinò a marina e *Luftwaffe* di inviare i propri uomini, ma Göring, riluttante all'idea di far indossare a 220.000 avieri le divise grigio-verdi dell'esercito, preferì creare una ventina di "divisioni campali" della *Luftwaffe*.

A completare il quadro, già sfavorevole a causa di tali carenze in uomini e rifornimenti, si inserì la totale inettitudine, nell'autunno del 1942, dei servizi segreti teutonici. L'*intelligence* del colonnello Gehlen predisse che i russi avrebbero diretto una nuova offensiva sul fronte settentrionale, verso Smolensk e Velikiye Luki. Al tempo stesso, l'ammiraglio Canaris produsse prove convincenti dell'imminente apertura di un secondo fronte, non in Nord Africa, bensì nella penisola di Cherbourg. Infine, Hitler, come dimostra una dichiarazione di Keitel del 21 ottobre, continuava a venire mal informato circa l'effettivo potere militare di Stalin. "Il Führer è convinto che i sovietici siano prossimi al collasso. Asserisce fiduciosamente che 20 milioni di persone finiranno per morire di stenti".

Eppure, Hitler non condivideva le opinioni di Gehlen in merito alla presunta strategia bellica sovietica. Il 26 ottobre, allorché parve evidente l'intenzione dell'Armata russa di attraversare il Don nell'esatto punto in cui il fronte dell'Asse – sostenuto unicamente dalle scarsamente motivate truppe italiane e romene appariva più debole, egli si mostrò profondamente turbato. Fino ad allora, l'intensificarsi dei movimenti notturni nella zona di Serafimovich era stato interpretato, dalle truppe dell'Asse là dislocate, come un'insignificante manovra logistica. Non appena il nemico intraprese la costruzione di imponenti ponti sul fiume, Hitler, che in passato aveva fatto altrettanto, intuì ciò che di rischioso si poteva presagire. Eppure, il 6 novembre, Gehlen si dichiarò nuovamente certo del fatto che i sovietici non stessero predisponendo alcuna offensiva a sud e reiterò la sua convinzione di un probabile attacco a Smolensk, seguito da un'avanzata sul Baltico volta a tagliare fuori il Gruppo Armate Nord. Sul fronte meridionale, asserì, le difficoltà logistiche e di trasporto erano tali da dissuadere il nemico. Neppure riteneva probabile che l'offensiva sovietica partisse prima del sopraggiungere delle gelate.

Nel Nord Africa, Hitler non riteneva sussistessero, per il momento, motivi di preoccupazione. Ma, per quanto Rommel, in congedo temporaneo per malattia, avesse rassicurato Hitler dell'inespugnabilità della sua posizione a El Alamein, il 23 ottobre il generale britannico Montgomery lanciò un inaspettato attacco con 150.000 uomini, 100 carri armati e 800 aerei. In seguito all'improvvisa morte del suo vice, il generale Stumme, deceduto a causa di un attacco di cuore, Rommel tornò in Africa, dove si trovò di fronte a una sconcertante penuria di combustibile e munizioni. Nonostante i bombardamenti della *Luftwaffe* su Malta perdurassero, i convogli dell'Asse con i rifornimenti destinati agli *Africa Korps* venivano regolarmente distrutti dall'esercito nemico. Gli inglesi, grazie alle intercettazioni, erano in grado di individuare, e di conseguenza annientare, tutte le navi cisterna dell'Asse. Il comandante della *Luftwaffe* di ruolo nel Mediterraneo scrisse:

"Una crisi di inaspettate proporzioni si sta abbattendo sull'Armata Corazzata. I caccia promessi dagli italiani non si sono mai visti. Kesselring mi è parso tremendamente preoccupato e il pranzo sembrava più che altro una veglia funebre. Riponevamo le nostre speranze sulla seconda nave cisterna, salpata il 28 ottobre, ma durante la notte ci è giunta notizia del suo affondamento".

Per quanto Rommel e Kesselring mantenessero una seppur labile speranza di poter superare la crisi, ottimismo condiviso dallo stesso Hitler, il 2 novembre il nemico aprì una breccia sul fronte tedesco. Il tono di Rommel, nel suo rapporto all'*OKW*, risuonava abbattuto e ansioso:

"L'esercito non potrà resistere a lungo contro gli attacchi delle corazzate nemiche, volti a sfondare le nostre linee. Nuove offensive sono previste questa sera o, al più tardi, nella giornata di domani. Prive di mezzi motorizzati, le 6 divisioni italiane e le 2 tedesche neppure potranno ritirarsi in modo disciplinato. Per quanto riguarda le truppe mobili, esse sono talmente impegnate nei combattimenti, da escludere che possano svincolarsi dal nemico in modo ottimale. Oltretutto, date le scarse riserve di carburante, qualsiasi ripiegamento sarebbe di breve durata. È dunque inevitabile prevedere, nonostante l'eroica opposizione e l'ardimento dimostrati dai nostri soldati, l'imminente annientamento delle truppe". Firmato: feldmaresciallo Rommel.

Rommel, senza neppure prendersi il disturbo di avvisare i suoi superiori, aveva dato ordine di abbandonare El Alamein. Solo in seguito inviò un'estesa relazione, in uno stile che la faceva apparire quale uno dei rapporti quotidianamente redatti, nelle cui ultime righe asseriva l'intenzione di ritirarsi da El Alamein il giorno seguente, 3 Novembre: "Le divisioni di fanteria partiranno nella notte tra il 2 e il 3".

Quel rapporto giunse al quartier generale del Führer alle 3:00 del mattino. All'ufficiale sottoposto di Jodl, un anziano maggiore di turno quella notte, sfuggì la frase finale con cui si annunciava il ripiegamento, per cui, ritenutolo un semplice resoconto di routine, tralasciò di inoltrarla fino alla mattina successiva. Non appena il vice di Jodl, il generale Warlimont, si rese conto dell'importanza di quel dispaccio, era ormai troppo tardi. Quando Hitler lo ricevette, alle 9:00 del mattino successivo, ritenne, sulle prime, che l'*OKW* avesse deliberatamente insabbiato il rapporto per metterlo innanzi al fatto compiuto.

"In questo momento critico, Rommel si era rivolto a me e alla patria", esclamò, "e noi avremmo dovuto coadiuvarlo nelle sue scelte. Se fossi stato svegliato, avrei potuto sollevarlo dalle sue responsabilità e ordinargli di mantenere la posizione. Ma, mentre Rommel tentava invano di fare appello a me, Warlimont riposava tranquillo".

Interrogato l'ufficiale di turno nella notte, Hitler chiese allo stesso Rommel di comunicargli l'ora esatta in cui il ritiro era cominciato. Quando quegli rispose "nelle ultime ore della notte", fu chiaro che, se solo il dispaccio fosse giunto in tempo alle orecchie del Führer, il ripiegamento poteva essere impedito. Le punizioni furono esemplari: il maggiore, ridotto nei ranghi, fu inviato al fronte e il suo superiore, Warlimont per l'appunto, fu espulso dall'*OKW* e allontanato dal quartier generale del Führer quello stesso giorno.

In realtà, Rommel aveva mentito: l'ordine di evacuazione era stato dato già alle ore 22:00, molto prima che il suo rapporto venisse inoltrato. Ritenendo di poter ancora infondere, nell'apprezzato feldmaresciallo, l'ispirazione di cui abbisognava, Hitler gli trasmise via radio il seguente messaggio:

"L'intero popolo tedesco osserva con me la sua eroica difesa dell'Egitto, confidando, giustamente, nelle sue doti di condottiero e nel coraggio delle truppe tedesche e italiane. Nella situazione in cui lei si trova, l'unica alternativa possibile è quella di perseverare, senza cedere neppure un metro, e di lanciare nella battaglia ogni mezzo e ogni uomo disponibile. Considerevoli rinforzi saranno inviati al comandante in capo dislocato a Sud (Kesselring). Il Duce e il Comando Supremo faranno di tutto per sostenerla e conferirle gli strumenti per perseverare nella lotta. Nonostante l'apparente superiorità, il nemico stesso è allo stremo delle forze. Non sarebbe la prima volta nella storia che la volontà e la determinazione trionfano sulla maggiore forza bellica del nemico. Alle sue truppe non deve offrire altra possibilità: vittoria, o morte!" Firmato: Adolf Hitler.

Rommel revocò immediatamente l'ordine di ripiegamento, ma era troppo tardi. Nelle ultime ore del 3 novembre, rimanevano a sua disposizione solamente 24 carri armati. Nel successivo rapporto, dichiarò che, non esistendo più la linea del fronte, chiedeva il permesso di tornare a una 'guerra di movimento', per lo meno fino al raggiungimento delle postazioni di Fuka. Nel ritenere che Rommel avesse perso l'iniziale motivazione, Hitler rispose con asprezza: "Visto l'andamento delle cose, non posso che avallare la sua scelta".

Due anni dopo, in merito alla vicenda del Nord Africa, commentò:

"Avrebbe dovuto mantenere le posizioni [a El Alamein]: solo in quel caso poteva salvare qualcosa. Non aveva alcuna possibilità di tenere testa a un nemico numericamente superiore in campo aperto e, in effetti, fu lì che tale supremazia apparve con maggiore evidenza. Rimanendo barricati dietro al fronte, posizionato in una strozzatura larga solo 60 chilometri, potevano sopravvivere a un attacco. L'esperienza acquisita nel deserto avrebbe dovuto insegnargli che, privo della copertura garantita dalla depressione di [Qattara], sarebbe stato pericolosamente esposto al nemico".

Seppure Hitler avesse effettivamente ordinato l'immediato invio di rinforzi in Africa – tra cui figuravano i carri armati *Tiger*, pezzi d'artiglieria, munizioni, carburante, due squadroni di caccia provenienti dalla Russia e uno di bombardieri dalla Norvegia, la guerra africana si sarebbe inesorabilmente conclusa a Tunisi, sei mesi dopo, con una completa disfatta.

Mentre a sud del fronte orientale, l'avanzata della Prima Armata Corazzata verso Ordzhonikidze procedeva con successo, a Stalingrado la fanteria pareva sempre più scoraggiata dal protrarsi dei combattimenti. Intorno alla metà di novembre, il feldmaresciallo Richthofen annotò sul suo diario:

"Telefonato a Zeitzler, per richiedere una guida carismatica per la battaglia di Stalingrado, altrimenti tanto vale rinunciare all'attacco. Se non sferriamo subito l'offensiva, con le acque del Volga prossime al congelamento e i sovietici di Stalingrado in condizioni critiche, non riusciremo a perseguire la conquista della città. Zeitzler ha promesso di riferire le mie richieste, che oltretutto condivide, al Führer. Durante la notte, è pervenuto un ordine del Führer, in linea con i miei suggerimenti, alla Sesta Armata. Temo però che non funzionerà. Ho spiegato a Zeitzler che il morale di soldati e comandanti è talmente abbattuto, che solo l'immediato intervento di nuovo spirito potrà permetterci di ottenere un qualche risultato".

Hitler appariva quasi ipnotizzato dagli ormai palesi preparativi bellici del nemico a nord di Stalingrado. Gli storici dell'*OKW* registrarono, il 2 novembre: "Nuove discussioni sul temuto attacco sovietico attraverso il Don, in direzione di Rostov. I ponti costruiti dai russi sono ormai innumerevoli. Compito della *Luftwaffe* è di fornirne il rilevamento aerofotografico. Hitler ha ordinato massicci bombardamenti sui ponti in costruzione e sulle zone in cui si sospetta debbano radunarsi le truppe nemiche [presumibilmente nei boschi al di là del fiume]".

Poco dopo, furono avvistati 2.000 veicoli nemici adunati a nord di Kletskaya e un nuovo quartier generale sovietico nelle vicinanze di Serafimovich.

Per tutto il mese di ottobre, l'*Abwehr* e i servizi segreti delle *SS* furono sommersi da molteplici e discordanti informazioni circa i 'piani nemici di invasione'. Talune ne attestavano l'imminente offensiva in Norvegia, tal'altre lungo la Manica o ancora sul Mediterraneo. Un'ulteriore sconfitta in quest'ultimo fronte avrebbe potuto portare l'Italia a ritirarsi dal conflitto: a Roma, il soffio del tradimento aleggiava già nell'aria. L'ufficiale di collegamento di Hitler riportò che Mussolini, il 6 novembre, pensava fosse giunto il tempo di fare ammenda a Stalin. Hitler comprese che non poteva posticipare a lungo il previsto incontro con il fiacco e demotivato dittatore italiano.

Tra l'altro, Hitler, avendo scoperto che un'enorme flotta degli Alleati si stava radunando a Gibilterra, sospettava che il nemico si apprestasse a invadere la Sardegna o la Corsica, per poi attaccare la costa italiana. Gli aerei della *Luftwaffe* erano stati ritirati della Sicilia per essere dislocati a Est, ma tutti i sottomarini disponibili erano stati trasferiti nel Mediterraneo. Per quanto la marina sostenesse che il nemico stava semplicemente predisponendo un convoglio di rifornimenti diretto a Malta, dovette ben presto ricredersi. Non appena la flotta alleata salpò, i servizi segreti italiani dichiararono la presenza, sul ponte delle imbarcazioni, di numerosi camion e altro materiale indispensabile per le invasioni. Nel contempo, altre navi nemiche attraversarono lo Stretto di Gibilterra dirette a Est. Quando la marina sentenziò che l'obiettivo era senza alcun dubbio la Libia, dove intendevano sbarcare alle spalle di Rommel, Hitler, nonostante Mussolini e la stessa *Luftwaffe* ritenessero più probabile un attacco all'Algeria – ove sarebbero rimaste al sicuro dal raggio d'azione degli aerei dell'Asse

ne condivise l'opinione. Nel timore di un'offensiva contro le città libiche di Tripoli o Bengasi, Hitler inviò personalmente un messaggio radio ai sommergibili e ai cacciatorpedinieri stanziati nel Mediterraneo: "La sopravvivenza delle truppe dislocate in Africa dipende dalla distruzione delle forze navali britanniche. Mi aspetto un attacco determinato e vittorioso".

Nelle prime ore del 7 novembre, Hitler lasciò Rastenburg per dirigersi a Berlino e poi a Monaco, dove avrebbe incontrato gli italiani. Alle ore 19:00, durante il Consiglio di guerra, Jodl lo aggiornò sulla posizione della flotta nemica: diretta a Est, avrebbe presto oltrepassato il canale di Sicilia. Verso la fine del Consiglio, la marina telefonò: data la rotta e la velocità delle navi, si era infine giunti alla conclusione che l'obiettivo fosse in realtà l'Algeria. Per quanto profonda fosse la delusione per la scarsa competenza dei suoi servizi segreti, Hitler riuscì a mantenersi freddo e distaccato. Poco dopo, il treno fu fatto fermare in una piccola stazione immersa nella foresta della Turingia: le radio britanniche stavano annunciando lo sbarco di un numeroso drappello americano ad Algeri, Orano e Casablanca[44].

Alla stazione di Bamberg, Ribbentrop salì sul treno di Hitler. Accordatosi con Ciano, affinché questi si recasse a Monaco al posto di Mussolini, dichiaratosi indisposto, aveva preso il primo volo da Berlino. Hitler intendeva discutere con lui la possibilità di ribaltare la politica tedesca nei confronti della Francia, ma Ribbentrop introdusse argomenti ben più spiacevoli. Secondo lui, se Hitler non avesse interrotto le operazioni a Est, l'intera posizione dell'Asse nel Mediterraneo sarebbe stata a rischio: "Mi dia

44 Nda. Poco dopo l'ultimo avvistamento degli italiani, avvenuto intorno alle ore 18:00, le navi nemiche avevano virato improvvisamente a sud. Come Hitler rilevò amaramente, nell'aprile del 1944: "Le esigue invasioni compiute dal nemico sono passate inosservate. Pensate al Nord Africa!" Keitel proseguì "Fino all'ultimo momento non potevamo che dirci certi della loro rotta. Avvistata l'avanguardia a nord della Sicilia, ritenemmo avrebbero proseguito oltre. Ma, prima che riuscissimo ad accorgercene, cambiarono direzione, dirigendosi indisturbati verso la costa algerina".

il permesso di sondare l'ipotesi di una pace con Stalin, attraverso la sua ambasciatrice a Stoccolma, la Sig.ra Kollontay" chiese Ribbentrop, "anche se questo significa rinunciare a quanto conquistato fino a oggi nell'Est!"

Furioso, Hitler balzò in piedi e, rosso in volto per la rabbia, si rifiutò di discutere altri argomenti che non fossero il Nord Africa. Una temporanea debolezza non bastava a motivare una richiesta di pace verso un nemico pronto a colpire.

Alle 15:40 dell'8 novembre, il treno arrivò a Monaco. Come sempre, la concretizzazione di un evento tanto temuto fugava in Hitler qualsiasi dubbio. Finalmente, non solo era emerso che il secondo fronte non si trovava in Europa, ma se ne conosceva l'esatta ubicazione. Occorreva inviare immediatamente in Tunisia un contingentemilitare per fermare l'avanzata americana. Questa volta, anche la Francia avrebbe dovuto partecipare attivamente alla causa dell'Asse. Alle 18:00, Hitler, di ottimo umore, tenne il suo annuale discorso, di fronte alla vecchia guardia del partito, nella fabbrica di birra di Monaco. Ancora una volta, il Führer ricordò la sua profezia del 1939, concernente il fato degli ebrei: "Molti di coloro che allora accolsero le mie parole con scherno, oggi non possono più farlo".

Poi, fiducioso in un messaggio sopraggiunto dal capo di Stato Maggiore del Gruppo Armate B, affermò che la conquista di Stalingrado era pressoché ultimata: "Desideravo raggiungere il Volga in un preciso punto, in una determinata cittadina. È solo una coincidenza che essa porti il nome del suo dittatore. Stalingrado, dal cui porto è possibile bloccare 30 milioni di tonnellate di trasporti fluviali, di cui nove di petrolio, è un luogo di importanza strategica. Lì affluisce il grano proveniente dall'Ucraina e dalle regioni del Kuban per poi essere smistato a Nord e lì viene lavorato il manganese. Stalingrado è un enorme centro per il commercio. Per questo, intendevo espugnarla e, modestamente, ho esaudito tale desiderio. Al nemico non resta ormai che qualche piccola zona isolata. Qualcuno potrebbe dire 'Allora perché non vi affrettate a concludere?'. La mia risposta è: Non voglio un'altra Verdun!"

L'insorgere di un sentimento di stima e simpatia nei confronti dei francesi, che avevano intrapreso unastrenua difesa di Casablanca e Orano contro gli invasori americani, non durò a lungo. Ben presto, Hitler principiò a sospettare che alcuni comandanti francesi tramassero con il nemico. Se l'8 novembre credeva che il generale HenriHonoré Giraud[45] fosse in Francia, il giorno successivoscoprì che costui, raggiunta Gibilterra a bordo di un sommergibile nemico, intendeva agire agli ordini di Eisenhower in Algeria. La rabbia di Hitler per l'ennesima fuga di Giraud eguagliava il disprezzo da lui provato per i servizi segreti di Himmler, incapaci di prevederla.

Non più tardi di quella sera, quando il conte Ciano fu introdotto nel suo studio, all'interno del palazzo del Führer, a Monaco, la fiamma dell'iniziale astio di Hitler verso i francesi si era più che mai rianimata. Bruscamente, egli asserì, di fronte al ministro degli Esteri italiano, che aveva intenzione di occupare il resto della Francia. Qualsiasi fosse l'opinione espressa dal Primo Ministro francese Laval, atteso per le 22:00, non avrebbe mutato la sua decisione. Le truppe tedesche si apprestavano già a radunarsi lungo il confine interno del paese. 'Colpire, colpire e ancora colpire!', questo l'antico rimedio prussiano, qualora ogni altro tentativo fallisse.

Laval, a causa della nebbia, non riuscì ad arrivare prima dell'alba. Per tutto il giorno, Hitler, impegnato in animate discussioni con Ribbentrop, Himmler e i generali in merito ad alcuni rapporti dei servizi segreti, posticipò l'incontro. Gli agenti di Himmler, intercettato un messaggio notturno di Darlan a Pétain, in cui si ordinava l'esecuzione degli ufficiali disertori, avevano scoperto che lo staff del primo, bruciati tutti i file del ministro della Guer-

45 Ndt. Henri Honoré Giraud (Parigi, 18 gennaio 1879 – Digione, 11 marzo 1949) fu un generale e politico francese, noto in particolar modo per le sue rocambolesche evasioni da un ospedale militare tedesco (Ia guerra mondiale) e dalla fortezza di Königstein (IIa guerra mondiale). In seguito a quest'ultima fuga, visse qualche mese nel sud della Fran cia, sorvegliato dalla polizia di Vichy. Durante questo periodo prese contatti con gli alleati anglo-americani che cercavano un generale cui affidare il comando delle truppe francesi del Nord Africa, ove progettavano lo sbarco e divenne un punto di riferimento per l'Organizzazione di Resistenza dell'Esercito (ORA) del generale Frère. Nel giugno 1943 diventò, con de Gaulle, co-presidente del Comitato francese della Liberazione nationale (CFLN), carica che mantenne fino a novembre dello stesso anno. Dopo la guerra, contribuì alla nascita della Quarta Repubblica.

ra, si apprestava a lasciare Vichy. Inoltre, un ordine, firmato dallo stesso Darlan, dichiarava la cessazione di ogni forma di resistenza agli Alleati. Al povero Laval, accolto con malcelato rancore, Hitler espose la propria richiesta di immediato accesso a Tunisi, poi, alle 20:20, emanò l'ordine di invadere la Francia libera, scrivendo "l'occupazione verrà effettuata con il tacito accordo del governo francese".

"Come per l'*Operazione Otto* nel 1938?"[46]

"Esattamente, proprio come per l'Austria!"

Questa volta, però, mancava il plauso delle folle. I francesi odiavano gli italiani, che, occupata la Corsica e la riviera, erano sbarcati in Tunisia al seguito dei tedeschi. Non appena gli italiani oltrepassarono la frontiera concordata con i francesi, Laval, infuriato, telefonò gridando che, se non si fossero immediatamente ritirati, avrebbe dichiarato loro guerra.

L'imprudenza degli italiani era costata a Hitler la perdita degli ultimi sostenitori in Francia. La sera del 14 novembre, un membro dello staff di Jodl dichiarò: "Le azioni del Führer sono influenzate dalla sua considerazione per l'Italia. Egli reputa ancora di vitale importanza secondare Mussolini con ogni mezzo possibile. Per questo, ne avalla tacitamente la richiesta di ottenere il dominio sul Mediterraneo, anche se ciò significa l'occupazione delle coste meridionali della Francia, e si rifiuta di mettere gli italiani davanti al fatto compiuto".

L'*Operazione Brown*, che prevedeva la rapida costituzione di una 'testa di ponte' dell'Asse in Tunisia, fu un successo, ma il 12 novembre le forze francesi presenti nel Nord Africa capitolarono di fronte al nemico. Nelle successive due settimane, Hitler tentò di mostrare ancora fiducia nella marina francese. Del resto, non potendo impedire militarmente alla flotta francese – che constava di tre navi da battaglia, una portaerei e trenta cacciatorpedinieri – di salpare, non aveva altre alternative che accogliere le ras-

46 Ndt. Con il nome di Operazione Otto, Hitler battezzò l'invasione armata dell'Austria con cui ebbe inizio l'Anschluss. Tale nome fu appositamente scelto dal Führer per vendicarsi di Otto d'Asburgo-Lorena, capo della Casa d'Asburgo dal 1922 al 2007, il quale per ben due volte si era rifiutato di incontrarlo.

sicurazioni degli ammiragli di non intraprendere azioni avverse all'Asse. Dentro di sé, Hitler sembrava già prepararsi al peggio.

Il 16 novembre, un generale della *Luftwaffe* annotò:

"Il Führer teme che i francesi intendano creare una sorta di enclave, preparando il terreno per l'invasione anglo-americana. È fondamentale impedire che ciò accada".

Immensa la contrarietà dei tedeschi, allorché appresero che Pétain, a dispetto della sua serafica apparenza, si era tenuto in costante contatto con Darlan, attraverso una rete di cavi sottomarini. Nullo il valore che si doveva attribuire alle sue radiofoniche dichiarazioni di lealtà.

In conseguenza di tutto ciò, Hitler, allertata la *Luftwaffe* affinché si tenesse pronta qualora la flotta francese fosse improvvisamente salpata, il 18 novembre ne decise il bombardamento a tappeto.

Otto giorni più tardi fu stabilito di avviare l'invasione dell'enclave di Tolone. Hitler, pur non ritenendo necessario avvertire Mussolini, stabilì, nonostante le brusche obiezioni di Raeder, di consegnare agli italiani la suddetta enclave, comprensiva delle navi francesi scampate alla distruzione.

Il 27, prima ancora del sorgere del sole, l'operazione ebbe inizio. A mezzogiorno, della flotta francese non rimaneva che un esiguo numero di carcasse in fiamme. Hitler concesse agli italiani di scegliere, tra i tanti relitti, ciò che più gli aggradava.

Nel frattempo, in tutta la Francia occupata, le scritte:

'*Vive l'Amérique!*' e '*1918*' comparivano sui muri.

Tutti davano per certa l'imminente sconfitta della Germania.

Mentre il popolo tedesco si apprestava a rassegnarsi a una probabile disfatta, Hitler, necessitando di una pausa, si concesse un lungo periodo di riposo alla Berghof. I diplomatici tentarono nuovamente di convincerlo a tentare un approccio di pace con Stalin, la cui Armata sembrava ancora in una posizione di svantaggio. In realtà la situazione sul fronte russo si era ormai inesorabilmente ribaltata.

Il 19 novembre 1942, Zeitzler, che nella Prussia orientale stava combattendo una battaglia pressoché dimenticata, telefonò alla Berghof. A nord di Stalingrado, sul Don, un massiccio bombardamento dell'artiglieria sovietica aveva anticipato l'improvviso sopraggiungere di innumerevoli carri armati, al cui seguito erano comparse infinite orde di soldati russi. I romeni si erano dati alla fuga e il nemico proseguiva la sua inarrestabile avanzata. Quanto previsto dal Führer stava accadendo. Il giorno successivo, una nuova offensiva nemica fu lanciata a sud della città.

Due giorni dopo, con l'accerchiamento sovietico di Stalingrado, ebbe inizio il periodo più drammatico dell'intero conflitto.

Parte VI
Guerra Totale

Trauma e tragedia

Pochi gli avvenimenti della seconda guerra mondiale che sollevarono tante polemiche quanto l'offensiva su Stalingrado. Oltre a segnare la fine delle mire espansionistiche germaniche a Est, essa costò la vita a circa 200.000 soldati tedeschi, facendo crollare il sogno del grande *Reich*, auspicato da Hitler da quando, 10 anni prima, era salito al potere. Tutt'altro che ridotta allo stremo delle forze, l'Armata Rossa sembrava capace di far apparire dal nulla inaudite quantità di uomini e carri armati. Jodl, terreo in volto, fu udito esclamare: "I russi sono molto più forti di quanto lo fossero nel 1941!"

Se in passato il comando sovietico era parso estremamente rigido, dubbioso e rallentato dalla burocrazia, ora si mostrava al contrario flessibile, deciso e previdente oltre che capace di condurre le proprie forze corazzate con l'efficacia che i tedeschi vantavano nel '39 e nel '40.

L'attacco, da parte della fanteria nemica, contro la Terza Armata romena fu la prima avvisaglia di pericolo che giunse a Hitler. Nonostante il graduale sbarramento dell'artiglieria, i romeni, che apparivano fiduciosi, non ricorsero all'utilizzo dei corpi corazzati, guidati dal generale Ferdinand Heim, dislocati alle loro spalle come riserva. Ma, alle ore 5:00 del 19 novembre, i sovietici diedero inizio a un colossale bombardamento di artiglieria, cui seguì, alle ore 7:00, il ripetuto assalto dei carri armati. Per quanto eroicamente combattessero i soldati romeni, tre dei quattro generali furono uccisi a colpi di baionetta e ogni compagnia perse il proprio comandante. Infine, sopraggiunse la disfatta. Alle 10:10, il Gruppo Armate B del generale Weichs ordinò a Heim (Quarantottesimo Corpo Corazzato) di contrattaccare, ma parve chiaro che questi non poteva fare alcunché. Al comando della Ventiduesima Divisione Corazzata, di un'unità della Quattordicesima e della Prima Divisione Corazzata romena, Heim si rese ben presto conto che se la prima appariva del tutto esausta per la battaglia combattuta innanzi a Stalingrado, la seconda fu sottratta al suo controllo e la terza, di cui non si aveva più traccia, era probabilmente fuggita dal campo di battaglia. Le speranze di Weichs, che i romeni potessero tenere il fronte fino all'arrivo dei corpi di Heim, furono inesorabilmente deluse. Oltretutto, la fuga precipitosa dei soldati romeni intralciò l'avanzata dei carri di Heim, resa difficoltosa anche dal calare di una gelida nebbia, dalla pioggia e dal vento. Weichs fu così costretto a ordinare a Heim di disporsi in assetto difensivo.

Seppure i resoconti dello Stato Maggiore generale tendessero a sminuire la tragedia di quella sconfitta, Hitler non poteva che realizzarne la portata: quell'evento era solo il principio di una crisi di dimensioni colossali. Alle 21:30, ordinò a Weichs di abbandonare ogni azione di attacco contro Stalingrado e di radunare le truppe in difesa del fronte principale. Poi, diede disposizioni al feldmaresciallo Manstein di desistere dalla programmata offensiva su Velikiye Luki, creando un nuovo Gruppo di Armate sul Don. In tal modo sollevava Weichs della diretta responsabilità sulle due Armate romene e sulla Quarta e Sesta Armata Corazzata a Stalingrado. Infine, nella notte, ordinò a Heim di attaccare nuovamente. Quando questi fallì e l'esercito romeno fu distrutto, una profonda indignazione si levò da Bucarest. La rabbia di Hitler non tardò a sopraggiungere: "Convochi immediatamente il generale Heim", chiese a Keitel, "gli strappi le mostrine e lo tragga in arresto. A lui va interamente il mio biasimo".

Per placare l'ira di Antonescu, Heim fu condannato a morte, sentenza successivamente commutata dallo stesso Hitler.

Questi i terribili avvenimenti a nord-ovest di Stalingrado. Il 20 novembre, a sud della città, una testa di ponte sovietica egualmente minacciosa eruttava centinaia di mezzi corazzati. Per qualche ignoto motivo, i preparativi bellici del nemico, fino a due giorni prima, erano passati inosservati. Se il fianco orientale della Quarta Armata Corazzata riuscì a contenere l'urto, le truppe romene si lasciarono massacrare opponendo una debole resistenza.

Il 21 novembre apparve chiaro che i due gruppi dell'Armata Rossa, responsabili di quella manovra a tenaglia, si sarebbero ricongiunti, entro la giornata successiva, intorno a Stalingrado. L'unica speranza di salvezza, per la Sesta Armata, giaceva nella costituzione di un ponte aereo. Quando Jeschonnek, capo di Stato Maggiore della *Luftwaffe*, giunse a Berchtesgaden, avallò la richiesta: l'inverno precedente, nella sacca di Demyansk, 100.000 uomini erano stati ottimamente riforniti, per alcuni mesi, proprio grazie a un ponte aereo. Nel pomeriggio del 21, Hitler stabilì che la Sesta Armata, nonostante il pericolo del momentaneo accerchiamento, dovesse resistere sulle posizioni conquistate. Le linee ferroviarie dovevano essere mantenute funzionali il più a lungo possibile. "Per quanto riguarda il ponte aereo", assicurò, "seguiranno ordini". Numerose le obiezioni che seguirono. Richthofen chiamò Göring, Weichs e Zeitzler, avvertendoli che non vi era un numero sufficiente di aerei da trasporto per organizzare un ponte aereo di tali dimensioni. La Sesta Armata avrebbe infatti quotidianamente necessitato di diverse centinaia di tonnellate di cibo, carburante e munizioni. Hitler però non vedeva, né era disposto a vagliare, altre alternative. Essendosi spudoratamente esposto, nei suoi discorsi del 30 settembre e dell'8 novembre, di fronte all'intera nazione, non poteva in alcun modo allentare la morsa su Stalingrado e sul Volga. Nuovamente, quella sera, sollecitò Paulus affinché resistesse. Quando Hitler chiamò Göring a Berlino, questi lo rassicurò che la *Luftwaffe* avrebbe fatto il possibile – come spiegò in seguito a Richthofen: "Il Führer sembrava così ottimista, con quale diritto avrei potuto mostrarmi sfiduciato?" Il 22, quando richiamò la Berghof, reiterò la sua promessa. È improbabile ch'egli non abbia posto condizioni, ma Hitler appariva fermamente convinto che l'accerchiamento fosse solo provvisorio e che, rafforzata nuovamente la prima linea del Gruppo di Armate, l'infiltrazione nemica sarebbe stata annientata[47].

Poco dopo, Paulus annunciò via radio che le scorte di viveri e munizioni erano prossime all'esaurimento. Hitler, compreso di non poter posticipare oltre il suo ritorno nella Prussia orientale, alle 17:00 di quello stesso giorno lasciò Berchtesgaden. Per 24 ore, seppure fossero fatte ripetute soste per permettere il collegamento con lo Stato Maggiore generale, rimase confinato sul treno che lo avrebbe riportato al quartier generale prussiano. Mentre il convoglio si addentrava nell'oscurità, Hitler e Jodl pianificarono un'inattesa offensiva, da parte della Quarta Armata Corazzata, che avrebbe attaccato da tergo l'accerchiamento e liberato Stalingrado. Dieci, i giorni necessari a concretizzare il piano. Quando Zeitzler chiamò, il giorno successivo, implorando Hitler affinché ordinasse alla Sesta Armata di forzare l'assedio a ovest prima che fosse troppo tardi, Il Führer rifiutò di avallare le sue richieste: "Abbiamo un nuovo piano. Jodl la aggiornerà. Ne discuteremo di persona domani".

Nella tarda serata del 23 novembre, Hitler giunse alla *Tana del Lupo*. Trovò Zeitzler ad attenderlo fuori del suo bunker e gli tese la mano in segno di saluto. "Lei ha fatto tutto il possibile", affermò entrando con lui nella stanza. Poi, con premeditata commozione, aggiunse "Solo nei momenti più cupi, emerge la vera grandezza. Basti pensare a Federico *il Grande*". Senza lasciarsi im-

47 Nda. In un discorso ai generali della Luftwaffe, datato 15 febbraio, (vedi diari di Koller), Göring difese la decisione di Stalingrado: "Inizialmente, non vi era motivo di ordinare l'evacuazione (della Sesta Armata), giacché vi erano i presupposti per pensare di riuscire a resistere fino all'arrivo dei rinforzi. Poi, il carburante si esaurì. Avrebbero anche potuto fuggire a piedi, ma sussisteva ancora la speranza che Stalingrado potesse essere salvata. Infine il fronte italiano cedette e, con lo sfondamento presso Kolnikovo, la linea del fronte, lacerata per centinaia di miglia, apparve irrecuperabile. Se avessimo combattuto con maggiore vigore, saremmo ancora a Stalingrado oggi e non avremmo permesso ai sovietici di circondarci. Paulus è stato troppo debole, non ha difeso Stalingrado nel modo più adeguato".

pressionare da quelle parole, Zeitzler affermò che lo stesso Weichs condivideva la sua opinione per cui, mantenendo la posizione, la Sesta Armata sarebbe andata incontro alla rovina. Hitler, battendo il pugno sulla scrivania, gridò "Non abbandoneremo il Volga!"

Intorno al Führer aleggiava uno strano alone di ottimismo, dissimulato dall'alterazione, effettuata successivamente alla conclusione del conflitto, degli esigui archivi sopravvissuti dei quartier generali . Helmuth Greiner, autore dei diari di guerra dell'*OKW*, falsificò, nel testo pubblicato, diversi passaggi. Per esempio, in merito a un'importante disputa avvenuta tra Hitler, Zeitzler e Jeschonnek il 21 dicembre, compare, nella pubblicazione, la seguente frase: "Come al solito, non sono state prese decisioni significative. Sembra che il Führer non sia più capace di farlo!" Di tali parole non vi è alcuna traccia sul testo originario di Greiner del 1942.

Inizialmente, la situazione non sembrava poi tanto disperata: le riserve si stavano avvicinando, pronte per l'offensiva di soccorso condotta da Manstein. Anche la questione degli approvvigionamenti per la Sesta Armata non sembrava poi così impossibile da risolversi: il 24 novembre pervenne la richiesta di 200 tonnellate di carburante e altrettante di munizioni al giorno, più un quantitativo non specificato di farina, a partire dal 27 novembre.

In data 25 novembre, si legge sui diari dell'*OKW* chela richiesta di Paulus di 700 tonnellate di farina era parsa esagerata e che 300 tonnellate erano state ritenute sufficienti. Anche l'Alto Comando della *Luftwaffe* sembrava ottimista. Greiner annotò che vi erano a disposizione 298 aerei da trasporto, il che implicava un carico quotidiano di 600 tonnellate. Nel 1945, lo stesso avrebbe parzialmente modificato le proprie annotazioni, scrivendo: "La Quarta Squadra Aerea aveva 298 aerei da trasporto a disposizione, ma ne sarebbero occorsi 500".

Altra incongruenza riguarda Göring. Questi, che ancora si trovava a Parigi, non risultava in alcun modo reperibile. Eppure, in data 25 novembre del falso diario[48] del maggiore Engel

48 Nda. Indegnamente pubblicato dal noto Istituto di Storia Contemporanea di Monaco.

se ne afferma la presenza alla *Tana del Lupo*, dove si sarebbe intrattenuto lungamente con il Führer. Il 27 novembre, le registrazioni dell'*OKW*, durante la riunione pomeridiana di Hitler, riportarono: "La disposizione del nemico intorno a Stalingrado non potrebbe essere più favorevole, date le intenzioni della Sesta Armata. Perfino la situazione degli alimenti non è così tragica come preventivato".

Il 29 le stesse riportarono l'opinione, in proposito, del feldmaresciallo Manstein: "È arrivato alla stessa conclusione del Führer". Eppure, queste parole, nel testo pubblicato da Greiner furono del tutto omesse.

Senza dubbio, l'appoggio di Manstein incrementò la determinazione di Hitler. Quando, il 24 novembre, Weichs arrivò nella sede operativa, Manstein ne respinse immediatamente l'opinione secondo la quale Paulus non aveva altra scelta se non abbandonare Stalingrado. Una rottura dell'accerchiamento era ancora possibile e forse era "la scelta più sicura", ma il rapporto di Manstein diceva "non potrò condividere l'entusiasmo mostrato dal Gruppo Armate B per uno sfondamento verso l'esterno, finché permarranno adeguati rifornimenti di munizioni e carburante". Manstein aggiunse che l'operazione di soccorso poteva essere garantita solo se i rinforzi si fossero messi in movimento entro i primi di dicembre. Infine, inviò a Paulus un messaggio: "Faremo di tutto per tirarvi fuori!"

Per quanto Manstein fosse completamente assorbito dalla pianificazione dell'offensiva, che sarebbe stata guidata dal generale Hoth, le forze necessarie per quell'operazione gli venivano gradualmente sottratte per sostenere i settori italiano e ungherese. Lì Hitler si aspettava, fin dal mese di agosto, che il nemico avrebbe colpito per poi proseguire la sua avanzata verso Rostov. Lo stesso Richthofen, preoccupato, osservava: "Sembra che i russi si stiano preparando ad attaccare anche il settore italiano. Allarmante, giacché gli italiani probabilmente fuggiranno più rapidamente degli stessi romeni".

Hitler, nell'investigare sulle potenzialità combattive di italiani e ungheresi, accortosi che il numero di cannoni anticarro a loro disposizione era spaventosamente basso, ne ordinò l'immediato rifornimento, attingendo a quanto sequestrato ai francesi. Manstein continuava a mostrarsi ottimista. Il 9 dicembre, il vice di Jodl dettò, nei diari dell'*OKW*:

"Il Führer è fiducioso e pianifica di riguadagnare le nostre precedenti posizioni sul Don. La prima parte dell'offensiva invernale russa può dirsi conclusa, senza che abbia ottenuto alcunché di eclatante".

Se le trascurabili perdite territoriali a Est erano tollerate da Hitler con una certa filosofia, eventuali analoghe retrocessioni sul territorio europeo sarebbero risultate catastrofiche. Il Nord Africa, avamposto dell'Europa, era in particolar modo ritenuto di fondamentale importanza. Per questo, Hitler seguitava a inviare a Tunisi truppe e mezzi corazzati, tra cui i modernissimi *Tiger*.

Rommel, del tutto rassegnato, non condivideva tale iniziativa. Il 28 novembre, giunse senza preavviso e senza chiederne preventivamente il permesso, alla *Tana del Lupo*. Avvertì Hitler di prepararsi a perdere l'Africa "Non possiamo resistere. L'unica soluzione possibile è il ritiro immediato di tutti i soldati presenti sul territorio".

"Quanto da lei proposto ricalca esattamente ciò che altri generali asserivano in merito all'Unione Sovietica nel 1941", ribatté il Führer. "Intendevano ritirarsi fino alla frontiera tedesca. All'epoca non ho avallato le loro richieste e la Storia mi ha dato ragione. Allo stesso modo, oggi, non permetterò alcun ripiegamento in Nord Africa".

Rommel gli descrisse la disperata ritirata, per oltre 1.300 chilometri, fatta dai suoi uomini dopo il disastro di El Alamein e lo avvertì che i suoi 15.000 soldati disponevano soltanto di 5.000 fucili. Di fronte a tali proteste, Hitler asserì che, evidentemente, avevano gettato via il resto delle armi a loro disposizione. Poi, ordinò a Göring di accompagnare di persona Rommel in Italia, dove avrebbero sollecitato la spedizioni di rifornimenti. Neppure credette alle parole del feldmaresciallo, secondo cui non disponevano più di carburante per persistere nella lotta: "Mi vuole far credere che l'esercito, da El Alamein è tornato fin qui" e indicò la città di El Agheila sulla mappa geografica, "su veicoli motorizzati che andavano ad acqua?"

Qualche giorno più tardi, il 3 dicembre, Hitler ricevette alla *Tana del Lupo*, il generale Hans Jürgen Arnim, che avrebbe guidato un nuovo esercito in Tunisia. Hitler stava infatti pianificando di lanciare un'offensiva volta a estromettere il nemico dall'Algeria e dal Marocco francese.

Le truppe di Arnim avevano già combattuto sul Volga, nei pressi di Rzev. Mentre Hitler annuiva compiaciuto, il generale descrisse a Hitler il valore e il coraggio dei suoi soldati. Hitler lo presentò al luogotenente Heinz Ziegler, poi rivolgendosi nuovamente al generale Arnim "Signor generale, lei si recherà immediatamente in Africa. Gli Alleati sono sbarcati in questo punto, "disse indicando la costa, "voglio lanciargli contro la Quinta Armata Corazzata. Lei sarà sotto il comando italiano e lavorerà con Kesselring e Jodl". Indicò infine Ziegler come il suo sostituto plenipotenziario e spedì entrambi a Roma, dove già si trovava Göring.

La visita di quest'ultimo nella capitale italiana non ebbe un esito particolarmente positivo. Per quanto ne fece il resoconto completo a Hitler l'11 dicembre, già qualche giorno prima aveva telefonicamente accennato alle impressioni ricavatene. Mussolini, sostenne, annaspava nella disperazione e gli aveva chiesto di concludere, nel miglior modo possibile, l'inutile campagna tedesca in Russia. Hitler era ben consapevole della precaria posizione personale del suo alleato. Alcune incursioni aeree avevano danneggiato gravemente Napoli e Torino. Preoccupato che l'Italia potesse tradirlo, accordandosi con il nemico, ordinò al feldmaresciallo Kesselring, comandante in capo al sud, di reperire il più alto numero possibile di carte geografiche dell'Italia, nel caso in cui la Germania avesse dovuto intervenire in sua difesa. Programmò poi un lungo soggiorno alla Berghof, necessario "per schiarirsi le idee prima di prendere nuove, importanti decisioni".

Non appena l'offensiva di soccorso di Manstein fosse stata avviata, sarebbe partito per Berlino, dove doveva vedere Laval e per l'Obersalzberg, dove avrebbe incontrato Mussolini e Antonescu. Quanto accadde successivamente in Russia lo avrebbe però costretto a modificare i suoi piani.

Prima di tornare a occuparci del fronte orientale, occorre soffermarsi sui pericoli subodorati da Hitler nel Mediterraneo. Il nemico si era assicurato una base lungo la sua estremità occidentale e, se il Nord Africa avesse effettivamente ceduto, sarebbe stato difficile impedirgli l'avanzata verso i Balcani. Probabilmente, evitata Creta, gli Alleati intendevano dirigersi a Rodi o sul Peloponneso, per reiterare la famosa campagna di Salonicco della prima guerra mondiale. Essendosi l'amicizia della Turchia palesemente raffreddata, a causa della nuova stasi dell'offensiva tedesca a Oriente, Hitler ritenne utile, al fine di scongiurarne eventuali propositi ostili, concedere rifornimenti di armi alla neutrale Bulgaria.

Anche la Spagna sembrava in quel periodo fonte di nuove preoccupazioni per il Führer. Nel timore che gli Alleati fossero riusciti a invadere il paese o i possedimenti spagnoli in Africa, aveva fino a quel momento ignorato le richieste di Franco di ricevere nuove armi. Mentre istruiva l'*Abwehr* affinché incrementasse l'attività di spionaggio sul territorio spagnolo e portoghese, Keitel spiegò a Canaris: "Il Führer è particolarmente ansioso verso la Spagna, poiché la Gran Bretagna ha già cominciato quella campagna di propaganda riassumibile con il grido *Al ladro, Al ladro!*, che solitamente precede le sue operazioni militari". In realtà Hitler era combattuto: da un lato riteneva che la Spagna avrebbe mantenuto la sua neutralità, dall'altro, se non avesse inviato loro armi al più presto, nel caso di un'occupazione da parte degli Alleati, ogni successiva spedizione sarebbe stata inutile. Alla fine, informò il generale spagnolo Muñoz Grandes che acconsentiva alle richieste spagnole, purché il generale Franco avesse promesso di usare le armi ricevute per contrastare qualsiasi tentativo britannico o americano di invaderne il paese.

Ancora Hitler non riusciva a comprendere perché la Gran Bretagna intendesse aiutare gli Stati Uniti: "Qualsiasi inglese dotato di sensibilità dovrebbe comprendere che presto ne pagherà le conseguenze", asserì, intorno alla metà di dicembre, innanzi al leader fascista olandese Anton Mussert. "Noi non abbiamo motivi per combattere la Gran Bretagna, la nostra vittoria non comporterà cambiamenti per loro. Tutt'altro, dovrebbero essere felici di accogliere la Germania come baluardo per la lotta contro l'Unione Sovietica".

Eppure un'alleanza tra tedeschi e inglesi contro l'imperialismo statunitense sembrava sempre più inverosimile. Qualsiasi dubbio permanesse, in merito alla fedeltà della Francia, fu ben presto interamente fugato. Le intercettazioni del *FA*, oltre a rivelare il meditato proposito di tradimento di Darlan, lasciavano intendere altresì un coinvolgimento del compiacente maresciallo Pétain. Il generale Weygand era già sotto custodia e Hitler ordinò l'arresto del generale Maurice Gamelin, di Léon Blum e Daladier.

Quando, il 10 dicembre, Himmler rientrò alla *Tana del Lupo*, Hitler lo autorizzò a deportare i 600.000 700.000 ebrei che ancora rimanevano in Francia e accolse il suo suggerimento per cui "coloro, tra questi, che avevano parenti in America, dovessero essere inviati in campi speciali, dove sarebbe stata garantita la loro incolumità e discrete condizioni di salute"[49].

Perduto lo spirito amichevole che aveva mitigato le pretese di Hitler a Compiègne, egli stabilì che le Forze Armate francesi dovessero essere interamente debellate, ad esclusione di una eventuale falange africana che, in futuro, avrebbe potuto riconquistarne le colonie del corpo di polizia e della *garde mobile*[50].

"La polizia francese è valida", sentenziò Hitler, "Ne assume-

49 Nda. L'agenda scritta a mano da Himmler relativa alla discussione con Hitler avvenuta il 10 dicembre è tutt'ora esistente (file 175/103/5558). In un altro file, al punto 3 riguardante gli "ebrei in Francia", Himmler aveva posto accanto un segno e la nota abschaffen ovvero 'eliminare'. In un memoriale successivo, destinato al capo della Gestapo Müller, usò invece espressioni più moderate, quali 'arrestati' e 'deportati' (file 175/103/5558). Il 2 ottobre del 1942, Himmler annotò la sua determinazione a sradicare gli ebrei dalla loro posizione privilegiata all'interno delle fabbriche di armi in Polonia. "Al loro posto, inseriremo lavoratori polacchi. Inoltre, intendiamo riunire la maggior parte dei campi di concentramento in un unico grosso campo di lavoro, posizionato il più a est possibile del Governatorato generale. Chiaramente anche da quel luogo, un giorno, in accordo con il volere del Führer, essi dovranno scomparire (verschwinden)". Tratto dal file 175/22/7359).

50 Ndt. Con il termine garde mobile si intendeva il corpo che coscriveva tutti coloro che erano stati, in qualche modo, capaci di evitare il servizio militare. Allo stesso modo accoglieva tutti i coscritti al compimento del servizio militare.

remo il controllo e lavoreremo con loro. Himmler conosce bene i poliziotti. Lui stesso ne ha adottato i metodi più riprovevoli. Nel crimine, saranno tutti compagni. Daremo il via a una vera e propria alleanza tra poliziotti!" Hitler apprezzava le sue riunioni private con Himmler.

Il capo delle *SS* portava sempre notizie fresche e sembrava il più assiduo, tra i suoi collaboratori, nel diffondere il nuovo "spirito europeo".

Nella divisione corazzata delle *SS Viking*, dislocata nel Caucaso, ai migliori soldati tedeschi erano stati affiancati giovani olandesi e scandinavi. Seppure con discrezione, Himmler teneva anche sotto controllo potenziali dissidenti quali Halder e Brauchitsch e aveva assicurato a Hitler l'accesso agli ingegneri aerospaziali di Peenemünde[51]. "Per sua informazione", asserì Himmler il 5 dicembre al capo dei suoi servizi segreti, "il Führer è molto soddisfatto dei nostri rapporti". In uno di questi, in particolare, datato 4 dicembre 1942, la Gestapo riportava la distruzione di un importante arsenale clandestino a Varsavia. Le quattro stanze che componevano l'edificio ospitavano non solo un ingente quantitativo di esplosivi e detonatori, ma "3 flaconi del bacillo del tifo, 17 tubetti sigillati che presumibilmente contenevano dei batteri e una penna stilografica con le istruzioni per il loro spargimento".

Un documento di Himmler maggiormente emblematico è la lettera al capo della Gestapo Heinrich Müller in cui sosteneva che "il Führer ha autorizzato la diffusione di questi dati dell'*intelligence* (dietro previo consenso dell'*OKW* e del ministro degli Esteri), anche se ciò potrebbe essere interpretato, sulle prime, come un tradimento, allo scopo di mantenere il 'gioco radiofo-

51 Ndt. Peenemünde, comune tedesco situato nella parte nord-orientale dell'isola di Usedom, ospitò, durante la seconda guerra mondiale, la Heeresversuchsanstalt, un grosso sito di sperimentazione e sviluppo missilistico, istituito nel 1937. Tra il 1937 e il 1945 i Peenemünders – come venivano chiamati gli scienziati che qui lavoravano svilupparono molte basi della tecnologia missilistica e due armi, la V1 e la V2. Nel corso del conflitto, il sito fu oggetto di pesanti incursioni aeree, tra cui nella notte tra il 16 e il 17 agosto 1943, un attacco da parte di 500 bombardieri della RAF (Operazione Hydra). Nonostante ciò, molte installazioni erano ancora intatte alla fine della guerra, poiché gran parte delle bombe caddero nelle aree abitative e sui campi dei lavoratori stranieri.

nico' con Mosca".

Nella notte tra l'11 e il 12 dicembre, Hitler era nuovamente in preda all'insonnia. Sapeva che le voci dell'accerchiamento delle sue truppe a Stalingrado si stavano già diffondendo in tutta la Germania. Seppure l'offensiva di Manstein dovesse iniziare nel giro di poche ore, permanevano motivi di turbamento. Il ponte aereo, costituito dall'imponente armata di aerei da trasporto garantita da Göring, non aveva ottenuto il successo sperato. Durante la giornata dell'11 dicembre, la fanteria sovietica aveva sferrato un primo attacco contro il settore dell'Ottava Armata italiana, a nord ovest di Stalingrado. L'assalto, di modesta entità, si era scontrato contro la superiorità dell'artiglieria italiana, ma Hitler nutriva, per il momento in cui l'esercito nemico avesse assestato l'offensiva decisiva, tristi presagi. Era oltretutto probabile che i sovietici stessero solo attendendo, per mettere in atto i propri propositi, il sopraggiungere del maltempo, a causa del quale la *Luftwaffe* sarebbe stata costretta ad atterrare. Per questo Hitler ordinò alla Diciassettesima Divisione Corazzata, benché questa dovesse inizialmente appoggiare l'iniziativa di soccorso di Manstein, ora affidata esclusivamente alla Sesta e alla Ventitreesima, di spostarsi dietro alle linee italiane.

Giusta o errata che fosse tale decisione, le 2 divisioni rimaste al sostegno di Manstein disponevano di 233 ottimi carri armati, un numero superiore a quello in dotazione delle truppe sovietiche contro cui dovevano battersi.

"Abbiamo abbastanza mezzi corazzati!" affermò Hitler innanzi a Zeitzler. Anche Jodl, nel confermare tale superiorità, esclamò riferendosi a Manstein: "Ce la farà," aggiungendo però, "Il problema è che quell'area è troppo vasta per così poche divisioni. Il nemico potrebbe accerchiarle nuovamente con estrema facilità".

Tale incertezza impediva a Hitler di riposare. Se avessero abbandonato Stalingrado, punto cruciale della campagna in Russia sarebbe stato perduto: "Troppo il sangue versato, per rinunciare adesso!" Quella campagna era infatti costata, all'esercito tedesco, 371.000 morti. Qualche giorno prima, Bormann registrò una dichiarazione di Hitler, in cui diceva che mai si sarebbe arreso.

Avrebbe continuato a combattere anche a costo di mandare al fronte ragazzini di 16 e 14 anni. "Per loro, meglio morire in battaglia che finire, nel caso si perda la guerra, torturati o venduti come schiavi".

Nella sua mente, Hitler pregustava il glorioso momento in cui, di lì a pochi giorni, l'assedio che cingeva Stalingrado avrebbe avuto termine. Fattosi largo tra l'armata nemica, Manstein sarebbe avanzato fin nel cuore della città con i suoi carri carichi di carburante, munizioni e generi alimentari e la notizia del salvataggio si sarebbe diffusa di strada in strada. Questa, la visione che lo sosteneva. A meno che il fronte italiano non avesse ceduto, intendeva bandire, dai suoi pensieri, l'ipotesi di un possibile fallimento dell'operazione. Rimpiangeva di non avere occupato la città l'estate precedente: "Se solo non fossimo rimasti impantanati nel Voronez, tutto sarebbe proceduto molto più rapidamente". Lo tormentava l'idea di allontanarsi dal quartier generale per incontrare Mussolini. "Meglio vedere come andranno le cose fra oggi e domani, prima di decidere", disse a Zeitzler. L'offensiva di Manstein, la mattina successiva, cominciò nel migliore dei modi e un'atmosfera di euforia si diffuse tra i membri dell'*OKW*. "Giacché la potenza di fuoco del nemico è piuttosto ridotta, non ci sono dubbi circa l'esito della battaglia", annotò lo stenografo ufficiale dell'*OKW*. Hitler, però, non si lasciò contagiare dall'ottimismo dei suoi collaboratori .

Stalin si era riproposto un obiettivo piuttosto ambizioso: intendeva infatti impedire la ritirata ai soldati tedeschi presenti nel Caucaso – circa mezzo milione.

Il 14, la Sesta Divisione Corazzata annientò 41 carri armati nemici e la Diciassettesima, resa nuovamente disponibile da un ordine di Hitler, si apprestava a unirsi all'attacco. Il 16 dicembre, accadde ciò che Hitler aveva temuto: tre armate sovietiche furono scagliate contro il settore presidiato dagli italiani. Due gruppi di bombardieri di Richthofen, sottratti all'offensiva di Manstein, furono immediatamente inviati in soccorso degli italiani, uno spostamento che Richthofen commentò come segue: "Abbandonare la Sesta Armata! È una decisione omicida!"

Dopo due giorni di combattimenti, i soldati italiani si diedero alla fuga, lasciando un'enorme breccia tra le truppe di Manstein e quelle di Weichs.

Quel disastro militare non fu senza conseguenze per il cuore di Hitler. "Mi ha fatto chiamare in serata", annotò il dottor Morell su una cartella medica datata 17 dicembre 1942. "Göring gli avrebbe detto che lui assume una compressa di *Cardiazol* ogni volta che si sente debole o avverte dei capogiri. Non poteva dunque quel farmaco giovare anche a lui se si fosse sentito poco bene di fronte a faccende di fondamentale importanza?"

Morell lo sconsigliò, motivando il suo dissenso con il fatto che il Führer, a differenza del maresciallo del *Reich*, aveva la pressione molto alta. Nel ricordargli i problemi che essa gli aveva causato a Vinnica nelle estati del '41 e '42, lo avvertì che poteva incorrere nella rottura di un vaso sanguigno. Cupamente, Hitler chiese al medico quali fossero i rischi per la sua salute, dal momento che molte erano le importanti decisioni ancora da prendere. Asserì che non nutriva alcun timore all'idea di dover morire, fine che attendeva quasi con sollievo dal momento che, dovendo sempre far fronte a nuovi disastri, non aveva tempo da dedicare a se stesso.

"Vivo esclusivamente per la mia patria!" rivelò pateticamente a Morell, "so bene che non esistono cure alla morte, ma se le mie condizioni di salute sono così critiche, lei ha il dovere di dirmelo!" concluse.

Fu allora che Morell, mettendo da parte il consueto tatto, decise di mettere al corrente il Führer delle pessime condizioni di salute del suo cuore.

"Di fronte alle sue pretese, lo informai della presenza di una sclerosi coronarica, che – riscontrata da ripetuti elettrocardiogrammi da tempo cercavo di arginare mediante farmaci a base di iodio". Morell lo rassicurò sostenendo come tale diagnosi non fosse rara in uomini ultra quarantenni dediti perennemente al lavoro. "Se si verificano contrazioni dell'arteria coronarica, è possibile avere attacchi di *angina pectoris*". Per questo, spiegò, portava sempre con sé compresse di nitroglicerina e *Esdesan*. "Attraverso le iniezioni di glucosio, sto facendo il possibile per rafforzare il suo cuore e disidratare il sistema", concluse.

Il ministro degli Esteri italiano, Galeazzo Ciano, fu accolto, al suo arrivo alla *Tana del Lupo*, a mezzogiorno del 18 dicembre, da un'atmosfera piuttosto funebre. La sua visita aveva come scopo principale quello di riportare la seguente domanda di Mussolini: era possibile raggiungere con l'Unione Sovietica un accordo politico simile a quello stipulato a Brest-Litovsk?

Di fronte a ciò, Hitler, senza perdere la calma, rispose che tale intesa sarebbe stata inconciliabile con il suo obiettivo di "spazio vitale". Vana risultava pertanto l'illusione di Mussolini di ottenere dalla Germania, per la difesa del Mediterraneo, qualche divisione sottratta a Est. Per addolcire la pillola, fece caustici riferimenti ai francesi. Allontanatisi gli italiani, Keitel istruì l'ammiraglio Canaris, per quanto non vi fosse rischio di una diserzione, di tenere sotto controllo l'Italia. Allorché un membro dell'entourage di Ciano chiese all'*OKW* se l'Ottava Armata italiana avesse subito ulteriori perdite, gli fu risposto: "Nessuna. Stanno ancora fuggendo!"

Con il collasso della divisione italiana, la Sesta Armata si trovava a fronteggiare una situazione catastrofica. Due le alternative a sua disposizione: far avanzare una parte delle truppe verso sud-est tentando di ricongiungersi con le divisioni corazzate che stavano accorrendo in loro soccorso, mantenendo la strategica stretta intorno alla città, oppure rendere effettiva l'*Operazione Donnerschlag* (*Colpo di tuono*), consistente nella rottura dell'accerchiamento da parte dell'intera Armata, con conseguente abbandono, alla mercé del nemico, di decine di migliaia di soldati feriti. Durante il Consiglio di guerra tenutosi il 18 dicembre, Zeitzler sottopose a Hitler la proposta di quest'ultimo piano da parte di Manstein. Hitler, un mazzo di matite colorate stretto tra le mani, osservò sulla mappa geografica le innumerevoli frecce rosse, indicanti l'Armata Rossa, che sempre più si avvicinavano agli aeroporti utilizzati dalla *Luftwaffe* per il ponte aereo. Le difficoltà logistiche per la messa in atto dell'*Operazione Colpo di tuono* sembravano insuperabili. Paulus chiedeva, per il compimento di quell'operazione, 1.800 tonnellate di vettovaglie e 4.000 di carburante, il che significava il doppio della media giornaliera che la *Luftwaffe* riusciva a fornire loro.

Il 19 dicembre, le tre divisioni comandate da Manstein, raggiunto il fiume Myshtkova, si trovavano a circa 60 chilometri da Paulus, ma l'offensiva sferrata il giorno seguente fu bloccata dai sovietici. Nel frattempo, Hitler aveva richiesto lo spostamento in zona di tre divisioni dislocate in Francia, ma per muoverle sarebbero state necessarie altre tre settimane. Alle 18:00 di quello stesso giorno, Manstein trasmise per radio alla Sesta Armata l'ordine di avvio dell'*Operazione Wintergewitter* (*Tempesta invernale*), con la quale un esiguo gruppo di carri armati al comando del generale Hube avrebbe tentato di allargare il perimetro sud-occidentale, con lo scopo di congiungersi con le truppe di soccorso. Paulus, pur ritenendola disastrosa, ricevette ordine di tenersi pronto, nel caso Hitler avesse dato autorizzazione, a far scattare l'*Operazione Colpo di tuono*. La situazione appariva però talmente disperata che i generali si rallegravano di poter scaricare ogni responsabilità sul Führer. Questi, consapevole che solo l'Armata di Paulus, tenendo impegnate più di 70 divisioni sovietiche, impediva al nemico di tagliare fuori l'intero fronte meridionale, ignorò palesemente i consigli dei suoi comandanti, rifiutandosi perfino di discutere telefonicamente con Manstein. Spalleggiato da Göring e Jeschonnek, Hitler non si curò delle esplicite dichiarazioni del feldmaresciallo, né ascoltò l'opinione di Zeitzler che, in accordo con Manstein, vedeva nell'immediato ritiro del Gruppo Armate A dal Caucaso l'unico modo per garantire le riserve necessarie a evitare la catastrofe. Quando Zeitzler insistette sulla necessità di ordinare alla Sesta Armata di sfondare l'accerchiamento, Hitler, furioso, replicò: "La Sesta Armata rimarrà al suo posto, anche se l'assedio si protrarrà fino alla primavera!"

Accusato Göring di ingannare il Führer circa le reali possibilità della *Luftwaffe*, Zeitzler riferì a Hitler il numero reale delle tonnellate di materiale quotidianamente trasportate. Oltretutto, se fino al 21 dicembre erano in grado di garantire alla Sesta Armata più di 360 tonnellate, con l'occupazione, da parte del nemico, di due degli aeroporti più vicini, il quantitativo si era necessariamente ridotto. Il generale Martin Fiebig, a capo dell'Ottavo Corpo Aeronautico impegnato nel ponte aereo, scrisse:

"Ci domandiamo se il Führer sia consapevole delle reali condizioni dei nostri uomini, della loro ormai scarsa capacità di resistenza e, soprattutto, della effettiva potenza bellica del nemico".

Questa volta, il sangue freddo non sarebbe bastato a conseguire la vittoria. L'anno seguente, Hitler avrebbe sostenuto, durante un discorso segreto tenuto innanzi a generali ormai demotivati:

"Vediamo di mettere in chiaro questo concetto: qualsiasi cosa accada, niente mi farà vacillare. Alcuni mi ritengono privo di cuore, giacché, rifiutando di adottare manovre alternative, insisto affinché si combatta fino all'ultimo uomo, così che il nemico stesso debba versare più sangue. Tutto ciò non ha a che vedere con la crudeltà, ma con la piena comprensione degli eventi e con la certezza che si tratti della decisione migliore. Non nutro alcun interesse per ciò che i posteri penseranno di me".

Richthofen tentava di consolare gli astiosi generali della *Luftwaffe*, affermando che, in fondo, Hitler, seppure altre volte criticato, in passato aveva avuto ragione. "Forse, a maggio rideremo tutti di questa crisi!"

Ma Fiebig non parve convinto: "Richthofen afferma che, spesso, il risultato di una guerra non è conseguente alla perdita di intere armate. Mi chiedo, però, cosa pensi il Führer di tutto ciò. Cosa crede che faranno i sovietici dei 250.000 soldati tedeschi catturati? Non avendo cibo per loro, non potranno fare altro che ucciderli. Un tributo altissimo. Che ognuno tenga per se stesso l'ultimo proiettile!" Il 27 dicembre, nell'inviare all'esercito gli ordini da seguire nei mesi seguenti, Hitler insistette sul fatto che Kleist dovesse mantenere la propria posizione nel Caucaso. L'eventuale liberazione della Sesta Armata doveva ergersi sopra ogni altra considerazione. Per questo, occorreva mantenere anche la città di Kotelnikovo, punto nevralgico per l'offensiva di soccorso. Nel frattempo, partita dal Caucaso la Divisione Corazzata delle *SS Viking* e dalla Francia (i primi di gennaio) la Settima Divisione Corazzata, sarebbe stato inviato anche un ulteriore battaglione di *Tiger*. Quella stessa sera, Zeitzler si presentò, senza essere annunciato, alla *Tana del Lupo*. Ignorando le proteste dell'assistente, si precipitò nel bunker del Führer. Interrompendone l'ascolto di Beethoven, il generale parlò con zelo e terminò il suo discorso con le seguenti parole: "Se non ordinerà immediatamente il ritiro di tutte le truppe dal Caucaso, sarà responsabile di una nuova Stalingrado!"

Dopo aver riflettuto per qualche istante, Hitler replicò brevemente: "Molto bene, faccia come crede".

Poco dopo l'allontanamento del capo di Stato Maggiore, però, rimpianse quelle parole e tentò ripetutamente di rintracciarlo. Quando, infine, vi riuscì, gli disse: "In merito al ritiro dal Caucaso, attendete. Riprenderemo l'argomento in un altro momento". Ma Zeitzler rispose: "Troppo tardi, l'ordine è già partito". Irritato, Hitler esclamò: "Molto bene", prima di chiudere la telefonata.

Aveva forse intuito che quel ripiegamento neppure alle frontiere tedesche avrebbe avuto fine?

Ritirata

Hitler accolse il nuovo anno, 1943, seduto nel suo bunker, ove rimase, in compagnia di Bormann, segretario del partito, fino alle 4:00 del mattino. Già questo pareva presagire gli immediati cambiamenti che si sarebbero verificati: nei mesi successivi, infatti, una larga parte dell'autorità di Hitler nel settore degli affari interni sarebbe stata delegata a una cricca di tre uomini Keitel, Lammers e, per l'appunto, Bormann i quali si riunivano nella ex stanza del Consiglio dei ministri, all'interno della cancelleria di Berlino. Goebbels, sperando di poter arraffare lo scettro del Führer in merito a tali affari, si aggirava ansiosamente come un predatore. Hitler, raramente a Berlino, appariva totalmente preso dalla sua guerra, rincuorato dalla prospettiva di nuove offensive, da una crescente campagna sottomarina, dall'incremento nella produzione di carri armati e aerei e dalla certezza che, ormai, le riserve di Stalin fossero realmente prossime all'esaurimento. Durante la notte, incapace di prendere sonno, le carte geografiche cosparse di frecce, esaminate nell'ultimo Consiglio di guerra, seguitavano a perseguitarlo finché i sedativi non sortivano effetto.

Nei sei mesi successivi, Hitler divenne maggiormente sensibile ai consigli dello Stato Maggiore generale. I necessari ripiegamenti, effettuati in quel periodo, avvennero senza causare grossi danni militari. Se a Stalingrado e nella caotica ritirata fino al Donez, l'esercito aveva frettolosamente abbandonato il proprio equipaggiamento, in quelle successive, efficacemente predisposte, i soldati inflissero al nemico il maggior numero di perdite possibili. Certi della propria superiorità, attribuivano la sconfitta più a sfavorevoli circostanze, quali la scarsità di carburante, il maltempo e l'inaffidabilità dei propri alleati, che non alla forze del nemico. Per quanto la loro fiducia in Hitler persistesse immutata, in patria si stavano al contrario diffondendo, secondo quanto registravano i servizi di sicurezza, i primi sintomi di uno scontento popolare.

La Prima Armata Corazzata del generale Eberhard Mackensen, intrapreso il ritiro dal Caucaso il 1° gennaio del '43, lo portò a compimento trenta giorni più tardi, dopo aver percorso circa 600 chilometri in condizioni spaventose, trascinando, mediante gruppi di 18 cavalli, la pesante artiglieria attraverso le montagne.

Nel contempo, la Diciassettesima Armata, guidata dal generale Ruoff, abbandonava il Caucaso occidentale. L'intero Gruppo di Armate costituito da 700.000 uomini, a esclusione di 226, fu pertanto posto in salvo. In contrasto con le opinioni di Zeitzler, Hitler ordinò che solo quattro delle divisioni di Mackensen raggiungessero Rostov, le altre, congiuntesi con quelle di Ruoff, avrebbero dovuto costituire una testa di ponte sulla penisola di Taman, sopra lo stretto di Kerc in Crimea. Secondo Hitler, ciò sarebbe servito a dimostrare, ad alleati e nemici, che l'offensiva sarebbe presto ripresa. Con Speer stava persino progettando la costruzione di un immenso ponte sopra lo stretto, che collegasse la Crimea alla *Testa del Goto*, come veniva chiamata la testa di ponte di Taman.

Ancora prima che il 1942 volgesse al termine, Hitler aveva concepito un grandioso piano offensivo: trasferite le tre più potenti divisioni delle *SS* e il comparto, accuratamente selezionato, di fanteria *Gross Deutschland* del Gruppo Armate Centro in una zona a sud-est di Charkiv, non appena le condizioni meteorologiche fossero migliorate, avrebbe ordinato loro di avanzare verso Stalingrado, a nord del Don. Tale operazione era prevista per la metà di febbraio. Le rassicurazioni di Hitler convinsero Paulus, rallegrato anche dalla promessa del Führer di fargli arrivare tramite la *Luftwaffe* 750 tonnellate di approvvigionamenti. Göring fece del proprio meglio, inviando, oltre ai 480 *Junkers* e *Heinkel* che componevano il ponte aereo, altri cento *Junkers*, dieci *Focke-Wulf Condor* e numerosi bombardieri pesanti *Heinkel 177*.

Una visita da parte di un comandante della *Luftwaffe* avrebbe indubbiamente giovato al morale delle truppe, ma Jeschonnek non aveva tempo e Göring preferiva non essere direttamente coinvolto in quello che si sarebbe risolto con un inevitabile disastro.

Nonostante le preoccupazioni per Stalingrado, Hitler trovò il tempo di telefonare personalmente alla signora Troost, congratulandosi per il cofanetto in oro massiccion appositamente disegnato per Göring. Di certo sperava, e a ragione, che quell'*arbiter legendarium* al femminile avrebbe diffuso la notizia delle ottime condizioni psicologiche in cui Hitler versava. In realtà, la sua apprensione cresceva ogni giorno. Il colonnello Below, suo assistente personale per la *Luftwaffe*, gli mostrò una lettera privata di un parente intrappolato a Stalingrado, i cui commenti in merito ai comandanti della Sesta Armata apparivano tutt'altro che incoraggianti. In particolare, un punto interrogativo era posto accanto al nome di Paulus, mentre i generali Arthur Schmidt e Walter Seydlitz erano apostrofati con un "Cacciateli!" Solo per il generale Hube appariva una lode: "Lui è l'uomo giusto!"

Il 1943 si aprì oltretutto con una serie di catastrofici errori in merito a un convoglio degli Alleati destinato alla Russia settentrionale. Secondo i servizi segreti della marina, esso era scortato esclusivamente da alcuni cacciatorpedinieri. L'ufficiale di collegamento di Raeder, l'ammiraglio Theodor Krancke, chiese l'approvazione di Hitler per una spedizione con l'incrociatore Hipper, la nave corazzata *Lützow* e sei cacciatorpedinieri. L'intenzione, di quella che fu definita *Operazione Aurora*, era di attaccare il convoglio al largo dell'isola degli Orsi per poi far proseguire la *Lützow* fino all'Atlantico. Per tutta la giornata dell'ultimo dell'anno, Hitler rimase totalmente all'oscuro degli esiti di quell'operazione. In seguito alle sue insistenze di ricevere informazioni in proposito, però, Krancke, in un modo assolutamente privo di tatto, gli mostrò due messaggi inviati via radio dall'ammiraglio Kummetz: "Interrompiamo l'attacco; nessun incrociatore nemico con il convoglio; nessuna possibilità di distaccare la *Lützow* per *Aurora*".

Un sottomarino al seguito aveva inoltre radiotrasmesso, non appena una pesante coltre di nebbia era discesa a oscurare il panorama artico: "Vedo solo rosso!"

Hitler reagì, di fronte a tali notizie, in modo ottimistico, arrivando a vantarsi con Ribbentrop per la magnifica vittoria della marina. Solo il pomeriggio seguente scoprì la tragica verità: imbattutosi in alcuni incrociatori britannici, nascosti poco lontano, il reparto d'assalto tedesco era stato costretto a una precipitosa fuga, durante la quale l'incrociatore *Hipper* era rimasto seriamente danneggiato e uno dei cacciatorpedinieri, avvicinatosi troppo al nemico, era andato distrutto. Hitler, infuriato per lo scarso spirito battagliero della marina, ordinò che tutte le navi grandi fossero tolte dalla circolazione e ordinò a Krancke di istruire Raeder al telefono affinché si presentasse immediatamente alla *Tana del Lupo*. Come si poteva notare dalle scarse visite di quest'ultimo al Führer, la stima nutrita da questi per il Grande Ammiraglio era già piuttosto scarsa. A ciò aveva di certo contribuito la gelosia di Göring, il quale si era più volte lamentato di lui con Hitler e l'ostracismo di Speer, offesosi per il rifiuto, da parte di Raeder, di cedere il controllo dell'armamento navale al ministro dei Rifornimenti e Approvvigionamenti. Il 4 gennaio Speer aveva riferito al Führer che una sessantina di pezzi di artiglieria antiaerea navale da 105 millimetri, avvolti in carta oliata, giacevano inutilizzati in un deposito. In realtà tali pezzi erano semplicemente in attesa del collaudo per la gittata e la calibratura. Non appena l'ammiraglio si presentò al suo cospetto, la sera del 6 gennaio, Hitler lo redarguì aspramente per 90 minuti, sostenendo come, dal 1864, nessuna operazione militare di successo era stata compiuta dalla marina tedesca. L'ammutinamento del 1918[52] e l'autoaffondamento[53] avvenuto l'anno successivo non potevano certo essere definiti episodi gloriosi. Hitler ordinò il disarmo delle navi e l'utilizzo della loro artiglieria per la fortificazione delle coste. Ovviamente, Raeder presentò le dimissioni. Di fronte alla richiesta di chi dovesse essere nominato al suo posto, propose l'ammiraglio Rolf Carlso, con reticenza, Dönitz.

Il 14 gennaio, Raeder presentò una protesta scritta, predicendo le "grida di trionfo" del nemico, non appena si fosse diffusa la notizia che le più grandi navi da battaglia tedesche erano state disarmate. Per quanto Hitler avesse ironizzato sul documento, Krancke si accorse che ne era rimasto parecchio colpito.

Il 10 gennaio, Hitler affermò, di fronte al maresciallo Antonescu, che nessun capo di Stato durante le Guerre Puniche, la Guerra dei Trent'anni e quella dei Sette Anni, avrebbe potuto predire l'esito di tali conflitti. Eppure, una ferrea determinazione era bastata a ottenere la vittoria. Tali parole sembravano pronunciate più per farsi coraggio che per reale convinzione. Due giorni dopo, i sovietici attaccarono attraverso la Svoboda la Seconda Armata Ungherese, causando, in pochi giorni, la morte di 30.000 soldati magiari. L'intervento tattico di Hitler – consistente nell'invio di cannoni anticarro e nella dislocazione in zona di tre divisioni provenienti dalla Francia – giunse tardivo. Il Führer fu così costretto a realizzare che, sull'intero fronte orientale, il proprio esercito disponeva di neppure 500 carri armati, laddove quello nemico ne contrapponeva 5.000. Con l'appoggio di Goebbels e Bormann, predispose di assoldare, in pochi mesi,

52 Ndt. Hitler si riferiva a Wilhelmshaven, Germania, 29 ottobre 1918. L'ammutinamento condusse alla fine della prima guerra mondiale, causando una rivoluzione generale che determinò il collasso della monarchia e l'instaurarsi della Repubblica di Weimar.

53 L'autoaffondamento si riferisce all'episodio, avvenuto al termine della prima guerra mondiale, in cui la flotta della marina imperiale, sebbene imbattuta, fu in gran parte distrutta nel 1919 a opera dei suoi stessi ufficiali nel braccio di mare britannico di Scapa Flow. Tale decisione fu presa allo scopo di non consegnarsi alle potenze vincitrici.

almeno un milione di soldati tra la popolazione civile. Se, nel mese di dicembre, aveva ordinato alle industrie tedesche di selezionare, entro la fine di marzo, 200.000 operai da assegnare alle forze armate, il mese successivo il numero degli uomini richiesti ammontava a 800.000. Nel contempo, Hitler convocò più volte Speer per ordinargli carri armati più grandi e potenti.

Il 17 decise di lanciare un nuovo programma di produzione, denominato *Programma Carri Armati Adolf Hitler* e, terminato il Consiglio di guerra, ordinò privatamente a Krancke di sospendere la costruzione di tutte le navi da battaglia più grandi dei cacciatorpediniere, destinando a Speer tutta la manodopera di cui abbisognava. "Anche se si tratta soltanto di 5.000 uomini, essi saranno d'aiuto!"

Di fronte alle proteste dell'ammiraglio, Hitler gli ricordò nuovamente l'inutilità dell'operazione da lui orchestrata nei pressi dell'Isola degli Orsi. "I carri armati, che il convoglio degli Alleati è riuscito a trasportare illeso in Russia, hanno causato la morte di molti soldati a sud del Lago Ladoga".

Krancke gli rammentò il suo ripetuto ordine di non mettere a rischio le grandi navi da guerra laddove le forze nemiche apparissero superiori, ma Hitler riferì gli episodi della *Graf Spee* e della *Bismarck* come esempio del fatto che ciò che mancava era semplicemente il giusto spirito. Poco dopo, Dönitz si presentò di fronte a Hitler, entusiasta di fronte all'idea di demolire le grosse navi da guerra. Prima di allontanarsi definitivamente, Raeder pregò Hitler di proteggere la marina da Göring e mise in guardia il suo successore da Speer.

Giunto ai 50 anni, Göring dovette assistere al rapido declinare della propria stella. A metà gennaio, Hitler, convocato il vice di Göring, Milch, seppure sconsigliato dal primo, lo mise a capo del ponte aereo sopra Stalingrado.

Messe in fuga le truppe romene, italiane e ungheresi, l'esercito sovietico si stava riversando indisturbato lungo l'intero fronte meridionale fino all'estremità nord di Voronez. Obiettivo principale di Hitler era di assicurare all'armata di Paulus di poter proseguire il combattimento per almeno altre 6 settimane, fino all'arrivo dei corpi corazzati delle *SS*, al comando di Hausser. Il generale Weichs, consapevole del fatto che il suo Gruppo di Armate ammontava a sette mere divisioni lungo un fronte di circa 300 chilometri, inviò un cablogramma sostenendo che non vi era alcuna possibilità di porre fine all'avanzata del nemico. In ogni momento i russi potevano accerchiare la Seconda Armata. Lo stesso Paulus, il 17 gennaio, radiotelegrafò a Hitler: "*Mein Führer*, i suoi ordini circa il rifornimento alle mie truppe non sono ancora stati eseguiti".

I generali della *Luftwaffe* si affrettarono a smentire tali parole e lo stesso Göring accusò Paulus di non avere il polso necessario a comandare e di voler nutrire migliaia di prigionieri sovietici e di soldati tedeschi feriti e pertanto inutilizzabili: "Non ci si può caricare sulle spalle il peso di uomini le cui ferite incurabili li rendono comunque prossimi alla morte. Occorre lasciare che si estinguano".

Il generale Hube, volato nuovamente alla *Tana del Lupo*, rimproverò con ardore il Führer: "Il ponte aereo ha miseramente fallito. Perché non fa morire alcuni dei suoi generali della *Luftwaffe*?" Hitler replicò, gelido: "Ho tutto sotto controllo".

Assegnato Hube allo staff di emergenza di Milch, ne ignorò il suggerimento di nominare un comandante in capo a Est, sospettando che tale consiglio provenisse dallo stesso Manstein. Su questi, Richthofen espresse, in quei mesi di crisi, il seguente giudizio: "È un uomo spacciato, che trema come una foglia e sembra molto più vecchio di quanto realmente sia".

La tragedia sembrava ormai inevitabile. Al quartier generale di Hitler, Zeitzler introdusse intenzionalmente per il suo staff le 'razioni Stalingrado'.

Il 22 i russi intimarono nuovamente la resa all'armata di Paulus. Hitler, sottolineando come i sovietici non rispettassero le convenzioni internazionali con i prigionieri di guerra, replicò che ogni giorno di resistenza avrebbe permesso la stabilizzazione degli altri fronti. Paulus, rassegnato, inviò una risposta piena di dignità: "Eseguiremo i suoi ordini. Lunga vita alla Germania!"

Secondo Hitler, la notizia dell'eroismo dei soldati di Stalingrado, incrementata agli occhi del nemico la fama dell'invincibilità di ogni fortificazione tedesca, avrebbe avuto le medesime conseguenze ottenute dall'impatto di molteplici divisioni. Per questo Goebbels ordinò che, nei resoconti relativi alla situazione a Stalingrado, fosse divulgata la realtà nella più cruda franchezza. Oltre a ciò, allo scopo di gettare le popolazioni occidentali nel terrore, non dovevano essere confutati i comunicati bolscevichi di vittoria.

Il 24 gennaio, tutti i principali quotidiani tedeschi rivelarono, per la prima volta, l'agonia della Sesta Armata. Ventinovemila soldati feriti furono fatti evacuare prima che l'ultimo aeroporto difeso da Paulus cadesse in mani nemiche. In quell'occasione ai soldati fu data la possibilità di inviare un'ultima lettera a casa. L'ultimo *Heinkel* che decollò portava con sé 19 feriti e 7 sacchi di posta.

La Sesta Armata, divisa dal nemico in due sacche, seguitava a combattere, rifornita, nelle ore notturne, dalla *Luftwaffe* di viveri e munizioni.

"Nel giorno in cui ricorre la sua ascesa al potere", radiotelegrafò Paulus a Hitler, "la Sesta Armata invia i suoi auguri al Führer. La svastica continua a sventolare sopra Stalingrado. Che la nostra lotta possa ergersi a esempio per le future generazioni: mai accettare la resa, per quanto disperata possa essere la situazione. Solo così la Germania potrà giungere alla vittoria. *Heil, mein Führer*!"

La risposta di Hitler fu un proclama radiodiffuso in tutto il paese, che si concluse con le seguenti parole:

"In questa lotta, Dio è al nostro fianco. Non dobbiamo temere di versare il nostro stesso sangue, giacché un giorno una nuova nazione sorgerà dalle ceneri dei caduti. Il nostro stato teutonico, la nostra amata Germania ne uscirà vittoriosa!"

Su richiesta di Zeitzler, seppure non pienamente convinto, Hitler promosse Paulus feldmaresciallo. Dal momento che mai era accaduto fino a quel momento che un feldmaresciallo si fosse arreso, tale avanzamento appariva come una reiterata richiesta di resistenza, quasi che Hitler stesso apponesse, tra le mani dello sfortunato comandante, la pistola con cui suicidarsi.

Alle 7:35 del 31 gennaio, il quartier generale della Sesta Armata trasmise il suo ultimo messaggio: "Abbiamo ascoltato il proclama del Führer e salutato, forse per l'ultima volta, l'inno nazionale. I sovietici sono qua fuori, stiamo distruggendo...". A quel punto le comunicazioni radio furono interrotte.

Quel giorno, però, l'attenzione di Hitler fu attirata altrove, giacché altri campanelli di allarme stavano squillando senza sosta. Nel Nord Africa, la ritirata di Rommel verso la Tunisia proseguiva senza sosta e l'intera Libia era stata abbandonata dalle forze dell'Asse. Nella Germania nord occidentale, i bombardieri americani avevano attaccato Wilhelmshaven in pieno giorno e il 30 gennaio quelli britannici, i *Mosquitos*, erano penetrati a Berlino.

La controparte tedesca della *Luftwaffe*, l'*Heinkel 177*, neppure era stato perfezionato: dei 19 voli effettuati su Stalingrado, sei erano stati interrotti per surriscaldamento del motore. Lungo l'intero fronte orientale, l'esercito era costretto a ripiegare e la stessa postazione di Charkiv sembrava in pericolo. Allo stesso modo, la sacca di Demjansk, a sud di Leningrado, gelosamente difesa da Hitler nei mesi passati, priva di rifornimenti, rischiava di dover essere abbandonata. Essendoci il reale pericolo che gli Alleati invadessero il Portogallo, non era possibile dislocare a est le divisioni stanziate a Occidente.

Il 1° febbraio Hitler, coricatosi alle 2:30 del mattino, fu svegliato poco dopo da una notizia appena giunta daMosca: Paulus, insieme a 11 generali tedeschi e 5 romeni, si era arreso. Hitler ne rimase dolorosamente colpito: mai avrebbe perdonato al feldmaresciallo di non aver mostrato lo stesso coraggio di un capitano che affonda con il proprio vascello, né l'eroismo esibito, nelle medesime condizioni disperate, da comandanti sovietici.

"Altri sarebbero rimasti uniti, formando una falange e destinando a se stessi l'ultima pallottola. Perfino una donna con un briciolo di orgoglio, qualora vittima di improperi, si chiude nella propria stanza, sparandosi un colpo in testa[54]. Eppure, qui abbiamo un uomo che si limita a osservare, mentre 50.000 60.000

54 Nda. Forse un implicito riferimento al suicidio di Geli Rauban, del 1931.

valorosi soldati persistono coraggiosamente nella lotta, fino alla fine. Come ha potuto Paulus arrendersi ai bolscevichi?"

Quando Karl Saur, vice di Speer, chiamò il Führer alle 3:00 del mattino, per fare il resoconto della produzione di gennaio, Hitler neppure volle rispondergli.

Per tutto il mese di febbraio, la crisi sul fronte orientale non ebbe fine. Dissoltosi il Gruppo di Armate di Weichs – che chiaramente fu rimosso l'orda sovietica dilagava attraverso l'immane varco spalancatosi sul fronte tedesco. "Fin quando quella breccia non sarà nuovamente chiusa, abbisognerò di sedativi per riuscire a dormire".

Gli stenografi del suo staff ne condividevano, più dei suoi stessi generali, la dolorosa consapevolezza del quadro generale. In uno dei loro diari, è annotato che uno stenografo arrivato a dicembre, a metà febbraio ebbe un collasso nervoso. Perseguitato da sanguinosi incubi, Hitler posticipava ogni sera l'ora in cui doveva coricarsi. Due anni dopo, così avrebbe riferito a uno dei medici dell'esercito: "Devo cercare di rilassarmi e conversare di altri argomenti, ogni notte è popolata dalle carte geografiche e il mio cervello, seguitando a lavorare, per ore non mi permette di dormire".

In due mesi, l'esercito sovietico aveva distrutto 5 armate tedesche, romene, italiane e ungheresi. Alla fine di febbraio, perdute Kursk, Belgorad, Krasnodar, Demjansk e Charkiv, sussisteva la possibilità di abbandonare perfino il bacino del Donez. "Devo ancora pensarci", aveva dichiarato Hitler già il 1° febbraio, riferendosi a tale prospettiva, "ma una cosa è certa: se dovremo farlo, non vi saranno altre possibilità di condurre a Est una guerra offensiva. Su questo non vi sono possibilità di errore".

Eppure Hitler persisteva nel non voler cercare un accordo politico con Stalin. Neppure l'ambasciatore giapponese, Oshima, durante la sua visita del 20 gennaio, era riuscito a convincerlo, in proposito. Al contrario, Hitler propose che l'esercito giapponese attaccasse Stalin in Estremo Oriente. Allorché Hewel gli portò la proposta, già avanzata precedentemente da Ribbentrop, di divulgare sondaggi di pace verso Mosca, Hitler si rifiutò anche solo di prendere in considerazione il documento. "Non possiamo farlo se prima non otterremo un'importante vittoria militare!" ribadì in seguito al ministro degli Esteri. Ma quando Rosenberg gli mostrò i suoi piani per mobilitare, contro Stalin, la popolazione locale, ricevette il medesimo trattamento.

All'inizio del 1943, i tedeschi disponevano di 130.000 soldati orientali e generali sovietici da lanciare contro Stalin, ma Hitler temeva che la fiamma del nazionalismo sovietico potesse riaccendersi in loro. Per questo, non appena Rosenberg gli propose di sostituire il collettivismo statale russo con l'impresa e la proprietà privata e di costituire legioni comprendenti tutte le etnie dell'Unione Sovietica, a cui sarebbero state garantite libertà religiosa e opportuni interventi politici, Hitler posticipò l'avallo di tali iniziative alla primavera, allorché sarebbe partita una nuova offensiva. Laddove Zeitzler si mostrava fiducioso, di fronte alla proposta del generale russo Andrei Andreyevich Vlasov, preso prigioniero, di guidare un Esercito Nazionale di Liberazione contro Stalin, Hitler vide in lui semplicemente un ottimo strumento di propaganda.

"Che canaglia, quel Vlasov", commentò di fronte ai collaboratori. "Deve tutto a Stalin. Fu lui a nominarlo generale e ora osa azzannare la mano dalla quale fino a oggi ha tratto sostentamento!" Non che si attendesse un migliore comportamento da Paulus: "Un paio di settimane nella prigione di Lubyanka e sarà pronto a raccontare tutto ciò che sa!" andava predicendo Hitler. "Aspettate e vedrete. Non passerà molto, prima che udiremo la sua voce sulle frequenze di Radio Mosca!"

Stalingrado comportò un prezzo altissimo da pagare. Oltre alle truppe di Paulus, di cui solo 108.000 soldati erano sopravvissuti (di questi, fatti prigionieri dai sovietici, solo 6.000 sarebbero tornati in patria), nel ponte aereo la *Luftwaffe* aveva perso 488 aerei e circa 1.000 uomini.

Il 4 febbraio i servizi segreti di Gehlen stimavano fossero 107 le divisioni e brigate russe impiegate nella battaglia per la città, cui si sommavano 13 reggimenti di carri armati. Ora non rimaneva che indovinare dove Stalin avrebbe indirizzato la successiva offensiva.

Fondandosi su un documento rinvenuto in mani nemiche, in base al quale le perdite sovietiche in termini di morti, feriti e dispersi, ammontavano a 11.200.000, Hitler seguitava a pensare che, essendo prossime all'esaurimento le riserve di viveri e materie prime dell'Unione Sovietica, valesse la pena persistere in quel conflitto. Per tutto il mese di febbraio, Hitler tentò di riparare i danni provocati dalla crisi invernale. Invitati i gerarchi dei vari distretti, il 7 febbraio Hitler li informò della catastrofica situazione. Herbert Backe dettò il giorno seguente alla moglie il resoconto del discorso del Führer:

"Domenica dal Führer. Ha parlato e le sue prime parole sono state: 'Ciò di cui siete testimoni è una catastrofe di proporzioni inaudite. I sovietici hanno sfondato le nostre linee, i romeni si sono consegnati loro, gli ungheresi neppure hanno tentato di rispondere al fuoco. Per 5 giorni, i soldati tedeschi della retroguardia hanno tenuto il fronte, lungo una sottile linea che collegava tra loro i punti ove si erano aperti pericolosi varchi. Quattro le armate perse a Stalingrado e nei dintorni'. Poi ha paragonato la nostra situazione con gli eventi di Kolin e Kunersdorf[55], dicendo che, se Federico *il Grande* avesse posseduto armi come le nostre, non lo avrebbero insignito di tale appellativo, giacché la guerra si sarebbe conclusa in due mesi. Il Führer ha nuovamente lodato Speer. Infine ha detto: 'Se il popolo tedesco si arrende, allora non merita che noi lottiamo per il suo futuro e potremo cancellarlo senza amarezza dalle nostre menti'. Francamente, non mi pare il giusto atteggiamento".

Per quanto i gerarchi apparissero per lo più soddisfatti del discorso di Hitler, la fiducia che i generali nutrivano inizialmente per lui non era facile da riconquistare. Il generale Schmundt, tornato da un giro di ispezione del Gruppo di Armate del Don prima della caduta di Stalingrado, riferì il malcontento diffuso tra le truppe. Manstein, Milch e Richthofen ritenevano unani-

55 Ndt. La battaglia di Kolín (Boemia), combattuta il 18 giugno 1757, è ricordata come una delle più feroci della Guerra dei Sette Anni. In essa gli austriaci sconfissero i soldati prussiani comandati da Federico il Grande. Il 12 agosto 1759, ebbe poi luogo la battaglia di Kunersdorf o Kunowice, Polonia. Anche in questa, l'esercito di Federico il Grande fu completamente distrutto dagli eserciti russo e austriaco.

memente che, finché Hitler si fosse intestardito nel voler comandare personalmente ogni battaglione, non si sarebbero mai potute prendere quelle rapide ed energiche decisioni, su cui sempre si basava l'esito positivo di una battaglia. Secondo la loro opinione, occorreva per lo meno nominare un comandante in capo a Est e risultava ovvio che ritenessero Manstein come il più idoneo a ricoprire tale carica.

Per quanto Hitler concordasse sul fatto che quest'ultimo si fosse dimostrato uno dei migliori, quando si trattava di attaccare, nell'attuale situazione, riteneva sussistesse la necessità di un uomo non solo capace di improvvisare, bensì anche particolarmente vigoroso e tenace. Quando Milch si presentò al quartier generale di Hitler, insieme a Hube, fu accolto con freddezza. Di fronte a Göring, che si era appena vantato del fatto che, nel solo mese di gennaio, fossero stati prodotti 2.000 aerei, Hitler si rivolse bruscamente a Milch "Vediamo se lei è in grado di reggere il confronto!" Sottolineò la necessità di aerei da trasporto economici e poco sofisticati, capaci di volare in Nord Africa e tornare senza fare rifornimento. Rimproverò inoltre Milch per le disastrose prestazioni dei bombardieri *Heinkel 177*, al punto che, pochi giorni dopo, il feldmaresciallo avrebbe confidato al proprio staff: "Me ne stavo in piedi davanti al Führer come un bambino che ha sbagliato a fare le somme!"

Neppure Manstein e Kluge, convocati alla *Tana del Lupo* il 6 febbraio, ricevettero una migliore accoglienza. Il primo rimase particolarmente colpito dalla franca ammissione di Hitler, che, assolvendo Göring da ogni colpa, affermò di essere il solo responsabile del disastro di Stalingrado: "Lui (Göring) è l'uomo che io ho scelto quale mio successore, non potrei mai gravarlo di quella colpa."

Poi, dopo un'esibizione di ostinatezza durata 4 ore, Hitler lusingò Manstein avallando la sua proposta di abbandonare la regione orientale del Donez e affiancare la Quarta Armata Corazzata al fianco occidentale del suo Gruppo di Armate e assecondò perfino Zeitzler, allorché questi raccomandò l'abbandono del dispendioso saliente intorno a Rzev, in favore di una più ridotta linea del fronte. Si fece però promettere da Kluge che le 21 divisioni rese disponibili da tale ritirata fossero utilizzate per una grande offensiva da realizzarsi in primavera. Durante il ripiegamento dalle zone di Vjaz'ma e Rzev, che ebbe inizio a marzo, le truppe non cessarono mai di combattere. L'*Operazione Bufalo*, così essa venne definita, fu il primo trionfo tattico della Germania del 1943.

Se i feldmarescialli sembravano creta nelle mani di Hitler, i generali erano maggiormente difficili da plasmare. Non appena si presentò alla *Tana del Lupo* insieme a Göring, l'11 febbraio, il generale Richthofen espresse con chiarezza la necessità di riorganizzare concretamente l'esercito: era naturale che si fosse a corto di uomini, se dei 12.000 soldati che componevano una divisione, solo 600 venivano inviati al fronte. "Il Führer mi ha chiesto a bruciapelo cosa io pensi di Manstein" annotò Richthofen nel suo diario:

"Ho risposto che si tratta del miglior stratega e comandante a nostra disposizione... ma che Manstein, come tutti i comandanti dell'esercito, è interessato quasi esclusivamente alla fase operativa e tattica (...). Ho specificato che tutti i comandanti sono valorosi (...), ma occorre lasciare loro una certa autonomia, dal momento che possono basare le proprie decisioni su una maggiore conoscenza della situazione in cui si trovano. È sbagliato tenerli per il colletto, conducendoli quasi fossero bambini. Il Führer ha ribadito che, se non li avesse guidati lui stesso, oggi si ritroverebbero a combattere oltre il confine tedesco. Ho poi suggerito quanto sarebbe opportuno ch'egli avesse con loro un maggiore contatto personale. Se egli stesso, per una qualsiasi ragione, non può recarsi a visitare le armate, occorre che i comandanti siano convocati al quartier generale almeno una volta al mese, in modo da discutere insieme piani e opportunità (...).A quel punto il Führer ha maledetto i suoi più vicini consiglieri; sebbene lui li tenga informati di tutto, loro si limitano ad ascoltare passivamente o gli trasmettono notizie false. Non si è infuriato quando gli ho fatto notare che questo non ha alcuna importanza per coloro che sono al fronte, né per quelli che un giorno scriveranno la Storia, indicando lui come unico responsabile". Hitler decise che anche

Richthofen si era meritato il diritto di essere promosso feldmaresciallo. In presenza dei gerarchi dei vari distretti, Hitler si era congratulato con Goebbels per la sua propaganda del dopo Stalingrado e ne aveva approvata pienamente la proposta di una "guerra totale"[56]. Questo, il volere del popolo. Per lui l'opposizione non era altro che un'infinitesimale, incauta minoranza da estirpare. Quando un manipolo di studenti diffuse alcuni volantini in cui si richiedeva il rovesciamento di Hitler, i leader furono immediatamente tratti in arresto e condannati a morte dal Tribunale del Popolo. "Forse, alcuni protesteranno che un Tribunale del Popolo possa comportarsi in modo così brutale", affermò Hitler in un discorso segreto ai suoi generali, "un uomo che ha semplicemente distribuito volantini, un professore universitario e due studenti, accusati del medesimo misfatto, giustiziati! Ma in fondo, se essi fossero andati al fronte, sarebbero probabilmente già stati uccisi. È il rischio che quotidianamente corrono i nostri soldati!"

A Zaporizzja, sulle rive del fiume Dnepr, la maggiore azienda elettrica tedesca, la *AEG*, aveva appena ultimato la ricostruzione della centrale idroelettrica, facendo tornare l'elettricità nelle miniere di carbone e nelle fabbriche di munizioni dell'intera Ucraina. Speer aveva recentemente mostrato a Hitler i dati completi del cosiddetto *Progetto Ivan*, con cui si prevedeva la rapida espansione delle industrie chimiche, di azoto ed esplosivi nella regione del Donez. Hitler attendeva con ansia l'installazione di ulteriori batteria antiaeree per proteggere la centrale elettrica, ma risultava evidente che solo un rinvigorimento della pigra offensiva di Manstein in Ucraina avrebbe permesso di non perdere l'intera zona.

Zeitzler consigliò a Hitler, suscitando la totale costernazione dei

56 Ndt. Con il termine 'guerra totale', utilizzato per la prima volta nel XX secolo, si indica una guerra in cui i paesi coinvolti utilizzano interamente le loro risorse, allo scopo di distruggere la capacità del nemico di impegnarsi nella lotta. In tal modo, si assiste a una sorta di equiparazione delle infrastrutture civili e della popolazione agli obiettivi militari. La guerra totale implica dunque una progressiva eliminazione di ogni barriera tra la sfera militare e quella civile, tra soldati e semplici cittadini, attraverso una completa mobilitazione delle risorse economiche e intellettuali della società e il sempre più frequente utilizzo di armi di distruzione di massa.

più stretti collaboratori di quest'ultimo, di volare personalmente a Zaporizzja, nel quartier generale di Manstein. Di fronte all'indignazione di Göring, che riteneva quel viaggio troppo rischioso, il capo di Stato Maggiore rispose con sarcasmo: "Di certo il maresciallo del *Reich* sarà in grado di oscurare i cieli con i suoi squadroni da combattimento. Non sarà corso alcun rischio!" Quella notte, lo stenografo dello staff di Hitler scrisse nel suo diario:

"Questa sera, il Führer ha annunciato la decisione di recarsi al fronte per assumere personalmente il comando del Gruppo Armate Sud. Questo significa che dovremo abbandonare questo campo".

Hitler decise di portare con sé soltanto Zeitzler, Jodl(al quale aveva ripreso a stringere la mano a partire dal 30 gennaio) Schmundt, Hewel e il dottor Morell. Keitel, Bormann e gli altri sarebbero rimasti alla *Tana del Lupo*.

Partirono all'alba del 17 febbraio.

"Nel pomeriggio, il bunker del Führer era deserto", scrisse Gertrud (Traudl) Humps, la nuova segretaria privata di Hitler. "Un'insolita calma era discesa nell'intero campo. Quasi la dinamo principale che muoveva il tutto avesse improvvisamente cessato di funzionare. Fu allora che realizzai, per la prima volta, quanto la personalità di Hitler agisse da molla per tutti questi uomini – il burattinaio che muoveva i fili delle sue marionette li aveva d'un tratto lasciati cadere".

L'arrivo di Hitler al quartier generale di Manstein non passò inosservato.

"I cordoni dei militari erano ovunque", scrisse nel suo diario il feldmaresciallo Richthofen, "coloro a cui chiedevo dove fosse il quartier generale del Gruppo di Armate rispondevano con tono sprezzante: 'non riuscirete ad avvicinarvi. È arrivato il Führer!'. L'ho trovato nel mezzo di un grosso Consiglio di guerra e sono riuscito a presentargli i miei saluti. Tanti discorsi campati in aria, nessuna opinione sincera, l'atmosfera è così tesa che si potrebbe tagliare con il coltello. Quando il Führer si è ritirato nel suo alloggio, nessuna decisione era stata presa. Con me è stato molto gentile, sembra tranquillo e con le idee chiare. Il problema è se avrà la capacità e gli strumenti per mutare tali concetti in ordini ben precisi".

La sera successiva, 18 febbraio, la radio tedesca diffuse in tutta l'Europa occupata il provocatorio discorso di Goebbels sulla proclamazione della 'guerra totale', discorso che accese l'entusiasmo del pubblico berlinese[57]. La mattina successiva, alla vigilia della controffensiva tedesca tra le sponde del Dniepr e del Donez, Hitler rivolse alle truppe, il seguente comunicato:

"Soldati del Gruppo di Armate Sud, aviatori del Quarto Reparto Aereo! Il risultato di questa cruciale battaglia dipende da voi! A migliaia di chilometri dalle frontiere del *Reich*, si decide il presente e il futuro della Germania. (...) La nostra intera patria è stata mobilitata. Tutti, dall'ultimo uomo all'ultima donna, sono stati chiamati a preoccuparsi delle vostre necessità per questa battaglia. I nostri giovani stanno rafforzando le difese antiaeree intorno alle città e alle fabbriche tedesche, moltissime nuove divisioni stanno arrivando. Armi uniche e fino ad oggi sconosciute perverranno a breve al fronte. Per questo sono venuto da voi, per darvi il mio sostegno con ogni mezzo e assicurarmi che questa battaglia difensiva muti in una definitiva vittoria. Con l'aiuto di Dio, se ognuno di voi fornirà il proprio fondamentale contributo, vinceremo ancora una volta".

Nel frattempo, i carri armati russi si stavano avvicinando: nulla permaneva tra loro e il campo di Zaporizzja. Nel valutare se stesso troppo importante per rischiare oltre, Hitler, adducendo a scusa un ipotetico incontro a Vinnica con il generale Guderian – che grazie alle insistenze di Schmundt aveva nominato ispettore delle truppe corazzate – dichiarò imminente la propria partenza.

Lo stesso Richthofen gli suggerì di rimanere a Vinnica almeno per un paio di giorni, tornando solo se la minaccia sovietica fosse stata respinta. Appariva la soluzione maggiormente diplomatica. Mentre già si udivano i primi colpi dei cannoni sovietici, Hitler decollò diretto al quartier generale *Lupo Mannaro*.

Il 22 febbraio, sotto la capace guida del feldmaresciallo Man-

---

57 Nda. L'analisi dell'autore su tale discorso si trova in Goebbels, Mastermind of the Third Reich (Londra 1996), pagg. 421-423.

stein, la Prima e la Quarta Armata Corazzata avanzarono verso nord, costituendo una testa di ponte a Balakleya, lungo il Donez.

Una nuova battaglia per Charkiv stava per cominciare. Dal momento che il fronte orientale appariva stabilizzato, consolidatasi nuovamente la fiducia per Manstein, il Führer poteva volgere la propria attenzione ad altri affari di Stato.

Durante il Consiglio di guerra che si tenne l'ultimo giorno di febbraio, il generale Jodl annunciò che, nella notte, un esiguo commando britannico aveva organizzato un'azione piuttosto singolare contro la stazione idroelettrica di Rjukan, in Norvegia. I sabotatori, apparsi dal nulla, avevano fatto saltare l'impianto di ossido di deuterio (acqua pesante), collocato nei sotterranei, per poi svanire nella campagna. Hitler, particolarmente apprensivo per ciò che concerneva la Norvegia, interpretò tale operazione come un vero e proprio affronto personale.

Dal momento che Speer e gli scienziati dell'Istituto *Kaiser Wilhelm* avevano specificato che, senza tale ossido, non era possibile approntare le bombe atomiche, Hitler ordinò che l'impianto fosse immediatamente ripristinato. Solo qualche giorno più tardi, apprese che non sarebbe stato possibile riprendere la produzione prima di due anni. Per allora, si sarebbe già posto fine a quella guerra.

Il silenzio della morte

Nel periodo invernale, Vinnica, dove aveva sede il quartier generale del *Lupo Mannaro*, mostrava il suo aspetto più tetro. Sulla pista del piccolo aeroporto, erano parcheggiati velivoli che recavano i segni della guerra e, tutt'intorno, poveri contadini ucraini, affamati come i loro cavalli, raccoglievano legna da ardere. Campi e strade erano un'unica palude fangosa.

Guderian, che non vedeva il Führer dal 1942, quel 21 febbraio 1943 si trovò innanzi un uomo molto diverso da quello che ricordava: "La sua mano sinistra appariva tremolante, le spalle curve; teneva lo sguardo fisso, i suoi occhi ora prominenti avevano smarrito la lucentezza di un tempo e le sue gote tradivano delle chiazze rossastre. Incline a scoppi di collera, questi, a volte, erano causa di decisioni avventate".

Hitler aveva contratto un'infiammazione cerebrale. Per recuperare, sarebbero state necessarie parecchie settimane di riposo, che lui non poteva né intendeva concedersi. Presto, cominciò a soffrire di atroci emicranie e a lamentare un tremolio a un braccio, cosa su cui attirò l'attenzione di Morell. Il medico, notato che il Führer trascinava anche leggermente una gamba, attribuì al tremore un'origine nervosa. Hitler trascorreva le sue giornate seduto in stanze poco ventilate e la mancanza di movimento e l'ambiente chiuso favorivano in lui un evidente stato depressivo, che Morell cercava di combattere con un medicinale a base di ormoni, il *Prostakrinum* (un estratto di vescicole seminali e prostata di giovani tori), da iniettare a giorni alterni. Come testimonia l'agenda quotidiana degli appuntamenti tenuta dai suoi attendenti delle *SS*, da allora, Morell fu quasi sempre la prima persona che Hitler dopo essersi destato incontrava.

Stalingrado aveva lasciato in lui cicatrici profonde: un giorno arrivò a ordinare l'immediata costituzione di una nuova Sesta Armata, che cancellasse il ricordo della precedente. Un delicato problema era adesso rappresentato dalle lettere che i sopravvissuti scrivevano dai campi di prigionia sovietici. Hitler, per non far nascere false speranze nelle famiglie, ordinò che fossero distrutte.

Maggiormente pericolose furono però le conseguenze che Stalingrado ebbe sulle forze dell'Asse, evidenti anche nell'episodio della bomba a mano lanciata contro un generale tedesco che transitava in automobile a fianco di una colonna di militari italiani di ritorno dal settore sud del fronte orientale.

Hitler, nei confronti di questi incostanti alleati, aveva imparato a tenere pubblicamente a freno il proprio disappunto. "Non voglio più vedere un solo soldato dei nostri alleati impegnato in prima linea a Est", disse a Goebbels, durante un colloquio privato. "Possiamo sbarazzarci dei bolscevichi solo con l'utilizzo del nostro esercito e delle *SS*". Quando Mussolini gli offrì altri 700 uomini, Hitler commentò coi propri collaboratori che sarebbe stato comunque assurdo equipaggiarli sprecando le poche armi a disposizione, visto che alla prima occasione le avrebbero abbandonate: "A quella gente non possono essere assegnati neppure incarichi difensivi".

Eppure, quando in febbraio apprese che gli infangati resti delle armate ungheresi, romene e italiane venivano insultati dai tedeschi e che l'ambasciatore italiano si era lamentato per il rifiuto da parte dei contingenti germanici di dare assistenza ai militari italiani in ritirata, Hitler ricordò ai propri generali la necessità di dimostrare spirito cameratesco e di rispettare le norme di buon comportamento.

Il 31 maggio, durante una riunione con Keitel e lo storico Scherff in cui l'argomento verteva sulla politica interna, Hitler proibì qualsiasi rendiconto sulla battaglia di Stalingrado, spiegando che non avrebbe potuto essere valutata correttamente senza esprimere giudizi sugli alleati della Germania. Se la stima del Führer verso i soldati romeni non sembrò diminuire a causa della loro sconfitta, diverso era il suo atteggiamento nei confronti di Ungheria e Italia, che invitò, il 22 gennaio, a ritirare le milizie dal fronte orientale.

Va detto che l'Ungheria aveva patito le maggiori perdite, anche perché il suo esercito era stato costituito da appena quattro anni: dall'offensiva del 12 gennaio, 80.000 soldati ungheresi erano morti o dispersi e altri 63.000 feriti. Eppure, se i generali ungheresi mostravano all'Asse una generalizzata lealtà, i diplomatici di Horthy avevano un comportamento equivoco. Il comandante della Seconda Armata ungherese, il generale Jany, rimproverò i suoi uomini in un famoso documento (di cui in seguito gli agenti di Himmler ottennero copia) che cominciava così:

"La Seconda Armata ungherese ha perso l'onore, perché sulla base del giuramento fatto solo pochi sparuti drappelli di uomini hanno compiuto il loro dovere".

Ma messaggi radio decodificati stabilirono, senza ombra di dubbio, che il Primo Ministro ungherese Miklas Kállay considerava con particolare interesse la proposta, inoltrata da Churchill al governo turco, di creare una nuova Lega Balcanica schierata contro l'Urss e contro l'Asse che avrebbe compreso Turchia, Romania e Ungheria. Gli agenti di Himmler ottennero informazioni sull'ultimo discorso segreto tenuto da Kállay alla Commissione affari esteri, dal quale poterono dedurre che di lui non ci si poteva fidare. Hitler decise di fare pressioni su Horthy affinché se ne liberasse.

Le false notizie appositamente predisposte per l'*Abwehr* erano così numerose, che il Führer poteva fare affidamento solo sul proprio intuito per immaginare in quale zona del Mediterraneo si sarebbe adesso spostata la guerra. Spagna e Portogallo sembravano, per il nemico, obiettivi particolarmente appetibili perché la loro occupazione avrebbe impedito a Hitler di prendere Gibilterra, ostacolato l'offensiva dei sommergibili tedeschi nell'Atlantico e privato la Germania del ferro, del tungsteno, del litio e dello stagno provenienti da quei paesi.

Canaris, inviato due volte a Madrid, ne ritornò tutt'altro che entusiasta. La Spagna, disse, non poteva e non voleva entrare in guerra, a meno che la sua neutralità fosse stata direttamente minacciata. Il Führer, allora, decise di fornire a Franco le armi di cui avrebbe potuto, a breve, necessitare.

In febbraio, corse voce che americani e inglesi, a discapito del loro fronte in Tunisia, stessero ammassando truppe alla frontiera con il Marocco spagnolo. Per quanto Canaris, recatosi il 9 al quartier generale, cercasse di smentire quelle voci, Hitler dispose che alcune divisioni presenti in Francia fossero dislocate alla frontiera settentrionale spagnola. Il giorno seguente, tuttavia, un ufficiale di marina che aveva presenziato a una riunione con Hitler scrisse:

"Per quanto riguarda l'atteggiamento della Spagna, il Führer si è improvvisamente tranquillizzato. Ha ricevuto, non so da dove, informazioni rassicuranti in merito e ha detto che tutto è stato chiarito in modo a noi soddisfacente".

In effetti, a Madrid era stato appena firmato uno dei documenti più segreti della guerra: in cambio di una fornitura di moderne armi tedesche, Franco, nel momento in cui avessero messo piede nella penisola iberica o in qualsiasi possedimento coloniale spagnolo, si impegnava a combattere inglesi e americani.

Il nemico poteva anche essere tentato di sfruttare il caos creato dai partigiani nei Balcani: un'invasione degli Alleati in quei paesi avrebbe messo i campi petroliferi romeni nel raggio d'azione dei bombardieri nemici. Hitler, senza mezzi termini, diede ordine a Löhr, comandante militare a sud-est, di riportare la quiete in quelle regioni, imponendo, laddove necessario, "il silenzio del sepolcro".

In Croazia, come altrove, l'Italia era all'origine dei problemi del Führer. Ben presto, le importanti miniere di bauxite di Mostar dovettero essere evacuate e lasciate ai partigiani. Il capo di questi, Tito, riusciva sempre a sfuggire alla caccia e Hitler cominciò a provare per lui la stessa particolare ammirazione precedentemente nutrita per Stalin. Allorché le forze partigiane di Tito divennero più potenti e organizzate, gli italiani, ignorando le proteste tedesche, si ritirarono. Nel frattempo, però, la Seconda Armata del generale Roatta continuava ad armare gli irregolari cetnici (serbi) contro i partigiani: seppure in dicembre, Ciano avesse aderito senza entusiasmo alla richiesta di Hitler di disarmare i cetnici, l'esercito aveva semplicemente ignorato le direttive di Mussolini.

Verso la fine di febbraio, Hitler mandò Ribbentrop a Roma con una lettera molto energica che chiedeva un più attivo appoggio italiano contro i serbi, allegando dozzine di messaggi radio nemici che testimoniavano quanto i partigiani serbi agissero in favore degli inglesi. Nonostante questo, il generale Ambrosio, nuovo capo di Stato Maggiore italiano, accampò svariate scuse per non procedere. Löhr, allora, si recò a Vinnica e propose di pacificare la Croazia installando in loco amministrazioni civili germaniche.

Hitler aveva quasi esaurito la pazienza con gli italiani: ordinato che le miniere di Mostar fossero riconquistate, cominciò a programmare un'azione volta all'annientamento dei cetnici. "A causa degli intimi rapporti tra i comandanti cetnici e le autorità italiane", citava il verbale della riunione, "il Führer attribuisce particolare importanza alla riservatezza del nostro fine e di tutti i preparativi". Questa manovra, chiamata *Operazione Nero*, sarebbe iniziata intorno alla metà di maggio del 1943. Non fosse stato per gli effetti politici sull'Italia, Hitler da tempo avrebbe ritirato i propri contingenti dalla Tunisia. Il suo interesse per quel lontano scenario di guerra era ormai trascurabile. "In campo militare l'ottimismo è necessario per esercitare il comando" disse Hitler, in seguito. "Nonostante ne conosca il limite mancanza di perseveranza considero Rommel un comandante estremamente coraggioso e intelligente".

Warlimont, fatto ritorno da Tunisi a metà febbraio, riferì che Rommel aveva definito la testa di ponte in Nord Africa "un castello di carte" che sarebbe crollato nel momento in cui Montgomery, presumibilmente di lì a un mese, avesse attaccato. Gli Alleati disponevano di un nuovo proiettile da 57 mm capace di perforare persino il rivestimento dei *Tigre*, orgoglio delle divisioni corazzate.

Ma la Quinta Armata Corazzata del generale Armin aveva individuato un punto debole tra le forze nemiche: il Secondo Corpo statunitense.

Il 14 febbraio, il generale Heinz Ziegler, scagliatosi contro quel contingente di scarsa esperienza, aveva scavato un profondo saliente verso l'importante passo Kasserine, catturando centinaia di americani. Anche quell'offensiva tedesca, però, a causa della mancanza di carburante, fu destinata al fallimento.

Canaris, visitata la testa di ponte tunisina, riferì le parole di Armin, "data la penuria di approvvigionamenti, possiamo calcolare con carta e penna quando arriverà la fine". In febbraio, aveva precisato il generale, invece delle

80.000 tonnellate richieste, ne erano state fornite 25.000.

Nel frattempo, Rommel si ammalò nuovamente. Lo specialista che lo visitò, riferì che abbisognava di un licenza da concedersi quanto prima, non più tardi del 20 febbraio. Prodigiosamente, nel momento in cui gli fu affidata la guida di un Gruppo di Armate, che ne comprendeva una tedesca e una italiana disposte in difesa di Tunisi, la malattia scomparve. Avvistosi però dei preparativi di Montgomery, per attaccare la linea tedesca del Mareth, a sud, Rommel si scoraggiò e il 4 marzo mandò a Hitler un rapporto sconfortante in cui asseriva che il fronte di Tunisi si poteva quantificare in oltre 600 chilometri e che il nemico disponeva di 1.600 carri armati, 1.100 cannoni anticarro e 200.000 soldati. Se il Führer non avesse autorizzato un ripiegamento su un fronte meno esteso, le due armate tedesche sarebbero state inesorabilmente sopraffatte. Hitler replicò: "Tutto questo è totalmente incoerente con le sue precedenti asserzioni" (vale a dire che sarebbe bastato ritirarsi in Tunisia, per risolvere qualsiasi problema strategico).

Jodl fece notare che il piano di Rommel avrebbe concesso al nemico alcuni importanti aeroporti e permesso a Montgomery e Alexander di unire le loro forze contro la testa di ponte. Hitler, pur senza autorizzare la ritirata, predisse: "Questa è la fine. Tanto varrebbe riportarli a casa". "Per ordine superiore", come scrisse Rommel polemicamente il 6 marzo, egli sferrò il suo ultimo attacco contro Montgomery. Quello stesso giorno dovette ripiegare, ritornando sulla linea del Mareth. Come Hitler aveva previsto, era la fine. Alcune false notizie, diffuse dall'intelligence inglese, asserivano che qualche ufficiale italiano prigioniero aveva rivelato al nemico la strategia di Rommel, così il Führer non attribuì a quest'ultimo alcuna responsabilità per quella sconfitta. In verità, gli inglesi erano a conoscenza di quei piani, perché avevano ancora una volta decifrato le segnalazioni di Rommel.

Il giorno 8, il Führer, prima che ne avesse la fama offuscata dalla sconfitta di Tunisi, decise di richiamare in patria Rommel. Il rientro fu mantenuto segreto, perché, data la celebrità del feldmaresciallo, la notizia della sua assenza avrebbe condizionato negativamente il morale delle truppe.

In una lettera di Mussolini, datata 9 marzo, il Duce conveniva che l'Asse, in Tunisia, avrebbe dovuto allargare la testa di ponte e non ridurla nei termini suggeriti da Rommel, "perché in questo modo finiremmo sconfitti e con le spalle al mare". Hitler ne convenne e segnalò a Rommel: “La ritirata di entrambe le armate in una stretta testa di ponte intorno a Tunisi e Biserta sarebbe l’inizio del tracollo”.

Quello stesso 9 marzo, Rommel in aereo si recò a Vinnica dove trascorse la serata con il Führer. Hitler ignorò i suoi accorati appelli di abbreviare la linea del fronte e non riuscì a dissimulare la propria convinzione che il feldmaresciallo attraversasse un periodo di pessimismo prossimo al disfattismo. Disse, però, che intendeva portare i rifornimenti a 150.000 tonnellate mensili e aggiunse che, una volta ristabilito, Rommel sarebbe tornato in Africa per dirigere un’offensiva a occidente di Casablanca.

Subito dopo, Hitler dettò il seguente messaggio, destinato al Duce: “Per il momento ho concesso al feldmaresciallo una licenza, affinché si ristabilisca completamente. Una cosa assolutamente necessaria per favorirne il rapido reinserimento. Devo pregarla di mantenere segreta la momentanea assenza di Rommel dal fronte. Quale possa essere il giudizio che i posteri daranno su di lui, egli è particolarmente amato dai suoi soldati e parimenti temuto dal nemico”.

Sembrava, a leggere quelle parole, che Rommel fosse una figura ormai appartenente al passato.

Il 1° marzo 1943, nella notte, centinaia di bombardieri britannici riversarono su Berlino migliaia di ordigni incendiari che uccisero oltre 700 persone e ne lasciarono senza tetto 35.000. Un attacco a bassa quota su Londra di cacciabombardieri della *Luftwaffe*, immediatamente programmato per il 5 marzo come rappresaglia, dovette essere cancellato (così venne detto a Hitler) a causa della nebbia e del “mare perfettamente piatto”. Un’affermazione, quest’ultima, che provocò una sbalordita domanda di Hitler: “Forse, i nostri aeroplani nuotano?”

Il Führer addossò la responsabilità all’indolente feldmaresciallo Sperrle, comandante della Terza Squadra Aerea e chiese che l’attacco sull’Inghilterra fosse diretto da un uomo più giovane ed energico. Nel frattempo, Göring si trovava in Italia, impegnato nell’acquisto di oggetti d’arte. “Quando tornerà il maresciallo del *Reich*?" domandò Hitler. "Le cose non possono continuare così. In questo modo, non riusciremo mai a logorare la resistenza degli inglesi".

Quando, l'8 marzo, Goebbels arrivò con Speer, Hitler stava ancora imprecando contro l'inefficienza della *Luftwaffe*. Verso mezzanotte, chiacchierando nel bunker con i suoi ospiti, Hitler osservò con sarcasmo che doveva solo figurarsi i suoi generali in abiti borghesi per perdere quel poco di stima che ancora conservava per loro. Proprio in quell'istante, giunse notizia di un attacco aereo inglese su Norimberga, gemma dell'architettura medievale e sede amministrativa del partito.

Hitler fece svegliare Bodenschatz, ufficiale di collegamento di Göring e ordinò urlando che il maresciallo del *Reich* facesse immediato ritorno. "I generali si sono sempre ritenuti più intelligenti di me", disse a Goebbels, "e adesso il popolo tedesco ne paga il prezzo".

Göring arrivò il giorno 11. "Ho detto al Führer che non sono un tecnico né un progettista di aeroplani", dichiarò una settimana più tardi. "Perciò non posso costruire io gli aerei né creare nuovi motori o apparecchiature".

I generali e gli esperti lo avevano sempre ingannato: gli specialisti di radar, per mascherare la propria incapacità a collaudare gli strumenti per il bombardamento cieco, si erano persino avvalsi della scusa delle avverse condizioni atmosferiche.

Nelle notti successive, vennero bombardate Monaco e Stoccarda. Scavalcando Göring, Hitler ordinò che le incursioni aeree sulla Gran Bretagna aumentassero d'intensità e nominò il giovane colonnello Dietrich Peltz quale "comandante dell'offensiva sull'Inghilterra". Peltz sarebbe stato subordinato non a Sperrle, bensì a Jeschonnek (e quindi a Hitler stesso).

Mettendo momentaneamente da parte quelle preoccupazioni, il mattino del 10 marzo, Hitler si spostò al quartier generale di Manstein, a Zaporizzja. Si riteneva abbastanza soddisfatto di quanto stava accadendo sul fronte meridionale: le due armate corazzate di Manstein, provocate 23.000 vittime tra i sovietici sul campo di battagliatra il Donez e il Nipro (Dnepr), avevano catturato 615 carri armati e 354 cannoni. Di conseguenza, l'offensiva contro le forze sovietiche a Voronez aveva portato alla distruzione della Terza Armata Corazzata nemica a sud-ovest di Charkiv, causando 12.000 caduti nelle file russe. Adesso, la Quarta Armata Corazzata di Manstein, con il suo potente Corpo Corazzato *SS*, stava per intraprendere la quinta battaglia di Charkiv. Come annotò il feldmaresciallo Richthofen:

"Il Führer atterra alle 10:40. Manstein e io viaggiamo nella sua auto sino al quartier generale del Gruppo di Armate... Il Führer ci parla delle imminenti operazioni... Manstein per tutto il tempo continua a dire male di Kleist [Comandante del Gruppo Armate A] e il Führer lo incita a fare commenti ostili anche su Kluge. Hitler pare divertirsi un mondo. Mi sbeffeggia senza pietà, ma con garbo. Per qualche motivo oggi, in scherno, definisce tutti '*Herr Feldmarschall*'... Dice che non vuole più sentire parlare di romeni né degli altri nostri prodi alleati".

La neve, sciogliendosi, aveva trasformato il fronte orientale in un acquitrino. La spaventosa falla di circa 500 chilometri nelle linee tedesche era stata quasi chiusa e, agli occhi di Hitler, ciò confermava che l'Armata Rossa si trovava a corto di riserve. I sovietici stavano arruolando ragazzi di 17 anni e questo faceva presumere un imminente crollo. A sud, la riconquista di Charkiv era ormai certa e, a ovest di Mosca, l'*Operazione Bufalo* stava giungendo a una brillante conclusione. L'Armata Rossa, stupita per quell'atipico ripiegamento, aveva attaccato con una certa esitazione incappando in campi minati e trappole esplosive, riportando ingenti perdite senza che i tedeschi ne subissero alcuna. Questi, ritirandosi, avevano reso inutilizzabile qualsiasi cosa potesse essere utile al nemico.

Il 13 marzo, Hitler tornò in aereo alla *Tana del Lupo*, fermandosi prima a Smolensk, presso il quartier generale del Gruppo Armate Centro di Kluge. Tre giorni prima, il 10 marzo, Himmler aveva telefonato alla guardia del corpo di Hitler per avvertirlo di fare attenzione ai pacchi esplosivi[58]. Hitler non mostrò

---

58 Nda. In effetti, l'ufficiale dell'Abwehr presso Kluge, il colonnello Rudolf Gersdorff, insieme ad altri, sostenne, alla fine della guerra, di aver posto, il 13 marzo 1943, un pacco bomba

alcuna preoccupazione; anzi, venne contagiato dal buon'umore degli ufficiali di Kluge, felici per la vittoria tattica della Quarta e della Nona Armata ottenuta nell'*Operazione Bufalo*. La nuova, resistente linea Bufalo era costituita da filo spinato, bunker e fossati anticarro. Quando Kluge chiese se potesse essere rivelato l'obiettivo dell'imminente campagna estiva, Hitler stupì tutti per l'eccessiva modestia con cui affermò: "Tenere le posizioni attuali". La sera stessa, il Führer rientrò alla *Tana del Lupo*.

In realtà, l'idea di doversi impegnare per un anno in operazioni puramente difensive lo irritava. "Non posso sprecare un anno", disse.

Zeitzler si trovava in accordo con lui: il nuovo vallo orientale era certo un'ottima iniziativa, "ma ci stritoleranno prima di riuscire a completarlo", disse. Hitler ribatté: "Ormai [i sovietici] versano in condizioni tali che saremmo dei pazzi a non approfittarne".

I frammentari verbali dei Consigli di guerra rivelano che stava già elaborando con Zeitzler una parziale ripresa dell'offensiva per riconquistare una posizione di vantaggio nel settore centrale. Zeitzler accennò al 15 aprile come data più appropriata.

"Una frase che non dobbiamo assolutamente pronunciare", insistette il Führer, "è 'quest'anno provocheremo solo qualche puntura di spillo al nemico, l'anno prossimo effettueremo l'attacco finale'. Forse la guerra potrà essere vinta già nel corso di questo anno!"

Prima che la giornata del 13 marzo si concludesse, Hitler aveva firmato un ordine preparato da Zeitzler che gettava le basi dell'*Operazione Cittadella*, un attacco combinato dei gruppi di armate di Kluge e Manstein contro un saliente nemico a Kursk.

Il giorno successivo, le *SS* di Dietrich ripresero Charkiv. Hitler, su di giri, telefonò a Goebbels, ma l'astuto ministro della propa-

nell'aereo di Hitler, prima che questi lasciasse Smolensk. Canaris, uno dei congiurati, scrisse a proposito del volo che lo condusse a Smolensk l'8 marzo: "Sul mio aereo ho portato spolette a tempo ed esplosivo per la Seconda Unità di Sabotaggio dell'Abwehr presso il Gruppo di Armate". Poiché, il 10 marzo sedette un paio d'ore a tavola con Himmler, si potrebbe pensare che Canaris abbia fatto qualche incauta osservazione circa il complotto. Gli archivi di Himmler dimostrano però che, sin dal 3 marzo, pacchi esplosivi inviati dai gruppi partigiani polacchi destavano qualche apprensione.

ganda era contrario a una trionfalistica campagna radio: avrebbe minato lo "spirito di Dunkerque" ch'egli, in Germania, aveva tanto faticato a costruire. Quella sera, Goebbels chiamò chiedendo il permesso di rinvigorire la campagna anti-ebraica, insistendo col Führer affinché fosse ultimata quanto prima la cacciata di tutti gli ebrei dall'Europa. Hitler diede la sua approvazione, ma il 17, quando Himmler arrivò alla *Tana del Lupo,* mostrò una maggiore moderazione, dato che il giorno successivo Himmler comunicò al capo della Gestapo, Heinrich Müller, a Berlino, che non dovevano esserci "deportazioni degli ebrei privilegiati" dalla Francia.

Il disturbo cronico di Hitler dei crampi allo stomaco riprese a manifestarsi. Il dottor Morell gli consigliò un periodo di riposo all'Obersalzberg e poiché il fronte orientale, al momento, era reso impraticabile e paralizzato dal disgelo, il Führer non pose obiezioni. Inoltre, alla Berghof, sarebbe stato più prossimo allo scenario di guerra del Mediterraneo. Canaris lo aveva più volte avvertito delle intenzioni nemiche di uno sbarco in Sicilia, Sardegna o Corsica e quell'avvicinamento poteva rappresentare un'occasione per valutare la situazione e incontrare il Duce. Così, Hitler lasciò la *Tana del Lupo* per un periodopiù lungo di quanto inizialmente preventivato.

Circondato dai suoi collaboratori, pranzò nel vagone ristorante, dove invitò a raggiungerlo anche le tre segretarie: Johanna Wolf, Christa Schroeder e la nuova arrivata Traudl Humps. Alla cena, si aggregarono infine anche Schaub, Hewel, Bormann e Morell il corpulento medico attaccò il cibo con un appetito evidente sia agli occhi sia alle orecchie. Il Führer si accontentò di puré di patate, un uovo e un biscotto secco. Traudl Humps scrisse:

"Sono rimasta stupita di quanto informale fosse la conversazione. Soprattutto Bormann appariva amichevole e garbato. Il Führer parlava a bassa voce. Terminata la cena, ha chiesto che le luci del soffitto fossero spente. Preferisce la penombra perché i suoi occhi sono piuttosto sensibili".

Venne servito del tè di semi di cumino.

"Delizioso", esclamò Hitler, ma nessuno ne reclamò un assaggio. Il mattino seguente, il treno fece sosta a Rügenwalde, dove il Führer ispezionò il nuovo gigantesco cannone della *Krupp* (il *Langer Gustav*) e vari prototipi di carri armati che stavano effettuando prove di tiro. Fra i tanti, vide il tanto atteso *Ferdinand*, un blindato di 70 tonnellate mosso da due motori diesel-elettrici, reso quasi invulnerabile da una corazzata di 200 millimetri e da un cannone di 88. Hitler era convinto che nell'*Operazione Cittadella* i *Ferdinand*, assieme ai *Tiger*, dato lo stato in cui si riteneva versasse l'Armata Rossa, avrebbero sicuramente sopraffatto il nemico. "Sono sicuro che quei farabutti sono allo stremo...", lo sentirono borbottare gli stenografi. E ancora: "Tutto ciò che possono contrapporci sono oramai modeste formazioni, ma...".

Per quanto esistano solo pochi frammenti di queste conversazioni, essi appaiono abbastanza eloquenti. Hitler, invitati Speer e Goebbels a una cena presso la cancelleria, confidò loro di riporre grandi speranze nella guerra sottomarina. Goebbels raccomandò che la *Luftwaffe*, piuttosto che martellare la periferia abitata dai lavoratori, agisse maggiormente sui quartieri del potere. Poi, quando portò la conversazione sugli ebrei, Hitler si congratulò con lui per averne allontanati da Berlino la maggior parte.

"La guerra ci consente di occuparci di questioni impossibili da affrontare in tempi di pace", furono, secondo quanto riferì Goebbels, le sue conclusive parole.

Il 22 marzo, poco dopo la mezzanotte, il treno del Führer lasciò Berlino, dirigendosi a sud. A Monaco vi salì anche Eva Braun per coprire il breve tragitto fino a Berchtesgaden. Due giorni dopo l'arrivo di Hitler, nell'Obersalzberg giunse anche il dottor Morell: "Soffia il Föhn", annotò il medico, "e si assiste a improvvise folate di caldo".

Il Führer lo mandò a chiamare verso le 21:30, dopo aver terminato il Consiglio di guerra.

"Lamentava una forte emicrania e pulsazioni alle tempie. L'arteria femorale era molto gonfia e risultava evidente un generale affaticamento". Morell, valutata la pressione troppo alta, gli iniettò un preparato a base di iodio. Avendo vissuto, dalla metà di novembre, in zone di bassa pressione, Hitler era ovviamente disturbato dall'improvviso cambiamento. "Inoltre" registrò Morell nei suoi diari "fino a una decina di giorni or sono, era costantemente in tensione per il consolidamento del fronte orientale. Durante le iniezioni, la testa ha riacquisito lucidità e il dolore alle tempie è cessato. Dopo, il Führer è rimasto fino alle 2:30 a chiacchierare, seduto vicino al camino spento e mi sono accertato che prendesse una boccata d'aria fresca".

Pochi i verbali rimasti dei Consigli di guerra che si tennero nelle successive settimane. A parte l'*Operazione Cittadella*, sappiamo che Hitler stava ipotizzando un'ulteriore offensiva contro Leningrado da effettuarsi in estate. Inoltre, stava vagliando azioni che gli consentissero di riprendere in mano l'iniziativa a Occidente: l'*Operazione Gisela*, occupazione tedesca del nord della Spagna, era una di queste, l'altra, l'*Operazione Ikarus*, vale a dire l'invasione dell'Islanda, era un progetto da cui Raeder lo aveva già dissuaso nel 1940.

Mussolini non era atteso fino al 9 aprile e, prima di quella data, il Führer ebbe soltanto un poco pubblicizzato l'incontro con re Boris, uno dei suoi alleati più affidabili. Nel corso di quelle settimane trascorse alla Berghof, Hitler sbrigò rapidamente importanti questioni del *Reich* precedentemente trascurate, evitando di occuparsi di altre.

Così, quando il 30 marzo arrivò Himmler, la discussione (come rivelano gli appunti di quest'ultimo) ruotò esclusivamente su questioni di natura militare delle *SS*. Durante una passeggiata in montagna di un paio di ore, Himmler non tediò Hitler con i progressi conseguiti nella soluzione del "problema ebraico". All'inizio del 1943, aveva sottoposto al Führer, su un argomento analogo, un rapporto statistico sui ricollocamenti della popolazione effettuati dall'ottobre del 1939. In tre anni Himmler avera risistemato nel *Reich* 629.000 persone di origine tedesca provenienti dall'estero e altre 400.000 risultavano in arrivo. Nel medesimo periodo, 365.000 polacchi erano stati deportati nel Governatorato generale polacco e 295.000 cittadini francesi espulsi dall'Alsazia, dalla Lorena e dal Lussenburgo. Permane però il dubbio se Hitler abbia mai visionato il rapporto statistico che Himmler aveva, nello stesso periodo, commissionato sulla "soluzione finale del problema ebraico in Europa". Il responsabile statistico Richard Korherr aveva analizzato in scarne tabelle il destino degli ebrei di tutto il mondo, stimati in 17.000.000: i

10.000.000 europei dal 1937 erano diminuiti del 45% a causa dell'emigrazione, dell'alto tasso di mortalità per motivi naturali e della deportazione iniziata, con il divieto di emigrare, verso la fine del 1941.

Con grande irritazione, il 27 marzo, leggendo le 16 pagine del documento, Himmler si avvide che a pagina 9 veniva dichiarato espressamente che dei 1.449.692 ebrei deportati dalle province orientali, 1.274.1666 erano stati sottoposti a "trattamento speciale" nei campi del Governatorato generale e che, nella regione del Warthegau, altri 145.301 avevano subìto identica sorte. (Va detto che il dottor Korherr ancora oggi nega che quelle parole significassero la liquidazione dei deportati).

Il 1° aprile Himmler fece abbreviare il rapporto "per sottoporlo al Führer" e, alcuni giorni dopo, chiarì: "non è necessario accennare ad alcun trattamento speciale di ebrei"[59].

Secondo il nuovo testo, gli ebrei erano stati "incanalati attraverso" i campi sino all'Unione Sovietica. Come Himmler scrisse, il 9 aprile, negli anni successivi, quel rapporto sarebbe servito per "scopi di mascheramento".

Mussolini giunse alla stazione di Salisburgo il 9 aprile. Gli italiani vennero alloggiati a Klessheim, un incantevole castello di architettura barocca splendidamente restaurato, dove, a beneficio del Duce, vennero tenuti anche alcuni "Consigli di guerra di gran

59 Nda. La lettera del 18 gennaio 1943, con cui Himmler ordinò a Korherr l'analisi statistica della "soluzione finale", motivando la richiesta con la mancanza di precisione dell'ufficio di Kalterbrunner, si trova nel microfilm T174, rullino 18, pag. 1557. La versione abbreviata del rapporto e la corrispondenza in merito di Himmler si trovano nel microfilm T175, rullino 103, pag. 5017. Dal momento che anche la copia originale della versione abbreviata figura tra i documenti di Himmler, può darsi che essa non sia mai arrivata a Hitler. Né pervennero al Führer le molteplici lettere destinate a Lammers, in cui si dichiarava esplicitamente il metodico sterminio degli ebrei in Polonia. (Documenti di Norimberga, serie 1903 e Tribunale Internazionale Militare, processo dei maggiori criminali di guerra tedeschi, fascicolo XI, pag.62).

gala", come Zeitzler soleva sprezzantemente definirli. Hitler fece quanto in suo potere per suscitare nel Duce entusiasmo per le future campagne a Oriente, ma i due dittatori sembravano ormai mossi da intenti diversi. Mussolini, che voleva un armistizio con Stalin per permettere alle potenze dell'Asse di impegnare tutto il loro potenziale bellico contro Gran Bretagna e Stati Uniti, consegnò al Führer un memorandum che verteva su un possibile negoziato: dato lo scarso impegno degli Alleati nello scortare i convogli sovietici e nell'apertura del secondo fronte, disse, Stalin aveva buoni motivi per diffidarne. Inoltre, il Duce credeva che, a quel punto, anche la Spagna si sarebbe volontariamente unita all'Asse.

Per Hitler, tutto ciò testimoniava una deludente ingenuità. Piuttosto, disse a Mussolini, per evitare che in Italia il fascismo fosse rovesciato bisognava fare il possibile per tenere Tunisi. Questo voleva dire che la marina italiana doveva destinare ogni incrociatore e ogni cacciatorpediniere alle operazioni di approvvigionamento per la Tunisia. Il Duce, a tal proposito, chiese più carburante per le navi e il Führer acconsentì.

Ogni sera Hitler, in auto, veniva ricondotto alla Berghof, dove era atteso da Eva Braun e dai suoi due scotch terrier neri. Quella primavera, la Braun organizzò, nella sala da biliardo del seminterrato, regolari proiezioni cinematografiche, alle quali Hitler non presenziò.

"In tempo di guerra, con il popolo chiamato a grandi sacrifici, non posso perdere certo tempo a guardare film. E poi, debbo preservarmi la vista per carte geografiche e dispacci".

Le stesse pedanti considerazioni gli impedivano di indossare abiti più comodi. Se anche Churchill, osservò, poteva scorrazzare per il mondo indossando camicie di seta e cappelli stravaganti, questo non era accettabile dal Führer del *Reich*. "Quando la guerra sarà conclusa", continuò, "appenderò l'uniforme al chiodo e mi ritirerò alla Berghof, lasciando che qualcun altro si occupi di governare. In vecchiaia, scriverò le mie memorie e sarò circondato da gente intelligente e colta. Non vorrò più vedere un militare".

In quelle serate primaverili, Hitler si coricava molto tardi per attendere il termine delle frequenti incursioni aeree nemiche. Solo in marzo, sulla Germania erano cadute 8.000 tonnellate di bombe, con ritmi, a volte, di un migliaio di tonnellate per notte su singole città come Duisburg, Essen e Berlino.

Il 4 aprile, le incursioni aeree avevano ucciso 228 civili a Parigi e 221 a Napoli; il 5, un'incursione americana sul porto di Anversa aveva fatto 2.130 vittime. Questi avvenimenti aumentarono l'interesse di Hitler per il progetto, portato avanti dall'esercito, di un missile a lunga gittata.

Il 29 marzo fu dal Führer approvato il progetto di Speer per una grande base missilistica in cemento da costruirsi sulla costa della Manica, dalla quale sarebbe stato possibile colpire l'Inghilterra. Ovviamente, occorreva in primo luogo progettare i missili. Mentre il prestigio di Göring declinava, le rivalità tra i pretendenti di un'eventuale successione aumentavano. Per tutto aprile Speer fu, alla Berghof, un visitatore quasi permanente, Goebbels andava e veniva, ma il signore del castello rimaneva Bormann. Questi si era assicurato la firma del Führer su un documento che lo nominava "segretario" ufficiale col diritto di "comunicare decisioni e opinioni di Hitler ai ministri del *Reich*, ai reparti e alle organizzazioni".

Una prerogativa eccezionale, in base alla quale solo lui poteva decidere quali visitatori non militari potessero incontrare il Führer e quali documenti dovessero mostrargli. Il potere di Bormann divenne pertanto immenso. I suoi occhi erano dappertutto, la sua energia prodigiosa, la sua lealtà fuori questione.

Aggrappati a un filo

Nella primavera del 1943 l'alleanza dell'Asse apparteneva ormai alla mitologia e Hitler ne era consapevole. Dai messaggi decodificati che gli venivano mostrati appariva evidente che tanto il governo ungherese quanto quello romeno avevano, nelle capitali neutrali, emissari che discutevano prospettive di pace con Inghilterra e Stati Uniti. La Finlandia stava cercando il modo di uscire dal conflitto,la Svezia il modo per entrarvi, ma al fianco degli Alleati. Hitler, che aveva personalmente detto al nuovo ambasciatore tedesco a Stoccolma che il suo solo obiettivo era rappresentato dal mantenere la Svezia neutrale, andava ora contemplando misure più drastiche: dopo una riunione alla Berghof, trattenne Jodl e un gruppetto di consiglieri fidati chiedendo loro di predisporre un eventuale progetto di invasione della Svezia, da concretizzare nel caso se nefosse presentata la necessità.

Il maresciallo romeno Antonescu, inviato alla Berghof il 12 aprile, accettò con rassegnazione i rimproveri di Hitler e quando quest'ultimo gli mostrò i testi delle intercettazioni telefoniche incriminate e altri documenti che testimoniavano la slealtà dei ministri romeni e le loro negoziazioni clandestine con il nemico, fece sfoggio di una convincente indignazione. Pochi giorni dopo, il Führer trattò molto più duramente il reggente ungherese Horthy. Questi difese il Primo ministro Kállay e negò che l'Ungheria fosse in contatto con il nemico. "Siamo tutti sulla stessa barca", disse Hitler. "Se qualcuno adesso decide di abbandonarla, non potrà fare altro che annegare".

Altrettanto duro fu il linguaggio usato da Hitler e da Ribbentrop per spingere Horthy ad adottare una linea di condotta più severa nei confronti dei suoi 800.000 cittadini ebrei. Da mesi, la Germania pressava affinché questi fossero consegnati loro per essere deportati nelle "riserve a Est". Questo perché, sostenevano, gli ebrei rimasti sarebbero stati potenziali fomentatori di calunnie, di atti di sabotaggio e punto di riferimento dei servizi segreti nemici e della "internazionale giudaica", schierata contro la Germania.

Il 16 aprile, l'interprete prese nota delle parole di Ribbentrop: questi diceva a Horthy che, se non voleva eliminare gli ebrei, quantomeno doveva confinarli in un campo di concentramento. La Germania era in grado di resistere, aggiunse il Führer, perché si era liberata della maggior parte della popolazione giudaica e i rimanenti si sarebbero presto "dileguati a Est". Gli ebrei, ribadì Hitler, erano la causa originaria dei bombardamenti che stavano mietendo tante vittime in Germania. Horthy si scusò asserendo che aveva fatto contro gli ebrei, in virtù dei suoi poteri, quanto umanamente possibile: "Non posso certo sterminarli", fece presente. Hitler, ribadì: "Non c'è bisogno di arrivare a tanto".

Come in Slovacchia, i giudei dovevano però essere isolati in campi di prigionia, in modo che non infettassero la parte sana del popolo. In merito a un'eventuale uccisione degli stessi, Hitler reagì con asprezza: "Gli unici assassini che conosco sono loro, che, oltre a essere causa di conflitti, ne favoriscono la brutalità a danno di donne e bambini". Gli ebrei, concordò Ribbentrop, dovevano venire impiegati nelle miniere e doveva essere impedita loro la libera circolazione.

Poiché Horthy non sembrava del tutto convinto, il 17, Hitler rincarò la dose: "La Polonia dovrebbe costituire un esempio". E raccontò come gli ebrei polacchi che si rifiutavano di lavorare venivano uccisi o lasciati morire.

"Non è una cosa tanto crudele", aggiunse, "se si tiene presente che anche creature innocenti come i cervi e le lepri devono essere uccise affinché non procurino danni. Perché dovremmo mostrarci compassionevoli con le belve che ci hanno portato il bolscevismo? Le nazioni che non hanno combattuto gli ebrei sono finite in rovina".

Nel pericolo, prospettato dal Führer a Horthy, che i "bolscevichi ebrei" potessero eliminare la classe intellettuale europea, è facile intuire l'influenza che su di lui ebbe la campagna propagandistica appena riferitagli telefonicamente da Goebbels. In quei giorni di febbraio, strani cumuli di terreno gelato furono rinvenuti dai tedeschi nella foresta di Katyn, presso Smolensk. Nel marzo del 1943, col disgelo, quei cumuli rivelarono i cadaveri di 12.000 ufficiali dell'esercito polacco. Lettere e appunti trovati nelle tasche delle uniformi portavano date dell'aprile 1940, quando la zona versava sotto la giurisdizione sovietica. Il massacro di quegli uomini, finiti con un colpo d'arma da fuoco alla nuca, sembrava opera di una mano esperta[60]. Hitler approvò il

60 Ndt. Nonostante l'eccidio dei polacchi fosse reso noto al mondo nella primavera del 1943 dalla radio tedesca che ne attribuiva la piena responsabilità ai sovietici, questa versione non

suggerimento di Goebbels secondo cui la mattanza di Katyn doveva essere, per l'opinione pubblica, in qualche modo collegata alla questione ebraica.

Hitler non era ben disposto neppure verso la parte non ebrea del popolo sovietico. Durante tutta la primavera del 1943, infuriò un fastidioso battibecco tra Alfred Rosenberg, il prolisso ministro dei Territori Orientali e il gerarca Erick Kock, Commissario del *Reich* dell'Ucraina. Il primo, appoggiato da Ribbentrop, Zeitzler e Goebbels, volendo ottenere, nella guerra contro Stalin, l'aiuto delle popolazioni soggiogate, sosteneva che la brutalità di Kock, unitamente al suo lussuoso stile di vita, erano incompatibili con la realizzazione di quell'intento. A Natale, per esempio, Kock aveva mandato a Rostov un aereo per prelevare 90 kg. di caviale. Tuttavia, Hitler, Bormann e, con una certa cautela Himmler, difendevano Kock. Se anche Rosenberg poteva teorizzare sulla futura vita culturale dell'Ucraina, il duro compito di Kock consisteva nello spremere dalla regione ogni possibile chicco di grano e ogni lavoratore-schiavo. L'idea di convincere i cittadini sovietici a partecipare volontariamente alla guerra contro Stalin rappresentava un'utopia, disse il Führer: "Ho sempre ritenuto siano pochi gli uomini capaci di mantenere il proprio sangue freddo nei momenti critici, senza farsi abbagliare da fantasticherie. Il detto che colui in procinto di annegare si aggrappa anche a un filo d'erba è quanto mai veritiero".

Quando Ribbentrop si associò all'idea del generale Vlasov di un'Armata Russa di Liberazione, Hitler lo riprese duramente:

---

venne accettata dagli Alleati, che si rifiutarono di credere a una responsabilità del governo russo. Solo l'apertura degli archivi sovietici, dopo il crollo del regime, ha permesso di far cadere il velo della menzogna. Secondo un comunicato ANSA del 17 febbraio 1989: "Un documento della Croce Rossa polacca (CRP), datato giugno 1943 e pubblicato ora dal settimanale Odrodzeine, indica come data indicativa del massacro di migliaia di ufficiali polacchi nella foresta di Katyn, il periodo marzo-maggio 1940, cosa che suggerisce una chiara responsabilità dei sovietici che avevano in quel periodo occupato la regione orientale della Polonia, comprendente la foresta di Katin e non dei tedeschi, come fino a oggi sostenuto dalla propaganda comunista. In un successivo comunicato dell'ANSA, datato 13 aprile si afferma che "Radio Mosca ha ammesso per la prima volta la responsabilità della polizia segreta sovietica nel massacro di Katyn". La radio ha aggiunto che da "parte sovietica si esprime il più profondo rincrescimento per la tragedia che viene giudicata uno dei peggiori crimini dello stalinismo".

"Non ci saranno operazioni politiche di tal fatta. Ciò comporterebbe una fraternizzazione tra il nostro popolo e i russi".

Anche Kluge e Küchler vennero criticati per essersi espressi in favore di Vlasov. Milioni di volantini, lasciati cadere sulle linee nemiche, insistevano che la *Wehrmacht* stava combattendo contro Stalin, non contro il popolo e annunciavano la costituzione di un "Comitato Nazionale" a Smolensk, con lo scopo di preparare il terreno per un governo russo nell'era post-Stalin. Per Hitler tutto ciò era pura follia: come disse rabbiosamente a Zeitzler, consentire agli Ucraini di istituire un loro governo equivaleva a vanificare lo scopo dell'intera guerra. Alla lunga, la Germania si sarebbe trovata a fronteggiare nuovamente uno Stato indipendente.

Il 19 maggio, Hitler organizzò un confronto diretto tra Rosenberg e Kock. Il primo ripeté con fermezza che la politica di Kock stava regalando al nemico migliaia di partigiani. Questi giustificò i propri metodi. Hitler sentenziò che, sebbene entrambi avessero ragione, avrebbe valutato idonea la critica di Rosenberg se nelle regioni governate da generali maggiormente bendisposti il numero di partigiani fosse stato minore, ma così non risultava in alcun rapporto. Inoltre, l'occupazione lavorativa forzata poteva essere favorita esclusivamente con i metodi di Kock. "Solo dei generali mentalmente instabili possono sperare di ottenere mano d'opera con le buone maniere". A proposito delle esecuzioni che Kock perpetrava in Ucraina: "Quanti dei nostri compatrioti perdono la vita sotto le incursioni aeree?" Hitler dispose che, in futuro, né Rosenberg né Kock avrebbero dovuto impiegare, come consiglieri, dei cittadini stranieri. "Se lavorano contro il loro paese sono persone senza carattere; se si impegnano a favore sono per noi inutili".

Gli aspetti militari del progetto di Vlasov per un "esercito sovietico" furono analizzati, qualche settimana più tardi, durante una rovente riunione tenutasi tra Hitler, Keitel e Zeitzler. Hitler non obiettò all'impiego di centinaia di migliaia di volontari russi in incarichi che escludessero il combattimento, ma al di là del valore propagandistico, si oppose al progetto di Vlasov. Questi, ribadì il Führer, sarebbe stato utile solo per scattare qualche foto e autografare i volantini. Infine, Keitel dispose che nell'Urss occupata non fosse istituito alcun "Comitato Nazionale".

Hitler aveva dato mano libera allo Stato Maggiore generale dell'esercito nell'elaborazione di un piano strategico per l'*Operazione Cittadella*. Una pur modesta vittoria in terra russa avrebbe stimolato gli alleati neutrali e stabilizzato il fronte orientale per il resto del 1943. Il tempo necessario per permettergli di trasferire provvisoriamente alcuni reparti corazzati in Italia o nei Balcani allo scopo di ostacolare le eventuali iniziative nemiche. Inoltre, l'economia interna aveva urgente bisogno di quella mano d'opera che l'*Operazione Cittadella* avrebbe potuto fornire.

La proposta di Zeitzler consisteva nell'isolare l'obiettivo, un saliente vicino Kursk, mediante un classico attacco a tenaglia sferrato a nord dalla Nona Armata e, a sud, dalla Quarta Armata Corazzata, che si sarebbero ricongiunte a est di Kursk. Zeitzler preparò un ampolloso ordine operativo (la vittoria di Kursk dovrà illuminare come un faro il mondo intero) che Hitler firmò il 15 aprile. L'ordine prevedeva anche l'impiego di alcuni spietati metodi per il raduno e la rapida spedizione a Occidente delle centinaia di migliaia di persone abili al lavoro che ci si aspettava sarebbero cadute nella rete tedesca. Fu deciso che l'*Operazione Cittadella* avrebbe avuto inizio il 3 maggio.

Stabilita ogni cosa, Zeitzler fece ritorno al proprio quartiere generale nella Prussia orientale. Pochi giorni dopo, ebbe una telefonata dal Führer: Hitler, riflettuto sulla strategia operativa dell'imminente operazione, pensava sarebbe stato consigliabile abbandonare l'idea di un prevedibile attacco a tenaglia. Era secondo lui preferibile riunire i reparti d'assalto dei Gruppi Armate Sud e Centro per un unico attacco frontale, dividendo così in due le forze nemiche. Zeitzler non volle saperne e sostenne che modificare lo schieramento delle due armate avrebbe provocato un pericoloso ritardo e, il 21 aprile, si recò dal Führer per dargliene dimostrazione. Hitler si arrese. In fondo, a Stalingrado Zeitzler aveva avuto ragione.

Il generale Model, comandante della Nona Armata, aveva

inizialmente preventivato a due i giorni necessari a 'perforare' le difese sovietiche, ma verso fine aprile, dichiarò che ne sarebbero occorsi almeno tre. Inoltre, quando Kluge gli fece notare che con 227 carri armati e 120 cannoni d'assalto, la Nona Armata appariva inarrestabile, Model dichiarò che avrebbe avuto bisogno di 100 ulteriori mezzi corazzati. Zeitzler gliene concesse 70, di cui 20 *Tiger*, aggiungendovi anche 40 cannoni d'assalto. La nuova previsione di tre giorni preoccupava il Führer: 72 ore di ininterrotti combattimenti contro un nemico esperto avrebbero potuto determinare la disfatta degli attaccanti. "Quando, prima dell'operazione, Model mi comunicò che abbisognava di un giorno in più", dichiarò Hitler un anno dopo, "cominciai a temere".

Chiese a Model di raggiungerlo alla Berghof e il 27 aprile si incontrarono. Le fotografie aeree portate dal generale confermavano che, prima di poter avanzare contro Kursk, la Nona Armata avrebbe dovuto superare oltre 15 chilometri di fortificazioni sovietiche. Hitler posticipò l'operazione al 5 maggio. Il 29 aprile dispose un nuovo rinvio al giorno 9, per poter ulteriormente aumentare le riserve di mezzi corazzati e semoventi.

I giorni divennero settimane, poi mesi. Guderian, che il 2 maggio, in qualità di ispettore delle truppe corazzate, cominciò a partecipare ai Consigli di guerra, riteneva maggiormente saggio, visto l'andamento della produzione di carri armati, rimandare l'*Operazione Cittadella*: in quel momento i *Tiger* mostravano problemi al cambio e allo sterzo e la produzione del moderno *Panzer* ancora latitava. Comunque, Guderian assicurò al Führer che nel mese di maggio sarebbero entrati in servizio 2 battaglioni di ogni tipologia di carri: *Panzer*, *Ferdinand*, *Tiger* e *Hornet*. Quanto ai mezzi già presenti al fronte, essi sarebbero stati rinforzati con pannelli corazzati in grado di resistere ai proiettili anticarro russi. Si prevedeva, inoltre, un sensibile aumento della produzione di carri armati: 939 in aprile, 1.140 in maggio, 1.005 in giugno e 1.071 in luglio. In sostanza, suggerì Guderian, valeva la pena posticipare ancora l'*Operazione Cittadella*. Hitler, che già era propenso a un rinvio ancora più lungo, convocò a Monaco i suoi più importanti generali, per una riunione che durò oltre tre ore. Jeschonnek fece a Richthofen la cronaca di quell'incontro: "[Il 27 aprile] il generale Model aveva dichiarato che, non disponendo delle necessarie forze, avrebbe probabilmente incontrato difficoltà e impiegato più tempo a raggiungere l'obiettivo. Il Führer era dell'opinione che l'attacco dovesse essere condotto quanto prima, senza commettere errori e nel più breve tempo possibile [nella prima metà di maggio]. Di fronte all'offerta di Guderian di fornire, entro sei settimane, un numero di mezzi corazzati tale da garantire il successo, il Führer aveva optato per un rinvio di sei settimane. Per ricevere, su questa decisione, un generale consenso, indisse una riunione [da tenersi in data 4 maggio] con i feldmarescialli Kluge e Manstein. Inizialmente, i due hanno concordato sul rinvio, ma, accortisi che Hitler lo aveva anzitempo deciso, si sono espressi per un immediato attacco, quasi intendessero evitare di venire poi incolpati di tale dilazione".

Jeschonnek, Richthofen e Zeitzler si opposero a ogni ulteriore ritardo, dichiarando che il tempo avrebbe agito a favore del nemico. Ciò nonostante, Hitler spostò l'*Operazione Cittadella* ai primi di giugno.

Adesso, un altro fattore influiva sulle decisioni del Führer: l'imminente sconfitta dell'Asse in Tunisia.

Benché a corto di viveri e carburante, i 250.000 uomini del generale Arnim si erano battuti con tenacia, tenendo viva un'esigua testa di ponte. Alla fine di aprile, Arnim era però rimasto con 76 carri armati che riforniva di carburante distillando vino e liquori. Hitler mandò a Roma il generale Warlimont affinché esercitasse pressioni sulla titubante marina italiana: "L'unica azione morale a cui votarsi consiste nel combattere e vincere questa guerra", era il messaggio che il generale doveva trasmettere. "Ciò che è immorale è perdere la guerra e autoaffondare la vostra flotta senza che abbia combattuto".

L'appello non servì: le navi italiane rimasero agli ormeggi. Il 6 maggio, surclassando la difesa di Arnim sui passi di montagna, la Prima Armata britannica si aprì un varco per Tunisi. Tuttavia, 2 giorni più tardi Keitel scrisse: "Il Führer e il Duce sono decisi a protrarre la resistenza in Tunisia quanto più a lungo possibile".

Warlimont tornò con confortanti notizie sullo stato di salute di Mussolini ed espresse la sua opinione personale che, qualora il Duce avesse tenuto la situazione interna sotto rigido controllo, l'imminente perdita di Tunisi non avrebbe avuto conseguenze disastrose. Hitler non ne era del tutto convinto: "Il Duce e il partito fascista sono decisi a rimanere a fianco della Germania nella buona e nella cattiva sorte", disse a mezzogiorno ai propri assistenti. "Tuttavia, una parte del corpo ufficiali, specialmente ai massimi livelli e in minima parte a livelli più bassi, è propensa a trattare la pace. Alcuni ambienti influenti potrebbero tradirlo".

Il Führer chiese a Rommel di rientrare dal provvisorio congedo per malattia e di presentarsi a colloquio da lui.

Il 6 maggio, Hitler, volgendo le spalle al Mediterraneo, rientrò a Berlino. Viktor Lutze, successore di Röhm a capo di Stato Maggiore delle *SA*, era appena deceduto in un incidente stradale e Hitler intendeva partecipare alle esequie che si sarebbero svolte il giorno successivo.

Fu un funerale sfarzoso, al cui termine il Führer tenne ai gerarchi un discorso sul significato della guerra che si stava combattendo. Essa era iniziata come un conflitto tra stati borghesi e rivoluzionari e i primi ne erano rapidamente usciti sconfitti. Ma adesso, a Est, i tedeschi fronteggiavano uno Stato con un'analoga visione del mondo, la cui ideologia giudaico-bolscevica ne permeava l'esercito con uno zelo e uno spirito al quale solo le *SS* tedesche risultavano pari. Questo rappresentava il motivo per cui aveva deciso che "gli ebrei devono essere spinti lontano dall'Europa".

Era ormai giunto alla conclusione che, nell'ultima grande purga antecedente al conflitto, Stalin non avesse affatto rovinato l'Armata Rossa. L'introduzione dei commissari politici aveva al contrario aumentato l'efficienza dell'esercito. La solidarietà dei russi verso Stalin era assoluta. Questi non aveva, ad ostacolarlo, elementi clericali, come invece in Germania accadeva al Führer. Hitler spesso pensava con timore, disse, che gli *Herrenvolk* in futuro potessero perdere la loro superiorità[61]. Le orde di Gengis Khan erano penetrate fin nel cuore dell'Europa senza che i germanici avessero modo di opporvisi.

Adesso, in ogni modo, la mastodontica produzione di carri armati progettata da Speer avrebbe assicurato la vittoria a Est e i sommergibili di Dönitz tenuto a freno i guerrafondai occidentali aizzati dai giudei. Hitler informò inoltre i gerarchi del fatto che, da quando era iniziata l'*Operazione Barbarossa*, Stalin aveva perso oltre 13.000.000 di uomini. L'offensiva estiva sarebbe stata condotta dai più affidabili elementi tedeschi. Alla fine, promise, la Germania dominerà l'Europa.

Il 9 maggio, discutendo con Goebbels, Hitler scartò l'idea di imitare i giapponesi nel processare gli equipaggi dei bombardieri nemici caduti prigionieri. Con centinaia di migliaia di soldati tedeschi in mano nemica, disse, adottare simili provvedimenti era poco opportuno. In verità, il Führer, stanco e disgustato da quella guerra, era ansioso di togliere l'uniforme e indossare nuovamente abiti civili. Altrettanto appariva nauseato da quei generali ch'egli riteneva bugiardi, ambigui, reazionari e antinazisti. Goebbels sentì che il proprio momento stava arrivando.

Nonostante fosse più interessato alle vicende a Nord, Hitler non aveva voltato le spalle al Duce poiché teneva in giusto conto la benevolenza da lui mostratagli nel 1938, in occasione dell'annessione dell'Austria: "Allora gli assicurai che non avrei mai dimenticato ciò che aveva fatto! E terrò fede alle mie parole!" ricordò ai suoi meno indulgenti collaboratori. Nel timore che alcuni generali monarchici voltagabbana potessero portare l'Italia dalla parte del nemico, aveva però convocato Rommel: questi, al momento opportuno, avrebbe dovuto comandare le truppe tedesche in Italia.

Il 9 maggio verso le 13:00, in ottimo stato di salute, Rom-

61 Ndt. Il concetto di Herrenvolk appartiene al misticismo nazista tedesco, che includeva teorie razziali e mitologiche secondo le quali i popoli germanici o, più in generale, la razza nordica fossero i diretti discendenti di una arcaica razza ariana, simbolo di perfezione psicofisica e di purezza di sangue.

mel si presentò da Hitler. Il Führer tenne sulle spine l'ambizioso feldmaresciallo, che scrisse nel proprio diario: "Più tardi ho partecipato al Consiglio di guerra. Ancora non mi era stato affidato alcun particolare incarico. Keitel ha accennato al mio incarico in Italia nel caso le cose si mettano male". Il giorno seguente, Rommel annotò: "Ho fatto presente sia al Führer che a Goebbels le scarse attitudini al combattimento degli italiani".

Il 12 maggio, Hitler diramò la notizia che Rommel si trovava in Germania sin da marzo, mese in cui gli era stata concessa la più alta onorificenza.

Alle 18:00 di quella sera, Hitler e i suoi collaboratori tornarono in volo al quartier generale della Prussia orientale. Forse, si trattava di una messa in scena, di un tentativo di ingannare il nemico e fargli credere che l'*Operazione Cittadella* fosse imminente.

Per il momento, Hitler, ritenendo il Mediterraneo il teatro di guerra più pericoloso, non temeva un'invasione nemica a Occidente. L'8 maggio, durante il Consiglio di guerra, un aiutante gli aveva dato una sorprendente notizia proveniente dall'*Abwehr*: un cadavere, recuperato al largo delle coste spagnole, aveva indosso buste sigillate contenenti lettere, apparentemente autentiche, provenienti dal ministero della Guerra britannico e dal supremo comandante Mountbatten, indirizzate all'ammiraglio Cunningham e al generale Eisenhower. In esse si parlava di due invasioni, una nel Mediterraneo occidentale e una nel Peloponneso, dissimulate da false invasioni della Sicilia e del Dodecanneso. L'ammiraglio Canaris ingoiò esca, amo e lenza. Hitler, meno ingenuo, alla fine della riunione rivelò i propri pensieri a un ufficiale di Stato Maggiore di Jodl: "Non potrebbe trattarsi di un cadavere deliberatamente gettato tra le nostre braccia?"[62]

Non c'era modo di saperlo con certezza, ma sia i servizi segreti di Zeitzler che quelli di Canaris esclusero quell'ipotesi. Nel mese successivo, il Peloponneso e la Sardegna, che si presumevano regioni di interesse per il nemico, catalizzarono gran parte dell'at-

62 Nda. Lo stenografo del Consiglio di guerra, l'anziano Ludwig Krieger, ricorda vividamente la scena. Il cadavere si rivelò in seguito un'esca, gettata dall'intelligence britannica, per trarre in inganno i tedeschi.

tenzione del Führer.

Il 13 maggio, Speer e i principali produttori di armi si recarono in visita a Hitler presso la *Tana del Lupo*. Il Führer, riconosciuto che la sua riorganizzazione dell'industria bellica stava apportando risultati strabilianti, concesse al ministro degli Approvvigionamenti l'onorificenza dell'*Anello del dottor Todt*. La Germania, infatti, produceva ora una quantità di munizioni d'artiglieria sei volte maggiore a quella del 1941 e un numero di cannoni triplicato. Inoltre, tra febbraio e maggio, la produzione di carri armati pesanti era raddoppiata. Tutto ciò, mentre l'aviazione nemica colpiva duramente le fabbriche.

In seguito Speer commentò con Goebbels che il Führer appariva logorato dall'ansia. L'Italia stava all'origine delle sue preoccupazioni: a cosa sarebbero valse le nuove armi, di cui Speer aveva organizzato una dimostrazione in un'area attigua al quartier generale (il potente carro armato da 100 tonnellate *Maus*, la nuova artiglieria d'assalto e il micidiale ordigno anticarro *Pusterohr*), se l'Italia avesse cambiato bandiera e il nemico fosse sbarcato nei Balcani provvedendo a distruggere i pozzi petroliferi romeni?

A Tunisi, gli ultimi sussulti della resistenza tedesca si erano spenti. L'estremo messaggio radio pervenuto dall'*Afrika Korps* portava la firma del generale Hans Cramer: "Munizioni terminate. Armi ed equipaggiamento distrutti. Come ci è stato ordinato, abbiamo combattuto fino alla fine".

In totale, circa 100.000 soldati tedeschi e 150.000 italiani erano caduti prigionieri degli Alleati.

Hitler offrì a Mussolini cinque divisioni per rivitalizzare l'agonizzante esercito italiano. Nella risposta del Duce, preparata dall'ambiguo generale Ambrosio (il cui incarico ricalcava quello di Keitel), si asseriva che le tre divisioni già in Italia in attesa di un trasferimento a Tunisi, adesso non più necessario, sarebbero state più che sufficienti. Mussolini, però, chiedeva urgentemente 300 carri armati, 50 batterie antiaeree e qualche centinaio di caccia.

L'ammiraglio Dönitz disse che gli italiani fiutavano uno sbarco britannico in Sicilia.

Dimenticando i suoi originari sospetti, Hitler rispose che i documenti rinvenuti sul cadavere ripescato in mare indicavano la Sardegna quale possibile obiettivo degli Alleati. Dönitz aveva tentato di far capire agli italiani che, se non avessero impiegato ogni imbarcazione disponibile per convogliare da subito soldati e rifornimenti sulle proprie isole maggiori, l'epilogo africano avrebbe avuto seguito. Mussolini, esprimendosi d'accordo con Dönitz, gli aveva poi riferito quanto la stampa britannica affermava: l'invasione della Sicilia avrebbe permesso a 2.000.000 di tonnellate di naviglio Alleato di evitare la deviazione intorno al Capo di Buona Speranza. Hitler, irritato, interruppe l'ammiraglio: "...ci penseranno i nostri sommergibili ad affondarle".

Ma Dönitz, per niente intimorito, proseguì: "In tutto ciò, bisogna tener conto delle gravi difficoltà in cui incorrono i nostri sommergibili. Il nemico dispone di un nuovo apparecchio di localizzazione, talmente preciso, da rendere vana la guerra sottomarina". Improvvisamente, infatti, le perdite tedesche erano salite a oltre 15 *U-Boote* mensili. "Le perdite sono troppo alte", sentenziò Hitler. "Impossibile continuare così".

Il Führer riprese a soffrire d'insonnia. In Italia, le due settimane successive sarebbero state cruciali. Il 15 maggio, dopo il pomeridiano Consiglio di guerra, Hitler tenne un discorso segreto ai suoi generali, incluso Rommel, sulla pericolosa situazione creatasi a seguito della sconfitta in Nord Africa. Quel discorso fu così importante, che gli appunti presi da uno degli ufficiali presenti, il capitano Wolf Junge, sono qui riportati per esteso:

"La vittoria americana in Nord Africa non solo ha aperto al nemico il passaggio attraverso il Mediterraneo, ma ha pure reso disponibile per lui da 18 a 20 divisioni e una notevole forza navale e aerea. Il nemico sfrutterà questa nuova situazione anche per sferrare un'offensiva politica atta a persuadere i deboli alleati della Germania ad abbandonare il campo. A prescindere dalla situazione militare, ciò rappresenta un grave pericolo in Italia e in Ungheria. Si presume che Bulgaria e Romania non cadranno in tentazione. In Italia, è possibile fare affidamento unicamente sul Duce e c'è il pericolo che qualcuno tenti di liberarsi di lui o di neutralizzarlo. La famiglia reale, tutti i più alti gradi del corpo ufficiali, il clero, gli ebrei e ampi settori della pubblica amministrazione sono, nei suoi confronti, ostili. Il Duce sta oraraccogliendo intorno a sé la fedele guardia fascista, ma il vero potere è in mano ad altri. Mussolini, sulle questioni militari, mostra insicurezza, così in quel campo a lui meno congeniale è costretto a fare affidamento su generali [Ambrosio!] incompetenti che non nutrono per lui alcuna stima, come è evidente dall'incomprensibile risposta, probabilmente non venuta dal Duce, in cui l'Italia rifiuta o evade l'offerta di truppe fatta dal Führer. Nell'attuale situazione, la neutralità dell'Italia sarebbe una buona cosa. Ma oramai essa non può più dipingersi neutrale e, volontariamente o spinta da pressioni interne, rischia di passare dalla parte del nemico. Questo significherebbe per noi l'apertura di un ulteriore fronte in Europa, da evitare a ogni costo perché lascerebbe aperto anche il fianco occidentale dei Balcani. Il nostro principale obiettivo, adesso, consiste nell'impedire un secondo fronte europeo. L'Europa deve essere difesa all'esterno, non possiamo permettere che il conflitto si avvicini ai nostri confini. Per far ciò, è necessario sacrificare qualcosa altrove. È una fortuna che l'*Operazione Cittadella* non sia ancora cominciata poiché laggiù disponiamo di forze che possono esserci di aiuto nella penisola italica. Quindi, delle 18 divisioni mobili disponibili a Est, 8 divisioni corazzate e 4 di fanteria dovranno essere rapidamente trasferite in Italia per difendere il paese dagli angloamericani. Non ci si deve aspettare [secondo Rommel] che gli italiani oppongano una resistenza degna di nota. Si può far conto solo nella collaborazione delle forze politiche del fascio. Simultaneamente, verrebbe occupata anche l'Ungheria. Le conseguenze sul fronte orientale sarebbero: evacuazione difensiva dell'ansa dell'Orel; rischi nel Donez; nel peggiore dei casi ritirata a Nord sulla linea del Luga. Zeitzler ha chiesto che venga abbandonata anche la testa di ponte del Kuban, ma il Führer, in merito, non si è espresso. Zeitzler ha avuto ordine di predisporre una tabella di marcia per il trasferimento delle truppe dalla Russia all'Italia. Le prossime due settimane saranno cruciali. Ogni giorno è per noi determinante perché tra meno di due mesi le ricostituite divisioni Stalingrado cominceranno ad essere operative e ciò renderà necessario rastrellare divisioni a Ovest".

Questi i principali argomenti affrontati dal Führer. Tale discorso vanifica la convinzione di coloro secondo i quali Hitler si sarebbe sempre rifiutato di abbandonare volontariamente parte del territorio sovietico quando divenne strategicamente necessario farlo.

Per contrastare la stampa britannica, che scherniva ogni giorno i soldati tedeschi per la resa in Tunisia, Ribbentrop chiese al Führer di rendere pubblici i diari di guerra per mostrare al popolo quanto l'*Afrika Korps* si fosse distinto per eroismo. Hewel comunicò a Ribbentrop il rifiuto di Hitler verso la sua richiesta. "Dobbiamo essere chiari. In Africa abbiamo subìto una pesante sconfitta. Quando si è surclassati, non bisogna addolcire la pillola con belle parole, né accampare scuse. Finiremmo per assomigliare agli italiani, che dipingono talmente eroica ogni loro disfatta da raffigurarla quasi come un trionfo, tanto che tutto il mondo ne ride". E ancora: "In momenti come questi c'è una sola cosa da fare: tenere la bocca chiusa e contrattaccare. Una volta che il nostro contrattacco sarà sferrato, tutte le chiacchiere avranno fine. Stalingrado ne è un esempio: tutta quella storia a proposito del pessimo morale delle truppe tedesche non è forse improvvisamente svanita nel momento in cui, a Charkiv, abbiamo nuovamente colpito con durezza i sovietici?"

Il 18 maggio, Hitler ordinò a Rommel di costituire l'ossatura dello Stato Maggiore del nuovo Gruppo di Armate per quella che sarebbe stata l'occupazione del territorio italiano. L'operazione, dal nome in codice *Alarico*, era talmente segreta che Hitler non firmò neppure la direttiva dell'*OKW*. "Questa volta dovremo essere parsimoniosi persino con la burocrazia", disse. Inizialmente, Rommel temeva che le nuove fortificazioni alpine che gli italiani stavano rapidamente ultimando ai confini con il *Reich*, specialmente sul Brennero, potessero servire a fermare i contingenti tedeschi favorendo, così, il passaggio dell'Italia agli Alleati. Zeitzler aveva calcolato che i primi rinforzi tedeschi sarebbero giunti in Italia, dal fronte russo, in una decina di giorni.

Un discorso tenuto il 20 maggio, dal ministro degli Esteri italiano Bastianini, convinse Hitler che in Italia si stesse predisponendo qualcosa di spiacevole. "Dobbiamo stare in guardia. Grazie a Dio, ho fiuto per questo genere di cose e riesco, spesso, ad averne sentore preventivamente".

Non sappiamo fino a che punto Canaris avesse messo in guardia il Führer sul tradimento italiano, ma gli uomini di Himmler non gli lasciarono alcun dubbio: la Sesta Armata italica di stanza in Sicilia era adesso comandata dall'astuto generale Roatta, che si era fatto una brutta reputazione nei Balcani. Quando gli fu fatto quel nome, Hitler disse: "È il Fouché[63] della rivoluzione fascista, una spia totalmente priva di spina dorsale. Un delatore!"

Particolare abbastanza curioso, i rapporti da Roma dell'addetto tedesco parlavano in termini di ammirazione sia di Roatta che di Ambrosio.

Ma questo poteva essere dovuto al fatto che uno degli assistenti di Canaris, il colonnello Emil Helfferich, era stato assegnato allo staff dell'addetto.

Con l'*Operazione Cittadella* in fase di stallo, il 21 maggio alle ore 13:00, dopo una breve seduta con il suo chirurgo personale, il dottor Karl Brandt, Hitler lasciò la Prussia orientale per volare a Berchtesgaden. Dieci giorni prima, un nuovo elettrocardiogramma non aveva rivelato alcun miglioramento nella sclerosi coronarica in rapido avanzamento che lo aveva colpito. Antonescu gli raccomandò allora una dietologa, Marlene Exner, la cui presenza alla tavola del Führer divenne ben presto assidua.

Mussolini, scusandosi, dovette declinare un invito del Führer a recarsi da lui: non riteneva opportuno, al momento, allonta-

63 Ndt. Joseph Fouché (Nantes, 31 maggio 1759 – Trieste, 26 dicembre 1820) è stato un politico francese, deputato alla Costituente e successivamente ministro di Polizia. Dopo aver aderito alla Rivoluzione Francese, si macchiò di crimini orrendi facendo massacrare da cannoni caricati a mitraglia migliaia di persone, guadagnandosi il soprannome di Mitragliatore di Lione. In seguito, tradì l'ex amico Robespierre, poco prima che questi perdesse il potere. Nel 1799, nominato ministro di Polizia del Direttorio, aiutò Napoleone nel colpo di Stato del 9 novembre e, nel 1804, lo sostenne nella sua proclamazione a imperatore. Durante i Cento Giorni, tradì anche lui, per favorire il ritorno di Luigi XVIII.

narsi dall'esercizio del potere neppure per poche ore.

La strategia del Führer consisteva nell'infiltrare di soppiatto in Italia quattro divisioni. Qualora si fosse concretizzata l'ipotesi di un'invasione nemica, ne sarebbero seguite altre 16 sotto il comando di Rommel. Hitler ordinò alla *Luftwaffe* di piazzare batterie antiaeree sul Brennero: se gli italiani avessero posto delle difficoltà, si sarebbero dovute simulare "alcune incursioni aeree britanniche" usando, dopo averle ricomposte, bombe inesplose della *RAF* recuperate tra le rovine delle città tedesche.

Il 5 giugno, Canaris mise a disposizione alcuni commando antisabotaggio della Divisione *Brandeburgo* che, camuffati da addetti alle postazioni di artiglieria antiarea, avrebbero ostacolato qualsiasi tentativo di resistenza italiana sui passi alpini. Il vice di Jodl ammonì però che, in nessun modo, si doveva gettare discredito sulla volontà italiana di continuare a battersi. Canaris dubitava che il vero intento di quella mossa potesse essere tenuto celato agli italiani. E, dichiarato a Keitel che i timori dell'*OKW* in merito a una defezione italiana erano esagerati, persuase l'ingenuo feldmaresciallo a non avvalersi delle unità antisabotaggio. Prima di partire per Roma, chiese altresì al Führer di collocare un uomo dell'*Abwehr* nel segretissimo gruppo di studio che faceva capo a Rommel.

Nel giugno del 1943, il soggiorno di Hitler alla Berghof fu permeato di malinconia. Quali probabilità di vittoria conservava ancora? Bormann gli portò le 77 pagine di un discorso che Goebbels pensava di tenere il giorno 5 davanti agli operai delle fabbriche di munizioni, a Berlino. Dove Goebbels aveva scritto "quando la vittoria sarà nostra", Hitler corresse con "quando questa lotta sarà conclusa". Già alla fine di marzo, Dönitz gli aveva delineato con franchezza la catastrofica situazione della guerra sottomarina. Se ad aprile erano 14 i sommergibili andati distrutti, nel mese di maggio la cifra ammontava a 38.

L'8 maggio, cinque sommergibili erano stati affondati in una battaglia contro un convoglio e il 24 Dönitz aveva dovuto cancellare completamente l'offensiva tedesca nell'Atlantico settentrionale per il timore di perdere tutti i sottomarini a disposizione, facilmente rilevabili dal nuovo radar del nemico (Hitler si rifiutava ancora di credere che gli inglesi avessero trovato il sistema per decodificare i suoi codici navali).

I tedeschi avevano appreso dei progressi fatti dal nemico nella costruzione del nuovo radar dopo aver esaminato i resti di un bombardiere abbattuto in febbraio nei pressi di Rotterdam. Quando Dönitz aveva tratto la conclusione che, dietro le esagerate perdite di sottomarini, ci fosse quella nuova apparecchiatura, Keitel aveva immediatamente incaricato Canaris di investigare. Da tempo, Hitler si attendeva una flessione della guerra sottomarina per cui quella progressiva disfatta non lo aveva eccessivamente sorpreso. Così, non attribuì alcuna responsabilità alla marina. Finché, in ottobre, i suoi siluri acustici autoguidanti non fossero entrati in servizio come "distruttori di cacciatorpedinieri", l'efficacia dei sottomarini sarebbe stata minima. Hitler ordinò a Dönitz di portare la produzione di sottomarini dai 30 mensili a 40 e approvò il suggerimento dello stesso Dönitz di affidare al ministero di Speer anche la responsabilità dei cantieri navali.

Il 15 giugno, tuttavia, l'ammiraglio si presentò alla Berghof con la sconcertante richiesta di 150.000 uomini per attuare quel potenziamento della marina. Hitler gli rispose: "Non dispongo di tanti uomini. Le difese antiaeree e l'attività di caccia notturna devono essere rafforzate per proteggere le nostre città. Anche il fronte orientale deve essere fortificato. E l'esercito abbisogna di nuove divisioni per poter adempiere al compito di difendere l'Europa". L'energia dell'ammiraglio Dönitz, comunque, contrastava con l'indolenza palesata da Göring.

Dai rapporti sul morale della popolazione prodotti dalla Gestapo, Hitler sapeva che il suo popolo era sempre più convinto che niente potesse ormai contrastare i bombardamenti del nemico. Ogni notte gli aerei inglesi sorvolavano qualche città della Ruhr lasciando cadere 1.000-2.000 tonnellate di bombe. Alcuni bombardieri distrussero le dighe facendo riversare una valanga d'acqua sulla gente che abitava a valle. Durante il giorno, i bombardieri americani completavano l'opera di distruzione. Talvolta, gli inglesi mandavano dei piccoli, velocissimi e solitari velivoli, i

Mosquito, ciascuno dotato di una bomba da una tonnellata, che volavano per ore in cerchio nel cielo sopra Berlino, costringendo la popolazione a rintanarsi a lungo nei rifugi. Göring propose che i cittadini tedeschi, le cui abitazioni fossero state distrutte, venissero evacuati in Borgogna. Un progetto, questo, inattuabile: in una sola notte a Dortmund 100.000 persone si erano trovate senza casa e la *Luftwaffe* non sarebbe stata in grado di opporsi all'aviazione nemica fino a novembre. Per allora, infatti, Milch sperava di poter produrre oltre 3.000 velivoli da guerra al mese. Hitler dispose che le squadriglie di bombardieri fossero trasferite da Occidente al Mediterraneo e assegnò la guida della Seconda Squadra Aerea, che operava in quella zona, al feldmaresciallo Richthofen. Ma persino Richthofen non poté impedire i massicci attacchi aerei che precedevano ogni operazione terrestre del nemico. Seimila tonnellate di bombe furono scaricate sulla postazione fortificata di Pantelleria e i soldati italiani ne rimasero talmente demoralizzati da arrendersi senza sparare un colpo. Come osservò Hitler, il fatto che i militari italiani non fossero capaci di reagire a quei bombardamenti che i civili tedeschi, uomini, donne e bambini, sopportavano notte dopo notte, non era di buon auspicio in vista delle battaglie che si sarebbero consumate nel Mediterraneo.

Ritocchi alla linea del fronte

In nessun mese accaddero tanti drammatici avvenimenti quanti nel luglio del 1943: oltre all'avvio dell'*Operazione Cittadella* si verificò l'invasione dell'Italia da parte degli Alleati, la potente offensiva sferrata dai sovietici, la deposizione di Mussolini – predetta a sua tempo da Hitler – e, infine, gli scontri aerei raggiunsero un'inaudita barbarie.

Hitler, indeciso sul da farsi, rimase alla Berghof per tutto il mese di giugno.

Il 16, fu raggiunto da Guderian che gli spiegò quanto le sue stime sulla produzione di mezzi corazzati fossero state troppo ottimistiche: egli suggeriva che il carro armato *Panzer* non fosse impiegato in battaglia fino a quando non ne fossero stati disponibili almeno 500 esemplari. Zeitzler aveva proposto di mantenere le posizioni in attesa di una mossa sovietica verso ovest, per poi sferrare un contrattacco. Per quanto, tatticamente, potesse sembrava un'idea allettante, Hitler obiettò che Stalin non aveva motivo di muoversi prima che gli avvenimenti sul fronte del Mediterraneo avessero costretto la Germania a trasferirvi parte dei suoi contingenti.

Il 18 giugno, dopo un'ulteriore riunione con Zeitzler e Guderian, Hitler propendeva per una soluzione offensiva che, dopo alcune pertinenti correzioni apportate il 25 giugno dal generale Model, finì per essere concordata al 5 luglio. Sebbene anche Kluge e Manstein l'avessero approvata, Hitler temeva un insuccesso al punto che proibì all'*OKW* di annunciare l'avvio dell'*Operazione Cittadella*, della quale, in caso di sconfitta, avrebbe negato l'esistenza. Quando il 24 giugno Goebbels si recò sull'Obersalzberg, Hitler gli dette una prolissa spiegazione della propria strategia. Le sue armate non potevano sperare di avanzare fino agli Urali. Nonostante la superiorità dei nuovi carri armati *Tiger* e *Panzer*, reputava opportuno mantenere le posizioni fino al 1944, per mettere la linea del fronte al riparo da crisi invernali simili a quella avvenuta due anni prima. Considerava l'imminente operazione un "ritocco di scarsa importanza" della linea del fronte, che avrebbe anche potuto privare Stalin di qualche armata o persino di qualche gruppo di armate, ma che certo non avrebbe influito sull'orientamento dei paesi neutrali, persuadendoli a vedere nei tedeschi i vincitori della guerra.

Nel Mediterraneo, Hitler si aspettava che gli Alleati attaccassero prima la Sardegna e poi il Peloponneso. "Il Führer crede che seguiranno questa strategia", scrisse Goebbels il giorno seguente. "In nessun caso, ci ritireremo dall'Italia. Non ha alcuna intenzione di ripiegare sul Po, nemmeno se gli italiani dovessero arrendersi: in quel caso combatteremo da soli".

Quanto al Duce, egli appariva vecchio e stanco, disse Hitler, quanto il suo popolo fiacco e indifferente. Per questo motivo, occorreva ora allentare la morsa sull'Unione Sovietica, un crollo italiano avrebbe impegnato molte risorse nella difesa della penisola.

Nel Governatorato generale polacco, Hans Frank e i governatori locali lamentarono che molte sommosse nella regione erano dovute alla politica inflessibile adottata da Himmler e al fatto che le *SS*, oltre a non mostrare alcun riguardo per l'autorità politica dello stesso Frank, terrorizzavano e intimidivano la popolazione locale. I programmi di Himmler di ricolonizzazione forzata del distretto di Lublino, effettuati evacuando nottetempo interi villaggi e ripopolandoli con contadini tedeschi, ebbero come risultato le indignate dimissioni del rappresentante di Frank in quella città. Quando, ai primi di maggio del 1943, Frank fece personalmente le proprie rimostranze al Führer, questi rispose che i suoi problemi non potevano minimamente competere con quelli riscontrati nei territori orientali occupati. Il disappunto di Hitler per la persistente insurrezione avvenuta in aprile nel ghetto di Varsavia era stato talmente intenso da far emergere in lui l'incontenibile desiderio di sostituire Frank con un uomo di polso.

Chi, si era chiesto? Considerata con Bormann, Ley e Goebbels l'avvilente carenza, all'interno del partito, di uomini con la stoffa di leader, fu deciso di lasciare Frank al suo posto. Non era lui il responsabile di quel fallimento, ammise Hitler: quell'incarico sarebbe stato proibitivo per chiunque. "Deve reperire viveri, prevenire l'insorgere di movimenti a noi avversi, cacciare gli ebrei e, nello stesso tempo, sistemare quelli provenienti dal *Reich*. Inoltre, deve incrementare la produzione bellica e impedire che i quartieri e le cittadine rase al suolo vengano ricostruite". Il 19 giugno, dopo una passeggiata di 4 ore nell'Obersalzberg con il comandante del *Reich*, Hitler avallò il comportamento delle *SS*: neppure a loro poteva essere attribuita la colpa dell'aumento dell'attività partigiana in Polonia o altrove. Quel giorno, Himmler scrisse: "Quando abbiamo affrontato la questione ebraica il Führer, nonostante le sommosse di cui la totale evacuazione sarà causa nei prossimi 3-4 mesi, si è espresso in favore di tale procedura. Bisognerà imparare a convivere con i tumulti".

Alla Berghof, la questione ebraica era tabù. Pochi giorni dopo la visita di Himmler, Baldur Schirach[64] e la graziosa consorte Henriette furono tra gli ospiti di Hitler. Mentre il Führer sorseggiava il suo speciale tè aromatico e gli altri gustavano vino o cognac, Henriette raccontò che ad Amsterdam, alcuni giorni prima, aveva assistito alla deportazione, su autocarri aperti, di un gruppo di ebrei.

"Lei ne è al corrente?" domandò la donna. "Consente tali azioni?"

"Quegli ebrei", disse Hitler, "vengono portati a lavorare. Non deve provare pena per loro. I nostri soldati stanno sacrificando la loro vita in battaglia!"

Più tardi, tornò sull'argomento: "Lasci che le dica una cosa: questa è una bilancia", spiegò, disponendo le mani in modo da simularne i piatti. "La Germania ha sacrificato in guerra mezzo milione dei suoi uomini migliori. Devo forse preoccuparmi della sorte di altri? Vorrei che qualcosa della nostra razza sopravvivesse da qui a 1.000 anni". E, in tono di rimprovero, concluse: "Lei, mia cara signora, deve imparare a odiare!"

Gli Schirach si trovavano ancora lì la sera successiva, quando Goebbels, maliziosamente, portò la conversazione su Vienna. Fino alle 4:00 del mattino, Hitler fece dei raffronti tra i viennesi di Schirach e i berlinesi di Goebbels, finché Henriette fu sul punto di scoppiare in lacrime. I berlinesi, disse il Führer, sono dei gran lavoratori, intelligenti e politicamente molto acuti. Goebbels riportò in seguito: "La signora Schirach, in particolare, si è comportata come una stupida e più tardi ha dato sfogo al proprio malessere asserendo di voler far ritorno a Monaco con il marito: in fondo, al posto del consorte, il Führer, poteva mandare a Vienna Giesler".

64 Ndt. Baldur Schirach (1907 – 1974) fu uno dei leader nazisti a capo della Gioventù hitleriana e divenne, successivamente, gerarca e governatore del Reich a Vienna. Le sue attività lo portarono ad essere accusato di crimini di guerra al processo di Norimberga. Nonostante le critiche contro il duro trattamento riservato agli ebrei in viaggio verso Est e malgrado le proteste sull'operato tedesco durante la Notte dei cristalli e le brutalità inflitte alle popolazioni slave, egli non rassegnò mai le dimissioni. Tale disapprovazione, però, screditò il suo operato presso Hitler fin dal 1943.

"Mi dica", la stuzzicò Hitler, "suo marito è il rappresentante del *Reich* a Vienna, o il rappresentante di Vienna nel *Reich*?" I coniugi Schirach, offesi, se ne andarono quella notte. Non ebbero più modo di rivedere Hitler.

A Wuppertal, una città della Ruhr, quella stessa notte 3.000 civili caddero sotto un bombardamento britannico. Il giorno seguente, Hitler decise di tenere a Göring una lunga predica. Come sosteneva Goebbels, il credito del maresciallo del *Reich* era ridotto ai minimi termini. Göring stesso ne era consapevole, tanto da annotare una lista di cose con cui intendeva giustificarsi:

"La situazione al Sud! Nel Sud-est! Nel Nord! La mia stessa posizione come comandante in capo. La controversia tra Jeschonnek (in partenza) e Milch (ed Ernst Udet). Le mie attività (mostrare le registrazioni stenografiche, il diario degli appuntamenti). Occorre influenzare i subordinati, consultarsi con loro. La fiducia che le truppe nutrono per me! Il peggio sarà passato in autunno. Ispezione. Un esempio: i motori degli aerei di Vienna funzionano! I miei attuali compiti: revisionare le forze aeree; definire gli obiettivi tecnologici; risollevare gli animi dalla depressione".

I bombardamenti erano diventati per Hitler un incubo, anche se, in verità, la distruzione di alcuni antiestetici agglomerati urbani della Ruhr non lo turbava più di tanto: un giorno, profetizzò, in Germania sarebbero circolate 10 milioni di *Volkswagen* e 5 milioni di altre auto, per cui molte delle città andate distrutte avrebbero dovuto in ogni caso essere ricostruite e dotate di strade più ampie. Restava il fatto che, oltre ad incidere negativamente sul morale della popolazione, i raid obbligavano Speer a spostare 100.000 uomini, per riparare i danni subiti.

In quel periodo, ogni velivolo tedesco era impiegato per l'*Operazione Cittadella* e per l'Italia, ma il Führer disse a Goebbels che aveva dato disposizioni di potenziare le difese antiaeree e i caccia notturni. Uno di questi, dotato di un nuovo cannone da 30 mm, aveva abbattuto, solo pochi giorni prima, 5 bombardieri nemici in una sola notte. Pur mostrandosi, nei confronti di Göring, estremamente paziente, Hitler convocò, all'insaputa di questi, i maggiori fabbricanti di aerei per avere notizie certe in merito alla carente produzione aeronautica.

Il professor Ernst Heinkel[65] espresse l'impossibilità di produrre un eccellente bombardiere pesante, soddisfacendo nel contempo l'insistente richiesta di Göring che *l'Heinkel 177* divenisse un bombardiere in picchiata[66]. Inoltre, quando Hitler chiese ragguagli al professore Willy Messerschmitt[67] in merito al nuovo aereo a reazione *Me262*: questi gli fece notare che il consumo di carburante del velivolo sarebbe stato di gran lunga superiore a quello del *Me-209*. Hitler allora decise di annullarne la produzione di massa decisa da Milch.

Il 29 giugno 1943, Hitler decise di trasferire nuovamente il suo quartier generale alla *Tana del Lupo*. Come stabilito, riteneva che l'*Operazione Cittadella* potesse concretizzarsi nell'arco di una settimana. In merito a quell'attacco, tutto sembrava testimoniare una crescente preoccupazione di Stalin: il 21 giugno, l'inviato tedesco a Stoccolma aveva inviato un cablogramma annunciando che il diplomatico sovietico A. M. Alexandrov desiderava "incontrare un funzionario del ministero degli Esteri tedesco ch'egli aveva già avuto piacere di conoscere". Il 1° luglio, un articolo apparso su una rivista sovietica irrise l'idea di "una colpa collettiva" attribuita dall'Occidente alla Germania, lasciando intendere che, per i russi, il *Reich* avrebbe anche potuto tenersi la Polonia e i territori dei Sudeti.

Proprio quel 1° luglio, Hitler giunse alla *Tana del Lupo*. Poiché faceva un freddo inconsueto per quella stagione, Morell gli iniettò un cocktail vitaminico più forte del solito e del *Tonophosphan*. Quella sera stessa, il Führer tenne un discorso ai re-

---

65 Ndt. Ernst Heinkel (1888 - 1958), fu un progettista e costruttore di aerei, a cui si deve il nome della Heinkel Flugzeugwerke, azienda aeronautica tedesca, famosa soprattutto per i bombardieri in dotazione alla Luftwaffe durante la seconda guerra mondiale.

66 Ndt. Si tratta di un bombardiere che sgancia la bomba mentre vola in picchiata verso l'obiettivo, in modo da aumentare la precisione. Ciò richiede molta bravura da parte del pilota; inoltre l'aereo deve essere particolarmente robusto strutturalmente perché deve sostenere durissime sollecitazioni.

67 Ndt. Wilhelm Emil Messerschmitt (1898 -1978), progettista e ingegnere tedesco, è considerato un pioniere dell'aviazione.

sponsabili dell'*Operazione Cittadella*, riuniti nel vicino quartier generale di Zeitzler spiegando loro perché avesse ripetutamente procrastinato quell'azione. Adesso, benché per metà fossero del vecchio *Tipo III*, disponeva di 2.000 carri armati per la battaglia. "[Il Führer] ha toccato, con voce grave e chiara, i seguenti punti", annotò il generale Friessner:

"La nostra situazione. La colpa delle nostre disgrazie deve essere totalmente attribuita ai nostri alleati. Gli italiani ci hanno completamente abbandonato. Se questi, come il Führer aveva più volte chiesto, avessero tempestivamente impegnato la loro flotta per scortare e trasportare in Africa rifornimenti e truppe, saremmo ancora là a combattere. Adesso le loro navi colano a picco, senza neppure avere mai abbandonato il porto. Confronto con il primo conflitto mondiale, quando anche noi preservammo la nostra flotta, fino a quando fu troppo tardi per impiegarla. Gli italiani hanno fallito su ogni fronte. Lo stesso dicasi per l'Ungheria [...]. Romania inaffidabile: il fratello del maresciallo, il Primo ministro Mihai Antonescu è un personaggio ambiguo. Finlandia allo stremo delle forze; disordini interni con i socialdemocratici, spalleggiati dal governo svedese. Qual è la posta in gioco? Se la Germania perdesse i territori conquistati, non resisterebbe a lungo. Deve conquistare l'egemonia sull'Europa. Dobbiamo resistere saldamente nelle attuali postazioni. I soldati debbono comprenderlo, altrimenti riterranno vani i loro sacrifici. Qualunque cosa accada, non dobbiamo perdere i Balcani perché da quella regione provengono le materie prime fondamentali per la guerra. Gli italiani, sostituiti dai tedeschi, sono usciti dalla Grecia. Da allora, ci sentiamo più sicuri. Creta è saldamente nelle nostre mani: in questo modo impediamo al nemico di procurarsi basi aeree. La Germania e l'Europa devono essere difese quanto più lontano dai nostri confini: finora la cosa ci è perfettamente riuscita. Le milizie tedesche attualmente occupano le isole di Rodi, la Sicilia, la Sardegna e la Corsica: gli italiani le avrebbero abbandonate da tempo, come hanno fatto con Pantelleria, senza combattere. Fronte orientale. Non cederemo un metro... I sovietici stanno aspettando il momento propizio e impiegano il loro tempo preparandosi all'inverno. Non possiamo permetterglielo, perché l'inverno ci è nemico. Per questo dobbiamo distruggerli".

Quest'ultima frase indica chiaramente l'obiettivo limitato dell'*Operazione Cittadella*. Hitler concluse: "Il dado è tratto. Adesso dobbiamo fare quanto in nostro potere per assicurarci la vittoria".

L'operazione in sé non fu quasi discussa: mentre il generale Model manifestava nuovamente i suoi timori, Göring e Manstein condividevano il generale ottimismo. Jodl si mostrava perplesso, attanagliato com'era dalla paura che li attendesse una lunga e difficile battaglia. Hitler rassicurò tutti: seppur rischioso, quell'attacco sembrava ormai inevitabile. Era fondamentale che quell'offensiva fornisse una vittoria tale da "dissipare le preoccupazioni delle nazioni amiche e infrangere ogni speranza ancora presente nei popoli soggiogati dai tedeschi".

L'*Operazione Cittadella* ebbe inizio nelle prime ore del 5 luglio. I sovietici, grazie alla decodificazione dei messaggi intercettati dagli inglesi, erano stati allertati anzitempo. Ne seguì una sanguinosa battaglia di enormi proporzioni. Smanioso di sentirsi annunciare grandi vittorie, Hitler telefonò ripetutamente a Zeitzler e Jeschonnek per chiedere notizie. Verso sera, sembrava che le cose volgessero al meglio. Le squadriglie aeree combinate dei generali Dessloch e Ritter Greim (la Quarta e la Sesta) avevano compiuto 4.570 missioni distruggendo 432 velivoli russi. Manstein era penetrato per 18 chilometri, in direzione nord, nelle linee nemiche; Kluge era avanzato 11 chilometri verso di lui, in direzione sud. Al centro si trovava la città di Kursk, difesa dai 3.000 mezzi corazzati di Stalin.

Nelle prime ore del 6 luglio, Morell, visitato Hitler, scrisse: "Le solite iniezioni... A causa della tensione ha dormito solo 3 ore: da ieri è in corso un'offensiva sul fronte orientale". Il medico consigliò al Führer di fare almeno un riposino pomeridiano.

Alla *Tana del Lupo* si avvertiva una sorta di euforia. Nei primi tre giorni, i caduti tedeschi ammontavano a 30.000 uomini, ma Zeitzler riferì che le perdite dei carri armati erano ragionevoli. Al giorno 8 erano già stati distrutti 460 carri armati nemici: in una sola giornata la Quarta Armata Corazzata di Hoth ne tolse di mezzo 195.

Nel frattempo, a sud, l'inadeguatezza tecnica del tanto decantato *Panzer* rallentava e indeboliva la forza d'urto di Manstein. Durante il primo giorno solo 40 furono esenti da guasti meccanici. Tuttavia, mentre a nord la Nona Armata di Model faticava a spingersi oltre, a sud, innanzi a Manstein c'era quasi il vuoto. Il 9 luglio, Rommel scrisse nel proprio diario: "Mezzogiorno, Consiglio di guerra con il Führer: l'attacco a Oriente procede bene".

Quel pomeriggio, Hitler ricevette i primi rapporti in merito a una massiccia presenza nemica nel Mediterraneo. La *Luftwaffe* aveva avvistato alcune imbarcazioni nemiche, salpate da Malta e Pantelleria, far rotta verso la Sicilia. Giunsero dispacci inerenti il lancio di paracadutisti e pesanti cannoneggiamenti navali su alcuni porti orientali dell'isola: Siracusa, Catania, Augusta. Poi, il mattino seguente, gli Alleati sbarcarono. Durante il pomeridiano Consiglio di guerra, Hitler fu informato che l'operazione coinvolgeva 300 imbarcazioni nemiche.

Tutto ciò avveniva nel momento meno propizio ai piani del Führer, al quale giunsero anche informazioni estremamente irritanti sul comportamento degli ufficiali italiani. L'ammiraglio Leonardi, comandante di Augusta, aveva riferito, mentendo, che l'11 luglio, all'arrivo dei mezzi da sbarco nemici, le milizie italiane avevano reso inutilizzabili i propri pezzi d'artiglieria e fatto esplodere i depositi di armi, munizioni e carburante.

Nel pomeriggio dell'11 luglio, nel settore coperto dalla brigata di Schmalz non era rimasto un solo soldato italiano, né alcun generale. Durante la mattinata gli ufficiali, abbandonati i propri contingenti, si stavano dirigendo, in bicicletta o con altri mezzi di fortuna, verso Catania.

Come se ciò non bastasse il 12 luglio, allorché il nemico aveva sbarcato ormai sul territorio siculo 160.000 uomini e 600 mezzi corazzati, Stalin sferrò una controffensiva. Per quale motivo dunque Hitler palesava ancora ottimismo? Secondo lui, l'*Operazione Cittadella*, seppure preventivamente interrotta, aveva sventrato le difese sovietiche: al 13 luglio, Manstein aveva fatto migliaia di prigionieri, catturato o distrutto 1.800 carri armati nemici, 267 pezzi d'artiglieria e 1.080 cannoni anticarro. Secondo Hitler, quel contrattacco rappresentava l'unica alternativa di Stalin, perché in Russia dilagava la carestia e l'inquietudine delle masse lasciava presagire il pericolo di un'insurrezione[68]. Questa opinione era avvalorata dai servizi segreti di Zeitzler che, frugato tra centinai di sacchi di posta sottratti ai russi, avevano riscontrato, in molte missive, paragoni tra il 1943 e la disastrosa carestia diffusasi in Unione Sovietica nel 1921.

Soprattutto, Hitler era adesso sostenuto dalla prospettiva "delle armi segrete" tedesche. L'8 luglio, Dönitz si presentò con i bozzetti del nuovo sommergibile *Tipo XXI*, completamente elettrico e con una velocità di immersione così alta da rendere vani tutti gli espedienti difensivi del nemico. I suoi esperti prevedevano che i primi sommergibili sarebbero stati pronti per il novembre del 1944 e Dönitz confidava di poterli dotare altresì di un'apparecchiatura che, laddove intercettati da un radar, ne avvertisse l'equipaggio. Inoltre, era stata predisposta una nuova mina anti-nave, così potente e talmente difficile da vanificare che, per il momento, il Führer preferiva non utilizzare per il timore che il nemico potesse catturarne una e riprodurla in numero maggiore. Quando Speer apparve, Hitler disse: "La cosa più importante è realizzare questo nuovo *U-Boot*". Speer rispose: "Su questo concordiamo tutti. Abbiamo già disposto che la cosa sia di assoluta priorità".

Quel medesimo giorno, Speer portò da lui i più importanti scienziati del laboratorio di ricerche sui razzi in dotazione all'esercito, che lavoravano a Peenemünde. Hitler si era mostrato

68 Nda. Secondo Hitler la controffensiva di Stalin costituiva il disperato slancio finale. Milch, che incontrò Hitler il giorno seguente, rassicurò così il suo staff: "I Russi dovevano attaccare. Non avevano alternative. Hanno problemi interni talmente gravi, e così poche possibilità che le cose migliorino, che hanno senza dubbio pensato: 'Se non concludiamo questa guerra al più tardi entro il prossimo inverno, sarà finita per noi!'". Documenti di Milch file originali restituiti all'Archivio Federale tedesco di Friburgo – n.22, pag. 6076. Vedi anche il commento di Backe, riportato dalla moglie in una lettera alla vedova di Heydrich, datata 25 giugno: "Mio marito pensa sia positivo che i russi stiano attaccando. È un segno della loro debolezza". Le parole di Himmler e di Goebbels, scritte nei loro diari dopo il Consiglio di mezzogiorno di Hitler del 28 luglio, sono molto simili.

piuttosto scettico nei confronti dei progetti per il razzo *A-4*, ma Brauchitsch li aveva magnificati, il generale Friedrich Fromm, comandante dell'esercito dei riservisti, ne era uno zelante sostenitore e, nel 1942, allorché aveva visitato Peenemünde, lo stesso Speer aveva dato al progetto il proprio consenso. Qualche mese dopo, Hitler aveva detto a Speer che l'*A-4*, fino a che non ne fossero stati disponibili 5.000 pezzi e si fosse certi di poterne produrre al ritmo di 3.000 al mese, sarebbe stato inutile.

Il problema consisteva nel fatto che quel razzo, pur portando una sola testata esplosiva da una tonnellata, costava quanto 100 bombe volanti di Milch: il carburante di cui si avvaleva era costituito da ossigeno liquido e alcol puro, e l'alluminio e le componenti elettroniche che richiedeva avrebbero potuto avere migliore utilizzo nelle fabbriche della *Luftwaffe*. Ma queste cose, Speer, non ancora responsabile della produzione aerea, al momento preferiva ignorarle. Così, l'8 luglio, egli presentò al Führer gli uomini che lavoravano al progetto *A-4*: Gerhard Degenkolb, responsabile della produzione; il generale Walter Dornberger, comandante di Peenemünde e il giovane rappresentante e responsabile del corpo progettuale, Wernher Braun[69]. Sia l'esercito sia la *Luftwaffe* assicurarono che i loro missili potevano essere operativi contro l'Inghilterra entro la fine dell'anno.

Due giorni dopo, Himmler giunse alla *Tana del Lupo*. Il razzo *A-4* era in cima alla lista dei suoi argomenti. Himmler sapeva come evitare di deludere e di tediare il Führer. Quel giorno, il comandante del *Reich* si fece sostenitore dell'idea di spingere l'esercito partigiano polacco contro Stalin. I partigiani polac-

69 Ndt. Wernher Braun (1912 – 1977), scienziato e ingegnere tedesco, fu una delle figure principali nello sviluppo della missilistica in Germania e negli Stati Uniti, dove è ritenuto il capostipite del programma spaziale americano. Nella primavera del 1945, Braun e altri scienziati si consegnarono agli americani. Il 20 giugno di quell'anno, il segretario di stato americano Cordell Hull ordinò il trasferimento sul suolo statunitense degli specialisti tedeschi (Operazione Paperclips). Trasferiti a Fort Bliss, nel Texas, in una grande installazione militare, furono costretti a vivere in baracche dissestate, prive di servizi, sotto costante sorveglianza e lontani dalle proprie famiglie. Lo staff di Braun addestrò il personale militare, industriale e universitario sulla complessità della missilistica e proseguì gli studi sulle future applicazioni dei razzi militari. Nel 1970, Braun venne nominato delegato al NASA's Deputy Associate Administrator for Planning.

chi sembravano infatti amaramente delusi dalle promesse fatte loro da Chamberlain, non mantenute da Churchill. Quando la Gestapo ne aveva catturato il leader, il generale Stefan Rowecki, Himmler aveva intuito che avrebbe potuto convincerli a battersi contro Stalin in appoggio alle forze di occupazione tedesche. Hitler, letto il fascicolo riguardante Rowecki, ammise trattarsi di un'ottima iniziativa. Ciò nonostante, preferiva lasciar perdere: il generale polacco, avendo la stoffa del capo, apparteneva a un genere di uomo troppo pericoloso. Himmler annotò: "Il Führer ha poi ripetuto i concetti alla base della nostra politica in Polonia. Io li conoscevo già e li condivido pienamente". Hitler non avrebbe, però, esitato a servirsi di soldati stranieri che non fossero slavi. In particolare, avrebbe desiderato persuadere i prigionieri britannici a unirsi a lui.

Il 29 novembre 1942, Hewel aveva annotato a seguito di un colloquio con il Führer:

"Egli ritiene che molti inglesi siano insofferenti verso il proprio governo, perché temono che, in futuro, ebrei e bolscevichi assumano il controllo dell'impero. Considera possibile che, laddove adeguatamente sensibilizzata, possa essere istituita una legione britannica che combatta contro i bolscevichi. Un contingente britannico sarebbe da lui accolto con gioia".

La controffensiva di Stalin partita a nord di Kursk aveva come obiettivo l'Orël. Il 13 luglio, Hitler convocò i comandanti dei Gruppi d'Armate Manstein e Kluge. Il secondo spingeva affinché l'*Operazione Cittadella* fosse sospesa, mentre il primo, ancora pieno di ottimismo, esprimeva parere opposto. Le sue armate si trovavano a un passo dalla vittoria e, se avesse potuto contare sul Ventiquattresimo Corpo Corazzato, il successo sarebbe stato garantito.

I sovietici avevano gettato nella battaglia le loro ultime riserve e lui si diceva certo di poter accerchiare e distruggere metà delle truppe schierate a difesa di Kursk. Se la battaglia fosse stata abbandonata, il nemico si sarebbe trovato in possesso di forze tali da poter in futuro causare problemi in qualsiasi altra parte del fronte.

Quando Kluge dichiarò che la Nona Armata non poteva riprendere l'attacco né in quel momento né successivamente, Hitler esclamò irritato: “I sovietici riescono a risolvere tutto e noi non siamo capaci di niente”.

Così la battaglia si concluse senza vincitori, né vinti. I tedeschi avevano perso 20.720 uomini, dei quali 3.300 erano deceduti. “Questa è l’ultima volta che presterò attenzione ai consigli dello Stato Maggiore generale!” annunciò Hitler ai suoi aiutanti. Ai sovietici era stato richiesto un tributo ben maggiore: 17.000 morti e 34.000 prigionieri. Le loro riserve erano state decimate e, come conseguenza, nelle settimane successive l’offensiva condotta dai russi fu fiacca.

Il 17 luglio, quando sferrarono un ulteriore attacco sul fronte meridionale di Manstein, furono duramente respinti dalla Prima Armata Corazzata di Mackensen e dalla nuova Sesta Armata del generale Karl Hollidt, che, in sole due settimane, fecero 18.000 prigionieri e distrussero 700 carri armati. Allorché Stalin, il 24, annunciò la vittoria sovietica a Kursk, sostenendo che 70.000 tedeschi erano morti e 2.900 carri armati distrutti, Hitler commentò: “Ho la sensazione che Stalin abbia calato il sipario... Ha anch’egli abbandonato ogni velleità di avanzare”.

Se sul fronte russo sembrava garantita una certa stabilità, in Sicilia la situazione volgeva al peggio. Gli italiani si accontentavano di fingere di battersi e tutto lasciava supporre che i generali e il re stessero tramando contro il Duce. Cos’altro avrebbe motivato l’assurda richiesta di Ambrosio, impossibile da soddisfare, di un immediato rifornimento di aeroplani e carri armati?

L’esercito americano, nella Sicilia occidentale, si sbarazzò degli italiani con estrema facilità, ma l’Ottava Armata britannica fu fermata da una resistente linea difensiva, apportata da forze prevalentemente tedesche, in prossimità dell’Etna. Mussolini tentò di far ricadere la responsabilità della perdita della Sicilia sui tedeschi, colpevoli di non aver soddisfatto le richieste di Ambrosio. Il 13 luglio, 30 torpediniere italiane salparono per attaccare le navi degli Alleati al largo di Siracusa, ma tornarono indenni, sostenendo di non aver trovato alcuna traccia del nemico. Richthofen annotò con disprezzo: “Come era immaginabile, la flotta italiana, per salvare il proprio onore, neppure si è avventurata in mare aperto”.

Dönitz telefonò al quartier generale del Führer dichiarando che, se solo Hitler lo avesse ordinato, lui era pronto ad assumere immediatamente il comando della marina italiana, così da mettere in azione almeno i cacciatorpedinieri e i sommergibili. Hitler, ormai disposto a calpestare la sovranità italiana, inviò in Sicilia un maggiore con l'ordine verbale di far sì che il comandante delle forze tedesche assumesse tale comando, "escludendo con discrezione" gli italiani dal controllo della situazione. Nominato un comandante tedesco anche per lo stretto di Messina, le batterie italiane presenti in loco avrebbero dovuto, se necessario, essere presidiate da soldati tedeschi. Dönitz inviò immediatamente 1.723 artiglieri navali.

Il giorno 14, l'*OKW* aggiornò i piani di emergenza per un'azione lampo tedesca nei Balcani ancora occupati dagli italiani e in Italia. Hitler mostrò ai propri collaboratori una lettera di Mussolini, preparata da Ambrosio, in cui il Duce chiedeva 2.000 aerei a Milch. Nelle ultime tre settimane, durante gli attacchi sui loro aeroporti gli italiani avevano perso 320 velivoli. Su 40 caccia, 36 avevano riportato danni alle ruote perché gli italiani, dopo le incursioni, non si curavano neppure di ripulire le piste dai frammenti delle bombe. Milch assicurò all'ambasciatore italiano che "il Führer difficilmente avrebbe potuto fornire al proprio paese un appoggio aereo migliore di quello concesso all'Italia. Centinaia di aerei stanno già volando verso la penisola e altre centinaia, sottratti alla difesa del nostro spazio aereo occidentale, vi giungeranno tra breve". Eppure, come avvertì Jodl, era possibile che Ambrosio stesse tramando di trascinare il maggior numero possibile di divisioni d'élite tedesche a sud, dove avrebbero potuto essere tagliate fuori e, al momento opportuno, consegnate al nemico su un piatto d'argento.

Hitler doveva convincere il Duce a liberarsi del generale Ambrosio, che Mussolini medesimo sembrava aver nominato per farsi scavare la fossa. Dönitz chiese che venisse ridimensionato anche il comando italiano della marina, per arginare la sua negativa influenza sulla guerra. Hitler decise di incontrare nuovamente il Duce e, nel frattempo, designò il generale Hube, veterano di

Stalingrado, quale comandante di tutte le truppe terresti presenti in Sicilia. Göring cercò in ogni modo di fargli scegliere Rainer Stahel, suo protetto, ma l'opinione di Rommel prevalse.

Hitler avrebbe voluto affidare allo stesso Rommel il comando su tutto il territorio italiano, ma Göring si prese la sua personale rivincita.

Il 18 luglio, Rommel scrisse: "Ho appreso che al Führer è stato consigliato di non nominarmi comandante in capo in Italia, perché si vocifera ch'io sia ostile agli italiani. Immagino che dietro tutto ciò ci sia la *Luftwaffe*".

Vennero istituiti due nuovi Gruppi di Armate: il Gruppo B, che Rommel avrebbe comandato da Salonicco, si sarebbe occupato di Grecia, Creta e dell'Egeo. Il Gruppo E, comandato da Belgrado dal generale Löhr, avrebbe invece controllato il resto dei Balcani. L'incarico di Rommel durò appena una settimana.

Le preoccupazioni dategli dall'Italia mettevano letteralmente sottosopra lo stomaco di Hitler. Alle 10:30 del 18 luglio 1943, prima di partire per la Berghof con il suo *Condor FW200*, fece chiamare urgentemente Morell.

Il medico scrisse nel proprio memoriale:

"Il Führer dice che, avendo dalle 3:00 di questa mattina violenti crampi allo stomaco, ha trascorso la notte insonne. Il suo addome è duro come un pezzo di legno e colmo di gas... Hitler appare pallido ed estremamente nervoso: domani, in Italia, lo attende una delicata riunione con il Duce. Diagnosi: costipazione spastica indotta dal superlavoro degli ultimi giorni... Poiché prima della partenza, fissata per le 15:30, non può sottrarsi ad alcuno degli importanti colloqui decisionali, non potendo somministrargli narcotici, ho predisposto un'endovena di *Eupaverin* [sostituto della morfina], qualche delicato massaggio al ventre, due compresse di *Euflat* e tre cucchiaini di olio di oliva (...). Prima del trasferimento all'aeroporto gli ho fatto un'iniezione intramuscolare di *Eukodal*. Ha un pessimo aspetto e si sente spossato".

Göring, che li raggiunse sull'aereo, non lesinò a Morell i suoi consigli: il Führer, raccomandava, avrebbe dovuto assumere più dosi di *Euflat* e compresse di *Luizym*.

Hitler, sparse le sue carte su un tavolino pieghevole, si sedette dietro la cabina di pilotaggio, riflettendo sul fatto che le cose stavano procedendo proprio come lui temeva. "Questo il motivo per cui ero tanto preoccupato all'idea di sferrare l'offensiva a Est", avrebbe detto qualche giorno più tardi. "Continuavo a pensare che prima o poi ci saremmo trovati inguaiati a Sud".

Morell commentò nel proprio diario:

"Alla Berghof, dopo avergli praticato un ulteriore massaggio, gli ho dato altro *Euflat*, seguito da *Luizym*, che da qualche tempo gli somministro abitualmente".

Hitler si coricò poco prima di mezzanotte. Morell lo svegliò alle 6:30 del giorno seguente, 19 luglio, per fargli le consuete iniezioni.

"L'addome è morbido, ha dormito bene".

Il dottore fornì al Führer molte barrette di *Vitamultin*, perché le ingerisse durante il viaggio verso Treviso, dove avrebbe incontrato il Duce.

L'aereo di Hitler decollò alle 7:30.

La sua nuova strategia era di indurre gli Alleati a inviare sempre più truppe in Sicilia. In seguito a ciò, la *Luftwaffe*, attaccato le navi che portavano i rifornimenti, avrebbe affamato gli invasori fino a costringerli alla resa. Una sorta di Tunisi a parti inverse. Per questo, aveva deciso di mettere Mussolini di fronte a un ultimatum personale: la Sicilia doveva essere difesa efficacemente, col proposito di tornare in seguito all'offensiva, oppure doveva essere abbandonata, spostando la battaglia decisiva nella penisola. Mussolini, probabilmente, avrebbe voluto obiettare che il suo paese non era più in condizioni di battersi, ma Hitler non gli diede alcuna possibilità di esprimersi. Un resoconto, che emerge dai diari di Mussolini, testimonia gli accadimenti di quell'incontro:

Treviso. Il Führer è atterrato puntualmente alle 9:00. Passata in rassegna la guardia d'onore, ci siamo avviati verso la stazione. Dopo circa un'ora, siamo scesi dal treno in prossimità di Feltre. Un'auto ci ha condotti alla villa designata per l'incontro, la casa del senatore Gaggia, un vero labirinto di stanze e saloni che ancora rammento come un incubo. Durante il viaggio, ho chiacchierato con il Führer del più e del meno, su un'automobile scoperta e sotto un sole scottante. Il colloquio è iniziato a mezzogiorno... Hitler ha parlato per un paio di ore. Le sue parole sono state stenografate e il testo integrale del suo discorso è conservato negli archivi del ministero degli Esteri. Aveva appena iniziato quando il mio segretario ha portato un messaggio telefonico giunto da Roma: 'Dalle 11:00 Roma è sotto un massiccio bombardamento aereo'. Ne ho informato il Führer e tutti i presenti. La notizia ha creato un po' di tensione, crescente a ogni nuovo ragguaglio sull'intensità, la durata, il numero dei bombardieri e i danni prodotti dall'attacco. Gravi danni all'università e alla chiesa di San Lorenzo. Quando Hitler ha concluso il suo discorso, tra noi ha avuto luogo un primo, confidenziale scambio di opinioni. Il Führer mi ha annunciato due fatti importanti: primo, la guerra sottomarina stava per essere ripresa con nuovi mezzi; secondo, alla fine di agosto la *Luftwaffe* avrebbe condotto rappresaglie su Londra, radendola al suolo in una settimana. Ho risposto che, in previsione della repliche, senz'altro provocate da ciò, le difese aeree italiane dovevano essere rinforzate. Poi, sono stato costretto ad allontanarmi per ricevere nuovi aggiornamenti. Al mio ritorno, era per lui tempo di andare. Soltanto durante il tragitto di un'orain treno ho potuto far capire al Führer che l'Italia stava subendo l'offensiva di due imperi, Gran Bretagna e Stati Uniti. Ne sussisteva un pericolo reale e crescente che ne uscisse stritolata. Il bombardamento delle nostre città danneggiava non solo il morale e la capacità di resistenza del nostro popolo, ma anche la nostra produzione bellica. Gli ho nuovamente fatto notare che la campagna in Africa sarebbe finita diversamente se la nostra aviazione fosse stata almeno pari in forze a quella del nemico. L'ho anche avvertito che nel mio paese la tensione nervosa ha raggiunto un livello pericoloso. Lui mi ha risposto che la crisi italiana, essendo di comando, si può definire una crisi umana. Manderà rinforzi all'aviazione e divisioni terrestri per difendere la penisola. Ha dichiarato che la difesa dell'Italia è cosa di massimo interesse anche per la Germania. Le sue parole sono sempre state amichevoli e ci siamo salutati nel migliore dei modi. Poco dopo, l'aereo del Führer è decollato.

Hitler rimase soddisfatto di quella visita in Italia, che fu anche l'ultima. Credeva di essere riuscito a rivitalizzare lo sforzo bellico italiano. I suoi generali erano di tutt'altro avviso. Quel giorno, Richthofen scrisse:

"Alla villa, il Führer ha tenuto un discorso di due ore su come combattere guerre e battaglie. Nessuno, a parte il Duce, ne ha capito una parola. Alla fine Ambrosio, con un sorrisetto, ha osservato che quello non era stato un colloquio ma un disloquio... Hitler, dopo aver parlato con tanta energia, era stanco, ma di ottimo aspetto, migliore di quello di Mussolini... Tutta questa sceneggiata, probabilmente, ha prodotto molto meno di quanto si possa celare sotto un'unghia".

"Stasera, tornato nell'Obersalzberg", annotò soddisfatto Morell. "Hitler si sente nuovamente bene e ha dichiarato che il merito del successo conseguito oggi mi appartiene".

Quella notte, 19 luglio, Bormann mostrò al Führer un rapporto dei servizi segreti inviato da Himmler alla Berghof. Questo conteneva la prova che si stava preparando "un colpo di stato per estromettere il Duce in favore del maresciallo Badoglio". Il rapporto diceva anche: "È risaputo il legame di Badoglio con la massoneria. Si vocifera che sia sua ferma intenzione, nel momento in cui gli Alleati avranno ultimato l'occupazione della Sicilia, intraprendere colloqui di pace". Inutile avvertire il Duce. Egli appariva di un'ingenuità quasi infantile. Alla stazione, aveva detto a Hitler: "Non capisco perché i miei generali stiano trasferendo ingenti truppe a nord".

Intanto, alla frontiera, i funzionari delle ferrovie tedesche informavano l'*OKW* che gli italiani stavano ammassando munizioni nelle fortificazioni poste al confine con il *Reich*.

Il 20 luglio, Hitler invitò Rommel a partecipare alla consueta riunione serale: "Il colloquio del Führer con il Duce non ha prodotto alcun risultato", annotò nel suo diario il feldmaresciallo. "Duce incapace di agire come Hitler vorrebbe. Per il momento, devo assumere il comando della Grecia, comprese le isole, in modo da poter in seguito piombare sull'Italia". E il giorno successivo: "Riunione mattutina. Il Duce è informato delle intenzioni politiche dei suoi subalterni".

Il 23 luglio, Rommel partì per il suo ingrato compito in Grecia dove, oltre all'inaffidabile Undicesima Armata italiana, avrebbe comandato una divisione corazzata tedesca e tre divisioni di fanteria. Il giorno successivo, 24 luglio, nubi di tempesta si addensarono sull'Europa meridionale. A Hitler giunse notizia che il Gran Consiglio fascista, dopo molti anni, si sarebbe riunito quella sera a Roma. Quando la mezzanotte passò senza che da Roma giungessero notizie, Hitler borbottò che, se un tedesco avesse fatto a lui un tiro del genere, lo avrebbe immediatamente messo nelle mani di Himmler: "Che cosa può uscire di buono da una riunione del genere? Solo inutili chiacchiere!"

Prima che Hitler si coricasse, giunse un dispaccio che annunciava un massiccio attacco aereo inglese su Amburgo. Le prime raccapriccianti fotografie della città gli vennero mostrate il mattino seguente. Le strade apparivano disseminate di cadaveri. Si vedevano donne con i bigodini in testa e bambini che cercavano rifugio tra le braccia dei vigili del fuoco. In un solo quartiere si annoveravano 800 morti. Il 25 luglio, durante il pomeridiano Consiglio di guerra, Hitler apprese che il nemico aveva scoperto un modo per neutralizzare i radar a terra e quelli montati sugli aeroplani. Inoltre,molte delle difese antiaeree di Amburgo erano state trasferite in Italia. Hitler si fece forza: per il momento ciò che accadeva a Roma era più importante. Voltatosi verso l'ufficiale di collegamento di Ribbentrop, gli ingiunse: "Veda di scoprire quanto possibile". Hewel, rispose: "Alle 3:00 di questa mattina gli italiani hanno aggiornato la seduta del Consiglio. Appena ci saranno novità, la informerò". Più tardi, giunse notizia che Badoglio aveva chiesto all'ambasciatore tedesco di recarsi da lui. Nell'occasione, gli comunicò una notizia sconvolgente: Benito Mussolini aveva rassegnato le dimissioni e il re aveva chiesto a lui di formare un nuovo governo militare. "Badoglio è salito al potere", annunciò Hitler a Keitel quella sera, "il peggiore tra i nostri nemici!"

Operazione Asse

Il primo impulso di Hitler fu quello di mandare a Roma i paracadutisti, spazzare via la monarchia, i traditori, il Vaticano e rimettere Mussolini al potere.

All'alba del 26 luglio 1943, demoralizzato, inviò persino l'ordine all'esercito di abbandonare immediatamente la Sicilia, lasciando mezzi corazzati ed equipaggiamento in loco, perché tra la Sicilia e il Brennero praticamente non c'erano contingenti tedeschi. Lungo quei 1.500 chilometri di costa, il nemico avrebbe potuto sbarcare in ogni momento, sicuro di essere bene accolto dal nuovo governodi Roma. Se fosse stato al posto di Churchill, Hitler, per non perdere un'occasione tanto propizia, avrebbe colpito immediatamente. Col passare delle ore, la ragione prevalse e l'ordine non divenne operativo. Il tempo lavorava, in fondo, a vantaggio del Führer. Per tutto il mese di agosto, nonostante le proteste di Badoglio, la presenza in Italia della *Wehrmacht* fu progressivamente rafforzata e, in Sicilia, fu portata una brillante azione di retroguardia.

Quando, in settembre, Badoglio e i suoi generali dettero ragione alle più fosche previsioni del Führer, proclamando la resa, Hitler fu pronto a intervenire. La Divisione della Guardia del Corpo delle *SS* di Dietrich fu immediatamente trasferita sul fronte italico orientale e i 70.000 soldati tedeschi presenti in Sicilia riportati sulla terraferma.

La Terza Divisione di Granatieri Corazzati doveva occupare Roma, arrestare i componenti del nuovo governo, rapire il re e, soprattutto, il principe ereditario, che sarebbero stati tenuti come ostaggi per garantire che l'Italia rispettasse gli impegni presi con la Germania. Badoglio doveva essere catturato vivo o morto. Mussolini, qualora non fosse stato giustiziato, andava immediatamente rintracciato e liberato. Nel caso di una sua prematura morte, occorreva recuperarne il cadavere per impedire che il nemico lo esponesse in pubblico.

"Rommel! Trovatemi Rommel!"

Alle 23:15 del 25 luglio, l'*OKW*, rintracciato Rommel a Salonicco, gli comunicò di presentarsi urgentemente al quartier generale del Führer.

I fedelissimi del Führer, Himmler, Guderian, Goebbels e Göring si presentarono anch'essi a rapporto. Speer si trovava già alla *Tana del Lupo*. Ribbentrop, convalescente da una malattia polmonare, giunse pallido e teso. Dönitz scelse di portare con sé numerosi assistenti. Schmundt, in licenza, fu immediatamente fatto rientrare. Ciò che più irritava i gerarchi del partito era l'evidenza che bastasse così poco a rovesciare un regime.

"L'incredibile è che, in un attimo, l'intero movimento fascista si è dissolto", osservò Jodl. Hitler ordinò a Himmler di fare in modo che, in Germania, non accadesse niente del genere.

Che Mussolini fosse stato deposto era una cosa che a Hitler faceva ribollire il sangue. Il Führer non aveva dubbi sul fatto che Badoglio stesse in segreto già collaborando con il nemico. "Possiamo essere certi di una cosa: da traditori quali sono, ovviamente, proclameranno che hanno intenzione di continuare a combattere. Ma ci tradiranno!" E continuò: "Staremo al gioco, poi, al momento opportuno, metteremo le mani sull'intera banda".

Il 26 luglio, Hitler mandò il capitano Wolf Junge da Kesselring con l'ordine verbale di tenersi pronto a prendere Roma e impedire alla flotta italiana di dileguarsi. Poi, senza avvertirne Kesserling né gli italiani, incaricò la Seconda Divisione Paracadutisti di occupare un aeroporto nelle adiacenze di Roma e la Terza Divisione Corazzata di portarsi verso la periferia della capitale.

Nel padiglione del tè della *Tana del Lupo*, Himmler aveva allineato una mezza dozzina di agenti speciali della *Luftwaffe* e dell'esercito, candidati a guidare il commando per la liberazione del Duce che si sapeva essere stato tratto in arresto per ordine del re mentre lasciava la villa reale. Otto Günsche, guardia del corpo del Führer, condusse tali agenti nello studio di Hitler, dove questi chiese loro:

"Cosa pensate degli italiani?" L'ultimo tra questi, un corpulento ufficiale delle *SS*, sbottò: "Che domanda, *mein Führer*! Io sono austriaco!"

Il Führer scelse proprio questi. Otto Skorzeny, così si chiamava costui, sarebbe partito il giorno seguente alla volta di Roma insieme a Student, che si congedò con queste parole: "Missione difficile, ma di grande onore".

Hitler, spossato, quella sera cenò da solo, ma al Consiglio di guerra che seguì parteciparono non meno di 35 persone. Si andavano delineando due correnti: una, capeggiata da Dönitz e Jodl, contraria a un'azione preventiva contro l'Italia; l'altra, sostenuta dal Führer, favorevole a un intervento senza indugi.

Rommel voleva che l'intera operazione fosse adeguatamente preparata, ma Goebbels era dell'opinione che gli inglesi non sarebbero rimasti ad attendere mentre il feldmaresciallo ultimava i preparativi. Göring aveva già espresso la propria opinione a mezzogiorno: "È scontato che gli italiani si precipiteranno dagli Alleati a chiedere aiuto e protezione". Hitler fece notare: "Loro avranno comunque bisogno di un po' di tempo per predisporre l'invasione". Tutti, e specialmente Goebbels e Ribbentrop, si opposero alla proposta del Führer di occupare il Vaticano: Scuse 'a posteriori' non avrebbero riparato il danno che un'azione simile avrebbe arrecato all'immagine della Germania all'estero.

Nel frattempo, dal loro quartier generale in Italia, Kesselring e Richthofen continuavano a sostenere che Badoglio sarebbe rimasto fedele alla causa dell'Asse. Badoglio aveva ricevuto il primo quella sera: "Vede felmaresciallo", gli aveva detto con tono disarmante, "è questo il dilemma che mi tiene sveglio la notte: è possibile condurre alla vittoria un esercito sconfitto?"

Kesselring, innocentemente, riferì che Badoglio aveva preso il posto di Mussolini solo per salvare, per mezzo della sua energica guida, l'onore dell'esercito italiano.

Hitler rise dell'ingenuità mostrata da Kesselring.

Militarmente, il Führer era ben consapevole, una volta che Badoglio gli avesse voltato le spalle, di non poter difendere l'intero territorio italiano. "Nel caso, saremo costretti ad arretrare le nostre posizioni", affermò, indicando un punto sulla mappa.

Oltre ai contingenti che, dal sud della Francia, stava già trasferendo verso l'Italia settentrionale, voleva che dal Gruppo

Armate Sud di Manstein fossero distaccate 3 divisioni corazzate delle *SS*, politicamente più vicine al fascismo. Il loro trasferimento avrebbe a sua volta richiesto, sul fronte russo, il ripiegamento del saliente tedesco di Orël, per rendere disponibili nuove divisioni per Manstein.

Kluge, condotto il 26 al cospetto del Führer, si disse inorridito: "*Mein Führer*! Sono costretto a farle notare che, al momento, non possiamo privarci di alcuna unità".

Avrebbe potuto offrire aiuto solo quando il suo Gruppo di armate fosse arretrato sulla nuova linea *Hagen*, lungo il Dnepr; ma i lavori di costruzione del nuovo vallo orientale erano appena iniziati e non si sarebbero conclusi prima di settembre. Hitler temeva che la defezione di Badoglio sarebbe avvenuta prima.

"Per settembre è impossibile, feldmaresciallo!" ribatté il Führer. E commentò con rabbia: "Quel porco dall'altra parte fa avanzare le sue linee in due giorni e noi non riusciamo a ricacciarlo indietro!"

La sera successiva giunse da Roma Richthofen e il Consiglio di guerra durò fino a mezzanotte. "Tutti molto critici nei confronti di Kesselring", scrisse Richthofen. "Io ho contrattaccato. Effettivamente, alcuni dei suoi dispacci sono psicologicamente privi di tatto, ma sempre molto oggettivi e dettagliati. Io li condivido (...). Rommel nonsaniente e, grazie a Dio, non si esprime: sta prendendosi la sua rivincita sui tanto odiati italiani. Dönitz pare moderato e ragionevole. Gli altri, specialmente Ribbentrop, si limitano a ripetere ciò che dice il Führer".

Richthofen predisse che Badoglio avrebbe avanzato richieste militarmente impossibili, per poi servirsi del mancato esaurimento come pretesto per trattare con il nemico. Quasi a farlo apposta, di lì a poco, giunse da Roma un telegramma dell'ambasciatore Mackensen che annunciava proprio una richiesta di tal fatta pervenutagli dal governo italiano. Richthofen suggerì a Hitler di fingere di accettare tutto, per guadagnare il tempo necessario a immettere sul territorio le divisioni di Rommel. Ma il grande timore di Hitler era che, in tacito accordo con Badoglio, gli inglesi arrivassero improvvisamente in Italia via cielo e via mare. Richthofen, su questo punto, concordò e Hitler dispose: "Student deve al più presto portare a compimento la sua missione".

Fu allora che un arrogante intervento di Churchill trasse il Führer dal suo dilemma. Quegli, intervenendo alla Camera dei Comuni, dichiarò che solo "una resa incondizionata e totale" avrebbe impedito all'Italia di essere "bruciata e dilaniata da un'estremità all'altra". E poi: "dobbiamo lasciare che gli italiani cuociano nel loro brodo".

Adesso Hitler sapeva di avere tempo. Un messaggio fu inviato a Kesselring, in cui gli si raccomandava di fare in modo di evitare che Student "per un qualche malinteso" desse anzitempo inizio all'*Operazione Nero*, ovvero il piano per occupare Roma.

Quando, quel 28 luglio, il Führer raggiunse i suoi feldmarescialli a pranzo, si mostrava estremamente compiaciuto con se stesso poiché, in serata, alla fine si era deciso di non intraprendere azioni precipitose[70]. Nonostante le valutazioni stranamente rassicuranti dell'*Abwehr*, Hitler aveva prove più che sufficienti delle astute manovre di Badoglio.

Tramite un Istituto di Ricerca Postale gestito dalle *SS*, il 29 luglio, Hitler ottenne la trascrizione di una conversazione telefonica intercorsa tra Churchill e Roosevelt poco dopo la mezzanotte. In merito all'imminente armistizio con l'Italia, dal loro linguaggio si poteva facilmente intuire che, seppure Roosevelt fosse segretamente in contatto con re Vittorio Emanuele, sarebbe occorso parecchio tempo prima che l'Italia cambiasse schieramento. Innanzitutto, ciò dipendeva dalla definizione dei termini della resa e, in secondo luogo, secondo il volere di Churchill, dalla necessità di impedire che i 60.000 prigionieri britannici in Italia fossero deportati "nella terra degli Unni", come lui era solito definire la Germania.

Il 30 luglio, il Gruppo di Armate sotto il comando di Rommel riferì che le difese italiane lungo il Brennero continuavano a essere rinforzate. Nonostante ciò, i servizi segreti di Canaris persisteva-

70 Nda. Junge descrisse il sollievo diffusosi al quartier generale di Hitler, in seguito al discorso di Churchill. Sul diario dello staff navale è annotato, in data 27 luglio, che Churchill non avrebbe potuto fare una mossa migliore per la Germania e il giorno seguente è scritto "nei commenti al messaggio del Primo ministro inglese, gli italiani hanno potuto realizzare l'ipocrisia malcelata dietro la pretesa britannica di combattere unicamente il fascismo".

no nel minimizzare i fatti. Quando si ebbe notizia che il Comando Supremo italiano aveva bruciato i propri archivi segreti 48 ore prima della destituzione del Duce, il colonnello Alexis Roenne (capo dei servizi segreti di Zeitzler per il fronte ovest) sostenne che questo non indicava certo un tradimento. All'inizio di agosto, Canaris, recatosi al quartier generale del Führer, riferì di un colloquio che aveva appena avuto con Cesare Amé, generale e agente segreto italiano: il primo, in merito alla lealtà di Badoglio, rassicurò Keitel. "Non c'è alcuna trattativa di pace in corso"[71].

In agosto, le discrepanze tra le valutazioni di Canaris e Roenne e quelle fatte dalle *SS*, dal ministro degli Esteri e dal *Forschungsamt* divennero talmente evidenti, che la marina tedesca riportò nel proprio diario di guerra un commento scandalizzato. Il 6 agosto, nel corso di un colloquio tenutosi al Tarvisio con Keitel e Ribbentrop, il generale Ambrosio garantì nuovamente che l'Italia "avrebbe continuato a battersi a fianco della Germania". L'assenza di ulteriori richieste di rinforzi, da parte di quest'ultimo, confermò i sospetti di Ribbentrop, il quale chiamò immediatamente il Führer: "Tradimento sicuro al 100%".

I preparativi per l'occupazione dell'Italia e per la cattura, a La Spezia, della sua oziosa flotta proseguirono, per tutto il mese di agosto 1943, sotto il nome in codice *Asse*. Nonostante il proseguo delle ricerche, gli agenti del Führer non erano ancora riusciti a trovare Mussolini: tutto ciò di cui si era a conoscenza riguardava il suo essere in vita, perché Hitler ne ricevette i ringraziamenti per l'opera di Nietzsche in 24 volumi di cui gli aveva fatto dono per la ricorrenza del suo sessantesimo compleanno.

L'offensiva aerea degli anglo-americani non si era placata. Dopo la massiccia incursione su Amburgo, Hitler aveva subito firmato la bozza di decreto predisposta da Speer per la produzione in massa del razzo *A-4* (la futura *V2*) per bombardare Lon-

71 Nda. In seguito, Amé ricordò che Canaris, a Venezia, durante un incontro avvenuto il 30 luglio, gli aveva confidato: "Noi tutti speriamo che anche il nostro 25 luglio giunga quanto prima". Canaris chiese ad Amé di impegnarsi a far sì che in Italia non entrassero altri contingenti tedeschi. Le SS vennero a conoscenza di quel colloquio, ma Himmler si rifiutò, al momento, di smascherare Canaris. Sia Canaris che Roenne vennero in seguito condannati all'impiccagione per alto tradimento.

dra, in autunno. Senza badare alle conseguenze che tale direttiva avrebbe avuto sulla produzione aerea della *Luftwaffe*, il 25 luglio aveva disposto che tutti gli operai specializzati disponibili, le materie prime, i macchinari e l'energia elettrica fossero destinati con precedenza assoluta alla produzione del razzo.

"Si può sconfiggere il terrorismo solo usando le sue stesse armi", disse Hitler. "Altrimenti, verrà il momento in cui il popolo tedesco perderà fiducia nella *Luftwaffe*".

Gli artiglieri della contraerea e i piloti dei caccia erano adesso costretti a combattere con i radar resi ciechi dalle contromisure elettroniche alleate. Nelle notti che seguirono, Amburgo subì altri tre devastanti attacchi dalla *RAF*. Durante una di quelle incursioni, si scatenarono una serie di incendi, nei quali arsero vive decine di migliaia di persone. In quella settimana di terrore, l'ultima del luglio 1943, ad Amburgo morirono 50.000 civili. Il 1° agosto, Speer annunciò a Hitler che, se altre città avessero subìto lo stesso trattamento, la guerra poteva dirsi conclusa.

Il Führer dispose che donne e bambini fossero immediatamente allontanati dalla capitale del *Reich*. Un milione di civili fu evacuato da Berlino.

Il 13 agosto, il bombardamento americano di Wiener Neustadt fu causa di un interminabile litigio tra Hitler e Jeschonnek. Quattro giorni dopo, gli americani bombardarono la fabbrica di cuscinetti a sfera a Schweinfurt, in Baviera e lo stabilimento *Messerschmitt* a Ratisbona. La stessa notte, gli inglesi bombardarono Peenemünde, uccidendo 700 persone tra scienziati e lavoratori forzati. Jeschonnek si suicidò la mattina seguente e finalmente Milch riuscì a persuadere il suo successore (il generale Günther Korten) a destinare nuovamente le squadriglie dei caccia a difesa del *Reich*.

Il 20 agosto, Hitler discusse con il dottor Ley e con i più importanti architetti il modo migliore per aiutare le famiglie che, a causa dei bombardamenti, avevano perso l'abitazione. Quando Levy si offrì di costruire 350.000 case all'anno, Speer lo interruppe: "Non abbiamo il materiale per un intervento di quelle proporzioni". Ma Hitler non volle sentire ragioni. "Ho bisogno in fretta di 1.000.000 di nuove abitazioni. Ognuna deve misurare 3 metri per 4. Non ha importanza se saranno in legno, in cemento o composte da moduli prefabbricati. Sto pensando persino a capanne di fango o, alla peggio, a buchi interrati ricoperti da tavole di legno. Devono essere case singole, edificate in appezzamenti di terreno individuali intorno a città e villaggi e, se possibile, nel verde. Niente servizi igienici, gas, acqua o elettricità: solo le cose strettamente indispensabili. Due panche, un tavolo, una credenza e chiodi per appendere gli abiti. Siamo costretti a edificare nel modo più spartano possibile, in modo che non ci siano tra di loro differenze. L'importante è che tutti abbiano un tetto sopra la testa per quando sopraggiungerà l'inverno, altrimenti moriranno".

Himmler, ansioso di allargare il proprio impero, offrì a Speer lavoratori provenienti dai campi di concentramento, da destinare all'industria missilistica. Gli offrì anche, per i necessari collaudi dei razzi, il campo di esercitazione delle *SS* a Blizna, in Polonia. Hitler ordinò a Speer e a Himmler, per quello che tutti e tre consideravano un importante elemento della futura strategia bellica tedesca, di fare ampio utilizzo di caverne e gallerie sotterranee. Il popolo tedesco, viste le difficoltà dell'immediato futuro, doveva a tutti i costi resistere, in attesa che i caccia e le difese aeree riuscissero a fermare quegli attacchi terroristici e che l'attacco missilistico su Londra facesse incrinare le certezze del nemico.

Hitler riteneva che i fatti legittimassero la sua speranza che, un giorno, gli alleati occidentali potessero volgersi contro Mosca. Il primo segno premonitore era stata la creazione a Mosca di un Comitato polacco fantoccio, seguito dalla fondazione, nel mese di luglio, di un Comitato della "Germania libera" costituito da comunisti esiliati e da rinnegati catturati a Stalingrado. Adesso, la stampa britannica avrebbe necessariamente dovuto realizzare dove la Russia, a guerra conclusa, intendeva stabilire i confini dell'impero bolscevico.

"Comprendo che, al momento, in Inghilterra e in America imperversi il desiderio di annientarci", rifletté Hitler. "Ma gli inglesi non hanno capito niente! Hanno dichiarato guerra per mantenere in Europa un equilibrio di poteri, ma adesso l'Unione Sovietica è divenuta una potenza di altissimo livello economico e tecnologico (...). Questo significa che, in futuro, l'Est potrà essere fronteggiato solo da un'Europa forte e unita, sotto la guida tedesca. Nell'interesse anche della Gran Bretagna".

Si avvicinava la metà di agosto, ma Hitler esitava a rendere esecutivo l'ordine di evacuare i suoi soldati dalla Sicilia. L'ammiraglio Dönitz si opponeva a tale decisione, che implicava la consegna dell'isola al nemico, mentre Jodl seguitava ad ammonire che, non appena si fosse dato inizio alle operazioni militari per la liberazione del Duce, l'occupazione di Roma e l'esproprio della flotta italiana a La Spezia, gli italiani, tagliate tutte le vie di rifornimento, avrebbero decretato la fine dei 70.000 uomini là dislocati. Se, nei loro rapporti, Kesselring, Mackensen e Rintelen confidavano in Badoglio, il gerarca dislocato in Tirolo segnalò a Hitler il segreto dispiegamento di tre divisioni italiane a Bolzano e Merano: "È evidente", commentò, "che queste mosse sono state compiute per soddisfare lerichieste anglo-americane; se l'Italia vuole ottenere le migliori condizioni possibili di resa, deve dimostrare con i fatti di schierarsi contro i tedeschi".

Hitler disse al generale Heinrich Vietinghoff, la cui nuova Decima Armata avrebbe dovuto includere sotto di sé tutte le forze dislocate nell'Italia meridionale per poi farle arretrare, che lui "non sarebbe stato tranquillo fino a quando tutte quelle divisioni provenienti dal sud Italia non si fossero trovate all'altezza di Roma.

"Probabilmente Mussolini non tornerà", scrisse Rommel dal suo quartier generale di Monaco. "Il partito fascista era veramente corrotto per essere stato spazzato via in così poche ore (...). D'altro canto la cosa ha i suoi lati positivi, perché adesso in Europa c'è un solo grande leader al potere". Dönitz, che condivideva i sentimenti di Rommel verso Hitler, scrisse: "L'energia che il Führer diffonde intorno a sé, le sue certezze, la lettura profetica di ogni situazione italica, tutto questo, negli ultimi giorni ha mostrato quali miseri vermiciattoli siamo a paragone del Führer".

Così scrisse Rommel, giunto alla *Tana del Lupo* l'11 agosto:

"Göring, Dönitz, Student e Himmler partecipano alla riunione[pomeridiana]. Si discute dell'Italia e il Führer condivide il mio punto di vista. Tra l'altro, pare voglia inviarmi là quanto prima. Come me, non crede nell'onestà degli italiani... Hitler dice che stanno solo prendendo tempo, poi ci volteranno le spalle (...). Il Führer vuole perseguire il suo piano di riportare il fascismo al potere, perché questo è l'unico modo per garantirci che l'Italia rimanga al nostro fianco. Ha parole di sdegno per il lavoro svolto da Mackensen, Rintelen e Kesselring, che sbagliano totalmente nel valutare la situazione italiana, esprimendo fiducia nel nuovo regime. Pranzo con il Führer. Io siedo alla sua sinistra. Mi avvedo della fiducia che ripone nei miei confronti. Prima di cena parlo con Jodl. Il suo piano prevede ch'io prenda il comando dell'Italia settentrionale. Il mio, invece, mi pone al comando di tutta l'Italia, con 2 armate (Nord e Sud), pur essendo io alle dipendenze degli italiani. Il quartier generale del Gruppo di Armate sarà situato vicino a Roma, in modo da esercitare una certa influenza sul Comando Supremo italiano e sul regime. Avendo confutato le sue obiezioni, Jodl approva la mia strategia. Cena con il Führer e riunione serale... Approva la mia proposta di un'azione di disturbo in Sicilia e di una ritirata sulla penisola solo quando non vi sarà altra scelta. Nel frattempo, dovremo stabilire quattro linee di resistenza: la prima da Cosenza a Taranto, la seconda a Salerno, la terza a Cassino e la quarta lungo gli Appennini".

Un ultimo tentativo fu compiuto, per costringere l'Italia a mostrare le sue vere intenzioni. Hitler ordinò infatti a Rommel e Jodl di presentare agli italiani un finto piano difensivo congiunto e valutarne le reazioni. L'incontro avvenne il 15 agosto a Bologna[72].

Il generale Roatta non si mostrò affatto entusiasta della notizia che Rommel avrebbe assunto il comando di tutte le forze tedesche a nord dell'Appennino e, con fare gelido, mostrò una carta geografica sulla quale le divisioni italiane erano disposte a formare una barriera attraverso la penisola, quasi per intrappolare a sud i tedeschi. Rommel, sull'incontro di Bologna, scrisse un rapporto di 20 pagine. Jodl, meno prolifico, quella sera stessa inviò un

72 Nda. Il diario di Rommel contiene un resoconto dettagliato dell'incontro del 15 agosto 1943, che si tenne a Bologna. La mappa italiana fu in seguito pubblicata in Das Reich (10 ottobre) e nel Völkischer Beobachter (23-24 ottobre).

cablogramma all'*OKW*: "I motivi di sospetto non si sono dissolti". Hitler allora decretò esecutiva l'evacuazione della Sicilia.

Un ulteriore episodio illustra l'ostilità di Hitler verso casa Savoia. Il Führer aveva invitato alla *Tana del Lupo* il sovrano bulgaro Boris per una visita informale. Sapendo che questi coltivava l'hobby delle locomotive, i collaboratori di Hitler gliene avevano procurata una a vapore su un vicino binario di raccordo. Secondo Franz Sonnleithner, ufficiale di collegamento del ministero degli Esteri di stanza al quartier generale di Hitler, tale cortesia influenzò la decisione del re a concedere parte del suo esercito per combattere i sovietici. Lo stesso Hitler, lieto di tale disponibilità, accompagnò il re all'aeroporto di Rastenburg.

Due settimane dopo, re Boris fu improvvisamente colpito da una misteriosa malattia. Il 24 agosto, l'addetto aeronautico a Sofia organizzò in tutta fretta l'arrivo in aereo del medico tedesco del re, il dottor Seitz. Questi, diagnosticata in prima istanza una malattia alla vescica, riferì che il re stava morendo. Hitler inviò subito in soccorso il maggior esperto tedesco, il professor Hans Eppinger, raggiunto, il 28, dal neurologo Maximiliam de Crinis. Ma, alle 16:20, il re morì. La moglie italiana, Giovanna, non permise l'autopsia, ma Eppinger notò che le estremità inferiori del cadavere del sovrano erano nere, un fenomeno correlato a un possibile avvelenamento. Quando i medici rientrarono in patria, interrogati dal ministro della Giustizia, apparvero unanimi nell'affermare che la causa del decesso era da attribuire al veleno di un rettile tropicale. Sitrattava, come disse Eppinger, della classica "morte balcanica".

Hitler, sconsolato per la perdita in Bulgaria di quella presenza stabilizzante, ordinò che un'imponente delegazione presenziasse ai funerali di stato. L'istinto gli suggeriva che, dietro a quell'omicidio, ci fosse la mano di casa Savoia: non destava forse perplessità che la principessa Mafalda, cognata di Boris e figlia del re d'Italia, nonché consorte del principe Filippo D'Assia (e "la più sporca carogna della casa reale italiana" come Hitler era solito identificarla) avesse poco tempo prima trascorso alcune settimane a Sofia?

Dal *FA* Hitler apprese che, in quei giorni, il principe Filippo aveva al telefono dettato a Mafalda dei messaggi cifrati. Dal momento che trarlo in arresto avrebbe messo anzitempo in allarme la monarchia italiana, il Führer invitò il principe al proprio quartier generale, dove lo trattò con grande ospitalità, ma ordinò alle *SS* di non farlo ripartire.

La sera del 21 agosto, Hitler invitò a cena l'operatore cinematografico del suo staff, il tenente Walter Frentz, di cui ricorreva il compleanno. Frentz, appena tornato da una visita ai lavori di costruzione del vallo atlantico, riferì che la sua permanenza in Danimarca era stata disturbata da parecchi attentati dinamitardi compiuti dalla guerriglia. Il Führer incaricò subito Jodl di procurarsi dettagliati rapporti giornalieri in merito. Pochi giorni dopo, allarmato dai rapporti inviati dal comandante dell'*OKW* stanziato in loco, Hitler sollecitò Ribbentrop a dare un ultimatum al governo danese, chiedendogli di dichiarare lo stato di emergenza e di introdurre misure severe per contrastare l'attività partigiana. Come Hitler prevedeva, l'ultimatum venne respinto e di conseguenza, all'alba del 29 agosto, le forze danesi furono disarmate dai tedeschi senza colpo ferire: il re e il principe ereditario furono messi agli arresti domiciliari e la marina danese, espropriata, fu consegnata all'ammiraglio Dönitz. Infine, il Führer decretò di deportare tutti gli ebrei residenti in Danimarca. Molti di questi fuggirono in Svezia, ma 447, una volta individuati, vennero trasferiti al campo di concentramento di Theresienstadt.

Adesso la fiducia di Hitler in Himmler e nelle *SS* era assoluta: la Germania non avrebbe mai dimenticato l'eroismo delle divisioni delle *Waffen SS* che, in marzo, avevano riconquistato Charkiv, cancellando così l'amaro ricordo di Stalingrado. Come testimonia la sua agenda, Himmler partecipava ormai alle riunioni del Führer con maggiore regolarità. Talvolta Hitler, per invitarlo a pranzo o a cena, gli telefonava personalmente e, a sera, si dilungava con lui fino a tarda notte. Il Führer sembrava perfettamente consapevole della crescente precarietà della sua posizione. Gli accadimenti italici, in Germania, avevano generato un diffuso sentore di sconfitta. In un discorso segreto tenuto nel gennaio del

1944, Himmler riassunse così quella cupa atmosfera:

"Dunque, un Duce può essere arrestato. Interessante. Così più di una mente sconsiderata si chiede perché ciò non accada anche in Germania? Ci libereremmo dei nazisti arrivando alla pace con la Gran Bretagna. Quest'ultima, poi, ci proteggerebbe dai russi e ogni cosa andrebbe a posto!"

Per tutto il mese di agosto 1943, la Gestapo dovette trarre in arresto molti dissidenti tedeschi. I più esagitati, "in tutto non più di 150", si gloriò Himmler, vennero condannati a morte. Tuttavia, il gruppo più pericoloso rimase in libertà. Già nel marzo del 1943 Himmler aveva avvertito il Führer che alcuni ex ministri e generali dell'esercito destituiti meditavano un colpo di stato. Tra questi, il generale Franz Halder, cui Himmler affibbiò il nome in codice *Riservista*: "Si tiene in disparte per assumere il comando dell'esercito", disse in tono di scherno nel 1944.

Himmler teneva d'occhio anche l'ex ministro delle Finanze Popitz, il cui nome in codice era *Barocco*. Per mesi, quest'ultimo aveva cercato di stabilire, attraverso l'intermediazione dell'avvocato Carl Langbehn, un contatto con Himmler. L'avvocato, per conto di Popitz, disse al comandante del *Reich* che bisognava porre fine alla guerra e mandare il Führer in pensione. Himmler, della cosa, informò subito Hitler: "Che sfrontatezza! Lo faccio immediatamente togliere di mezzo". Ma Hitler scoppiò a ridere. "No, prima lo ascolti. Lo convochi e se, durante la conversazione, lui scoprirà le sue carte, allora potrà agire nel modo che ritiene opportuno".

Tre giorni dopo, Himmler, mandato a chiamare Popitz, a sua insaputa registrò l'intera conversazione. Alcuni agenti della Gestapo erano pronti per arrestarlo, ma l'ex ministro non cadde nel tranello e, bene accorto a non dire alcunché di compromettente, poté lasciare liberamente l'edificio.

Il ministro degli Interni Wilhelm Frick aveva proposto a Hitler di istituire un Senato del *Reich* composto da accademici ed ecclesiastici, a rappresentare un supremo livello costituzionale. La fotocopia, osservò il Führer, del Gran Consiglio Fascista che si era appena dimostrato la rovina di Mussolini. Hitler nominò

Frick protettore della Boemia e della Moravia in sostituzione di Neurath. Allo stesso tempo, però, aumentò i poteri di Karl-Helmann Frank, in modo da conferirgli l'autorità assoluta. Come in seguito Göring avrebbe dichiarato con disarmante franchezza, "divenne evidente che il Führer si affidava sempre più ai fautori della violenza"[73].

Il resoconto di Jodl sul sopracitato incontro del 15 agosto a Bologna convinse definitivamente Hitler che l'Italia era ormai prossima al definitivo tradimento. Nel timore che la situazione sulla penisola potesse sfuggire di mano, diede istruzioni a Rommel, affinché questi, laddove necessario, facesse un "uso spietato delle armi"per raggiungere il suo obiettivo.

Il 17 agosto, un generale italiano costrinse, con le armi, un reparto tedesco a consegnargli alcuni paracadutisti americani catturati nell'Italia settentrionale. Il giorno successivo, Hitler diffuse una direttiva segreta che cominciava così: "Ci si aspetta che, presto o tardi, l'Italia ceda alle lusinghe del nemico".

Ordinò poi alla Decima Armata di Vietinghoff di spostare tre divisioni meccanizzate sulla zona costiera tra Napoli e Salerno, in cui era maggiore il pericolo di uno sbarco. Gli italiani avevano riunito sette divisioni attorno a Roma, lasciandone una sola in Puglia. Due imponenti convogli degli Alleati furono scorti superare lo stretto di Gibilterra in direzione est. Fu riferito che trasportavano 70.000 soldati ed equipaggiamento. Il nemico incalzava. Nelle prime ore del 26 agosto 1943, Himmler avvertì il

Führer di un dispaccio giunto da Roma: "Badoglio ha chiesto alla Gran Bretagna l'armistizio. Gli inglesi hanno promesso di dare risposta entro sabato 28 agosto. Nel frattempo, manderanno agli italiani un convoglio di armi moderne affinché oppongano un'iniziale resistenza alle milizie tedesche".

A nord, nel frattempo, erano cominciati violenti scontri tra gli italiani e i contingenti di Rommel, entrato in Slovenia alla guida di un reggimento di carri armati *Tiger*.

La sera del 30 agosto, l'*OKW* emise una versione riveduta della direttiva dell'*Operazione Asse*. Al segnale convenuto, le

73 Ndt. Himmler fu nominato, in vece di Frick, ministro degli Interni del Reich.

truppe tedesche a sud avrebbero dovuto disarmare gli italiani, impadronirsi del loro equipaggiamento e arretrare verso Roma. Nell'Italia del nord, sedati gli scontri, doveva essere ricostituito un governo fascista. Le truppe in ritirata erano tenute a bruciare e distruggere ogni cosa sul loro cammino. La Corsica andava tenuta. Il feldmaresciallo Weichs avrebbe assunto il comando dell'intero fronte balcanico.

Contemporaneamente, il governo e i generali italiani esprimevano la loro dispiaciuta sorpresa per la scarsa fiducia mostrata dal Führer nella loro lealtà all'*Asse*. Hitler aveva infatti sostituito i suoi ingenui diplomatici a Roma, Mackensen e Rintelen, con uomini più scaltri, l'ambasciatore Rudolf Rahn e il colonnello Rudolf Toussaint. Quantomeno, i loro messaggi riferivano la situazione in modo più realistico.

La sera del 2 settembre, divenne palese che l'invasione alleata fosse imminente. Alle 6:00 del mattino successivo, 100 mezzi da sbarco riversarono a Reggio Calabria due divisioni dell'Ottava Armata Britannica. Gli italiani, imposto sulla notizia totale riserbo, opposero scarsa resistenza. Nel pomeriggio, fu decodificato un messaggio degli inglesi: "Catturati 600 uomini e due colonnelli; non si rilevano campi minati né tedeschi. I civili si mostrano amichevoli". Eppure, il comandante navale tedesco in Italia, l'ammiraglio Wilhelm Meendsen-Bohlken, riferì quello stesso giorno che di Badoglio ci si poteva fidare. Il rapporto tentava di rassicurare Hitler: "Stanno reprimendo qualsiasi iniziativa che si possa interpretare quale manifestazione per la pace".

La marina italiana gli aveva assicurato che in Italia non ci sarebbe stata una nuova Scapa Flow o Tolone[74]. Hitler si meravigliò dell'ingenuità mostrata dall'ammiraglio e quando, nella stessa giornata, ricevette la visita di Antonescu, disse al suo ospite che era sicuro che il re d'Italia fosse in combutta con il nemico. Poi, il Führer supplicò Antonescu di stare attento ai tentativi di

74 Ndt. Il riferimento è all'autoaffondamento della flotta tedesca a Scapa Flow avvenuto in seguito all'armistizio tra la Germania e la Gran Bretagna durante la prima guerra mondiale e all'autoaffondamento della flotta francese a Tolone che ebbe luogo il 27 novembre 1942 su ordine dell'Ammiragliato della Francia di Vichy al fine di evitarne la cattura della medesima da parte della Germania nazista.

avvelenamento e, il 4 settembre, lo disse anche a Rommel, che annotò: "Tra breve avrò un'udienza col re d'Italia. Il Führer, per il mio bene, mi ha proibito di accettare cibo e bevande".

Dopo il Consiglio di guerra, Hitler, con le matite colorate, disegnò una nuova bandiera per l'Italia repubblicana. "Il primo che perderà il controllo dei nervi, uscirà sconfitto dalla guerra", ribadì ad Antonescu.

In agosto, mentre il Führer stava consolidando le proprie forze nel Mediterraneo, Stalin aveva intelligentemente sfruttato quell'*impasse* strategico per organizzare una serie di attacchi sul fronte orientale.

Manstein, convinto che l'obiettivo di Stalin fosse di isolare il Gruppo Armate Sud e il Gruppo Armate A di Kleist nelle teste di ponte in Crimea e sul fiume Kuban, aveva chiesto altre 12 nuove divisioni per rafforzare il proprio fianco settentrionale. Se ciò non fosse stato possibile, chiedeva il permesso di arretrare dalla regione carbonifera del Donez. In tal modo, ridotto il fronte di un terzo, avrebbe ottenuto le preziose riserve di cui abbisognava.

Alle 7:00 del 27 agosto, Hitler, in aereo, si era recato al suo vecchio quartier generale ucraino: Manstein gli disse che, in mancanza di rinforzi, presto o tardi i sovietici si sarebbero aperti un varco attraverso il Dnepr. Il Führer, prima di far ritorno nella Prussia orientale, promise di fornirgli alcune divisioni reperite dal Gruppo Armate Centro di Kluge e dal Gruppo Armate Nord. In realtà, dopo neppure 24 ore, dovette rompere quella promessa, perché Kluge, a sua volta, stava sostenendo una forte pressione nemica.

Se Hitler esitava, Stalin, al contrario, proseguiva imperterrito. Sul Mar d'Azov, i russi sondarono il fronte della nuova Sesta Armata del generale Hollidt e, in breve, ne accerchiarono un reparto. Assumendosene la responsabilità, Manstein ordinò a Hollidt di arretrare: fu quello il primo irrevocabile passo verso l'abbandono del ricco bacino del Donez. Hitler non ebbe altra scelta che permettere a Manstein di ritirarsi, pur raccomandandogli di distruggere tutto ciò che potesse avere valore per il nemico: la decisione fu annunciata a Manstein il 3 settembre.

Il giorno seguente, Hitler autorizzò anche la ritirata della Diciassettesima Armata dalla testa di ponte del Kuban attraverso lo stretto di Kerc (un braccio di mare lungo 6 chilometri), sul quale, sin da giugno, i genieri avevano messo in servizio una funicolare capace di trasportare 1.000 tonnellate di rifornimenti al giorno dalla Crimea. Per molti mesi Stalin aveva disposto innanzi a quella testa di ponte oltre 50 divisioni, ma ora, non più impressionato dal rischio che il Führer lanciasse una nuova offensiva, le dislocò altrove. D'altra parte, liquidare quella testa di ponte avrebbe permesso di disimpegnare quasi 4 divisioni. Hitler ordinò a Kleist di accelerare le fortificazioni difensive della Crimea. Quanto desiderava, in quel momento, il sopraggiungere delle piogge autunnali!

Giunse così l'8 settembre 1943. Hitler, che aveva riposato solo 4 ore, fu svegliato alle 5:45 perché doveva recarsi in aereo a Zaporizzja per un nuovo incontro con Manstein, le cui forze, adesso, erano fronteggiate da oltre 55 divisioni russe. I sovietici avevano nuovamente sfondato il fronte della Sesta Armata e, nel fragile punto disaldatura tra i Gruppi di Armate di Manstein e di Kluge, lo schieramento tedesco aveva ceduto: il nemico dilagava in direzione ovest verso Kiev e il medio tratto del Dniepr.

In Ucraina, Hitler si sentì più che mai dilaniato da incontrollabile ansia. La responsabilità di tutto quel disastro era realmente da attribuire all'Italia? Il giorno 7 aveva suggerito di dipanare l'intricata matassa italiana "con la forza bruta". Quantomeno, in Italia, poteva ancora assumere l'iniziativa, magari mediante un brusco ultimatum: o Badoglio forniva soddisfacenti spiegazioni sul suo operato o ne avrebbe pagato le conseguenze. Il testo dell'ultimatum era in fase di preparazione, ma dopo appena un'ora e mezza dall'arrivo al quartier generale di Manstein, Hitler, dilaniato dall'incertezza, ripartì alla volta della *Tana del Lupo*, dove giunse alle 17:00, lasciando per l'ultima volta il territorio sovietico. Neppure questa volta il suo intuito lo aveva tradito. Il Führer seppe che due ore prima era arrivato, tramite telescrivente, un messaggio delle *SS*, contenente un rapporto, vecchio di quattro giorni, di un agente tedesco infiltrato nello staff aeronautico italiano. L'agente aveva intercettato una telefonata segreta del Comando Supremo di Ambrosio. "Proposte di pace italiane nel complesso accettate dagli inglesi. Stiamo cercando di risolvere alcune obiezioni sollevate dagli americani".

Nonostante ciò, il re d'Italia aveva appena assicurato all'ambasciatore Rahn che il suo paese avrebbe continuato a combattere e Badoglio ne aveva confermato le parole, sostenendo: "La Germania deve ancora apprendere il significato della parola data da un generale italiano".

Esausto per tutti questi avvenimenti, Hitler decise di ritirarsi nella sua stanza per una mezz'ora, ma, dopo pochi minuti, lo richiamarono per comunicargli che la *BBC* aveva appena annunciato la "resa incondizionata" italiana. Immediatamente a seguire, Eisenhower diffuse un proclama attraverso la radio di Algeri: "L'armistizio, firmato da un mio delegato e dai rappresentanti del generale Badoglio, entra immediatamente in vigore."

Jodl contattò telefonicamente i suoi generali a Roma che, proprio in quell'istante, si trovavano a colloquio con il generale Roatta, capo di Stato Maggiore dell'esercito. Questi stava appassionatamente confutando le dichiarazioni radio degli Alleati, definendole "ignobile calunnie, lesive dell'onore dell'Italia".

I collaboratori di Hitler si trovavano in imbarazzo perché quella smentita toglieva al Führer la libertà di dare inizio all'*Operazione Asse*. Jodl preparò un dispaccio che metteva in stato d'allerta tutti comandanti, ma alle 19:15, prima che la comunicazione potesse essere diffusa per telescrivente, giunse da Roma la notizia che Badoglio aveva confessato la resa italica.

L'*OKW* si mosse rapidamente e, alle 19:50, l'*Operazione Asse* divenne esecutiva. Come Jodl in seguito sottolineò, la notizia data due ore prima dalla *BBC*, aveva permesso all'*OKW* di giocare d'anticipo e prevenire una reazione italiana.

Era improbabile che alla flotta italiana potesse essere impedita la fuga. Alle 20:45 l'ammiraglio Cunningham fu sentito ordinare via radio, alle navi italiane, di dirigersi verso il più vicino approdo degli Alleati. La marina tedesca commentò: "Le conseguenze di questo vile atto di tradimento, unico nella storia militare, saranno molto diverse da quelle sperate dall'Italia. Il paese sarà devastato dallo scontro tra gli alleati di ieri, traditi, e lo spietato conquistatore di oggi".

Delle conversazioni di Hitler di quella sera, purtroppo, non rimangono registrazioni. L'alba era ormai spuntata da un pezzo quando il principe Filippo d'Assia, genero del re d'Italia, tratto in arresto, fu consegnato alla Gestapo e confinato a Königsberg in un campo di concentramento, dove rimase fino a guerra conclusa[75].

Alle 5:00 del mattino, Hitler si coricò.

Dopo 23 ore consecutive di lavoro ne dormì 5.

Lui solo aveva previsto con assoluta certezza il voltafaccia italiano.

Approcci con Stalin

Nel nord della Russia i tedeschi mantenevano le posizioni, ma al sud i sovietici sferrarono un portentoso attacco su Bryansk, Novorossijsk, Poltava, Smolensk e Dnipropetrovs'k, travolgendo l'esercito teutonico. Il 6 novembre cadde pure Kiev. I Gruppi Armate Sud e Centro erano arretrati lungo il Dnepr sulla nuova linea *Panther*, ma anche lì Stalin dispose nuove teste di ponte. Hitler, infuriato, gridò al generale Zeitzler: "Vede! Ho avallato la sua richiesta di costruire la linea difensiva del Dnepr e ora dov'è? Nulla sarà pronto quando vi giungeranno i soldati!"

Seppure questo fosse vero, la responsabilità doveva essere parzialmente attribuita anche all'ostinata volontà di Hitler di tenere la guerra lontana dai confini del *Reich*. Nel 1942 aveva tardivamente incoraggiato l'esercito a fortificare i più stabili settori del fronte impiegando, con la forza, lavoratori indigeni. Kluge però aveva fatto

75 Nda. L'arresto del principe è descritto da Goebbels e dal barone Steengracht in una conversazione con Papen, avvenuta il 27 giugno 1945 (documenti dell'Ufficio del Dipartimento di Storia Militare, Washington, DC).

ben poco e infatti, dopo il fallimento dell'*Operazione Cittadella*, il Führer aveva manifestato, nei suoi confronti, una certa indignazione: "Se invece di parlare a sproposito e accampare giustificazioni, avesse provveduto a costruire quanto convenuto..."

Zeitzler si era mostrato riluttante ad affidare ai tecnici di Todt, diretti da Speer, la progettazione del vallo orientale. Già nello studio di quello atlantico, Speer aveva palesato ben poco di quella fantasia ed energia che, nel 1938, avevano reso peculiare il lavoro del suo predecessore nel vallo occidentale. L'interesse di Speer era probabilmente rivolto a mete più elevate: la recente designazione a ministro degli Armamenti e della Produzione bellica aveva generato in molti la consapevolezza che egli, in futuro, confidasse di ricoprire la carica di ministro della Guerra.

Parallelamente alle dispute sul progetto del vallo orientale, si era altresì sviluppata una diatriba sul percorso che questi avrebbe dovuto seguire. Zeitzler era sempre stato favorevole a seguire il corso del Dnepr, la cui sponda occidentale era costituita da una ripida scogliera che, sulle pianure a est, raggiungeva anche i 50 metri di altezza. In estate, il fiume diveniva un impetuoso e invalicabile corso d'acqua, talvolta largo anche 3 chilometri. Il Dnepr si trovava però 150 chilometri dietro le linee e, in principio, Hitler non aveva voluto accettare una visione tanto pessimistica del futuro. Adesso, non aveva altra scelta.

Il 12 agosto, Zeitzler aveva ordinato ai Gruppi di Armate di avviare i lavori di edificazione del vallo a partire dalla penisola di Kerc, spingendosi a sud fino al Lago Peipus (o Lago dei Ciudi) e, a nord, fino a Narva. L'*OKW*, la *Luftwaffe* e la marina ne avevano contestato subito il tracciato, ricordando come uno degli obiettivi dell'*Operazione Barbarossa* fosse proprio quello di tenere le basi aeree sovietiche a una distanza tale da far sì che la loro aviazione non rappresentasse una minaccia per i territori del *Reich* e, nel contempo, di fornire ai bombardieri tedeschi gli aeroporti necessari per colpire le industrie russe situate oltre gli Urali. Inoltre, la cessione al nemico della base navale di Novorossijsk, sul Mar Nero, avrebbe incrinato le relazioni politiche della Germania con la Turchia, la Romania e la Bulgaria. Infine, se non fosse stata difesa Zaporizzja, la perdita della sua centrale idroelettrica avrebbe reso impossibile far funzionare gli altiforni di Dnipropetrovs'k, rendendo di conseguenza vano il progetto di Speer di impiantare in Ucraina fabbriche di munizioni.

Anche la marina si era mostrata contraria. Un vallo orientale da Velikie Luki fino al Lago Peipus e a Narva avrebbe decretato la definitiva rinuncia a Leningrado: la flotta sovietica avrebbe potuto riprendere scorrerie nel golfo di Finlandia e mettere in pericolo i programmi di addestramento della marina tedesca nel Baltico. Per giunta, si sarebbe dovuto rinunciare agli importanti depositi di greggio dell'Estonia. Ma Zeitzler, che esigeva un vallo ben difendibile entro fine ottobre, il 4 settembre impartì, a questo proposito, ordini tassativi ai Gruppi di Armate: a est del vallo, la popolazione e le proprietà nel raggio di 40 chilometri dovevano essere sfruttate senza scrupoli per velocizzare i lavori. Occorreva altresì distruggere, in quella fascia, tutto ciò che avrebbe facilitato la sopravvivenza del nemico. "L'area esterna deve diventare un deserto".

Una settimana dopo, il feldmaresciallo Georg Küchler, comandante del Gruppo Armate Nord, si recò da Hitler per protestare. Sarebbe stato come perdere una battaglia, gli disse. I suoi uomini avevano conquistato e valorosamente difeso le posizioni a Leningrado in due anni di sanguinosi combattimenti e non sarebbero stati felici di vedere le tombe di migliaia di loro camerati abbandonate, senza ragione, al nemico. Zeitzler non poteva accettare quelle obiezioni, ma Hitler si mostrava restio ad agire di impulso e, come già accaduto molte volte, rinviò la sua decisione.

La spaccatura tra Occidente e Oriente sembrava ormai inevitabile. Nell'agosto del 1943, Hitler aveva tentato nuovi approcci con i russi. Per prima cosa, inviando a Stoccolma Rudolf Likus per raccogliere informazioni su un possibile armistizio con Stalin. Poi, a metà agosto, sempre a Stoccolma, aveva incaricato il dottor Peter Kleist di riallacciare contatti con Edgar Klauss, un uomo d'affari baltico, non ariano, che si sapeva essere in ottimi rapporti con l'ambasciatore sovietico. Klauss informò Kleist che l'ex ambasciatore sovietico a Berlino, Vladimir Dekanozov, il 12 settembre, si sarebbe recato a Stoccolma nella speranza di incontrare un negoziatore tedesco. Il 10, Klauss riferì tutto ciò a Ribbentrop che si trovava alla *Tana del Lupo* e Hitler si dimostrò disponibile: esaminata una mappa, il Führer tracciò una possibile linea di demarcazione da usarsi come punto di partenza per un confronto con Stalin. Poi, durante la notte, cambiò idea e prese tempo. Il giorno precedente, dopotutto, con Goebbels si era mostrato più accondiscendente verso gli inglesi che non verso i russi. Hitler decise quindi di tergiversare finché gli Alleati non avessero subìto quel rovescio militare che, nei suoi calcoli, avrebbe dovuto necessariamente precedere una segreta trattativa di pace.

L'*Operazione Asse*, come previsto, era stata portata a termine senza eccessive difficoltà. Roma era stata occupata e il disarmo dei contingenti italiani procedeva con estrema sollecitudine. Nell'Egeo, tuttavia, a Rodi e Corfù si combatteva ancora e la sera del 10 venne dato un ultimatum a tutte le forze italiche: se non avessero immediatamente deposto le armi, i loro ufficiali sarebbero stati giustiziati. In molti casi, come in Dalmazia con i guerriglieri di Tito, gli italiani avevano ceduto le loro armi alle bande partigiane: Hitler dispose, quindi, dovunque si fossero verificati casi del genere di giustiziare gli ufficiali e deportare a Est, ai lavori forzati, i soldati fatti prigionieri.

Nel frattempo, il 9, con un pretesto la flotta italiana era salpata e i bombardieri della *Luftwaffe*, armati di testate teleguidate, avevano affondato la nave da battaglia *Roma* e danneggiato la gemella *Italia*. Il resto della flotta era però passato al nemico. Poiché, a Nizza, un ufficiale tedesco era rimasto ucciso da una bomba a mano italiana, per pareggiare i conti, Hitler dispose che il locale distaccamento di milizia ferroviaria fosse fucilato.

Nel frattempo, Badoglio stava facendo quanto in suo potere per nuocere alla Germania. Quando, il 9 settembre, a Salerno ebbe luogo lo sbarco della Quinta Armata statunitense, i tedeschi realizzarono, dai 'radiomessaggi Alleati', che era stata loro rivelata l'ubicazione di tutti i campi minati. A Napoli, un tenente della marina italiana aveva appiccato il fuoco ai depositi di carburante. Contemporaneamente, Badoglio, Ambrosio, Roatta, il re e il principe ereditario Umberto si erano rifugiati oltre le linee nemiche. Hitler lesse con cupa soddisfazione l'intercettazione di una telefonata intercorsa tra Anthony Eden e Churchill, che al momento si trovava a Washington: il primo palesava indignazione per il rifiuto di Umberto a nominare un aiutante di campo britannico. Quanto al Duce, Badoglio aveva promesso di consegnarlo al nemico. Il cuore di Hitler era con Mussolini, ovunque egli si trovasse. "Comprensibilmente", affermò il Führer durante un discorso al popolo tedesco, radiotrasmesso la sera del 10 settembre in presenza di Himmler, Göring e altri collaboratori, "sono afflitto per la gigantesca ingiustizia fatta a un uomo [Mussolini] che, negli ultimi 20 anni, ha pensato esclusivamente al suo popolo e oggi viene trattato alla stregua di un criminale. Io ero e sono onorato di definirmi amico di quell'uomo virtuoso e leale".

Sembrava un necrologio per Mussolini.

Per salvare quanto restava del fascismo, Hitler, in Italia, nominò un governo nazionale guidato da Alessandro Pavolini[76] al quale fu assegnato, come "consigliere" di polizia, il generale delle *SS* Karl Wolff. Se il sud del paese permaneva "zona operativa", a nord degli Appennini l'Italia era ufficialmente "territorio di occupazione tedesca", con un proprio governatore militare.

L'11, l'*OKW* dispose che tutto quanto di valore vi fosse al sud, confiscato, dovesse essere trasferito a nord a beneficio del nuovo governo fascista. Speer ottenne dal Führer il permesso di smantellare, laddove minacciati da incursioni aeree, tutti i macchinari industriali presenti in Italia e spedirli nel *Reich*. Di fronte a tali direttive, l'uscita di scena di Mussolini fu, in un certo senso, un sollievo.

Come ebbe a scrivere Goebbels: "Tutto ciò va giudicato dal punto di vista della convenienza".

Il 12, Kesselring ebbe ordine di respingere, se possibile, le divisioni americane sbarcate a Salerno: se non vi fosse riuscito, avrebbe dovuto arretrare fino a Roma, ritardando l'avanzata del nemico e distruggendo qualsiasi cosa incontrasse lungo la stra-

76 Ndt. Alessandro Pavolini (Firenze, 27 settembre 1903 – Dongo, 28 aprile 1945) fu ministro della Cultura popolare e segretario del Partito Fascista Repubblicano dal settembre del 1943. Fondatore delle Brigate Nere, con cui, il 30 giugno 1944, completò la militarizzazione del PFR, combattè fino all'ultimo per l'ideale fascista, in cui cedeva saldamente.

da. Quello stesso giorno, due gerarchi, Franz Hofer del Tirolo e Friedrich Rainer della Corinzia, si recarono a pranzo da Hitler: a questi il Führer assegnò anche alcune importanti province dell'Italia settentrionale. In pratica, il territorio del *Reich* si estendeva fino a Venezia.

Non si sa con precisione quando la notizia giunse alla *Tana del Lupo*, ma alle 14:00 di quel 12 settembre, il Duce era stato liberato. Speer, date le circostanze, suggerì che le disposizioni dell'*OKW* fossero annullate, ma Hitler non ne volle sapere e si limitò ad apporre, come giorno della delibera, non il 12 settembre, come effettivamente erano datati, ma il 13 settembre, affinché non sussistesse alcun dubbio sul fatto che la liberazione di Mussolini non avrebbe influito sul destino dell'Italia. Alle 21:45, mentre Hitler si trovava a cena con Himmler, un generale delle *SS* comunicò che Mussolini si trovava a Vienna con Otto Skorzeny. Secondo la testimonianza di un cameriere, Hitler avrebbe esclamato: "Questo dimostrerà agli inglesi che io sono un uomo di parola, che non volta mai le spalle a un amico!"

Due giorni dopo, Hitler, si recò all'aeroporto di Monaco ad attendere l'arrivo del Duce. Mussolini, che indossava un semplice completo blu, pareva un uomo assai diverso da quello, in anni passati, conosciuto da Hitler. Affermò di non godere di buona salute e il Führer, temendo lo avessero avvelenato, lo fece visitare da Morell. Il medico, però, non riscontrò in lui alcuna preoccupante malattia.

Hitler si aspettava che Mussolini nutrisse desiderio di vendetta verso Ciano, Dino Grandi e quanti avevano tradito la causa del fascismo. Trascorsi alcuni giorni, Edda Mussolini, moglie di Ciano, che era stata condotta in Germania, si rivolse al Führer per ottenere della valuta spagnola: insieme al marito, intendeva attraversare la Spagna ed emigrare in Sud America. Non gli fu consentito, perché Hitler disse che Ciano doveva restare in mano ai tedeschi. In quei giorni, i servizi segreti intercettarono una minacciosa missiva indirizzata da Edda al padre, in cui diceva che se lui non l'avesse condotta fuori dalla Germania, lei avrebbe fatto in modo che il nome del Duce fosse maledetto in tutto il mondo. Per ore, Hitler misurò a passi lenti la stanza delle mappe geografiche, facendo speculazioni con Goebbels su quale arma Edda potesse usare per ricattare il padre. Alla fine, non venendone a capo, si limitò a consigliare Mussolini di mettere ordine negli affari di famiglia. Con grande stupore di Ribbentrop, nel corso di un colloquio, Hitler rivelò a Mussolini che aveva in mente di giungere a un compromesso con Stalin. Ma il giorno seguente, cambiata idea, disse: "Se anche oggi decidessi di scendere a patti con Stalin, domani gli salterei nuovamente alla gola: è nella mia natura".

Indeciso tra Stalin e l'Occidente, quando Goebbels gli chiese se si rifiutava di trattare con Churchill, per partito preso, Hitler ribatté: "In politica non si possono avere princìpi né pregiudizi. Churchill non è sorretto dalla ragione, ma dall'odio".

Se da una parte il Führer avrebbe di gran lunga preferito trattare con Stalin, sapeva bene che Mosca non gli avrebbe mai concesso quanto egli chiedeva a Est.

Nonostante la strenua resistenza dimostrata dai soldati tedeschi, Hitler aveva abbandonato la speranza di respingere in mare, a Salerno, le truppe statunitensi.

In principio, gli americani avevano incontrato solo la Sedicesima Divisione Corazzata, ma i caccia dotati di missili di Richthofen e i cannoni da 88 millimetri di un reggimento antiaereo avevano seminato comunque distruzione tra le truppe da sbarco. Il 13, un contrattacco tedesco, sferrato da due divisioni corazzate e una divisione di granatieri corazzati, mise in fuga due divisioni americane. La reazione di questi ultimi giunse sotto forma di un pesante bombardamento navale in appoggio alle milizie di terra. La testa di sbarco, dunque, resisteva, ma i collaboratori del Führer potevano rallegrarsi per la batosta inflitta al nemico. Jodl dichiarò che il valore dell'esercito americano era di gran lunga inferiore a quello delle esperte truppe britanniche di Montgomery. I paracaduti statunitensi "non sono affatto male", specificò, ma il resto "non conduce un attacco finché, sul campo nemico, permane un cannone in condizioni di far fuoco".

Hitler reputò pertanto alquanto improbabile, nell'imminente futuro, il pericolo di un nuovo sbarco Alleato in altri porti. "Non ci saranno altre invasioni! Sono troppo codardi per metterle in pratica. Sono riusciti a concretizzare l'operazione militare di Salerno, grazie al fatto che gli italiani hanno concesso loro la propria benedizione!"

Nelle settimane a seguire, la goffaggine dei piani Alleati gli fu di conforto. Perché gli anglo-americani non avevano invaso i Balcani, la cui popolazione li avrebbe accolti a braccia aperte? Perché, quando Badoglio aveva tradito, non avevano osato uno sbarco direttamente a nord della capitale?

In termini di materie prime, la defezione dell'Italia si era rivelata, per la Germania, estremamente vantaggiosa. Adesso, Hitler non doveva più fornire agli italiani carbone, petrolio e viveri. Anzi, alla fine di settembre erano già stati deportati nel *Reich* 268.000 prigionieri italiani. L'*Operazione Asse* aveva fruttato altresì un ingente quantitativo di armi appartenenti agli italiani: 449 carri armati,

2.000 cannoni e 500.000 fucili. Gli appunti di un generale dello Stato Maggiore testimoniano lo stupore per il notevole bottino. Göring riferì che erano stati rinvenuti persino alcune centinaia di caccia.

"Come sono riusciti in una cosa simile quegli incapaci?" sbottò Hitler. Göring in risposta esclamò: "Gli italiani e Mussolini ci hanno raggirato per anni, estorcendoci materie prime e velivoli. Il Duce dovrebbe essere fucilato!"

Hitler però attribuiva ogni responsabilità al re e ai generali monarchici. In merito alla strategia tedesca nell'Italia meridionale, il Führer sottolineò quanto importante fosse trattenere il nemico a sud il più a lungo possibile. "Dobbiamo guadagnare tempo", disse. "I nemici non versano certo in condizioni migliori di noi: le loro riserve di uomini e materiali sono soggette alle nostre stesse limitazioni e, presto o tardi, non potranno più sostenere questi ritmi. Da oggi, la guerra non potrà più essere vinta conquistando l'intero pianeta, ma protraendo il conflitto tanto a lungo da logorare gli avversari". Poi, rivolgendosi esplicitamente a Göring rimarcò: "Tempo, tempo, tempo!"

In seguito, il generale che aveva preso quegli appunti, annotò le proprie considerazioni: " Il Führer ha un aspetto insalubre e spossato. Si è ingobbito. Di tanto in tanto, traspare ancora la sua fede nella correttezza delle proprie azioni e nella vittoria finale. Tuttavia, dovrebbe, in fretta, liberarsi della sua corte".

Su Berlino erano state condotte tre massicce incursioni aeree notturne, ma la catastrofe di Amburgo non si era ripetuta. Le nuove tattiche individuali adottate dai caccia notturni, introdotte dal valente colonnello Hajo Hermann[77], si stavano dimostrando efficaci. Il tempestivo ordine di evacuazione di Goebbels salvò migliaia di vite: nell'attacco del 1° settembre, morirono infatti solo 13 berlinesi e due notti a seguire, durante l'incursione più devastante, le vittime ammontavano a 346. Comunque, il fatto che, nelle maggiori città, la segnaletica indicante le vie di fuga in caso di bombardamento fosse raddoppiata, induceva consapevolezza, nei tedeschi, che il peggio dovesse ancora arrivare. Per il popolo tedesco, il vero secondo fronte era rappresentato dalla guerra aerea. Giorno e notte i bombardieri Alleati sorvolavano la Germania, spingendosi a volte fino a Danzica o alla Prussia orientale.

Dagli aeroporti recentemente catturati intorno a Foggia, il nemico poteva anche raggiungere obiettivi situati in Austria o nei Balcani. I bombardieri statunitensi erano bene armati: 18 aerei in formazione potevano concentrare il fuoco di 200 mitragliatrici pesanti su ogni caccia nemico che si avventurasse in un attacco. Hitler, benché nel luglio del 1939, a Rechlin, avesse assistito ai collaudi del prototipo *101*, apprese che i caccia tedeschi non erano ancora stati equipaggiati col cannone da 30 millimetri. Dispose, quindi, che i caccia venissero attrezzati, in via sperimen-

---

77 Nda. Per contrastare le operazioni di bombardamento del territorio tedesco da parte dell'aviazione inglese, si era resa necessaria, fin dal 1940, la creazione di reparti di Caccia Notturna (CN). Nel 1943, il colonnello Herrmann ebbe l'idea di impiegare caccia monomotori del tipo Bf 109-G-6 e Focke-Wulf Fw 190 tipo A-8 per la caccia notturna. Questi venivano diretti verso i bombardieri nemici, i quali, illuminati da riflettori a terra, divenivano facile preda dei caccia. In seguito, l'utilizzo da parte degli inglesi di caccia notturni dedicati alla scorta dei bombardieri creò numerosi problemi ai piloti tedeschi.

tale, con il cannone anticarro da 50 millimetri, che avrebbe consentito loro di aprire il fuoco tenendosi a distanza di sicurezza dai bombardieri nemici. L'inadeguatezza dell'armamento dei caccia aveva, sul morale dei piloti, un effetto deprimente, che si ripercuoteva sulla popolazione civile. Il 4 ottobre, gli americani bombardarono Francoforte: era una splendida giornata autunnale e le squadriglie nemiche ronzavano alte nel cielo sopra la città "come facevano le nostre in tempo di pace".

Hitler redarguì Göring, dicendogli che la nazione aveva ormai perso fiducia nella sua *Luftwaffe*: "Questi massicci attacchi, sferrati alla luce del sole, devono cessare a qualsiasi costo". Il maresciallo del *Reich* riferì tale rimprovero al generale Galland. Insieme, riportarono ordine nell'aviazione infliggendo gravi perdite ai bombardieri americani. In 3 giorni di attacchi aerei, il nemico perse 88 aerei e 900 uomini e quando, il 14 ottobre, l'aviazione americana attaccò le fabbriche di cuscinetti a sfera di Schweinfurt, i caccia diurni tedeschi abbatterono 60 bombardieri danneggiandone gravemente altri 17.

Nel frattempo, di notte, la battaglia aerea proseguiva con alterne fortune: sui laghi intorno a Berlino ondeggiavano miriadi di depistatori metallici di radar posizionati per ingannare il nemico. Apparecchi ricevitori montati sui caccia notturni tedeschi consentivano loro di dirigersi verso le forti emissioni radio dei bombardieri. Il nemico, a sua volta, rispondeva diversificando le incursioni e trasmettendo via radio ordini in lingua tedesca che revocavano quelli precedentemente inviati, dalle basi di controllo tedesche, alle squadriglie di caccia in volo. I tedeschi si vendicavano predisponendo luci in aperta campagna che creavano falsi bersagli o pattugliando gli aeroporti Alleati per eliminare i bombardieri in fase di atterraggio.

Con impazienza, Hitler reiterava la sua richiesta di incursioni sulle città britanniche. "Il terrorismo aereo serve unicamente sotto forma di minaccia", pontificava spesso, riferendosi ai bombardamenti a tappeto nemici, "ma la sua utilità, quando viene messo in atto, è assai scarsa (...). Quanto spesso, negli ultimi 300 anni, intere città o enormi edifici sono stati divorati dalle fiamme? In realtà, questa devastazione lavora a nostro favore perché sta creando una massa di persone che, non avendo più niente da perdere, combatterà con fanatismo fino alla fine".

Il 22 ottobre, gli inglesi provocarono una seconda tempesta di fuoco che devastò Kassel, dove, in una notte, morirono 6.000 civili. La cosa non parve turbare il Führer che però insistette affinché le armi segrete (il razzo *A-4*, la bomba volante e la batteria a cannone multiplo posta presso Calais, sinistramente nota col nome di *pompa ad alta pressione*) seminassero altrettanto terrore su Londra.

Ai primi di ottobre, Hitler aveva lasciato cadere il suggerimento di Goebbels, il quale chiedeva che una delle grandi città del sud Italia, come Brindisi o Taranto, fosse sottoposta a un massiccio attacco notturno della *Luftwaffe*, tanto per ricordare agli ex-alleati della Germania che aprire le porte al nemico non ingraziava il paradiso.

La brutalità sempre crescente della guerra si manifestava in molti modi. Ai primi di ottobre, furono deportati dalla Danimarca gli ebrei che ancora vi rimanevano. Himmler considerava una minaccia per l'ordine pubblico anche gli 8.000 giudei di Roma e Ribbentrop portò a Hitler un telegramma del console tedesco a Roma che riferiva di un ordine, giunto da Berlino, a nome delle *SS*, in cui si chiedeva che gli ebrei della capitale fossero condotti nell'Italia settentrionale e uccisi. Nuovamente, Hitler preferì la moderazione e il giorno 9 Ribbentrop informò Roma che il Führer aveva disposto che gli ebrei fossero deportati nel campo di Mauthausen, in Austria, dove sarebbero stati trattenuti come "ostaggi"[78].

Il 4 ottobre, Himmler rivelò ai propri generali (divulgando, 2 giorni dopo, la notizia anche ai gerarchi nazisti) che entro la fine del 1943 gli ultimi ebrei residenti nell'Europa occupata sarebbero stati sterminati. Sempre il 4 ottobre, Himmler, davanti ai vertici delle *SS*, lodò la tenacia di coloro che si erano prodigati in

78 Nda. Il telegramma del console Friedrich Moellhausen, datato 6 ottobre 1943, compare nella Documentazione di Norimberga, serie NG, pag. 5027. Il rifiuto di Hitler ad avallare l'ordine delle SS compare nel messaggio di Franz Sonnleithner, trasmesso per telescrivente in data 9 ottobre 1943. Il rapporto delle SS in merito al rastrellamento degli ebrei di Roma è inserito nel microfile T175, rullino 53, pag. 7133.

ogni modo a portare avanti l'opera di pulizia. Davanti ai gerarchi, dichiarò che il "problema ebraico" era quanto di più complesso egli avesse mai dovuto affrontare. "Gli ebrei devono essere sterminati, tutti".

Quando la cosa coinvolgeva donne o bambini, la considerazione da fare era semplice: "Non mi sarei mai perdonato di comandare l'uccisione degli uomini, lasciando così che i loro bambini, crescendo, potessero nutrire sentimenti di vendetta verso di noi, riversandoli sui nostri figli o nipoti. È necessario comprendere che non vi era altra soluzione: questa razza deve sparire dall'intero pianeta". Che Himmler volesse rendere tutti i suoi generali complici del genocidio viene suggerito anche da un curioso documento, trovato nei suo archivi, contenente un elenco di coloro che, nell'occasione, non si erano recati ad ascoltare il suo discorso. Va comunque precisato che le registrazioni mostrano ch'egli non dichiarò (non ancora) di agire su ordine del Führer. Dal momento però che gli stessi gerarchi, il 7 ottobre, furono ospiti di Hitler alla *Tana del Lupo*, è lecito asserire che, per lo meno a partire da quel momento, Hitler non poteva più ignorare ciò che il suo fedele Heinrich stava perpetrando. Quell'autunno le *SS* godevano della massima stima da parte del Führer. Senza gli agenti di Kaltenbrunner, la liberazione del Duce non sarebbe stata possibile. Inoltre, la principessa Mafalda, catturata, languiva in un campo di concentramento, dov'era tenuta in ostaggio per assicurarsi un atteggiamento cauto del re d'Italia[79].

Himmler aveva saputo infondere nelle sue *Waffen SS* un fanatico senso del dovere. Verso la fine di ottobre, egli mostrò a Hitler una lettera inviatagli poco tempo prima da un giovane ufficiale delle *SS*, dal fronte orientale: "Se non ci fossero altri a farlo in loco, mi piacerebbe poter dire al Führer quale rispetto nutrono per lui i suoi combattenti e quanto gli siano devoti. Anche se a volte i suoi ordini paiono spietati o crudeli (come quando ci viene detto di resistere fino all'ultimo uomo), un solo sentimento muove i soldati che si battono per la nostra patria: la consapevolezza di

79 Nda. Mafalda morì in seguito a un'incursione aerea americana sul campo di concentramento di Buchenwald.

avere come guida un uomo che è secondo soltanto a Dio".

L'autore di quella missiva corrispondeva al nome di Hermann Fegelin e, pochi giorni dopo, Hitler lo avrebbe designato quale ufficiale di collegamento con Himmler.

Fegelin, in giugno, avrebbe sposato la sorella di Eva Braun e, un anno più tardi, tra le rovine di Berlino, sarebbe stato giustiziato come disertore.

"Il Führer resta fiducioso", disse in quei giorni Bormann, nel corso di un incontro segreto, "anche se di indole non è ottimista. In effetti, quando legge i rapporti non può certo esserlo, ma egli ormai non crede a ciò che non è dimostrato nei fatti. Si mostra scettico su ogni cablogramma o dispaccio".

Stalin si trovava in una posizione di forza. Di fronte a ciò, Hitler poteva contrapporre una sola risposta: "La cosa essenziale è proseguire imperterriti nella lotta, approfittare delle debolezze del nemico senza mai pensare a una capitolazione o a un accordo (...). Chi può dire che un giorno non accada qualcosa tra gli Alleati che vada a incrinare la loro unione?"

Quando vennero tentati nuovi approcci, questa volta dalla Gran Bretagna, Hitler li respinse. Il 15 ottobre, il capo dei servizi di spionaggio all'estero, Walter Schellenberg, apprese che il capo della missione commerciale britannica a Stoccolma, David McEvan, si era offerto di recarsi segretamente in Germania, per parlare, diceva, di questioni economiche. Himmler chiese a Ribbentrop di interpellare il Führer, ma quest'ultimo proibì che approcci del genere fossero tenuti in considerazione. Uno dei motivi che spingevano Hitler a rigettare quelli che sembravano vaghi sondaggi degli Alleati era rappresentato dalla felice conduzione di Kesselring della guerra in Italia che procedeva addirittura meglio di quanto egli avesse osatosperare.

Rommel, che comandava il Gruppo Armate B nell'Italia settentrionale, aveva profetizzato la perdita completa del meridione e del centro: preoccupato da quella prospettiva, Hitler aveva respinto la richiesta di Kesselringdi mandare al sud altre due divisioni attinte dalle forze di Rommel. Con quelle divisioni, Kesselring avrebbe potuto sbaragliare gli Alleati, ma anche senza arrivare a tanto, la strategia del Führer complicò notevolmente l'operato di Churchill e Roosevelt.

Hitler ordinò che la linea a sud di Roma che andava da Gaeta, sul Tirreno, a Ortona, sull'Adriatico, fosse fortificata e tenuta. Tutto ciò dimostrava ancora una volta l'incapacità di giudizio di Rommel.

Un anno più tardi Hitler ricordò: "Anche in merito all'Italia, Rommel aveva predetto che il nostro crollo era prossimo, invece deve ancora arrivare. Gli eventi hanno dimostrato che egli si sbagliava e hanno giustificato pienamente la mia decisione di lasciare là Kesselring (...). Ritengo che laddove non si mostri ottimismo, difficilmente si possa essere un buon comandante militare".

Per Hitler, probabilmente Rommel era ancora ossessionato dalla sconfitta patita in Africa: forse, sarebbe stato opportuno affidargli un incarico quanto più lontano dalla penisola italica. Il 17 ottobre, il Führer incontrò nuovamente Rommel e quest'ultimo fece una ben triste figura. Alcuni giorni dopo, Hitler conversò ancora con Kesselring e il 28 si espresse definitivamente in suo favore.

Il 23 ottobre 1943 ebbe inizio un poderoso attacco sovietico contro il settore del vallo orientale presidiato dalla Sesta Armata, all'estremo sud: quando, il giorno seguente, Melipotol fu occupata, Kleist ordinò una precipitosa ritirata. Più a nord, tra Dnipropetrovs'k e Kremenchuk, venne aperta, nelle linee tedesche, una breccia che, nelle due settimane successive, avrebbe superato i 150 chilometri di larghezza. Hitler chiese ad Antonescu di inviare con urgenza alcune divisioni romene per contribuire ad arginare la marea sovietica, ma Antonescu, preoccupato per le sette divisioni già impegnate in Crimea dove, insieme a due divisioni tedesche, i suoi 210.000 uomini rischiavano da un giorno all'altro di essere tagliati fuori senza alcuna speranza di ricevere rifornimenti via terra, il 27 ottobre, rispose di abbandonare la Crimea prima che accadesse l'irreparabile.

Hitler esitò. Lasciare la Crimea senza lottare non avrebbe fatto buona impressione su turchi e bulgari e, inoltre, avrebbe avvicinato di 400 chilometri l'Armata Rossa alle raffinerie e ai campi petroliferi romeni sui quali la *Wehrmacht* faceva affidamento. Con quel pensiero, alle 16:30 del giorno in cui ricevette risposta da Antonescu, Hitler convocò Göring, Dönitz, Zeitzler e Jodl per uno speciale Consiglio di guerra. Zeitzler si diceva certo che la Crimea, sebbene isolata, disponesse di un arsenale tale da poter comunque resistere. Dönitz convenne che, sia pure con i rischi connessi alla forza dell'aviazione russa, sarebbe stato possibile evacuare via mare la Diciassettesima Armata. Hitler, Dönitz e il maresciallo del *Reich* furono unanimi nel giudicare che la Crimea dovesse essere tenuta e rifornita via mare. Zeitzler diede il suo consenso. Gli archivi riportano con chiarezza il risultato di tale votazione. Quattro giorni più tardi, la Crimea era tagliata fuori.

I verbali dei Consigli di guerra, che si tennero quel 27 ottobre, illustrano quanto sia difficile condurre guerre su più fronti e con risorse in progressiva diminuzione. Nei Balcani, si combattevano aspre battaglie contro gli insorti e i partigiani comunisti e, durante la notte, i cieli d'Europa risuonavano del rombo dei bombardieri. Speer abbisognava di operai per rimuovere le macerie, costruire fabbriche e far funzionare macchinari; Milch necessitava di mano d'opera per la sua nuova industria aeronautica. E, soprattutto, Hitler doveva reperire ulteriori divisioni per chiudere i varchi che si aprivano sul fronte orientale. In settembre, già aveva abrogato il rinvio del servizio di leva dei figli unici o del solo sopravvissuto di ogni nucleo familiare.

Il 27 ottobre 1943, mentre il Führer stava come al solito passeggiando nella selva intorno alla *Tana del Lupo*, Göring gli rivolse un appello affinché la scure del reclutamento non colpisse anche le maestranze delle sue fabbriche di aerei, fornendogli un esempio concreto della scarsità di mano d'opera: Willy Messerschmitt, disse, gli aveva spiegato che, disponendo di 4.000 operai in meno rispetto al necessario, la produzione del suo aereo a reazione *Me-262* avrebbe subìto un ritardo di 6 mesi. Secondo quanto riportato da Göring, Hitler, a sentire questa notizia, "accusò un attacco di cuore". Nella sua vivace immaginazione, Hitler, che aveva già assegnato al *Me-262* un ruolo chiave per arginare qualsiasi tentativo di invasione, sognava ore e ore di caos sulle spiagge, non appena vi fossero giunti i mezzi da sbarco anglo-americani. Vedeva i contingenti tedeschi costretti nei bunker da massicci bombardamenti navali e aerei e il cielo brulicare di caccia nemici. Poi, sarebbero apparsi i suoi nuovi bombardieri a reazione, a seminare il panico e bloccare sulla spiaggia gli invasori quel tanto da consentire alle riserve mobili tedesche di ricacciarli in mare. Göring assicurò al Führer che, entro maggio, avrebbe avuto gli *Me-262*.

Dal giorno del tradimento dell'Italia, le vedute strategiche di Hitler avevano maturato un sorprendente cambiamento. Il 28 ottobre, in merito, Göring si espresse così con i suoi generali: "In Russia abbiamo conquistato un'immensa area periferica nella quale possiamo ricorrere a tattiche flessibili. Che i sovietici si trovino a Kryvyj Rih o che si avvicinino a noi di ulteriori 150 chilometri non è rilevante. Ciò che conta è che, al più tardi in primavera, noi riusciamo a mettere assieme una tale massa di forze da poter mantenere le nostre posizioni a Occidente e arginare il secondo fronte prima che venga aperto. Solo il predominio nei cieli, può assolvere questo compito. Il Führer lo ha espresso chiaramente ieri, in presenza di Dönitz. Hitler sostiene che il cacciabombardiere a reazione sarà di vitale importanza, perché esso si scaglierà a velocità elevatissima sulla spiaggia proprio al momento giusto, lasciando cadere le sue bombe sulle truppe da sbarco". Ma Göring aggiunse: "In verità, mi chiedo se per quella data l'*Me-262* sarà operativo".

Se il nemico avesse messo piede sul suolo francese, concluse Göring, per la Germania sarebbe stata la fine. Al contrario, se anche tutte le città tedesche fossero state rase al suolo, il popolo, sopravvissuto, avrebbe continuato a combattere. In un lunghissimo rapporto destinato al Führer, Rundstedt era giunto alla medesima conclusione. Una ritirata tedesca a Occidente avrebbe dato al nemico i porti di cui necessitava e privato la Germania delle basi per i sommergibili e per i trasporti marittimi lungo le coste.

Durante la riunione con Hitler del 30 ottobre, Jodl appoggiò l'importante asserzione di Rundstedt, secondo la quale un tentativo di sbarco in Francia nella primavera del 1944 era da considerarsi una certezza, perché soltanto occupando la Ruhr, il nemico avrebbe definitivamente sconfitto la Germania. Hitler concordò. Anzi, si spinse oltre, perché segretamente diede disposizioni a Rundstedt di far studiare una possibile seconda linea di difesa lungo la Somme e la Marna, sino al confine elvetico, ammettendo con ciò, seppure implicitamente, l'eventualità che la Francia potesse un giorno essere occupata dal nemico[80].

Fu in tal modo che Hitler risolse altresì il dilemma Rommel-Kesselring. Il 15 novembre comunicò a Rommel che lo Stato Maggiore del suo gruppo doveva ispezionare le difese costiere occidentali, apportarvi migliorie e predisporre una strategia contro un nemico attestato in Europa occidentale. Rommel per quella che gli sembrava una missione poco brillante, ben lontana dai riflettori sotto i quali aveva condotto le sue famose battaglie, parve risentirsi. Pochi giorni più tardi scrisse: "Nessuno sa se questo nuovo incarico mi sia stato affidato per mettermi da parte. Anche se il Führer mi ha assicurato che non è così, gli invidiosi sono innumerevoli".

Tuttavia, la stima che nutriva per il Führer spinse Rommel a dedicarsi con impegno a quel nuovo ruolo.

L'8 novembre, Hitler tenne il suo annuale discorso alla Vecchia Guardia nel birrificio *Löwenbrau* di Monaco. "Che potere irradia!" scrisse Rommel, quasi preda di un delirante entusiasmo. "Quale fiducia e quale fede infonde nel suo popolo!"

Così sarà, *mein Fuhrer*!

In quattro anni, la ruota aveva compiuto un intero giro. Per tutto l'inverno 1943-44, il fronte occidentale avrebbe rappresentato la maggiore preoccupazione del Führer, che trascorreva ore a studiare i rapporti dei servizi segreti, cercando di intuire dove e

80 Nda. Quest'ordine contribuisce a oscurare la leggenda secondo la quale si vuole che Hitler fosse restio a permettere tempestive ritirate.

quando gli Alleati avrebbe tentato lo sbarco. Più di una volta fu sentito dire che, qualora gli Alleati fossero riusciti a stabilire una testa di ponte in continente, per la Germania la sconfitta sarebbe stata certa.

Il 3 novembre 1943, sottolineò questo punto di vista nella direttiva numero 51:

"Adesso, il pericolo a Est rimane, ma una minaccia ancora più grande si sta profilando a Ovest: l'invasione anglo-americana! A Oriente, la vastità degli spazi ci permette di tollerare, qualora le cose precipitassero, un'importante perdita di territorio. Tale sottrazione, al contrario di quanto accadrebbe a Ovest, non costituirebbe un colpo fatale per il nostro paese".

Hitler si aspettava che il nemico sbarcasse in prossimità delle postazioni missilistiche dei razzi *A-4* e delle rampe di lancio delle bombe volanti *V-1,* che eserciti di lavoratori francesi stavano edificando lungo la Manica. Ma il vantaggio politico e strategico che sarebbe derivato agli Alleati dall'invasione della Danimarca, imponeva ai tedeschi anche la difesa di tale tratto di costa.

I Balcani necessitavano altresì di rinforzi: il crollo italiano aveva infatti destabilizzato la regione. I tentativi del Führer di sostenere in Croazia il governo del *Poglavnik* fallirono, anche se il paese riguadagnava ora la costa dalmata che l'Italia gli aveva sottratto nel 1941.

In settembre e in ottobre, Hitler aveva discusso ripetutamente il problema dei Balcani con generali e ministri. Il feldmaresciallo Weichs, comandante in capo di quel settore, riferì che, mentre un'invasione alleata era improbabile prima della primavera, il nemico più pericoloso era rappresentato da Tito. Il comandante dei partigiani comunisti disponeva, infatti, di 100.000 uomini. Nel suo diario Weichs, scrisse:

"La difficile situazione creata dalla guerra partigiana pone le cose sotto una luce completamente diversa. Non che si possa più parlare di "partigiani", perché sotto la guida di Tito è sorto un imponente esercito bolscevico, guidato con fermezza, che, agli ordini di Mosca, diviene ogni giorno sempre più forte. Questo esercito è sostenuto anche dalla Gran Bretagna. L'attuale obiettivo di Tito è penetrare in Serbia e sconfiggere i partigiani nazionalisti di Draza Mihajlovic".

La ritirata degli italiani, in Albania, aveva prodotto un vuoto, dove a presidiare la costa albanese era rimasto solo un battaglione tedesco. Se avessero fatto sbarcare in Albania anche un solo reggimento, in un paio di settimane gli Alleati avrebbero potuto controllare il paese.

La risposta di Hitler alla situazione fu un significativo riallineamento politico. Spalleggiato da Weichs e Kaltenbrunner, il Führer decise di assicurarsi il sostegno dei serbi. Il 29 ottobre conferì a Hermann Neubacher, inviato speciale di Ribbentrop nei Balcani, poteri assoluti per combattere il comunismo nella regione. In particolare, qualora si fosse reso necessario, Neubacher avrebbe potuto trovare un accordo con Mihajlovic.

I serbi vennero allettati con la restituzione del Montenegro, la destituzione di Neuhasen – corrotto economista di Göring per la regione – e con alcuni interventi a favore del Primo ministro Milan Nedic, uomo nel quale Hitler comprese di poter riporre fiducia. Una cosa risultava chiara: la regione balcanica non poteva essere abbandonata. Così, il Führer dispose che venisse rafforzata la difesa lungo il cordone di isole che va da Creta fino a Rodi. Kos fu presa in ottobre e, l'11 novembre, un modesto contingente tedesco sbarcò nell'isola di Leros, che, presidiata da 10.000 soldati tra italiani e inglesi, fu conquistata dopo cinque giorni di feroci scontri. Samo fu occupata il 22 e l'intero Dodecanneso tornò sotto il controllo tedesco: fu questo uno degli ultimi successi militari del Führer.

Hitler odiava i Balcani: "Se la Gran Bretagna dichiarasse che il compito della Germania è tenere ordine in quella regione", disse, durante un Consiglio di guerra, "saremmo occupati per i prossimi 30 anni a entrarvi e uscirvi per sbattere le loro teste una contro l'altra".

Hitler fu messo a conoscenza, dai servizi segreti di Himmler, che gli inglesi stavano facendo pressioni sulla Turchia affinché rinunciasse alla propria neutralità. La principale fonte di Himmler era *Cicero*, un cameriere albanese alle dipendenze di Hughe

Knatchbull Hugessen, ambasciatore britannico ad Ankara. *Cicero* aveva il compito di fotografare tutti i documenti di quest'ultimo. La lealtà del cameriere fu confermata dallo stesso Moyzisch, diplomatico della polizia tedesca.

Hitler confidava che l'Armata Rossa non resistesse ancora a lungo. "Non dobbiamo pensare all'esercito russo come una sorta di gigante che si fortifica ogni volta che cade a terra", arringò i suoi generali. "Presto o tardi anche le sue risorse avranno fine".

Il 1° novembre le truppe sovietiche entrarono in Crimea, ma vennero fermate. Il giorno 3, si aprirono un varco tra le linee della Quarta Armata Corazzata del generale Hoth. Caduta Kiev, i russi raggiunsero Fastoff, 60 chilometri oltre in direzione sud-ovest, prima di essere fermati il 7 novembre. Destituito il "lamentoso Hoth", Hitler apprese che il carcinoma del disfattismo dilagava anche tra i subalterni del suddetto generale: "I suoi uomini hanno finalmente trovato il coraggio di confidarmi ogni cosa", raccontò il Führer alcune settimane dopo. E Zeitzler commentò: "Ogni esercito è l'immagine del proprio comando". Hitler non gli diede torto. Era quella la ragione per cui ammirava uomini fedeli al partito come Kock, Sauckel e Ley, tutti gerarchi che, in tempi passati, avevano convertito regioni comuniste in roccaforti del nazismo. Hitler era convinto che altrettanto accadesse nell'esercito. Il marciume andava diffondendosi: i servizi di sicurezza, che censuravano le lettere inviate a casa dai soldati al fronte, riferivano che gli uomini dubitavano della vittoria finale. Hitler riteneva che Manstein fosse responsabile di tanto degrado e così, quando il 7 novembre lo convocò, molti erano convinti che il feldmaresciallo sarebbe stato costretto a dimettersi. Invece, il Führer insistette affinché Manstein preparasse un'avanzata della testa di ponte di Nikopol verso la Crimea. Prima, però, doveva essere ristabilita la situazione a sud-ovest di Kiev. La Divisione della Guardia delle *SS* di Sepp Dietrich iniziò l'attacco il giorno 15, ma dopo aver ucciso 20.000 soldati nemici e distrutto o catturato 603 carri armati e 1.200 pezzi anticarro, riconquistata Zitomir, fu fermata dal fango. "Dove si finirà mai!" scrisse Goebbels.

"I russi dispongono di riserve di gran lunga maggiori alle nostre più pessimistiche stime". Sul fronte settentrionale, le diatribe tra Küchler e Kluge impedirono alle loro armate, schierate su posizioni attigue, di intraprendere un contrattacco congiunto verso Nevel, la cui riconquista avrebbe bloccato l'avanzata nemica. L'8 novembre, Kluge raggiunse i propri obiettivi, ma Küchler, il mattino seguente, nonostante gli accordi presi, si rifiutò di attaccare e Kluge fu costretto ad arretrare sulle posizioni di partenza. Hitler, andando molto vicino alla verità, commentò: "L'intera disfatta di Nevel può essere attribuita allo sciocco egoismo dei comandanti di due Gruppi di Armate".

A metà novembre, il Führer vagliò con i consiglieri politici la possibilità di reclutare ulteriori estoni e lettoni per la difesa del loro paese, ma Rosenberg gli fece notare che, a meno che venisse garantita loro una futura indipendenza, questi non sarebbero stati disposti a sacrificarsi per la causa tedesca. Hitler, come avrebbe successivamente scritto Rosenberg, "era restio a fare concessioni di così ampia portata in momenti tanto difficili". E, infatti, preferì prosciugare la mano d'opera delle sue industrie. Milch gli aveva assicurato, se necessario, di poter "inviare al fronte, entro tre settimane, 2.000.000 di uomini raccolti nelle retrovie". Egli era solito lamentare che degli 8.000.000 di militari tedeschi, solo 260.000 si trovassero realmente sul fronte orientale. Hitler convenne che tale sproporzione esisteva realmente, ma Göring si sentiva così vulnerabile a causa del proprio declinante prestigio che, il 24 novembre, nel corso di una riunione, asserì che la *Luftwaffe* disponeva di 1.000.000 di uomini in eccesso, ai quali poteva rinunciare. Tre giorni dopo, Hitler firmò un ordine che imponeva a 1.000.000 di uomini, facenti "vita comoda" nella *Wehrmacht*, di recarsi al fronte. Il risultato pratico, registrato da Schmundt qualche mese dopo, fu deludente: "I provvedimenti penali disposti dal Führer non sono stati impiegati e, così, invece di 1.000.000 di uomini ne sono arrivati solo 400.000".

Poiché Berlino, notte dopo notte, continuava a subire gli attacchi di centinaia di bombardieri inglesi, il prestigio di Göring precipitava sempre più in basso. Il 22 novembre del 1943, a seguito di una massiccia incursione senza precedenti, gli uffici governativi erano stati semidistrutti. Per molti giorni, la città rimase senza linee telefoniche, senza gas, acqua ed elettricità. Lo stabilimento della *Alkett*, dove venivano prodotti la maggior parte dei semoventi d'assalto, fu devastato. Nelle incursioni di quei giorni, morirono 3.000 persone, ma i berlinesi si dimostrarono tenaci come lo erano stati in luglio gli abitanti di Amburgo. A Londra, alcuni giornali riferirono che a Berlino, andata distrutta l'intera città, era deceduto 1.000.000 di persone: per ragioni tattiche Goebbels preferì non smentire la notizia. L'ora della vendetta sarebbe presto arrivata. Sotto l'egida di Himmler, i lavoratori forzati nelle montagne dello Harz stavano ultimando i lavori per rendere operativo uno stabilimento sotterraneo adibito all'assemblamento del razzo *A-4*. I bombardieri Alleati avevano distrutto la prima grande rampa di lancio edificata a Watten, nella Francia nord-occidentale, prima che venisse ultimata e così Hitler accolse le richieste dei tecnici di Speer di scegliere una nuova zona nella vicina Wizernes. Collocata, ai margini di una cava di gesso, una cupola in cemento di un milione di tonnellate, sotto questa sarebbe stata ricavata la rampa di lancio del missile. Per quanto il Führer fosse "poco convinto che il lavoro sarebbe mai stato completato", il suo scetticismo venne mitigato dalla grande capacità di persuasione degli uomini di Peenemünde, che astutamente gli tennero nascosto il ritardo di progettazione del razzo. Verso la fine di ottobre, mentre a Hitler veniva assicurato che l'*A-4* sarebbe stato operativo entro la fine del 1943, il nuovo capo di Stato Maggiore della *Luftwaffe*, il generale Günther Korten, si era intromesso nella discussione: "Anche noi abbiamo come obiettivo quella data", aveva detto, alludendo alla bomba volante. Ma l'*A-4* stava incontrando non pochi problemi. L'8 novembre Speer apprese che la ricerca, al contrario di quanto sostenevano gli scienziati, non era ancora a buon punto. Nessuno, però ebbe il coraggio di dirlo al Führer che, quello stesso giorno, a Monaco, aveva proclamato: "Il momento della vendetta è vicino!"

Frattanto la bomba volante della *Luftwaffe*, prodotta in serie nello stabilimento di Fallersleben della *Volkswagen*, denunciava anch'essa difetti strutturali, al punto che in novembre la catena di montaggio dovette essere fermata. Ciononostante, si prevedeva, entro la metà di dicembre del 1943, di ultimare l'intera struttura di lancio, vale a dire le 96 postazioni di partenza allestite dagli operai francesi sulla costa della Manica ed entro il mese di marzo, di rendere operativi i due imponenti bunker di puntamento.

Il 26 novembre, mentre in compagnia di Göring ispezionava, all'aeroporto di Insterburg, le più recenti attrezzature segrete della *Luftwaffe*, Hitler chiese a un ingegnere quando sarebbe stata pronta la bomba volante. La risposta fu: "Entro fine marzo". Il Führer ammutolì perché quella previsione era la più lontana che gli fosse mai stata annunciata.

Nonostante tutto ciò, il 15 dicembre, Hitler ordinò a Jodl di dare inizio, entro il 15 febbraio, a un massiccio attacco su Londra, con un lancio simultaneo del maggior numero di testate possibili. Ma i ritardi si moltiplicarono e il 15 dicembre, dopo aver incontrato Hitler, Jodl riportò nel proprio memoriale: "Il progetto delle *A-4* versa in sensibile ritardo".

All'epoca, i bombardieri americani avevano spostato la loro attenzione sulle 96 rampe di lancio delle *V-1* situate in territorio francese: sebbene 73 fossero state facilmente distrutte, queste erano state sostituite da un nuovo sistema di dispositivi di lancio prefabbricati. Hitler trasse grande conforto da questa circostanza: "Ovviamente fatti del genere innervosiscono il nemico. Se loro iniziassero a produrre ordigni simili e fossimo a conoscenza che servono a radere al suolo Berlino, anche noi, manifestata apprensione, manderemmo la *Luftwaffe* a farne tabula rasa".

Göring assicurò al Führer che la *Luftwaffe* avrebbe bombardato Londra entro 15 giorni. Il maresciallo del *Reich* si recò in Francia proprio per seguire personalmente l'operazione. Tuttavia, solo il 22 gennaio fu assemblata una forza di 462 aerei in vista di un massiccio attacco. Dopo la prima incursione, la Gran Bretagna annunciò con disprezzo che solo 30 bombardieri erano riusciti a sorvolare Londra. I malandati *Heinkel 177* avevano riportato gravi perdite.

"Quel ferrovecchio è la peggiore trappola mai costruita", sbottò Hitler. "È un *Panzer* volante", aggiunse, riferendosi all'altrettanto problematico carroarmato e il "*Panzer* è un *Heinkel* che arranca sulla terraferma!"

HItler non dette credito alla notizia che Londra fosse stata raggiunta da meno di 300 400 velivoli. "Lei dispone di agenti", disse al generale Günther Korten. "Siamo nelle condizioni di scoprire i loro più preziosi segreti e le strategie occulte che si celano dietro a ogni loro mossa! Ma non siamo in grado di sapere con certezza se a Londra sono crollati o arsi 3, 100 o 150 edifici!" Korten borbottò: "Abbiamo incaricato di ciò i nostri uomini migliori".

Quegli agenti in realtà, frutto dell'immaginazione dell'*Abwehr*, erano inesistenti. Motivo di sollievo in quel tetro dicembre 1943, fu il deciso rifiuto turco di schierarsi contro la Germania. Hitler, Ribbentrop, Himmler e Papen si convinsero definitivamente che le fotocopie regolarmente fornite da *Cicero* fossero autentiche: tra queste c'erano telegrammi che recavano il timbro di "massima segretezza" inviati da Eden a Churchill, resoconti degli incontri con Stalin a Teheran e anche una missiva proveniente dal quartier generale degli Alleati al Cairo che confermava, quale conseguenza della vittoria tedesca nelle isole di Kos e di Leros, il brusco interrompersi delle operazioni britanniche nell'Egeo. L'immagine che ne emergeva era quella di una crescente pressione degli inglesi sulla Turchia affinché il 15 febbraio entrasse nel conflitto. Ai turchi fu chiesto di attrezzare i più importanti aeroporti per ricevere 20 gruppi aerei della *RAF.*

Nel frattempo, i sommergibili inglesi sarebbero entrati nel Mar Nero per operare nei pressi della Crimea e della costa romena. La Turchia, però, non aveva motivo di aiutare il boia a stringere il cappio, tanto più che si rendeva conto di come la Gran Bretagna avesse già assegnato Balcani ed Europa orientale a Stalin. "Il nostro Presidente [Mustafa Ismet Inönü] è tornato dal Cairo inorridito", disse il ministro degli Esteri turco, "e ha detto che se avesse previsto tutto ciò, non ci sarebbe affatto andato".

Grazie a *Cicero*, Hitler, poco dopo, stava leggendo l'imbestialita comunicazione telegrafica inviata il 13 dicembre a Churchill dall'ambasciatore britannico ad Ankara, che riferiva circa le inaccettabili richieste di armamenti fatte dalla Turchia per schierarsi a fianco degli Alleati: atteggiamento familiare al Führer, data la recente esperienza con gli italiani. Eden, accettata la temporanea sconfitta, aveva telegrafato al suo ambasciatore la seguente risposta: "Riassumendo: il nostro intento consiste nel fare entrare nel conflitto i turchi quanto prima e, in ogni caso, mantenere viva, finché sarà lanciato *Overlord*, una minaccia contro la Germania all'estremità orientale del Mediterraneo (...). Non abbiamo ancora riununciato all'idea di far partire le nostre squadriglie il 15 febbraio".

Overlord era il nome in codice dell'invasione a Occidente prevista per il 1944. "Non c'è dubbio che lo sbarco avverrà in primavera", disse a Papen il ministro degli Esteri turco. "Siamo nella situazione più critica della nostra recente storia. Dal momento che i Balcani devono essere sacrificati ai sovietici, non abbiamo alternativa se non muoverci come abbiamo fatto fino ad oggi, confidando che il fronte orientale tedesco continui a reggere".

Questo il significato politico che la Crimea rappresentava agli occhi del Führer. "I finlandesi", diceva, "non hanno alcuna possibilità di abbandonare la nave. Quando tutto sarà detto e fatto, loro dovranno ancora difendere se stessi".

Non era così per la Turchia, la Bulgaria e la Romania. Anche Stalin se ne era avvisto, perché la sua principale offensiva invernale, iniziata il 24 dicembre, era diretta contro il settore coperto dalla Quarta Armata Corazzata a ovest di Kiev, il lato sinistro del Gruppo di Armate di Manstein. Il generale, a quel punto, scongiurò Hitler di fornirgli 20 divisioni rinunciando, prima che fosse troppo tardi, alla 'protuberanza' lungo il Mar Nero e alla testa di ponte di Nikopol. Politicamente, e forse anche sul piano militare, una simile mossa sarebbe stata una catastrofe. Il Führer appariva irritato per le "pietose bugie" contenute nel telegramma di Manstein, che definiva "contro-operazioni" quelle che, in verità, risultavano una "fuga precipitosa" e si avvaleva di una terminologia equivoca quale "possiamo confidare che il nemico..." .

Hitler, arrabbiato, si sfogò con Zeitzler: "Il nemico non farà ciò che noi speriamo, ma quello che servirà a danneggiarci maggiormente!" Manstein, asserì, si stava comportando come se il suo Gruppo di Armate fosse l'orfano derelitto di tutto il fronte orientale. In realtà, da ottobre, il Führer gli aveva inviato già cinque divisioni corazzate d'élite e tre di fanteria. "Se i soldati sono depressi, questo è dovuto alla sfiducia che nutrono per il loro comandante". Quando il feldmaresciallo annunciò che innanzi a lui c'erano 47 divisioni di fanteria sovietica e 9 corpi corazzati, Hitler si rifiutò di credere che quelle unità potessero essere qualcosa di più di qualche esausta divisione "ricomposta" e rimandata al fronte. Con pesante sarcasmo, commentò: "Le nostre divisioni, chissà per quale misterioso motivo, sono tutte formazioni alla deriva, mentre ogni sovietico lo si prospetta forgiato di nuovo. Se arretriamo, questo settore prima e quest'altro dopo", disse, presumibilmente indicando la Crimea sulla mappa geografica, "saranno irrimediabilmente persi".

Zeitzler sbottò: "In ogni caso, la Crimea è persa comunque". Hitler dissentiva: "Ci rifletterò nottetempo. Sa, Zeitzler, è facile asserire con sufficienza che la Crimea è comunque persa, ma, se questo accadrà, si ricordi, non sarà Manstein a esserne incolpato, ma noi. Loro [gli inglesi] stanno cercando di ricattare la Turchia per convincerla a entrare in guerra il 15 febbraio" ricordò a Zeitzler, "Manstein per questo non si prenderà alcuna responsabilità.

Dirà soltanto che sono faccende di competenza dei politici. Inoltre, se perdesse il suo esercito in Crimea, Antonescu rischierebbe di essere deposto. Questa è una eccellente ragione per cui vale la pena di impegnarci a difendere con ogni mezzo questa seconda Stalingrado".

Per molte notti, Hitler rimuginò sulla decisione da prendere. Poi, il 29 dicembre chiese a Zeitzler di calcolare quante divisioni Küchler avrebbe potuto concedere a Manstein se il Gruppo Armate Nord fosse arretrato sulla linea del vallo orientale. L'ammiraglio Dönitz, tuttavia, protestò energicamente e, il 5 gennaio del 1944, Hitler proibì qualsiasi volontaria ritirata.

Ma quando, 9 giorni dopo, ebbe inizio in quel punto l'offensiva sovietica, il Gruppo di Armate di Küchler fu comunque respinto sino alla linea del vallo. Quest'ultimo venne allora rimpiazzato dal generale Model, esperto di strategie difensive, che riuscì a fermare l'attacco russo.

Quanto agli occidentali, alla fine del 1943, Hitler non era certo delle loro vere intenzioni. Un assiduo partecipante ai Consigli di guerra, il capitano Heinz Assmann, il 29 dicembre, appuntò:

"Ciò che preoccupa il Führer e i vertici dell'esercito è riassumibile così: 1. Tutto questo propagandare degli Alleati, a mezzo stampa, circa un'imminente invasione a Ovest è cosa vera oppure si tratta di un raggiro orchestrato non solo ai danni della Germania, ma anche dell'Urss? Stanno forse cercando di indurci a sottrarre forze al fronte orientale per indebolirci in vista dell'offensiva invernale russa? 2. Questo gran parlare di uno sbarco è un stratagemma per mascherare un'importante operazione nei Balcani, via Creta, Rodi e l'Egeo oppure attraverso la Turchia, o entrambe le cose? 3. L'invasione, se avverrà, non sarà, forse, in Danimarca o in Norvegia? 4. La Turchia è affidabile come appare o si è forse già accordata per il transito delle truppe britanniche e la concessione dell'uso delle proprie base aeree? 5. Possiamo tenere l'Ucraina, che è di vitale importanza per assicurare cibo al popolo tedesco? Dove possiamo reperire le unità necessarie per consolidare i settori del fronte orientale sui quali è maggiore la spinta del nemico? In merito alla paventata invasione, quale indizio possiamo ritenere comprovante una certezza? 6. Gli *U-Boote* porteranno i risultati sperati?"

I recenti avvenimenti sul mare, nonostante i disastrosi risvolti, avevano fortemente accresciuto l'importanza di Dönitz. Ancora una volta, la marina aveva mostrato un'indole guerriera che Hitler, con dispiacere, non riscontrava nei suoi feldmarescialli. Domenica 26 dicembre, l'incrociatore *Scharnhorst* aveva attaccato un convoglio degli Alleati nell'Artico. Alle 19:45 Dönitz telefonò al Führer per riferirgli, però, che alcune navi da guerra inglesi, distanti 30 miglia, intercettato l'incrociatore tedesco, lo avevano affondato. Un'ora prima, il contrammiraglio Erich Bey aveva segnalato: "Ci finiscono con i siluri!"

Hitler accettò di buon grado la perdita dell'incrociatore: se il radar nemico era così potente, la nave da battaglia *Scharnhorst* si era trovata nelle condizioni di un cieco che boxa contro un pugile professionista. Fino a quel momento, le ricerche tedesche sui radar, dirette da Göring, si erano rivelate un clamoroso fallimento. Il 2 gennaio, alla *Tana del Lupo*, Hitler, spinto dalle insistenze di Speer e Dönitz, ne affidò a Speer la responsabilità.

Nella tragica, prolungata competizione che quella guerra stava divenendo, con 4/5 dei contingenti tedeschi reclutati tra i civili, Hitler comprese che l'indottrinamento politico era rilevante quanto il disporre di armamenti. Nei primi mesi del 1943, specialmente a causa dell'incertezza, tra coloro in prima linea, in merito al destino delle proprie famiglie sottoposte ai pesanti bombardamenti aerei inglesi, il morale delle truppe risultava basso. Il Führer si aspettava che gli ufficiali spiegassero ai propri uomini i motivi di quei sacrifici: a tale scopo, il 16 ottobre, convocati da Bormann alla *Tana del Lupo* gli ufficiali militari, Hitler si era rivolto loro assicurando che mai avrebbe adottato il sistema dei commissari politici bolscevichi, ma avrebbe promosso di grado quanti, mostrata lealtà all'ideologia nazista, avessero concorso attivamente a diffondere tale sentire tra i propri soldati[81]. Non c'è dubbio che la motivazione per la quale Hitler, il 22 dicembre 1943, emise disposizioni tali da mettere ai vertici dell'*OKW* esponenti nazionalsocialisti sia da ricercarsi nella campagna sovversiva condotta da alcuni generali tedeschi, caduti prigionieri a Stalingrado e passati al nemico.

"In questo frangente", avrebbe asserito successivamente il Führer, "ciò che reputo assai pericoloso sono i proclami stampa-

---

81 Nda. Una registrazione del discorso di Hitler del 16 ottobre 1943, fatta dal colonnello Lersner, è contenuta nel microfilm T77, rullino 1039, pag. 2937 e seguenti. Sul proposito di indottrinamento delle truppe, si vedano anche le carte di Waldemar Besson, Gerhard L. Weinberg e Volker Berghahn pubblicate nei fascicoli trimestrali di storia contemporanea, reperibili presso l'Istituto di Storia contemporanea di Monaco.

ti dal generale Seydlitz[82] (...). Diffusi nei colori del *Reich*, questi tendono a trarre in inganno i soldati. Le nostre milizie hanno sempre ritenuto i nostri ufficiali uomini onorevoli, per cui riesce loro difficile distinguere il vero dal falso".

I soldati erano facilmente disorientati dai falsi fotomontaggi orchestrati da quei traditori. Così, Hitler incaricò il generale Hermann Reinecke di costituire un gruppo di ufficiali fanatici indottrinati dal partito, che avrebbero svolto attività di convincimento sui livelli più bassi. Sui generali, invece, avrebbe agito personalmente il Führer.

Inizialmente, Hitler parve titubante: "Difficile riunirli tutti". Bormann, invece, se ne mostrò entusiasta. "Se riuscissimo a farlo, sarebbe una gran cosa". Keitel suggerì la nomina di un "ufficiale guida" particolarmente capace. Hitler, senza alcuna esitazione, propose: "Schörner! È di certo un fanatico!"

Fino a poco tempo prima comandante della testa di ponte di Nikopol, Schörner si era dimostrato un generale audace e niente affatto incline al disfattismo. In una lettera diretta a Schmundt aveva scritto: "Lei sa come vanno le cose qui, ma ce la faremo". Che differenza con il depresso Manstein!

Il 4 gennaio 1944, questi, criticando aspramente l'intera strategia del Führer nella campagna d'Oriente, chiese una nuova autorizzazione a retrocedere. Quest'ultimo cercò di zittirlo con un'occhiata, ma il feldmaresciallo, senza lasciarsi intimidire, chiese a Hitler di nominare a Est un comandante in capo. Quegli gli fece notare che nessuno poteva accampare altrettanta autorità di quella conferita a se medesimo e, nonostante tutto, anch'egli, spesso, non veniva ascoltato dai feldmarescialli. "Crede forse che darebbero più credito a lei?"

Non poteva fornire a Manstein nuove divisioni perché a Ovest bisognava tenersi pronti a respingereun'eventuale invasio-

82 Ndt. Il generale Walther Seydlitz-Kurzbach combatté al fianco della Sesta Armata durante la battaglia di Stalingrado. Quando l'intera Armata fu accerchiata dalle truppe sovietiche, fu tra i sostenitori di uno sfondamento della linea nemica per garantirsi una via di fuga. Preso prigioniero dai sovietici, divenne leader di un'organizzazione antinazista, la Lega degli Ufficiali Tedeschi, e un membro importante del Comitato Nazionale per la Liberazione della Germania.

ne nemica o attendere che gli inglesi (altra sua supposizione) si impantanassero in Portogallo.

Hitler spiegò a Manstein che era necessario prendere tempo: gli *U-Boote* sarebbero stati operativi nel maggio del 1944 e, affinché dessero i primi risultati e magari si aprisse anche uno scontro tra i nemici a Est e quelli a Ovest, occorrevano mesi. Poi, lo rimandò al fronte. Alla fine, le truppe di Manstein riuscirono a fronteggiare l'offensiva invernale cedendo poco terreno. "Dove sussiste volontà", commentò il Führer, "i risultati si ottengono".

Durante i primi giorni del 1944, Hitler gettò le basi per l'imminente campagna bellica. Chiesto a Dönitz, a Speer e ai tecnici dei cantieri navali di rispettare gli obiettivi di produzione, impartì a Göring l'ordine di concentrare ogni sforzo sui velivoli a reazione e di predisporre la produzione dei motori nelle gallerie sotterranee nei pressi di Nordhausen, che già ospitavano le industrie dei razzi *A-4*.

Il 4 gennaio, il Führer ribadì a Speer e Milch quante speranze riponesse sulla nuova tipologia di sommergibili e sull'aereo a reazione: "Se disporremo per tempo di quelle nuove armi, potremo respingere l'invasione". E ancora: "Se ne avrò sul fronte un centinaio, lo spettro dell'invasione sarà esorcizzato per sempre".

La Germania, però, abbisognava di oltre 4.000.000 di lavoratori. Così, l'intero pomeriggio di quella stessa giornata fu dedicato a una riunione tra Keitel, Speer, Milch ed Herbert Backe, ministro dell'Agricoltura, che stabilivano i lavori da svolgere con urgenza e Sauckel e Himmler, chiamati al ruolo di "procacciatori di manodopera". Hitler si mostrava riluttante a impiegare manovalanza femminile, nella misura di cui ne facevano uso Inghilterra, Urss e Usa perché, a suo parere, non si poteva equiparare le donne tedesche "snelle e dalle lunghe gambe" alle "tozze, primitive e muscolose donne sovietiche". Sauckel contava sull'impiego dei prigionieri italici, ma ancora una volta "la questione italiana" ostacolava il Führer. Per compiacere Mussolini, infatti, Hitler aveva acconsentito alla creazione di un esiguo esercito italiano di quattro divisioni: per sfuggire ai lavori forzati, gli internati italiani dovevano solo offrirsi volontari.

L'unico raggio di sole tra tante nubi, fu l'inatteso arresto, disposto dal Duce, di Galeazzo Ciano: insieme ai suoi "amici cospiratori", quegli fu processato e condannato a morte da un tribunale fascista di Verona. Edda, la moglie, riuscì a fuggire in Svizzera, dopo aver inviato al Führer questa lettera:

"Führer! Per ben due volte ho dato credito alla sua parola e in entrambe sono stata ingannata. Soltanto il ricordo dei soldati deceduti sul campo di battaglia mi impedisce di passare dalla parte del nemico. Se mio marito non sarà liberato, nient'altro mi farà desistere dall'intento: ho affidato, da tempo, importanti documenti a persone fidate, se qualcosa dovesse capitare a mio marito, a me, ai miei figli o ai miei familiari, mi sentirò autorizzata a farne buon uso".

Una lettera analoga era stata spedita a Mussolini. Hitler non intervenne in alcun modo e, alle 9:00 dell'11 gennaio, Ciano fu condotto davanti al plotone d'esecuzione[83].

Le inaspettate difficoltà riscontrate, in Italia, dagli Alleati erano per Hitler di grande conforto. Dai primi di settembre, il nemico era avanzato di soli 40 chilometri, appena 10 al mese. Quanto ai Balcani, Jodl non abbassò la guardia ancora per qualche mese. Il Führer invece, in base ai rapporti di *Cicero*, concluse giustamente che poteva attingere milizie dai suoi contingenti di stanza in quel settore. Il 12 gennaio, il ministro degli Esteri britannico, esasperato, aveva telegrafato al proprio ambasciatore ad Ankara che risultava alquanto improbabile trascinare, in tempi brevi, la Turchia nel conflitto: "Dobbiamo concentrare i nostri sforzi sul mantenimento della pressione sui tedeschi, nel Mediterraneo orientale".

Secondo i documenti di *Cicero*, l'ambasciatore britannico venne informato che sarebbe stato sufficiente convincere la Turchia a entrare in guerra, in concomitanza con l'inizio dell'operazione

83 Ndt. Dopo l'esecuzione del marito, Edda fuggì in Svizzera portando con sé i diari del consorte. Il corrispondente di guerra Paul Ghali del Chicago Daily News, appreso del suo segreto internamento in un convento svizzero, organizzò la pubblicazione dei diari. Nonostante alcune discrepanze in essi rinvenuti, i Diari di Galeazzo Ciano costituiscono uno dei più importanti e sconvolgenti documenti relativi agli ultimi anni del regime fascista dal 1937 al 1943.

Overlord: questo convinse definitivamente Hitler che la strategia nemica nei Balcani includeva solo azioni diversive. Il ministro degli Esteri turco, Menemencioglu Numan, rispose così all'infuriato diplomatico inglese: "Non siamo tanto sciocchi da lasciarci trascinare, per la seconda volta negli ultimi 25 anni, in un conflitto contrario ai nostri interessi".

Ribbentrop diede ordine di corrispondere a *Cicero* 250.000 marchi in oro: erano quelli soldi ben impiegati.

Hitler rivide Manstein il 27 gennaio. Su consiglio di Schmundt, aveva convocato dal fronte russo le più alte cariche militari. Gli ospiti sedettero di fronte a lui, nella sala da pranzo di una locanda, situata in prossimità della *Tana del Lupo*. Per due giorni, a Posen (Poznan), quegli stessi avevano ascoltato i discorsi di Goebbels, Rosenberg e altri gerarchi. Il giorno precedente, Himmler aveva descritto esplicitamente ciò che aveva fatto agli ebrei e molti ufficiali avevano calorosamente applaudito[84]. Quel 27gennaio, i presenti ascoltarono il Führer parlare con chiarezza e vigore di guerra, nazioni, e dell'influenza che i capi e le caratteristiche razziali hanno sul morale di un popolo. Egli accennò ai nuovi siluri, ai sommergibili, alle novità dei sistemi radar e alle armi segrete che, dopo il maggio 1944, avrebbero capovolto la situazione in loro favore. Fino ad allora, bisognava resistere. Requisito indispensabile diveniva lo spirito nazionalsocialista, quella "sacra convinzione" che distingueva il *Reich* dalla struttura puramente amministrativa che aveva caratterizzato il fascismo in Italia. Verso la fine del discorso accadde, però, qualcosa di incredibile: per la prima volta Hitler venne rumorosamente interrotto. Aveva appena lanciato questa sfida ai generali: "Se il peggio dovesse accadere e io, quale comandante supremo, venissi abiurato dal mio popolo, mi aspetterei comunque il mio corpo ufficiali

84 Nda. "Eravamo tutti là a Posen", ricordò un contrammiraglio, "quando quell'uomo ci disse di aver sterminato gli ebrei (...). Ricordo ancora con precisione le parole che ci rivolse: 'Se mi chiedessero: perché avete ucciso anche i bambini, risponderei senza esitare: perché non sono così codardo da lasciare ai miei figli un compito che potevo assolvere io stesso'". Contrammiraglio Engel, documenti del CSDIC (unità congiunta di controspionaggio anglo-americano) n. 1167, Archivio di Stato, file WO 208, pag 4169.

far quadrato intorno a me con la baionetta in canna". Mentre Hitler faceva una ben studiata pausa, dalla prima fila, si levò forte e carica di rimprovero la voce di Manstein: "Così sarà, *mein Führer*!" Inizialmente, Hitler credette che il feldmaresciallo intendesse rassicurarlo sulla loro lealtà, ma Bormann gli riferì che i presenti ne avevano data diversa interpretazione e cioè "che il peggio sarebbe inevitabilmente accaduto".

Fu un'interruzione, insomma, alquanto ambigua[85].

Quel giorno, Hitler espresse per due volte, sia nel suo discorso sia davanti all'esiguo gruppo che la sera si riunì intorno a lui, la convinzione che la Germania fosse destinata ad assumere il "dominio del mondo".

Sempre in quell'occasione, parlò a Bormann delle sue poco ortodosse idee per compensare le disastrose perdite patite dalla nazione. Hitler osservò che la più grande ricchezza della Germania, vale a dire la fertilità di generazioni di donne tedesche, forse 3-4 milioni, sarebbe andata persa se non si fossero trovati uomini. Ogni donna tedesca, sposata o meno, doveva procreare il maggior numero possibile di figli per salvaguardare il futuro del paese. A partire da quel momento, scrittori, poeti e artisti dovevano esaltare il ruolo genitrice della donna. Come nell'allevamento del bestiame, i migliori esemplari maschili dovevano fare la loro parte e le donne tedesche dovevano essere educate ad abbandonare la loro irragionevole fedeltà matrimoniale, "un feticcio che, qualora sposate, già loro stesse ignorano", osservò maliziosamente Hitler.

In caso contrario, si correva il rischio, in un futuro non troppo lontano, che l'intera Europa fosse schiacciata dalle orde asiatiche, di cui il flagello sovietico rappresentava solo una piccola parte. "Dobbiamo confrontare l'andamento della popolazione europea e asiatica nel 1850, 1870 e 1900", disse, "e immaginare quale sarà la situazione nel 1945".

85 Nda. Tale intervento ebbe come risultato, scrisse Schmundt, una nuova discussione sull'eventuale necessità di destituire Manstein.

Sfidare la provvidenza

L'Hitler di inizio 1944 era assai diverso dal Führer che, nel settembre del 1939, sicuro di sé, era partito con il suo treno per il fronte polacco. Sebbene la sua energia e forza di volontà risultassero intatte, alle segretarie non poteva sfuggire che, a volte, le ginocchia cessavano di sostenerlo e, spesso, doveva arrestare il tremito della mano destra con l'ausilio della sinistra. Hitler non dava peso a quella sintomatologia. Dagli incartamenti di Morell, sappiamo che, dopo il settembre del 1943, insistette invano nei successivi 5 mesi, perché Hitler accettasse di sottoporsi a un semplice elettrocardiogramma. Quando gli aiutanti di Hitler criticavano Morell per le sue cure, questi, esasperato, rispondeva: "Provate voi a curare un paziente come lui!"

Con la sua straripante obesità, Morell godeva dell'affetto del Führer. Ogni sera, al tè di mezzanotte di Hitler, il medico cominciava a russare sonoramente pochi minuti dopo essersi lasciato cadere sul divano. A fronte di quello spettacolo, gli occhi di Hitler brillavano di simpatia e indulgenza: "È l'unica persona che possa aiutarmi", era solito dire. A volte, il colonnello Below scuoteva leggermente Morell e, allora, il medico si destava ridacchiando, pensando di doverlo fare a una battuta di spirito del Führer che si era perso.

Raramente, Hitler entrava in contatto con persone provenienti dal mondo esterno al quartier generale, anche se Schmundt e Schaub cercavano di portare, ai piccoli ricevimenti serali, tutte le facce nuove possibili: l'architetto Giesler, le mogli degli aiutanti e alcuni ex membri dello staff di Hitler quali Hans Pfeiffer e Hans Jungeche, poco tempo dopo, sarebbero entrambi deceduti in azione. In una lettera, Morell lamentò che tutti i vecchi volti familiari se n'erano andati: "Bormann si trova quasi sempre a Berlino o a Monaco. Hoffmann [il fotografo] fa qualche apparizione ogni 4 settimane circa. Non c'è più nessuno della vecchia cricca. Il quartier generale è cresciuto a dismisura e la maggior parte delle persone pensa solo al lavoro". L'influenza di Bormann su Hitler si faceva sempre più rilevante. Rosenberg, Lammers e gli altri ministri di Gabinetto riuscivano raramente a penetrare lo schermo protettivo da lui palesemente costruito attorno al Führer. In merito agli affari interni del *Reich*, a Hitler veniva detto solo ciò che Bormann (e Himmler) volevano che egli sapesse. La visita, a lungo procrastinata, di Hans Frank, governatore generale della Polonia occupata, ne è un significativo esempio. In quel periodo, l'esercito sovietico stava combattendo in territorio polacco, ma Hitler, "eccezionalmente lucido e con tutta l'aria di un uomo sano, attivo e dinamico", come scrisse Frank quello stesso giorno, gli assicurò che non avrebbe permesso che il Governatorato generale divenisse un campo di battaglia. "Sì, mio caro Frank, è strano: una volta consideravamo tale territorio come limitrofo. Adesso, esso è divenuto il nostro baluardo contro l'Oriente". Hitler approvò la nuova politica di Frank, diretta ad assicurare un sostegno polacco al conflitto. Ma pare che persino Frank gettasse fumo negli occhi al Führer. Nelle 18 pagine del suo memoriale che fanno riferimento a quella conversazione, Frank tocca il problema ebraico una sola volta: "Ho detto che l'eliminazione degli ebrei, attuata portandoli fuori dal Governatorato generale, ne aveva sgravato il paese".

A seguito di quel colloquio, Frank casualmente incontrò Morell. "Gli ho chiesto notizie", scrisse Frank, "della salute del Führer, e [Morell] mi ha risposto che non è mai stato meglio: i fastidi allo stomaco sono scomparsi e mostra appetenza; un segno, questo, particolarmente positivo. Egli si dichiara fiero dei risultati ottenuti".

Tuttavia, poco tempo dopo, anche se per ragioni diverse, l'appetito di Hitler declinò nuovamente. Quando Exner, la dietologa, intrattenne una relazione amorosa con un ufficiale delle *SS* di stanza al quartier generale, si apprese che la stessa aveva una bisnonna ebrea. Hitler fu così costretto a licenziarla. "Non posso stabilire una regola per me e una diversa per il popolo", le disse. Comunque, al contrario di chi la sostituì, quella donna sopravvisse alla guerra.

Ciò che Hitler più temeva era l'invasione a Occidente. "Se

impiegassero nello sbarco 500.000 uomini e il cattivo tempo, una volta approdati sulla spiaggia, impedisse loro di rifornirli, la cosa volgerebbe a nostro favore", aveva mormorato il 30 dicembre. Quel giorno, il Führer aveva dato istruzioni ai comandi tedeschi di Copenhagen di ricorrere a sistemi terroristici per combattere gli atti di sabotaggio e gli omicidi commessi dai partigiani danesi. Ordinò agli agenti di Himmler di colpire, senza farsi identificare, i più importanti avversari danesi e le loro proprietà. Il giorno successivo, un tiratore scelto delle *SS* uccise a colpi d'arma da fuoco un giornalista antitedesco e, di lì a pochi giorni, fu assassinato anche il capo spirituale della resistenza danese, il reverendo Kaj Munk. "Non è possibile estirpare il terrorismo con la filosofia", disse Hitler ai suoi generali, il 27 gennaio del 1944. "Si può sradicarlo solo avvalendosi di mezzi maggiormente brutali".

Ai primi del 1944, Rommel, predisponendo le difese anti invasione, stava recuperando pienamente la propria credibilità. Hitler palesava un cauto ottimismo: gli Alleati, rifletteva, si sono assicurati solide posizioni in Africa e in Italia solo grazie all'inettitudine e alla slealtà degli italiani. "Qui non troveranno traditori. Riceveranno una lezione memorabile!" E aggiunse: "Sono convinto che, quando arriverà il momento, sarà per noi un enorme sollievo". Poi dispose che, entro la fine di aprile, fossero edificate casematte per ospitare 3.000 nuovi cannoni anticarro e altri pezzi di artiglieria. E, soprattutto, diede al Gruppo di Armate di Rommel il comando tattico delle forze schierate lungo le coste della Manica. Il Führer faceva assegnamento sulla *Volpe del deserto* per risvegliare quelle armate prima che, in primavera, lo facessero gli Alleati.

Il 15 gennaio, Jodl fece rapporto a Hitler in merito al giro d'ispezione da lui intrapreso per verificare le difese atlantiche. Non era rimasto impressionato dal ritmo a cui procedevano i lavori: oltretutto, disse, i tedeschi stavano fraternizzando con la popolazione della costa francese e la *Luftwaffe* non disponeva di alcuna precisa strategia. Appoggiò con ardore le osservazioni critiche di Rommel e quest'ultimo cominciò a mettere in pratica concetti tattici diametralmente opposti a quelli di Rundstedt.

Questi aveva progettato, sul territorio francese, una difesa flessibile, con una potente riserva mobile di divisioni corazzate nelle retrovie. Rommel obiettò in modo convincente che il nemico, una volta sbarcato, avrebbe potuto schierare una forza così schiacciante da rendere vano ogni tentativo di ricacciarlo in mare: dunque, le divisioni corazzate dovevano essere schierate sulla fascia costiera, altrimenti sarebbero giunte sul posto troppo tardi e, laddove il nemico avesse sabotato le vie di comunicazione e le reti ferroviarie, non sarebbero arrivate affatto.

Tutto ciò combaciava perfettamente con l'opinione di Hitler. "Di primaria importanza è che, dal momento in cui inizierà lo sbarco, il nemico sia tempestato da così tanti proiettili da doversi mettere al riparo. E anche se dovessimo compiere una sola scorribanda con gli aerei a reazione, il nemico sarebbe costretto ad arretrare e questo gli farebbe perdere parecchie ore. Nel tempo così guadagnato, le nostre riserve si troverebbero sul posto". Quel ritardo imposto al nemico avrebbe inoltre permesso a Hitler di ponderare la situazione: "consentendoci di distinguere la manovra diversiva dalla vera invasione".

Grazie al sostegno del partito e alla propria influenza su Hitler, Rommel fu presto nelle condizioni di muovere a Ovest nuove divisioni. Richiesta un'ingente fornitura mensile di mine, predispose l'allagamento delle pianure a livello del mare. Progettò barriere sommerse e appuntite atte ad aprire falle nei mezzi da sbarco e fece collocare in acqua migliaia di mine sostenute da barre di ferro, talune visibili, altre celate sotto la superficie. Allettati da generosi premi in denaro, i civili francesi collaboravano ai lavori e altrettanto facevano le loro donne, preparando le stuoie di paglia per le trappole da nascondere nella sabbia. Secondo Rommel i francesi si impiegavano con abnegazione e, a fine giornata, intonavano allegramente canzoni locali. Sapevano bene quale malasorte avrebbe travolto le loro cittadine e villaggi se la Francia fosse divenuta un campo di battaglia.

Il 22 gennaio, inaspettatamente e senza alcun preavviso dei servizi segreti tedeschi, una forza da sbarco americana toccò terra ad Anzio, dietro le linee tedesche. Sviato dalle rassicurazioni di Canaris, Kesselring aveva lasciato sguarnito quel settore di costa, dove gli statunitensi trovarono ad attenderli due soli battaglioni tedeschi.

A quel punto, però, entrambe le fazioni si mossero in modo maldestro. Kesselring ritardò di una settimana il contrattacco per dare tempo alle unità pesanti di giungere a sostegno. Richthofen annotò, sprezzante: "Così facendo, stiamo violando il precetto principale di guerra, consolidato da secoli di storia: attaccare immediatamente le teste da sbarco nemiche con tutti i mezzi a disposizione, in modo da sfruttare il disordine che abitualmente regna nei primi giorni".

Ma gli americani, nel consolidare la testa di ponte, si mostrarono altrettanto esitanti. "La politica gioca un ruolo importante", ricordò Hewel al Führer "e in America nessun generale può permettersi eclatanti sconfitte". Hitler replicò: "Se li ricacceremo in mare al primo tentativo, ne scongiureremo altri". Ciò era esatto: Roosevelt non poteva permettersi passi falsi nell'anno in cui si sarebbero svolte le elezioni presidenziali. Ma l'intuito imponeva a Hitler una certa cautela: qualcosa gli suggeriva che Anzio, più che una battaglia per Roma, fosse un astuto tentativo di allontanare dalla Francia le migliori riserve tedesche, attirandole in una guerra periferica e di logoramento nella penisola italica. Per questo, seppure il ritardato attacco della Quattordicesima Armata di Mackensen non fosse in grado di respingere in mare gli Alleati, Hitler si disse soddisfatto nel vedere la testa di ponte semplicemente tenuta sotto controllo.

Hitler chiese a Jodl di indagare sulle ragioni per cui i servizi segreti non fossero riusciti a prevedere gli eventi di Anzio. Kesselring ne attribuì ogni responsabilità a Canaris. Ai primi di febbraio il passaggio al nemico di Erich Vermehren, un importante agente dell'*Abwehr*, dislocato in Turchia, mise l'ultimo tassello sulla bara di Canaris, anche perché quella defezione pose bruscamente fine all'*Operazione Cicero*. Hitler, reputato di averne abbastanza di Canaris, ordinò a Himmler di istituire un "servizio segreto tedesco unificato"[86].

Sul fronte sovietico, il Führer continuava ad aggrapparsi con ostinazione alla convinzione che i russi fossero allo stremo delle forze. Verso la fine di febbraio, i collaboratori di Zeitzler resero note le loro stime, secondo le quali 18.000.000 dei 46.000.000 di uomini validi che Stalin aveva disponibili nel 1941 erano stati eliminati. Per quel motivo Hitler difendeva ogni centimetro di terra, anche se i sovietici stavano ancora spostando sul fronte milizie ed equipaggiamenti, con una frequenza per lui insostenibile. Man mano che il fronte si faceva prossimo al confine tedesco, Hitler era sempre meno propenso a permettere arretramenti strategici analoghi a quelli dell'*Operazione Bufalo* del 1943. Da quel momento, le formazioni tedesche avrebbero dovuto combattere e resistere fino a quando l'inevitabile spaccatura tra Est e Ovest avesse risolto il conflitto. Questa, la strategia del Führer.

A nord, il Gruppo di Armate di Model stava predisponendo un ultimo arretramento sulla linea del vallo orientale. Al centro, il fronte tenuto da Busch sussisteva, per il momento, inalterato. Ma nei pressi del Gruppo Armate Sud di Manstein, si era formata una voragine di quasi 250 chilometri. Dal 28 gennaio, 54.000 soldati tedeschi di stanza a Cherkassy, sul Dnepr, risultavano accerchiati: dopo settimane di violenti scontri, Hitler, seppur riluttante, autorizzò la guarnigione a sfondare le linee nemiche, lasciando dietro a sé i feriti. La drammatica fuga ebbe inizio la notte del 15 febbraio: l'avanguardia era costituita da una silente falange di uomini dalle baionette in canna, seguita dall'artiglieria a dall'equipaggiamento più pesante. Ma, invece del Secondo Corpo Corazzato, che immaginavano attenderli in un determinato settore, i fuggiaschi vennero accolti da ingenti unità sovietiche: non rimase loro altra scelta se non abbandonare l'equipag-

86 Nda. I telegrammi da Istanbul, Ankara e Sofia, in merito alla defezione di Vermehren sono contenuti nei file, relativi al diplomatico tedesco Steengracht, del ministero degli Esteri, fascicolo 61, pagine 41960 e seguenti. Il resto della storia, conclusasi con la rimozione di Canaris, è stata ricostruita sulla base del diario di guerra della marina, del diario di Himmler, delle memorie di Wagner, dell'ordine di Hitler datato 12 febbraio (contenuto nel file H3, pag. 1539).

giamento pesante aprendosi, alla disperata, un corridoio verso ovest. Trovandosi di fronte un fiume, molti di loro, nel tentativo di guadarne le acque gelate, morirono annegati. Dei 54.000, solo 30.000 raggiunsero le linee tedesche.

Nella sacca di Cherkassy, Stalin aveva abilmente fatto ricorso all'efficace arma psicologica, vale a dire la *Lega degli Ufficiali Tedeschi*: Seydlitz e suoi amici generali avevano diffuso dalla radio di Mosca appelli ai loro commilitoni accerchiati, esortandoli a deporre le armi. Alcuni ufficiali, in uniforme tedesca, si erano infiltrati nella sacca per commettere atti di sabotaggio e consegnare ad alcuni comandanti, quali Stemmermann e Lieb, messaggi di Seydlitz.

La cosa ebbe una curiosa appendice: su suggerimento di Goebbels, anzi, sotto dettatura, Schmundt chiese a ogni feldmaresciallo di sottoscrivere una dichiarazione di lealtà al Führer. Dopo essersi recato in aereo in Francia da Rundstedt e averlo convinto del tradimento di Seydlitz, Schmundt si recò da Rommel, Kleist, Busch, Manstein e Weichs. Quest'ultimo scrisse nel proprio diario: "Una tale riaffermazione del nostro giuramento di fedeltà mi pare cosa poco militare. La lealtà di un ufficiale dovrebbe essere ritenuta ovvia".

Per un insieme di motivi, Hitler decise che fosse giunto il momento di recarsi per qualche tempo all'Obersalzberg. Desiderava, in tal modo, essere anche più vicino alle vicende italiche. "Disponiamo di quartier generali quasi in ogni angolo del *Reich*", scherzò amaramente, "ma non avevamo previsto che un giorno avremmo dovuto averne uno in prossimità dell'Italia!"

In verità, non poteva permettersi il rischio di un'incursione aerea sulla *Tana del Lupo*. Il mese precedente, i bombardieri inglesi avevano riversato su Berlino 2.400 tonnellate di bombe in una sola notte e gli Alleati avevano adesso la Prussia orientale nel raggio d'azione dei loro reparti aerei. Così, il 23 febbraio del 1944, in treno, il Führer partì per Monaco, mentre l'organizzazione di Todt si trasferiva a Rastenburg per installarvi bunker maggiormente resistenti. È improbabile che Hitler abbia visto la distruzione seminata dai bombardamenti nemici nelle città che attraversava: evitò accuratamente di gettarvi uno sguardo, tenendo le tendine degli scomparti sempre abbassate. Da un paio di settimane, era tormentato da un dolore acuto all'occhio destro, la cui vista era offuscata da un velo sempre più opaco. Quella sera sopra Schweinfurt stava cominciando un massiccio attacco britannico e 600 bombardieri Alleati erano già in volo sulla Baviera. Quando, alle 22:15, Hitler giunse alla Berghof, i colpi delle batterie antiaeree echeggiavano ancora nelle valli. Uno stenografo del suo staff, scrisse: "Il Consiglio di guerra era stato fissato per le 23:30. Mentre noi attendevamo in anticamera, sono entrati il Führer e Bormann, poi i collaboratori di entrambi. Il Führer ci ha salutati cordialmente. La riunione ha avuto inizio alle 23:45 e si è conclusa alle 5:00".

Poiché la Berghof era coperta da reti mimetiche, persino a mezzogiorno e attraverso la celeberrima vetrata della Sala Grande, filtrava una luce fioca e malinconica. Il 2 marzo, un noto oculista di Berlino, esaminati gli occhi del Führer, diagnosticò "minuscole emorragie nel corpo vitreo" e raccomandò a Morell di far osservare al paziente, ogni giorno, due periodi di un quarto d'ora ciascuno di termoterapia con una lampada solare. Inoltre, avrebbe dovuto evitare qualsiasi "alterazione emotiva" specialmente prima di coricarsi.

Tutti coloro che incontravano il Führer rimanevano colpiti dal suo decadimento fisico. La sconfitta stava scavandogli in volto segni profondi e quando Eva Braun lo rimproverava con dolcezza, laddove camminava con la schiena curva, egli rispondeva: "È colpa del peso delle preoccupazioni che mi trascino appresso".

Goebbels, in visita il 3 marzo, trovò Hitler con un occhio fortemente arrossato. Il Führer gli disse che aveva in animo un'invasione dell'Ungheria per punire, una volta per tutte, l'inaffidabile aristocrazia e gli ebrei di quel paese. Aggiunse poi che, una volta risolto il problema dello sbarco Alleato (se mai avesse avuto luogo), avrebbe trasferito 40 divisioni dal fronte occidentale a quello orientale. Sollevando il morale di Goebbels, accennò a nuovi *Panzer* e *Tiger* e alla capacità di fuoco dei caccia. Infine, chiese a Goebbels, per quanto deludente fosse l'operato di Göring, di fornirgli sostegno: "Non sopporta le critiche, in questo momento", spiegò, "e così, quando parlerà con lui sarà necessario che lei misuri bene le parole".

Il 5 marzo, giunsero alla Berghof Milch e Karl Otto Saur, il più intimo consigliere di Speer. Il loro rapporto sulla futura produzione di aerei, carri armati e cannoni, nonostante i colpi inferti dai bombardieri nemici, fu ottimistico. Hitler accettò di dare priorità assoluta alla produzione dei caccia e chiese che le due fabbriche-bunker previste avessero ciascuna una superficie di almeno 650.000 m^2 e risultassero autosufficienti in ogni passaggio, al fine di fornire il prodotto finito. Cedette a Saur i 64 uomini che lavoravano agli scavi sotto la Berghof e suggerì di addestrarne almeno altri 10.000: non doveva concedersi respiro finché l'industria bellica tedesca non fosse strutturata sotto terra dove già era convogliata la costruzione delle bombe volanti. Milch esortò allegramente il Führer ad attaccare l'Inghilterra il 20 aprile, giorno del compleanno di Hitler, inviando 1.500 bombe volanti nei successivi dieci giorni e un'ulteriore mandata in maggio. "Sarà la più diabolica tortura che si possa immaginare", disse Hitler ai propri collaboratori. "Provate a immaginare enormi ordigni ad alto potenziale che cadono su Londra a intervalli di trenta minuti senza sapere dove colpiranno! Venti giorni di questa "cura" saranno sufficienti per mettere l'intera nazione in ginocchio!"

Hitler, tuttavia, preferì posticipare l'attacco di bombe volanti. Forse, voleva che tutte le sue armi di vendetta l'*A4*, la bomba volante, la pompa ad alta pressione e il *Gustav* (cannone a lunga gittata) – aprissero il fuoco contemporaneamente, in sintonia con un attacco aereo portato su Londra. Ma la produzione del razzo versava in grave ritardo. In gennaio, solo 50 *A-4* avevano lasciato i sotterranei delle fabbriche e, in febbraio, 86. In maggio, il generale Dornberger avrebbe freddamente riferito: "Il nostro più grande problema è fare arrivare i razzi ancora integri sull'obiettivo". La maggior parte, infatti, esplodeva in aria. Il 5 marzo, Saur raccomandò al Führer di prendere in considerazione la conversione dello stabilimento per l'assemblaggio degli *A-4* in una fabbrica di caccia: le gallerie erano talmente spaziose da poter ospitare la produzione di un migliaio di aerei al mese. Inizialmente Hitler parve assecondarlo, ma poi qualcuno lo indusse a cambiare opinione, forse lo stesso Speer, cui Hitler fece visita due settimane più tardi portandogli un mazzo di fiori per il suo trentanovesimo compleanno.

Palesando una certa diffidenza verso i livelli più elevati, Hitler aveva preso l'abitudine di convocare alla Berghof ufficiali subalterni e soldati. Per molti giorni, interrogò sulla battaglia di Anzio uomini insigniti del grado di soldato semplice o poco più: questi lo aggiornarono sulla schiacciante superiorità dell'artiglieria nemica, sull'inadeguatezza delle trasmittenti radio tedesche e sui difetti riscontrati nelle bombe a mano. Infine, convocò i generali. Uno di questi, appartenente alle truppe corazzate, Gerd Schwerin, gli riferì come i sovietici, durante la stagione delle piogge, avessero rifornito di munizioni i reparti d'attacco grazie all'ausilio delle donne, capaci di trasportare nel fango, per oltre 15 chilometri, pesanti pezzi di artiglieria.

In quel periodo, era Dönitz a rappresentare per Hitler un fondamentale punto di forza. Non solo lo aveva convinto a non autorizzare la prematura ritirata del Gruppo Armate Nord sino al vallo orientale, ma aveva altresì sostenuto la sua idea che la Crimea non fosse abbandonata. Adesso, mentre la salute di Hitler declinava, fu Dönitz, e non Göring, a essere inviato a Berlino per presenziare alle celebrazioni del 30 gennaio e a Bratislava per parlare ai 10.000 cadetti della scuola ufficiali. Nel constatare la scarsa fiducia che il Führer riponeva in loro, Ribbentrop e Göring rimasero profondamente feriti. Ribbentrop, in privato, fece una proposta a Hitler che palesava come in lui albergasse più audacia che abilità diplomatica. Così scrisse, in seguito, Walter Schellenberg, responsabile estero dei servizi segreti di Himmler:

"Ribbentrop ha detto al Führer che il nostro più grande nemico è l'Urss (...). Il Führer, dichiaratosi della stessa opinione, ha aggiunto che Stalin è l'unico avversario verso il quale egli porti rispetto. L'unico con il quale, un giorno, potrebbe tentare di raggiungere un accordo di pace. A quel punto, Ribbentrop ha detto al Führer, qualora si rendesse necessario per salvare la Germania, di essere disposto a sacrificare la propria vita. Il suo intento è di fare il possibile per portare nuovamente Stalin al tavolo delle trattative al fine di ucciderlo, nell'occasione, sparandogli personalmente. Il Führer, dopo aver riflettuto lungamente, ha replicato: "Quest'idea non mi trova in accordo. Significherebbe sfidare la Provvidenza".

Un giorno, verso la metà di marzo del 1944, a seguito di un'intensa nevicata, Hitler invitò Goebbels a fermarsi alla Berghof. Assieme, assistettero ad alcuni filmati a colori che Eva Braun aveva girato nel 1939 e nel 1942. Goebbels non poté fare a meno di notare quanto, in quei tre anni, il Führer fosse invecchiato. Hitler ribadì che attendeva con ansia lo sbarco Alleato a Ovest per liberarsi di quel problema. Aveva reagito al tradimento italiano del 1943, disponendo piani d'emergenza per un'eventuale occupazione armata della Romania e dell'Ungheria (nomi in codice *Operazione Margarethe I* e *Margarethe II*), nel caso Antonescu oppure Horthy avessero seguìto l'esempio di Badoglio. Antonescu aveva giurato eterna lealtà e Hitler gli dava credito. Con Horthy, invece, la faccenda era assai diversa: l'Ungheria non solo si era rifiutata di riconoscere ufficialmente il nuovo governo Mussolini, ma aveva intessuto relazioni diplomatiche sia con delegazioni inviate da Badoglio che dal regime fascista e insisteva nel chiedere il rientro delle nove divisioni leggere ungheresi che presidiavano, in alcuni settori del fronte orientale, le retrovie. Nel febbraio del 1944, Ribbentrop ricevette un rapporto che testimoniava come l'Ungheria stesse clandestinamente trattando col nemico e, a metà marzo, Himmler apprese che il Primo ministro Kállay incoraggiava il sabotaggio dei treni tedeschi che, diretti al fronte, attraversavano il loro territorio. A quel punto, Hitler decise di occupare l'Ungheria.

In origine, l'operazione *Margarethe II* prevedeva l'impiego di truppe slovacche, croate, romene e tedesche.

L'8 marzo, il Führer stabilì, come data d'inizio dell'invasione, il 19 e dispose che venissero usati solo contigenti tedeschi: il ricorso a paesi satelliti, invisi agli ungheresi, avrebbe potuto nuocere alla stabilità economica del paese. L'ordine dell'*OKW* per rendere esecutiva l'operazione venne emesso il giorno 11 insieme alla disposizione che, qualora gli ungheresi avessero opposto resistenza, il loro esercito dovesse essere disarmato e coloro riluttanti giustiziati.

Il 15 marzo, Horthy fu invitato a presentarsi entro tre giorni al castello di Klessheim, sito nei pressi di Salisburgo. Dal momento che, nell'invito, Hitler proponeva di discutere le questioni militari sollevate da Horthy stesso in una sua missiva del 12 febbraio (alla quale, il Führer spiegava di non aver potuto rispondere prima per motivi di salute), probabilmente quest'ultimo avrebbe portato con sé i propri vertici militari. Così, se l'occupazione avesse richiesto una battaglia campale, l'esercito ungherese si sarebbe trovato senza guida.

Horthy accettò di presentarsi il 18 con i suoi generali e, sin dal giorno precedente, Hitler preparò con Ribbentrop,

Jodl e Himmler il dettagliato copione del confronto: alle 12:30 vi sarebbe stato un intervallo per il pranzo e questo avrebbe permesso al Führer di sapere se gli ungheresi dovessero essere o meno disarmati. "Se Horthy accetta l'occupazione senza porre resistenza, rimanderemo la decisione sul disarmo e la smobilitazione dell'esercito", scrisse Jodl nel proprio diario.

Ogni conversazione sarebbe stata segretamente registrata. Questa volta, Hitler non avrebbe accettato alcuna scusa. "Horthy è un astuto mascalzone", aveva detto a Zeitzler nell'aprile del 1943, poco dopo aver incontrato l'ammiraglio ungherese. "Ieri, privatamente, sono riuscito a fargli accettare ogni cosa, ma oggi, tornando da me, ha asserito: 'Sa, ho problemi di udito e ieri ho compreso solo la metà di ciò che lei ha detto'".

Questa volta, Hitler si aspettava dagli ungheresi qualcosa di peggio della consueta ambiguità. Mentre sedeva a fianco del proprio autista che lo conduceva a Klessheim, dal cruscotto dell'auto trasse una pistola e, controllato fosse carica, dopo averla maneggiata a lungo, voltatosi verso Sonnleithner, disse: "L'ammiraglio, quando arriveremo, avrà già pranzato?" Il diplomatico annuì.

Naturalmente, come il Führer presumeva, Horthy protestò per la presenza dell'interprete, insistendo per parlare con lui privatamente e in tedesco.

Hitler si espresse con chiarezza. Chiesta la destituzione del Primo ministro Kállay, gli rese nota la decisione di inviare immediatamente 12 divisioni tedesche in Ungheria, per "appoggiare" il nuovo governo; inoltre, insistette affinché i contingenti magiari dislocati ai confini romeni, fossero inviati sul fronte sovietico. Forse, ritenendo trattarsi di una farsa, Horthy, stizzito, uscì dalla stanza esclamando: "Se tutto è già stato deciso, non c'è alcun motivo perché io rimanga!"

A un segnale del Führer, le sirene dell'allarme aereo risuonarono e una cortina fumogena fu fatta calare intorno al castello. A Horthy fu detto che il suo treno non poteva partire nel mezzo di un'incursione aerea. Dopo il pranzo con Himmler e i generali, Hitler, ad alta voce, domandò a Keitel se l'occupazione poteva essere rinviata: Keitel rispose che, essendo le milizie già in movimento, non era più possibile richiamarle.

Horthy aveva ormai compreso di essere caduto in un tranello e, verso le 20:00, avvisò Budapest di non contrastare l'invasione tedesca. Unica concessione del Führer: non invadere Budapest, a eccezione di una guardia d'onore tedesca destinata a Horthy. Finalmente sorridente, alle 21:00 Hitler accompagnò il reggente ungherese al treno: non lo avrebbe più rivisto. In territorio austriaco, il convoglio ferroviario rimase fermo per parecchie ore, giacché il rientro a Budapest della delegazione era condizionato dalla piena accettazione, da parte del Consiglio dei ministri ungherese, dell'accordo preso. Con un movimento concentrico, le forze d'invasione tedesche entrarono in Ungheria alle 4:00 del mattino. Quando, alle 11:00, Horthy giunse alla sua residenza ufficiale, trovò ad attenderlo la guardia d'onore tedesca, inappuntabile quanto minacciosa.

Fu questa l'ultima conquista del Führer. Le forze d'invasione erano state sottratte in parte dal campo di battaglia di Anzio, in parte da altri fronti, ma il patrimonio industriale ungherese valeva il sacrificio. In quella stessa notte del 18 marzo, Hitler, convocato Saur, gli ordinò di mettere immediatamente gli stabilimenti industriali ungheresi al servizio dello sforzo bellico. I gradini più bassi dell'esercito magiaro accolsero con gioia l'invasione e, finalmente, la rappresentanza ungherese sul fronte sovietico fu raddoppiata. Non dovendo più temere una guerra con l'Ungheria, anche Antonescu poteva aumentare il contingente romeno. Ciononostante, il feldmaresciallo Weichs, comandante in capo a sud-est, il cui quartier generale era stato trasferito a Budapest, scrisse, il 28 marzo, dopo aver incontrato Hitler:

"Il Führer non si fida degli ungheresi e odia il reggente che, a sua volta, detesta la Germania. I suoi legami con le potenze nemiche sussistono. Bisogna seguitare a temere una defezione ungherese, che sul fronte orientale rappresenterebbe un disastro. Così andranno tenuti in armi il minor numero possibile di ungheresi, anche se sarà impossibile disarmarne completamente l'esercito".

Il 19 marzo 1944, giorno successivo all'occupazione, Hitler tenne alla Berghof una riunione con i più importanti feldmarescialli. Rundstedt, fattosi avanti, lesse al Führer la dichiarazione di lealtà controfirmata da tutti i presenti. In virtù di quella procedura, Seydlitz e compagni furono così espulsi dall'esercito e screditati.

Il 20 marzo, Hitler indirizzò ai suoi più importanti generali impegnati sul fronte occidentale un messaggio che, secondo il diario di Rommel, fu di "meravigliosa chiarezza e sovrana compostezza".

Dopo aver fatto riferimento ai nuovi caccia a reazione e alla recente tipologia di sommergibili, il Führer ammonì i generali a stare in guardia contro la minaccia di operazioni nemiche condotte con l'ausilio di truppe aviotrasportate dietro le linee tedesche. Quindi, espresse ancora la convinzione che gli Alleati avrebbero tentato un'invasione in Normandia e in Bretagna. Tra gli incartamenti di Rommel, in merito, c'è una registrazione stenografata.

"È certo, disse il Führer, che a Occidente avverrà un tentativo di sbarco degli Alleati. Nessuno sa dove, né quando e neppure è possibile produrre previsioni. La scelta del luogo non è intuibile dal posizionamento o dalla concentrazione in un punto delle loro navi. Il nostro fronte occidentale corre dalla Norvegia ai Balcani. Su un fronte così vasto lo spostamento della flotta può essere uno stratagemma per trarci in inganno. Le zone più sensibili a uno sbarco, e quindi soggette a maggiore criticità, sono le penisole di Cherbourg e Brest perché offrono possibilità concrete di impiantare una testa di ponte, rifornita e ampliata con l'ausilio di un massiccio impiego dell'aviazione".

Con parole semplici, Hitler spiegò poi quale fosse la posta in gioco:

"Non bisogna assolutamente permettere che questo tentativo di invasione si protragga più di qualche ora o, al massimo, di un giorno. Dieppe deve essere innalzata a esempio. Una volta respinto, il nemico rinuncerà. A parte le ingenti perdite, abbisognerà di mesi per organizzare un nuovo attacco. Il fallimento dell'invasione sarà anche un duro colpo per il morale degli anglo-americani e, negli Stati Uniti, impedirà di certo la rielezione di Roosevelt".

Concludendo, Hitler spiegò perché l'insuccesso dell'operazione, denominata *Overlord* dai nemici, avrebbe condotto la Germania alla definitiva vittoria: "Le 45 divisioni che oggi abbiamo sparse in Europa, ci sono indispensabili a Est. Pertanto, non appena avremo messo a posto le cose a Ovest, le trasferiremo a Oriente, dove capovolgeranno il rapporto di forze. Come vedete, l'intero risultato della guerra e il destino del *Reich* dipendono da ogni singolo soldato che combatte a Occidente".

Poi, Hitler si intrattenne privatamente con Rommel assegnandogli il controllo della Prima e della Diciannovesima Armata e una maggiore influenza sulle divisioni motorizzate, unica riserva tattica di Rundstedt. Quest'ultimo, irritato, sebbene non vedesse alcun motivo per mantenere la propria carica di comandante in capo a Ovest, non osò fare obiezioni. Adesso, era Rommel a peccare di ottimismo: "Abbiamo assoluta fiducia che a Ovest ce la faremo", scrisse in una lettera personale.

Nel frattempo, sulle città tedesche proseguivano i bombardamenti degli Alleati. Quando i russi processarono e giustiziarono come criminali di guerra alcuni ufficiali tedeschi, Hitler avrebbe voluto fare altrettanto. Il 23 marzo, disse a Hewel: "Anche i criminali di guerra britannici e americani devono essere mandati a morte e le loro confessioni rese pubbliche". I piloti Alleati che mitragliavano i civili dovevano essere processati. Jodl suggerì che, dal momento che il nemico giustiziava tutti gli agenti tedeschi, essi avrebbero dovuto riservare il medesimo trattamento ai 500 agenti anglo-americani catturati in Ungheria: "Il Führer ha osservato", annotò Hewel, "che alcuni di questi avevano l'incarico di diffondere epidemie tra la popolazione".

Nella notte del 24 marzo, gli inglesi gettarono su Berlino 2.500 tonnellate di bombe dirompenti e incendiarie. Quando il mattino seguente, Himmler annunciò che 80 piloti nemici erano appena fuggiti da un campo di prigionia nei pressi di Sagan, Hitler d'impulso ordinò che tutti i fuggiaschi, laddove catturati, fossero consegnati alla polizia segreta: "Himmler, lei non deve permettere che quei piloti sfuggano al suo controllo!" Su disposizione di Himmler, 50 di quegli evasi, una volta catturati, furono fucilati.

La guerra assumeva caratteristiche sempre più barbare. Nel maggio del 1944, l'aviazione anglo-americana colpiva consapevolmente, con le mitragliatrici, obiettivi civili. Alla Berghof vennero proiettati molti filmati recuperati dalle cineprese installate sui caccia nemici abbattuti: le immagini mostravano civili inermi falciati dai proiettili mentre tentavano la fuga. Il Führer disse a Göring di giustiziare i colpevoli, ma quest'ultimo, mostrandosi riluttante, spiegò a Sonnleithner che i piloti non potevano essere biasimati per le loro azioni. I collaboratori di Jodl suggerirono ai comandanti delle prigioni di Oberursel di consegnare alla polizia segreta di Himmler tutti i piloti lì detenuti, ma le difficoltà di identificarli si dimostrarono insuperabili. Lo stesso Keitel si oppose a quella "legge del linciaggio" e Göring affermò che i casi più eclatanti di omicidio dovessero essere riconosciuti da tribunali appositamente costituiti. Il ministro degli Esteri dichiarò che la Convenzione di Ginevra richiedeva la sospensione per tre mesi dell'esecuzione della sentenza di morte per i prigionieri di guerra. Tale periodo scadeva nel giugno del 1944, mese in cui Hitler avrebbe avuto ben altre preoccupazioni.

Verso fine marzo del 1944, tra Hitler e Manstein emerse una nuova inconciliabile divergenza d'idee. Il 25, durante il Consiglio pomeridiano di guerra alla Berghof, il feldmaresciallo insistette per fare arretrare la Prima Armata Corazzata del generale

Hube, accerchiata, prima che ne derivasse una seconda Stalingrado. Hitler si oppose e dispose che Hube conservasse la sua posizione tra il fiume Dniestr (Nistro) e Ternopil, città che decise di dichiarare "piazzaforte". Hitler, va precisato, aveva introdotto il concetto di "piazzaforte" per le più importanti località costiere, che dovevano essere comandate da generali dell'esercito selezionati, gente che non avrebbe perso la testa, quando la marea nemica fosse passata oltre le città da loro difese, accerchiandole. Il Führer, per il problema in cui adesso si trovava la Prima Armata Corazzata, attribuiva ogni responsabilità a Manstein: egli aveva consentito una ritirata dietro l'altra benché, aveva riferito Göring, le sue truppe si fossero trovate a fronteggiare ben pochi blindati russi. Il 27 marzo, Kleist accompagnò Manstein alla Berghof per sollecitare il consenso a una ritirata del suo Gruppo Armate A. Dopo che Kleist se ne fu andato, Hitler disse al generale Zeitzler: "Ho deciso di destituire Manstein e Kleist". Zeitzler si rese subito conto che era inutile discuterne.

Il 30 marzo, il Führer mandò il proprio aereo personale a prendere i due feldmarescialli per condurli alla Berghof. Probabilmente, dietro la destituzione di Manstein c'erano Goebbels e Himmler, ma anche la famosa interruzione durante il discorso di Hitler ai generali ebbe senz'altro il giusto peso. Quella sera, prima del Consiglio di guerra, Hitler disse a Manstein che il fronte meridionale necessitava di un nome nuovo, un comandante esperto, alludendo a Model, in strategia difensiva. Non ci furono discussioni. Molto tempo dopo, Hitler disse a un aiutante che, se avesse avuto l'opportunità di produrre nuovamente grandiose offensive, Manstein ne sarebbe stato il comandante in capo. Dopotutto, a Sedan, nel 1940, quegli era stato il solo a esprimersi apertamente in favore della strategia di penetrazione e questo Hitler non lo avrebbe dimenticato mai. Model insieme a Ferdinand Schörner, successore di Kleist, stava aspettando fuori dalla sala. Hitler tese la mano a Manstein, che ricambiò la stretta dicendo: "Spero, per il suo bene, che la decisione da lei presa si dimostri azzeccata".

I più vituperati

L'Ucraina era persa. I tedeschi vi erano stati cacciati dagli ucraini stessi, delusi, ingannati, furenti. "Se la prosecuzione di questa guerra e la sua vittoriosa conclusione dovessero mai vedere questi territori nuovamente occupati da noi", scrisse un gerarca, "nel nostro atteggiamento verso la popolazione indigena dovrà esserci un mutamento radicale".

Erich Kock, trasformando in un popolo colmo di astio i 40 milioni di ucraini che avevano accolto i tedeschi come liberatori e spingendoli a una guerra partigiana, aveva ottenuto ciò che pareva impossibile. Sempre il medesimo gerarca nazista, Alfred Frauenfeld, commentò che il Führer avrebbe dovuto trovare il coraggio di sostituirlo nei tempi opportuni. Kock aveva proclamato l'inferiorità degli slavi con una tale e nociva insistenza che "persino un'iniziativa di sabotaggio, deliberatamente programmata e incentivata dal nemico, difficilmente avrebbe arrecato maggiori danni".

Kock soleva dichiarare: "Se trovassi un ucraino pronto a sedersi alla mia tavola, dovrei spararagli". Senza considerare che eventuali epidemie potevano colpire anche le forze di occupazione tedesche, aveva eliminato i medici locali e deportato in Germania gli uomini abili al lavoro con metodi degni di un "mercante di schiavi". Quando Hitler aveva istituito dei riconoscimenti per l'audacia mostrata e l'impegno lavorativo, Kock aveva atteso un anno prima di assegnarne qualcuno, controvoglia, agli ucraini.

Hitler, più che mai deciso a riprendersi i territori sovietici persi, disse in marzo ad Antonescu e in aprile a KarlOtto Saur che, una volta sventata la minaccia di uno sbarco alleato, trasferite le armate al momento dislocate in Francia sul fronte orientale, avrebbe sferrato a Stalin il colpo risolutivo. Il suo intuito gli suggeriva che l'Armata Rossa fosse quasi giunta al capolinea. Hitler lo ribadì il 30 marzo, quando il destituito comandante del Gruppo di Armate, Kleist, gli consigliò di pervenire a un accordo con Stalin.

Nonostante l'8 aprile, in Crimea, avesse avuto inizio una durissima battaglia, il Führer non intese modificare la propria linea strategica. In seguito alle insistenze di Zeitzler, che esclamò: "In Crimea, migliaia di soldati tedeschi saranno perduti, se lei non prende immediati provvedimenti", Hitler, oppostosi con fermezza a un'ulteriore ritirata, disse: "Un migliaio in più o meno non fa alcuna differenza". Manstein, che ne condivideva l'opinione, ammise con Dönitz: "Forse il Führer ha ragione a non cedere volontariamente un solo metro di terra".

Hitler disse ai suoi aiutanti che non avrebbe permesso a Stalin di ridicolizzarlo per aver perso fiducia nella vittoria finale proprio quando questa appariva a portata di mano, come già era accaduto nel novembre del 1918. Nel 1945, per la riconquista dell'Unione Sovietica, avrebbe abbisognato soprattutto di carri armati e di cannoni semoventi d'assalto.

"L'aviazione non può vincere le guerre", disse a Saur il 7 aprile. "Essa ha il compito di proteggere le fabbriche che assemblano i blindati, affinché rimangano produttive. La campagna di Russia può essere portata a compimento solo dai mezzi corazzati. Se il programma di produzione di carri armati verrà rispettato, esso ci condurrà alla vittoria, ma affinché ciò avvenga è necessario che, in primo luogo, si rispettino gli obiettivi di produzione della *Luftwaffe*, in modo da arginare le offensive nemiche sugli stabilimenti dell'industria bellica".

Quando, il 13 aprile, l'ammiraglio Dönitz tentò di ottenere la priorità nella produzione di alcune attrezzature per la marina, ebbe da Hitler un diniego: "Anche i carri armati e i cannoni semoventi sono vitali, ma, in primo luogo, dobbiamo provvedere alla difesa dei cieli".

Hitler chiese a Göring di aggiornarlo in merito agli stabilimenti sotterranei che l'autunno precedente aveva ordinato di predisporre e, dato che Göring non seppe fornirgliene notizia, ordinò a Xaver Dorsch, capo dell'organizzazione di Todt, di presentarsi alla Berghof il giorno seguente. Dorsch gli fece notare che la sua organizzazione non operava all'interno delle frontiere del *Reich* e che, di quelle fabbriche, era responsabile il capo costruttore di Speer, Karl Stobbe-Dethleffsen. Hitler, adirato, ribatté: "Ne ho abbastanza dei vostri sotterfugi!"

Il 16 aprile, ordinò a Dorsch di costruire 10 hangar antiaerei per le squadriglie dei caccia e una fabbrica di velivoli, vicino a Lansberg, in Baviera. La reazione di Speer, di fronte allo smantellamento del suo impero, fu immediata. Il 19 aprile, giunse alla Berghof una sua addolorata missiva a cui aggiunse a voce la propria decisione di dimettersi da ogni incarico. Milch supplicò Hitler di fare in modo di non permettere a Speer di andarsene e, in merito, suggerì di inviargli qualche messaggio di conforto con cui lenire la vanità offesa del ministro. Il Führer, tamburellando distrattamente con le dita sul vetro della finestra, rispose: "Dica a Speer, da parte mia, che nutro per lui grande ammirazione. Pensa possa bastare?"

Ciò nonostante, fu Saur il giorno seguente, in cui ricorreva il compleanno del Führer, a rimanere con lui, mentre le nuovissime unità corazzate – tra cui il cacciacarri da 38 tonnellate e il carro da demolizione a scafo basso *Vomag*, con il cannone ultralungo di 75 mm sfilavano in parata innanzi al castello di Klessheim.

Una volta che quei 'regali di compleanno' fossero stati prodotti in serie, Hitler avrebbe volto la guerra a Est in favore della Germania. Nel panegirico trasmesso via radio, Goebbels, ancora una volta, predisse che Hitler, a differenza dei suoi nemici, sarebbe passato alla storia come l'uomo del secolo. Fu il ministro della Propaganda a fargli per primo, due minuti dopo la mezzanotte, gli auguri di compleanno.

Nel pomeriggio del 20 aprile, ricevuto alla Berghof il generale Hube, Hitler lo decorò per aver felicemente condotto la ritirata strategica della Prima Armata Corazzata; questa, rotto l'accerchiamento nemico, combattendo concoraggio si era aperta un'insperata via di fuga. Il giorno precedente il Führer aveva accennato ai suoi collaboratori che meditava di nominare Hube, il popolare generale con un braccio solo, comandante in capo dell'esercito. Il 20 aprile, Hube, dopo essersi intrattenuto con Hitler, chiese il permesso di tornare a Berlino. Purtroppo il *Junkers* sul quale si trovava impattò contro una montagna appena fuori Salisburgo: Hube rimase ucciso, mentre Hewel, nonostante le terribili ustioni riportate, sopravvisse.

Il 24 aprile, il Führer accolse Speer alla Berghof. Mostrando grande abilità Speer lo convinse a recedere dalle decisioni prese. Hitler arrivò a dirgli: "Faccia lei come meglio crede".

Il 25, il generale Korten, capo di Stato Maggiore della *Luftwaffe*, aggiunse il peso della propria autorità alla precedente richiesta di Saur e Milch in merito a una sospensione della produzione dei razzi *A-4* a favore dei caccia e dei carri armati. "Quest'anno, non ci sarà alcun *A-4*", prospettò Milch. Hitler, ovviamente, non gli dette credito. Vedeva nella pioggia di missili sull'Inghilterra un'arma efficace con cui abbattere il morale delle truppe nemiche volte all'invasione.

Prima di occuparci dei preparativi di Rommel per fronteggiare lo sbarco Alleato, dobbiamo comprendere il significato che ebbe per Hitler il più clamoroso avvenimento di quella primavera: la prematura e apparentemente non necessaria perdita della Crimea.

Il 10 aprile, la Sesta Armata era stata costretta ad abbandonare Odessa, il porto attraverso il quale la marina faceva passare i rifornimenti per la Diciassettesima Armata del generale Jaenecke, assediata in Crimea. Ma le origini di quella disfatta erano antiche: qualcuno potrebbe farle risalire alla "psicosi della Crimea" provocata dal tentativo, effettuato da Jaenecke in ottobre, di abbandonare furtivamente la penisola. Da allora, i comandanti dell'esercito e della marina operanti sul Mar Nero avevano fatto di tutto per nascondere a Hitler, e persino ai loro diretti superiori, gli sviluppi della situazione. Così Zeitzler in tutta onestà aveva potuto assicurare al Führer che Nikolaev non era minacciata: in realtà, dopo soli due giorni, i cantieri navali della città furono distrutti. Lo stesso Kleist fu in grado di informare Hitler solo il 27 marzo, di una disposizione, emessa ben due settimane prima dall'ammiraglio Helmuth Brinkmann, in cui si ordinava l'evacuazione della base navale di Odessa: un atto arbitrario di cui persino Dönitz era rimasto all'oscuro fino a quando il Führer, imbestialito, lo aveva chiamato al telefono per chiedergli spiegazioni. Con la nomina del generale Schörner al comando del

Gruppo di Armate di Kleist in Crimea, ribattezzato Gruppo di Armate dell'Ucraina meridionale, tra i soldati si era diffuso un nuovo spirito.

Schörner, inserite nelle linee tedesche alcune divisioni romene, le aveva strettamente "intrecciate" alle unità tedesche, in modo tale da renderne impossibile l'eventuale richiesta di ritiro da parte di Antonescu. Inoltre, aveva disposto per ogni milite, colpevole di recedere dalla posizione assegnatagli, l'immediata esecuzione. Tutto era organizzato in modo tale che, qualora le divisioni corazzate russe fossero riuscite a sfondare la prima linea, dovevano essere distrutte nelle retrovie e la linea del fronte immediatamente ripristinata. Ogni soldato che avesse distrutto un mezzo corazzato nemico avrebbe immediatamente ricevuto tre settimane di licenza premio.

Dönitz aveva previsto che la perdita di Odessa avrebbe decretato la retrocessione dall'intera Crimea. In seguito, allorché Zeitzler usò questa predizione per dare forza alle proprie argomentazioni in favore dell'immediataevacuazione della penisola, Dönitz rispose pateticamente che solo il Führer poteva comprendere, nel suo complesso, la situazione strategica: appena il tentativo di sbarco in Francia fosse stato respinto, affermò, tutti i territori sovietici persi sarebbero stati riconquistati.

L'8 aprile, egli telefonò alla Berghof, sottolineando che la Diciassettesima Armata disponeva di risorse tali da poter fronteggiare un assedio di 5-6 mesi. Ciò nonostante, due giorni dopo, Jaenecke ordinò la ritirata. Aveva preso quella decisione assumendosene la responsabilità (con l'approvazione a posteriori di Schörner) poiché, in conseguenza al crollo della Decima Divisione di fanteria romena sul fronte settentrionale, oltre 100 carri armati russi si stavano avvicinando. Hitler, però, non essendone stato informato, cancellò l'ordine di Jaenecke, disponendo invece l'evacuazione della penisola di Kerc e la subitanea ricostituzione del fronte settentrionale. Ma oramai gli accadimenti si muovevano più velocemente degli ordini del Führer e proprio mentre questi, quella stessa sera, parlava al telefono con Dönitz per informarlo che prima del giorno successivo non avrebbe deciso se abbandonare o meno la Crimea, Jaenecke riferiva alla marina che la sua armata era già in rotta verso Sebastopoli. Così, il 12, il Führer emise l'unico ordine possibile: tutti gli uomini non strettamente necessari dovevano abbandonare la Crimea. E aggiunse: "Ho deciso di difendere Sebastopoli finché ciò sarà umanamente possibile, tenendo impegnate in loco il maggior numero di forze nemiche".

Poi, comunicò all'esercito di provvedere immediatamente a rifornire Sebastopoli di armi anticarro, munizioni e viveri. Dönitz assicurò che la marina avrebbe sostenuto qualsiasi sacrificio, pur di mantenere rifornita la piazzaforte. Almeno lui mantenne la parola data.

Gli avvenimenti in Crimea sortirono sui turchi un effetto immediato. Il 20 aprile, cedendo alle pressioni inglesi, la Turchia rinunciò alla propria neutralità, schierandosi con gli Alleati. In 10 giorni avrebbe cessato di rifornire la Germania di cromo.

Passarono molti giorni prima che i sovietici iniziassero l'assalto a Sebastopoli, giorni durante i quali l'Armata Rossa schierò ben 27 divisioni lungo il perimetro di 35 chilometri della città. Intanto, Dönitz aveva evacuato a Costantinopoli 100.000 soldati. Nella sua precipitosa ritirata, Jaenecke aveva perso buona parte del suo arsenale bellico. Adesso, disponeva solo di 81 pezzi di artiglieria, 36 cannoni anticarro e 9 carri armati.

Hitler ordinò al ministro della Guerra di inviare urgentemente a Sebastopoli armi e munizioni. Zeitzler, poiché sussistevano analogie con Stalingrado, chiese persino che al comando dell'intera operazione fosse posto Milch. Inoltre, lamentò con il Führer che le navi attraccate a Sebastopoli per trasferire i prigionieri di guerra e i feriti, anziché cariche di rifornimenti come lo stesso Hitler aveva ordinato, vi giungevano vuote. Dönitz, temendo che un'improvvisa crisi della piazzaforte potesse avere come conseguenza la richiesta alla marina di evacuare l'intera guarnigione in tempi troppo stretti, il 24 aprile telegrafò alla Berghof per mettere per iscritto che lui non aveva mai valutato se Sebastopoli potesse essere o meno difesa: "Di questa decisione è responsabile l'esercito". In forma privata, però, concordava con Zeitzler: la guarnigione era senz'altro condannata, ma il Führer, per aggrapparsi a Sebastopoli, doveva avere le sue buone ragioni.

In effetti, Hitler temeva che la perdita di quella città potesse innescare una reazione a catena tra i paesi neutrali. Il 25 aprile, i due comandanti che Dönitz aveva in loco gli assicurarono che alla guarnigione, purché le merci riuscissero a raggiungere Costanza, potevano essere inviate scorte per 100.000 soldati. Solo Jaenecke si oppose alla decisione di resistere a oltranza, ma, poiché nell'incontro alla Berghof del 29 aprile la parola gli venne meno, espresse la propria opinione il giorno seguente in una lettera di 5 pagine indirizzata al Führer, dove lo scongiurava di portare in salvo la Diciassettesima Armata: "Non sarebbe opportuno sottrarre dalle fauci dei bolscevichi la preda che credono già loro, trasferendo quei contingenti al Gruppo di Armate dell'Ucraina meridionale?"

Pur trattandosi di una soluzione intrigante, Hitler era realista. Le truppe di Sebastopoli sarebbero giunte sul fronte principale scoraggiate e prive di equipaggiamento, quindi pressoché inutili come rinforzi. Inoltre, le 27 divisioni russe in assedio alla roccaforte sarebbero state immediatamente convogliate anch'esse sul fronte principale. Poiché il Führer non sapeva cosa farsene di un generale incapace di produrre un'analisi tanto semplice, destituito Jaenecke, lo deferì alla corte marziale. Quest'ultima avrebbe accertato il motivo per cui la penisola di Crimea fosse stata abbandonata con tanta sconcertante rapidità.

Parallelamente a questa incertezza sulle sorti della guerra – e forse anche a causa di tutto ciò la salute del Führer peggiorava. Ai primi di maggio del 1944, i suoi tremori erano così pronunciati che la gamba sinistra gli si agitava convulsamente anche quando si trovava a letto. Aveva bisogno di Morell, ma il corpulento dottore, non sopportando l'aria rarefatta, viveva a valle salendo ai 2.400 metri della Berghof verso mezzogiorno. Si prendeva cura del Führer un suo assistente di Berlino, il dottor Richard Weber giacché Morell, geloso del proprio paziente, non avrebbe mai affidato le sue cartelle cliniche al dottor Brandt, né al suo sostituto, dottor Hans Karl Hasselbach. Weber riconobbe tale sintomatologia come attribuibile a disturbi psicopatici, ma prudentemente tenne la cosa per sé. Gli appunti presi da Morell durante le visite del 4 e 5 maggio 1944, testimoniano che il Führer non fosse affatto un paziente facile. Hitler aveva ripreso ad accusare crampi allo stomaco: nonostante il medico gli avesse consigliato, a sera, di coricarsi di buon'ora, seguitava a stare in piedi fino a quando l'ultimo velivolo nemico non aveva abbandonato i cieli tedeschi. Considerate le condizioni del suo cuore, Morell, qualora si fosse sentito improvvisamente poco bene, gli consigliò di prendere un po' di caffè o del *Cardiazol* e gli prescrisse di respirare ossigeno puro due o tre volte al giorno. All'insaputa dei medici, Hitler aveva preso ad assumere ingenti quantità di *compresse del dottor Köster* contro i gas intestinali. Inoltre si faceva iniettare da Morell un'incredibile varietà e quantità di farmaci, asserendo che li preferiva ai massaggi e al prolungato esercizio fisico e al maggior riposo che gli avrebbero occupato quel tempo di cui non disponeva.

Dai primi di aprile del 1944, Hitler si aspettava di essere svegliato, una mattina o l'altra, con la notizia che l'invasione anglo-americana era iniziata. Per molte settimane aveva nutrito la speranza che tutto quel parlare di uno sbarco altro non fosse che un bluff. "Questa che stanno montando gli inglesi altro non pare che una messa in scena", aveva borbottato il 6 aprile. "Questi ultimi rapporti di censura e misure di sicurezza... non si fanno cose del genere se veramente si sta architettando tanto". E ancora: "Non posso esimermi dal credere che tutto si dimostrerà una farsa". Poi, per respingere un eventuale utilizzo del nemico di truppe aviotrasportate, ordinò che il grosso delle difese antiaeree fosse concentrato in Francia[87].

"Diventiamo ogni giorno più forti", scrisse Rommel il 6 maggio. "I miei progetti sono quasi a compimento e attendo con fiducia lo scontro che dovrebbe verificarsi tra la metà e la fine di maggio". L'incertezza non riguardava unicamente la data: il 9

87 Nda. I servizi segreti tedeschi avevano intercettato una proclamazione di Eisenhower al popolo francese, in cui si annunciava l'imminente sbarco Alleato nel paese. Ciò è riportato nel diario di guerra della marina, in data 13 aprile 1944, contenuto nel file del ministero della Marina tedesco n. 33399 detenuto nell'Archivio Federale tedesco, Friburgo.

maggio, dopo un'ulteriore visita al suo paziente, Morell scrisse: "Tremore alla gamba motivato dall'ansia [invasione imminente, ma dove?]".

Proprio quel dove rappresentava il problema. Mentre Rommel e Rundstedt ritenevano che il nemico sarebbe sbarcato su uno dei versanti della Somme, Hitler si diceva convinto che l'invasione sarebbe avvenuta in Normandia o in Bretagna, per poter fare della penisola di Cherbourg una solida testa di ponte. Lo aveva detto il 4 e il 20 marzo, in due successivi discorsi, mettendo in guardia i generali del fronte occidentale. Il 23, in via confidenziale, aveva ripetuto la stessa cosa ad Antonescu e, nonostante i rapporti dei servizi segreti, che lasciavano ipotizzare diversamente, era sempre rimasto fedele alla propria convinzione. "Reputo opportuno concentrare in Normandia tutte le risorse militari non necessarie altrove", disse il 6 aprile. Gli incartamenti di Rundstedt e Rommel rivelano con quanta ostinazione i due insistessero nella loro diversa interpretazione delle intenzioni Alleate. Il 1° maggio, i collaboratori di Jodl rammentarono ad entrambi che Hitler si aspettava il tentativo d'invasione nel settore della Settima Armata e il 6 il Führer sollecitò nuovamente Jodl a rammentare a Rundstedt, "ch'egli attribuiva particolare rilevanza alla Normandia"[88].

Nell'Europa occidentale, gli Alleati stavano portando massicci attacchi aerei contro le vie di comunicazione: gli obiettivi erano ponti, linee ferroviarie, locomotive, treni passeggeri e gallerie. I francesi ne patirono le conseguenze: a Rouen, per esempio, nel solo 24 aprile gli aerei americani uccisero 400 civili. I bombardamenti notturni sulla Germania, al contrario, grazie a un tem-

88 Nda. Secondo il diario di guerra del Gruppo Armate B, il 1° e il 6 maggio Hitler sottolineò la sua convinzione che l'invasione avrebbe colpito Normandia e penisola di Cherbourg e domandò un minuzioso esame del livello di preparazione dell'Ottantaquattresimo Corpo del generale Erich Marcks, che tale settore doveva difendere. Il diario di guerra di Rundstedt registra che il 9 maggio Jodl ribadì telefonicamente come Hitler si aspettasse un massiccio attacco nemico contro la Normandia, seguito da un'offensiva secondaria in Bretagna. Tutto ciò fu ulteriormente dichiarato da Hitler, il 27 maggio, all'ambasciatore giapponese Oshima: secondo lui, tutto ciò che non fosse accaduto in queste due regioni francesi, andava reputato quale semplice azione diversiva.

poraneo predominio dei caccia di Göring e delle difese antiaeree tedesche, conobbero un periodo di stallo.

La sera del 30 aprile, Saur comunicò telefonicamenteal Führer i dati della produzione di velivoli e carri armati: nonostante la quasi totale distruzione degli stabilimenti industriali avvenuta tra febbraio e marzo, in aprile erano stati realizzati 1.859 nuovi caccia e 1.500 mezzi corazzati. "Magnifico!" esultò il Führer.

La Germania non doveva fare altro che resistere fino alla grande spaccatura tra Est e Ovest. Le cause della discordia apparivano evidenti: il greggio del Medio Oriente, l'espansione sovietica verso l'India, la latente sfida tra Gran Bretagna e Stati Uniti. "Se teniamo duro sulle nostre posizioni senza arretrare, la rottura tra inglesi e americani diverrà presto inevitabile". Poi, rivolgendosi a Mussolini, disse ridacchiando:

"Quando gli inglesi si renderanno conto che gli americani vogliono intaccare il loro predominio planetario, qualcuno a Londra finirà per ribellarsi".

Ciò che Hitler maggiormente temeva era di non vivere tanto a lungo da assaporare il trionfo o che si verificasse una catastrofe militare di tale entità da sottrarre la vittoria dalle mani del suo popolo.

Con una rapidità del tutto inaspettata, il 5 maggio, i sovietici attaccarono e occuparono Sebastopoli, mettendo fine alla campagna di Crimea che Manstein aveva brillantemente aperto 2 anni prima. La sera del 7, Schörner comunicò, via telegrafo, che la Diciassettesima Armata aveva perso 2.795 uomini. Lui stava inviando sul Mar Nero, con l'ausilio dell'aviazione, tutte le riserve disponibili, vale a dire obici d'assalto da 220 mm e cannoni anticarro pesanti, pur dubitando che quel materiale riuscisse ad arrivare a destinazione. Ventiquattro ore dopo, Hitler ordinò il ritiro della Diciassettesima Armata. Reso furioso da quella sconfitta, per mortificare l'esercito, ordinò a Zeitzler di riportare i sopravvissuti in patria, asserendo che il loro valore militare era talmente scarso, da ritenerli più utili come operai nell'industria bellica. Schörner, in contatto con il Führer per mezzo di Zeitzler, attribuì ogni responsabilità a Kleist, suo predecessore: le sue truppe non combattenti, impiegate solo 6-7 ore al giorno, avevano avuto una vita troppo comoda e accesso incontrollato ai vini della Crimea. Himmler disse a Hitler che, secondo l'opinione di Schörner, in Romania si rendevano necessarie "soluzioni radicali", tra cui l'eliminazione dei vertici militari e, in particolare, di Erich Hansen, l'incapace addetto militare tedesco a Bucarest.

I subordinati di Schörner chiesero che gli ammiragli, responsabili delle operazioni sul Mar Nero, fossero portati davanti alla corte marziale. Pur tacciando la marina di codardia, gli ufficiali della Diciassettesima Armata reputavano principali responsabili del disastro alcuni componenti dello Stato Maggiore generale, che non era riuscito a rifornirli in tempo utile di armi e munizioni. Nelle 5 settimane di quel duro scontro, 75.000 soldati tedeschi e romeni pagarono quel fallimento con la vita. Sul fronte orientale calò una calma innaturale.

Oltre all'aumento della produzione di carri armati, Hitler sollecitava le commesse degli aerei da bombardamento. Inevitabilmente, però, il piano di produzione dei caccia impostato da Saur toglieva risorse agli altri settori dell'industria bellica. Tale programma avrebbe infatti ridotto la produzione di bombardieri a 550 mensili, il che significava dare sostegno soltanto a 40 squadriglie. Se successivamente fosse stato adottato un piano ancora più radicale, ogni mese sarebbero stati costruiti solo 284 bombardieri sufficienti a 26 gruppi aerei. Il generale Korten, capo di Stato Maggiore della *Luftwaffe*, definì quel prospetto il crepuscolo dei velivoli da bombardamento.

Il suo vice, Karl Killer, il 5 maggio sottolineò in un rapporto a Hitler quel pericolo e, il 19 maggio, fece seguire uno studio sulla forza di bombardamento aereo necessaria per mantenere l'Europa sotto il dominio tedesco. Il 22 maggio, durante una riunione alla Berghof con Göring, Hitler definì quegli obiettivi di produzione assolutamente inaccettabili. Ma quando Göring pose alla sua attenzione un rapporto sull'andamento della produzione del *Me-262* a reazione, il Führer ebbe a congratularsi con lui: "Adesso li avremo giusto in tempo!" Non sapeva che, il giorno successivo, avrebbe subìto un tremendo shock.

Quel 23 maggio, Richthofen era arrivato dall'Italia, dove proprio quella mattina gli Alleati, ad Anzio, partendo dalla testa di ponte avevano iniziato ad avanzare con decisione. Richthofen annotò nel proprio diario:

"Alle 15:00 con il Führer. Sebbene sia invecchiato, ha un ottimo aspetto. Palesa serenità e valuta la situazione politica e militare attuale senza eccessiva preoccupazione. Non si può non percepire con sempre maggiore forza quanto quest'uomo, credendo ciecamente nel proprio destino, lo persegua senza nutrire dubbi sulla correttezza delle proprie azioni e del loro esito ultimo (...). Gli spiacevoli accadimenti militari di Cassino e, da stamattina, di Anzio vengono da lui valutati con fiducia. Com'egli asserisce bisogna essere lieti di poter combattere ancora in luoghi non prossimi a casa. In fondo, lo scorso settembre pensavamo tutti, lui compreso, che quest'estate ci saremmo trovati a guerreggiare sugli Appennini o persino sulle Alpi".

Il tempo gioca a nostro favore, ricordò Hitler al comandante della *Luftwaffe*. Politicamente, la Germania aveva vinto da tempo questa guerra. In quel momento, vennero introdotti nella Sala Grande Göring, Milch, Saur e i tecnici della produzione aeronautica. Il Führer teneva lo sguardo fisso al di là della vetrata panoramica, ascoltando distrattamente la lettura dei dati del comando caccia. Quando fu nominata la produzione di *caccia a reazione Me-262*, egli interruppe: "Caccia a reazione? Io pensavo che il *262* fosse un bombardiere ad alta velocità!" Milch gli spiegò con freddezza: "Attualmente lo stiamo assemblando come caccia". Hitler insistette: "Quanti *Me-262* già prodotti possono trasportare bombe?" "Nessuno, *mein Führer*. Il *262* viene fabbricato esclusivamente come caccia".

In un imbarazzato silenzio, Milch spiegò che, per trasportare una bomba di 1.000 chili, il velivolo andava irrobustito. Hitler perse il controllo. Il miracoloso aereo, su cui aveva riposto le speranze per rendere vano il tentativo di sbarco nemico, neppure era stato posto in produzione. "Non ha importanza", interruppe. "Io voglio che sorregga una bomba di appena 250 chili".

L'aereo era talmente veloce, fece osservare, che non abbisognava di corazza né di cannoni.

"Chi presta la benché minima attenzione ai miei ordini?" chiese. "Avevo messo in chiaro che l'aereo doveva essere costruito come cacciabombardiere".

Saur disse che cannone, corazza e munizioni, valevano 500 chili. "Bene, che siano tolti", esclamò trionfante il Führer. Il colonnello Edgar Petersen, capo del centro sperimentale della *Luftwaffe*, annuì. "Questo può essere fatto senza alcuna difficoltà".

"*Mein Führer*", protestò Milch, "anche un bambino può vedere che questo velivolo è un caccia, non un bombardiere!" Hitler gli volse le spalle. "*Abbattuto*" sussurrò qualcuno, facendo una chiara allusione al prevedibile brusco interrompersi della carriera di Milch.

"A quanto pare, signori, avete tutti problemi di udito", sbottò Göring, il giorno seguente, rivolgendosi agli ingegneri della *Luftwaffe*. "Ho fatto riferimento più di una volta all'ordine del Führer. A lui non serve un caccia. Vuole che il *Me-262* sia soltanto un bombardiere... E adesso salta fuori che non è possibile! Il Führer dice: 'Per quello che servono, potete bruciare tutti i caccia'. Vuole un velivolo che grazie alla propria rapidità possa farsi largo tra le forze aeree nemiche schierate in difesa dello sbarco. E voi, signori, continuate incessantemente a ignorarne gli ordini".

In quel periodo, in molte conversazioni del Führer riaffiorò la questione ebraica. Hitler era preoccupato per gli ebrei rimanenti in Ungheria. "Stiamo facendo piazza pulita", disse il 12 maggio al Presidente del Consiglio della Repubblica Indipendente slovacca, Josef Tiso. "In Ungheria viveva oltre un milione di ebrei!" esclamò, descrivendo con disgusto come gli indolenti giudei magiari avessero sperperato nei caffè di Budapest il denaro sottratto al popolo. Franz Sonnleithner che trascrisse quel colloquio, riferì anche quanto, di fronte a un suggerimento estremo di Tiso per liberare il paese da "quella piaga", Hitler produsse un mezzo sorrisetto condiscendente[89].

---

89 Nda. Ribbentrob cablò a Veesenmayer, in data 16 luglio, che Horthy aveva cessato la deportazione degli ebrei, protestando che tale procedura fosse in contrasto con gli accordi

Le motivazioni di Hitler e Himmler differivano radicalmente. Per Hitler si trattava esclusivamente, disse Sonnleithner, di una questione di principio: se ne preoccupava al fine di rimuovere quella potenziale 'Quinta Colonna' dallo scacchiere balcanico. Ciò che sarebbe accaduto agli ebrei lo lasciava indifferente. Himmler, invece, fece intendere in primavera di ritenersi un semplice esecutore di ordini. Il 5 maggio, rivolgendosi a un gruppo di alti ufficiali di cui facevano parte Stumpff, Reinecke e Voss (un diretto collaboratore del Führer), Himmler riferì di aver provveduto a risolvere la "questione ebraica" senza ricorrere a compromessi:

"Dico queste cose rivolgendomi a voi come a camerati", aggiunse, "perché, quale che sia la nostra arma di appartenenza, siamo tutti soldati. Potete immaginare con quale stato d'animo io abbia eseguito gli ordini impartitimi, ma li ho assolti, posso dirlo, nel modo migliore".

Mai in precedenza e mai in seguito, troviamo un accenno di Himmler a direttive provenienti dal Führer. Ma c'è motivo di dubitare che egli abbia avuto il coraggio di portare quel discorso a conoscenza di Hitler, visto che appare evidente come quella pagina della trascrizione (la 28) sia stata riscritta a macchina in data successiva.

Quando in aprile, Hitler gli aveva chiesto di reperire due contingenti di 100.000 ebrei da destinare alle fabbriche sotterranee di carri armati e aerei gestite da Saur, il comandante delle *SS* aveva manifestato rincrescimento per una risoluzione ch'egli riteneva "bizzarra". Il 24 maggio, Himmler si rivolse a un auditorio di generali: "Nessuno di costoro entrerà, per alcun motivo, nel campo visivo del popolo tedesco". Himmler rammentò, vantandosene, come nel 1933 e nel 1934, egli, senza ricorrere a

presi a Klessheim (ministero degli Esteri, serie K789). L'opinione di Himmler appare con chiarezza in alcune note scritte a mano per un discorso da tenersi agli ufficiali superiori a Posen il 26 gennaio: "Questione ebraica. Il Governatorato generale (Polonia) deve essere rappacificato finché non sarà risolto il problema ebraico. Battaglia radicale. Soluzione globale. Non possiamo permetterci che i vendicatori insorgano per castigare i nostri figli (microfilm T175 rullino 94, pag. 4835 e seg.). Il fatto che Himmler parlasse con Hitler solo di "deportazione" degli ebrei emerge con chiarezza dalla sua agenda, nei mesi di luglio e agosto 1944 (ibidem, pag. 5065).

un processo, avesse confinato in un campo di detenzione alcuni abituali criminali: "Debbo riconoscere di aver commesso, a suo tempo, molti di questi atti illegittimi. Ma siate certi che vi ho fatto ricorso solo quando comprendevo che la saggezza e il senso di giustizia del popolo germanico erano dalla mia parte". Saldo a questo principio, allo stesso modo si era avvicinato al "problema ebraico": "Esso è stato risolto senza compromessi, secondo gli ordini e i dettami del buon senso". Nella successiva pagina il discorso di Himmler accennava anche allo sterminio delle donne e dei bambini ebrei[90]. Quando, il 26 maggio, gli stessi generali si recarono all'Obersalzberg, Hitler parlò loro dell'intolleranza della natura, paragonando l'uomo al più piccolo bacillo esistente sul pianeta e rammentando come, espellendo gli ebrei dalla condizione di privilegiati, egli avesse reso accessibili quelle posizioni ai figli di centinaia di migliaia di tedeschi delle classi lavoratrici, privando allo stesso tempo le masse rivoluzionarie del tradizionale lievito giudaico:

"Ovviamente qualcuno può dire: 'Non sarebbe stato possibile ottenere tutto ciò in modo più umano?'. Miei cari generali, noi stiamo combattendo una battaglia di vita o morte. Se in questa lotta prevarranno i nostri nemici, il popolo tedesco sarà distrutto. I bolscevichi massacreranno milioni e milioni dei nostri intellettuali. Quelli che riusciranno a evitare un proiettile nella nuca, saranno deportati, i bambini delle classi più elevate eliminati. Tutta questa brutalità è opera degli ebrei. Oggi, sulle nostre città vengono fatte cadere bombe incendiarie perché il nemico trova più comodo colpire donne e bambini. Vengono fatti bersaglio delle mitragliatrici i treni passeggeri e i contadini che lavorano nei campi. In una notte, ad Amburgo abbiamo perso oltre

40.000 persone tra donne e bambini, tutte bruciate vive. Non aspettatevi altro da me, ma lasciate ch'io faccia ciò che ritengo giusto per l'interesse nazionale e la Germania. (*Applauso forte e prolungato*). La misericordia, in questo caso come in qualsiasi altra circostanza, sarebbe crudeltà verso il nostro popolo. Se gli

90 Nda. Anche questa pagina venne successivamente riscritta a macchina e inserita nel dattiloscritto.

ebrei mi odieranno, voglio dal loro odio trarre il massimo profitto. (*Mormorii di approvazione*). Il vantaggio consiste in questo: adesso abbiamo una nazione organizzata, nella quale nessun estraneo può interferire. Guardate gli altri paesi... L'Ungheria! L'intero territorio è marcio: ebrei e sempre ebrei fino ai più alti livelli, l'intero paese è disseminato da un'ininterrotta rete di spie che attende il momento di colpire. Solo il timore che una mossa prematura scateni una nostra reazione li trattiene. Ma anche lì sto intervenendo e presto tutto sarà risolto. Consentitemi di dirlo: gli ebrei progettavano la distruzione del popolo tedesco. Il 1° settembre del 1939 dichiarammo davanti al Parlamento che, se qualcuno pensava di poter distruggere la Germania in un conflitto mondiale, costui era in errore. Se il giudaismo tenterà di farlo, allora chi ne uscirà distrutto sarà l'ebraismo stesso"[91].

In Ungheria si stava procedendo al rastrellamento di 400.000 ebrei: i primi arrivarono ad Auschwitz per servire da lavoratori forzati nell'ormai ultimata fabbrica della *I.G. Farben*.

Lo sbarco a Occidente non era ancora avvenuto. Il 24 maggio, il generale Korten, capo di Stato Maggiore della *Luftwaffe*, aveva detto a Göring: "Pare che l'invasione sia stata rinviata". Speer fece eco al suo ottimismo: "Se entro luglio o agosto non sarà accaduto alcunché, probabilmente verremo lasciati in pace per tutto l'inverno". Rommel si mostrava in linea: "Tutto procede come previsto", scrisse il 19 maggio. "Due giorni fa ho telefonato al Führer. L'ho trovato di ottimo umore. In merito al lavoro svolto a Occidente, si è prodotto in numerosi elogi. Confido di procedere con ancora maggiore rapidità. Fa freddo e piove. Gli inglesi dovranno pazientare"[92].

Giunto il momento di cominciare a lustrare le armi segrete, solo la bomba volante poteva dirsi ultimata. Le rampe di lancio, celate nelle campagne, aspettavano di essere montate. Con esse,

---

91 Il discorso di Hitler è registrato nei file di Himmler (ibidem, pag. 4972 e seg.). Egli userà lo stesso linguaggio di fronte a Sztójak, il 7 giugno, 1944).

92 All'ottimismo di Korten e Speer, fa eco una lettera privata scritta da Herbert Backe, ministro dell'Alimentazione e dell'Agricoltura, il 17 maggio: "Apparentemente, l'ipotesi di un'invasione è stata presa troppo seriamente. Non voglio più pensarci finché il nemico non tenterà concretamente lo sbarco. I nostri generali sono tutti ottimisti, senza eccezione.

aveva assicurato Hitler a Mussolini, Londra sarebbe divenuta un "giardino di rovine", nell'esatto momento in cui fosse iniziato lo sbarco. A metà maggio, Hitler dispose che il bombardamento di Londra avesse inizio una sera di metà giugno, insieme a un attacco incendiario effettuato con l'aviazione. A partire da quel giorno, ogni notte dovevano partire raffiche di bombe volanti. "L'Inghilterra verrà travolta dal panico", disse il Führer ai propri collaboratori. "Questi ordigni volanti hanno un effetto snervante, difficile da sopportare a lungo. Ripagherò quei barbari per aver colpito le nostre donne e i nostri bambini e saccheggiato la nostra cultura".

Intanto, i bombardamenti pre-invasione degli Alleati avevano raggiunto l'apice. Il 28 e 29 maggio morirono

3.000 civili francesi. Il 4 giugno, Hitler ordinò a coloro addetti agli ordigni volanti di tenersi pronti. "Se gli inglesi dovessero presentarsi con relazioni di pace di vario genere", disse al Primo ministro slovacco Tiso, "risponderei loro di tenersi strette le proposte fino a dopo l'invasione". Intanto, alla Berghof era giunto dalla Gran Bretagna un importante ospite. Ribbentrop aveva mandato dal Führer un alto ufficiale dell'*Afrika Korps* che gli inglesi avevano rimpatriato per motivi di salute: il quarantasettenne generale Hans Cramer, catturato a Tunisi nel maggio del 1943. Prigioniero degli inglesi, disse, aveva simulato una grave patologia polmonare per farsi rimandare a casa. Prima di essere rimpatriato, avvistosi dei preparativi fatti per l'invasione, ne aveva studiati i mezzi da sbarco e i carri armati che intendevano impiegare. L'opinione di Cramer era semplice: qualsiasi tentativo di Rommel di opporsi all'invasione poteva essere considerato senza speranza: l'operazione *Overlord* non poteva fallire.

Sonnleithner, ufficiale di collegamento di Ribbentrop, ricordò al Führer che, essendo stato egli stesso prigioniero, sapeva quanto raffinati fossero gli inganni a cui si era sottoposti dai carcerieri. Inoltre, non c'era alcuna speranza di beffare il nemico con stratagemmi banali come quello messo in pratica da Cramer. Gli inglesi si erano sicuramente fatti beffe di lui, usandolo come strumento per la guerra psicologica. Hitler intervenne: "In ogni caso, Cramer deve fare rapporto a Rommel". Cramer disse a Rommel che l'invasione alleata sarebbe avvenuta su entrambi i lati della Somme. "Non verranno", ribatté con fiducia il feldmaresciallo, "e se lo faranno non andranno oltre le spiagge".

In Italia, adesso che le forze di Anzio si erano congiunte col fronte principale, Roma stessa poteva divenire un campo di battaglia, proprio come Stalingrado. Questo mise in evidenza, ancora una volta, il singolare concetto di moralità di Hitler. Quell'uomo, che si mostrava indifferente alla sorte degli ebrei comprese donne e bambini si diceva fiero di aver sconfitto il Belgio senza distruggere Bruxelles e la Francia senza deturpare Parigi. I suoi nemici avevano invece bombardato la cattedrale di Rouen e inutilmente raso al suolo il celebre monastero di Montecassino. Non più tardi di febbraio, Hitler aveva respinto la richiesta di Kesselring circa un'eventuale distruzione, qualora necessaria, dei ponti sul Tevere. Kesselring sosteneva che le ripide sponde del fiume avrebbero notevolmente ritardato l'avanzata nemica, ma il Führer aveva ribadito che la condizione di "città aperta" di Roma doveva essere scrupolosamente rispettata. Scherzando, poteva dire a Mussolini: "Lei e io siamo forse gli uomini più vituperati del mondo", ma non voleva passare alla storia come colui che aveva distrutto la città eterna. Quindi alla *Wehrmacht* era stato proibito di mettervi piede e persino durante gli scontri di Anzio tutti i trasporti militari erano stati dirottati intorno alla periferia di Roma. Questa indulgenza, dal nemico, non ottenne alcuna corrispondenza.

Quando il 3 giugno Kesselring, tramite il Vaticano, propose che entrambe le parti in causa continuassero a rispettare la condizione di Roma città aperta, gli Alleati non si degnarono di dare risposta. Anzi, rivolsero un immediato appello ai romani affinché si unissero alla lotta contro i tedeschi. Il giorno successivo, i carri armati angloamericani invasero il centro della capitale. A quel punto Hitler avrebbe dovuto far brillare i ponti, ma non lo fece. Quella stessa sera, Roosevelt diramò via radio la notizia della sua vittoria, attribuendo il merito dell'incolumità di Roma alla destrezza dei suoi generali.

Hitler non fu particolarmente scosso dalla caduta di Roma e, quella sera, disse a Goebbels che i veri problemi sarebbero arrivati nel caso di un'invasione della Francia. Le difficoltà sorte sul fronte italiano erano dovute alla perdita della supremazia aerea. Goebbels replicò di temere che altrettanto potesse accadere in Francia. Hitler prospettò l'idea di consentire all'Armata Rossa di occupare la Romania al fine di destare preoccupazione nelle potenze occidentali.

"Considera la Gran Bretagna come già finita", scrisse Goebbels, "e si ripromette, alla prima occasione, di sferrarle il colpo di grazia". Goebbels aggiunse che non riusciva a comprendere come quel risultato fosse conseguibile. Alle 22:00 a Goebbels venne comunicato che, dalle intercettazioni radio, traspariva che i preparativi di sbarco fossero cominciati, ma egli non ritenne la cosa talmente urgente da riferirla prontamente al Führer durante la cena con Speer. Sussistevano numerosi indizi sul quel qualcosa che a Occidente stava per accadere. A Parigi l'*Abwehr*, infiltratosi in molte cellule della resistenza, aveva appreso che la *BBC* avrebbe dato ai partigiani il segnale d'inizio dell'operazione *Overlord* trasmettendo alcune frasi in codice in due diverse sequenze: quelle frasi, gli addetti alle intercettazioni radiofoniche le conoscevano già dal febbraio del 1944. Il 1° giugno, la *BBC* trasmise gli spezzoni di frasi cui era associata una previsione di sbarco entro le due settimane. Le asserzioni erano dirette esclusivamente alle bande partigiane dislocate in Bretagna e Normandia. Quelle informazioni, tramite la Gestapo, furono passate all'*OKW* e il 2 giugno comunicate al Führer. Eppure, sia il reparto dell'*intelligence* interno all'*OKH* (Alto Comando dell'esercito) – focalizzato proprio sulle armate nemiche in Occidente sia i collaboratori di Rundstedt ignorarono quelle notizie. L'ultima ricognizione della costa inglese, effettuata una settimana prima, non aveva rilevato, nei pressi di Dover, alcun assembramento di mezzi da sbarco: le coste meridionali, però, erano sfuggite al controllo dell'aviazione. I meteorologi della *Luftwaffe* prevedevano molti giorni di cattivo tempo. La mattina del 4 giugno, Rommel si recò in Germania per una licenza che si era accordato per partecipare al compleanno della moglie. D'altronde era convinto che le maree dello stretto di Dover, dove lui, a differenza del Führer, si aspettava l'invasione, fossero sfavorevoli allo sbarco di mezzi anfibi. Con Rommel lontano, i suoi collaboratori, il 5 giugno 1944, si predisposero per una lunga serata di cognac e gozzoviglie nel castello dov'era situato il quartier generale. Verso le 22:00, furono momentaneamente distratti dalla notizia che, alle 21:15, la Quindicesima Armata aveva intercettato dalla *BBC* la seconda frase in codice, la quale indicava che l'invasione era prevista entro 24 ore. La Quindicesima Armata venne messa in stato di allerta. Dopo una telefonata di controllo al quartier generale di Rundstedt a Parigi, il capo di Stato Maggiore di Rommel, Hans Speidel (che parteciperà poi al complotto contro Hitler) stabilì che non fosse il caso di porre in stato di allerta anche la Settima Armata, di stanza in Normandia. Spossati dal troppo cognac e dalle lunghe conversazioni, Speidel e gli altri ufficiali si coricarono all'una di notte. Altrettanto fece Hitler. Non immaginava che 5.000 imbarcazioni colme di truppe nemiche stavano approssimandosi alle coste della Normandia, esattamente dove lui aveva previsto[93].

93 Nda. L'avvertimento dell'SD in merito alla messa in stato di allerta della BBC per l'imminente invasione, inoltrato da Kaltenbrunner all'OKW e all'intelligence dell'esercito, è conservato nel microfilm T175, rullino 451, pag. 6880 e seg. Durante gli interrogatori di Norimberga, Schellenberg biasimò i militari per non aver compreso a pieno il significato di quelle intercettazioni. Alla vigilia dell'invasione – 5 giugno 1944 -, il capo di Stato Maggiore di Rommel, Speidel, liquidò l'allarme dell'invasione, monitorata dal 1° giugno, come "non comprovante l'imminente sbarco nemico" (Gruppo Armate B, rapporto settimanale, microfilm T311, rullino 3, pag. 2156 e seg.). In merito a ciò, si possono leggere anche i diari di guerra della Quindicesima Armata.

Parte VII
I vermi si ribellano

L'uomo dalla borsa di cuoio giallo.

Durante la notte, mentre in mare era ancora lontano il rumore dei motori della flotta in avvicinamento, si susseguirono le notizie di atterraggi di alianti e paracadutisti avvenuti in Normandia. Hitler non venne svegliato perché, dopo un consulto con Jodl, venne reputato che, fino al mattino, la situazione non sarebbe stata chiara. Conseguentemente, fino a mezzogiorno, Hitler non poté rispondere agli appelli di Rundstedt, che chiedeva di procedere a un contrattacco con le riserve corazzate dell'*OKW*. Ma per quell'ora, a seguito di intensi bombardamenti navali e aerei, i mezzi da sbarco avevano affollato le spiagge di uomini e mezzi corazzati. La Settima Armata confermava che gli Alleati, a ovest del fiume Orne, avevano già stabilito una testa di ponte ampia 25 chilometri e fonda tre. Così, quando il Führer dette inizio al Consiglio di guerra, la battaglia, se si reputava valido il presupposto di Rommel – vale a dire annientare il nemico appena sbarcato – era già persa. Gli avvenimenti dei giorni successivi, in virtù della schiacciante superiorità dell'aviazione nemica, resero subito evidente che qualsiasi spostamento delle riserve tedesche sarebbe risultato attuabile solo di notte.

Che il nemico non fosse stato respinto sulle spiagge in parte era dovuto alla debolezza in loco del vallo atlantico (nonostante i moniti che dal febbraio del 1944 giungevano dal Führer, nel settore della Settima Armata il vallo era completato per il 18%, in confronto al 68% del settore presidiato dalla Quindicesima Armata di Salmuth) e in parte all'indolenza dei servizi segreti tedeschi che, avendo da tempo prove certe che l'invasione sarebbe avvenuta il 6 o 7 giugno, avevano trascurato di informarne i comandi interessati.

Su questa mancanza dell'*intelligence*, in seguito, il Führer ordinò che si svolgessero delle indagini. Per una qualche ragione, di quanto sopra non ne erano stati informati l'*OKW*, né la Berghof, né la Settima Armata guidata dal generale Dollmann. E la faccenda, poiché i servizi segreti tedeschi a Parigi avevano avuto accesso alle informazioni riservate della *BBC* (solo nel pomeriggio del 1° giugno si erano verificati 125 avvisi radiofonici di invasione) da cui avevano tratto 28 messaggi indirizzati alla resistenza in Normandia e Bretagna, risulta maggiormente inspiegabile.

I risultati di quell'inchiesta non sono noti: il rapido succedersi degli eventi portò al Führer altri pensieri e, comunque, se i responsabili erano da ricercarsi in Georg Hansen, successore di Canaris alla carica di capo dell'*Abwehr*, o nel colonnello Alexis Renne, responsabile dei servizi segreti dell'esercito focalizzati sull'Occidente, entrambi furono comunque giustiziati per altre ragioni.

Non meno grave fu l'erronea valutazione delle forze anglo-americane concentrate in Inghilterra. Le ultime stime in possesso di Hitler dicevano che, nelle isole britanniche, erano decretate all'invasione 90 divisioni e 27brigate, mentre in realtà le divisioni destinate allo sbarco non superavano le 37[94].

---

94 Nda. Lo Stato Maggiore della marina analizzò tutti i rapporti dell'Abwehr in merito all'invasione. Dei 173 ricevuti prima del 6 giugno 1944, solo l'8% si dimostrò esatto; il 14% parzialmente corretto e il rimanente privo di alcuna veridicità (diario di guerra della marina, 23 marzo 1945). Un indizio significativo dei metodi dell'intelligence tede sca deriva dal trattamento del Piano Operativo del Quinto Corpo statunitense: questo cadde nelle mani della Trecentocinquantunesima Divisione di Fanteria il 7 giugno del 1944 e raggiunse di conseguenza l'Ottantaquattresimo Corpo del generale Marcks e la Settima Armata, che lo inoltrò al quartier generale di Rommel l'11 giugno. Blumentritt – capo di Stato Maggiore di Rundstedt – dichiara, nel manoscritto B637, di avere inviato un corriere all'OKW il giorno seguente. Se questo documento avesse raggiunto Hitler, non avrebbe lasciato alcun dubbio

Un errore piuttosto grave, giacché Hitler, per tutto il mese di giugno, nel timore che il nemico approntasse altrove un ulteriore sbarco, allargando così il proprio fronte di azione, preferì non impiegare in Normandia tutte le forze di cui disponeva. Così, mentre il mattino dello sbarco Rundstedt definiva la situazione in loco "piuttosto seria", come dimostrato dall'impiego del nemico di divisioni aviotrasportate e paracadutisti sulla penisola di Cherbourg, nei telegrammi successivi sottolineava quanto non fosse ancora possibile asserire con certezza se quella poteva definirsi una manovra diversiva o un reale tentativo d'invasione.

Hitler autorizzò l'utilizzo delle riserve corazzate dell'*OKW* (2 divisioni) soltanto verso le 14:30. Sia lui che i suoi generali si mostravano ancora estremamente fiduciosi. Alle 6:00, poiché oramai era giorno da più di un'ora, il generale Salmuth fece chiamare dal suo capo di Stato Maggiore la Settima Armata per apprendere se il nemico fosse o meno sbarcato in qualche zona. La risposta fu: "Numerosi navi da trasporto di ogni tipologia e dimensione sono ancorate al largo. Dispongono di ingenti mezzi da sbarco. Fino ad ora non si è verificata alcuna azione".

Salmuth disse al suo capo di Stato Maggiore: "Dunque, la loro invasione può dirsi già abortita!" tornandosene poi tranquillamente a dormire.

"Le notizie che giungono non potrebbero essere migliori", furono le parole con cui Hitler, a mattino inoltrato, accolse Keitel. "Finché si rintanavano in Gran Bretagna avevo difficoltà a raggiungerli, ma adesso che li abbiamo a tiro provvederemo ad annientarli". E a Göring disse: "Stanno sbarcando qui e qui: proprio dove immaginavo!" In base a un progetto di massima elaborato dalla *Luftwaffe* in febbraio, al momento dell'invasione 19 gruppi di caccia si sarebbero dovuti portare a Ovest. La *Luftwaffe*, il giorno dello sbarco, alle 10.585 missioni dell'aviazione nemica ne contrappose solo 319. La stessa aveva però assicurato al Führer che, nell'arco delle 72 ore successive, avrebbe schierato tutto il proprio potenziale. Il 7 giugno, Richthofen scrisse: "La battaglia della Manica viene, dalla *Luftwaffe*, ancora valutata

---

sul fatto che la Normandia fosse l'obiettivo principale dell'invasione.

con ottimismo"[95].

L'euforia di Göring durò fino all'8 giugno: quella sera, il maresciallo del *Reich* si ritrovò con soli 5 aerei adatti a offendere bersagli terrestri e 95 caccia. Sebbene le sue squadriglie di caccia contassero 800 piloti, mancavano i velivoli su cui impiegarli. Di fronte all'assoluta supremazia aerea alleata sopra i settori di sbarco e i cannoneggiamenti navali diretti da aerei ricognitori, il contrattacco condotto dalle riserve dell'*OKW* e dalla Ventunesima Divisione Corazzata non aveva alcuna speranza. Qualche giorno dopo, Guderian riassunse al Führer: "L'audacia dei nostri carristi non era sufficiente a compensare la totale assenza della marina e dell'aviazione".

Rundstedt, raccolte le proprie forze, decise di portare, all'alba del giorno 11, un contrattacco con mezzi corazzati, appoggiati da un impenetrabile muro di fuoco alzato, a ovest di Caen, dal Terzo Corpo Antiaereo: ma la sera del 10 fu costretto a recedere dall'intento, perché i carri armati nemici attaccarono proprio le guarnigioni che stava radunando. Quel 10 giugno, l'ottimismo mostrato alla Berghof svanì nel nulla. Dönitz, ammise: "L'invasione ha avuto successo, abbiamo un secondo fronte".

Iniziarono, allora, feroci recriminazioni. Göring accusò la marina perché, oltre ad assicurare che il nemico non avrebbe mai messo a rischio le sue navi migliori in un'invasione attraverso La Manica, si era opposta alla posa preventiva, al largo della costa francese, delle nuove "mine a pressione". Dönitz reagì stizzito: "Al momento, una discussione su argomenti del genere non mi sembra opportuna".

Apparivа evidente che la mossa successiva del nemico sarebbe stata la conquista del porto di Cherbourg. Se non fosse stato possibile impedirla, ammonì Rundstedt l'11 giugno, il Führer

95 Nda. Il persistente ottimismo dei tedeschi appare evidente nel diario di Goebbels. Inoltre, l'aiutante personale di Hitler, Alwin-Broder Brecht, scrisse il 9 giugno: "In ogni caso, tutti stanno tirando un sospiro di sollievo". Lo stesso Hitler disse a Sztójay che a lungo avevano atteso l'invasione. E lo Stato Maggiore della marina registrò, il 7 giugno: "Il Führer e il feldmaresciallo Rommel guardano alla situazione con fiducia e ottimismo, prevedendo il successo delle nostre controffensive". Queste includevano la messa in opera delle "mine a pressione", arma segreta il cui utilizzo Hitler autorizzò quello stesso giorno.

si sarebbe trovato in una situazione tale da "richiedere decisioni fondamentali". Hitler ordinò tardivamente a due delle migliori divisioni corazzate delle *SS*, la Nona e la Decima, in procinto di attaccare un saliente sovietico di scarsa rivelanza vicino a Kolomea, di partire per la Normandia. "Se avessi schierato a Ovest quelle due divisioni", disse a fine agosto, "li avremmo certamente ricacciati in mare".

Nel pomeriggio del 6 giugno, l'*OKW* aveva disposto che le bombe volanti fossero immediatamente lanciate verso Londra. Nei successivi 6 giorni, le gigantesche rampe di lancio furono dislocate nei 64 siti predisposti lungo la costa e assemblate, ma il giorno 11, divenne evidente che non tutto procedeva come preventivato. Ciò nonostante, l'*OKW* rese operativo l'ordine di immediato attacco.

Quanto, Hitler, aveva sognato quel momento! Di giorno, aveva osservato le squadriglie di bombardieri americani sorvolare la Germania ad alta quota. Provenivano dall'Italia e avevano senz'altro, come obiettivo, alcune città del sud del paese. Di notte, gli aerei britannici si dirigevano verso Austria e Ungheria. Spesso si poteva notare, nel cielo, l'alone rossastro degli incendi che devastavano Monaco. La governante l'aveva supplicato di trasferire in un luogo più sicuro l'arredo del suo appartamento in città, ma il Führer si era rifiutato di darle ascolto: "*Frau* Winter", le aveva detto, "dobbiamo noi per primi dare l'esempio". Durante l'incursione su Monaco del 9 giugno, il noto attore Heini Handschuhmacher, amico intimo di Eva Braun, era rimasto ucciso insieme alla moglie. Eva, tornata in lacrime dalle esequie, aveva descritto gli orrori provocati dai bombardamenti. "Hitler l'ascoltò con aria addolorata", annotò una segretaria, "e, giurata vendetta, in virtù delle nuove armi, le promise che il nemico avrebbe pagato con gli interessi quelle azioni criminali".

Così, nella notte del 12 giugno, ebbe inizio su Londra il primo attacco con bombe volanti. Il risultato fu fallimentare: su dieci *V-1* lanciate, quattro precipitarono immediatamente a seguito del lancio, due svanirono senza lasciare traccia, una demolì un ponte ferroviario londinese e le ultime tre mancarono il bersaglio.

Göring informò il Führer che il responsabile del progetto era quello stesso Milch che li aveva cacciati nell'imbroglio del *Me-262*. Revisionati, nei due giorni successivi, gli impianti di lancio, tra la tarda serata del 15 e le 12:00 del 16 giugno, furono lanciate su Londra circa 244 *V-1:* stavolta, i ricognitori aerei riferirono che gli incendi, nella capitale britannica, imperversavano.

Quella nuova offensiva, che colse la Gran Bretagna di sorpresa, spinse Churchill a ordinare (invano) incursioni con gas asfissianti sulle città tedesche. Adesso, localizzare e radere al suolo le rampe di lancio delle *V-1* diveniva molto più importante che distruggere città, fabbriche e raffinerie. Hitler telefonò a Milch per congratularsi personalmente con lui e, pochi giorni dopo, ordinò a Speer di ridurre la produzione dei razzi *A-4* e rendere prioritari le *V-1* e gli aerei a reazione.

La riuscita dello sbarco alleato pose Hitler di fronte a numerosi problemi. Schmundt informò Goebbels che, sebbene ancora contenuta, l'invasione, poco a poco, prendeva corpo come una patologia tumorale inarrestabile.

La sera del 16 giugno, quattro *Focke-Wulf Condor* portarono Hitler e i suoi collaboratori in Francia. Il mattino seguente, mentre i caccia sorvegliavano la rete autostradale, Hitler proseguì in auto fino a *W2*, un insolito quartier generale predisposto per lui nei pressi di Soissons, per permettergli di conferire con Rundstedt e Rommel. Il suo proposito immediato consisteva nell'infondere fiducia ai due feldmarescialli, scossi dai successi conseguiti dal nemico nello sbarco e nel consolidamento, in Normandia, della testa di ponte. Rommel si espresse per primo, informando il Führer del rapido estinguersi, in Normandia, delle sue unità. I rinforzi non riuscivano a passare e la marina e l'aviazione degli Alleati bombardavano tutto ciò che si trovavano innanzi. I suoi uomini stavano combattendo come demoni, compresi i ragazzi di 17 e 18 anni, ch'egli paragonò a giovani tigri. Ma contro l'azione bruta e le sofisticate armi degli anglo-americani, la loro resistenza sarebbe stata fiaccata in pochi giorni. Rundstedt chiese l'autorizzazione a far retrocedere i suoi distaccamenti attualmente nella penisola di Cherbourg, fino al porto e alla fortezza.

Hitler lo accontentò, a patto che, durante la ritirata, si lottasse per ogni centimetro di terra. Rommel avrebbe dovuto nominare per Cherbourg un ufficiale "particolarmente capace". "La piazzaforte", disse il Führer, "deve essere conservata quanto più a lungo, magari fino a metà luglio". Alle 10:00 Speidel comunicò telefonicamente quegli ordini al quartier generale del Gruppo di Armate: "Non ci sarà alcuna rapida ritirata [fino a Cherbourg]".

Le truppe in arretramento dovevano impiegare qualsiasi stratagemma per rallentare gli americani e, una volta arrivati al porto, demolirne le attrezzature. L'intento del Führer era di sferrare in Normandia un attacco portato dalle 4 divisioni corazzate delle *SS* a ovest di Caen e Falaise: fino a quel momento, doveva esserci a est del fiume Orne una resistenza a oltranza della Prima e Diciannovesima Armata, ma non della Quindicesima di Schmundt, attestata a Calais, dove Rommel e Rundstedt si attendevano ancora un ulteriore sbarco. Hitler assicurò ai due che la marina e l'aviazione avrebbero diretto i loro sforzi contro le navi da guerra e da trasporto nemiche e che, per la prima volta, sarebbero state impiegate le nuove "mine a pressione".

Ci fu un momento in cui gli stenografi del Führer, a causa di un allarme aereo, dovettero lasciare la riunione. Fu allora che Rommel si arrischiò ad accennare al Führer l'impellenza "di risolvere la faccenda con la politica prima che a Ovest la situazione si fosse definitivamente deteriorata". Hitler replicò seccamente: "Il momento della politica non è ancora arrivato". Comunque, la cosa non doveva certo interessare Rommel. Quello stesso pomeriggio, verso sera, il Führer lasciò Soissons, teatro della battaglia dove, 25 anni prima, si era guadagnato la Croce di Ferro.

Il giorno successivo, fatto ritorno alla Berghof, apprese che gli americani avevano raggiunto la costa occidentale della penisola di Cherbourg. Alle 23:00 chiese ulteriori notizie: "Dichiarano con arroganza di esserci riusciti. Ciò corrisponde a verità?"

"*Jawohl*", ammise Jodl.

Nel frattempo, influenzato dalle speranze trasmessegli dal Führer, Rommel compilò il successivo rapporto mostrando un ritrovato ottimismo: il nemico, pur essendo sbarcato con

25 divisioni, aveva subìto pesanti perdite e la maggioranza della popolazione francese pendeva dalla loro parte. L'ammiraglio Friedrich Ruge, suo aiutante navale, meravigliatosi di trovare tutta questa fiducia in Rommel, scrisse nel proprio diario che il Führer era probabilmente dotato di "un grande magnetismo ipnotico"[96]. Hitler, per scongiurare un secondo sbarco, faceva molto affidamento sulle mine navali[97] e, il 18 giugno, ordinò di predisporre con esse uno sbarramento anche fuori da Le Havre. Il generale Korten chiese l'impiego immediato di una quindicina di *Me-262* sul fronte di battaglia e di altri tre da utilizzarsi come ricognitori. Si rendeva inoltre necessario sospendere la produzione dei bombardieri pesanti *Heinkel 177*. Il 20 giugno, Hitler acconsentì alla richiesta di Speer di affidare tutta la produzione aerea al ministero degli Armamenti.

Da quando era iniziata l'invasione, Hitler aveva trovato conforto dalla momentanea pacatezza del fronte orientale. Certo, Stalin non avrebbe fatto passare l'estate in quella totale inattività. In maggio, Hitler aveva individuato Kovel (Ucraina nord occidentale), quale *Schwerpunkt* del nemico[98]. Per tutto il mese, Mo-

96 Nda. L'esultanza di Rommel traspare con chiarezza dal diario dell'ammiraglio Ruge e dallo stesso rapporto di Rommel, datato 19 giugno: "Nonostante la superiorità dell'aeronautica e della marina nemiche e uno sproporzionato dispiegamento di truppe ed equipaggiamento, gli Alleati non hanno ottenuto un grande successo e, a Caumont, stanno perdendo terreno. Da alcuni documenti ritrovati, sappiamo che il nemico non ha ancora raggiunto alcuno degli obiettivi preposti (...). Nel corso dei combattimenti, ha inoltre perso più di 500 cisterne e oltre un migliaio di aeroplani (...). La popolazione sul campo di battaglia si mostra amichevole: vi è stata una percettibile diminuzione degli atti di sabotaggio e di altre attività partigiane, soprattutto in conseguenza dell'invasione. (Gruppo Armate B, diario di guerra e allegati).

97 Ndt. Si tratta di ordigni esplosivi, posti all'interno di un involucro a tenuta stagna, che non necessitano di alcuna manutenzione. Anche a distanza di anni, laddove una nave ne solleciti i sensori, inesorabilmente esplodono. Solitamente, queste armi perenni ed economiche sono impiegate a gruppi, allo scopo di creare dei veri e propri campi minati in determinate aree marittime.

98 Il concetto di Schwerpunkt, sviluppato da Carl Clausewitz generale e teorico militare prussiano nel suo "Della guerra", pubblicato per la prima volta nel 1832, ha esercitato un'enorme influenza sull'evoluzione dell'arte militare moderna. "Così come il centro di gravità si trova sempre là dove è concentrata la maggior parte della massa, e ogni urto contro tale centro ha la massima efficacia sull'insieme, così deve avvenire in guerra e perciò l'urto più forte deve avvenire contro il centro di gravità" (libro VI, capitolo 27). Il metodo più efficace per sconfiggere il proprio avversario consiste dunque nel colpire il 'baricentro' del suo siste-

del aveva progettato un attacco in quel settore e, a tale scopo, gli era stato temporaneamente assegnato il Cinquantaseiesimo Corpo Corazzato, con quasi tutti i carri armati del Gruppo Armate Centro. L'11 giugno, tuttavia, Hitler annullò l'offensiva contro Kovel perché alcune divisioni erano state dirottate in Francia. Il risultato fu che, delle sue 46 divisioni originarie, al feldmaresciallo Busch (Gruppo Armate Centro) ne rimasero solo 37. Se i sovietici avessero attaccato, con quelle avrebbe dovuto difendere un fronte di 1.200 chilometri.

Sul fronte russo regnava un silenzio radio assoluto. Hitler si attendeva che Stalin sferrasse un'offensiva contro il Gruppo Armate Centro, anche se, per tutto il mese di maggio, l'esperto per il fronte orientale dei servizi segreti di Zeitzler, colonnello Gehlen, aveva avuto sentore che il principale interesse russo fosse verso il Gruppo Armate dell'Ucraina Settentrionale, comandato da Model. Gehlen, coerente con quella che definiva "la soluzione balcanica", anche quando il 13 giugno gli fu riferito che ingenti rinforzi sovietici si muovevano verso nord, non si spinse oltre l'ipotesi che l'Armata Rossa potesse intraprendere un'azione di contenimento contro il Gruppo Armate Centro. Il giorno successivo, sia Zeitzler che il suo capo operativo, Heusinger, ribadirono quell'opinione: lo *Schwerpunkt* sovietico si sarebbe scontrato per la prima volta contro lo *Schwerpunkt* tedesco, ovvero il Gruppo di Armate di Model. Zeitzler respinse tutti gli indizi che testimoniavano il contrario.

Il 17 giugno 1944, l'*OKL* (l'Alto Comando della *Luftwaffe*) lo avvertì che sussistevano motivi di credere imminente un attacco russo presso Smolensk. Da un ufficiale sovietico addetto ai cifrari, fatto prigioniero, si era saputo che tre reparti di caccia erano stati appena trasferiti in zona. Così, il Gruppo Armate Centro, nel caso di un'offensiva, si sarebbe trovato a fronteggiare oltre 4.500 aerei.

Il 18 e 19 giugno, Hitler chiese che la Quarta Flotta Aerea, l'ultima grande riserva a Est, intraprendesse un bombardamento

---

ma organizzativo. L'individuazione dello Schwerpunkt nemico, oltre che del proprio, rientra solitamente tra i compiti del comandante in capo.

sulle forze russe dislocate a Homel, rifiutandosi di utilizzare tali reparti per la posa delle mine in Normandia. Il 20 giugno, Zeitzler sosteneva ancora con insistenza che la vera offensiva sarebbe stata lanciata contro Model. Hitler non gli diede credito. Il giorno seguente dalla Berghof informarono la *Luftwaffe* che, per il giorno dopo, era opinione condivisa si sviluppasse un attacco russo contro il Gruppo Armate Centro. Il 21 giugno 1944, Goebbels si intrattenne alla Berghof con il Führer in un colloquio di circa tre ore, in cui, attribuendo la responsabilità di ogni problema alla scarsa intraprendenza di uomini come Keitel e Friedrich Fromm, chiese gli fosse affidata la responsabilità della 'guerra totale'. Goebbels, qualora avesse ottenuto tale posizione, assicurò che avrebbe recuperato 1.000.000 di uomini sottraendoli agli incarichi marginali a cui l'esercito li aveva assegnati. Hitler rispose che avrebbe valutato la sua proposta solo nel caso di un ulteriore peggioramento della situazione. Poi, Goebbels accennò all'opportunità di giungere a una trattativa con i britannici, ma il Führer, sprezzante, rispose che presto la Gran Bretagna sarebbe stata ridotta in cenere. Il 21 e 22 giugno fu ospite dei Consigli di guerra tenuti alla Berghof il generale Dietl, comandante della Ventiseiesima Armata dislocata in Lapponia. Sin da febbraio, Hitler era a conoscenza di trattative segrete in corso per un armistizio tra finnici e sovietici, interrottesi, però, a causa delle condizioni inaccettabili poste dai secondi.

Sospettando che il fin troppo democratico governo di Helsinki potesse, da un momento all'altro, abbandonare il conflitto, già ad aprile, Hitler aveva bloccato le forniture belliche destinate alla Finlandia e quando, in maggio, il maresciallo Mannerheim aveva assicurato che quelle armi non sarebbero mai finite in mano ai russi, Hitler, privatamente, aveva sottolineato che lui, alle buone intenzioni, non dava alcun credito. Il 10 giugno, però, la strenua resistenza di Mannerheim all'offensiva sovietica lo fece ricredere al punto che, due giorni dopo, disse: "Finché i finlandesi continueranno a battersi con tanto ardore, noi li sosterremo, continuando a rifornirli di materiale bellico".

Quindi ordinò a Göring di inviare immediatamente a Helsinki un contingente di caccia e a Guderian un battaglione di artiglieria d'assalto. Al consiglio serale del 21 giugno, però, il Führer non nascose il proprio disappunto con Mannerheim, per aver fatto arretrare inopportunamente i suoi uomini. Dietl, sbattuti i pugni sul tavolo, disse che le critiche del Führer erano quelle tipiche di un "generale da tavolo" che non ha alcuna conoscenza del terreno: poi, dopo aver detto che sarebbe quanto prima tornato in Finlandia, sottolineò che egli avrebbe affiancato e sostenuto Mannerheim fino alla fine. Dopo che fu uscito, Hitler, voltosi verso i suoi sbalorditi collaboratori, disse: "Ecco, signori, sono questi i generali che preferisco!"

Dietl e i suoi comandanti di reparto trascorsero due giornate al centro di addestramento delle *SS* di Sonthofen partecipando a colloqui con Keitel, Rosenberg e Himmler. Poi, nel pomeriggio del 22 giugno, all'Obersalzberg presenziarono a un discorso del Führer sulla natura della guerra e della rivoluzione. Tra i frequenti applausi, Hitler espose le sue opinioni in merito: in guerra, come in natura, i più deboli dovevano necessariamente soccombere. Come già accaduto a innumerevoli specie preistoriche, una nazione che non avesse accettato questa logica sarebbe stata destinata a estinguersi. "Nella Germania attuale non ci sono le condizioni per una rivoluzione. Gli ebrei sono stati cacciati e, nelle posizioni di comando, ho provveduto a mettere uomini con eccellenti doti di leader".

Chiunque avesse tramato con forze esterne contro la Germania sarebbe stato destinato al fallimento. I generali apprezzarono particolarmente l'immagine suggerita dal Führer del fante che, rintanato nella trincea "come un piccolo verme", disponendo di una sola granata, si batte contro i mezzi corazzati sovietici, mentre in patria, i democratici tramano la resa del suo paese.

"Come si può pretendere che quel valoroso sacrifichi sul campo di battaglia la vita per la propria patria, se altri, alle sue spalle, muovono per rendere vana ogni sua sofferenza?"

Quando qualcuno gli domandò se la sua coscienza fosse in pace, Hitler rispose che, pur soffrendo d'insonnia, mai, per un solo istante, aveva dubitato che la Germania potesse superare ogni difficoltà. "Ancora non ho recitato il mio ultimo appello alla nazione", ricordò ai generali, che risposero applaudendo e gridando all'unisono "*Heil*!"

Poche ore dopo, l'aereo che riportava in Lapponia Dietl e il suo staff si schiantò al suolo senza lasciare superstiti.

Nel timore che quella perdita potesse spingere la Finlandia alla defezione, Hitler ordinò di tenere segreta la notizia fino a quando Ribbentrop non avesse ottenuto dal governo finlandese l'incondizionato impegno a rigettare qualsiasi armistizio con i russi. Mentre i resti degli ufficiali che si trovavano con Dietl furono sepolti senza clamori in Carinzia, per quegli i funerali di stato vennero celebrati il 1° luglio, a Salisburgo, alla presenza del Führer.

La contemporanea perdita di Cherbourg rappresentò per il Führer un doloroso enigma. Jodl aveva lungamente adulato il generale Karl Wilhelm Schlieben, comandante del porto. A questi, il 21 giugno, Hitler aveva inviato un messaggio: "Mi aspetto che lei conduca questa battaglia come a suo tempo Gneisenau combatté per la difesa di Kolberg"[99]. Ma il giorno seguente, avendo il generale chiesto che gli fossero urgentemente inviati, tramite l'aviazione, rifornimenti, Hitler, nel corso del Consiglio di guerra pomeridiano, commentò: "Pur avendo avuto due anni di tempo per rifornire Cherbourg, dopo soli due giorni di assedio già accampano pretese". Inoltre, fu informato delle milizie tedesche presenti al porto: un numero largamente inferiore a quanto da lui voluto.

Il Führer vagliò allora contromisure disperate: un contrattacco portato alle spalle dei contingenti americani che insediavano il porto, ipotesi questa prontamente respinta da Rundstedt, oppure un intervento dell'aviazione per far arrivare in loco 3.000 paracadutisti. Student si dichiarò favorevole a questa seconda ipotesi, ma l'*OKL* fece opposizione, a meno che non si potesse contare su una notte di luna piena. Hitler sembrava furibondo: "Possibile

99 Ndt. Hitler si riferisce al feldmaresciallo prussiano Alfred Gneisenau. Questi, nominato dal re Federico Guglielmo III nel 1807 Governatore generale della provincia di Prussia e comandante della fortezza di Kolberg assediata dai francesi, organizzò con successo la difesa, garantendosi altresì la partecipazione della cittadinanza. Il cessate il fuoco tra Prussia e Francia pose fine all'assedio il 2 luglio e Gneisenau, promosso tenente colonnello, partecipò alla Commissione di riforma dell'esercito.

non si riesca a far scendere 3.000 uomini sul nostro territorio?"

In effetti, non era così facile. Il 25 giugno, al largo, comparve una poderosa flotta statunitense che prese a cannoneggiare Cherbourg. Alle 19:32, gli operatori radiofonici di Schlieben trasmisero: "La battaglia di Cherbourg ha avuto inizio. Il generale sta combattendo alla testa dei suoi uomini. Lunga vita al Führer e alla Germania"[100].

"Se adesso qualcuno dicesse: "*Guarda, gli anglo-americani sono a Cherbourg!*, io risponderei: 'Anche se a voi pare l'inizio della loro riconquista, io la penso diversamente'". Così Hitler tranquillizzò i suoi generali e aggiunse: "Dopotutto, li abbiamo già cacciati una volta dalla Francia e Cherbourg è il solo lembo di terra che possiedono. Quando è iniziata la guerra, in Francia c'erano loro, non noi, e il nemico a Oriente distava meno di 150 chilometri da Berlino".

In un certo senso, poteva dirsi auspicabile un'attenzione particolare dei tedeschi verso il fronte occidentale, perché a Oriente i presupposti apparivano adesso più tragici. Il 22 giugno del 1944, l'offensiva sovietica ebbe inizio come un'azione apparentemente di scarsa importanza: alcuni attacchi di fanteria portati contro il Gruppo Armate Centro di Busch aprirono solo due trascurabili brecce da una parte all'altra di Vitebsk. Poi, mentre Zeitzler attirava l'attenzione del Führer verso la supposta minaccia contro i Gruppi di Armate dell'Ucraina Settentrionale, attraverso quei due pertugi confluirono improvvisamente numerosi contigenti corazzati sorretti dal fuoco di massicce formazioni aeree che neutralizzavano l'artiglieria tedesca. Quel giorno la Sesta Squadra Aerea tedesca disponeva appena di 40 caccia abili al volo.

Il 25 giugno apparve evidente che l'Armata Rossa avrebbe travolto l'intera Quarta Armata e parte della Nona. Hitler, persuaso che il disastro potesse ancora essere scongiurato, respinse le insi-

100 Nda. Più tardi, Hitler seppe, da un comunicato stampa degli Alleati, che la resa di Schlieben era stata alquanto ingloriosa. "Un millantatore!" si lamentò il Führer con Jodl il 21 giugno, "Prima ha divulgato una dichiarazione provocatoria, sfidando il nemico, e subito dopo, atteso l'arrivo degli americani, è corso a innalzare bandiera bianca!"

stenti richieste di Busch e Zeitzler di far evacuare quanto prima le "piazzeforti" di Vitebsk, Orsa, Mogilëv e Bobruisk. Perse sei divisioni, Busch si presentò alla Berghof chiedendo un arretramento del Gruppo Armate Nord, in modo tale che, all'evenienza, potessero rendersi disponibili ad arginare il suo fronte. Ma poiché Mannerheim aveva appena rinnovato la lealtà della Finlandia, Hitler si rifiutò di mettere a rischio la posizione dei finnici concedendo alle proprie truppe di ritirarsi. Himmler accusò Busch di quello che definì un "crollo incomprensibile".

"A mio parere il comandante è fragile e stanco della guerra", scrisse il 26 giugno.

Hitler, evidentemente, la pensava allo stesso modo, perché, nell'arco di 48 ore, lo destituì. Nella settimana successiva molti altri ne condivisero la sorte. Ultimamente alla Berghof si avvertiva, anche verso Zeitzler, una crescente ostilità. La frattura definitiva avvenne il 30 giugno, allorché questi suggerì al Führer di ritirare, finché fosse stato possibile, il Gruppo Armate Nord sulla linea più facilmente difendibile del fiume Dvina. Hitler neppure volle discuterne perché questo significava gettare la Finlandia tra le braccia di Stalin e privare così la Germania delle sue ultime forniture di nichel.

"Queste responsabilità gravano su di me, non su di lei", gli ricordò seccamente. Affatto intimorito, Zeitzler disse che, con il successo dell'invasione Alleata in Francia, la guerra poteva dirsi irrimediabilmente persa. A quel punto, sottolineò, sarebbe stato opportuno, per dare slancio alla campagna di "guerra totale", nominare Himmler "dittatore". Solo così, sottolineò, era possibile procurarsi la mano d'opera necessaria al fronte orientale. Hitler, compreso che Zeitzler aveva perso il controllo dei propri nervi, si limitò a commentare il disfattismo imperante nello Stato Maggiore generale. Zeitzler si allontanò senza salutare e qualche ora dopo, vittima di una crisi nervosa, si diresse verso l'ambulatorio del dottor Weber reclamando un certificato medico. Hitler non lo vide mai più. Per le tre settimane successive, dovette cavarsela senza un capo dello Stato Maggiore generale.

Anche il destino di Rundstedt, comandante in capo a Ovest,

era segnato. A seguito del 26 giugno, Hitler, individuato nel feldmaresciallo Kluge un valido successore, lo ospitò lungamente alla Berghof per farlo assistere ai Consigli di guerra e impregnarlo della sua salda fede nella vittoria. Mostrategli le *V-1*, gliene spiegò l'impiego strategico: per intercettarle, il nemico era al momento costretto a impiegare, in pattugliamento, 250 velivoli. Per aggiungere un elemento di confusione nel nemico, il Führer aveva disposto che quegli ordigni volanti riportassero le strisce bianche e nere degli aerei utilizzati dagli Alleati nell'invasione.

Il 26 giugno, Hitler fece intensificare il lancio di *V-1* su Londra, sperando in tal modo di costringere il nemico a mettere in atto un ulteriore sbarco, che avrebbe avuto esiti disastrosi, a Calais. Quando, poi, l'*OKL* suggerì di riempire le 250 *V-1* mensili con un esplosivo alluminato altamente distruttivo, il *Trialen*, Hitler acconsentì a patto che il numero di ordigni volanti fosse decuplicato.

"Gli accaniti attacchi alle rampe di lancio dimostrano l'efficacia delle nostre armi!" assicurarono, il 29 giugno, gli ufficiali addetti ai missili. Quella notte venne inviata su Londra la duemillesima bomba volante.

L'ultimo scoraggiante rapporto dei servizi segreti, giunto tramite il quartier generale di Rommel, diceva che in Normandia erano già presenti 30 divisioni nemiche e che ulteriori 67 si trovavano in Inghilterra, pronte a partire[101]. Quella seconda fantomatica armata d'invasione fu a lungo una minacciosa ombra nei Consigli di guerra. Finalmente, il 29 giugno, Hitler accettò che la Germania, in Francia, dovesse combattere una guerra difensiva. Il compito di Rommel, quindi, doveva consistere nell'arginare l'avanzata nemica. Un contrattacco contro la testa di ponte sarebbe inevitabilmente fallito se prima non fossero state soddisfatte alcune elementari esigenze che Hitler, il 29 giugno, elencò a Rommel e, la sera successiva, a Dönitz, Göring e Sperrle. In primo luogo, le navi da guerra e da trasporto nemiche ancorate al largo dovevano essere allontanate o affondate e il Führer, in me-

101 Nda. In realtà in Inghilterra ce n'erano solo 15 pronte a partire. Non è chiaro se Hitler fosse deliberatamente fuorviato dagli anti-nazisti o se i servizi segreti dell'esercito manifestassero, ancora una volta, la propria incompetenza.

rito, propose di disseminare nelle acque costiere le nuove mine. "Produce maggiori risultati affondare l'intero carico di una nave che affrontare le milizie nemiche a terra", dichiarò.

Raccomandò, poi, di avvalersi, senza alcuno scrupolo, di qualsiasi arma a disposizione: sommergibili con prese d'aria *snorkel*, battelli radioguidati pieni di esplosivo e *V-1* guidate da piloti suicidi (a guerra conclusa, in un deposito a sud di Amburgo furono rinvenute un migliaio di *V-1* dotate di abitacolo). La seconda esigenza riguardava gli spostamenti terrestri: laddove necessario, bisognava requisire ai francesi autobus e camion. Terzo, poiché senza supporto logistico nessun contrattacco sarebbe durato a lungo, Hitler chiese alla *Luftwaffe* di stabilire alcuni itinerari navali, protetti dai caccia, che conducessero fino nelle vicinanze della testa di ponte nemica.

Spesso, nei mesi successivi, il Führer si sarebbe lagnato di essersi dovuto occupare, personalmente, anche di questioni marginali. Che il comandante in capo a Occidente non avesse preso iniziative proprie inficiava oltretutto le richieste di nominare un comandante in capo a Est. Privatamente, Hitler attribuiva l'indolenza delle sue milizie situate a Ovest alle donne francesi, al buon cibo e ai liquori. Quando, il 1° luglio, Rundstedt presentò un nuovo rapporto, in cui, sostenendo l'impossibilità di contrattaccare, consigliava di rinunciare alle posizioni intorno a Caen e di portarsi fuori dal tiro dell'artiglieria della marina nemica, il fatalismo che lo contraddistingueva apparve lampante. A tale rapporto, egli incluse una simile valutazione redatta dal generale Leo Geyr Schweppenburg. Jodl, con pacatezza, fece notare che le proposte di Rundstedt e Geyr sarebbero state il primo passo verso una catastrofica evacuazione della Francia. Le alternative erano ritirarsi o combattere, ovunque le truppe si trovassero, una battaglia decisiva. Quello stesso giorno, verso sera, Hitler comunicò a Rommel: "Le posizioni attuali devono essere mantenute. Ogni ulteriore sfondamento nemico deve essere vanificato attraverso una strenua difesa o controffensive locali". Stabilita la necessaria destituzione di Rundstedt, il Führer mandò uno dei suoi aiutanti dell'esercito, il colonnello Heinrich Borgmann, a decorarlo con le Foglie di Quercia e a consegnargli la minacciosa busta blu. Il suo posto fu preso da von Kluge.

Hitler, come era accaduto agli inglesi nel 1940, imparò a proprie spese che la chiave della vittoria si trovava nella difesa aerea. Tuttavia, nei quattro mesi successivi confidava di riconquistare la supremazia. Reputati i bombardieri un fallimento, il suo malumore nei confronti di tali armi emerse durante una discussione avuta il 20 giugno con Milch e Saur, in cui sollecitava una produzione di almeno 1.000 *Me-262* al mese. Qualche giorno dopo, fu l'*Heinkel 177*, un aereo che reputava superato, difettoso e ad alto consumo di carburante, a scatenare in lui una rabbia incontenibile. Così, il 26 giugno, allorché apprese che la versione a 4 motori dell'*Heinkel 177* non sarebbe stata pronta prima del 1946, chiese a Saur: "Quanti caccia si possono costruire invece di un *Heinkel 177*?"

Saur rispose: "Per avere 200 *Heinkel 177* al mese occorrono 5.000 operai, con gli stessi si potrebbero ottenere mensilmente 1.000 nuovi caccia".

Al Consiglio di guerra del giorno successivo, Hitler sottolineò: "Nella nostra situazione, ciò che conta è costruire caccia e bombardieri ad alta velocità. Necessitiamo di un 'ombrello aereo' che metta al sicuro la patria e il nostro esercito. Se questo significa rinunciare a bombardieri strategici, così sia!"

Due giorni dopo, durante la riunione di mezzanotte, Hitler chiese al nuovo capo di Stato Maggiore Wolfgang Thomale, se quel giorno nei cieli di Francia avesse scorto la *Luftwaffe*. "No", rispose il colonnello, "se si escludono un paio di caccia tra Parigi e Chartres".

Questi, gli antefatti della definitiva decisione del Führer, annunciata il 1° luglio, di azzerare la produzione di bombardieri. Di fronte alle obiezioni del generale Koller, secondo cui, se in passato fossero stati costruiti solo caccia non sarebbe stato possibile posizionare mine, effettuare lanci di bombe guidate o lanci aerei di *V-1* e neppure compiere le operazioni portate a termine dalla Quarta Flotta Aerea sul fronte orientale, Hitler si limitò a far calare la scure esclusivamente sugli *Heinkel 177*, decisione mai revocata. Il giorno successivo, il Führer domandò a Saur di quanto sarebbe aumentata la produzione dei caccia. "In luglio, spero di raggiungere quota 3.000, in agosto 3.300, fino ad un massimo di 4.500 in dicembre, da stabilizzare come produzione mensile". Hitler, allora, si chiese se fosse possibile mantenere i fronti di guerra lontani dal *Reich* tanto a lungo. Tutto sarebbe dipeso dal valore e dalla tenacia dei feldmarescialli.

Così, il 3 luglio, alla Berghof, fece un lungo sermone a Kesselring che, dopo settimane di incessanti ritirate duramente combattute, in Italia era riuscito ad arginare l'avanzata nemica. Quel giorno, il generale Koller scrisse:

"Il Führer spiega perché dobbiamo difendere ogni metro quadro di territorio: per noi, adesso, dice, guadagnare tempo è vitale. Più a lungo possiamo tenere lontano il nemico dalla Germania, meglio è. Forse, il singolo soldato o sottufficiale non riescono a comprendere perché venga chiesto loro di combattere tra le montagne dell'Abruzzo, invece che sugli Appennini, ma il loro comandante supremo deve afferrarne le motivazioni e agire in conformità, perché gli interessi della Germania trascendono quelli del singolo milite. Kesselring teme che, se dovrà tenerle troppo a lungo, il nemico possa sfondare le attuali linee difensive e vuole arretrare fino agli Appennini. Il Führer, però, chiede che questo avvenga il più tardi possibile e riassume come sarebbe stato diverso se avessimo conservato la superiorità aerea di cui un tempo disponevamo. Almeno parzialmente, la riconquisteremo, ma per farlo abbisogniamo di tempo e possiamo procurarcelo solo opponendo in ogni luogo una strenua resistenza all'incedere del nemico".

A Est, il tracollo del Gruppo Armate Centro si era quasi totalmente consumato. Il 6 luglio 1944, durante il Consiglio di mezzogiorno, il Führer respinse nuovamente la richiesta, avanzata da Model, di prelevare quattro divisioni dal Gruppo Armate Nord, ordinandone il ritiro: l'inevitabile conseguenza, disse Hitler, sarebbe stata che il Gruppo avrebbe dovuto abbandonare posizioni fortificate, equipaggiamento e artiglieria pesante. Voltandosi verso il generale Heusinger, Hitler chiese, con tranquillità, quanto fosse costato loro, nelle ultime due settimane, la disfatta sul fronte centrale: "Le perdite ammontano a 28 divisioni", fu la risposta.

"Non ho alcun problema ad ammettere", avrebbe commentato Hitler in seguito, "che sarebbe stato impensabile preventivare una crisi più grave... Quando Model assunse il comando, il Gruppo Armate Centro era allo sbando. Le brecce superavano la linea del fronte. Eppure, alla fine la situazione era stata capovolta".

Bisogna però ammettere che Hitler aveva impartito a Model ordini più realistici di quelli assegnati ai suoi predecessori: le piazzeforti dovevano essere tenute solo fino a quando non si fosse costituita alle spalle una nuova linea difensiva organizzata. Inizialmente, la causa di quella catastrofe appariva poco chiara. Non si poteva attribuirne la totale responsabilità alle errate valutazioni strategiche di Zeitzler: l'impotenza della *Luftwaffe*, resa inefficiente dalla prima seria penuria di carburante, era risultata maggiormente determinante. Ma la più inquietante di tutte le cause andava ricercata nella perdita, da parte delle più importanti cariche dell'esercito, dell'iniziale motivazione. In merito, Jodl, di lì a poco, avrebbe affermato: "Quest'estate, in definitiva, l'intero Gruppo Armate Centro si è volontariamente arreso al nemico".

Sussistevano prove certe che ufficiali del calibro di Seydlitz, addestrati dai russi, si fossero infiltrati nelle linee germaniche in uniforme tedesca, diffondendo ordini falsi per disorientare le operazioni del Gruppo di Armate.

L'8 luglio, dopo la resa della Quarta Armata, a Hitler fu mostrato un ordine, firmato dal generale Vinzenz Müller[102] del Dodicesimo Corpo d'Armata, che invitava i soldati a "mettere fine a quell'ormai inutile spargimento di sangue":

"Il comando sovietico ha assicurato; a) di occuparsi dei feriti, b) di permettere agli ufficiali di tenere pugnali e decorazioni. Le decorazioni sono concesse anche ai soldati semplici. Tutte le armi e l'equipaggiamento devono essere consegnati in buono stato.

Due settimane dopo, Müller e altri 15 generali del Gruppo Armate Centro firmarono un documento che denigrava la di-

---

102 Nda. Müller, allora cinquantenne, apparteneva al piccolo gruppo di dissidenti che faceva capo, fin dal 1939, ad Hans Oster. Dopo la guerra si stabilì nella Germania est, dove con il titolo Ho trovato la vera patria, pubblicò le proprie memorie.

fesa a oltranza del *Reich* operata dai loro colleghi. Poco dopo, gli stessi generali, istigati da Paulus e Seydlitz, invitarono gli ufficiali del Gruppo Armate Nord a disobbedire agli "ordini criminali" di Hitler, in merito al mantenimento delle posizioni. "Adesso", disse il Führer, "comincio a comprendere cosa abbia condotto al tracollo del fronte centrale".

Quella pesante sconfitta aveva portato l'Armata Rossa ai confini della Prussia orientale. Innanzi ai sovietici, interminabili colonne di profughi invadevano le campagne. "Quando saranno operativi i primi *Me-262*?" chiese il Führer il 2 luglio, ancora pieno di speranze.

La sera del 5 luglio decise di istituire rapidamente 15 nuove "divisioni di sbarramento" che avrebbero dovuto porsi a Est come argine di emergenza. Annunciò la cosa, il giorno successivo alla Berghof, a Himmler, Speer, Buhle e una mezza dozzina di altri. Le fabbriche di armi di Speer avrebbero dovuto contribuire con 50.000 giovani operai. Il comandante delle *SS* avrebbe provveduto temporaneamente all'addestramento di 6 di quelle divisioni. Inoltre dovevano essere disposte 10 brigate corazzate, ognuna dotata di almeno 50 carri armati. Hitler diede disposizioni a Sauer di produrre il necessario equipaggiamento di fanteria. Nel corso di due riunioni, la seconda tenutasi verso mezzanotte, il Führer notò la presenza di un colonnello privo di un braccio che già un mese prima aveva visto alla Berghof. Schmundt aveva designato quel fanatico ufficiale, stanco del ruolo svolto nell'ufficio di ricollocamento delle Forze Armate, quale capo di Stato Maggiore del generale Fromm. Il colonnello privo di un braccio, che aveva anche una benda nera su un occhio ed era sprovvisto di due dita nell'unica mano, era nell'occasione munito di una borsa di cuoio giallo.

Il 9 luglio, Hitler, tornò in aereo a Rastenburg, dove rimase un solo giorno[103]. Un telegramma del gerarca nazista Kock

103 Nda. Ad eccezione di Peter Hoffman, nessuno storico ha segnalato la visita lampo di Hitler alla Tana del Lupo. Eppure, non vi sono dubbi che essa sia avvenuta il 9 luglio del 1944, come testimoniano le registrazioni di Jodl, Dönitz e Koller. Vi fa riferimento anche lo studio del generale maggiore Peter Groeben, The collapse of Army Group Centre (manoscritto dell'armata statunitense, T31). Come lo stesso Himmler scrisse a Rosenberg, il 14

richiedeva l'immediata presenza del Führer nella Prussia orientale per ridare fiducia alla popolazione civile. Hitler portò con sé Himmler, Keitel, Dönitz, Jodl e Korten, mentre dal fronte est arrivavano Model, Friessner (del Gruppo Armate Nord) e Greim. Alla *Tana del Lupo*, poiché il rafforzamento del bunker non era ancora ultimato, fervevano i preparativi. Hitler, proibito nuovamente qualsiasi indebolimento del Gruppo Armate Nord, promise a Model nuove divisioni entro il 17 luglio, spiegando come intendesse sostituire le 28 divisioni perse dal Gruppo Armate Centro: alcune nuove guarnigioni di rinforzo sarebbero arrivate nella seconda metà di luglio, altre entro fine agosto. A queste, avrebbero fatto seguito tre divisioni ricostituite provenienti dalla Crimea. Infine, ne sarebbero sopraggiunte altre due dalla Norvegia, oltre alla Sesta e Diciannovesima Divisione Corazzata. Il gerarca Kock e il partito avrebbero avuto l'incarico di fortificare i confini della Prussia orientale.

Hitler, tornato alla Berghof la sera stessa, apprese da Korten che i primi 4 bombardieri a reazione *Me-262* entro dieci giorni avrebbero attaccato le forze d'invasione nemiche. "Gli Alleati avanzano solo quando dispongono di superiorità aerea", affermò Hitler. "Ecco perché adesso molto dipende dalla nostra produzione di caccia. Dobbiamo mantenere riservatezza e ammassare un buon numero di velivoli. Vedrete come il nemico, perso tra quattro mesi il predominio dei cieli, rimarrà sbalordito".

Eppure, improvvisamente, il Führer fu assalito da una cupa depressione. L'11 luglio, alla Berghof, si ebbe notizia che Model e Friessner ammettevano di avere peccato, nelle valutazioni precedenti, di ottimismo.

Il 13 luglio, Hitler tenne personalmente un discorso ai generali e agli ufficiali di Stato Maggiore, che erano stati scelti per le 15 nuove divisioni e le 10 brigate corazzate.

L'attacco del maresciallo Konev contro il Gruppo di Armate dell'Ucraina Settentrionale era iniziato. A est della Prussia orientale, Vilna era caduta e Hitler stava inviando con un ponte aereo

luglio, fu in quell'occasione che Hitler ordinò che ogni uomo disponibile in Estonia dovesse essere reclutato nelle SS.

alcuni reparti delle *SS* per difendere Kovno, adesso in prima linea.

Il 14 luglio, Hitler decise di tornare permanentemente a Rastenburg, certo che la sconfitta potesse essere evitata solo se lui fosse stato vicino ai luoghi di battaglia. Qualche settimana dopo, confidò a Morell di aver avuto il presentimento che la propria vita fosse in pericolo. Passeggiando tra le mura della Berghof, Hitler si soffermò innanzi a ogni quadro e arazzo, quasi pensasse di poterli osservare per l'ultima volta. Poi, disse addio alle donne presenti in quel momento con una solennità tale da indurre Eva Braun a un pianto disperato. Quando la signora Below, con tono rassicurante, gli chiese: "Ma, mio caro Führer, sarete di ritorno nel giro di una o due settimane, non è così?" egli non rispose.

Riconosce la mia voce?

Quando il *Condor* del Führer atterrò all'aeroporto di Rastenburg, migliaia di operai dell'organico di Todt stavano ancora lavorando al quartier generale di Hitler. I vecchi edifici, dai quali era stata condotta l'*Operazione Barbarossa*, parevano adesso quasi irriconoscibili: i bunker che si ergevano in mezzo alla vegetazione erano stati camuffati per nasconderli alla vista dei ricognitori aerei nemici. "Com'è bello quaggiù", scrisse nel proprio diario Karl Thöt, uno stenografo. "Il luogo è contraddistinto da una vegetazione lussureggiante e dai boschi si diffonde una magnifica tranquillità. I baraccamenti in legno sono stati rinforzati con pareti in mattoni per dare protezione contro le schegge di eventuali bombe". I Consigli di guerra pomeridiani furono temporaneamente trasferiti in una baracca in legno, a un'estremità della quale, abbattendo due pareti adiacenti, era stata ricavata un'apposita stanza lunga una dozzina di metri. Il Führer non pareva in buone condizioni di salute. Quel 14 luglio del 1944, dopo averlo visitato, il professor Morell scrisse: "Influenza e congiuntivite in entrambi gli occhi".

Ma ben altri erano i problemi di Hitler: per la prima volta,

Keitel e Fromm avevano discusso con Bormann sugli uomini e le responsabilità di comando, nell'eventualità che il conflitto si spostasse sul territorio del *Reich*. Alla fine, Hitler si era piegato al loro esprimersi in favore della guerra totale. Alla *Tana del Lupo*, Hitler ricevette una lunga lettera di Goebbels in merito a ingenti risorse di manodopera presenti nel *Reich*, non pienamente sfruttate: "In un momento come questo, con la Prussia orientale che si prepara a difendere il proprio territorio, a Berlino, quotidianamente, le poste consegnano inviti a ricevimenti, feste, giochi ed esposizioni". Goebbels, quindi, chiedeva, al Führer: "Conceda pieni poteri a un uomo di cui lei si possa fidare, per affrontare problemi che necessitano di rapida risoluzione". E aggiungeva: "Ogni volta che la vedo, cerco di avere rassicurazioni sulla sua salute. Quando è venuto a Berlino per le esequie di Hube, sfidando l'aviazione americana, confesso, temevo per la sua vita. Lei solo, *mein Führer*, incarna ogni nostra speranza di vittoria". Su questo non vi erano dubbi. Nessun altro aveva l'ascendente e l'autorità che, persino in quei drammatici frangenti, Hitler esercitava sul popolo tedesco: se fosse morto, niente avrebbe fermato la valanga sovietica. Con ansia, i tedeschi attendevano l'ultimo appello del Führer alla nazione. Goebbels lo incitava: "Dopo Dunkerque, chiamando tutta l'Inghilterra alle armi, Churchill l'ha forse condannata a morte? E Stalin, quando durante la nostra avanzata verso Mosca dichiarò: *meglio morire in piedi piuttosto che piegati*, ha forse messo a repentaglio l'intera Unione Sovietica?"

"Il nostro ritorno è stato veramente tempestivo" scrisse Bormann, il 15 luglio, in una lettera personale. "Il Führer è voluto venire personalmente qui per porre rimedio all'atteggiamento spesso vergognosamente fiacco degli ufficiali dell'esercito".

Nello scoprire che lo Stato Maggiore generale aveva evacuato 5.000 dei suoi ufficiali dalla Prussia orientale, Goebbels rimarcò sul suo diario: "Vorrei buttare quei codardi fuori a calci!"

Al contrario, l'ottimismo dei "fedeli del partito", tra cui egli stesso figurava, poteva dirsi illimitato. Himmler, che quel giorno si intrattenne con il Führer, scrisse a Kaltenbrunner: "Come governeremo e pacificheremo l'Unione Sovietica negli anni a venire, una volta conquistata buona parte del suo territorio, cosa che accadrà senz'altro nei prossimi anni?"

Hitler aveva dato disposizione che venisse rapidamente approntata una nuova linea difensiva lungo l'intero fronte orientale, seguendo il corso del San e della Vistola sino alla testa di ponte di Varsavia e poi lungo il fiume Narew, e un'altra linea davanti ai confini del *Reich* sino al Baltico. In patria, intanto, si andavano formando le 15 "divisioni di granatieri" richieste dal Führer. L'8 luglio, a tal proposito, l'esercito aveva emanato il primo ordine firmato dal generale Steff, ma Hitler, desiderando maggiore concretezza, quello stesso 15 luglio convocò alla *Tana del Lupo* Fromm e il capo di Stato Maggiore di questi, il colonnello dalla borsa in cuoio giallo.

Generalmente, quei Consigli di guerra pomeridiani erano interminabili, ma questo durò appena mezz'ora (dalle 13:10 alle 13:40) perché alle 14:20 era in programma una speciale sessione sul ripristino del frantumato fronte orientale. Hitler decretò, con freddezza, che le colonne dei profughi andavano fermate a est della nuova linea e che tutti gli uomini abili al lavoro fossero impiegati alle fortificazioni. "Le cose si stanno mettendo male", scrisse Bormann tre giorni dopo. "I russi si trovano ad Augustów, in prossimità del confine con la Prussia orientale (...). Le nuove divisioni non dispongono ancora dei necessari pezzi anticarro. Siamo molto preoccupati ed è bene che il Führer si trovi qui".

Il 19 luglio, Hitler ordinò che in Prussia orientale, attingendo tra gli anziani membri della locale guardia territoriale, fossero reclutate due divisioni. Per discutere di questo, il capo di Stato Maggiore di Fromm fu nuovamente convocato dal Führer per il giorno seguente.

In Francia, gli Alleati stavano bombardando senza pietà le truppe che cercavano di arginare la testa di ponte, mentre i lanciafiamme, di cui i loro carri armati erano provvisti, incenerivano i soldati tedeschi persino all'interno delle casematte. La sera del 17 luglio, Kluge comunicò che l'auto di Rommel era stata colpita da un aereo alleato e che il feldmaresciallo sarebbe rimasto in ospedale parecchi mesi. Il 18, 2.000 bombardieri attaccarono le fortificazioni tedesche di Caen: tra le rovine furono trovati i cadaveri di oltre 2.000 civili francesi.

Il mondo di Hitler franava con estrema rapidità. In Italia, la Quattordicesima Armata tedesca aveva evacuato Livorno. In Danimarca le cellule comuniste di resistenza scatenavano la guerriglia partigiana. Anche dall'Ungheria provenivano segnali minacciosi: il governo si rifiutava di deportare da Budapest gli ebrei e, in proposito, Horthy annunciò che il 21 luglio un generale avrebbe consegnato al Führer una lettera.

I motivi di ansia per Hitler erano dunque molteplici. Egli si mostrava talmente irritato che il 18 luglio, messo alla porta uno dei suoi aiutanti, il colonnello delle *SS* Fritz Darges, lo trasferì al fronte orientale solo perché un insetto alato si era introdotto nella sala riunioni. Quel giorno, Hitler pranzò nel suo bunker con la segretaria Christa Schroeder. Palesemente nervoso, a un tratto esclamò: "Non deve accadermi niente di male, perché nessun altro può prendere il mio posto!"

Nutriva sempre il presentimento secondo cui, presto, avrebbe corso rischi seri e commentò, con palese disagio: "C'è qualcosa nell'aria". Due giorni dopo, parlando con Mussolini, gli disse che aveva già avuto brutti presagi durante il viaggio aereo verso la *Tana del Lupo*. Il 29 luglio avrebbe confermato: "Ammetto che da tempo mi aspettavo un tentativo di assassinio".

Proveniente da dove? Ordito dai feldmarescialli, dai generali? Alcuni, come il generale Fellgiebel, capo dei servizi di comunicazione, si facevano notare a causa dei loro comportamenti ostili ma, come Jodl il 24 avrebbe annotato, "Il Führer li guardava bonariamente, stendendo su di loro una mano protettrice". Forse, il nemico, localizzata la *Tana del Lupo*, avrebbe potuto sferrare un attacco di paracadutisti: il 15, Himmler discusse di questa eventualità con Hitler e, immediatamente, nei boschi circostanti venne celato un intero battaglione dotato di mezzi corazzati e pezzi anticarro.

Anche in assenza di Rommel, il Gruppo Armate B continuava a stimare che il nemico avesse sbarcato in Francia 40 divisioni e ne avesse disponibili, in Gran Bretagna, altrettante.

La sera del 18 luglio, comunque, l'avanzata nemica a est di Caen era tale da richiedere un immediato contrattacco: così, il mattino seguente, Kluge chiese che la Centosedicesima Divisione Corazzata fosse separata dalla Quindicesima e designata a tale compito. Hitler autorizzò subito l'operazione, ammettendo implicitamente che la Quindicesima Armata aveva fino ad allora atteso sullo stretto di Calais uno sbarco che non sarebbe mai avvenuto. Poi, diede istruzioni a Kluge di assumere il comando anche del Gruppo di Armate di Rommel. Il 19, Kluge contattò telefonicamente Keitel: "Stiamo per affrontare una gravosa crisi", disse. Pensava di tenere un discorso ai suoi più alti comandanti posizionati a ridosso della linea del fronte. "Buona fortuna", gli augurò Keitel. "Abbia cura di sé!" Hitler aveva completa fiducia in Kluge.

Alle 11:45 del giorno 20, Morell si recò dal Führer per le consuete iniezioni e per mettergli del collirio nell'occhio destro ancora arrossato. Dopo pranzo, alla *Tana del Lupo* sarebbe arrivato Mussolini. Seppure Hitler gli avesse concesso di istituire quattro divisioni, il 19 luglio, temendo che niente di buono potesse venire da quelle truppe italiane, la cui costituzione avrebbe sottratto attrezzature, equipaggiamento e istruttori alle nuove divisioni germaniche, ebbe un ripensamento. Per questo, aveva inviato Bodenschatz a discutere lo scioglimento di tali divisioni con il maresciallo Graziani. Il 20, Hitler, indeciso se incontrare o meno Mussolini, dispose che il treno del Duce fosse deviato su un binario di raccordo in prossimità di un paesino della Prussia orientale e che il Consiglio di guerra, previsto per le 13:00, fosse anticipato di mezz'ora. Alle 12:25, Schaub venne a riferirgli che gli ufficiali erano riuniti. Percorrendo i 35 metri che lo separavano dalla baracca dov'era approntata la sala riunioni, Hitler vide Warlimont e alcuni ufficiali che attendevano all'ingresso. Quel giorno, il caldo era opprimente e le finestre spalancate. Quando Sonnleithner chiese a che ora avrebbe dovuto fissare l'appuntamento con Mussolini, Hitler rispose che prima voleva essere sicuro delle condizioni esistenti al confine con la Prussia orientale per non metterne a repentaglio la vita. Ebbe inizio la riunione e il generale Heusinger, in piedi alla destra di Hitler, cominciò a riassumere la situazione a Est. Poco dopo giunse Keitel, accompagnato dal generale Buhle e dal capo di Stato Maggiore di Fromm, che portava con sé la consueta valigetta gialla.

"*Mein Führer*", annunciò Keitel, "il colonnello Schenk Stauffenberg la aggiornerà sulle nuove divisioni". Sonnleithner, che teneva in mano un fascicolo contenente telegrammi e intercettazioni di dispacci dell'ambasciata italiana, vide Stauffenberg portare di scatto in alto l'unico braccio rimastogli (il sinistro) in saluto al Führer, prima di stringere la mano a tutti. Hitler si accomodò su uno sgabello di vimini. Ma non appena, poco dopo, chiese di essere aggiornato su alcuni dettagli, si avvide che il colonnello era uscito. Nella sala, si trovavano per il momento 24 persone. Hitler si chinò sulle carte geografiche appoggiandosi al gomito destro. In una mano teneva alcune matite, nell'altra una lente d'ingrandimento.

L'istante successivo fu per Hitler una sorta di passaggio a un altro mondo. Una luce accecante lo investì e la deflagrazione, avvenuta a circa due metri di distanza alla destra del colonnello Brandt, lo indusse momentaneamente a credere di sottostare a un improvviso attacco aereo. La stanza fu avvolta dal fumo e Hitler si trovò scaraventato e disteso in prossimità della porta, coperto di travi di legno e frammenti isolanti caduti dal soffitto. I suoi abiti stavano andando a fuoco e avvertì un dolore lancinante all'avambraccio destro. Quando il fumo andò diradandosi, sebbene avesse gli occhi tormentati da un bruciore diffuso, mise a fuoco dei volti contorti in espressioni di dolore e grida ch'egli non riusciva a udire. Notando che alcuni tra i presenti cercavano scampo dalla porta o dalle finestre, pensando a un attacco dell'aviazione seguito da un lancio di paracadutisti, nel timore di finire sotto il fuoco nemico, ritenne opportuno evitare di uscire. Rialzatosi faticosamente, si trascinò barcollante nel corridoio, dove provvide a spegnere le fiamme che stavano divorando la stoffa residua dei suoi pantaloni. Poi, sorretto da Sonnleithner e da Keitel, entrambi coperti di polvere ma incolumi, il Führer si trascinò all'aperto.

Keitel azzardò: "*Mein Führer*, è possibile che il responsabile di questo attentato sia uno degli operai di Todt". Hitler, sempre sostenendosi a Sonnleithner, rispose: "Un lavoratore tedesco non leverebbe mai la sua mano contro di me". Mentre, zoppicando, si avviava verso il proprio bunker, aggiunse: "Ho sempre avuto motivo di credere che nello Stato Maggiore generale vi fosse acredine nei miei confronti. Stalin sapeva quello che faceva, quando tolse di mezzo il generale Tuchacevskij ... Adesso, anch'io provvederò a fare piazza pulita".

Qualcuno corse a chiamare il dottor Morell e intanto Hitler, compiaciuto del proprio autocontrollo, sedette, controllando la frequenza cardiaca del polso[104]..

Arrivarono le segretarie ed egli, con il volto interamente coperto di fuliggine, disse sorridendo: "Bene signore, anche questa volta tutto è andato per il meglio!" Poi, tenendo le spalle più dritte di quanto avesse mai fatto in quell'ultimo periodo, si rifugiò nella propria camera da letto. Morell misurò le pulsazioni del Führer: 72 battiti al minuto. Coadiuvato da Hasselbach, tolti a Hitler i brandelli di pantaloni rimastigli, si avvide che la parte inferiore di entrambe le cosce era rimasta offesa. Ripulitolo da un centinaio di schegge del tavolo in quercia, i due medici provvidero a disinfettare le contusioni riportate al volto e a curare un taglio sulla fronte procurato dall'impatto di una trave caduta dal soffitto.

"Tutto ciò si può definire l'opera di un vigliacco", esclamò Hitler. Quindi, mandò degli uomini a cercare i fili collegati alla bomba e ad appurare che non ve ne fossero altre disseminate nei paraggi. Il colonnello Below, coperto di sangue e ancora assordato dall'esplosione, corse ad avvertire telefonicamente Göring, affinché si presentasse immediatamente. Below staccò tutti gli spinotti di collegamento dalla consolle e proibì ai telefonisti di

---

104 Nda. Il 15 agosto 1944, Hitler riferì a Siegfried Kasche (ministro plenipotenziario del Reich a Zagabria) le sue impressioni personali (fascicolo del ministero degli Esteri n. 1770, pag. 405808 e seg.). Il gerarca di Monaco Giesler domandò al Führer: "Cosa avete provato al momento della detonazione?" Hitler rispose: "Pensai si trattasse di tre differenti esplosioni e sospettai fossero granate lanciate dall'esterno. Quando vidi i generali saltare fuori dalle finestre, pensai stessero correndo direttamente tra le braccia del nemico (...)".

avvicinarsi. Hitler, appreso che la detonazione era presumibilmente avvenuta sopra il livello del pavimento, prese nota del fatto che solo pochi ufficiali sapevano che il Consiglio di guerra, a causa della visita di Mussolini, sarebbe stato anticipato. Verso le 13:15, sotto un sole cocente, ritornò all'aperto. Fatta eccezione per quelle al volto, indossava un'uniforme nuova che gli copriva le ferite. Agli occhi del generale Erich Fellgiebel, capo delle comunicazioni presso l'*OKW*, che Hitler vide camminare con aria decisa avanti e indietro fuori dal recinto di sicurezza, il Führer appariva incolume. Non altrettanto poteva dirsi dei suoi collaboratori. Quelli alla sua destra avevano subìto le ferite più gravi: Brandt aveva perso un piede ("Tanto mi aveva sempre procurato fastidi", cercò di sdrammatizzare disteso sull'erba di fianco alla baracca). Korten, invece, era stato trafitto da una grossa scheggia distaccatasi dal tavolo. Schmundt, oltre a orribili ferite a una gamba, lamentava la perdita di un occhio. Berger, lo stenografo, aveva subìto l'amputazione di entrambi gli arti inferiori. Hitler lo promosse seduta stante a un importante carica civile, in modo che la famiglia potesse usufruire di una buona pensione; un gesto che risultò previdente visto che l'uomo, di lì a poche ore, morì. La segretaria del Führer, Christa Schroeder, durante un successivo interrogatorio, ricostruì quei momenti con estrema chiarezza:

"Dopo l'attentato, non avrei mai immaginato di essere chiamata a pranzare con lui. Mi stupì non poco trovarlo rilassato e ansioso di confidarsi con me. Mi descrisse prima la reazione dei suoi domestici alla notizia: Linge si era mostrato indignato, Arndt era scoppiato in pianti. Poi disse: 'Mi creda, questa per la Germania è una svolta decisiva. D'ora in avanti, le cose miglioreranno. Sono contento che quelle canaglie abbiano gettato la maschera!'. Gli suggerii di rimandare l'incontro con il Duce. 'Nient'affatto', ribatté. 'Chissà quale sarebbe la reazione della stampa! Debbo assolutamente incontrarlo'".

"Ho appena avuto un grande colpo di fortuna", esclamò Hitler nel salutare Mussolini quando questi, alle 14:30, scese dal treno. Poi, il Duce fu lasciato solo, libero di fare ciò che più desiderava. Per quanto la *zona di sicurezza 1* pullulasse di mezzi corazzati, convogliati lì dalla boscaglia, i misteri legati all'esplosione permanevano.

Bormann accompagnò dal Führer il caporale in servizio al telefono collocato fuori dalla stanza delle riunioni. Questi testimoniò di aver visto un colonnello privo di un braccio allontanarsi, senza cappello d'ordinanza, cintura e borsa, pochi minuti prima della detonazione. Gli ufficiali dell'esercito respinsero indignati l'implicita accusa mossa dal caporale nei confronti del valoroso Stauffenberg, ma, durante il pomeriggio, i sospetti aumentarono.

Gli investigatori della Gestapo rivelarono infatti numerosi frammenti della borsa di cuoio gialla tra le macerie. Inoltre, Stauffenberg, allontanatosi di soppiatto, era partito alle 13:13, con destinazione aeroporto di Rangsdorf, Berlino. Ma non vi era mai arrivato. Poco prima delle 16:00, Fromm telefonò a Keitel informandolo del diffondersi a Berlino della notizia dell'attentato: doveva forse dichiarare lo stato d'emergenza?

"Il Führer è vivo", rispose con freddezza Keitel. "Non c'è motivo di prendere simili provvedimenti. Stauffenberg è a Berlino?" Fromm, colto di sorpresa, rispose: "Credevo si trovasse al quartier generale del Führer".

Di lì a breve, dalla *Tana del Lupo* furono captati straordinari ordini che, provenienti dall'ufficio di Fromm e diretti ai comandi territoriali dell'esercito, proclamavano lo stato di emergenza tramite la parola in codice *Valchiria*. Attraverso gli stessi messaggi, si riferiva ai vari comandi che il feldmaresciallo Erwin Witzleben, predecessore di Rundstedt, appena promosso comandante supremo della *Wehrmacht*, aveva nominato il generale Erich Hoepner quale comandante delle Forze Armate territoriali[105].

Il fuoriuscire dall'anonimato di tanti ufficiali dell'esercito, da tempo pensionati o destituiti, stava a significare che, a Berlino, l'esercito aveva preparato un golpe.

Hitler, immediatamente, accolse la richiesta di Himmler di conferire alla Gestapo il potere di trarre in arresto gli ufficiali

105 Nda. I cospiratori non sapevano che una speciale rete di comunicazioni passava automaticamente tutti gli ordini trasmessi ai vari distretti anche al quartier generale del Führer. Questo particolare decretò il fallimento del colpo di stato.

dell'esercito. Poiché Fromm era evidentemente tra i cospiratori, Hitler completò il piano nominandone Himmler successore e fornendo così allo stesso il controllo di tutte le unità dell'esercito nel territorio del *Reich*. Con questa nomina e col preciso incarico del Führer di ristabilire l'ordine, Himmler e Kaltenbrunner partirono immediatamente per la capitale. Hitler aveva chiesto a Himmler di fare in modo che le *Waffen SS* evitassero uno scontro diretto con l'esercito perché sarebbe stato il primo passo verso la guerra civile.

Nei territori esterni, le energiche contromisure adottate da Keitel resero vano il tentativo di golpe addirittura prima che potesse concretizzarsi. Alle 16:15, egli inviò un dispaccio ai vari distretti: "Massima urgenza! Il Führer è vivo e incolume! Rispondete unicamente agli ordini provenienti da Himmler. Qualora il generale Fromm, Hoepner o il feldmaresciallo Witzleben diano disposizioni, qualunque esse siano, ignoratele. Mantenete contatti con il gerarca locale e con il comando di polizia".

Poco dopo, il generale Helmuth Stieff telefonò a Keitel. L'ufficio di Fromm stava proclamando che l'esercito aveva assunto il potere: alle ore 16:00, disse Stieff, Stauffenberg e il generale Ludwig Beck, da Berlino[106], avevano chiamato Wagner per informarlo[107]. Beck sosteneva di avere assunto il comando e correva voce che Witzleben si stesse recando a Zossen. Verso le 17:00 ogni cosa fu confermata. Poi, fu intercettato un lungo telegramma, firmato da Witzleben e controfirmato da Stauffenberg, trasmesso ai comandi dei distretti. Esso intendeva sfruttare la lealtà degli ufficiali verso Hitler, suggerendo che dietro il tentato golpe ci fossero non loro, ma gli scontenti del partito.

"1. Agitazione interna. Una congregazione priva di scrupoli formata da alcuni capi di partito che hanno ripugnanza a combat-

---

106 Nda. Stauffenberg prudentemente non era atterrato a Rangsdorf, ma in altro aeroporto. Il risultato fu però di non trovare nessuno ad accoglierlo per portarlo in città, cosa che gli valse 90 minuti di ritardo.

107 Nda. Il ruolo di Eduard Wagner rimane un enigma. Il 21 luglio, egli scrisse a Zeitzler: "Le giuro sul mio onore che non ho nulla a che fare con gli eventi del 20 luglio", includendo un resoconto completo degli eventi accaduti a Zossen , così come li ricordava (Istituto di Storia contemporanea, documenti serie 95).

tere ha sfruttato la situazione attuale per pugnalare alla schiena le truppe in difficoltà e assumere il potere per perseguire scopi utilitaristici. 2. In quest'ora di estremo pericolo, il governo del *Reich* ha introdotto la legge marziale per mantenere legalità e ordine e mi ha nominato comandante supremo della *Wehrmacht* con totale autorità esecutiva".

Seguivano dettagliate istruzioni per l'incorporazione delle *Waffen SS*, l'eliminazione della Gestapo e la spietata soppressione di ogni oppositore. Perciò, dal quartier generale del Führer, fu comunicato via radio a Himmler, diretto a Berlino in aereo, di atterrare in un aeroporto sorvegliato da contingenti delle *SS* degni della sua piena fiducia. Model, che comandava il Gruppo Armate Centro, telefonò riferendo di aver ricevuto dal Comando Supremo dell'esercito a Berlino, nella *Bendlerstrasse*, un ordine, da lui disatteso, che cominciava con queste parole: "Adolf Hitler è morto". Il Führer, convocato il capo ufficio stampa, fece diffondere immediatamente via radio un messaggio alla nazione: "Oggi, è stato compiuto un attentato dinamitardo contro il Führer. Fatta eccezione per alcune ustioni e abrasioni di poco conto, egli ne è uscito illeso. Ha ripreso immediatamente il lavoro e, come precedentemente stabilito, ha ricevuto il Duce per un importante colloquio".

Hitler mostrò a Mussolini le solite ingenti cifre della futura produzione bellica, confidandogli che, a breve, avrebbe avuto a disposizione una nuova arma, la *V-2*. Inoltre gli assicurò di essersi risolto a radere al suolo Londra e, dopo l'estate, allo scopo avrebbe impiegato anche i nuovi sommergibili, ancora tenuti segreti. Alle 17:00, nella mensa del quartier generale, Schaub fu contattato telefonicamente. L'aiutante personale del Führer, Alwin-Broder Albrecht, in contatto con la cancelleria del *Reich*, riferiva che a Berlino si assisteva a strani movimenti militari: l'esercito, infatti, stava isolando e circondando l'intera zona degli uffici governativi. Quasi contemporaneamente, Goebbels, sempre da Berlino, chiamando sulla sua linea privata, riferì che il comandante del battaglione della guardia, il maggiore Otto Ernst Remer, aveva ricevuto ordine di presidiare l'intero quartiere governativo. "L'esercito è impazzito?" chiese il ministro della Propaganda.

Alle 18:00, i rivoltosi diffusero un nuovo telegramma, a firma del generale Fromm. In seguito, fu accertato che Fromm, in realtà, non aveva firmato alcunché. Nel messaggio, si ordinava che tutte le reti di comunicazione fossero protette e i ministri e le più alte cariche del partito e della polizia tratti in arresto.

Temendo, nella capitale, di perdere il controllo della situazione, Hitler chiamò Goebbels domandandogli quando sarebbe stato trasmesso il comunicato radio in cui si annunciava che il Führer era ancora vivo. Goebbels rispose che non lo avrebbe divulgato finché non avesse approntato un commento adatto ad accompagnarlo. Hitler ebbe uno scatto rabbioso: "Non le ho chiesto di redigere un commento. Desidero solo che la notizia sia diffusa quanto prima!"

Alle 18:28 i programmi radiofonici furono interrotti per trasmettere la stupefacente notizia e quel comunicato assestò il primo duro colpo al golpe. Le parole di un Hitler vivo rappresentavano ancora la legalità.

Il tè con Mussolini si concluse verso le 19:00, poi il Duce fu accompagnato fuori sotto una leggera pioggia. Fu quello il loro ultimo incontro.

Goebbels telefonò nuovamente, questa volta con accanto a sé un sospettoso maggiore Remer che non riusciva a comprendere chi volesse destituire il Führer, se i suoi superiori oppure l'astuto ministro della Propaganda.

Hitler fu udito gridare nella cornetta ma, avendo l'udito ancora compromesso dall'esplosione, riusciva con difficoltà a comprendere il suo interlocutore. Chiese di parlare personalmente con Remer. "Maggiore, mi sente? Riconosce la mia voce?" Remer lo identificò immediatamente. "Maggiore Remer", continuò il Führer, "hanno cercato di uccidermi, ma sono vivo. Mi rivolgo a lei in veste di comandante supremo. Si deve obbedienza solamente ai miei ordini. Ristabilisca la legittimità nella capitale. Usi i mezzi che ritiene opportuni e faccia giustiziare chiunque disattenda le mie disposizioni".

Questo fu il secondo e definitivo colpo al complotto, perché permetteva a Hitler di avvalersi dell'esercito per schiacciare la cospirazione.

Alla *Tana del Lupo*, mentre le ferite cominciavano a pesare sul fisico del Führer, furono ore di estrema tensione. "Comincio a dubitare che il popolo tedesco meriti il mio genio", esclamò Hitler in uno sfogo imbronciato che provocò, tra i presenti, proteste e rinnovate rassicurazioni di lealtà. Dönitz gli ricordò i successi ottenuti dalla marina. Göring, poiché non poteva rivendicarne eguali, si lanciò in un vivace battibecco con Ribbentrop che ribattè: "Sono ancora il vigente ministro degli Esteri e il mio nome è von Ribbentrop!" Il maresciallo del *Reich* lo minacciò allora con il proprio bastone.

Alle 20:00 Morell controllò nuovamente il polso del Führer: adesso le pulsazioni, forti e regolari, risultavano 100 al minuto. Provvide a medicargli le ferite con la penicillina (che in realtà, oltre a essere inutile, poteva addirittura risultare tossica) e dettò queste note al dattilografo:

"Avambraccio destro eccessivamente gonfio, prescritte compresse di acetato acido di alluminio. La fuoriuscita di sangue dalla tibia destra è cessata. Sul dorso del terzo o quarto dito della mano sinistra c'è una vasta vescica da ustione. Medicata. Occipite, parzialmente, e capelli, diffusamente, bruciacchiati, ustione di secondo grado della dimensione di una mano a metà polpaccio, numerose contusioni e ferite ancora aperte. L'avambraccio sinistro perde sangue sulla zona interna ed è molto gonfio; riesce a muoverlo con difficoltà. Consigliato di assumere due *Optalidon* [analgesico antidolorifico] e due cucchiai da tavola di *Brom-Nervacit* [tranquillante], prima di coricarsi".

Intanto, Bormann, servendosi dei suoi moderni collegamenti tramite telescrivente, forniva ai gerarchi le scarne informazioni in suo possesso: "La feccia reazionaria e criminale, insieme ad alcuni ufficiali e al comitato nazionale *Germania libera* di Mosca, hanno tramato un complotto contro il Führer. Se l'attentato avesse avuto successo, la congregazione di generali di cui facevano parte Fromm, Olbricht e Hoepner, preso il potere, si sarebbe pacificata con i russi. Ovviamente, questo accordo di pace sarebbe costato la vita all'intero popolo tedesco. Che il tentativo sia fallito, significa, quindi, la salvezza della Germania perché le speranze che il nemico riponeva in questi generali traditori sono state cancellate per sempre".

Alle 21:40, Bormann mandò ai gerarchi un ulteriore messaggio: "Un certo generale Beck vuole impadronirsi del governo e l'ex feldmaresciallo Witzleben si atteggia a successore del Führer. Naturalmente nessun gerarca nazionalsocialista si lascerà ingannare da costoro o accetterà ordini da tali criminali".

Quella sera, mentre cenava con le sue segretarie, Hitler manifestò ancora rabbia nei confronti dei cospiratori. "Vigliacchi! Se mi avessero puntato un'arma contro, potrei ancora averne rispetto! Ma non hanno osato mettere a repentaglio la loro vita". E aggiunse con disprezzo: "Quegli imbecilli non immaginano il caos che deriverebbe da una mia destituzione. Darò loro una lezione tale, che nessuno si permetterà più di tradire il popolo tedesco".

All'inizio del Consiglio di guerra delle 22:00, espresse ai due stenografi il cordoglio per la morte del loro collega Berger. Poi, dispose per la notte un attacco missilistico su Londra per dimostrare di non essere incline ad alcun compromesso. Il mezzo radiofonico con le apparecchiature di amplificazione e registrazione era già giunto a Königsberg. Alle 23:30, i collaboratori del Führer si riunirono nella sala da tè: Jodl con la testa avvolta in bende bianche, Keitel con entrambe le mani fasciate, altri incerottati. Molti risultavano assenti. Con voce tremante per l'emozione, Hitler rivolse un fiero discorso al popolo tedesco: "In modo che possiate sentire la mia voce...".

"Un esiguo gruppo di ambiziosi ufficiali, intrisi di stupidità criminale e privi di coscienza, hanno organizzato un complotto per liberarsi della mia persona e liquidare al tempo stesso i vertici della *Wehrmacht*. La bomba, collocata dal colonnello Stauffenberg, è esplosa, alla mia destra, a meno di due metri di distanza. Molti miei collaboratori sono rimasti gravemente feriti, uno di loro è deceduto. Io ne sono uscito praticamente illeso. Vedo in questo un'ulteriore conferma della missione, affidatami dalla

Provvidenza, di perseguire i miei scopi".

Il discorso venne messo in onda 90 minuti dopo. A quell'ora, Hitler era già a conoscenza che Stauffenberg aveva giurato innanzi agli ufficiali dello Stato Maggiore "di aver visto il cadavere del Führer che veniva portato via su una lettiga"[108].

L'elenco di coloro tratti in arresto si faceva sempre più lungo. Il generale Fellgiebel, capo del servizio comunicazioni dell'esercito, tradito da una sua presenza non richiesta alla *Tana del Lupo*, venne convocato a mezzanotte da Keitel e incarcerato. Hitler si chiese per quale motivo costui non avesse tentato di abbatterlo a colpi di pistola il pomeriggio stesso. "Passeggiava avanti e indietro come se non avesse avuto niente a che fare con il complotto".

Nel frattempo, a Vienna e a Praga gli ordini dei cospiratori erano in larga parte stati eseguiti e a Parigi, il governatore militare aveva, come prescritto, messo sotto chiave i capi della Gestapo e delle *SS*. La posizione di Kluge appariva ambigua perché quella sera, in un frangente tragicomico, il leale generale Reinecke, nel tentativo di contattare telefonicamente Fromm, si era trovato in comunicazione con Beck e questi a sua volta aveva creduto di colloquiare con Kluge, in Francia: "Kluge, è lei?"

Durante la notte, Witzleben telefonò a Keitel dal proprio nascondiglio: il capo dell'*OKW*, fattolo parlare abbastanza a lungo da individuarne la posizione, lo fece immediatamente catturare. Un telegramma, inviato da Fromm alle prime luci dell'alba, decretò la fine del tentato colpo di stato.

"Colpo di stato tentato da generali irresponsabili è stato represso nel sangue. Tutti i cospiratori fucilati... Dopo essere stato temporaneamente messo agli arresti, ho ripreso il controllo della situazione".

Hitler non cadde nell'inganno e ordinò l'arresto anche del generale Fromm. Bormann inviò ai gerarchi un esultante dispaccio: "L'iniziativa dei traditori può dirsi fallita".

---

108 Nda."Keitel mente", assicurò Stauffenberg a Olbricht e a Hoepner. Aveva visto una detonazione simile a quella di una granata da 150 mm e i medici che arrivavano a corsa. "Nessuno può essere sopravvissuto", ribadì. Questi dettagli emersero dai processi e dagli interrogatori.

Hitler considerò gli avvenimenti di quella giornata come un momento di temporanea aberrazione, una sorta di avvelenamento del sangue, da cui l'esercito sarebbe guarito. I cospiratori erano stati "fucilati dagli stessi battaglioni dell'esercito", annunciarono il giorno seguente i giornali nelle edizioni speciali, con un'infelice scelta di parole che indusse molti tedeschi a chiedersi quali fossero state le dimensioni della "esigua congregazione" di traditori. Il Führer, dopo aver istintivamente inviato a Eva Braun come ricordo la giacca grigia e i calzoni neri a brandelli, che sarebbero stati bruciati dall'esercito degli Stati Uniti nel 1947, cancellò dalla propria mente quanto accaduto quel giorno. Dal quartier generale avanzato di Kluge, a La Roche—Guyon, giunse un corriere recante due missive. La prima era di Kluge stesso. La seconda, scritta da Rommel il 15 luglio, raccomandava al Führer di porre fine alla guerra. Rommel lamentava che, persi 225 carri armati, ne aveva ricevuti in sostituzione solo 17. Le divisioni di artiglieria mancavano di proiettili perforanti e armi anticarro. "Le nostre truppe combattono eroicamente lungo tutto il fronte, ma questa impari lotta sta volgendo alla fine. Secondo me, lei dovrebbe giungere alle naturali conclusioni. In qualità di comandante in capo del Gruppo di Armate, mi sento in dovere di dirlo con chiarezza".

Kluge spalleggiò Rommel: "Sfortunatamente, l'opinione del feldmaresciallo è giusta".

Hitler ovviamente discordava. Qualche giorno dopo avrebbe comunicato che quella era "una guerra che non si poteva chiudere con un negoziato, con manovre politiche o giochi di prestigio".

Kluge era tentato di stanziare le proprie truppe in difficoltà, su una linea difensiva più arretrata, anche se questa sarebbe stata certamente più lunga. Il 31 luglio, Hitler disse a Jodl: "Se perdiamo la Francia, ci priveremo delle basi da cui stiamo conducendo l'offensiva sottomarina". Inoltre, la Francia rappresentava l'ultima fonte di tungsteno della Germania.

In Normandia la maggior parte delle truppe, in mancanza di mezzi di trasporto, erano immobilizzate e soltanto poche divisioni avrebbero potuto raggiungere una qualunque nuova linea sulla quale alcuni generali suggerivano di ritirarsi. Kluge e i suoi generali dovevano mantenere le posizioni fino a quando Göring non avesse recuperato una seppure parziale supremazia aerea a Occidente.

Ciò nonostante, Hitler era preparato al peggio. Il 23 luglio, ordinò che venissero utilizzate, per la difesa del suolo germanico, le fortificazioni del vallo occidentale costruite nel lontano 1938. Due giorni dopo, in Normandia, ebbe inizio una nuova offensiva alleata. L'avanzata britannica verso Falaise venne interrotta da una contromossa del Primo Corpo Corazzato delle *SS*, ma la sera del 30 gli americani riuscirono ad aprirsi un pericoloso varco nei pressi della città costiera di Avranches.

Hitler diede ordine all'*OKW* di predisporre la linea *Somme-Marna-Saone-Giura* per l'immediata occupazione, previa necessità. Nel frattempo, guarnigioni guidate da comandanti di comprovato coraggio dovevano essere sacrificate per difendere a oltranza i più importanti porti francesi e impedirne l'utilizzo al nemico. La rete ferroviaria francese (anche i convogli e le locomotrici) doveva essere completamente distrutta. Quelle disposizioni strategiche non dovevano assolutamente trapelare al quartier generale del Gruppo di Armate in Francia, perché ancora non era certo potessero sussistere al suo interno ulteriori traditori, pronti a informarne il nemico. Dopotutto, il comandante militare in Francia, il generale Karl Heinrich Stülpnagel, aveva fatto fronte comune con i cospiratori del 20 luglio. "Facciamo chiarezza su un punto", disse Hitler a Jodl. "La situazione, in Francia, non potrà migliorare finché la *Luftwaffe* non sarà in grado di contrastare adeguatamente l'aviazione alleata".

Il Führer aveva chiesto a Göring di ammassare una cospicua riserva segreta di caccia e sperava di potere, in futuro, gettare nella battaglia di Francia 2.000 di quei velivoli. In luglio erano stati ultimati sei nuovi sommergibili *Tipo XXI* e altri 144 erano previsti per la fine dell'anno. Si rendeva necessario tenere quanto più a lungo la Francia. Hitler disse che si sarebbe recato con piacere sul fronte occidentale per assumere lui il comando delle operazioni, come già aveva fatto nel 1940, ma i timpani danneggiati gli impedivano di prendere l'aereo. "Ovviamente", disse il 31 luglio, "se tutti gli argini saltassero, ci andrei anche su un monomotore, seduto al posto del mitragliere, pur di arrivarvi quanto prima". E aggiunse: "Lo shock subìto per l'attentato mi ha quasi completamente guarito dai problemi nervosi, incredibile! La gamba avverte ancora un leggero tremolio, ma solo se le riunioni si trascinano troppo a lungo. Prima, invece, tremava anche a letto. Grazie a questo incidente, che come cura non raccomanderei anessuno, il tremore si è quasi integralmente dissolto".

In verità, l'esplosione aveva avuto conseguenze più gravi di quanto egli volesse ammettere. Il suo orecchio destro spesso sanguinava, i suoi occhi scattavano verso destra (nistagmo) e, quando si trovava da solo, aveva l'impressione di precipitare verso destra.

Quel pomeriggio, in prossimità del tramonto, il Führer si recò a fare una passeggiata e, per due volte, perse il sentiero che lo riportava alla base. In bocca, aveva sempre uno strano sapore di sangue. Giunse da Rastenburg un otorinolaringoiatra dell'esercito, il dottor Erwin Giesing che gli cauterizzò il timpano perforato. Poiché l'orecchio continuava a sanguinare, il 23 luglio venne il professor Eicken per comprenderne il motivo. Hitler la mise sul ridere: "Forse per me è una cosa naturale!" Il giorno seguente, sebbene fosse un intervento doloroso, il Führer chiese a Giesing di cauterizzargli ancora l'orecchio. "Ho smesso da tempo di avvertire il dolore", osservò. "Del resto, il dolore assolve il compito di renderci uomini". Eicken gli aveva riferito che la perforazione di un timpano era una delle cose più dolorose che lui conoscesse. In seguito, Hitler commentò con Sonnleithner: "Ho riportato una perforazione a entrambi i timpani e non ho avvertito alcuna sofferenza. Probabilmente accade la stessa cosa a uno che si spara. Cavità orale o cervello che sia, adesso so che non si ha il tempo di decifrare alcun dolore". Sonnleithner si domandò per quale motivo il Führer avesse affrontato quel macabro argomento.

Il Führer visitò l'ospedale dell'esercito di Rastenburg e si intrattenne con Schmundt e altri offesi nell'esplosione. Due letti risultavano vuoti: quelli di Korten e Brandt deceduti entrambi il 22 luglio a seguito delle ferite riportate. Korten avrebbe avuto esequie di stato che a Brandt non furono concesse. Scherff, lo storico dello staff di Hitler, ricoverato nella stessa camera dei due defunti, riferì che Brandt, nel delirio, aveva imprecato contro Stauffenberg per aver posto l'esplosivo ai suoi piedi benché egli fosse suo complice.

Quotidianamente, alla lista dei cospiratori andavano ad aggiungersi nuovi nominativi. Il colonnello Smend, aiutante di Zeitzler confessò, dichiarandosi pentito. Praticamente, tranne Gehlen e Rudolf Gercke, ogni capo sezione dello Stato Maggiore dell'esercito risultava coinvolto. Che vi fossero implicati anche il colonnello Hansen e Roenne, ai vertici dei servizi segreti occidentali, sembrò spiegare altri fallimenti. Come pure parvero fornire delucidazioni su molte cose l'improvviso suicidio di Eduard Wagner, quartiermastro generale dell'esercito, e la sparizione del generale Lindemann, direttore dell'artiglieria. Hitler si convinse che il servizio comunicazioni comandato da Fellgiebel avesse tenuto il nemico al corrente di molti segreti.

"Fellgiebel deve confessare", gridò infuriato il Führer, "anche a costo di estorcergli testimonianza con la tortura!" Persino Arthur Nebe, capo di un reparto della Gestapo, era svanito senza lasciare tracce come già aveva fatto Karl Goerdeler che, nominato due volte borgomastro di Lipsia, riceveva un notevole sussidio dallo Stato. Alcuni documenti di Goerdeler, ritrovati nella cassaforte di un albergo, oltre a rivelare che lo stesso era stato designato dai congiurati quale successore di Hitler, infoltirono la lista dei dissidenti. Anche questi vennero arrestati e, dai loro interrogatori, emersero i nomi di altre persone coinvolte.

Il 23 luglio, la Gestapo pose in stato di fermo l'ammiraglio Canaris. Lo stesso Franz Halder venne incarcerato, come pure Hjalmar Schacht che, prima della guerra, ricopriva l'incarico di governatore della *Reichsbank*[109].

Bormann mostrò al Führer i rapporti degli interrogatori. A Hitler non venne risparmiato niente. "Non riuscivo più a

109 Nda. Nel natale del 1944, Himmler avrebbe detto a Puttkamer: "Se solo fossimo stati a conoscenza della scala dei diritti, avremmo proceduto diversamente – di certo non avremmo impiccato le persone, solo per averle sentite parlare di qualcosa di sospetto".

sopportare la vista di quell'individuo che passeggiava avanti e indietro come un pazzo", aveva esclamato il generale Stieff, uno dei congiurati, "vanificando con la sua ostinazione l'eccellente lavoro che lui stesso aveva precedentemente compiuto: stiamo difendendo Kirkenes e Creta, ma, nel far questo, perderemo Königsberg e Cracovia!" Oltre la metà dei traditori erano ufficiali dell'esercito, ma, tra gli altri, si trovavano funzionari del sindacato, avvocati, accademici ed ecclesiastici. Persino Helldorf che, noto aguzzino di ebrei, Hitler aveva messo a capo della polizia di Berlino, si professò complice di Stauffenberg. Nessuno dei prigionieri aveva idee molto precise su quale sistema governativo avrebbero introdotto nel dopo Hitler. I più si limitavano a criticarne gli ordini: la rigida difesa del Donez, della linea del Dniepr, della testa di ponte di Nikopol, della Crimea, della linea della città di Narva, del saliente di Vitebsk e della sacca di Cherkassy. Ma c'era in loro anche un elemento classista, perché rinfacciavano al Führer di essere figlio di un modesto funzionario delle dogane austriache, gente con la quale il corpo ufficiali non avvertiva legami.

Poco alla volta, la Gestapo ricostruì gli accorgimenti tecnici dell'attentato. Per la bomba era stata usata una spoletta a tempo di fabbricazione inglese, forse proveniente dai depositi dell'*Abwehr*. Altro esplosivo fu rinvenuto nel luogo in cui l'aiutante aveva fatto salire Stauffenberg sull'auto per dirigersi verso l'aeroporto. Questi, nella fretta, se ne era liberato scaricandolo a terra. Se l'esplosivo fosse stato usato tutto, il complotto avrebbe sicuramente raggiunto i suoi scopi. Stauffenberg aveva portato con sé la bomba già l'11 luglio alla Berghof e il 15 a Rastenburg senza averla fatta detonare. Questi e altri interrogativi rimasero però senza risposta perché il generale Fromm, prima che finissero nelle mani della Gestapo, aveva provveduto rapidamente a mettere davanti a un plotone d'esecuzione Stauffenberg e il suo aiutante e invitato gentilmente Beck a spararsi.

La piena confessione di Helldorf fu consegnata al Führer, mentre egli sottostava ancora alle cure del dottor Giesing. "Chi avrebbe mai detto che Helldorf fosse un furfante di tal fatta?"

disse. "Che fosse un irresponsabile, visti i suoi debiti di gioco, era palese. Molte volte ho dovuto provvedere io personalmente a onorarli. Forse, era fatale che uno con il vizio del gioco d'azzardo cadesse nelle mani degli agenti nemici e non c'è dubbio che i servizi segreti britannici ne avranno coperto ulteriori debiti in cambio della sua complicità. Mi rincresce per la moglie e i figli", aggiunse, mettendo da parte il rapporto, "ma dovendo ripulire queste stalle di Augia con una scopa di ferro non posso lasciare spazio alla misericordia. Sono grato a Remer... Qualche altro ufficiale dalle idee chiare come lui e, in futuro, avrei meno preoccupazioni. Quella banda di codardi, poi, mi manda da Berlino colui che, tra loro, pare maggiormente eccellere in vigliaccheria: Stauffenberg. Avesse almeno trovato il coraggio di stare lì con la sua borsa! No! Fucilarlo è stato un insulto al proiettile. Continuo a domandarmi cosa volessero ottenere (...). Forse, si illudevano che Stalin, Churchill o Roosevelt venissero incontro ai loro propositi di pace! In otto giorni i russi sarebbero arrivati alle porte di Berlino e per la Germania tutto sarebbe finito per sempre".

Dalla Baviera era giunta una lettera di Eva Braun. Terminava con queste parole: "Subito dopo i nostri primi incontri, promisi a me stessa che ti avrei seguito ovunque, persino nella morte. Sai che vivo solo per l'amore che posso darti".

Lo scampato pericolo di Hitler aveva in qualche modo rafforzato l'unità del popolo tedesco. Fu riferito che, a Berlino, i generali dell'esercito dovevano talvolta celare l'uniforme sotto gli impermeabili per sfuggire all'indignazione popolare[110].

Goebbels giunse alla *Tana del Lupo* il 22 luglio, sperando di ottenere i poteri semidittatoriali a cui aspirava. Hitler lo raggua-

110 Nda. Il generale Hermann Reinecke descrisse l'indignazione dei berlinesi durante un interrogatorio dell'OCMH (Office of the Chief of Militare History, Washington DC), nel luglio 1945. Il diario di Weichs rispecchia la rabbia degli ufficiali non coinvolti: "21 luglio, colpo di stato. Il successo dell'attentato avrebbe determinato il caos. È folle ritenere possibile una pace immediata. Una pugnalata nella schiena, ben peggiore di quella verificatasi nel 1918, giacché giunge da quanti ci si aspettava assoluta lealtà. Come potrà l'esercito superare tale sconvolgimento, ora che la fiducia nei confronti degli ufficiali è persa? Come reagiranno gli Alleati di fronte a ciò?" Il 22 giugno proseguì: "Perfino se l'attentato avesse avuto successo, il colpo di stato sarebbe collassato, perché nessun soldato avrebbe preso ordini da tali leader!"

gliò a lungo sui particolari di come era sfuggito alla morte. Goebbels rimase colpito e commosso dall'aspetto del Führer. "Uscì dal bunker", scrisse sul giornale *Das Reich*, "rilassato. Pur non essendo curvo, la sua testa appariva leggermente incassata. Un'immagine che avrebbe toccato il cuore di chiunque".

Un incontro preliminare tra Bormann, Speer e Goebbels fu seguito da una riunione allargata anche a Hitler, Göring e Himmler. Il Führer ordinò a Göring di affidare a Goebbels l'incarico di "commissario del *Reich* per la mobilitazione alla guerra totale" e annunciò che, a dispetto del parere dei medici, entro una settimana avrebbe parlato ai gerarchi. Con Goebbels, Hitler manifestò la rabbia nei confronti dello Stato Maggiore generale che definì "una loggia massonica". Poi, asserendo di non fidarsi della corte marziale dell'esercito, chiese che i traditori fossero giudicati dal procuratore Freisler (Presidente del Tribunale Supremo Nazista) e da un tribunale popolare.

"Si tratta del più grande genio storico dei nostri tempi", annotò Goebbels in data 23 luglio. "Con lui arriveremo alla vittoria o moriremo tutti valorosamente". Le pagine del suo diario che vanno dal 19 al 22 luglio sono mancanti, forse perché mai redatte o distrutte da lui stesso.

Ormai Hitler non si fidava più di nessuno. Ogni ufficiale ammesso in sua presenza veniva perquisito e il cibo del Führer assaggiato per scongiurare eventuali avvelenamenti. Egli stesso dispose anche che i corpi di Stauffenberg e degli altri congiurati fucilati a Berlino fossero riesumati per essere certo che, decretandone l'avvenuta morte, l'esercito non lo avesse tratto in inganno. Altre teste, umili o potenti, continuarono a cadere. Nei documenti di Goerdeler veniva indicato quale futuro ministro degli Esteri il conte Schulenberg, ex ambasciatore a Mosca. Schulenberg proclamò la sua innocenza giurando sul proprio onore. Sebbene per Ribbentrop quel giuramento fosse sufficiente, l'ambasciatore, ritenuto colpevole dai suoi collaboratori, fu destinato alla forca. Sonnleithner, in segreto, supplicò Hitler di risparmiarlo. "La mia vita non ha alcun valore", gli rispose freddamente il Führer, "ma chiunque alzi la mano contro la propria nazione, in tempo di guerra, deve essere distrutto".

Poiché Robert Ley trasmise via radio un discorso nel quale si additavano i "porci dal sangue blu" quali mandanti del tentato assassinio del Führer, uno di loro, il felmaresciallo Richthofen, si recò alla *Tana del Lupo* in alta uniforme, le sue medaglie ben appuntate sulla giacca, deciso a protestare formalmente per quella che riteneva, per gli aristocratici del suo rango, una diffamazione.

Hitler indicò i suoi aiutanti Below, Puttkamer e Amsberg come prova che egli valutava gli uomini, indipendentemente dalle loro origini, per i meriti conseguiti. Firmò un ordine che proibiva critiche gratuite nei confronti del corpo ufficiali e della nobiltà, ma, in privato, rifletté amaramente che nel 1934 forse avrebbe fatto meglio a optare per il rivoluzionario esercito delle *SA*, piuttosto che per la regolare *Reichswehr* e dichiarò nuovamente che Stalin aveva agito saggiamente, nel 1937, provvedendo a una drastica epurazione del suo corpo ufficiali.

Il tradimento e la slealtà divennero le uniche spiegazioni in cui egli trovava ragione alle sconfitte subite. La scarsa reperibilità delle armi anticarro gliene offrì ulteriore occasione. "Chi spedisce quelle armi?" chiese, un giorno, furibondo. Keitel si strinse nelle spalle. "Se ne occupava il quartiermastro generale Wagner".

"Ecco!" esclamò Hitler trionfante. "Quel porco! Ha fatto bene a suicidarsi (...). In Ucraina disponiamo di armi anticarro in abbondanza, mentre in Normandia non ce n'è neppure l'ombra! Lo ha fatto di proposito, la carogna!"

Göring faceva quanto in suo potere per ridare fiducia al Führer. Il 23 luglio, uno stenografo scrisse: "Prima del pomeridiano Consiglio di guerra, il maresciallo del *Reich* ha tenuto un breve discorso a Hitler, per proporgli che, come segno esteriore di gioia per lo scampato pericolo, l'intera *Wehrmacht* adottasse immediatamente il saluto nazista".

Ogni nuovo rapporto di Kaltenbrunner segnalava però che la cancrena del complotto andava allargandosi. A fine luglio, vennero sorprendentemente a galla due ulteriori nominativi che Hitler non si sarebbe mai figurato tra i congiurati: i feldmarescialli Kluge e Rommel. La cosa era talmente stupefacente, che a

Hitelr occorsero due settimane per decidere sul da farsi.

Colui che cavalca la tigre

L'agosto del 1944 vide risolversi, anche se non nel modo in cui egli avrebbe desiderato, molti degli intricati problemi che si paravano davanti a Hitler. La Francia dovette essere evacuata, la Finlandia e la Romania disertarono e il governo turco, ceduto alle pressioni nemiche, ruppe le relazioni diplomatiche con la Germania. Il reggente ungherese, considerando la Germania spacciata, manovrava per la riconquista della sovranità del suo paese, costringendo Hitler a rammentargli che i tedeschi e i suoi alleati erano ormai tutti sulla stessa barca e, come aveva già detto in riferimento a coloro che avevano tramato contro di lui il 20 luglio, "colui che cavalca la tigre, scoprirà che non può smontare". La salute di Hitler peggiorava di giorno in giorno e la cosa lasciava campo libero al generale Guderian, chiamato a ricoprire la carica di nuovo capo dello Stato Maggiore generale. L'ufficiale si districava bene tra le difficili decisioni da prendere. Inorridito per l'incuria in cui versavano le difese del *Reich*, il 27 luglio emanò disposizioni per il loro immediato rafforzamento. "Tutta la Germania orientale deve divenire una fortezza". Ai gerarchi locali fu richiesto di lavorare alla rapida costruzione di molteplici linee difensive, come quella della Pilica, del Narev-Bobr e della Vistola, da approntarsi da Varsavia a Danzica, con teste di ponte ben equipaggiate a est delle più importanti città situate lungo il fiume. Guderian firmava tali ordini come se provenissero da Hitler stesso e il Führer, brontolando, lasciava correre. Sapeva fin troppo bene che un'eventuale avanzata sovietica nella Prussia orientale o nella regione industrializzata dell'Alta Slesia sarebbe stata disastrosa.

Così, centinaia di migliaia di uomini e donne si affannarono a scavare fossati anticarro su una linea che correva da Stolp verso sud, tagliando campi di grano e fattorie. In Pomerania, si presentarono volontarie 70.000 donne. Poiché nelle antiche cittadine fortificate di Königsberg e Lötzen non era stata prevista alcuna difesa, Guderian le fece circondare di campi minati e postazioni approntate con armi sottratte al nemico. Infine, la falsa notizia, diffusa tramite il passaparola, che il Führer si trovasse nella Prussia orientale contribuì a rendere possibile il miracoloso contenimento dell'avanzata nemica: l'Armata Rossa fu infatti fermata ad Augustów e a Hrodna e il malconcio Gruppo Armate Centro di Model, che contava ormai appena 40 divisioni poco addestrate ed esauste, per un po' riuscì a reggere l'urto di un terzo dell'intera forza sovietica lungo un fronte di 650 chilometri.

A Varsavia, non appena i sovietici furono avvistati dall'altra parte del fiume, l'esercito partigiano polacco si levò in armi contro i tedeschi. Himmler corse da Hitler: "*Mein Führer*", disse con marcato ottimismo, "considerato dal punto di vista storico, ciò che stanno facendo i polacchi è una benedizione. Noi resisteremo su quella posizionecinque o sei settimane e, nel frattempo, raderemo al suolo la capitale, centro nevralgico di questa nazione forte di 16-17 milioni di abitanti, i quali per sette secoli, sin dalla prima battaglia di Tannenberg, hanno impedito la nostra espansione a Est". Il comandante del *Reich* ordinò la totale distruzione della città, avallando, laddove si fosse resa necessaria, la collocazione di mine in ogni quartiere.

Il generale delle *SS* Erich Bach-Zelewski combatté un'aspra e coraggiosa battaglia contro i partigiani, ma l'avversario, vale a dire il comandante polacco Tadeusz Bór-Komorowski non gli fu da meno e, nonostante si fosse reso conto che l'attacco sovietico attraverso il fiume non sarebbe arrivato in tempo per salvarli, respinse ogni richiesta di resa. "Vorrei averne di uomini come il generale Bór!" esclamò Himmler il 21 settembre. Quando, 10 giorni dopo, gli ultimi insorti polacchi finalmente si arresero, lo stesso Himmler raccomandò che Bór fosse trattato con i dovuti onori.

L'Armata Rossa aveva raggiunto Tukkum, sul golfo di Riga, isolando il Gruppo Armate Nord di Schörner. Il 20 luglio, al generale Kinzel, nominato da Stauffenberg e Beck capo di Stato

Maggiore di quel gruppo, era stato dato l'ordine di immediata ritirata. Se avesse obbedito, le sue truppe, prive di armi e munizioni, sarebbero state annientate. Invece, resistendo sul posto, i contingenti di Schörner opposero una valida resistenza. "I bolscevichi, giorno dopo giorno, diventano maggiormente inetti", commentò questi in una lettera indirizzata al Führer. "Coloro catturati negli ultimi giorni vanno dai 14 anni a un'età estremamente avanzata. Ma la cosa più sbalorditiva è osservare queste animalesche orde di essere umani gettarsi in avanti...". Hitler si preparò con calma al temporaneo accerchiamento del Gruppo Armate Nord. Schörner, che come sempre ne condivideva l'ottimismo, raccolse tutti i soldati addetti ai comandi e li mandò nel vivo del combattimento. "Sono convinto che il nemico abbia puntato tutto ciò che gli rimaneva su una carta", scrisse. "Se supereremo questa fase della battaglia, sono certo che giungeremo con facilità alla vittoria". La sezione del personale dell'esercito, che ancora tentava di contrastare la rovinosa interferenza degli "ufficiali forgiati alla Seydlitz", consigliò che in futuro, quale deterrente, si punissero anche le famiglie dei traditori. Hitler approvò.

Più a sud, il Gruppo di Armate dell'Ucraina meridionale, dopo la disfatta patita nell'aprile del 1944 e la conseguente ritirata in territorio romeno, non aveva subìto ulteriori pressioni. A quell'epoca, Schörner aveva rimproverato duramente il generale dell'*OKW* Erich Hansen, in quanto responsabile del collegamento militare con il maresciallo Antonescu, perché il caos creatosi e soprattutto il peso finanziario che la guerra imponeva all'economia romena avevano reso difficili i rapporti tra la Germania e il suo alleato. Hansen, prossimo ai sessant'anni, era, a detta di Guderian, un "uomo del generale Beck", ma, poiché godeva ancora della fiducia di Antonescu, Hitler aveva resistito alle pressioni di Schörner che ne chiedeva la destituzione: "Ci stiamo giocando tutto ciò che abbiamo", disse verso fine agosto al generale Alfred Gerstenberg, comandante della *Luftwaffe* nelle regioni petrolifere romene. "Se perderemo i giacimenti petroliferi, sarà impossibilevincere la guerra".

Guderian, sottratte al Gruppo di Armate dell'Ucraina sei divisioni corazzate e quattro di fanteria, aveva suscitato le proteste di Antonescu che, il 5 agosto, si recò a Rastenburg. Hitler si intrattenne con lui alcune ore, assicurandogli di avere in preparazione nuovi e formidali carri armati, cannoni e un esplosivo "ancora in fase sperimentale", capace di eliminare ogni forma di vita nel raggio di tre chilometri dall'impatto. Non era riuscito a mantenere le promesse fatte in merito alla Crimea e all'Ucraina, ma ciò non era dipeso da lui, bensì dalla presenza di "traditori" nello Stato Maggiore generale, cospiratori filosovietici che, rese impossibili le comunicazioni tra i comandi, avevano decretato il crollo del Gruppo Armate Centro.

Dopo una discussione particolarmente accesa, Antonescu assicurò a Hitler "che la Romania sarebbe rimasta a fianco della Germania fino alla fine", ma Hitler dubitava di re Michele come di qualsiasi altro monarca.

Non appena Antonescu si congedò e la colonna di auto che lo aveva condotto lì si mise in moto, Hitler gli gridò: "Antonescu! Non metta, per alcun motivo, piede nel castello del re!" Antonescu fece fermare il mezzo e Hitler ripeté ad alta voce: "Non entri nel castello del re!" Un presagio, forse, dettato dal suo celebre istinto[111].

Prima della fine di luglio, Himmler aveva fornito all'esercito 40 nuovi battaglioni di riserva, chiamati *Volksgrenadier (Granatieri del popolo)*, per il fatto che lo stesso Himmler aveva ottenuto da Hitler l'approvazione alla creazione di un 'esercito popolare', concepito per attirare la gioventù tedesca non ancora intaccata dallo spirito delle precedenti generazioni. Mentre, in passato, il cauto generale Fromm aveva fornito con riluttanza a Hitler 60.000 nuovi soldati al mese, a metà agosto Himmler ne aveva arruolati già 450.000 e, nelle caserme, erano stipate altre 250.000 reclute. Quando, il 3 agosto, Bormann riunì i gerarchi a Posen, Himmler appariva fiero di quel risultato e di essere, *de facto*, il nuovo comandante in capo dell'esercito. Non riuscì però a dare valide spiegazioni su come la mal concepita rete di Stauffenberg

111 Ndt. In effetti, il 23 agosto 1944, re Michele, sostenuto dai principali partiti politici romeni, convocò Antonescu a Palazzo Reale e, dopo averlo destituito, lo fece arrestare.

fosse sfuggita al suo controllo. Speer parlò di come, entro dicembre, la futura produzione bellica avrebbe restituito alla Germania libertà di azione e supremazia aerea.

Incoraggiati, il 4 agosto i gerarchi si recarono ad ascoltare il discorso del Führer. Questi non stava ancora benee uno dei presenti scrisse: "Hitler, estremamente rigido sul tronco, entrò camminando lentamente. Tese solo la mano sinistra. Poi, quando iniziò a parlare, parve acquisire vitalità". Hitler rivelò ai presenti di aver istituito un tribunale d'onore, presieduto da Rundstedt, per espellere dalla *Wehrmacht* i cospiratori e farli giudicare da un tribunale del popolo. La colpevolezza sarebbe stata punita con l'impiccagione. Helmut Sündermann, vicecapo dell'ufficio stampa del Partito, scrisse:

"Il discorso è iniziato con alcuni minuti di ritardo perché il Führer ha chiesto di togliere il tavolo predisposto per l'occasione. Si è fatto portare una sedia e un tavolinetto e, dopo essersi seduto, ha iniziato a parlare a voce talmente bassa che, sulle prime, dalle ultime file avevo difficoltà a comprenderlo. Poi la sua voce si è rinvigorita: 'Ho sempre saputo che un giorno qualcuno interno al mio ambiente mi avrebbe sparato contro, ma non potevo immaginare che il colpo sarebbe stato così vile'. Ha detto che adesso è 'vecchio e debole' non a causa della lotta contro i nemici del paese, bensì per il perenne conflitto con questa congrega, che lo ha sempre ingannato. Quell'esiguo gruppetto di persone, benché influente, sarebbe stato totalmente incapace di qualsiasi vera conquista politica, perché non era espressione del volere popolare (...). 'Adesso', ha ribadito, 'ci troviamo nella posizione di qualcuno che è stato avvelenato: se riusciremo a superare l'intossicazione, non solo non moriremo, ma riacquisteremo una salute invidiabile'. Benché non abbia espresso alcunché di sensazionale, il discorso del Führer ha avuto una forte presa sui gerarchi. In qualità di personaggio più anziano presente, Konstantin Hierl (capo del Servizio del Lavoro del *Reich*) ha pronunciato alcune parole di ringraziamento rivolte a Hitler: 'C'è un solo concetto di lealtà. Non esistono persone leali, più leali, lealissime. Esiste solo una forma di lealtà e questo dice tutto'".

Il Führer aveva nuovamente difficoltà a coricarsi. Sebbene schernisse la "scarsa accuratezza" di Stauffenberg, Hitler aveva riportato, a causa dell'attentato, maggiori conseguenze di quelle che pubblicamente sbandierava.Le medicazioni approntategli da Morell al gomito destro gli avevano provocato una dermatite e il braccio si era gonfiato tanto da non permettergli neppure di firmare documenti. Non sospettando alcunché, i generali che operavano al fronte spesso alle riunioni gli stringevano affettuosamente la mano, procurandogli dolore. Morell gli iniettava allora pesanti dosi di *Ultraseptyl,* un sulfamidico ad alta tossicità (prodotto dalla sua casa farmaceutica) e, in un angolo della stanza del Führer, teneva pronta una bombola di ossigeno. "Alle 2:00, chiamato dal paziente A [Hitler]", annotò Morell il 24 luglio del 1944. "Si lamentava delle ustioni al braccio a causa della spessa medicazione imbevuta di alcol [applicatagli dal dottor Hasselbach], per l'infiammazione e i gonfiori". Tre giorni più tardi: "Ogni tanto l'orecchio ancora sanguina. Il Führer ha parlato di fare un salasso, ma la pressione sanguigna, nella norma, non lo richiede". Il 29 luglio: "Dal giorno dell'attentato, la gamba sinistra ha cessato il tremore e quello alle mani è diminuito". Poiché, il 2 agosto, Hitler accusava un forte dolore localizzato sopra l'occhio destro, Morell gli prelevò 200 ml di sangue per abbassargli la pressione.

Da alcuni giorni, il pensiero del Führer era turbato dalle accuse del tenente colonnello Caesar Hofacker, il quale citava tra i cospiratori Rommel e Kluge. Poiché entrambi i feldmarescialli godevano di un'immensa popolarità, sarebbe stato impensabile farli comparire davanti a un tribunale del popolo. Il 1° agosto, Hitler, convocato Jodl e mostratogli l'intero rapporto dell'interrogatorio di Hofacker, dichiarò che, non appena Rommel si fosse ristabilito, senza clamori lo avrebbe personalmente interrogato, inducendolo a chiedere il congedo dall'esercito[112].

112 Nda. Sul diario di Jodl, è annotato, in data 1° agosto: "Il Führer mi ha fatto leggere il rapporto di Kaltenbrunner (datato 30 luglio) circa la testimonianza di Hofacker sulle discussioni con Kluge e Rommel. Il Führer sta cercando un nuovo comandante in capo per il fronte occidentale". Per quanto riguarda Kluge, il generale von Salmuth scrisse: "Fu per me chiaro che Kluge fosse a conoscenza dell'attentato, quando, il giorno successivo, mi recai da lui. Non appena gli chiesi la sua opinione, si limitò a dire: 'Bene, non ha funzionato!'"

Qualche settimana dopo avrebbe detto: "Rommel ha commesso l'errore più grave in cui un soldato possa incappare in simili circostanze: ha cercato una via d'uscita non militare". Non lo sorprendeva che, nelle due ultime settimane, ben 22 generali dell'esercito si fossero volontariamente consegnati ai sovietici. Hitler e Goebbels concordarono che sarebbe stato controproducente, in pieno conflitto, additare quei generali al disprezzo pubblico. Goebbels fu tuttavia sollecitato a documentare e conservare ogni dettaglio di quei tradimenti.

In Normandia, gli Alleati avevano ormai un milione e mezzo di uomini. Sebbene il tentativo inglese di penetrare da Caumont nelle linee nemiche fosse stato neutralizzato, i contingenti corazzati americani, attraverso la breccia di Avranches, dilagavano in Bretagna. Esisteva la possibilità di una scontata contromossa: "Dobbiamo colpire con la rapidità della folgore", disse Hitler durante un Consiglio di guerra. "Quando raggiungeremo la costa, le avanguardie americane saranno tagliate fuori. La presenza del generale Patton, il loro uomo migliore, sta a significare che è importante per loro cogliere qui un importante successo. Più reparti riusciranno a ricollegarsi alle avanguardie, tanto meglio sarà per noi quando, raggiunto il mare, li avremo isolati. Ciò potrebbe rendere addirittura possibile la totale eliminazione della loro testa di sbarco. Non dobbiamo perdere tempo a braccare i contingenti americani che hanno oltrepassato le nostre linee, bensì dirigerci verso nord con rapidità, isolando da tergo l'intero fronte nemico".

Il Führer emanò l'ordine per l'attacco la sera del 2 agosto. Questo doveva essere condotto dal Quarantasettesimo Corpo Corazzato del generale Funk, al seguito del quale Hitler pensava di spiegare otto delle sue nove divisioni corazzate presenti in Normandia, appoggiate da un migliaio di caccia. Inviato il generale Warlimont al quartier generale di Kluge, gli ufficiali lì riuniti concordarono che l'operazione potesse avere ottime possibilità di successo. Il 6, Hitler preparò un messaggio destinato agli uomini di Funck:

"Il risultato della battaglia di Francia dipende dall'esito dell'attacco contro l'ala meridionale nemica. Il comandante in capo a Ovest [Kluge] avrà un'occasione unica e irripetibile di inoltrarsi in una regione per lo più sprovvista di forze nemiche e, perciò, di rovesciare la situazione attuale".

Mentre le avanguardie tedesche avrebbero puntato decise verso la costa, fresche divisioni corazzate le avrebbero seguite per poi deviare a nord e aggirare così, in Normandia, il fronte nemico. Ma, ancora una volta, gli esperti britannici di decodificazioni avevano decifrato i messaggi dell'*OKW* in merito a quella decisiva battaglia.

Durante una serie di conversazioni telefoniche, Jodl apprese che Kluge intendeva iniziare l'attacco prima di mezzanotte, anticipando l'intervento dell'aviazione. Inoltre, solo quattro delle otto divisioni corazzate previste potevano essere reperite in tempo. Kluge, spiegando che il nemico era al corrente dei loro preparativi d'attacco, si disse pronto ad assumersi personalmente la responsabilità di un'azione immediata. Hitler, non fidandosi pienamente delle valutazioni di Kluge e ritenendo fondamentale il supporto di condizioni atmosferiche ottimali, decise di mandare in loco Walter Buhle, il miglior generale di fanteria di cui la *Wehrmacht* disponesse. Però, quando Buhle giunse sul luogo delle operazioni, la prematura avanzata aveva già avuto inizio. La prima cittadina, Mortain, fu riconquistata da una divisione corazzata delle *SS*, poi, dileguatasi la nebbia, l'aviazione nemica provvide a effettuare un bombardamento a tappeto della zona. Benché i granatieri di Kluge affrontassero impavidi il massacro, i carri armati non ebbero modo di avanzare ulteriormente. Alle 23:00, Kluge informò Jodl del fallimento dell'offensiva. Hitler espresse il proprio giudizio nei confronti del comandante in capo con una sola, secca frase, spietata come la sentenza che il tribunale del popolo pronunciò quello stesso giorno contro Witzleben e altri: "L'attacco è fallito, perché Kluge voleva che ciò accadesse!"

Al quartier generale del Führer, il disastro fu imputato alla *Luftwaffe*. Hitler non riusciva a reperire Göring, che ancora doveva indicargli il nome del suo nuovo capo di Stato Maggiore. Il maresciallo del *Reich* sembrava ormai consapevole che la propria stella fosse avviata al tramonto. Dopo il fallito colpo di stato, nella trasmissione radiofonica diretta alla nazione era stato preceduto da Dönitz. Sapendo altresì di non poter competere con il potente triumvirato Himmler-Bormann-Goebbels, aveva preferito fingersi indisposto. Finché non si fosse ristabilito, il generale Karl Koller era costretto a subire da solo i violenti attacchi di Hitler. "A ogni riunione, il Führer va avanti ore e ore a parlare dell'aviazione", lamentò Koller l'8 agosto, nei suoi scritti. "Rimprovera aspramente la *Luftwaffe* per la carenza di aerei, per i difetti tecnici degli stessi, per il non completamento del progetto *Me-262* e per altro ancora".

Sei squadroni della *Luftwaffe*, ognuno composto da 68 caccia, erano stati trasferiti nel *Reich* in luglio per provvedere ad alcune riparazioni. Quando Hitler ordinò a Kluge di preparare una seconda offensiva su Avranches, intorno a quegli aerei cominciò un tira e molla. La sera del giorno 8, il Führer impose a Jodl di trasferirne subito quattro squadroni a Ovest. Il giorno successivo, portò la richiesta a sei e confermò a Kluge che l'attacco avrebbe avuto luogo il giorno 11. Questi avrebbe dovuto impiegare sei divisioni corazzate, dirigendole più a sud-ovest rispetto al precedente attacco. Al comando dell'operazione doveva trovarsi il generale Hans Eberbach e non Fuck, considerato poco affidabile.

Finalmente, l'11 agosto, a Hitler venne presentato il generale Werner Kreipe, quale nuovo capo di Stato Maggiore della *Luftwaffe*. Kreipe scrisse nel proprio diario:

"Il Führer è divenuto eccessivamente curvo, ha del cotone nelle orecchie ed è spesso scosso da tremori. Non bisogna stringergli la mano con troppa foga (...). Prima si è informato sulla mia carriera, poi ha parlato lungamente delle cause di ciò che ha definito il fallimento della *Luftwaffe*: in primo luogo, gli errori commessi dai consiglieri tecnici del maresciallo del *Reich*, i quali si erano prodigati in fittizie promesse sulla quantità e qualità di nuove tipologie di aerei. Anche lo Stato Maggiore della stessa *Luftwaffe* probabilmente era stato ingannato e, per negligenza o ignoranza, aveva così fornito a lui medesimo informazioni errate, sulle quali aveva basato le proprie strategie. A questo proposito, ha fatto i nomi di Milch, Udet e Jeschonnek".

Kreipe giurò che mai gli avrebbe mentito.

Nel frattempo, in Francia, la fortuna sembrava avere abbandonato il Führer. Basti dire che gli eventi, colto di sorpresa Eberbach, sfuggirono al suo controllo. Il 12 agosto, anticipando le mosse tedesche sempre grazie all'eccellente opera dei decodificatori britannici, gli Alleati conquistarono Alencon, cittadina alle spalle della posizione tenuta da Eberbach. La sera del 13 le fauci che gli Alleati avevano stretto attorno all'esercito tedesco distavano appena 30 chilometri. Inglesi e canadesi premevano a nord da Falaise, gli americani incalzavano dalla città di Argentan. Nella sacca di Falaise, ebbero luogo aspri combattimenti. Pfeiffer, ex aiutante di Hitler, perì nel rogo del suo carro armato, Hans Junge, il giovane capitano delle *SS*, incaricato per il Führer della trasmissione di ordini militari, fu falciato dalle mitragliatrici di uno *Spitfire*. La moglie di questi, Traudl, era la più giovane segretaria di Hitler per cui il Führer non gliene diede notizia finché, qualche giorno più tardi, non ne ebbe ulteriore conferma. "Cara, mi rincresce. Suo marito aveva un carattere meraviglioso", le disse. Alcune lettere private di Bormann testimoniano il dolore di Hitler per quell'episodio.

Nel frattempo, la tattica del feldmaresciallo Kluge in Normandia sfuggiva a ogni logica interpretazione. Nonostante gli espliciti ordini del Führer, Kluge teneva dislocate troppo a nord le forze corazzate di Eberbach.

Il 14 agosto, Hitler gli ordinò nuovamente di attaccare, ad Alencon, il Quindicesimo Corpo Americano.

I carri armati del generale statunitense Patton scorazzavano liberamente attraverso la Bretagna e tutto lasciava credere che, a breve, la presenza tedesca in territorio francese sarebbe stata un ricordo. Un generale della *Luftwaffe* che partecipò al Consiglio di guerra pomeridiano di Hitler annotò: "Atmosfera tesa. Fegelin [ufficiale di collegamento di Himmler presso il Führer] ha accennato all'implicazione di altri alti ufficiali nel tentato golpe del 20 luglio". Quel pomeriggio, Himmler, discutendo privatamente con Hitler, portò prove ancora più concrete dell'implicazione di

Kluge e Rommel nella cospirazione. In tarda serata, Hitler fu informato che il nemico era sbarcato anche nella Riviera francese.

Si giunse, così, al 15 agosto 1944. "Il giorno peggiore della mia vita", ammise in seguito Hitler. Durante la riunione mattutina, venne data notizia di un'offensiva americana contro la sacca di Falaise. Kluge risultava irreperibile. Partito per andare da Eberbach a discutere in merito alla opportunità o meno di condurre un attacco su Alencon, non vi era mai arrivato. Inoltre, era stato intercettato un messaggio radio nemico che chiedeva informazioni su dove si trovasse Kluge. Il sospetto di un suo tradimento si fece quasi certezza. A sera, Hitler apprese che il camion dotato di radio di Kluge, dopo un ultimo messaggio mandato alle 9:30, non aveva più dato segni di vita e né Eberbach, né il generale delle *SS* Hausser, né Dietrich avevano notizie recenti del feldmaresciallo. Forse era deceduto in seguito a un attacco aereo o stava negoziando con il nemico la resa dell'intero fronte occidentale. "Cambiare il nostro destino arrendendosi agli inglesi per unire le nostre forze contro i russi, che idea stupida!" commentò Hitler alcuni giorni dopo. Alle 19:30, Hitler ordinò al generale delle *SS* Hausser di assumere il comando del Gruppo Armate B e fermare l'offensiva nemica che minacciava di circondare la Quinta Armata Corazzata. Di Kluge non si sapeva ancora niente. Hitler passò la notte insonne. Alle 6:00 del mattino prese ulteriori sedativi che non sortirono alcun effetto e alle 11:00 chiese gli fosse mandato un medico. Finalmente, si ebbe notizia dal quartier generale di Eberbach che Kluge, durante la notte, era arrivato nella sacca di Falaise, ma nessuno faceva riferimento a cosa egli avesse fatto nell'intera giornata precedente. Hitler, non potendo più fidarsi di lui, trasmise un ordine in cui chiedeva che Kluge rientrasse al quartier generale della Quinta Armata Corazzata per dirigere la ritirata.

Model, al quale Hitler aveva concesso la Croce di Ferro con diamanti il giorno precedente, già tornato sul fronte orientale, fu richiamato alla *Tana del Lupo* e nominato in segreto successore di Kluge. Poi, fu mandato in aereo da Kluge con una lettera sigillata che ordinava a quest'ultimo l'immediato rimpatrio. Il 17, quando Model, senza preavviso, giunse al quartier generale di Kluge, emanò quegli ordini che portarono, tre giorni dopo, all'insperato salvataggio del grosso delle forze tedesche accerchiate a Falaise.

Kluge tornò al paese natio sigillato in una bara: secondo il referto medico dell'esercito, era deceduto il 19 a seguito di un'emorragia cerebrale. Una successiva autopsia, condotta sempre dall'esercito su ordine del Führer, portò alle stesse conclusioni. Secondo il suo capo di Stato Maggiore, il generale Blumentritt, Kluge era stato profondamente colpito dall'insuccesso del suo contrattacco ad Avranches del 7 agosto. Aveva inviato il proprio figlio nella sacca di Falaise dicendogli: "Fai in modo che nessuno abbia a dire che ho inteso risparmiare un mio famigliare". Blumentritt lo aveva visto per l'ultima volta, il 18, battere i pugni contro la rappresentazione grafica della battaglia: "Avranches! Questa città mi è costata la reputazione di soldato. Passerò alla storia come il Benedeck del fronte occidentale[113]. Ho fatto del mio meglio, ma la sorte mi è stata avversa".

Sembrava che l'anziano feldmaresciallo fosse deceduto di morte naturale, ma Hitler ordinò alle *SS* di effettuare una terza autopsia: nel frattempo la morte di Kluge doveva restare un segreto. Adesso, Hitler vedeva in una luce molto più sinistra lo strano rimpatrio offerto dagli inglesi al generale delle truppe corazzate Hans Cramer poco prima dell'*Operazione Overlord.* Gli inglesi dovevano aver mandato Cramer per stabilire un contatto con i cospiratori! Così, avevano contattato anche Kluge? A seguito del 20 luglio la Gestapo aveva già arrestato Cramer per altri motivi. "Gli inglesi hanno annunciato", sentenziò Hitler a fine agosto, riflettendo ad alta voce, "che si trovavano in contatto con un generale tedesco. L'ufficiale che probabilmente fungeva da intermediario è già stato arrestato per altre ragioni. Secondo quella gente, quest'uomo avrebbe dovuto organizzare tutta la faccenda, arrendersi agli inglesi e marciare con loro contro l'Unione Sovietica. Un'idea assolutamente insensata". A metà agosto, però, l'esercito fece cadere le accuse contro Cramer per mancanza di

113 Nda. Ludwig Benedeck comandava l'esercito austriaco durante la guerra austro-prussiana. Nella battaglia di Königgrätz, 3 luglio 1866, venne duramente sconfitto dal generale Helmuth Molte .

prove. Hitler, insoddisfatto, ordinò ulteriori due inchieste. Su Cramer non fu provato alcunché di risolutivo, ma gli archivi britannici testimoniano che i loro servizi segreti erano insolitamente insistenti nel chiedere, ai nuovi prigionieri, notizie in merito a Cramer[114].

Il 18 agosto le forze americane, raggiunta la Senna, vennero a trovarsi a 60 chilometri da Parigi. L'esercito tedesco, in rotta attraverso il fiume, nella sua precipitosa fuga verso il confine della Germania aveva abbandonato, alla mercé del nemico, gran parte del proprio equipaggiamento pesante. Il generale della *Luftwaffe* Koller tornò da Parigi recando preoccupanti testimonianze sul decadimento morale dell'esercito a seguito dei quattro anni trascorsi in Francia. Il 19 agosto Hitler, convocati Speer, Keitel e Jodl, ordinò loro di gettare le basi per istituire un nuovo esercito da destinare al fronte occidentale, perché a novembre, quando l'aviazione nemica sarebbe rimasta a terra a causa delle cattive condizioni climatiche, pensava di condurre una grande controffensiva. A questo scopo, dovevano essere reclutate, addestrate ed equipaggiate 35 nuove divisioni. Nasceva, così, l'offensiva delle Ardenne. Bormann incolpò la *Luftwaffe* quasi di ogni fallimento e perfino Hitler, con sarcasmo, chiese quanto ancora avrebbe dovuto attendere prima che il maresciallo del *Reich* si fosse ristabilito. Göring non si presentò alla *Tana del Lupo* fino al 26 agosto. Nel frattempo, Bormann, con il contributo dei vari gerarchi, produsse un dossier sugli "scandali della *Luftwaffe*". In questi, risultò che, da alcuni depositi sotterranei, le bombe erano state tolte per far posto a merce contrabbandata dall'Italia e dalla Grecia. A Rechlin, principale aeroporto sperimentale, un tecnico rivelò che, sull'Ammersee, in Bavaria, era in corso di costruzione, a spese della *Luftwaffe*, una villa per il comandante e che gli operai per i lavori, sottratti all'aviazione, venivano condotti ogni fine settimana in loco e riportati indietro con aerei militari. Milch fu accusato di aver approvato alcuni sca-

114 Nda. Sull'arresto di Cramer si veda il diario di Schmundt, in data 2, 9, 14 e 24 agosto 1944 e gli interrogatori di un membro dello staff del generale Bayerlein, avvenuti il 28 luglio (serie di documenti del CSDIC n. 861).

denti progetti di velivoli e motori, per favorire i traffici dei suoi vecchi amici della *Lufthansa*[115]. Non stupisce che Hitler fosse solito fare paragoni tra Göring e Himmler, facendo notare che, mentre il secondo era stato capace di costituire nuovi battaglioni per l'esercito, il primo neppu-

re conosceva quanti uomini fossero alle sue dipendenze. Fu allora che il Führer pensò addirittura di sciogliere l'intera *Luftwaffe*. Il 17 agosto, telefonato al generale Kreipe, gli aveva ordinato di sostituire il feldmaresciallo Sperrle, l'obeso comandante della *Luftwaffe* in Francia, con Dessloch. Era tipico di Hitler l'aver procastinato quella decisione fino a quando la stessa risultava tardiva e inutile. La prima formazione da bombardamento, costituita da *Me-262,* ancora non era in servizio e Göring, Kreipe, Speer e Galland insistevano affinché tali bimotori venissero usati come caccia. Le raffinerie petrolifere, costituite in modo da non poter essere danneggiate dai bombardamenti, non avrebbero cominciato a funzionare prima del marzo 1945, ma entro dicembre del 1944 le riserve di carburante dell'*OKW* si sarebbero esaurite.

Il 20 agosto 1944, l'Armata Rossa sferrò un'ingente offensiva di fine estate sulla frontiera romena contro il Gruppo di Armate del generale Friessner. Entro tre giorni, la Sesta Armata sarebbe stata accerchiata, ma l'attenzione di Hitler era focalizzata sugli eventi francesi.

A Parigi, bande di partigiani erano insorte contro la guarnigione tedesca. La città era di importanza vitale sia militarmente che politicamente, per cui il 20 agosto il Führer ne aveva chiesta la strenua difesa. Ogni ponte sulla Senna tra Parigi e il mare era stato distrutto. Hitler dispose che quelli in città, pressoché intatti, fossero difesi con cannoni anticarro, perché se fossero caduti in mano nemica (Choltitz[116] neppure li aveva minati) gli anglo-a-

---

115 Nda. Il file di Martin Bormann sugli scandali della Luftwaffe è conservato nell'Archivio federale, collezione di Schumacher, file 315.

116 Ndt. Dietrich Choltitz (1894 – 1966), militare tedesco, fu governatore di Parigi durante gli ultimi giorni dell'occupazione tedesca nella città. In questo breve periodo, si rifiutò di obbedire agli ordini di Hitler, che intimava di radere al suolo la capitale francese prima che cadesse in mano agli Alleati.

mericani avrebbero potuto prendere alle spalle le difese costiere tedesche e impadronirsi delle rampe di lancio delle *V-1*. "Nel corso della Storia, la perdita di Parigi ha sempre significato la concessione dell'intero paese", ricordò il 22 agosto Hitler a Model. "Sul territorio urbano, i primi segni di rivolta devono immediatamente essere repressi con violenza: per esempio, facendo esplodere interi isolati, giustiziando pubblicamente gli insorti, deportando i residenti di interi quartieri, perché solo così sarà possibile evitare che la cosa ci sfugga di mano. I ponti sulla Senna ancora integri devono essere minati. Parigi non deve finire in mano nemica, ma se cadrà il nemico dovrà trovare un'immensa distesa di macerie".

Nei Balcani, la situazione risultava confusa. Quando, il 22 agosto, i due comandanti tedeschi del fronte sudorientale, Weichs e Löhr, si presentarono per una riunione con il Führer, il primo portò notizia di un riavvicinamento tra il generale Milan Nedic, Primo ministro del governo fantoccio serbo e Draza Mihalovic, capo dei guerriglieri cetnici per fronteggiare, coalizzandosi, la minaccia dei partigiani comunisti di Tito. Insieme, i due offrivano aiuto alla Germania nei Balcani purché gli fossero fornite le munizioni necessarie e consentito di costituire un esercito di 50.000 cetnici. Il feldmaresciallo Weichs perorava di contrattare un accordo, ma il latente risentimento, tipicamente austriaco, di Hitler nei confronti dei serbi, prevalse.

"Quello serbo è l'unico popolo eternamente coerente dei Balcani", scrisse Jodl nel proprio diario, riportando le parole del Führer. "Soltanto loro hanno la determinazione e il coraggio per continuare a perseguire il loro obiettivo di panslavismo serbo". Hitler non aveva dimenticato le passate esperienze nell'armare vicini dichiaratisi amici: avrebbe quindi consentito quel progetto solo in scala ridotta.

Tutti i vecchi alleati della Germania sembravano infatti decisi ad abbandonare la nave in difficoltà. Il 17 agosto, allorché Keitel aveva insignito il maresciallo Mannerheim di un'alta onorificenza tedesca, questi aveva esplicitamente replicato che era stato eletto dal suo popolo Presidente al posto di Ryti, per esprimere un diffuso dissenso contro la precedente politica filo-tedesca. All'altra estremità del fronte sovietico, le armate del maresciallo Rodion Malinovskij stavano dilagando in Romania. Hitler riponeva fiducia in Antonescu, non nell'esercito romeno. In realtà, egli aveva autorizzato il generale Friessner a ritirare il Gruppo di Armate dell'Ucraina meridionale su quella che era ovviamente la linea difensiva migliore, vale a dire da Galatz sul Danubio ai Carpazi, nel momento stesso in cui i sovietici avevano attaccato. Il 22 agosto, inoltre, i vertici dell'esercito romeno avevano incaricato alcuni esperti di valutare lo scavo di un canale largo 20 metri dal Danubio a Costanza, sul Mar Nero. Intanto, si moltiplicavano le voci (provenienti per esempio dall'addetto aeronautico tedesco in Ungheria) di un imminente colpo di stato in Romania. Paradossalmente, l'ambasciata tedesca a Bucarest sosteneva che tutto era tranquillo. Cosa questa inveritiera.

La sera del 23 agosto, Hitler stava prendendo il tè quando il suo aiutante della *Wehrmacht*, Amsberg, lo chiamò al telefono: Sonnleithner aveva appena saputo da Killinger ambasciatore tedesco a Bucarest – che nella capitale romena si assisteva a strani movimenti e Antonescu, convocato a Palazzo Reale, non aveva più fatto ritorno. Hitler commentò ad Amsberg: "Perché diavolo non ha voluto darmi ascolto?"

A breve, la radio romena trasmise un proclama di re Michele: "Il governo romeno ha accettato l'armistizio offertogli dall'Unione Sovietica e dalle Nazioni Unite". Che il re avesse imposto alle Forze Armate di non aprire il fuoco contro la *Wehrmacht* era per il Führer una magra consolazione: la maggior parte del fabbisogno petrolifero della Germania era soddisfatto dai pozzi romeni.

Per un po' Hitler rimuginò soluzioni disperate. Sonnleithner ha descritto in un documento inedito come quella sera il Führer fosse entrato a lunghe falcate nell'affollata stanza delle riunioni con indosso il suo mantello nero (quello che il vecchio esercito austriaco chiamava *pellegrina*), scrutando pallidissimo ognuno dei volti riuniti attorno al tavolo. Quella stessa sera, il generale Kreipe annotò:

"Conversazione telefonica con l'ambasciatore Killinger e

Gerstenberg [addetto della *Luftwaffe*] da Bucarest. Entrambi intrappolati nella loro delegazione. Killinger è un rottame, manda i saluti al Führer. Gerstenberg consiglia un attacco con bombardieri e l'impiego della Quinta Divisione Contraerea di Ploesti per occupare la città! Ho telefonato al Führer svariate volte. Egli approva le proposte di Gerstenberg e chiede l'arresto del sovrano. Stabilito ancora un contatto con Bucarest, poi interrottosi".

Come se la situazione fosse stata risolta, ricordò Sonnleithner, il morale ebbe a risollevarsi. Mentre riaccompagnava il Führer al suo bunker, questi improvvisamente disse: "Se sapesse com'è difficile! Nell'entrare nella sala, si comprende subito che è capitato qualcosa di brutto, emerge chiaramente dai volti di coloro presenti... Allora, bisogna ritrovare il controllo ed escogitare strategie per risolvere la situazione e ritrovare in sé l'entusiasmo e l'energia necessari per convincere tutti a seguirti e indurre ognuno a fornire il proprio contributo per fermare quell'improvvisa catastrofe".

Sonnleithner, da buon compatriota austriaco, percepiva quanto Hitler fosse esausto. Dalle 21:45 sino a notte fonda, il quartier generale del Führer trasmise ordini in Romania. Il generale Friessner doveva impossessarsi dei campi petroliferi e trovare il sistema per continuare a rifornire il *Reich* di greggio. A tal proposito, gli fu messo a disposizione ogni contingente tedesco presente nella regione. Il generale Hansen doveva soffocare il colpo di stato e la Quinta Divisione Antiarea di Ploesti occupare, come aveva suggerito Gerstenberg, la capitale. Inoltre, l'ammiraglio Brinkmann doveva prendere il porto di Costanza e, a capo del nuovo governo romeno, sarebbe stato messo un generale filonazista[117].

Hitler cominciò il Consiglio di guerra serale in estremo ritardo, verso le 2:00 del mattino e, in conclusione, si attardò a discutere ancora la situazione nei Balcani con Weichs. Gli disse

117 Nda. Il resoconto relativo ad Antonescu – e il tentativo di Hitler di individuare efficaci e celeri contromisure – sono annotati nel diario di guerra dello Stato Maggiore della marina (sull'argomento preferibile a quello dell'esercito); nelle memorie del generale Friessner, Verratene Schlachten (Amburgo, 1956) e dal rapporto della Quarta Forza Aerea (datato 11/02/1945) sugli eventi verificatisi in Romania nel 1944.

che pensava di evacuare la Grecia e abbandonarla al nemico nel momento in cui questi avrebbe sferrato l'attacco e che avrebbe spostato il suo *Schwerpunkt* nella parte settentrionale delle penisola ellenica. Ciò rendeva assolutamente indispensabile impedire ai bulgari, il cui passaggio al nemico era ovviamente una questione di ore, di impadronirsi, per conto degli Alleati, della linea ferroviaria da Nis a Skoplje, perché quella rappresentava l'unico legame con la Grecia.

Alle 3:30 Gerstenberg mandò da Ploesti un radiomessaggio al quartier generale del Führer: "Combattendo ho raggiunto Ploesti dove ho assunto il comando assieme al generale delle *SS* Hoffmeyer". Ma sia Hansen che Killinger avevano ormai perso ogni speranza. Il loro messaggio telefonico raggiunse la Prussia orientale un'ora più tardi:

"Non si tratta di un complotto ordito da una piccola cricca di corte, ma di un golpe organizzato dall'alto, che gode dell'appoggio delle Forze Armate e del popolo". Ormai, non si poteva trovare un solo generale romeno favorevole alla Germania nazista e, per giunta, i romeni controllavano i mezzi di comunicazione. "Dato il rapporto di forze, al momento non ci sono possibilità di successi politici o militari".

Ciò nonostante, prima di mezzogiorno i 2.000 soldati della contraerea tedesca si trovavano alla periferia nord della capitale. Gerstenberg, non concordando con la pessimistica valutazione di Hansen, chiese fosse effettuato un bombardamento aereo nel centro città. Ma le sue forze erano inferiori nella misura di 1 a 4 e per giunta i romeni, minate le principali strade di accesso a Bucarest, stavano radunando mezzi corazzati e artiglieria. Gerstenberg occupò la stazione radiofonica, ma, privo di truppe d'assalto, non poté procedere oltre. Hitler allora ordinò che fossero inviati in loco altri contingenti. "Consiglio di guerra con il Führer", scrisse a mezzogiorno un generale della *Luftwaffe*. "Argomento, la Romania. Hitler, molto ottimista, inveisce contro i servizi segreti delle *SS* e il ministro degli Esteri. Poi, prende in giro Ribbentrop, imitandolo. Presenti anche Goebbels e Bormann".

Prendendo a scusa i bombardamenti, il 25, la Romania dichiarò guerra alla Germania. Hitler trasferì a Bucarest, affidandogliene il comando, l'abile generale della *Luftwaffe*, Stahel, che aveva ottenuto ottimi risultati in Sicilia e, recentemente, a Vilna e Varsavia. Ma dopo quattro giorni dal suo arrivo in Romania, Stahel e Gerstenberg furono catturati dall'Armata Rossa, che oramai spaziava liberamente nel paese. Killinger, mentre la sua ambasciataveniva invasa, si suicidò.

Trovandosi adesso alle spalle un'ostile Romania, il Gruppo di Armate di Friessner crollò e, in quella disfatta, furono annientate 16 divisioni tedesche. La Finlandia e la Bulgaria barcollavano e anche dagli ungheresi giungevano avvisaglie di un imminente terremoto. Hitler infondeva nei suoi diretti collaboratori la solita sicurezza e dinamicità. Johannes Göhler, un giovane capitano delle *SS* da poco ammesso ai Consigli di guerra del Führer come aiutante di Fegelein, dopo la riunione del 27 agosto 1944 annotò:

"Provo per il Führer la più profonda ammirazione. Egli è un uomo unico, sia come politico che come comandante militare. Irradia una calma rassicurante. Più di una volta, l'ho sentito esprimersi con asprezza, quando qualcuno negava volutamente, o per ignoranza, la brutale realtà dei fatti. Quando ciò avviene, lui pare accorgersene immediatamente. Tutto ciò mi colpisce enormemente..., ma ciò che in me desta maggiore meraviglia è l'ascendente che egli esercita sugli altri: ho visto ufficiali di grado elevatissimo presentarsi carichi di angosce e preoccupazioni, per poi andarsene, dopo aver parlato con lui, colmi di rinnovata speranza".

A Berlino, intanto, i processi a carico dei cospiratori proseguivano. Hitler, visionate le riprese del procedimento del tribunale popolare contro il feldmaresciallo Witzleben e altri imputati, ne aveva provato disgusto. Quindi, decise di ammonire Roland Freisler per il modo in cui svolgeva il ruolo di giudice: "Quello si comporta come un'attoruncolo da strapazzo; trasformando in una farsa un processo che, riguardando gente da noi equiparata a criminali comuni, dovrebbe essere rapido", disse a Schaub. Anche le impiccagioni furono filmate, ma Hitler preferì non vederle. E quando Fegelin gli mostrò le fotografie dei cadaveri nudi, lui con rabbia le gettò. In linea con il suo temperamento, alla fine di agosto, Hitler ordinò a Himmler di assegnare un sussidio mensile ai familiari dei giustiziati, "per evitare che finiscano in miseria".

Il 25 agosto 1944, la rassegnata resa di Choltitz a Parigi rese impossibile approntare in tempo utile un fronte difensivo lungo la linea *Somme-Marna*. In merito alla vergognosa ritirata operata in Francia, al Führer giunsero notizie deprimenti. In un settore, gli ufficiali in fuga, pistola in pugno, si erano aperti la strada su un ponte reso impercorribile dal traffico congestionato. Autocarri della *Luftwaffe* erano stati visti fuggire carichi di oggetti rubati e soldati, mentre l'aviazione nemica, indisturbata, mitragliava a volo radente colonne di profughi. Le stesse disgustose scene si erano registrate nei centri abitati di Varsavia, Parigi e Bucarest. Hitler, per evitare il ripetersi di quegliepisodi, diede ordine a tutte le autorità locali di evacuare, in tempo utile, i comandi tedeschi dalle città occupate:

"Le nostre autorità civili e militari talvolta assieme alle loro famiglie, tal'altre accompagnandosi a impiegate di sesso femminile spesso conducono una vita opulenta e irresponsabile, senza occuparsi dei loro obblighi militari. Così, in un momento di criticità, le sconfitte al fronte e le insurrezioni cittadine trovano i nostri uomini incapaci di reagire. Conseguenza di questo sono le precipitose fughe e le scene di panico, aggravate dalla presenza, su automezzi carichi di disonore, di donne, straniere e tedesche, e merci sottratte alla popolazione locale. Fatti del genere ledono gravemente l'immagine dell'esercito, delle autorità tedesche e, quindi, del *Reich*".

La disastrosa perdita della Francia tormentava il Führer. A conclusione di un Consiglio di guerra, un ufficiale delle *SS*, avvicinatosi a Hitler, fu udito metterlo al corrente di alcuni episodi nei dettagli: "*Mein Führer*, non capisco cosa sia accaduto. Mi trovavo ad Avranches con la mia divisione e un contingente dell'esercito: pur non essendoci nemici davanti a noi e per quanto la costa non distasse molto, non fummo autorizzati ad avanzare! Quando feci presente al feldmaresciallo Kluge che un nostro attacco avrebbe quasi certamente avuto successo, rispose che stava obbedendo a ordini impostigli dall'Alto Comando. Se fossimo stati mandati in avanti, questo pasticcio si sarebbe potuto evitare!" Hitler lanciò uno sguardo carico di significato in direzione di Sonnleitner: "Vede, quali altre prove servono oltre queste! Si è trattato di un deliberato atto di tradimento!"

Naturalmente, Kluge non aveva più modo di salvare la propria reputazione. Le sue spoglie si trovavano ancora nella chiesa del suo villaggio, in attesa di degna sepoltura, quando, il 28 agosto, il generale Burgdorf, capo del personale dell'esercito, mostrò a Hitler l'esito della terza autopsia effettuata su Kluge da alcuni medici delle *SS*. Bormann, soddisfatto, annotò:

"La sera del 28 agosto, il generale delle *SS* Fegelin mi ha rivelato che un'analisi effettuata dal *RSHA* (Ufficio di Sicurezza del *Reich*) ha stabilito che la morte di Kluge è avvenuta per avvelenamento da cianuro e che, prima di morire, lo stesso aveva scritto una lunga lettera di addio al Führer (...). La lettera diceva che, da buon soldato, egli aveva tratto le conseguenze del proprio fallimento, che del resto aveva previsto e temuto da tempo. A parere di Kluge la sconfitta della Germania era scritta. Il Führer avrebbe dovuto accettarlo e prendere decisioni coraggiose".

Lo scritto era un miscuglio di fanatismo nazista, personali attestati di fedeltà e disfattismo. Il giorno successivo, un controinterrogatorio del nipote di Kluge, effettuato dal tribunale del popolo, dimostrò che quegli era un membro della congiura. Le prove apparivano talmente schiaccianti che il giudice Freisler, non sapendo che Kluge fosse morto, sospese l'udienza e ne dispose l'arresto. Hitler gli accordò un tranquillo funerale con drappi funebri portati da soldati, ma senza alcun particolare onore, poiché era evidente che Kluge fosse stato impossibilitato a prendere contatto con il nemico solo dalla fatalità che aveva voluto il suo camion, recante l'attrezzatura radiofonica, distrutto da un caccia nemico. "Solo il caso ha impedito l'attuazione del suo piano", disse Hitler il 31 agosto. "Questo spiega la condotta militare di tutto il suo corpo d'armata"[118].

---

118 Nda. Il genero di Kluge, dottor Udo Esch, del corpo medico dell'esercito tedesco, il 27 luglio del 1945, interrogato dal CIC, dichiarò di essere stato lui a fornire il cianuro a Kluge. Quest'ultimo, disse Esch, aveva discusso con lui la possibilità di negoziare la resa dell'intero

Kluge a 62 anni aveva rinunciato alla lotta. Hitler a 55 non si sarebbe arreso. "Se necessario, continueremo a batterci sul Reno. Il luogo dove si svolge la battaglia non ha la minima importanza. Qualunque cosa accadrà, seguiteremo a combattere fino a quando, come disse Federico *il Grande*, uno dei nostri nemici non si sarà stancato al punto da rifiutare il proseguo della guerra".

Rommel può scegliere

"Ho sempre sostenuto", osservò Hitler mentre l'autunno del 1944 si avvicinava, "che i tempi sono maturi per una decisione politica... E non c'è bisogno che aggiunga che, di certo, non mi lascerei sfuggire un'occasione propizia. Ma, ovviamente, sarebbe da ingenui considerare percorribili o sperare risolutive iniziative politiche in un momento di gravi disfatte militari". Le parole del Führer rappresentavano un rimprovero rivolto sia contro il ministro degli Esteri Ribbentrop, che verso Kluge. Il giorno prima, 30 agosto 1944, Ribbentrop aveva chiesto autorizzazione a negoziare una possibile pace. Ma Hitler continuava imperterrito ad aspettare il momento in cui le divergenze tra Est e Ovest avessero finalmente condotto i sovietici al conflitto aperto con i loro alleati occidentali.

Il 1° settembre, lasciò intendere a un diplomatico francese che uno dei vantaggi degli arretramenti tedeschi sul fronte orientale consisteva nel far sì che i sovietici, avanzando, rendessero palese agli occhi del mondo la loro brutale natura. Stava forse in questo il motivo per cui Hitler adesso era pronto a ritirare le proprie truppe dai Balcani? Forse, per offrire ai nemici qualcosa su cui accapigliarsi tra loro? Il 2 settembre, Weichs telegrafò che alcuni ufficiali britannici avevano chiesto un incontro per concordare, sul fronte greco, la ritirata tedesca e l'avanzamento inglese, in modo che non si registrasse un momentaneo vuoto, di

fronte occidentale. "Si diresse verso la prima linea, ma non riuscì a mettersi in contatto con gli Alleati".

cui i comunisti avrebbero potuto approfittare. Weichs rammentò a Jodl che Hitler aveva espresso il desiderio di rinunciare alla Grecia meridionale: da alcune documentazioni nemiche, cadute in mano tedesca, emergeva l'intenzione dei comunisti di impadronirsi di posizioni chiave, anticipando gli inglesi.

Il Führer, che ormai aveva obiettivi più lontani, disse di no. I tedeschi comunque cominciarono a ritirarsi dalla Grecia meridionale e gli inglesi non li ostacolarono. Era quello un altro segnale, rifletté Hitler, che Stalin nutriva ambizioni su tutta la regione balcanica. "È politicamente opportuno", annotò Jodl nel proprio diario, "fomentare, laddove ci ritiriamo, dissidi tra comunisti e nazionalisti". Hitler aveva un'altra carta da giocarsi. Attraverso canali giapponesi, a fine agosto, aveva ricevuto notizie circa l'intenzione di Stalin di non distruggere la Germania per avvalersi della sua industria bellica nel probabile e imminente conflitto contro l'Occidente. "Stalin sembra disposto a concludere un accordo di pace persino con la Germania nazista comandata da Adolf Hitler", recitava un telegramma proveniente da Tokyo. Per questo motivo, aggiungeva, l'offensiva sovietica si era fermata ai confini del 1940 e Stalin, al contrario degli Alleati, preservava le città tedesche da bombardamenti aerei terroristici.

Guderian convenne con il Führer che, se la Germania avesse resistito ancora qualche mese, avrebbe migliorato la propria posizione militare e politica[119].

Non condividendo gli obiettivi strategici di Hitler, la Finlan-

119 Nda. Il 25 agosto, due ufficiali della marina giapponese informarono l'addetto diplomatico russo alla marina tedesca del punto di vista di Stalin. Il relativo telegramma dell'ambasciatore tedesco Georg Stahmer da Tokyo raggiunse Ribbentrop il giorno successivo (ministero degli Esteri, file di Ritter, serie 1436, pag. 363.344). Probabilmente, tutto ciò era connesso al recente ritorno a Tokyo dell'ambasciatore sovietico Jakob Malik. Pochi giorni dopo, il ministro degli Esteri giapponese, Mamoru Shigemitsu, visitò Stahmer. Il 4 settembre, l'ambasciatore Oshima giunse da Berlino alla Tana del Lupo, per fare esplicite proposte allo stesso Führer. Questi, dipinta un'ottimistica descrizione della situazione in cui versava la Germania – imminente controffensiva con nuove divisioni, innovativi caccia e sconosciute tipologie di sottomarini –, sottolineò che non vi era alcun segnale che palesasse in Stalin un desiderio di pace. Per questo, Hitler chiese all'ambasciatore giapponese di trattenersi da tali obiettivi. Sull'episodio, si può leggere anche il diario di guerra dello Stato Maggiore della marina e la testimonianza di Speer a Norimberga.

dia si apprestava a seguire l'esempio della Romania. Il 21 agosto, una controffensiva condotta dalla Terza Armata Corazzata aveva riaperto i contatti con l'isolato Gruppo di Armate Nord comandato da Schörner. Questi si presentò sei giorni dopo dal Führer chiedendo il permesso di evacuare l'Estonia. Bastò un prolungato silenzio di Hitler, per convincere Schörner a lasciar cadere la richiesta. Pochi giorni dopo, si venne a conoscenza delle trattative segrete in corso tra Finlandia e Russia per raggiungere un armistizio. Il 2 settembre, il generale Kreipe scrisse nel proprio diario: "Durante il Consiglio di guerra [il Führer] dichiara di fidarsi di Mannerheim e prende alcune urgenti decisioni".

Himmler, nel corso della stessa giornata, avvisò Hitler che anche l'Ungheria aveva in mente un voltafaccia.

L'8 settembre, la Bulgaria dichiarò guerra al *Reich*.

Dal quel restringimento dei confini e delle zone di influenza nacque presto una certezza: nel giro di pochi mesi, l'industria bellica tedesca non avrebbe avuto più il combustibile e le materie prime di cui abbisognava. In agosto, Hitler aveva chiesto a Speer di studiare per quanto tempo la guerra potesse proseguire in una "minima zona economica". Le istruzioni date a Speer prevedevano l'abbandono della Norvegia, di tutta l'Europa Meridionale sino alle Alpi, al fiume Sava, in Jugoslavia e al fiume Tisza, in Ungheria.

Il *Reich* aveva già dovuto rinunciare al manganese dell'Ucraina, al cromo della Turchia, al tungsteno della Spagna e del Portogallo, al petrolio della Romania, ai minerali dei Balcani, alla bauxite della Francia e, probabilmente, al nichel finlandese estratto a Petsamo. Non si sapeva per quanto ancora la Svezia avrebbe mantenuto le forniture di ferro. Il 3 settembre, Speer assicurò a Dönitz di avere scorte di ferro sufficienti a soddisfare il fabbisogno per tutto il 1945. Ma, in un successivo incontro, quando gli esperti risposero alle domande di Hitler sulla "minima zona economica", le conclusioni furono ben diverse: "Se proseguirà l'attuale ritmo di produzione di acciaio speciale, le nostre scorte di cromo saranno esaurite entro la fine del 1944".

Ammesso che si riuscisse a superare quella difficoltà, la produzione di acciaio si sarebbe comunque arrestata entro il 31 agosto

1945. "Hitler, improvvisamente, cominciò a parlare della guerra", riferì un medico che in quei giorni lo aveva in cura. "Disse che gli inglesi e gli americani avevano sbagliato i loro conti. La Germania disponeva, infatti, di materie prime sufficienti per un intero anno e scorte di benzina per almeno 11 mesi".

In ogni modo, tutto ciò implicava che la tanto attesa rottura tra Est e Ovest – che essa potesse o meno giovare realmente alla Germania di Hitler avrebbe dovuto verificarsi entro il limite temporale di "un anno".

Le conseguenze cliniche degli accadimenti del 20 luglio non erano affatto scomparse. Il braccio, ancora sofferente, non consentiva a Hitler di radersi da sé e dal barbiere affidatogli aveva contratto un fastidioso raffreddore e una conseguente sinusite che, procurandogli forti emicranie, lo costringeva a ulteriori notti insonni. Il 18 agosto, visitato dal professor Eicken, questi gli aveva prescritto un sulfamidico diverso dall'*Ultraseptyl*, al cui utilizzo Morell si oppose con fermezza: "Non se ne parla. Il Führer è allergico a qualsiasi altro farmaco".

Per alleviare il mal di testa, Giesing lo sottopose a un leggero trattamento a base di cocaina. Anche se spesso questa gli procurava un fastidioso incremento della sudorazione, Hitler ne trasse immediato giovamento. In un'occasione, colto da vertigini, la vista gli si oscurò e, per non cadere, dovette sorreggersi al tavolo per un paio di minuti. È probabile che, nelle settimane a seguire, il Führer avesse chiesto al medico di perseverare nella somministrazione di cocaina. Per certo, risulta che gli abbia detto: "Spero, dottore, che lei non stia facendo di me un tossicomane".

In quei giorni, cominciò a mostrare un interesse morboso per il proprio corpo, appropriandosi del vocabolario medico di Giesing e sperimentando sui propri attendenti la strumentazione del dottore, dopo che quegli se ne era andato. La memoria cominciava a venirgli meno e dimenticava facilmente nomi e volti: "Ma quale importanza può avere la mia salute", diceva frequentemente al medico, "in un momento in cui l'esistenza stessa della nostra nazione è minacciata?"

L'attentato alla sua vita lo aveva reso anche irritabile e scorbutico. Un giorno, uscito dal bunker per avviarsi a piedi verso la baracca delle riunioni, trovò il suo atletico aiutante delle *SS* Richard Schulze pronto ad accompagnarlo: "*Herrgott!*" esplose Hitler, "non riesco mai a restare solo!"

Sospettava di tutti, vecchie e nuove conoscenze.

La Gestapo sorvegliava i movimenti di Rommel da poco ristabilitosi.

Sul fronte occidentale, il Führer aveva nuovamente nominato il feldmaresciallo Rundstedt comandante supremo. La sua lealtà non era in discussione. Model, capo del Gruppo Armate B, ne assunse la guida tattica. Il 3 settembre cadde Bruxelles e il giorno successivo Anversa: nessun tentativo era stato fatto per distruggere le installazioni portuali della città. Model riferì che gli Alleati disponevano di 2.500 carri armati, mentre l'intera forza corazzata tedesca schierata sul fronte occidentale non arrivava a 100. Senza un'adeguata copertura aerea, la lotta era senza speranza. Le rampe di lancio delle *V-1* posizionate nella Francia settentrionale erano state catturate dalnemico, ma il 3 settembre Hitler dispose che i lanci dei razzi fossero effettuati da aerei *Heinkel* modificati allo scopo. La produzione delle *V-1* aveva raggiunto le 3.419 unità mensili. I danni subiti da Londra erano ingenti, tanto che, nel mese di agosto, un sobborgo della città aveva accusato il grave danneggiamento di più di 20.000 abitazioni al giorno. Il governo britannico fu costretto ad ammettere che, nel tentativo di bloccare le *V-1*, l'aviazione aveva sacrificato 450 velivoli e 2.900 piloti. Da poco, Hitler aveva inoltre cominciato ad avvalersi delle *V-2* (razzi *A-4* dell'esercito dal peso di 14 tonnellate) lanciate da rampe mobili dislocate in territorio olandese.

Per accertarsi che tutto procedesse al meglio, Hitler affidò al generale delle *SS* Kammler la direzione del bombardamento con le *V-1* e le *V-2*. L'8 settembre, il primo gigantesco missile devastò il centro di Londra. Hitler, raggiante, ordinato a Himmler di decorare l'ingegnere Wernher Braun, disse a Speer di portare la produzione di *V-2* a 900 al mese. L'ira del Führer nei confronti della *Luftwaffe* si poteva ormai considerare patologica. Quando, il 3 settembre, Kreipe gli espose la situazione del carburante, Hitler sorprese tutti, dicendo: "Sto seriamente pensando di eliminare l'aeronautica militare e triplicare l'artiglieria contraerea". Il giorno 5, come risulta dai diari di Kreipe, nel corso di una riunione alla *Tana del Lupo*, Hitler ribadì le sue critiche alla *Luftwaffe*:

"Il Führer ha parlato per primo: una tirata contro la *Luftwaffe* che, oltre a non combinare niente di buono, peggiora di anno in anno e continua a raccontargli menzogne sui dati della produzione e sulle caratteristiche dei velivoli. Collasso totale in Francia, dove il personale di terra e gli addetti alle comunicazioni, invece di sostenere l'esercito nella battaglia, hanno abbandonato in tutta fretta gli aeroporti per salvare la propria pelle. Si è discusso del *Me-262*. Solite argomentazioni a favore del 'bombardiere ad alta velocità'. Sia pure in termini più morbidi, il Führer ha parlato del proposito futuro di costruire solo *Me262* e di triplicare le difese antiaeree (...). I disegni dei nostri caccia sono errati. Per combattere contro i bombardieri quadrimotori servono caccia pesanti, bimotori, muniti di armi di grosso calibro. Su richiesta del maresciallo del *Reich*, il colonnello Boehm-Tettelbach, che in passato ha comandato una formazione di caccia, è stato ammesso alla riunione. Basandosi sulla sua personale esperienza, costui ha affermato che i caccia pesanti non rappresentano l'arma più efficace contro i bombardieri. Al che, il suddetto colonnello è stato messo alla porta".

Göring, tuttavia, fornì a Hitler i mezzi per coprire il varco apertosi sulla frontiera tedesca tra la Settima Armata e il Mare del Nord. Il 4 settembre, il Führer ordinò a Student di generare una nuova armata, la Prima Armata Paracadutisti, da schierare lungo il canale Alberto in Belgio per difendere il fronte di 100 chilometri da Maastrichtad Anversa. La linea da Anversa al mare sarebbe invece stata affidata ai resti della Quindicesima Armata che ancora combatteva sull'estuario del fiume Schelda. Da quando Hitler, Keitel e Bormann avevano diramato a generali, comandanti e gerarchi, ordini draconiani, l'avanzata nemica a sud era sotto controllo. Quando i gerarchi informarono Bormann che i comandi militari si erano stabiliti in alberghi lussuosi e castelli all'interno dei confini del *Reich*, Hitler intervenne personalmente suggerendo ai generali di fare alloggiare i propri subordinati in abitazioni quanto più modeste possibile.

Intanto, lungo i confini occidentali, donne, bambini e anziani scavavano senza sosta per predisporre nuove difese e fortificazioni. Per fronteggiare l'invasione degli Alleati, le fabbriche avevano intensificato la produzione di armi anticarro, pezzi d'artiglieria, carri armati e munizioni: richieste che Hitler aveva avanzato in vista della sua offensiva invernale, la "grande occasione" che, come lui aveva previsto, gli sarebbe stata offerta "dalla nebbia, dalla notte e dal paesaggio innevato".

Gli Alleati, poiché i migliori porti francesi si trovavano ancora in mano a guarnigioni tedesche, lamentavano penuria di carburante, ma Jodl sconsigliò di intraprendere una controffensiva prima del 1° novembre del 1944. Così, il programma di addestramento per i *Volksgrenadier* di Himmler e gli speciali programmi di produzione di Speer furono calibrati in vista di quella data che Hitler aveva già stabilito a metà agosto. Intanto, le ore di inattività che i medici gli avevano imposto concessero al Führer la possibilità di riflettere e congetturare una strategia ancora più azzardata.

Verso il 12 settembre, fatto chiamare Jodl, distese una particolareggiata mappa geografica sul letto. Disse di essersi risolto a lanciare una controffensiva nelle Ardenne eriprendere così Anversa nel corso dell'inverno. Quello stesso giorno, il Führer decise di creare, in territorio tedesco, una nuova armata corazzata delle *SS*, che sarebbe stata affidata al generale Sepp Dietrich. Quest'ultimo venne dunque trasferito dalla Quinta Armata Corazzata e, per celare la motivazione di questo dislocamento, al successore (Hasso Manteuffel) venne detto che Dietrich sarebbe stato più utile in patria che al fronte. Questa Sesta Armata Corazzata *SS* sarebbe stata l'avanguardia dell'offensiva di Rundstedt nelle Ardenne.

Perché affidare tale compito alle *SS*? La risposta, forse, dipendeva dagli scarsi risultati ottenuti dall'esercito sul fronte occidentale e dai rapporti della Gestapo, che qualificavano lo stesso poco motivato e incline alla defezione. Allo stesso modo, molti dei generali della *Wehrmacht*, seppure esenti dal disfattismo dilagante che aveva condotto al tentato golpe di luglio, erano imputabili di preoccuparsi dei propri bisogni dimenticando i doveri militari. Ad esempio, mentre le truppe al fronte avevano disperato bisogno di rinforzi, alcuni di loro utilizzavano reparti di soldati in perfetto stato di salute a protezione delle proprie abitazioni. A causa della penuria di combustibile, i reattori *Me-262* dovevano essere trascinati sino alle piste di lancio con i buoi, ma questo non aveva impedito a Stauffenberg di farsi scarrozzare dal proprio autista, per intere giornate, in gite di piacere. Per giunta, la cantina della sua abitazione, secondo il rapporto della Gestapo, era stata trovata ben rifornita di alcolici e di altre cose difficilmente reperibili anche al mercato nero.

Il 16 settembre, a conclusione del Consiglio di guerra, Hitler chiese a Jodl, Guderian, Buhle, Fegelein, Hewel e alcuni altri di attardarsi in sua compagnia. Il diario di Kreipe riferisce che Jodl prese la parola per affermare che, al momento, sul fronte occidentale 55 divisioni tedesche si trovavano a fronteggiarne 96 nemiche. Poco dopo "il Führer interruppe Jodl per dire che aveva deciso di operare un contrattacco nelle Ardenne, con obiettivo Anversa". Hitler riteneva che la posizione difensiva tedesca fosse sufficientemente salda da compensare la superiorità numerica dei contingenti nemici: "L'attuale fronte può essere facilmente difeso. La nostra offensiva sarà affidata a 30 nuove divisioni di *Volksgrenadier* e mezzi corazzati, più alcune ulteriori divisioni di carri armati provenienti dal fronte orientale. Separate le truppe inglesi da quelle americane nel loro punto di giuntura, andremo avanti verso una nuova Dunkerque!"

Con Anversa in mano tedesca, il nemico non avrebbe neppure avuto un porto per evacuare le proprie truppe. Il diario di Kreipe inoltre riporta: "Guderian mostra perplessità a causa della situazione sul fronte orientale e Jodl ammonisce sulla superiorità aerea degli Alleati". E ancora: "Il Führer chiede che, per il 1° novembre, siano operativi almeno 1.500 nuovi caccia". Le fondate preoccupazioni di alcuni furono presto accantonate: "L'offensiva avrà luogo in inverno perché le impervie condizioni climatiche non permetteranno al nemico di fare affidamento sulla sua superiorità aerea. Rundstedt guiderà l'attacco". Con un cenno di assenso, concluse Hitler, i presenti sarebbero stati tenuti, pena la morte, a mantenere estrema riservatezza sul piano in atto.

Le truppe americane si trovavano adesso sul territorio del *Reich* ed era in corso una sanguinosa battaglia per il possesso di Aquisgrana. Quello stesso 16 settembre, Hitler inviò ai generali il seguente messaggio segreto, da trasmettersi a voce alle truppe combattenti:

"La guerra a Occidente ha toccato il territorio tedesco. Città e villaggi del *Reich* diverranno campi di battaglia. Questa consapevolezza deve indurre ogni uomo a battersi con fanatismo, facendo in modo che qualsiasi fortificazione, edificio o paese possano trasformarsi in fortezze, di fronte alle quali il nemico dovrà essere distrutto o i difensori stessi cadranno, dopo una strenua lotta corpo a corpo. Non sarà una guerra di movimento, ma una scelta tra difesa a oltranza o annientamento...".

Sul fronte orientale, l'Armata Rossa aveva nuovamente preso d'assalto il Gruppo Armate Nord di Schörner. La linea del Narva era stata sfondata e, il 16 settembre, Guderian e Schörner si recarono dal Führer per sollecitare nuovamente l'evacuazione dell'Estonia, proponendo anche di far arretrare il Gruppo Armate Nord sino a una testa di ponte a Riga. Hitler, ancora riluttante, obiettò che le 33 divisioni di Schörner stavano tenendo impegnate oltre 100 divisioni russe. Inoltre, come il Führer rivelò, visto l'interesse del Cremlino a sondare per una trattativa, era necessario avere buone carte da giocarsi nel caso di un possibile armistizio con i sovietici. Stavolta, il ministro degli Esteri tedesco ebbe l'autorizzazione a favorire una preventiva discussione per instaurare una trattativa di pace, ma l'intermediario sovietico, dopo aver caldeggiato un incontro, non si presentò all'appuntamento.

Il 17 settembre 1944, ogni incertezza sulle successive mosse degli Alleati si dissolse. Invece di tentare un attacco frontale al vallo occidentale, gli anglo-americani produssero un'azione con truppe aviotrasportate contro i ponti dei fiumi olandesi: scopo della manovra impossessarsi di importanti snodi di comunicazione che andavano da Eindhoven al ponte sul Reno ad Arnheim, circa 70 chilometri più a nord. Avanguardie corazzate anglo-americane si spinsero immediatamente lungo il corridoio che si era aperto in direzione dello Zuider Zee. Il loro intento consisteva nell'isolare i contingenti tedeschi presenti in territorio olandese e distruggere le basi di lancio delle *V-2* situate nei pressi de l'Aia. Alla notizia, Hitler quasi ebbe un mancamento. Il suo aiutante per l'aeronautica scrisse nel proprio memoriale: "Interminabili telefonate e continuo invio di ordini difensivi. Nel pomeriggio ulteriore incontro con Jodl. Grande agitazione".

Gli Alleati avevano impegnato nell'operazione oltre 1.500 aerei da trasporto e 500 alianti. Arnheim, lontana dai campi di battaglia tedeschi, non sembrava difendibile: il comandante della città, rimasto ucciso durante un attacco aereo, era stavo avvicendato da un aiutante in etàavanzata, un certo maggiore Ernst Schleifenbaum. Il presidio comprendeva veterani della prima guerra mondiale, appartenenti a ben 28 diverse unità. Questi anziani soldati, equipaggiati con armi sottratte al nemico e una ventina di caricatori a testa, ebbero incarico di difendere Arnheim dall'attacco portato da 10.000 paracadutisti nemici, fino all'arrivo dei rinforzi. Qualche settimana dopo, Schleifenbaum appuntò:

"Quando il feldmaresciallo Model al telefono mi disse 'Lei risponderà a me della difesa di Arnheim!', ebbi l'impressione di svenire. Poi, il caratteraccio degli abitanti della regione Siegerland venne in mio soccorso... noi vecchi combattenti possiamo ancora dare molto".

L'intero piano operativo nemico dell'operazione fu recuperato tra i rottami di un aliante e, nonostante la mattina successiva gli Alleati avessero gettato nella battaglia un ulteriore contingente aviotrasportato, Arnheim rimase in mani tedesche: dopo Aquisgrana, fu quello il secondo successo difensivo di Hitler a Occidente. Quando si ritirarono fino a Nijmegen, gli inglesi lasciarono sul campo oltre 1.000 morti e 6.450 prigionieri[120].

Inizialmente, il Führer non considerò quella battaglia una vit-

---

120 Nda. L'operazione di Arnheim è descritta nel resoconto del generale Student, scritta sul giornale Der Frontsoldat erzählt, 1952; nella lettera di Schleifenbaum a Gieslen, datata 11 gennaio 1945 e archiviata nel microfilm T81, rullino 122, pag.4665 e segg. e in una lettera mai pubblicata del colonnello W. Harzer, risalente al dicembre 1955.

toria. Anzi, inveì contro "l'idiozia di consentire al nemico di impadronirsi di ponti ancora intatti". Né quel successo contribuì minimamente a moderare la campagna che il partito conduceva da tempo contro Göring. Quasi intendessero oltremodo infierire sulla scomoda posizione di quest'ultimo, gli inglesi incentivarono gli attacchi aerei notturni sulle città tedesche.

L'antica Königsberg era un cumulo di rovine e un bombardamento a tappeto sul centro abitato di Darmstadt in mezz'ora uccise 12.000 civili. Hitler cominciò a prendere in considerazione l'ipotesi di sostituire Göring con un comandante operativo della *Luftwaffe*, come Greim. Il 18 settembre l'ira del Führer si amplificò: "Nel corso del Consiglio di guerra", scrisse Kreipe, "è giunta notizia di nuovi atterraggi di truppe aviotrasportate nemiche in Olanda. Hitler, persa la pazienza, ha espresso tutto il suo disappunto per l'operato della *Luftwaffe*. Vuole informazioni immediate su quanti caccia si siano effettivamente levati nei cieli olandesi per fronteggiare il nemico. Io, telefonato alla *Luftflotte Reich*, ho appreso che, a causa del maltempo, quasi nessun aereo aveva lasciato gli aeroporti. Il Führer si servì di questa risposta per esternare ulteriori, pungenti, critiche. 'L'aviazione è guidata da incompetenti e vigliacchi che hanno l'abitudine, nel momento del bisogno, di lasciarci nei pasticci. Corre voce che molte unità della *Luftwaffe* stiano fuggendo oltre il Reno!'. Kreipe chiese qualche riferimento oggettivo, ma Hitler lo chiamò direttamente in causa: "Non ho alcuna voglia di discuterne con lei. Domani voglio che mi sia condotto il maresciallo del *Reich*... mi auguro lei sia capace almeno di provvedere a un compito di tale portata!"

Il giorno successivo, Kreipe prese altri appunti: "Riunione con il Führer. Atmosfera glaciale. Io vengo ignorato. Alla fine Göring si presenta a colloquio da Hitler. Tenta di far parlare anche me, ma il Führer gli fa cenno di preferire un incontro esclusivo con lui. Alle 20:00 Göring torna pallido e stremato. Dopo un lungo silenzio, mi dice che io non piaccio a Hitler perché paleso poca fiducia in lui. Egli mi qualifica come il tipico ufficiale da scrivania, una macchina da calcolo e "un inaffidabile disfattista, capace solo di criticare e contraddire". Poco dopo la mezzanotte,

Fegelein informò Kreipe che, da quel momento, gli era interdetto l'accesso alla *Tana del Lupo*.

Radici profonde erano all'origine di quel comportamento arrogante e illogico di Hitler. Una consisteva nell'aver dovuto autorizzare, il giorno 18, l'abbandono dell'Estonia da parte del Gruppo Armate Nord di Schörner. Un'altra era da ricercarsi nell'inconfessata paura che, a seguito del 20 luglio, passando da una malattia all'altra, la sua vita stesse lentamente scivolando via senza ch'egli avesse ancora raggiunto un qualche obiettivo concreto.

Costantemente afflitto da emicranie, Hitler, il 19 settembre, si fece accompagnare in auto presso un ospedale per sottoporsi a un esame radiografico del cranio. Gli furono fatte tre radiografie (tutte ritrovate dagli Alleati nel 1945)[121] e alla fine il Führer, strette le mani alle suore cattoliche che lo avevano assistito come infermiere, pregò il professor Hasselbach di accompagnarlo sino al reparto in cui ancora erano ricoverati alcuni feriti dell'attentato del 20 luglio. Schmundt aveva la febbre alta (la moglie scrisse nel proprio diario: "Pomeriggio. Visita del Führer. Essa sortisce l'effetto di un potente medicinale)". Al capezzale del generale, avuta notizia dai medici dell'irreversibilità di una prognosi che a breve lo avrebbe condotto al decesso, Hitler si commosse.

"Mi hanno interpellato troppo tardi", aveva affermato Morell quella mattina. "Altrimenti, con l'utilizzo della mia penicillina, forse, si sarebbe salvato".

Tornando all'automobile, il Fuhrer si trovò circondato da alcune centinaia di degenti che lo accolsero con acclamazioni entusiaste. Molti erano mutilati, ma l'emozione di quell'inaspettato incontro era facilmente ravvisabile nei loro occhi. Per tutta la settimana successiva, le stanze che Hitler occupava nel bunker furono affollate da un via vai di medici. Il professor Eicken giunse da Berlino per eseguire una lavanda della cavità nasale. Intanto, Gie-

121 Nda. Nel 1968, lo scrittore sovietico Lev Bezymenski pubblicò delle eccellenti fotografie della mandibola di un cadavere rinvenuto, nel 1945, nel giardino della cancelleria. Come dimostrato in Die Zeit (Amburgo) il 14 gennaio del 1972, quella mandibola era identica a quella radiografata il 19 settembre 1944 e a quella disegnata a memoria, nel 1945, dal dentista del Führer, professor Blaschke, durante l'interrogatorio cui fu sottoposto dagli americani.

sing e Hasselbach si occupavano degli altri malanni e ferite. Gli spasmi al ventre si erano ripresentati e neppure le pillole contro i gas intestinali del dottor Köster riuscivano a eliminarli. Alla luce del giorno, la pelle e gli occhi di Hitler assumevano un insano colorito giallastro. Il generale Nikolaus Vormann, comandante della Nona Armata prossimo al pensionamento, così lo descrisse in alcuni appunti presi dopo la visita del 26 settembre:

"L'uomo che mi accolse aveva l'aspetto spossato. Lasciatosi cadere su una poltrona, mi chiese di sedermi accanto a lui. Senza curarsi di chiedermi alcunché, prese a parlare della vittoria finale e delle sue armi segrete. Quando tentai di accennare alla disperata situazione sulla Vistola e a Varsavia, da dove io provenivo, mi interruppe: 'Il suo successore [generale Smilo Lüttwitz], riceverà tutto il supporto necessario'. Parlava talmente a bassa voce e in modo tanto incerto da risultare, spesso, incomprensibile. Le mani gli tremavano al punto da essere costretto a bloccarle tra le ginocchia".

Più tardi, sempre quel 26 settembre, Himmler si presentò con una borsa stracolma di carte da discutere. Il primo degli argomenti era: "Tradimenti dal 1939 in poi". In una cassaforte del comando generale dell'*Abwehr*, gli investigatori della Gestapo avevano raccolto ulteriori conferme circa un complotto ordito, fin dal 1939, ai danni di Hitler dal maggiore Goerdeler, il generale Oster, il generale Beck e, soprattutto, l'ammiraglio Canaris. Quest'ultimo, con la complicità dei propri collaboratori, aveva consegnato al nemico i piani e le date della campagna occidentale operata dalla Germania (*Operazione Giallo*) nel 1940.

I documenti erano stati conservati da due collaboratori di Canaris (Oster e Dohnanyi) allo scopo di processare in futuro Brauchitsch, allora comandante in capo dell'esercito, per essersi rifiutato di partecipare al complotto. Tempo addietro, attraverso il generale Muñoz Grandes che aveva guidato il contingente spagnolo in Unione Sovietica, si era appreso che Canaris era intervenuto personalmente per dissuadere Franco dall'entrare in guerra a fianco della Germania. Quando, in luglio, era stato arrestato, Canaris aveva inventato una storia dopo l'altra, ma i suoi complici Oster e Dohnanyi, durante un faccia a faccia, lo avevano smentito, tradendolo con la stessa prontezza con cui avevano voltato le spalle al Terzo *Reich*. Anche il generale Alexander Pfuhlstein, ex comandante della Divisione d'Assalto *Brandeburgo* arrestato il 4 settembre, aveva coinvolto Canaris nel complotto e persino nell'attentato al Führer. Pareva che l'ammiraglio avesse addirittura progettato di attaccare la *Tana del Lupo*, servendosi della suddetta divisione. Secondo le previsioni di Canaris, la Germania sarebbe stata sconfitta entro dicembre del 1943. Il colonnello Hansen aveva suggerito, sotto interrogatorio, di cercare i diari dell'ammiraglio, ma al loro posto erano stati trovati quei documenti, conservati nella cassaforte di un altro colonnello dell'*Abwehr*, rimasto vittima dell'epidemia di suicidi successivi al 20 luglio. Quei documenti testimoniavano che, nel novembre del 1939, i congiurati avevano mandato l'allora colonnello George Thomas, un altro dei collaboratori di Keitel, a parlare con Halder e Brauchitsch per convincerlo a unirsi a loro. Halder aveva opposto un netto rifiuto: gli inglesi combattevano contro la Germania, aveva risposto, non contro Hitler.

Uno studio, redatto sempre nel 1939 da Oster, particolareggiava un possibile colpo di stato, mentre tre voluminosi memorandum di Beck e alcuni stralci del diario di Canaris gettavano una nuova luce sul caso della Cappella nera del 1943 e sui misteriosi contatti dell'*Abwehr* con il Vaticano. Quegli incartamenti dimostravano inoltre che, nell'aprile del 1940, il generale Thomas aveva mostrato a Halder una lettera di un certo Joseph Müller[122] che confermava il tradimento: il Vaticano, in questa, si diceva disposto a intercedere con inglesi e francesi, a condizione che Hitler e Ribbentrop fossero eliminati. Venuto a conoscenza di

122 Ndt. L'avvocato bavarese Josef Müller (1898-1979), esponente del cattolicesimo tedesco durante la Repubblica di Weimar, fu, al termine della seconda guerra mondiale, tra i fondatori dell'Unione Cristiano Sociale in Baviera (CSU). Durante il regime nazista, divenne uno dei più attivi esponenti dell'opposizione ed ebbe, tra il 1939 e il 1940, contatti assidui col Vaticano. Müller faceva parte dell'Abwehr dell'ammiraglio Canaris, uno dei centri maggiormente occulti dell'opposizione anti-hitleriana. Fu inviato a Roma per prendere contatto con l'entourage del Pontefice Pio XII e metterlo a conoscenza dei progetti del gruppo di opposizione di rovesciare Hitler e costruire una Germania democratica. Al Papa fu chiesto di fare da tramite e garante con il governo inglese, ruolo che Pio XII accettò di svolgere per mezzo dell'ambasciatore inglese presso la Santa Sede, Osborne.

ciò, Brauchitsch aveva suggerito a Halder l'arresto di Thomas. Lo stesso Müller aveva comunicato al Vaticano, senz'altro su indicazione dell'*Abwehr*, la data dell'*Operazione Giallo*. La complicità di Canaris era evidente dal fatto che egli aveva successivamente fatto insabbiare tutta la vicenda. Allo stesso modo, Oster aveva messo direttamente in guardia anche gli olandesi. Hitler, con un mezzo sorriso, riferì a Jodl quanto appena appreso da Himmler[123]. I fatti che riguardavano Canaris, disse, erano così terribili da non poter essere resi pubblici, se non dopo la fine della guerra. Soltanto allora si sarebbe potuto tenere un processo nel quale il popolo tedesco avrebbe conosciuto verità ora sconvenienti e assaporato il piacere della vendetta. Pochi giorni dopo, Morell, visitato Hitler che lamentava disturbi gastro-intestinali, scrisse che quella sintomatologia era probabilmente conseguenza di dispiaceri recenti. In uno speciale memorandum, che il medico registrò qualche giorno dopo, compare un accorato commento dello stesso Hitler:

"Dice che le settimane successive al 20 luglio sono state le peggiori della sua vita. Ha combattuto un'eroica battaglia, tale che nessun tedesco potrebbe mai immaginare. È rimasto in piedi, nonostante provasse indicibili dolori, vertigini e nausea (cosa, quest'ultima, di cui non mi ha mai accennato). Ha conquistato tutti con la sua ferrea determinazione. Spesso, si è sentito prossimo al collasso, ma grazie alla forza di volontà è riuscito a superare quella debolezza".

Un'altra tragedia personale stava per abbattersi su Hitler. Ma prima che ciò accadesse Bormann, il 26 settembre del 1944, riuscì a ottenere da lui la firma su un decreto che ordinava al partito di istituire, a difesa della patria, un'armata popolare, la *Volkssturm*, attingendo tra tutti gli uomini in buone condizioni fisiche di età compresa tra i 16 e i 60 anni. L'idea era nata da Guderian che, allarmato dal continuo prelievo di uomini a Est per rafforzare il

123 Nda. La visita di Himmler a Hitler del 26 settembre '44 è stata qui ricostruita grazie alla sua agenda scritta a mano (microfilm T175, rullino 94, pag. 5.056); grazie alla lettera di Bormann alla moglie; agli interrogatori di Canaris e Pfuhlstein (collezione di documenti nazisti, Archivio Federale di Coblenza n. 4/41) e al diario di guerra del capo del personale dell'esercito oltre che agli interrogatori di Jodl, Lahausen e Thomas.

vallo occidentale, aveva proposto la creazione di una riserva territoriale (*Landsturm*), con la quale poter tappare le falle che si verificavano nelle linee difensive. Bormann, tuttavia, aveva posto in risalto i successi conseguiti a Occidente dal partito e Rundstedt si era complimentato con lui. Hitler si fidava di Bormann e così il partito ebbe l'incarico di generare la *Volkssturm*, ovvero mobilitare il popolo esattamente come Stalin aveva fatto nel 1941, arruolando gli operai di Mosca e Leningrado.

Nella notte del 27 settembre 1944, Hitler ebbe un attacco di crampi allo stomaco e al ventre così intenso da doversi mordere le labbra per non gridare. La mattina dopo rifiutò di alzarsi e, con addosso una vestaglia di flanella grigia che nascondeva un pigiama militare, rimase a letto con sguardo assente. Informato Morell, questi, dopo aver diagnosticato i soliti fastidi intestinali, gli iniettò estratto di fegato. I dolori, però, si fecero più insistenti. Il grasso medico, forse conscio della sua limitata competenza, fu visto allontanarsi dal bunker pallido e sudato. Alle 21:00, dopo l'ora del tè, Morell si limitò a scrivere: "Ho detto al Führer che ha un aspetto giallastro".

Il dottor Giesing sosteneva trattarsi di itterizia, ma Morell dissentì rabbiosamente, insistendo nel voler somministrare al paziente olio di ricino e nella necessità di apportargli clisteri di camomilla calda. Cura tutt'altro che semplice, dato che Hitler, per eccessivo pudore, rifiutava di mettere in mostra le parti basse: alla fine accettò il compromesso di tentare da solo (senza successo) la somministrazione del clistere.

I dolori peggioravano ancora. Tra il 28 e il 30 settembre, Hitler perse tre chili. Effettuati gli esami del sangue e delle urine, Morell si rifiutò di mostrarne gli esiti agli altri medici. La *Tana del Lupo* era come paralizzata. Tutti i Consigli di guerra furono annullati. L'ammiraglio Puttkamer, quasi ristabilito dalle ferite riportate a seguito dell'attentato del 20 luglio, presentatosi traballante sulle stampelle per leggere i bollettini di guerra, trovò Hitler immobilizzato e privo di reazioni.

Il 1° ottobre, il generale Schmundt, colpito anch'egli nell'attentato, morì. Schulze, aiutante delle *SS*, trovò Hitler in pantaloni neri, camicia senza colletto e bretelle, seduto sul bordo del letto. Proprio quel giorno, cadeva il trentesimo compleanno di Schulze e Hitler gli porse il tradizionale orologio d'oro *Glashütte*: "Non credo che avrò modo di consegnarne ancora molti", mormorò. Tre giorni dopo, Puttkamer accompagnò dal Führer la vedova Schmundt. Gli occhi di Hitler si riempirono di lacrime: "Lei, signora", disse, "deve consolare me. È stata una perdita enorme".

La malattia non accennava a placarsi. Il dottor Giesing, sperimentate su se stesso le pillole contro i gas intestinali del dottor Köster, si avvide che esse provocavano in lui gli stessi sintomi accusati dal Führer: irascibilità, avversione alla luce, eccessiva sete, inappetenza, eccessiva sensibilità del palato e persino i ben noti crampi al ventre. Tra icomponenti del medicinale, Giesing scoprì che figuravano anche stricnina e atropina, sostanze con cui, fin dai giorni di Stalingrado, Hitler continuava ad avvelenarsi. Giesing fece presente al Führer la tossicità dei due componenti: "L'atropina agisce sul sistema nervoso centrale inizialmente come stimolante, ma in seguito come paralizzante. Colpisce il proencefalo dando luogo a stati di esaltazione psichica (allegrezza, loquacità, irrequietezza, allucinazioni visive e uditive, e momenti di delirio che possono degerare in atti di violenza e parossismo)".

"La stricnina", proseguì Giesing, "tende adaccumularsi e agisce sul sistema nervoso rendendo più acuta la percezione sensoriale: a seguito di somministrazione prolungata, la sensibilità alla luce può mutare in vera e propria avversione e analoghi cambiamenti sono riscontrabili anche negli altri sensi".

Si generò un'immediata "congiura dei medici" che però ebbe vita breve. I rivali di Morell si coalizzarono per eliminarlo e il dottor Brandt, che era stato chirurgo di Hitler fin dal 1934, giunse in fretta da Berlino. Ottenuto un campione delle urine del Führer, esaminatolo, vi rilevò la stricnina e accusò Morell di negligenza dolosa. Ma Hitler difese quest'ultimo a spada tratta: "Ogni cittadino tedesco ha diritto a scegliersi il medico che preferisce", protestò il Führer, "e io ho fatto la mia scelta".

Morell, impaurito, cercò delle giustificazioni. "Quando la

notte scorsa ho visitato il Führer", annotò il 5 ottobre, "gli ho chiesto il favore di mettere per iscritto che io non gli ho mai suggerito di prendere ogni giorno ingenti quantitativi di pillole contro i gas intestinali e che, più volte, lo avevo pregato di sottoporsi a un esame radiografico gastrointestinale e altri accertamenti, ai quali lui ha sempre opposto un deciso rifiuto. Il Führer si è detto d'accordo ed ha aggiunto che avrebbe provveduto redigendo una lettera a me indirizzata".

Hitler assicurò Morell di essersi assunto lui stesso ogni responsabilità. Oltre a tale indulgenza, egli pregò Bormann di liberarlo di tutti gli altri medici. I conti del dottor Giesing vennero saldati in data 9 ottobre. Poco dopo, Himmler accompagnò il proprio medico dal Führer, il trentaseienne chirurgo ortopedico Ludwig Strumpfegger, un allampanato maggiore delle *SS* dalla brillante reputazione. Strumpfegger sostituì Brandt, Hasselbach e Giesing alla corte del Führer.

L'illogica ed esasperante lealtà di Hitler verso la sua vecchia guardia, come aveva salvato Morell, trasse d'impaccio anche Göring. Il 21 settembre, Hitler, incontrato il generale Greim, comandante della Sesta Squadra Aerea sul fronte orientale, gli aveva proposto di divenire "vice comandante in capo" della *Luftwaffe*, alle dirette dipendenze di Göring. Per ben due settimane, Greim discusse la cosa con Himmler, Fegelein e Bormann, ma Göring, persa la pazienza, lo rispedì al fronte orientale e, subito dopo, si recò a Rominten Heide per una battuta di caccia.

Alla *Tana del Lupo*, quando Hitler riprese le sue riunioni, la *Luftwaffe* era rappresentata dal solo generale Christian Eckhard. Durante le due settimane di malattia del Führer, la guerra aveva subìto un momento di stallo. Dall'Ungheria seguitavano a pervenire voci inquietanti, la preparazione dell'offensiva della Ardenne proseguiva e, a Varsavia, la rivolta polacca sembrava essere stata domata. Nella Norvegia settentrionale, su autorizzazione del Führer, la Ventesima Armata ripiegò sulla linea tra Narvik e il fiordo di Lyngen. Nei Balcani, Hitler dispose l'evacuazione della Grecia, della Macedonia e dell'Albania meridionali. Intanto, si consumavano le ultime ore di presenza tedesca in Estonia.

Schörner si era concesso 10 giorni per l'evacuazione, che aveva avuto inizio il 18 settembre. Una settantina di navi tedesche, caricati gli ultimi contingenti presenti nei porti baltici, erano riuscite a imbarcare anche circa 100.000 profughi estoni. La popolazione indigena, timorosa di essere abbandonata in mani sovietiche, paventava di rifugiarsi nelle foreste, confidando in un ritorno dei nazisti.

Il 7 ottobre i russi portarono un poderoso attacco. L'annuncio che persino la Prussia orientale fosse minacciata convinse Hitler, nonostante l'ancora pessimo stato di salute, a lasciare il letto. Ai generali, che insistevano per abbandonare la *Tana del Lupo*, lui replicava: "I prussiani direbbero, a ragione, che li ho abbandonati ai sovietici". Questa povera gente ha già conosciuto l'oppressione sovietica nel 1914 e nel 1915. Vorrei risparmiare loro il ripetersi di quella terribile esperienza".

A metà ottobre, si rendeva ormai necessario prendere una decisione sul futuro di Rommel. Il feldmaresciallo, ristabilitosi dall'incidente, era stato visto dagli agenti della Gestapo incaricati di sorvegliarlo, passeggiare con il figlio Manfred. Inoltre, da Bormann, giungeva voce che lo stesso Rommel era stato sentito, da funzionari del partito, criticare aspramente il regime.

Le prove, nei suoi confronti, apparivano inconfutabili. L'imbarazzata testimonianza, resa alla Gestapo, dal capo di Stato Maggiore Hans Speidel completava quanto Hofacker aveva già confusamente espresso: Speidel aveva testimoniato il 4 ottobre (data in cui egli stesso era stato processato da un giurì d'onore) di aver appreso da Hofacker di un complotto contro il Führer e di aver immediatamente trasmesso l'informazione a Rommel, suo diretto superiore. "Egli non comprese", riferì Ernst Kaltenbrunner parlando di Speidel, "che Rommel avrebbe tenuto quella rivelazione per sé".

Verso il 7 ottobre, Hitler mostrò a Keitel il testo delle testimonianze e telefonò a casa di Rommel, invitandolo a comparire innanzi a lui. Pur non sospettando niente, Rommel chiese di posticipare l'incontro asserendo che la ferita alla testa ancora gli procurava fastidi.

Restava solo di appellarsi alla sua dignità. Sotto dettatura di Hitler, il giorno 12, Keitel scrisse a Rommel una lettera, nella quale gli si suggeriva di presentarsi al cospetto del Führer per dimostrare la sua estraneità alle accuse che gli venivano mosse, oppure di assumere un comportamento auspicabile in un ufficiale prussiano, quanto in un gentiluomo. Altrimenti si sarebbe reso necessario un deferimento e il tribunale del popolo.

Il corpulento generale Burgdorf, successore di Schmundt, accompagnato dall'ufficiale responsabile dei servizi legali, Maisel, portò la missiva alla villa di Rommel, che si trovava nel pressi di Ulm. Gliela consegnarono il 14 ottobre, verso l'ora di pranzo. Il felmaresciallo, benché innocente, fece quanto in obbligo e la sera stessa Hitler fu informato che Rommel era deceduto a seguito di complicazioni insorte per la sua ferita alla testa. Il solo commento del Führer fu un indifferente: "Ecco, un altro della vecchia guardia che lascia il campo".

Burgdorf, fatto ritorno con il bastone e il copricapo da maresciallo di Rommel, si presentò a rapporto dal Führer. Rommel, appreso del contenuto della lettera, gli aveva domandato se Hitler era a conoscenza delle due testimonianze che lo accusavano. Ricevuta risposta affermativa, aveva chiesto un po' di tempo per riflettere. Burgdorf, dopo avergli assicurato un funerale con tutti gli onori per salvarne la reputazione, si era premurato di suggerirgli di lasciar perdere la pistola e usare il veleno.

Neppure i più intimi collaboratori di Hitler vennero a conoscenza del tipo di morte scelto da Rommel. Il 15 o 16 ottobre, il colonnello Amsberg compilò il necrologio che sarebbe apparso sulla gazzetta militare. Trattandosi di un feldmaresciallo, doveva essere redatto a nome del Führer e da lui personalmente firmato.

Trascorsero alcuni giorni e Amsberg, non avendo notizie da Hitler, si decise a domandare se il testo dovesse essere in qualche modo modificato. Il Führer, mordendosi le labbra e tenendo gli occhi bassi, mormorò: "Non firmerò questo necrologio. Non posso mentire".

Seduti sulla bocca di un vulcano

Il 15 ottobre 1944, giorno successivo a quello dell'improvvisa morte di Rommel, in Ungheria, i servizi segreti tedeschi destituirono il sovrano ponendo fine a "1.000 anni di storia ungherese". Il colpo di stato era inpreparazione sin da luglio, quando Horthy aveva inviato al Führer, tramite Béla Miklós, una lettera con la quale rendeva nota la propria intenzione di nominare un governo militare. Hitler, ricevuto il generale Miklós il 21 luglio, probabilmente gli aveva fatto alcune promesse in merito alla sorte degli ebrei ungheresi perché, quattro giorni dopo, Himmler pose fine alle deportazioni.

Il comandante del *Reich* aveva già preso contatto con alcuni intermediari Alleati per liberarsi degli ebrei senza ricorrere ai soliti metodi brutali, proponendo di consegnarli a loro in cambio di merci e valuta pregiata. Ma il 20 luglio, Ribbentrop aveva informato Edmund Veesenmayer, suo corrispondente a Budapest, che gli Alleati non si erano dichiarati disponibili a farsene carico. Come rivelano alcuni appunti da lui stesso presi a matita proprio in quei giorni, Himmler stava discutendo con Hitler il "trasferimento degli ebrei all'estero". La proposta consisteva in uno scambio con valuta estera, (trattenendo) come ostaggi le personalità tra questi più importanti. Himmler, aggiunse un proprio commento: "Io sono assolutamente contrario", accanto alla precisazione che la valuta doveva arrivare "dall'estero". Ad ogni modo, il Führer impose le sue ragioni. I primi 318 ebrei ungheresi furono trasferiti in Svizzera dal campo di Bergen-Belsen. Gli intermediari di Himmler chiedevano anche una contropartita di autocarri ("da usarsi solo sul fronte orientale"), ma, nonostante altri ebrei fossero stati successivamente liberati (1.355 in dicembre e 1.100 nel febbraio 1945), la trattativa venne a cadere[124]. Pur

124 Nda. Nei file di Himmler compare un rapporto, trasmesso per telescrivente dal colonnello Kurt Becher, datato 25 agosto 1944. In esso era scritto: "il fatto che 300 soggetti (ebrei) abbiano effettivamente varcato la frontiera intaccherà l'opinione della parte avversa, secondo la quale i nostri scopi sono puramente propagandistici" (T175, rull. 59, pag. 4473 e seg.). In effetti l'obiettivo principale per cui fu concesso a 1.200 ebrei di emigrare in Svizzera con-

di mantenere il controllo dell'Ungheria, ultima fonte di petrolio, non c'era alcun atto di violenza che Hitler non fosse disposto a commettere. Dalla fine di agosto del 1944, quando Horthy provocò apertamente il Führer annunciando di aver posto il generale Geza Lakatos a capo di un nuovo governo militare in sostituzione del filotedesco Döme Sztójay, Hitler aveva ricevuto da Budapest continui, allarmanti segnali.

In principio, confidando che una vittoria militare del generale Friessner potesse risollevare il morale del vacillante governo ungherese, Hitler cercò di temporeggiare. Persino quando, il 7 settembre, Horthy emanò quello che aveva l'aria di essere un ultimatum, chiedendo cinque divisioni tedesche "entro ventiquattr'ore", altrimenti avrebbe trattato un armistizio con il nemico, Hitler ordinò a Guderian di assecondare, nei limiti del possibile, ogni pretesa. Ma la mattina seguente, l'addetto aeronautico tedesco, il generale Cuno Heribert Fuetterer, telefonò da Budapest riferendo che "succedevano cose simili a quelle accadute in Romania".

Hitler prese la cosa sul serio, anche perché lo stesso Fuetterer era stato colui che aveva preannunciato il colpo di stato di Bucarest. Hilter aveva cinque settimane per approntare in Ungheria un contro–colpo di stato, simile a quello che in agosto aveva tentato invano di realizzare in territorio romeno.

A seguito della deposizione di Antonescu, gli Stati Maggiori generali ungherese e tedesco avevano concordato di sferrare da Klausenburg un'offensiva volta a riconquistare la parte romena della Transilvania e, successivamente, fortificare la linea difensiva dei Carpazi. L'attacco, che ebbe inizio il giorno 5, fallì miseramente: senza consultare il Führer, il governo ungherese di Lakatos fermò, per motivi politici, l'avanzata verso la Transilvania. La cosa generava sospetti e, quando il 12, il generale Janos Voros chiese ulteriore assistenza militare, Hitler gli disse: "Non nutro la minima fiducia nel vostro nuovo governo". Il Führer riteneva

---

sisteva nel migliorare l'immagine di Himmler all'estero. Lui stesso affermò al ministro delle Finanze Krosigk che, nei successivi due anni, nulla sarebbe accaduto agli ebrei che ancora si trovavano in Germania: "ne abbiamo bisogno come garanzia per future negoziazioni".

che Horthy stesse meditando un voltafaccia in sintonia con quello italico: quegli reclamava, infatti, contingenti tedeschi d'élite ai confini orientali ungheresi, per poi abbandonarli alla mercé dell'Armata Rossa, se fosse riuscito a concludere un accordo con Stalin. Hitler si trovava di fronte a un dilemma. Sebbene non avesse alcun interesse a mantenere la parte orientale di territorio ungherese oltre il fiume Tisza (Tibisco), non potendo rinunciare alle regioni occidentali del paese, si vedeva costretto a inviare le proprie truppe dove richiestogli, accettando il rischio di un eventuale tradimento.

Assieme al maggiore delle *SS* Otto Skorzeny, Hitler pianificò di debellare la perniciosa influenza che Horthy esercitava sui generali ungheresi. Immediatamente dopo la deposizione di Antonescu in Romania, il comandante delle *SS* a Bucarest, il generale Otto Winkelmann, si era premurato di reperire le mappe dell'edificio e dei sistemi di sorveglianza della Cittadella, residenza di Horthy. Hitler trascorreva parecchie ore al giorno di fronte a quelle carte, fantasticando sui modi per rapire e deporre il reggente ungherese. Lo faceva con l'identica cura dei dettagli che aveva dedicato, nel 1939, all'attacco del ponte di Dirschau e, nel 1940, alla fortezza di Eben-Emael.

La strategia di Hitler per l'Ungheria, nel settembre del 1944, si basava sulla confortante certezza che, dopo l'occupazione della Romania, l'Armata Rossa, in virtù delle storiche aspirazioni sovietiche sui Dardanelli, si sarebbe diretta a sud per impossessarsi della penisola balcanica prima che vi sbarcassero gli anglo-americani. Invece, l'offensiva russa, dirigendosi a nord verso la pianura ungherese, dimostrò quanto errate fossero le previsioni di Hitler il quale, evidentemente, aveva smarrito quel suo istinto strategico che in passato tanto gli era valso.

Il 23 settembre, i servizi segreti comunicarono alla *Tana del Lupo* di un avvenuto contatto, prima in Italia, poi in Svizzera, tra Horthy e gli Alleati. Immediatamente, Hitler ordinò alla *Luftwaffe* di pattugliare gli aeroporti ungheresi per impedire a Horthy di espatriare la propria famiglia. Poi discusse con Jodl la possibilità di affidare a tre quattro battaglioni di paracadutisti la cattura del reggente. Infine, cinque giorni dopo, si decise ad affidare l'incarico di cui sopra a 500 uomini delle *Waffen SS* muniti di alianti e comandati da Skorzeny. I tempi stringevano: Winkelmann aveva appreso che il comandante militare ungherese di Budapest, Bakay, stava progettando il fermo in massa di tutti i simpatizzanti per la Germania.

Il 25 settembre, Hitler classificò l'intero territorio ungherese come "zona d'operazione tedesca" affidandolo così alla responsabilità dello Stato Maggiore generale unificato: in questo modo, si sarebbero evitati quei contrasti di competenze che tanto avevano nuociuto al tentativo di porre rimedio al golpe di Bucarest. Ferenc Szálasi, leader dell'estrema destra ungherese, si dichiarò pronto ad assumersi la responsabilità del nuovo governo. Milioni di volantini, pronti per essere divulgati il giorno del colpo di stato raggiunsero segretamente Budapest su furgoni sigillati della polizia.

Ma improvvisamente Hitler si ammalò e questo costrinse a rinviare di alcuni giorni il colpo di stato di Budapest. Tuttavia, venuto a conoscenza che Horthy aveva inviato dei negoziatori a Mosca, il 3 ottobre, dal proprio letto Hitler ordinò la strenua difesa del territorio ungherese, "anche se siamo seduti sulla bocca di un vulcano"[125].

Il giorno 6, Winkelmann decise di forzare la mano a Horthy pensando che (come avrebbe poi spiegato a Himmler) non si potesse "continuare a rimandare un colpo di stato già pronto da tempo". Così, progettò il rapimento di quattro diretti collaboratori di Horthy, tra i quali il figlio e il generale Bakay, che fu tratto in arresto all'alba del 10 ottobre. Quello stesso giorno, Bach-Zelewski ebbe ordine dal Führer di appoggiare l'operazione di Skorzney servendosi di un mortaio da 650 mm. Giunse a Budapest il giorno 13. A tutta la faccenda fu dato il nome in codice di *Operazione Panzerfaust*.

125 Nda. Nelle clausole dettate da Molotov alla delegazione ungherese, l'8 ottobre 1944, si richiedeva all'Ungheria non solo di dichiarare immediatamente guerra alla Germania, ma di intraprendere nel contempo le ostilità contro i tedeschi – proprio come Hitler aveva ansiosamente previsto. Il 10 Horthy trasmise la sua accettazione per cablogramma. Ironia della sorte, Jozsef Dudás, uno dei membri della delegazione, dirigerà nel 1956 l'insurrezione anticomunista a Budapest.

Per rendere più incisive le loro pressioni su Horthy, i sovietici, dal 6 ottobre, avevano sferrato un'imponente offensiva che, partendo dalla zona compresa tra Arad e Klausenburg, si sviluppava nelle pianure in direzione di Debrecen e Szolnok, quest'ultima sul fiume Tisza. Il Gruppo di Armate di Friessner rischiava così di restare intrappolato nei Carpazi, ma Hitler era riuscito a radunare a Debrecen tre divisioni corazzate: il 10 ebbe inizio uno scontro tra carri armati che, protrattosi per quattro giorni, si concluse con la distruzione di alcune unità corazzate russe. Ciò, però, non cambiò le cose: Horthy, in gran segreto, aveva già ordinato alla Prima e alla Seconda Armata ungherese di ritirarsi. Friessner era sconvolto e nei diari di guerra del suo comando si legge: "Il 13 ottobre si è avuta una crisi gravissima, uno dei contingenti ungheresi, nel corso della battaglia, si è improvvisamente schierato dalla parte del nemico".

Nella notte successiva, Hitler inviò le necessarie istruzioni a Veesenmayer, suo emissario politico a Budapest. La mattina del 14 ottobre, notizie sempre più allarmanti giungevano dall'Ungheria. Nel frattempo, era arrivato nella capitale magiara l'ambasciatore della Repubblica Sociale Italiana (*RSI*) Rudolf Rahn e, con lui, 42 carri *Tigre*. All'1:30 del mattino, Hitler tenne il solito Consiglio di guerra che terminò alle prime luci dell'alba. Da Budapest si era appreso che Horthy aveva sollecitato un incontro con Veesenmayer per l'indomani all'ora di pranzo. Ciò presumibilmente significava che era giunto il momento dell'ufficializzazione del voltafaccia dell'Ungheria. Nella notte, lo Stato Maggiore generale ungherese intimò a Guderian di ritirare dal fronte le truppe di loro appartenenza, ma la risposta di Guderian, che venne portata a Budapest dal generale Wenck, fu tassativa: si ingiungeva agli ungheresi di non interferire con l'attività del Gruppo di Armate di Friessner e di revocare, entro 12 ore, l'ordine di ritirata dato alla Prima e Seconda Armata. Verso le 10:00, proprio mentre questo ultimatum tedesco veniva recapitato, gli uomini di Skorzeny, attiratolo con il pretesto di fargli incontrare un emissario del maresciallo Tito, rapivano il figlio di Horthy. Così, quando alle 12:30 del 15 ottobre Hitler venne svegliato, il più era già accaduto e il figlio di Horthy, avvolto in un tappeto e caricato su un aereo, si trovava già a Vienna. Ma leggiamo, dal soddisfatto rapporto che Winkelmann inviò a Himmler, come si svolsero i fatti:

"Veesenmayer si è presentato a Horthy puntualmente a mezzogiorno. Questi ha esordito subito accusandoci di aver rapito suo figlio... Veesenmayer ha replicato con fermezza, senza avvalersi della minaccia di giustiziare il ragazzo qualora gli ungheresi avessero tradito la Germania. Horthy ha espresso l'intenzione di uscire dal conflitto senza però azzardarsi a dire quando. Poco dopo, però, la radio ha trasmesso il suo vile proclama. Nel frattempo l'ambasciatore Rahn si era precipitato da Horthy per fare appello al suo buon senso. Il reggente è scoppiato in lacrime come un bambino e, aggrappato alle mani di Rahn, ha promesso che avrebbe ritrattato ogni cosa. Corso verso il telefono, però, non lo ha usato. Sembrava come impazzito".

L'annuncio dell'armistizio promulgato da Horthy venne radiotrasmesso alle 14:00 e, immediatamente dopo, la stazione radio fu occupata da un tenente della Gestapo. Seguì allora un altro annuncio radio che si diceva essere firmato dal generale Vörös, col quale il precedente proclama di Horthy veniva dichiarato privo di valore e si ordinava all'esercito di proseguire la guerra contro i sovietici. Infine, Ferenc Szálasi annunciò la sua presa di potere. Horthy e i suoi sostenitori si rifugiarono nella Cittadella. Altri ministri ungheresi (definiti "pallidi e maleodoranti" dal generale delle *SS* Winkelmann) chiesero protezione ai tedeschi. Così a Horthy non rimaneva che accettare l'offetta fattagli quella sera stessa, di dimettersi e trasferire legalmente la propria carica di potere a Szálasi. In cambio gli sarebbe stato restituito il figlio. Nel caso di un diniego, all'alba del mattino successivo, la Cittadella sarebbe stata occupata dai militari tedeschi.

Hitler, rinunciato al Consiglio di guerra di mezzanotte, all'1:15 si appartò per chiacchierare con le sue segretarie Gerda Christian e Christa Schroeder. Poco prima delle 4:00, giunse notizia da Budapest che il generale Lákatos aveva assicurato a Veesenmayer l'abdicazione di Horthy prevista per il giorno successivo. In cambio, quegli chiedeva alla Germania protezione per sé e i propri cari e la promessa che la sua dignità non sarebbe stata lesa. Hitler, dichiaratosi concorde, verso le 4:00 andò a coricarsi: l'Ungheria restava, com'era stata fino a quel momento, nella sua *Festung Europa*[126].

Naufragavano così le speranze di Stalin di intrappolare il Gruppo Armate Sud di Friessner. Il generale ungherese Miklos, comandante della Prima Armata, disertò andando a schierarsi a fianco del nemico. Il generale Lajos Veress, comandante della Seconda Armata, avendo ordinato ai propri uomini di arretrare, fu tratto in arresto da Friessner. Immediatamente dopo, questi, impegnate le forze corazzate sovietiche in una seconda battaglia campale intorno a Debrecen, inflisse loro un'ulteriore pesante sconfitta. Al Führer fu così concesso un momento di sollievo.

In previsione della battaglia per la Prussia orientale, Hitler si trasferì nel bunker numero 11, un immenso complesso di dormitori e uffici. Fornito di un efficace sistema di condizionamento, aveva inoltre una notevole scorta di ossigeno che lo rendeva inattaccabile persino dai gas asfissianti. Per ovviare al rischio di un guasto dei vari sistemi, vi era stato installato un secondo impianto di condizionamento reperito da un sottomarino. Verso la fine di settembre del 1944, Hitler aveva ordinato che fossero approntate apposite difese della *Tana del Lupo*, in previsione di un attacco nemico: "Non possiamo permetterci di correre alcun rischio... Se accadesse qualcosa saremmo tutti come prede acquatiche da impallinare. Io, l'intero Alto Comando, il maresciallo del *Reich*, l'*OKH*, il comandante delle *SS*, il ministro degli Esteri! Pensate che colpo! Se io sapessi di poter mettere le mani sull'intero Alto Comando sovietico, di certo rischierei nell'impresa persino due divisioni di paracadutisti!"

Sul fronte orientale, a causa della schiacciante supremazia dell'Armata Rossa, Hitler aveva rinunciato a ogni iniziativa. Nel-

126 Ndt. Festung Europa (traducibile in Fortezza Europa) è un termine di propaganda militare, che si riferisce alle aree dell'Europa continentale occupate dalla Germania nazista. La strategia di Hitler prevedeva di fortificare i confini di tale territorio per prevenire le incursioni degli Alleati. Rientrava in tale progetto, per esempio, la costruzione del vallo atlantico.

la seconda settimana di ottobre, una moltitudine di carri armati sovietici, soverchiato il Gruppo Armate Nord, aveva raggiunto le coste baltiche. Il giorno 12, comunque, Model, aiutato dal fuoco di artiglieria delle navi tedesche, era riuscito ad approntare una nuova linea difensiva lungo il fiume Memel, sul confine della Prussia orientale. Ma i tentativi di Schörner di aprirsi una via di fuga sino alla Prussia orientale erano stati vani e le 26 divisioni, facenti parte del suo Gruppo Armate Nord si trovavano isolate in Curlandia, un promontorio lungo 70 chilometri in prossimità del Baltico. In quella sacca, residuo dell'*Operazione Barbarossa*, le truppe avrebbero eroicamente resistito ai sovietici fino alla conclusione del conflitto, vincendo sei sanguinose battaglie.

Il 16 ottobre, l'Armata Rossa penetrò decisa nella Prussia orientale, puntando su Königsberg. Interminabili colonne di profughi transitavano nelle vicinanze del quartier generale del Führer. Poiché le forze tedesche risultavano inferiori a quelle sovietiche in un rapporto di 1 a 4, il 22, data la difficile situazione, Keitel implorò Hitler di trasferirsi a Berlino. Riservatamente, Bormann disse agli stenografi di preparare le varie documentazioni per un trasloco alla cancelleria, mentre Göring ispezionava il fronte ormai non lontano. Hitler, che ancora stava male, non lo accompagnò. I Consigli di guerra serali erano quasi banditi, per consentire al Führer, che accusava frequentemente dolori, di riposare. Morell pensava che questi fossero causati da un'infiammazione alla zona rinofaringea. Poi, finalmente, il dentista Hugo Blaschke, fattagli una radiografia all'arcata dentaria, si avvide che il secondo premolare di Hitler, irrimediabilmente guasto, andava immediatamente estratto. Alla *Tana del Lupo* si respirava un'atmosfera di imminente disastro tale che un nuovo impianto di aria condizionata non sarebbe valso a dissiparla. Gli appunti presi da Morell il 23 ottobre evocano una generale tristezza: "L'autunno incombe, la nebbia avvolge ogni cosa".

Le segretarie trascorrevano le serate al capezzale del Führer, dove verso la mezzanotte veniva consegnato un aggiornato bollettino di guerra. Poi, forse perché i soldati sapevano della presenza di Hitler in prossimità del fronte, avvenne un mezzo miracolo.

La Quarta Armata di Hossbach, arginate le orde sovietiche, si lanciò in un audace contrattacco concentrato sulle avanguardie nemiche a ovest di Gusev. La città venne riconquistata e Hossbach puntò a sud per tentare di riprendere anche Goldap. Fu allora che si ebbe conoscenza diretta dei massacri compiuti dalla Undicesima Armata della Guardia russa. Leggiamo dal diario del generale Kreipe:

"Visitato il Corpo Corazzato *Hermann Göring* che sta combattendo a Gusev... A Nemmendorf e nelle zone limitrofe, ovunquecadaveri di uomini fucilati, di donne e bambini crocifissi sulle porte delle abitazioni. Faccio scattare delle fotografie da conservare a prova diquanto asserisco".

Una delle segretarie di Hitler, scrisse:

"Il Führer ha smarrito il buon umore. Quando ci siamo recate da lui per il tè serale, sfogliando le fotografie giunte dal fronte orientale, aveva un aspetto terribilmente corrucciato. Donne stuprate, bambini assassinati brutalmente... Ha giurato vendetta. 'Non sono esseri umani', ripeteva, 'ma belve delle steppe asiatiche e la mia guerra contro di loro è combattuta in virtù di una rivendicata dignità degli europei. Una vittoria contro quella gentaglia non ha prezzo'"[127].

Il 25 ottobre, Hitler comunicò a Bormann che avrebbe lasciato la *Tana del Lupo* solo quando la crisi nella Prussia orientale si fosse risolta. Ma i suoi collaboratori davano segni inequivocaboli di un diffuso nervosismo e le segretarie gli domandarono se avessero dovuto imparare a usare le armi: "Assolutamente no, mie signore", scherzò Hitler. "Non ho alcuna intenzione di rimanere ucciso per mano di una delle mie segretarie!"

Quel tono scherzoso mirava a nascondere le preoccupazioni per i suoi problemi al cuore e alle corde vocali. Il 24, avendo Hitler riposato appena un paio di ore, Morell lo trovò molto depresso: "Il Führer lamenta che, nonostante la terapia abbia avuto

---

127 Nda. Permane una nota di Jodl sul Consiglio di guerra del 25 ottobre: "Le atrocità russe durante l'occupazione della Prussia orientale dovrebbero essere pubblicizzate dalla propaganda della Wehrmacht. Fotografia e testimonianze oculari, rapporti documentati devono essere a tal scopo utilizzati". (serie 1787 dei documenti di Norimberga).

inizio cinque settimane or sono, la sua voce non è affatto tornata alla normalità... Ritiene che i batteri si annidino altrove".

Morell gli consegnò una confezione di *Cardiazol-Ephedrin*, un farmaco per il cuore, suggerendogli, se avesse avvertito spossatezza, di prenderne da 15 a 20 gocce tre volte al giorno. Inoltre, gli instillò un ritrovato alla canfora nelle narici per facilitare l'afflusso del sangue alle mucose nasali. A mezzogiorno del 27, però l'umore del Führer non aveva subito miglioramenti: "Dice che la voce è peggiorata... Come potrebbe, via radio, rivolgersi al popolo tedesco, con un timbro di voce tale? Non mi accorgevo, forse, della sua raucedine?" Hitler disquisì: "A che scopo l'aumento del flusso sanguigno nelle mucose nasali se i batteri non vengono uccisi? Sono i batteri il nemico originario!" Pazientemente, Morell cercò allora di tranquillizzarlo: "Non è certo che il suo abbassamento di voce sia determinato da batteri, potrebbe derivare anche dal continuo sforzo a cui le sue corde vocali sono sempre state sottoposte".

Durante il Consiglio di guerra di quel giorno, Otto Dietrich, responsabile dei rapporti con la stampa, mostrò al Führer un giornale inglese che riportava l'accusa, proveniente da Mosca, in merito a 1.500.000 persone eliminate dai tedeschi nel campo di prigionia di Majdanek, presso Lublino, recentemente liberato dall'Armata Rossa. A prova di ciò, una fotografia che mostrava una catasta di pettini[128]. Un imbarazzato silenzio calò sulla riunione. Hitler, irritato, gettò il giornale da una parte: "Eccoli nuovamente con la storia delle mani mozzate... solo propaganda!" Poi a fine riunione, Hitler spiegò a Sonnleithner come la propaganda nemica, già nel 1914, avesse sostenuto che i militari tedeschi in Belgio erano soliti mozzare le mani ai bambini e appendere i neonati a capo in giù, all'interno della campane, per usarli come battagli.

Comunque l'imbarazzo nel suo entourage persisteva. Preoccupato, Ribbentrop mostrò quel giornale al figlio Rudolf che,

---

128 Ndt. Le cataste di oggetti personali sono reputate il simbolo di singole identità e la spersonalizzazione di individui ammassati in ghetti, campi e fosse comuni. Ogni pettine rimanda a un nome, una mente, una vita brutalmente estinta.

appartenente a un reparto di *Waffen SS*, si trovava al momento convalescente per una ferita riportata in combattimento. "Padre, non vi avvedete che è tutta propaganda?" In difficoltà, Ribbentrop ritornò sull'argomento con il Führer. "Sono affari di Himmler", rispose Hitler in tono evasivo. "Cose che competono a lui".

Il 27 ottobre 1944, a mezzanotte, con voce ancora rauca e debole, Hitler telefonò a Göring per porgergli i suoi auguri di compleanno. "Le mie ultime settimane sono state impegnate nel predisporre la vendetta", disse riferendosi alla prevista offensiva delle Ardenne.

In procinto di recarsi al fronte, dove avrebbe assunto il comando di una unità, Amsberg chiese al Führer cosa avrebbe dovuto dire, al suo arrivo, agli ufficiali. La risposta di Hitler si accompagnò a un sospiro di rassegnazione: "Lei conosce bene quanto la situazione sia drammatica. Dica loro che il mio pensiero è sempre vicino ai miei soldati e che faccio quanto in mio potere per portare questa guerra a una conclusione positiva. Lei sa in che condizioni versa la *Luftwaffe*, sono cose che è inutile cercare di nascondere".

Giorno e notte, la più spaventosa pioggia di fuoco che si fosse mai registrata al mondo devastava il cuore dell'Europa di Hitler. Accadeva frequentemente che, in soli 20 minuti, 5.000 tonnellate di bombe fossero riversate su un centro urbano. In una giornata di ottobre, Duisburg fu colpita da 9.000 tonnellate di esplosivo sganciato dall'aviazione britannica. La perdita della Francia aveva privato la *Luftwaffe* delle sue postazioni avanzate di avvistamento. Al contrario, il nemico aveva installato in territorio francese dei sistemi radar che gli consentivano di dirigere gli aerei sulle città tedesche, persino in condizioni climatiche avverse. Distrutte le fabbriche farmaceutiche, le scorte di medicinali si stavano esaurendo e le epidemie, favorite dal diffondersi di pidocchi e ratti (quest'ultimiattirati dai cadaveri), imperversavano.

Anche la produzione di gomma sintetica si era fermata. Göring, in ottobre, disponeva di oltre 3.000 caccia diurni che però scarseggiavano di carburante poiché anche le raffinerie, difese inadeguatamente, versavano in condizioni disastrose. Nelle due ultime settimane di ottobre, ben quattro volte Hitler interrogò Göring in merito alla *Luftwaffe*. Questi disse di avere in serbo 3.100 caccia che avrebbe scatenato contro i bombardieri nemici non appena le condizioni climatiche lo avessero consentito, ma al Führer parve che quelle parole servissero solo per consentire ai piloti di avere salva la pelle. Riconsiderò allora l'idea di sostituire Göring con Greim e, il 1° novembre, ebbe un ulteriore colloquio con il secondo. Ma il 3 e il 5 novembre, Göring, precipitatosi alla *Tana del Lupo*, lo convinse a cambiare idea. In contropartita, Hitler ottenne da Göring la nomina del generale Koller a capo di Stato Maggiore della *Luftwaffe*. Quello stesso giorno, Göring informò Koller della lotta che le *SS*, l'esercito e il partito conducevano contro di lui: "Aggiornatomi sulla situazione generale, ha detto di essere stufo", annotò Koller. "Preferirebbe porre fine ai suoi giorni arruolandosi nei paracadutisti assegnati al fronte, ma il Führer glielo ha proibito asserendo che solo lui è in grado di ricostruire la *Luftwaffe*".

Comunque stessero le cose, i pareri che Hitler richiedeva a Göring riguardavano per lo più questioni irrilevanti. Il Führer agiva autonomamente e, grazie a lui, sebbene con cinque mesi di ritardo, il *Me-262* entrò in servizio come cacciabombardiere a reazione, seminando il panico tra le forze nemiche assiepate intorno a Nimega.

Nel frattempo, il generale Galland continuava a posticipare il *Grosser Schlag* dei suoi caccia e Hitler perse la pazienza. Lo fece intendere il 6 novembre, nel corso di un Consiglio di guerra: "È un'idiozia produrre nuovi aeroplani solo per permettere alla *Luftwaffe* di giocare con le cifre". Il giorno 12, Galland asserì di avere 3.700 caccia pronti al decollo, ma nella stessa giornata una piccola formazione di bombardieri pesanti britannici, attaccò la già danneggiata *Tirpitz*, ancorata nel fiordo di Tromsö. Quei bombardieri *Lancaster*, ognuno dei quali portava una bomba da 10 tonnellate, sarebbero stati un facile bersaglio per l'aviazione tedesca se questa si fosse mossa per tempo. La gigantesca nave si inabissò trascinando con sé 1.000 marinai. Da quel giorno, Hitler non risparmiò a Göring alcuna umiliazione, anche pubblica.

Quando, pochi giorni dopo, lo stesso Göring presentò un rapporto, Hitler lo gettò da parte: "Inutile leggerlo", disse. "Probabilmente contiene il solito mucchio di menzogne".

Spesso, per sottolineare il proprio disappunto verso qualcuno, il Führer usava speciali cortesie nei confronti di altri. Così, a dispetto di Göring, aveva chiesto a Bormann di trovargli un'adeguata villa da regalare a Manstein e sottolineato ai suoi collaboratori che, se mai la Germania avesse intrapreso una nuova offensiva a Est, Manstein ne avrebbe avuto il comando. Persino Brauchitsch (che un ufficiale sosteneva di aver visto cavalcare nel centro di Berlino, il 20 luglio, in uniforme da feldmaresciallo) riconquistò le simpatie di Hitler. Il 3 agosto, lo stesso, tramite lettera, si era dissociato dalla cospirazione e quando la direttiva segreta del Führer per la creazione della *Volkssturm* di Himmler era stata resa pubblica, l'anziano feldmaresciallo aveva mandato comunicazione a Hitler offrendo la propria vita per la patria.

Brauchitsch aveva tutto il plauso di Hitler per essere stato il sostenitore di Peenemünde e delle *V-2.* Solo quest'ultima era ancora in grado di raggiungere Londra, che colpiva regolarmente 20 30 volte al giorno. "Nessuna popolazione potrebbe resistere a un bombardamento così continuo", era solito dire Hitler in quei giorni. "I loro nervi cederanno perché questi razzi non possono essere anticipati dal suono delle sirene. La cittadinanza, in preda al panico, si riverserà nelle campagne: provate a immaginare milioni di persone che sciamano dove non esistono abitazioni né centri di accoglienza a riceverli... Sarà un susseguirsi di miseria e sofferenza perché i contadini vedranno in quei profughi una calamità. Quale governo potrebbe sopravvivere a tutto questo?"

Dai giorni della malattia, durata un paio di settimane, l'interesse di Hitler negli affari interni del *Reich* era stato sporadico. Ormai si occupava quasi esclusivamente di questioni di natura militare. Il 24 settembre 1944, firmò il suo ultimo decreto legge (un provvedimento secondario che consentiva ai membri della *Wehrmacht* di iscriversi al partito nazista[129]). Da quel momento,

129 Nda. La Costituzione della Repubblica di Weimar vietava a un militare in servizio di partecipare alla vita politica: ai soldati era impedito di presentarsi alle elezioni e, agli ufficiali,

avrebbe ricoperto esclusivamente il ruolo di signore della guerra. A Est come a Ovest, nei Balcani, in Italia, in Norvegia, era costretto a cedere terreno a dei nemici che avrebbe potuto arginare ricorrendo a quelle riserve strategiche che aveva destinato all'offensiva invernale delle Ardenne.

Hitler viveva ogni giorno come una battaglia personale. A stento, riusciva a trovare le forze per presenziare al Consiglio di guerra serale. Il 29 ottobre, ad esempio, dopo cena ricevette in camera Fegelein, Puttkamer e Sonnleithner che gli presentarono dei rapporti giunti dalle *SS*, dall'esercito e dal ministero degli Esteri. Poi rimase a sorseggiare tè senza riuscire a prendere sonno fino alle 3:30. Alle 6:10 fece chiamare Morell, che certamente gli somministrò dei sedativi e, otto ore più tardi, dopo la prima colazione, lo riconvocò. Le iniezioni vitaminiche di Morell iniziavano a dargli sui nervi. Il dottore, da parte sua, era convinto che il sangue di Hitler, a causa della protratta cattività nel bunker, mancasse di ossigenazione. Le punture adesso lasciavano fastidiosi ematomi e il Führer osservò, rabbioso: "Chissà che non siano tutti questi farmaci a immettere batteri nel mio corpo!" Il giorno successivo, forse perché le notizie provenienti dai fronti di guerra non erano disastrose, Morell non venne chiamato. Il 3 novembre, sempre Morell annotò: "Grazie ai sedativi, il Führer ha riposato. Si lamenta parecchio del tremore alla gamba sinistra e alle mani. Tuttavia, se le dita sono distese, le mani ne risultano esenti".

"Dopo i fatti del 20 luglio", gli disse Hitler, "il tremore era scomparso. Adesso, però, è ripreso peggio di prima". Morell attribuiva questi sintomi alle eccessive preoccupazioni alle quali il Führer era sottoposto. "Cosa si può fare?" chiese Hitler. "Riposo e tranquillità", rispose il medico. Poi sul proprio diario commentò: "Cose per lui impossibili".

L'offensiva delle Ardenne era condizionata alla stabilità del fronte orientale. Guderian aveva previsto un rallentamen-

---

era perfino interdetta la partecipazione a incontri di natura politica. Una clausola particolare della stessa Costituzione vietava ai militari di entrare nel governo a qualsiasi titolo. Questo perché le Forze Armate dovevano mantenere una connotazione del tutto apolitica ed evitare qualsiasi forma di indottrinamento.

to dell'avanzata sovietica in attesa del gelo. Respinta in Prussia orientale dal contrattacco di Hossbach, l'Armata Rossa aveva tentato di rifarsi, il 27 ottobre, in Curlandia, contro il Gruppo di Armate di Schörner, subendo un'altra pesante sconfitta.

Il giorno 11, il generale Wenck poteva annunciare trionfalmente: "Abbiamo già distrutto 522 carri nemici...". E senza dare ascolto a Hitler, che attribuiva ai sovietici ancora "un enorme numero di mezzi corazzati", Wenck proseguì: "...mentre le nostre perdite in materiali ammontano a soli tre cannoni da 75 mm, sono stati sottratti ai russi sette mortai leggeri, nove cannoni da 122 mm e un cannone da 150 mm".

"Perdite molto lievi", concesse il Führer, "dovute al fatto che abbiamo resistito sulle nostre posizioni. La maggioranza delle nostre perdite sono derivanti dalle passate gloriose ritirate... quegli arretramenti che qualcuno perorava *per riguadagnare flessibilità tattica*".

Il 5 novembre, l'Armata Rossa era stata ricacciata anche da Goldap. "Basano tutto sulla loro artiglieria", commentò Hitler. "Le loro divisioni contano ciascuna ormai poche migliaia di uomini". Wenck concordò sull'analisi.

Hitler tentava di prevedere quali fossero le intenzioni di Stalin: dove sarebbe stato più vantaggioso per lui sferrare l'offensiva invernale? "Anche lui avrà delle perplessità", commentò il Führer, riflettendo sulle recenti vittorie tedesche nella Prussia orientale. "Si è sempre mostrato restio a inviare i suoi soldati in zone altamente sviluppate, per timore che essi si avvedano di quale assurdità sia il bolscevismo. Così è probabile che intenda avanzare verso questo settore", disse indicando in Polonia le teste di ponte sulla Vistola, "e che ritenga di aver già conseguito nel Baltico, con l'annientamento del Gruppo Armate Nord, il risultato sperato".

Pochi minuti dopo, letto un rapporto dei ricognitori aerei sulle minacciose teste di ponte sovietiche oltre la Vistola, a Baranov Hitler proseguì: "È qui che bisogna porre attenzione. Tutto ciò che lui muove quassù è un diversivo... Inoltre, ha certamente chiaro che sul territorio tedesco [cioè nella Prussia orientale] andrebbe incontro a pesanti perdite".

Piccoli dissidi cominciavano a manifestarsi nell'alleanza nemica, infatti Stalin aveva concesso alle delegazioni militari anglo-americane ventiquattr'ore per lasciare la Bulgaria. L'invasione russa della Romania e della Bulgaria erano state, come testimoniavano i rapporti di *Cicero*, una violazione degli accordi presi a Teheran nel 1943. Anche l'annessione della Polonia orientale all'impero sovietico aveva destato crescenti malumori sia a Londra sia a Washington.

Il 10 ottobre, Himmler aveva comunicato al Führer che Stalin continuava a inviargli messaggi indiretti. Proprio in quei giorni, Sonnleithner, accompagnando Hitler verso la sua camera da letto nel bunker, gli chiese se Ribbentrop poteva adesso dar seguito ai velati contatti che il massaggiatore di madame Kollontay aveva intrapreso a Stoccolma: un riavvicinamento tra Berlino e Mosca, sebbene tardivo, rientrava ancora nei desideri del ministro degli Esteri tedesco. Hitler pensieroso, sedutosi sul bordo del letto, manifestò preoccupazione in merito a iniziative che il nemico potesse interpretare come segno di debolezza. Sonnleithner, servendosi di tutte le argomentazioni logiche possibili, lo convinse però a favorire l'iniziativa. Hitler, allora, pur acconsentendo, non rinunciò a esprimere alcuni commenti: "Se dovessimo giungere a un accordo con i russi, dovremo poi prepararci ad attaccarli nuovamente al momento più propizio, giacché i comunisti non rinunceranno mai alla loro missione di dominare il mondo. Solo io posso fermarli, soggiogandoli in nome del popolo tedesco".

Nel frattempo, a Londra, il ministro degli Esteri Eden ammetteva in Parlamento le difficili relazioni con i sovietici. Stalin e Hitler avevano notato entrambi che la Gran Bretagna si era guardata bene dall'infastidire la ritirata della *Wehrmacht* dai Balcani meridionali verso le pianure ungheresi. "Ovviamente", disse Hitler a Jodl, "gli inglesi, vista la situazione in cui ci troviamo, avrebbero potuto crearci non pochi problemi... Sarebbe bastato loro sbarcare qui", continuò, indicando la costa adriatica della regione balcanica, "per tagliarci fuori". In Iran gli interessi britannici e americani sui giacimenti petroliferi erano in conflitto con quelli sovietici tanto da provocare una crisi governativa. In Grecia il governo messo in carica dal governatore militare britannico aveva sgominato le formazioni di partigiani comunisti. E intanto i servizi segreti tedeschi riferivano di divisioni corazzate russe, in marcia tra i confini di Bulgaria e Turchia, a soli 150 chilometri dai tanto agognati Dardanelli. Hitler ne trasse alcune conclusioni:

"Forse loro [gli inglesi] hanno sganciato delle truppe [dai combattimenti in Italia] per mettersi al riparo da sorprese. Infatti, alla faccia di tutte le cortesie che si scambiano, la tensione tra russi e angloamericani sta salendo. Probabilmente, stanno liberando dei contingenti per mandarli in Grecia, oppure qui...". E il dito di Hitler si mosse ad indicare la Turchia settentrionale. "È chiaro che i sovietici attaccheranno lì... E chi giunge per primo su una sponda dei Dardanelli certo non si ferma. Per avvalersi dello stretto, bisogna assumere il controllo di entrambe le sponde. Così Stalin dovrà ingerire anche la seconda porzione [Turchia meridionale]".

Con ciò, concluse il Führer, "Stalin capovolgerà ogni cosa... e gli inglesi, dato che sono in ballo interessi vitali, non arretreranno dalle loro posizioni".

Scomparso l'ultimo alleato europeo della Germania, i tedeschi continuavano a non piegarsi ai bombardamenti, né agli insuccessi militari. Gli Alleati potevano confidare in una rapida vittoria solo a condizione che il Führer si ammalasse o che intorno a lui si scatenasse una lotta per prendere il potere. La stampa mondiale riferiva con insistenza di una malattia del Führer, arrivando a speculare sul fatto che lo stesso fosse prigioniero di Himmler o confinato in una clinica psichiatrica. "Secondo questo giornale", ridacchiava Hitler, documentando i suoi collaboratori su un articolo di fondo, "Io sarei agli arresti domiciliari sull'Obersalzberg!"

In un certo senso, Hitler poteva realmente definirsi recluso, ma nella propria fragilità. La notte prendeva sonno solo grazie al *Phanodorm*. Morell insisteva perché si concedesse una vacanza di otto dieci giorni, ma il 7 novembre Hitler gli rispose che doveva prima prendere decisioni importanti alle quali era chiamato in prima persona. Poi dopo la mezzanotte, Morell fu convocato con urgenza: "Il Führer accusa spasmi sotto lo sterno e conserva una notevole massa di gas nell'addome. Ha ribadito di essere in procinto di prendere alcune tra le più importanti decisioni della sua vita e ciò provoca in lui una forte tensione nervosa". Morell gli praticò un'endovena di *Eukodal* ed *Eupaverina*, due narcotici a base di morfina che riuscirono ad alleviargli momentaneamente il dolore.

"Il Führer mi ha ringraziato per il mio pronto intervento", annotò Morell nei suoi scritti, "poi ha aggiunto che non potevo immaginare quanto egli fosse infastidito dai recenti intrighi orditi contro di me [da qualche medico]. Quegli idioti [Brandt, Hasselbach e Giesing] non comprendevano quale danno stavano per fare a lui! Lo avrebbero lasciato senza medico, pur sapendo bene, quei signori, quante volte io, negli ultimi otto anni, gli abbia salvato la vita... Lui me ne è grato e, se giungeremo vivi alla fine della guerra, mi ricompenserà adeguatamente".

Quel pomeriggio stesso, Hitler si trasferì nel suo nuovo e molto più comodo, bunker. Lì le stanze risultavano più spaziose e le finestre davano sui boschi. Il 12 novembre, Morell dovette assentarsi per disturbi cardiaci, ma il suo assistente, il dottor Richard Weber, dimostratosi all'altezza, fu ben accolto dal Führer. Il 13, Hitler, a causa di un forte bruciore alla gola e una difficoltà nella deglutizione, fu visitato dal dentista Blaschke e dal maggiore delle *SS* Stumpfegger. Preferì rimandare però l'esame radiografico al quale volevano sottoporlo, per timore gli fosse diagnosticato un tumore maligno.

I preparativi per il contrattacco nelle Ardenne erano quasi ultimati. Ad Arnheim, ad Aquisgrana e più recentemente ad Anversa, gli Alleati avevano riportato ingenti perdite. Aquisgrana, la più occidentale delle città tedesche, aveva fermato l'avanzata americana lungo il vallo occidentale. Hitler, dato ordine che la città fosse difesa casa per casa, come era accaduto a Stalingrado, confermò anche la disposizione, a suo tempo data per Parigi, che se il nemico avesse preso possesso della località avrebbe dovuto trovarvi solo rovine. Quando, il 21 ottobre, gli Alleati riuscirono a impossessarsi di Aquisgrana, scoprirono che i tedeschi avevano approfittato di quei giorni per ricostruire il vallo occidentale alcuni chilometri a est. Ogni tonnellata di rifornimenti, che il nemico ammassava in prossimità di Aquisgrana per la successiva avanzata nella *Ruhr*, rendeva Hitler felice perché il bottino derivatogli dall'offensiva delle Ardenne sarebbe stato molto più cospicuo. Ai suoi collaboratori disse che non avrebbe distolto alcun reparto dalla suddetta operazione, "neppure se il nemico fosse giunto a minacciare Colonia".

E quello infatti era l'obiettivo primario che Eisenhower si era imposto per i primi di novembre. Ma il 27 ottobre, Rundstedt sferrò un efficace contrattacco che fece slittare di due settimane il proposito degli Alleati. Nel frattempo, Patton, a sud delle Ardenne, assicurava ai suoi superiori che in tre giorni avrebbe raggiunto la Saar da cui "intendeva sfondare con estrema facilità il vallo occidentale". Egli attaccò l'8 novembre sotto una pioggia torrenziale: il fango e i campi minati gli consentirono un'avanzata di appena 25 chilometri in otto giorni e, alla fine, la difesa elastica messa in atto dal generale Hermann Balck e la strenua resistenza della città di Metz lo bloccarono.

Hitler mantenne la calma. Nei suoi ordini per l'offensiva delle Ardenne, firmati il 10 novembre, accettò tutti i rischi immaginabili "anche quelli di un'avanzata nemicasu i due vesanti di Metz e un attacco verso la Ruhr che avrebbe prodotto un corridoio nella linea difensiva tedesca".

La gola di Hitler era stata sottoposta ai raggi x e, il giorno 18, esaminata presso l'ospedale di Rastenburg, da Eicken, Morell, Stumpfegger e Brandt. Sulla corda vocale sinistra venne rilevato un polipo laringeo. Non si trattava di un tumore maligno. Eicken suggerì di intervenire subito chirurgicamente a Berlino. La partenza del Führer dalla *Tana del Lupo* fu tenuta nascosta a tutti. Alle 15:15 del 20 novembre, mentre proseguivano i lavori di completamento del bunker, il Führer salì sul treno che lo attendeva alla stazione di Görlitz. Un attendente delle *SS* prese nota di quanti, quella sera, nella carrozza ristorante cenarono assieme a lui. Tra questi figuravano Bormann, Morell, la dietologa Manzialy, Schaub, l'impresario Benno Arent e due segretarie. Una di queste scrisse in ricordo di quel viaggio: "...partivamo per non ritornare. Anche Hitler lo aveva compreso.

Sebbene avesse disposto il proseguo dei lavori nel bunker, si accomiatava come fosse per sempre. Sedeva nel suo scomparto tenendo la luce accesa... una luce bassa come se ne trovano all'interno dei mausolei. La sua voce non superava mai il livello di un sussurro e teneva gli occhi fissi su una piccola macchia della tovaglia. Poi, prese a parlare dell'intervento chirurgico: 'È una grande responsabilità per lui [il dottor Eicken], ma è il solo che possa farlo. Un intervento di tal fatta non è pericoloso, ma può lasciarmi privo di voce'".

Alle 5:30 del mattino successivo, il treno entrò nella stazione Grunewald di Berlino. Su una vettura i cui fari illuminavano, su ambo i lati della strada, immense rovine, Hitler venne condotto alla cancelleria. Il suo soggiorno sarebbe durato tre settimane. Eva Braun lo raggiunse e pranzarono e cenarono assieme quasi sempre. Eicken, operatolo il 22 novembre, confermò trattarsi di un polipo benigno comunemente definito "nodulo dei cantanti". La dose di morfina iniettata per anestetizzarlo fu forse eccessiva, perché Hitler rimase stordito per circa otto ore. Gradualmente, tornò in possesso della propria voce, benché, fino ai primi di dicembre, fosse in grado di sussurrare solo qualche parola e, in tutta la cancelleria, si bisbigliava per non farlo sentire a disagio. Durante quel periodo, il Führer preferiva starsene in disparte in compagnia della sola Eva Braun e delle segretarie più anziane. Un aiutante gli consegnava i rapporti provenienti dai fronti di guerra. Quando, il 28 novembre, Speer si recò alla cancelleria per una riunione, notò che Hitler era in via di guarigione.

Goebbels era in ansia per la salute del Führer. Dopo aver trascorso alcune ore con lui, sino alle 5:30 del mattino del 1° dicembre, parlando dell'offensiva delle Ardenne, così riportò nel proprio diario: "Quando penso a quanto ammalato e debole egli fosse solo alcune settimane fa sono portato a credere a un miracolo". Hitler gli disse che, se l'offensiva avesse avuto successo, per gli eserciti nemici si sarebbe trattato di una seconda Dunkerque, seguita da una massiccia ripresa di lanci di *V-1* sull'Inghilterra. Due giorni dopo, il Führer fece visita, per l'ultima volta, alla famiglia di Goebbels, nella loro casa sul lago. In suo onore, Goebbels aveva tratto fuori dal rifugio antiaereo la sua splendida collezione di quadri e Hitler si dilungò sulla devastazione e i lutti di Berlino. Poi scoppiò in una risata, commentando il confidare degli inglesi in una rapida vittoria. Gli eventi erano maturi, aggiunse.

Alle 17:00 del 1° dicembre, Hitler lasciò Berlino diretto al fronte occidentale. Osservando che le sue urine erano scure, ne dedusse contenessero ancora tracce di itterizia. Alle 19:00 fece chiamare Morell a causa di persistenti crampi allo stomaco, anche se sapeva bene che tutto dipendeva dall'ansia procuratagli dall'approssimarsi dell'offensiva. Il medico gli prescrisse una supposta di *Spasmopurin*. Otto ore più tardi, nel cuore della notte, Hitler si trasferì dal treno su una vettura che lo condusse al *Nido dell'Aquila*, il bunker elevato a quartier generale nel 1940, situato presso Bad Nauheim a 300 metri di altitudine e non distante dal fronte occidentale. Morell notò che la pelle del Führer aveva ancora una tonalità giallastra.

"[Alle 17:40] Hitler ha tenuto una riunione di molte ore con una cinquantina di generali. Pare fosse perfettamente attento, pronto di riflessi, convincente e trascinante".

Hitler, in effetti, nonostante la spossatezza, appariva soddisfatto: gli anglo-americani erano ignari di quanto sarebbe loro occorso. Di quel suo discorso tenuto ai generali, esiste un appunto stenografico:

"Le forze del male hanno impedito l'unificazione tedesca sin dal Trattato di Westfalia, nel 1648. I popoli accettano i sacrifici che la guerra richiede solo se possono confidare nella vittoria. Se ai nostri nemici dovesse venir meno quella speranza, i loro popoli si rivolterebbero contro la guerra stessa. Federico *il Grande* combatté la Guerra dei Sette Anni nonostante tutti i suoi generali e suo fratello avessero perso fiducia nella vittoria. I Presidenti degli stati e i loro ministri corsero a Berlino per implorarlo di rinunciare a un conflitto che avrebbe avuto sicuramente un esito catastrofico. Ma la tenacia di quell'uomo consentì di proseguire la lotta fino a quando la tendenza si invertì. È fuori luogo sostenere adesso che, se in Russia il potere non fosse passato di mano, ci sarebbe stato un esito diverso. Se, infatti, la guerra si fosse conclusa il quinto anno, un cambiamento al trono di Russia, verificatosi al settimo, non vi avrebbe influito. Noi, oggi, dobbiamo attendere un momento altrettanto propizio! Mai nella storia una coalizione eterogenea, come quella del 1944 tra Occidente e Oriente, è riuscita a durare a lungo. Le potenze nemiche sembrano ormai prossime a scagliarsi l'una contro l'altra: chiunque si ponga al centro della tela, come un ragno, non ha difficoltà a osservare la crescita dei loro contrasti. Basteranno pochi colpi ben assestati, per vedere il loro fronte crollare".

L'offensiva delle Ardenne ebbe inizio il 16 dicembre 1944, alle 5:00. Le condizioni atmosferiche sembravano ideali per l'attacco.

Parte VIII
Scontro finale

Gioco d'azzardo

Quello che Hitler stava per affrontare era un rischio calcolato. Sia lui che i suoi subordinati ne erano ben consapevoli, come anche sapevano di non avere altra scelta.

Il Führer sosteneva che il suo unico obiettivo era adesso quello di proseguire il conflitto fino a una conclusione vittoriosa, affinché in Europa, per almeno un secolo, non ci fosse bisogno di ulteriori guerre.

"Federico II fu detto *il Grande* non per le sue vittorie, ma perché seppe resistere alle avversità. Parimenti, i posteri riconosceranno i miei meriti, perché altrettanto non mi piegherò alla malasorte". Anche un ordine che Hitler inviò ai generali il 25 novembre 1944 iniziò con parole vagamente retoriche: "Questa guerra deciderà la sopravvivenza o l'estinzione del popolo tedesco: essa richiede, quindi, il massimo impegno di ognuno. Situazioni egualmente disperate sono state superate dall'audacia e dall'eroismo dei soldati, dalla caparbietà di tutte le gerarchie e dalla fredda, inflessibile guida dei leader".

Il nemico non faceva mistero dei suoi propositi: gli americani intendevano trasformare la Germania in "un paese essenzialmente agricolo, dalla fisionomia pastorale". In proposito, un piano predisposto da Henry Morgenthau, segretario al Tesoro degli Stati Uniti, quasi a voler fare un regalo alla propaganda antisemita di Goebbels, era stato siglato da Churchill e Roosevelt a metà settembre. Goebbels e Hitler poterono così facilmente asserire che i leader nemici avevano concordato lo sterminio di 40 milioni di tedeschi. Il proseguo dei bombardamenti a tappeto e delle incursioni incendiarie dette maggior peso alle loro parole. Oltre 2.200 tonnellate di esplosivo incendiario vennero sganciate di notte su Heilbronn, uccidendo in una decina di minuti 7.147 civili. Il 15 dicembre, Churchill annunciò in Parlamento la propria accettazione delle rivendicazioni di Stalin sulla Polonia orientale: i polacchi, in compenso, avrebbero ottenuto parte della Germania orientale, dalla quale la popolazione tedesca sarebbe stata espulsa "dato che questo è da sempre il rimedio più soddisfacente e duraturo".

"In passato", commentò Hitler con i suoi generali, "cose di questo tipo sarebbero state ignorate perché considerate menzogne propagandistiche". Intanto, i disertori sovietici riferivano che Stalin aveva raccomandato ai soldati dell'Armata Rossa di comportarsi dignitosamente in Polonia, ma di dare libero sfogo a ogni loro bestialità in territorio tedesco.

Arrendersi a condizioni del genere avrebbe significato un tradimento e un affronto verso i tre milioni di tedeschi che avevano perso la vita in battaglia o sotto i bombardamenti. Inoltre, secondo Hitler, sussistevano altresì dei buoni motivi politici e strategici per lanciare una possente controffensiva invernale. Le forze anglo-americane stavano incontrando difficoltà nei rifornimenti: le loro truppe, sparpagliate in linee sottili lungo il fronte, scarseggiavano di munizioni, carburante e uomini. "La nostra condizione non differisce poi da quella patita dai russi nel 1941-1942", disse il Führer per dare consolazione ai generali. "Anche loro versavano in circostanze critiche, ma poi, lanciando attacchi isolati lungo il fronte, prima ci costrinsero sulla difensiva, poi a indietreggiare".

Venuti a conoscenza dell'attacco, i tedeschi avrebbero tirato un sospiro di sollievo e la gioventù chiesto di prendere parte a quella battaglia. "Desidero aggiungere che la nostra patria è la migliore auspicabile. Sarebbe impossibile trovare un popolo superiore a quello tedesco". A difesa del fronte delle Ardenne, gli americani avevano, lungo 150 chilometri, appena quattro cinque divisioni. E, secondo Hitler, gli Stati Uniti erano costituiti da una tale mescolanza di razze inferiori che un notevole spargimento di sangue avrebbe provocato insanabili divergenze politiche al di là dell'Atlantico. Lui, insomma, avrebbe dato agli americani nelle Ardenne ciò che Stalin a Stalingrado aveva favorito agli italiani. "Se avremo successo", spiegò il 2 dicembre ai generali Maunteuffel e Dietrich, i due comandanti delle unità corazzate che avrebbero condotto l'offensiva, "avremo rovesciato il 50% del fronte nemico. Poi vedremo cosa accadrà!"

Tutto ciò valeva un ulteriore azzardo. Hitler sapeva bene che Stalin prima o poi avrebbe sferrato un'offensiva. Guderian addirittura prevedeva che essa sarebbeavvenuta verso metà dicembre, sul terreno rassodato dai primi geli. Gli stessi prigionieri russi indicavano il 20 dicembre come data prescelta per l'attacco. Se l'offensiva delle Ardenne fosse iniziata a metà novembre, com'era stato inizialmente stabilito, il rischio sarebbe risultato minore, ma essa, rinviata di un mese per motivi logistici, sarebbe stata sferrata solo il 16 dicembre. In disaccordo con i generali, Hitler era convinto che Stalin avrebbe atteso fino a quando tedeschi e Alleati non avessero esaurito le loro riserve a Occidente, proprio come aveva tentato di fare, senza successo, nel 1940. Allora, le previsione del Führer erano risultate azzeccate ed egli avrebbe anche stavolta vinto la scommessa, celando al nemico per tre mesi l'offensiva in progetto. In fondo, i traditori che a suo tempo avevano rivelato piani e strategia al nemico, erano morti o in attesa di processo. Hitler obbligò ogni persona, partecipante alle riunioni di preparazione dell'offensiva delle Ardenne, a firmare un documento in cui giurava il pieno rispetto della massima segretezza militare. Il silenzio radio doveva essere assoluto e nessun ordine doveva essere spedito per via aerea o trasmesso, sia pure in codice: un tiro mancino, questo, al servizio di spionaggio nemico. Tutti i soldati poco affidabili, come quelli di origine alsaziana, dovevano essere ritirati dalla linea del fronte. Le misure di sicurezza volute da Hitler si sarebbero in seguito rivelate ottimali. Era sua opinione che Eisenhower e Montgomery vivessero in un mondo fantastico, sognando di chissà quali improbabili battaglie. "Forse", avrebbe detto in seguito, "ritenevano che fossi morto o veramente ammalato di cancro".

Il 21 ottobre, convocato il colonnello delle *SS* Skorzeny e informatolo che gli americani avevano usato tre carri armati tedeschi muniti di bandiera per portare azioni di sabotaggio nei pressi di Aquisgrana, gli ordinò di istituire un finto reparto statunitense, da mettere in azione durante l'offensiva delle Ardenne al fine di impadronirsi dei più importanti ponti sulla Mosa tra Liegi e Namur e generare allarme e confusione nelle retrovie americane.

Durante una segretissima riunione di fine ottobre, il Führer aveva rivelato il piano per l'attacco nelle Ardenne ai capi di Stato Maggiore di Rundstedt e Model, i generali Westphal e Krebs, precisando che scopo strategico dell'offensiva consisteva, non nella conquista di territorio, bensì nell'annientamento del nemico. Model e i suoi collaboratori propendevano per avanzare fino alla Mosa e così impegnare le forze americane che si stavano preparando ad attaccare la Ruhr. Tuttavia, Hitler insisteva che si spingessero fino ad Anversa, così da intrappolare le forze britanniche presenti in Olanda. Göring aveva promesso 2.000 aerei in appoggio all'attacco. Model e Rundstedt, pur accettando l'offerta, dichiararono di disporre di forze sufficienti per arrivare fino alla Mosa, ma non ad Anversa. La discussione si protrasse per tutto novembre sino a quando, il 25, Hitler rese noto che l'offensiva doveva necessariamente proseguire fino ad Anversa, giacché, se ridotta, poteva forse prolungare la guerra, ma non porvi fine.

Hitler si prese personalmente cura della preparazione dell'offensiva, occupandosi di tutto, dall'abbigliamento invernale dei soldati ai poderosi *Tiger* dai cannoni di 128 mm e, senza esitare, trasferì sul fronte occidentale interi reparti di artiglieria. Dispose inoltre che fosse cosparsa sabbia sulle strade ghiacciate di montagna e, certo della vittoria, giunse persino a vietare che i soldati tedeschi mettessero piede a Parigi, centro dell'infezione e causa del declino della *Wehrmacht*. Uno speciale reparto delle *SS* ebbe l'incarico di individuare e giustiziare i funzionari civili del partito, presenti nelle località che troppo facilmente si erano arrese al nemico. Hitler ordinò pure che gli iniziali tiri di artiglieria si concentrassero sui villaggi occupati dal nemico e sui comandi nemici. Immediatamente dopo, sarebbero seguiti intensi bombardamenti sulle postazioni di artiglieria nemica. Negli intervalli tra un bombardamento e l'altro, alcuni contingenti avrebbero simulato degli assalti di fanteria (con grida di incitamento e scariche di mitragliatrice) per innervosire i difensori americani. Inoltre, dall'offensiva sovietica del giugno 1944 contro il Gruppo Armate Centro, il Führer aveva appreso un'importante lezione: per mantenere intatte le proprie forze corazzate avrebbe affidato lo sfondamento iniziale delle linee nemiche alla fanteria con l'appoggio dei semoventi. Le divisioni *panzer* non si sarebbero mosse fino alla notte successiva. Il 26 novembre, Hitler fissò il 10 dicembre come possibile data per l'inizio dell'operazione.

In attesa degli ultimi rifornimenti, furono necessari due rinvii. Approntata la necessaria scorta di 80 milioni di litri di carburante, erano già arrivati in loco anche i 150 convogli ferroviari carichi di munizioni. Il morale delle truppe era alto e circa 170 bombardieri, 90 velivoli di appoggio terrestre e 1.500 caccia erano pronti al decollo. Ventotto divisioni tedesche si trovavano in attesa di gettarsi su appena cinque divisioni americane.

"Sono le 13:00", scrisse Morell il 14 dicembre 1944, "e il Führer sembra in ottima forma. Ha dormito bene. Ho intrapreso con lui una passeggiata di oltre un'ora tra i boschi, in compagnia del suo aiutante [Alfred], di Bormann e di Stumpfegger. Hitler ha lasciato che Blondi, la sua cagna alsaziana, portasse con sé un pezzo di legno per giocare. Nessuna terapia". Identici commenti il giorno successivo: "Il Führer è appetente, in ottima salute. Nessuna terapia".

Si era giunti ormai alla vigilia dell'offensiva delle Ardenne. Alle 15:00, Hitler tenne con Himmler e Westphal un ultimo Consiglio di guerra. I meteorologi prevedevano parecchi giorni di avverse condizioni climatiche, cosa che avrebbe impedito all'aviazione nemica qualunque intervento. Il Führer telegrafò nuovamente a Model vietandogli deviazioni dal percorso stabilito prima dell'attraversamento della Mosa: "Se lei si atterrà alle istruzioni, la vittoria non ci sfuggirà". Cenò poi con le segretarie e, alle 5:00, mezz'ora prima dell'inizio dei tiri dell'artiglieria, andò a coricarsi, compiaciuto.

Quando lo svegliarono, alle 11:30 del 16 dicembre, le linee americane erano state sfondate in più punti lungo un settore di oltre 100 chilometri tra Monschau ed Echternach e la fanteria tedesca era già circa dodici chilometri oltre le linee nemiche. Morell arrivò un'ora dopo e scrisse nel proprio memoriale: "Il Führer è molto attento e vivace, ma non ha chiuso occhio a causa dell'imminente offensiva". Morell notò un tremito costante alla mano sinistra, che attribuì all'ansia dettata dalla battaglia. Gli praticò quindi, "in previsione dello stress al quale sarebbe stato sottoposto" le solite iniezioni a base di glucosio, vitamine ed estratti di fegato.

Al *Nido dell'Aquila*, l'atmosfera si era fatta elettrica. Karl Thöt, lo stenografo, annotò:

"Quando Reynitz [altro stenografo] e io, alle 15:00, ci siamo recati al Consiglio di guerra, sono transitate, a bassa quota, molte squadriglie dei nostri caccia e il maggiore Buchs [un aiutante della *Luftwaffe*] ha detto in tono di sfida: 'Chi mai oserà parlare male della *Luftwaffe*, adesso!'. Raggiunta la sala riunioni, vi abbiamo trovato il Führer, contrariamente alle sue abitudini, già presente. La sua gioia per le buone notizie provenienti dalle Ardenne era palese. Prima che la riunione avesse inizio, Otto Dietrich, capo del servizio stampa, ci ha detto: 'Bene... finalmente avrete da stenografare cose piacevoli!'".

Hitler reputava la battaglia già vinta. Quel giorno stesso, ordinò alla flotta tedesca di fare di tutto per impedire alle navi britanniche, prima e dopo l'occupazione di Anversa da parte della Sesta Armata Corazzata *SS* di Sepp Dietrich, di lasciare il porto.

È superfluo, in questa sede, occuparci di ciò che accadde nel mese successivo sui campi di battaglia delle Ardenne. Più interessante è vedere come coloro che si trovavano al *Nido dell'Aquila*, influenzati dal facile ottimismo del Führer, non riuscissero assolutamente a vedere la dura realtà di questa campagna.

I carri armati tedeschi non raggiunsero mai Anversa e neppure attraversarono la Mosa. Cosa provocò quella disfatta? Alcuni fattori sorpresero Hitler: un coraggio senza precedenti mostrato dagli americani e i loro nuovi proiettili anticarro muniti di spolette di prossimità. I *Panzer* si trovarono privi di carburante prima del previsto per aver dovuto procedere nelle strette e tortuose vallate, usando le marce basse del cambio. La mancanza di carburante fu determinante perché le divisioni tedesche erano eccessivamente motorizzate e, al seguito del convoglio, c'erano persino autocarri vuoti, designati a caricare il materiale catturato. Molte delle autocisterne di carburanti rimasero inoltre intrappolate in giganteschi ingorghi creatisi nelle stradine che conducevano al fronte. Alla fine, sebbene la Quinta Armata del generale Manteuffel avesse sfondato per prima, Hitler, probabilmente per ragioni politiche, seguitò ad attribuire ogni merito a Dietrich.

"L'offensiva", scrisse Morell il secondo giorno, "procede lentamente ma senza intoppi. Nessuna terapia!"

Il Führer continuava a elencare minuziosamente i vantaggi ottenuti in quella campagna. Nei primi cinque giorni avevano catturato 25.000 americani e distrutto 350 carri armati. L'aviazione nemica era rimasta a terra a causa del cattivo tempo e Stalin non accennava a muoversi.

Parlando al telefono con Magda Goebbels in occasione del tredicesimo anniversario di matrimonio e poi conversando con lo stesso Goebbels all'una di notte del 19 dicembre, Hitler si disse certo di avere già sconfitto la Quinta Armata americana. E Goebbels gli fece coro, asserendo che Eisenhower non si era avvisto di quanto stesse accadendo, poiché parlava ancora di un'offensiva localizzata condotta da tre quattro divisioni tedesche!

Ma il 22 dicembre, annullati tutti i piani d'attacco lungo il fronte occidentale e stabilito l'abbandono delle teste di ponte faticosamente conquistate nella Saar, Eisenhower spostò nelle Ardenne dalle 16 alle 20 divisioni americane: la lenta avanzata tedesca verso la Mosa appariva inarrestabile. Inoltre, le condizioni climatiche impervie seguitavano a favorire la Germania. Nel corso del Consiglio di guerra, Hitler ridacchiò: "Signor Churchill, adesso spetta a lei fare la prossima mossa!" disse, imitando la difettosa pronuncia del Primo ministro inglese.

Stalin, portando un'offensiva contro la Prussia orientale e la Slesia, avrebbe facilmente tolto dall'imbarazzo i suoi Alleati occidentali, ma si guardò bene dall'aiutarli.

Anzi, proprio in quei giorni si ebbe notizia dei primi scontri, in Grecia, tra partigiani comunisti e milizie inglesi.

Dopo un inutile tentativo di pacificazione, Churchill dovette ripartire da Atene "con la coda tra le gambe", come disse il Führer. "E adesso", aggiunse, "Churchill vorrebbe ancora essere considerato capace di bloccare la marea comunista che minaccia l'intera Europa!"

I servizi segreti informarono Hitler che Stalin condizionava l'offensiva militare sovietica al riconoscimento di alcune pretese politiche. La data del 20 dicembre, indicata dai prigionieri russi come l'inizio dell'offensiva sovietica, era ormai trascorsa. Al *Nido dell'Aquil* il Führer, battendo una mano sulla carta geografica, disse ai suoi: "Forse ce l'abbiamo fatta!"

Il coltello del Führer era penetrato nello schieramento nemico per almeno 70 chilometri, ma il 23 dicembre – settimo giorno dell'offensiva – il cielo si presentò terso. Giorno e notte, l'aviazione alleata, ripreso il predominio dei cieli, colpì i nodi ferroviari di Coblenza, Gerolstein, Bingen e le principali arterie di comunicazione stradale.

Hitler, appostato all'esterno del bunker, osservava imperturbabile le migliaia di velivoli nemici che, passando sopra la sua testa, si dirigevano a Est. Luccicavano allegramente nella debole luce invernale, cancellando, con la loro presenza, i suoi sogni di facile vittoria. A pranzo, una delle segretarie, Christa Schroeder, lo provocò: "*Mein Führer*, la guerra è ormai persa, giusto?" Pietrificato, lui negò. Aveva ricominciato a leggere le *Lettere* di Federico II *il Grande*: era stata la caparbietà a consentirgli le sue vittorie. Se i soldati avessero chiesto a Hitler: "Perché tanti sacrifici?"

Egli avrebbe risposto: "La guerra non può durare più tempo di quanto è già trascorso. Nessuno potrebbe resistere così a lungo, né noi, né il nemico. La questione quindi è da porsi in questi termini, chi cederà prima?

Io resto convinto che non cederanno coloro che si battono per non perdere tutto. E quelli, ovviamente, siamo noi. Se gli Stati Uniti dicessero 'Basta, fermiamoci, non un giovane americano in più per l'Europa!', non ne avrebbero alcuna conseguenza... invece se fossimo noi a dichiararci stremati e sconfitti, la Germania cesserebbe di esistere". Questo ragionamento era la conseguenza nella quale Hitler si trovava a causa della pretesa degli Alleati di una resa incondizionata, posizione che Stalin non condivideva.

Il Führer aveva appreso da canali riservati che Stalin, prima di sferrare la sua offensiva, sembrava disposto a negoziare con lui, ma Hitler non voleva essere da meno di quanto dimostrato dai sovietici nel 1941. Quando Ribbentrop si offrì di recarsi a Mosca con la famiglia, Hitler lo pregò di rinunciare all'idea: "Ribbentrop, non emuli Rudolf Hess!" Del resto, le offerte di pace di Stalin sembravano indicare la spossatezza dell'Armata Rossa. Inoltre, non aveva forse lo Stato Maggiore generale, confermato la stabilità del fronte orientale?

Questo, e in modo particolare l'Ungheria, era reputato di fondamentale importanza dallo Stato Maggiore generale. Senza quel paese, infatti, sarebbero mancati l'alluminio, necessario per costruire gli aeroplani, e il carburante per farli alzare in volo. "Questo è ciò che rende l'Ungheria vitale per tutti noi", affermò Guderian. Né a Hitler, né agli ungheresi sfiorò l'idea di dichiarare Budapest "città aperta": anzi, il 4 dicembre, Szálasi decise che la città sarebbe stata difesa casa per casa.

L'attacco finale contro Budapest da parte sovietica venne sferrato il 20 dicembre. Friessner aveva schierato intorno alla città 70.000 soldati tedeschi e ungheresi, ma l'Armata Rossa incontrò scarsa resistenza e il 23 Hitler destituì dall'incarico sia Friessner, sia Fretter Pico, comandante della Sesta Armata. Il 24, Budapest era assediata da ogni lato. Il giorno successivo, dopo che Morell aveva provveduto alle consuete iniezioni, Hitler lamentò un peggioramento del tremore alla mano. "Critica situazione ungherese", diagnosticò il medico.

Il 26, Guderian si presentò reclamando rinforzi che il Führer non ebbe difficoltà ad accordargli. Una divisione di fanteria sarebbe immediatamente stata trasferita a Budapest dal fronte orientale e altre due sarebbero state reperite a Est e dislocate lì in tempi brevi. Due giorni addietro Guderian aveva ordinato al Quarto Corpo Corazzato *SS*, guidato dal temutissimo comandante Herbert Gille, di spostarsi in treno da Varsavia (Gruppo Armate A) in Ungheria, dove due delle sue divisioni corazzate, la *Totenkopf* e la *Wiking*, nella giornata di Capodanno avrebbero intrapreso un contrattacco per tentare di liberare Budapest dall'assedio. Come Guderian scrisse, il 31 dicembre, al suo collega ungherese "pur consapevoli di correre gravissimi rischi sul resto del fronte orientale, abbiamo fatto quanto in nostro potere per riprendere contatto con Budapest".

L'attacco di Gille era dunque previsto per Capodanno e l'attesa angosciava Hitler. Il 30 dicembre, Morell annotò: "Per 2 giorni ha avuto disturbi di stomaco, con formazione di gas. Lui attribuisce la cosa a una minestra di piselli, ma a mio avviso tutto ciò è sintomatico di quanto è in procinto di accadere: oltre a dover preparare e tenere un importante discorso, è in corso quella fondamentale azione bellica".

Inoltre, quello stesso 1° gennaio, Hitler voleva sferrare un ulteriore assalto contro i contingenti di Eisenhower, giusto per dimostrare che, sul fronte occidentale, l'iniziativa era ancora sua. Il Führer si compiaceva pubblicamente dell'offensiva delle Ardenne: "Abbiamo distrutto almeno 600 700 carri armati e sei sette divisioni nemiche".

Quindi, prese a progettare con Rundstedt una serie di rapide incursioni a sud. La prima, denominata *Vento del nord*, sarebbe stata condotta da otto divisioni mosse da Saarbrücken per prendere alle spalle le forze statunitensi che avanzavano nell'Alsazia settentrionale. La seconda avrebbe avuto come obiettivo Metz, per riconquistare le miniere di ferro. "Lo scopo di queste azioni", spiegò Hitler ai generali, "sarà quello di eliminare gli americani posizionati a sud del nostro punto di penetrazione [nelle Ardenne]..."

Se quelle incursioni avessero avuto successo, Manteuffel e Dietrich avrebbero potuto riprendere la loro offensiva nelle Ardenne. "In caso contrario", scrisse Rundstedt, "sarà la fine della nostra strategia d'attacco e il passaggio a una guerra difensiva d'attrito. Comunque vadano le cose, rimane certo che abbiamo salvato Renania e Palatinato dalla minaccia di un'offensiva nemica".

In quegli ultimi momenti di parziale successo, nel rivolgersi ai suoi interlocutori Hitler emanava ancora determinazione, palesando l'energia misteriosa di un Messia. Szálasi se ne avvide, Bormann incoraggiò la cosa, Guderian vi si sottomise.

Ma Hitler, invecchiato, si era ingobbito, il suo volto appariva cadente e la sua voce incerta. I capelli gli si erano fatti grigi e i baffetti bianchi come la neve. Così, scrisse l'ammiraglio Heinz Assmann: "La sua stretta di mano era debole e molle e le movenze quelle di un vecchio. Solo i suoi occhi conservavano immutato un vivido scintillio penetrante". Il Consiglio di guerra pomeridiano difficilmente iniziava prima delle 17:00 e, a conclusione, Hitler, come suggeritogli dai medici, si concedeva tre ore di riposo. Inoltre, faceva frequenti passeggiate intorno al bunker, nella neve. Wieland Wagner, nipote del celebre compositore, trovò i modi del Führer "maggiormente docili e garbati". Il 28 dicembre Blaskowitz, che aveva tenuto con lui una conversazione inerente l'*Operazione Vento del nord*, osservò che la sua spalla sinistra stava piegata in basso e la mano tremava. Steengracht ebbe l'impressione che "sebbene egli cercasse di vendere agli altri espressioni agressive e certezze, nascondeva un'estrema fragilità, tradita dal tremolio delle mani".

Hitler oramai riusciva a scrivere con estrema difficoltà. Da dicembre, un impiegato era delegato a riprodurre la sua firma, falsificandola, sui documenti ufficiali e le onorificenze assegnate. La voce gli consentì ancora di registrare il discorso di fine anno da trasmettere via radio alla nazione, ma il contenuto non aveva più lo smalto e lapresa dei precedenti. E molti notarono che non vi era alcun accenno alle nuove armi e alle future offensive che avrebbero condotto la Germania alla vittoria promessa.

Non poteva essere altrimenti, dato che il *Reich* si trovava sull'orlo del precipizio. Nel 1944, gli Alleati avevano sganciato sulla Germania una quantità di bombe cento volte superiore a quella che i tedeschi avevano rovesciato sull'Inghilterra nel 1940. La *Luftwaffe* assisteva impotente a quella offensiva aerea. I 217 caccia *Me-163* a reazione, impiegati subito dopo la fabbricazione, erano riusciti ad abbattere solo cinque bombardieri. Hitler ordinò che la produzione degli *Me-163* fosse bloccata, asserendo che bastava la sola contraerea a difendere la Germania. Nel corso di un incontro avvenuto il 3 gennaio, in presenza di Hitler, Speer attribuì ogni responsabilità a Göring e alla *Luftwaffe*, che a loro volta lo incolparono.

La difficoltà dei trasporti e quindi dell'approvvigionamento di munizioni e carburante fu un duro colpo per la strategia bellica del Führer.

Il carbone, accatastato nei piazzali della Ruhr, a causa delle semidistrutte linee ferroviarie non poteva essere trasferito alle fabbriche. La perdita della Francia, della Lorena e del Belgio, in autunno, aveva ridotto la produzione tedesca di acciaio da 3.100.000 ad appena 2.000.000 di tonnellate al mese. Le conseguenze di quella crisi coinvolgevano anche la costruzione delle nuove armi segrete, sulle quali Hitler aveva fatto tanto affidamento per sovvertire in extremis l'esito del conflitto: i moduli prefabbricati del sottomarino *Tipo XXI* non potevano essere trasportati al sito di assemblaggio a causa della distruzione dei canali. In novembre invece dei 17 sottomarini previsti, ne erano stati ultimati solo nove. In dicembre solo 18 invece di 28, perché i bombardamenti avevano colpito le fabbriche di produzione delle batterie e delle parti di ricambio.

Hitler aveva ragione nel 1939 a insistere che le frontiere aeree del *Reich* fossero quanto più lontane dal nemico. "Beck e le sue relazioni!" ironizzava adesso. "Quei signori credevano di trovarsi ancora negli anni precedenti al trionfo della guerra aerea!" L'8 gennaio, chiese nuovamente che il*Me-262* a reazione fosse munito di bombe da 500 chili per distruggere le linee ferroviarie e i cantieri nemici al di là del fronte occidentale.

I contrattacchi portati da Hitler furono fallimentari. L'*Operazione Vento del nord* fu, per Eisenhower, una momentanea preoccupazione che lo costrinse ad abbandonare alcune zone, conquistate a prezzo di gravi perdite, e a prendere in esame l'ipotesi di ritirarsi da Strasburgo. Ma in Alsazia, gli Alleati riuscirono a sottrarsi all'accerchiamento tedesco. In Ungheria, l'attacco di alleggerimento portato da Gille si arrestò dopo sei giorni, senza aver raggiunto Budapest.

Il 3 gennaio, il generale britannico Montgomery dette inizio alla sua programmata avanzata contro il fianco settentrionale del saliente tedesco delle Ardenne, mentre lo statunitense Patton seguitava imperterrito ad attaccarlo da sud.

Hitler (i cui generali asserivano, adesso, di aver distrutto nella battaglia delle Ardenne 1.230 carri armati nemici e catturato 400 cannoni e 24.000 soldati americani) decise di limitare le perdite.

Il giorno sette, nel corso di una riunione alla quale era presente anche Göring, Rundstedt chiese al Führer di accogliere la richiesta di Model circa un arretramento della parte più avanzata della testa di ponte delle Ardenne, ovvero, il Quarantacinquesimo Corpo Corazzato. Il Führer comprese che, se non voleva perdere del tutto l'iniziativa, doveva ritirare anche la Sesta Armata Corazzata di Dietrich, per istituire, finché ci fosse stato il tempo, una riserva tattica. Non era infatti possibile prevedere come il nemico avrebbe impiegato le divisioni che adesso poteva sbloccare dalle Ardenne. Questi ordini, tacita ammissione della sconfitta lì patita, vennero diramati dal *Nido dell'Aquila* alle 2:00 dell'8 gennaio 1945.

Una spessa coltre di neve ricopriva il quartier generale del Führer. La temperatura stazionava 7 gradi sotto lo zero. In Polonia il terreno era gelato, ma Stalin non aveva ancora scatenato la sua grande offensiva dalle teste di ponte sulla Vistola, verso Berlino. Il 9 gennaio, quando Guderian si presentò a rapporto, Hitler tentò di trarre delle conclusioni: "Se i sovietici non attaccano, ciò deve essere per motivi politici". Guderian lo assecondò: "È a causa degli inglesi!" Però, espresse anche preoccupazione per la lunghezza del fronte, che si estendeva per oltre

1.200 chilometri dai Carpazi al Baltico. Guderian aveva appena fatto visita al generale Josef Harpe, che comandava un gruppo di armate disposto su entrambi i lati di Varsavia, e propose al Führer (su suggerimento dello stesso Harpe) una ritirata dalla Vistola fino a una linea del fronte più breve: ciò avrebbe permesso di disporre di due forti gruppi di riserve, per un eventuale contrattacco, da effettuarsi a seguito dell'offensiva russa. Senza indugi, Hitler respinse quel proposito.

Le motivazioni che lo indussero a quella decisione ci giungono da ciò che resta di alcuni testi stenografati. In primo luogo, era troppo tardi per ridiscutere l'intera strategia. Secondo, Hitler riteneva che con nove divisioni corazzate e tre battaglioni di granatieri corazzati (collocate a sud di Cracovia, a sud-est di Varsavia e nella Prussia orientale) Guderian disponesse di riserve sufficienti a sventare qualsiasi minaccia. In terzo, aveva fiducia nelle fortificazioni apportate dalle popolazioni residenti nella Germania orientale. E, in ultimo, come avrebbe confidato il giorno successivo ad alcuni collaboratori, "mi vengono i brividi quando sento parlare di ritirarsi in un punto per essere in grado di operare in un altro: questa storia si ripete da due anni e, ogni volta, anticipa un ulteriore tracollo".

Sul fronte orientale, l'esercito tedesco disponeva di 3.000 carri armati. Secondo il parere del Führer, Stalin, per condurre un'offensiva, necessitava di un rapporto di forze di 3 a 1: vale a dire 9.000 carri armati (cosa che riteneva oltremodo improbabile).

La marea delle divisioni sovietiche, di cui parlava lo Stato Maggiore generale, ricordava a Hitler la faccenda delle "divisioni" cinesi: ognuna consisteva probabilmente in poche migliaia di soldati. Allorché Guderian accennò alla paralizzante mancanza di munizioni, Hitler salì in cattedra: "Adesso, lei vede ciò che tutti, in passato, si rifiutavano di accettare: il danno provocato dalle nostre ritirate a Oriente. Con le nostre fabbriche situate laggiù", disse, indicando il bacino del Donez, "oggi, avremmo potuto rifornire le guarnigioni a Est di due milioni di proiettili al mese. Ma tutti sostenevano che non valeva la pena difendere poche miniere di ferro! E inoltre, le ricordo che la linea del fronte era più breve allora di quanto lei lamenta adesso".

Quella stessa sera del 9 gennaio (Hitler si trovava ancora presso il fronte occidentale) il Führer venne avvertito di un primo segnale documentato di un'imminente offensiva russa: "Negli ultimi giorni si è assistito a consistenti movimenti di truppe verso la testa di ponte di Baranov. Si ha l'impressione che attaccheranno presto".

Nei giorni successivi, quei segnali d'allarme si moltiplicarono. Alcuni prigionieri confermarono che l'offensiva avrebbe avuto inizio tra l'11 e il 16 gennaio. L'artiglieria sovietica si trovava già schierata e la fanteria si era predisposta nel modo più propizio per l'attacco. Hitler apprese tutto ciò il giorno 11. Quando a mezzogiorno, si svegliò, l'aiutante di Jodl, il colonnello Heinz Waizenegger, si precipitò da lui per comunicargli che, a seguito di un'insistente attività di artiglieria, l'offensiva di Stalin nel settore di Baranov era stata lanciata.

Due delle sue segretarie, tornate da una breve licenza, fecero colazione con lui. La signora Junge aveva trovato un passaggio a bordo di un camioncino che aveva attraversato Monaco la mattina immediatamente successiva a un devastante bombardamento britannico. "Tra poche settimane questo incubo cesserà", insistette Hitler. "I nostri nuovi aerei a reazione vengono già prodotti in serie e presto gli Alleati ci penseranno due volte prima di sorvolare il territorio del *Reich*".

Il 12 gennaio, durante il Consiglio di guerra pomeridiano, giunse notizia che le forze del maresciallo Konev avevano spazzato via le tre divisioni tedesche che circondavano la testa di ponte di Baranov. Il giorno successivo, i sovietici avanzarono di 30 chilometri. Le divisioni *Panzer* tedesche, separate tra loro, erano state annientate. Dopo un fuoco di sbarramento di due ore da parte di 350 batterie d'artiglieria, un'ondata di altri mezzi corazzati e fanteria si era riversata sui confini della Prussia orientale. Il giorno 14, anche le due altre teste di ponte sulla Vistola straripparono nella Polonia meridionale a sud di Varsavia, mentre una seconda offensiva investiva la Prussia orientale, stavolta da sud. Sebbene

245 carri armati nemici fossero andati distrutti, il giorno 15 l'intero fronte orientale era violato. Nella Polonia meridionale cadde la città di Kielce e Varsavia fu raggirata a nord come a sud.

Quei fatti, dopo che le difese tedesche in Curlandia e nella Prussia orientale avevano in passato retto bene, colsero Hitler di sorpresa[130].

Il 14 Guderian finalmente inviò un cablogramma al Führer con la richiesta di trasferire al fronte orientale lo *Schwerpunk* della guerra. Il giorno 15, Hitler tenne la sua ultima riunione con Rundstedt e Model, dando ordine di resistere a oltranza. Alle 18:00 si recò in auto, col suo seguito, sino alla stazione dove prese posto sul treno. Lì, alle 19:30, tenne un altro Consiglio di guerra e, 5 minuti dopo, ricevette un messaggio di Guderian che chiedeva "ogni possibile rinforzo sul fronte orientale". Hitler ordinò che, in sei settimane, 40 divisioni fossero trasferite a Est.

Mentre il treno viaggiava alla volta di Berlino, uno dei collaboratori del Führer, il colonnello delle *SS* Otto Günsche, osservò: "Berlino, adesso, sarà il luogo più pratico per il nostro quartier generale: presto potremo dirigerci in tram dal fronte orientale a quello occidentale!"

In attesa di un telegramma

Il mattino del 16 gennaio 1945, Hitler si svegliò alle 9:00 a bordo del treno che si trovava ormai in prossimità della capitale. La neve celava sotto il suo manto le aspre ferite di Berlino. La vecchia ala della cancelleria, scenario dei trionfi politici di Hitler prima della guerra, era stata pesantemente danneggiata, mentre il giardino appariva coperto di crateri colmi di neve. Un lastrone verticale in

130 Nda. Gehlen stimò che l'efficacia dell'offensiva di Stalin fosse dovuta all'impiego di 225 divisioni di fucilieri, 22 corpi corazzati, altre 29 formazioni corazzate e 3 corpi di cavalleria. Ma a Yalta, lo stesso Stalin, che sicuramente non aveva alcun motivo di sminuire il proprio contributo, dichiarò che aveva soltanto 180 divisioni in Polonia. Il generale Shtemenko scrisse ne The General Staff in the War Years, Mosca, 1968: "Al tempo, le nostre divisioni disponevano di soli 4.000 uomini ciascuna".

cemento segnalava il punto in cui Albert Speer aveva fatto costruire il rifugio sotterraneo. Tuttavia, Hitler decise di dormire per il momento al primo piano, nella solita camera che, sebbene in parte risistemata, pareva aver subito il passaggio di un uragano.

Tutti i verbali delle successive riunioni sono andati perduti, ma senza dubbio furono affrontate questioni drammatiche. Il Gruppo Armate A del generale Harpe era stato annientato e Schörner fu designato suo successore. Hitler dispose poi l'imbarco di due divisioni *panzer* e due di fanteria nel porto di Liepaja in Curlandia (attuale Lettonia), da inviare immediatamente in rinforzo del fronte orientale. Fu poi effettuata un'analisi della catastrofe polacca. Hitler apprese che il Ventiquattresimo Corpo Corazzato del generale Nehring di stanza a sud ovest di Kielce (troppo vicino al "centro di gravità" russo), sebbene la sua funzione consistesse nel contrattacco, aveva ricevuto da parte di Harpe l'ordine di difendersi senza reagire. Dopo che il fronte era stato sfondato in modo così "inaspettatamente rapido", quel corpo era rimasto bloccato.

In preda alla rabbia, Hitler ordinò che Harpe gli facesse rapporto personalmente. Il generale esibì freddamente un ordine del Führer, in cui si disponeva che tali divisioni rimanessero in attesa di ulteriori disposizioni. Egli, tuttavia, non avendo mai firmato quel documento ne attribuì la responsabilità allo Stato Maggiore di Guderian.

La sconfitta di Varsavia rese ancora più evidente la confusione in cui versava lo Stato Maggiore generale. Hitler, infatti, aveva fornito comunicazione di difendere la capitale polacca come una fortezza, ma di lì a poco Guderian si presentò alla cancelleria, comunicando a un Führer sbigottito l'avvenuta presa di Varsavia da parte dei sovietici. Durante la riunione un messaggio radio, da parte del comandante tedesco a Varsavia, li informò che la difesa proseguiva, nonostante la città fosse stata accerchiata dal nemico. Hitler ordinò di resistere a ogni costo, come aveva fatto con Budapest, la quale stava ancora contrastando l'offensiva sovietica. Ma era ormai troppo tardi. Alla richiesta di spiegazioni, Guderian rimproverò il capo delle operazioni militari, il colonnello Bogislaw Bonin, per l'inesattezza del rapporto. Hitler dispose l'arresto immediato di Bonin, gridando: "Il clan dello Stato Maggiore deve essere distrutto!"

Un tempo, Hitler aveva affermato che non avrebbe fatto cessare la guerra finché non si fosse raggiunta "a tutela della vita della futura generazione tedesca, una pace onorevole per la Germania". Di fronte all'invasione sovietica, Hitler fu costretto però ad autorizzare Ribbentrop a tastare cautamente il terreno, interpellando le potenze occidentali. Questi tentativi avrebbero forse contribuito ad allargare la breccia nell'alleanza nemica, poiché diverse voci indicavano insistentemente che fosse in atto una spaccatura all'interno dell'alleanza. Sia Roosevelt sia Churchill rifiutavano di accettare il Comitato di Lublino, governo fantoccio di Stalin in Polonia, come pure i confini che egli aveva stabilito nel paese (del resto la Gran Bretagna era entrata in guerra nel 1939 proprio per salvaguardare l'integrità territoriale polacca).

"Ci sarà pure qualche inglese in grado di capire la demolizione in atto in Polonia!" esclamò il Führer esasperato, rivolgendosi ai propri collaboratori.

Hitler, consapevole che l'offensiva nelle Ardenne creava ancora qualche difficoltà agli Alleati, autorizzò Ribbentrop, probabilmente il 2 gennaio, a preparare una serie di proposte rivolte ai governi occidentali. Il giorno 19, quando Ribbentrop si presentò con la bozza delle proposte, il clima sembrava ancora più propizio: Gran Bretagna e Stati Uniti si sentivano sicuramente minacciati dall'inarrestabile avanzata sovietica.

Nel documento redatto da Ribbentrop si proponeva che la Germania mantenesse i propri confini rinunciando però all'autarchia economica e a qualsiasi ambizione egemonica in Europa; inoltre, si assicurava che, ripristinata la libertà religiosa, gli ebrei sarebbero stati risistemati in una qualche comunità internazionale. La proposta, redatta sulla base dei pareri di "autorevoli fonti berlinesi, compreso il ministro degli Esteri", fu approvata da Hitler. Ribbentrop inviò il testo in Svizzera al dottor Werner Schmieden, il quale possedeva un brillante passato nella Società delle Nazioni, con l'ordine di contattare Allen Dulles e un altro ufficiale britannico di pari grado. Adesso non restava che attendere una risposta.

Hitler, nel frattempo, preparava con un certo ottimismo una nuova impresa militare a Est. Bormann, di ritorno a Berlino dopo due settimane, aveva portato con sé Eva Braun e, con Goebbels e Ley, incontrava Hitler ogni mattina. Anche Dönitz era presente quasi ogni giorno, dato che le sue navi erano impegnate nell'evacuazione di centinaia di migliaia di civili dalle minacciate province orientali. Il 20 gennaio, l'ammiraglio mise a disposizione di Hitler 20.000 uomini da impiegare nelle battaglie terrestri. Lo stesso giorno, Hitler discusse insieme a Speer e Saur le modalità per riguadagnare la supremazia aerea; alla riunione parteciparono anche Göring, Messerschmitt e altri esperti del settore. Hitler ordinò nuovamente che fosse incentivata la produzione di cannoni e missili aria-aria, come il razzo *R4M*, da destinarsi ai caccia. Lo sviluppo dei caccia a reazione rimaneva una priorità assoluta.

Tale pianificazione industriale a lungo termine sembrava indicare che Hitler confidasse ancora su una guerra di sette anni. Sperava infatti di indebolire il fronte occidentale e contemporaneamente sferrare un attacco a Est che bloccasse l'avanzata sovietica prima della fine di febbraio. Nel frattempo, a Occidente, il nemico avrebbe subìto, grazie all'intervento dei sottomarini, al lancio di mine e agli attacchi della *Luftwaffe*, un potente attacco proveniente dalle 'fortezze atlantiche' di Hitler (Lorient, SaintNazaire, La Rochelle, la Gironda settentrionale).

Il 19 gennaio, Dönitz appoggiò tale strategia temporeggiatrice. Erano stati allestiti 107 esemplari del nuovo *Uboot* di *Tipo XXI* e i primi sarebbero stati operativi nel mese di marzo. Lo stesso 19 gennaio, in serata, Hitler prese in considerazione la possibilità di spostare la Sesta Armata Corazzata *SS* a Est. Tuttavia, gli eventi scavalcavano rapidamente le sue decisioni e ben presto fu chiaro che il trasferimento avrebbe richiesto settimane. Si legge nel diario di Bormann: "Mezzogiorno: situazione a Est sempre più critica. Evacuazione del distretto di Wartheland (ex distretto di Posen). Avanguardie nemiche in avvicinamento su Kattowice, etc".

Hitler giunse alla conclusione che il pericolo strategico per il

Reich fosse situato in Ungheria e in Austria, dove Stalin stava preparando la conquista degli ultimi campi petroliferi a sud del Lago Balaton e nella regione viennese. Il 20 gennaio, Hitler confidò al capo dell'ufficio stampa Dietrich: "Attaccherò i russi dove meno se lo aspettano. Manderò la Sesta Armata in Ungheria: se diamo inizio a un'offensiva in quel settore, i sovietici dovranno spostarvisi!"

Il piano di Hitler prevedeva una rapida manovra a tenaglia, lanciata dalle due estremità del Lago Balaton, con l'obiettivo di scardinare la coda meridionale del fronte sovietico. Il 21 gennaio il Führer comunicò a Weichs, comandante in capo del settore sud-est, di esaminare la praticabilità di un attacco simultaneo in Ungheria da parte di tre o quattro divisioni provenienti dalla Croazia, attraverso la Drava. Weichs rispose il giorno seguente approvando il piano con qualche riserva. Quando Guderian, ormai indebolito dalle precarie condizioni di salute, si oppose affermando che la Sesta Armata serviva per la difesa di Berlino, Hitler causticamente rispose: "Evidentemente, lei è in grado di muovere i carri armati senza bisogno di carburante! Bene! Allora mi dica fino a dove i suoi mezzi corazzati riuscirebbero ad arrivare". E non cambiò la propria decisione.

In Polonia, Cracovia e Lódz erano cadute. Per avere disponibili truppe in difesa della Prussia orientale, Hitler ordinò l'abbandono di Memel, i cui cantieri navali dovevano però essere distrutti. Il 21 gennaio, il Führer autorizzò i resti della Quarta Armata del generale Hossbach a ritirarsi sulla linea dei laghi su ambedue i lati della ben fortificata città di Lötzen. Più tardi, nella stessa giornata, Hitler annunciò che Himmler avrebbe assunto il comando del nuovo Gruppo di Armate della Vistola e, fattosi carico di impedire al nemico di avanzare verso Danzica e Posen, avrebbe così isolato la Prussia orientale. Himmler, inoltre, sarebbe stato designato a "organizzare la difesa nazionale in territorio tedesco". Hitler confidava nella tenacia e nella determinazione del comandante del *Reich*, qualità che riteneva oramai assenti nei logori e anziani generali dell'esercito. Due giorni dopo, i sovietici raggiunsero la costa a Elblag, tagliando fuori la Prussia orientale. Il 24, Hossbach fece arretrare la Quarta Armata verso ovest, abbandonando le fortificazioni di Lötzen senza sparare un colpo. Hitler, cui non venne chiesta alcuna autorizzazione preventiva, non appena messo di fronte al fatto compiuto,esplose: "A quanto pare Hossbach e i sovietici vanno d'amore e d'accordo!"

Il generale e il suo intero comando furono immediatamente destituiti. Parlando con Jodl, Hitler paragonò quel "tradimento" al cosiddetto "affare Avranches" che, nell'agosto del 1944, aveva dato inizio alla caduta della Francia. Goebbels, dopo un colloquio con il Führer, scrisse: "Se Hitler dovesse riuscire a mutare il corso degli eventi (e io in proposito rimango fiducioso), il mondo avrebbe in lui non solo l'uomo del secolo, ma dell'intero millennio".

Adesso, l'Armata Rossa avanzava nell'Alta Slesia, la regione industriale nella quale Hitler aveva fatto trasferire le sue più importanti industrie belliche. Auschwitz e la sua importantissima fabbrica di gomma andarono perse, la città fortificata di Polsen fu assediata e, il 27 gennaio, ebbe inizio una battaglia in sua difesa che si protrasse per oltre un mese concludendosi con la morte del comandante tedesco e la resa dei suoi uomini.

Si assisteva all'esodo di milioni di tedeschi verso Ovest. Nel giro di qualche settimana, la marina ne evacuò

450.000 dal porto di Pillau, mentre altri 900.000, sfidando la temperatura sotto zero, si apprestavano a una lunga marcia lungo i 60 chilometri di strada che conducevano a Danzica. Alle loro spalle, le orde bolsceviche, incitate da Stalin e autorizzate da un ordine firmato dal maresciallo Zukov[131], saccheggiavano, rubavano, bruciavano e stupravano. I servizi di informazione di Gehlen confermarono quei fatti: "Colonne di profughi, raggiunte dai carri armati russi, sono state annientate dal fuoco delle mitragliatrici e schiacciate dai cingoli degli stessi"[132].

131 Ndt. Il generale russo Georgij Konstantinovic Zukov (1896 – 1974), durante la seconda guerra mondiale, condusse l'Armata Rossa verso la liberazione dei territori sovietici occupati dai nazisti e proseguì l'offensiva fino a invadere, a sua volta, buona parte dell'Europa orientale. Infine, diresse la conquista di Berlino. Grazie al suo genio militare, diventato famoso per non avere mai perso una battaglia, fu dai suoi soldati ribattezzato l'Invincibile. Fu lui a ricevere, l'8 maggio 1945, la dichiarazione di resa di tutte le Forze Armate tedesche, firmata da Keitel.

132 Nda. L'ordine del giorno di Zukov cadde nelle mani tedesche. Esso diceva: "Morte ai

Tutte le strade che conducevano verso Berlino e Dresda erano intasate da disperati in cerca di salvezza. Il 30 gennaio, tutta la Germania si trovava in ascolto del proclama radiofonico di Hitler, l'ultimo che egli avrebbe effettuato. Il suo aiutante personale, Alwin-Broder Albrecht, così scrisse il giorno seguente:

"Le reazioni al discorso del Führer, per quanto fosche possano apparire le prospettive, sono state positive. Ciò che più mi ha commosso è un telegramma giunto da una colonna di profughi che recita 'Führer, abbiamo fiducia in lei!'".

Hitler dispose che tutti gli autobus di Berlino, carichi di pane, andassero incontro ai profughi in rotta verso la capitale. I sovietici dilagavano ovunque e, il 27 gennaio, Schörner dovette evacuare l'Alta Slesia. Due giorni dopo, il nemico isolava Königsberg e il 30 raggiungeva il fiume Oder che scorre a soli 80 chilometri da Berlino. Hitler inviò a Guderian precise istruzioni: "Nei prossimi giorni, voglio essere informato su tutti i movimenti nemici, sui probabili obiettivi dei suoi attacchi e sui luoghi di raggruppamento, giacché da tutto ciò deriveranno le nostre contromisure".

Al Führer rimaneva, quale magra consolazione, la costernazione degli anglo-americani, di fronte a un'occupazione sovietica senza precedenti. Perciò, Hitler dette ordine a Ribbentrop di far pervenire ai servizi di spionaggio britannici false informazioni su un esercito composto da 200.000 comunisti tedeschi agli ordini del generale Paulus, che avrebbe dovuto istituire a Königsberg un governo fantoccio: "Questo dovrà necessariamente scuoterli!" confidava Hitler.

Sempre il 27 gennaio, durante un colloquio con Jodl e Göring, quest'ultimo concordò con il Führer che "certo gli inglesi non avevano previsto che avremmo resistito sul fronte occidentale, lasciando che i sovietici invadessero la Germania. Se le cose continueranno così, a breve dovremmo ricevere da loro un telegramma... Gli inglesi sono entrati in guerra per impedirci di

tedeschi!" e annunciava in termini inflessibili che l'ora era giunta per l'Armata Rossa di vendicarsi dei "cannibali di Hitler. Ci vendicheremo per tutti coloro bruciati nelle fornaci del Diavolo, avvelenati nelle camere a gas, giustiziati e resi martiri. Per tutti loro ci prenderemo la nostra vendetta... Sia maledetta la patria di quegli assassini!...Ora, distruggeremo la razza tedesca una volta per tutte!"

invadere l'Est, non per consentire all'Est di espandersi fino all'Atlantico!"

Confidando in tutto ciò, Hitler, all'inizio di febbraio, ebbe due lunghe riunioni con Ribbentrop e, il 7, incontrò il generale delle *SS* Karl Wolff, responsabile dei servizi di polizia nell'Italia occupata.

Wolff riferì che gli anglo-americani apparivano "sempre più interessati a intraprendere negoziati". Hitler ne prese nota e, dopo poco, lo stesso Wollf fu incaricato di prendere contatto con quel Dulles che Schmieden doveva avvicinare in Svizzera.

Alla cancelleria del *Reich* il discorso radiofonico di Hitler del 30 gennaio venne seguito dalla proiezione di uno dei più ambiziosi film a colori curati da Goebbels: *Kolberg*, la storia di una delle più grandi battaglie della guerra dei 7 anni. Hitler non vide mai quel film, ma la pellicola venne inviata a tutte le guarnigioni di ciò che restava della fortezza atlantica.

A due settimane dall'inizio dell'offensiva sovietica, il Gruppo di Armate di Schörner rivendicava la distruzione di 1.356 carri armati nemici, che si sommavano al migliaio dichiarati dal Gruppo di Armate della Prussia orientale. La città fortificata di Posen, dove alcuni traditori di lingua tedesca si erano infiltrati, nonostante tutto, resisteva. Invece, autorizzato da Hitler, Himmler evacuò le roccaforti di Chelmno, Torun e Kwidzyn. Nella notte tra il 30 e il 31 gennaio, il Führer, coricatosi verso le 5:30, fu svegliato verso mezzogiorno da Bormann con l'allarmante notizia che unità corazzate russe avevano attraversato la superficie gelata dell'Oder tra Kostrzyn e Wriezen.

L'Oder era l'ultimo grande corso d'acqua prima di Berlino. La sua riva occidentale era difesa solo da alcuni battaglioni della *Volkssturm* e furono proprio quegli anziani soldati che ritardarono l'avanzata bolscevica. Hitler ordinò che più di 300 cannoni dell'antiaerea fossero trasferiti sull'Oder in funzione anticarro. Tutti i caccia (adesso dotati di bombe, come da tempo Hitler aveva chiesto) furono impiegati sui campi di battaglia della Slesia e della Prussia orientale. Così, quella crisi venne momentaneamente superata.

Mentre indeboliva le difese antiaeree del *Reich*, Hitler sperava forse che i bombardamenti dell'aviazione angloamericana, come già era accaduto nelle isole dell'Egeo ancora occupate dai tedeschi, si diradassero. "La presenza tedesca libera gli inglesi dal dover difendere quelle isole dai russi", aveva osservato l'Alto Comando della marina. Il comandante tedesco dell'Egeo orientale aveva addirittura ricevuto un'offerta segreta dai britannici che si dicevano disposti a rifornire con la loro flotta i siti ancora occupati dalla Germania. A Breslavia erano stati reclutati 38 battaglioni della *Volkssturm* e grazie a quei 15.000 uomini aggiunti ai 30.000 soldati dell'esercito regolare la città poté sfidare i bombardamenti aerei, l'artiglieria e gli attacchi delle truppe terrestri nemiche, resistendo all'assedio fino a una settimana dopo la morte di Hitler. Il Führer era ben consapevole di cosa comportasse la perdita della Slesia. Il collasso economico della Germania era ormai inevitabile e il Giappone, privo di riso, petrolio, ferro e bauxite, versava nelle stesse condizioni. L'addetto di Hitler a Tokyo comunicò, infatti, che il Giappone aveva risorse per combattere ancora un solo anno.

La carenza di petrolio aveva già costretto la Germania a una scelta strategica tra Est e Ovest. In gennaio, le raffinerie semidistrutte della Germania avevano prodotto solo 50.000 tonnellate di benzina e 12.000 tonnellate di carburante per gli aerei. Risultava improbabile che i nuovi sottomarini e gli ultimi aerei a reazione potessero disporre del necessario cherosene. A fine gennaio, Hitler decise che, da quel momento, i rifornimenti di carburante e munizioni per il fronte occidentale, sarebbero stati ridotti a vantaggio del fronte orientale. Anche se da un momento all'altro Eisenhower poteva dare inizio a una nuova offensiva, Rundstedt dovette cedere il proprio carburante per spostare la Sesta Armata Corazzata *SS* in Ungheria. L'aviazione americana e quella britannica proseguivano, nel frattempo, nei bombardamenti terroristici. Per aggravare il caos creato a Berlino dai profughi, a mezzogiorno del 3 febbraio 1945, gli americani spedirono sulla città un migliaio di bombardieri pesanti che, in mezz'ora, lasciarono cadere sui quartieri del centro oltre 2.000 tonnellate di bombe. Con tutti gli aerei impegnati sul fronte dell'Oder, le città tedesche erano alla mercè del nemico. Il quartiere ministeriale venne devastato e Hitler dovette riparare nel suo bunker. Bormann annotò: "I giardini della cancelleria del *Reich* si presentano in uno stato indescrivibile, con ampi crateri, alberi sradicati e vialetti ingombri di rottami e macerie. La residenza del Führer è stata colpita più volte e della sala dei banchetti e del giardino d'inverno rimangono solo frammenti di pareti".

Ribbentrop, mentre gli incendi divampavano sulla *Wilhelmstrasse*, condusse suo figlio Rudolf dentro il bunker. Rudolf, che aveva incontrato Hitler nel 1940, rimase scosso alla vista del vecchio curvo che lo accolse davanti a una porta antincendio. "La marea sta cambiando", tentò di rassicurarlo il Führer. "Ogni giorno un nuovo reggimento si dirige al fronte e i miei giovani feldmarescialli riusciranno ad arrestare l'avanzata nemica". Hitler, fatti i nomi di alcuni di loro, aggiunse: "Il più capace è Manstein, ma anch'egli ha difficoltà a tenere un fronte che scricchiola".

Poi, dato il segnale di cessato allarme, la vita nel bunker riprese. L'aiutante di Hitler, Alwin-Broder Albrecht, scrisse due giorni dopo: "Sul nostro quartiere sono cadute circa 25 bombe. Siamo senz'acqua, senza riscaldamento ed elettricità... In venti ore, in nessun punto è stato possibile riportare l'acqua, per il ripristino del riscaldamento dovremo attendere un paio di settimane... sperando nel frattempo di non subire altri bombardamenti".

Fortunatamente, il ghiaccio sull'Oder stava iniziando a sciogliersi e questo avrebbe dato un po' di respiro alle truppe tedesche. Il Führer, per accelerare il disgelo, dispose di ricorrere a esplosivi e a battelli rompighiaccio. L'8 febbraio sembrava che Berlino non fosse più in immediato pericolo, ma alcuni comandi della *Wehrmacht* furono comunque trasferiti dalla capitale e i ministeri ricevettero identiche disposizioni a cui attenersi, qualora la situazione fosse precipitata. Bormann cominciò a far costruire un quartier generale d'emergenza per Hitler a Stolpe, nel Meclenburgo[133].

133 Nda. Himmler ricordò la crisi in una conversazione con Schwerin von Krosigk il 19 aprile. In merito, si può leggere anche il pietoso ordine che il comandante del Reich diede

Sebbene la *Luftwaffe* fosse ormai impotente, ogni nuovo problema veniva posto sulle sue spalle. Quando un sottomarino sovietico affondò la nave da crociera *Wilhelm Gustloff*, carica di 5.000 profughi della Prussia orientale e, pochi giorni dopo, stessa sorte toccò alla nave ospedaliera Steuben con a bordo 1.000 profughi e 2.500 feriti Dönitz se la prese con Göring, incolpandolo di non aver fornito a quelle navi alcuna protezione.

Il maresciallo del *Reich* reagì firmando, in tutta fretta, una serie di sentenze di morte a carico di ufficiali della *Luftwaffe*, per motivi che andavano dalla diserzione alla codardia, all'alto tradimento, alla corruzione, oltre che all'abbandono, nelle mani del nemico, di aeroporti, depositi di munizioni e scorte di combustibile. Ma per ogni peccato che Göring individuava e puniva, Bormann gliene suggeriva, provandoli, altri dieci. Quando, un giorno, Lammers accennò alla delicata faccenda della successione del Führer, Bormann, con sussiego, disse che Göring era fuori questione. L'imponente presenza di Göring nell'affollatissimo bunker dava a Hitler il voltastomaco, perché quegli, come pure il suo aiutante Ramon Ondarza, facevano largo utilizzo di profumi dall'aroma penetrante.

Nessun cenno dalle potenze occidentali.

In Bulgaria, i successori di re Boris erano stati giustiziati dal nuovo regime comunista. In Polonia il nuovo stato satellite di Stalin aveva annunciato l'intenzione di annettere Slesia e Prussia orientale. L'8 febbraio, il maresciallo Konev attaccò dalla testa di ponte di Steinau, sull'Oder, con il chiaro intento di accerchiare Bratislava. Nella stessa giornata gli Alleati lanciarono una poderosa offensiva tra il Reno e la Mosa. Quella notte, Hitler si dilungò in chiacchiere con Bormann, Speer, Giesler e con Eva Braun, che il giorno successivo sarebbe tornata a Monaco. Poi, la mattina seguente, il Führer apprese che gli inglesi avevano distrutto la raffineria di Pölitz, ultima fonte di carburante della *Luftwaffe*.

Nonostante ciò, Hitler nutriva ancora speranze. Il 9 febbraio,

---

il 1° febbraio 1945: "Il disgelo, iniziato in questo preciso momento del conflitto, è un dono del fato. Dio non ha dimenticato il valoroso popolo tedesco" (microfilm T78, rullino 304, pag. 5774).

l'architetto Giesler gli mostrò un progetto per la ricostruzione di Linz. Sulla riva settentrionale del Danubio sarebbero sorti un auditorium per 35.000 persone e un campanile alto 150 metri (alla cui base, in una cripta, sarebbero stati sepolti i genitori di Hitler), mentre sulla riva meridionale tutta la città sarebbe stata ridisegnata. L'avrebbe attraversata un immenso viale confluente alla stazione ferroviaria, ai lati del quale sarebbero sorti un teatro lirico, un museo, una biblioteca e un'immensa galleria d'arte. Nel modellino predisposto dall'architetto, tutto ciò prendeva forma sotto gli occhi del Führer.

Alle 4:00 del mattino, ancora una volta, Hitler si recò di soppiatto nella stanza del bunker dove quel modellino era stato disposto e altrettanto fece alle 3:00 del giorno seguente. Quando il generale delle *SS* Kaltenbrunner, capo della Gestapo, giunse con allarmanti notizie sul crollo morale della popolazione, Hitler, per tutta risposta, lo condusse a vedere il modellino, descrivendogli come Linz, dopo la vittoria, sarebbe risorta dalle macerie. Poi il generale tornò sull'argomento inerente alla sua presenza, ma il Führer lo bloccò: "Mio caro, lei crede che io potrei discutere di questi progetti futuri, se non avessi l'assoluta certezza di vincere questa guerra?"

I sovietici, bloccati dal Gruppo di Armate di Himmler a circa 120 chilometri dalla costa della Pomerania, avevano lasciato un invitante fianco di 500 chilometri sul quale i tedeschi avrebbero potuto contrattaccare. Sin dai primi di febbraio, Guderian aveva in animo di sfruttare la situazione, ma i tempi di preparazione di quell'offensiva erano lenti e Himmler sembrava restio a rischiare le proprie forze. Il 10 febbraio, Hitler convocò alla cancelleria sia Guderian che Himmler. Il primo insistette per sferrare il contrattacco: "Non possiamo attendere l'esaurimento del carburante!" protestò. Poi, chiese che al comando di Himmler fosse affidato un generale competente. Lui stesso suggerì il proprio vice, Wenck. La discussione si trascinò per un paio di ore e alla fine Guderian parve averla vinta. Hitler, sorridendo, disse a Himmler: "Wenck è assegnato al suo staff". L'attacco fu fissato per il giorno 15. Quando venne il momento, però, l'avanzata (che ebbe inizio a sud di Stargard) si rivelò un fallimento. Il terzo giorno lo stesso Wenck rimase ferito in un incidente automobilistico. L'attacco perse forza e Hitler lo fece interrompere.

Anche la stella di Guderian era in rapido declino. A Hitler fu riferito che quegli aveva recentemente confidato a Ribbentrop di ritenere la guerra definitivamente persa. Così il Führer, durante un Consiglio di guerra, inveì: "In una situazione come questa, qualsiasi segnale di disfattismo può dirsi alto tradimento. E questo è esattamente ciò di cui si è reso colpevole Guderian nel corso di una conversazione con Ribbentrop... Sia chiaro a tutti che, se io faccio imprigionare un semplice operaio che borbotta frasi disfattiste in un rifugio antiaereo, altrettanto sono tenuto ad agire con voi. Questo tipo di sedizione deve immediatamente cessare".

Da Jalta[134] il 13 febbraio, Churchill, Roosevelt e Stalin annunciarono che il *Reich* sarebbe stato diviso dai vincitori in "zone di occupazione". Il comunicato di Jalta provocò nel Führer un grido trionfale: "Ecco la risposta ai nostri diplomatici da salotto! Se perdiamo la guerra la Germania cesserà di esistere. Dobbiamo, quindi, tenere i nervi saldi e resistere".

Quella sera, Hitler dopo essersi nuovamente dilungato ad ammirare il modello di Linz, alle 20:00 cenò con le due segretarie. Poi, dopo un riposino, a mezzanotte tenne il Consiglio di guerra. Le notizie che apprese nell'occasione riguardavano l'assedio di Breslavia e un immenso rogo, causato dall'azione di 300 bombardieri nel centro di Dresda, dove si trovavano un milione di sfollati. Prima che la riunione avesse termine, giunse notizia di un'ulteriore incursione della *RAF*, più massiccia della precedente. Dresda non disponeva di batterie antiaeree, né di ricoveri. Dalla città, interrotte le linee telefoniche, non si aveva alcuna testimonianza diretta. I britannici potevano però intercettare Himmler che, via radio, parlava con il capo della polizia locale, in-

134 Ndt. Durante la conferenza di Jalta , tenutasi presso Livadiya (3 km a ovest di Jalta), in Crimea, i capi politici dei tre principali paesi Alleati (Roosevelt, Churchill e Stalin) presero alcune decisioni importanti sul proseguo del conflitto, sull'assetto futuro della Polonia e sulla costituzione dell'ONU. Inoltre fu deciso lo smembramento, il disarmo e la smilitarizzazione della Germania, reputati "prerequisiti per la pace futura".

credulo di fronte all'entità del disastro. Alle 6:15 del 14 febbraio, Hitler andò a dormire.

Alle 13:00 venne svegliato con la notizia che l'aviazione americana imperversava su Dresda e che tutta la città risultava in fiamme. Scompariva, così, la Firenze dell'Elba.

Quando a Berlino suonò il cessato allarme, Hitler si sorprese di vedere, in un androne della cancelleria, il medico militare che aveva curato le ferite da lui riportate a seguito dell'attentato del 20 luglio. Si trattava del dottor Giesing che, recatosi in visita a un aiutante di Hitler, era stato bloccato dal segnale d'allarme. Due volte il Führer, con aria assente, gli chiese dove si trovasse la sua famiglia e due volte il medico rispose: "Sono tutti a Krefeld, *mein Führer*". Poi, gli domandò altrettante volte a quale ospedale fosse stato assegnato e il medico pazientemente rispose. Infine, Hitler passò a discutere della guerra. "Da un momento all'altro, metterò in campo la mia arma della vittoria e allora la guerra si avvierà a una conclusione gloriosa. Tempo fa abbiamo risolto il problema della fissione dell'atomo e adesso l'abbiamo sviluppata a tal punto da potercene servire a scopi militari. Non si accorgeranno neppure di cosa li abbia colpiti! È l'arma del futuro e, grazie a essa, il futuro della Germania è assicurato"[135].

Il suo sguardo era fisso verso il pavimento e, di nuovo, chiese al medico dove si trovassero i suoi familiari: "A Krefeld, *mein Führer*".

A Dresda i morti di quella notte furono 250.000. "Sono capaci soltanto di radere al suolo il teatro dell'opera e fare strage di profughi!" esclamò Hitler.

Alle 19:15 del 14 febbraio, egli discusse per 45 minuti con Goebbels dei fatti di Dresda.

Morell scrisse il giorno 15:

"Morale basso. Ha perso fiducia a causa della situazione sul

135 Nda. Giesing scrisse queste parole il 21 giugno 1945, sei settimane prima di Hiroshima. L'origine dell'ottimismo di Hitler lascia perplessi. Alcuni scienziati, sotto la guida dei professori Werner Heisenberg e Karl-Friedrich Weitzsächer stavano studiando la fisica della bomba atomica fin dal 1939 e avevano cominciato a costruire una pila atomica sperimentale nel 1944 ad Haigerlock. In dicembre, il capo delle ricerche nucleari del Reich, Walther Gerlach, chiese a Bormann di esimerli dal servizio nella Volkssturm, adducendo a giustificazione i loro studi.

fronte orientale e dei bombardamenti su Dresda". Due giorni dopo, a seguito di una visita al Führer, annotò: "Sostiene di stare bene, se si esclude l'aumento del tremolio. Durante la nostra lunga conversazione, ha espresso il desiderio di provare a farlo cessare con qualche iniezione di *Strophatin*. Da quattro cinque giorni appare spossato, sfiduciato e insonne. Nonostante ciò non vuole sedativi".

Goebbels propose di ripudiare la Convenzione di Ginevra e fucilare un prigioniero nemico per ogni vittima civile dei bombardamenti aerei. A Hitler la cosa piacque. "Questo continuo piagnucolare sul dover essere compassionevoli ci costerà la guerra", si lamentò. "Né i sovietici a Est, né questi ipocriti dell'Ovest si attengono alle regole d'ingaggio... guardate i loro attacchi contro la popolazione civile!"

Secondo quanto riferì poi uno stenografo presente, Heinz Bucholz, Hitler sottolineò che i russi avevano mostrato quali eccellenti risultati si possono ottenere mediante la dura punizione dei piloti nemici. "I nostri si guardano bene dall'imperversare sopra i cieli di Mosca o Leningrado, da quando i sovietici hanno preso a giustiziare i piloti della *Luftwaffe*. I sovietici hanno appena annunciato che 'paracadutisti nemici' sono stati trovati e soppressi".

Tuttavia, l'idea di ripudiare la Convenzione di Ginevra non piaceva al partito, né alla *Wehrmacht*. Keitel, Jodl e Dönitz si dichiararono contrari e Ribbentrop, convocato d'urgenza, dopo una discussione di 40 minuti dissuase Hitler dal portare avanti questo proposito.

In pile di 500 cadaveri alla volta, le vittime dei bombardamenti di Dresda vennero pubblicamente cremate su speciali griglie metalliche. Hitler vide le fotografie di migliaia di uomini, donne e bambini ancora abbigliati con i costumi carnevaleschi indossati per il martedì grasso, accatastati sul fuoco! Dov'era la giustizia, se un nemico poteva imperversare sulla Germania con tali mezzi? Questo, lo stato d'animo del Führer in quei giorni.

Esiste una vivida descrizione di Hitler quale egli era alla fine del febbraio 1945, lasciata da un gerarca nazista convocato alla cancelleria alle 14:00 del 24 febbraio.

Il giorno precedente, gli americani avevano inaspettatamente dato inizio a una grande offensiva attraverso il fiume Roer, a est di Aquisgrana. Nello stesso 24 febbraio, l'Armata Rossa aveva intrapreso un improvviso assalto contro la sottile linea delle truppe di Himmler, schierate in Pomerania. Soltanto in Ungheria, a seguito di aspri combattimenti, i tedeschi avevano conseguito un modesto successo con l'annientamento di una testa di ponte sovietica sul fiume Hron. Quando Hitler fece il suo ingresso in una delle poche sale ancora intatte della cancelleria, lungo le pareti erano allineati 60-70 gerarchi e funzionari. Il Führer, strette le mani a tutti, li invitò a un frugale banchetto di carne in umido e caffè.

Il discorso che tenne a fine pranzo seguì l'abituale crescendo. Parlò di un imminente attacco a Est, operazione che era stata ritardata a causa delle perdite subite dell'artiglieria pesante. Fece poi un accenno al defunto generale Hube, rimarcando che avrebbe voluto altri generali "forgiati nello stesso legno di quercia". Chiese inoltre un supremo sforzo finale, da parte del partito, che consentisse di giungere alla vittoria: esso doveva trasmettere al popolo un furore teutonico. Se si fosse arreso, il popolo meritava di essere annientato. Giunto alla conclusione del discorso, Hitler aggiornò i presenti sulla propria declinante salute. Anche Federico *il Grande*, aggiunse, era tornato dalla guerra in precarie condizioni fisiche. Poi, accennò a portare alle labbra un bicchiere d'acqua, ma la mano gli tremava tanto che dovette rinunciarvi. In un gesto d'orgoglio, concluse con un sorriso: "Avevo questo tremore a una gamba. Adesso è salito al braccio. Spero solo che non raggiunga la testa, ma se anche accadesse, posso assicurarvi che il mio cuore non tremerà mai".

I tedeschi asserivano di aver distrutto, dalla metà di gennaio a fine febbraio, 8.000 carri armati sovietici. Nonostante ciò lo Stato Maggiore generale era certo che la mossa successiva dell'Armata Rossa sarebbe stata l'attacco a Berlino. Eppure, nella stessa giornata del discorso di Hitler ai gerarchi, si ebbe dimostrazione che gli esperti di Guderian avevano torto. Invece di proseguire verso la capitale, infatti, Zukov puntò a nord verso il Gruppo di

Armate di Himmler poste in Pomerania.

Il 27 febbraio, Zukov riuscì a sfondare quelle linee e le forze corazzate sovietiche, che Gehlen aveva creduto volessero sfruttare la testa di ponte di Kostrzyn, emersero ora molto più a nordest, dirette verso la costa baltica. Hitler, assicurati a Himmler rinforzi che consentissero un contrattacco, ordinò che il corridoio di Danzica fosse difeso a tutti i costi. Nel frattempo, tutti i possibili mezzi di propaganda vennero attivati per far credere ai russi che tra il fronte dell'Oder e Berlino esistessero sistemi difensivi profondi e inespugnabili. Solo il successo del contrattacco di Himmler avrebbe potuto evitare la perdita totale della Prussia.

Parlando con il Führer, il 27 febbraio, Goebbels sostenne che, qualora le cose fossero volte al peggio, un proposito realistico sarebbe stato quello di lasciare un esempio e un ricordo per le generazioni a seguire. L'argomento non era allegro, ma Hitler si disse d'accordo.

Il 3 marzo 1945, Hitler visitò per l'ultima volta il fronte. In automobile si recò fino al comando del Primo Corpo, sulla testa di ponte di Francoforte sull'Oder, per verificare di persona la consistenza delle unità e la loro disponibilità di munizioni. "La visita era riservata, soprattutto, alle [nuove] divisioni *Döberitz* e *Berlin*", scrisse Goebbels. "L'impressione sugli ufficiali fu enorme".

Centinaia di migliaia di profughi stavano fuggendo dai carri armati sovietici. Sulla via di ritorno alla capitale, Hitler prese posto in vettura a fianco dell'autista. La sera seguente, Goebbels si recò da lui dicendogli che avrebbe dovuto recarsi al fronte più spesso per mettere fine alle voci che lo volevano incurante del suo esercito.

"A differenza dell'ultima volta", scrisse Goebbels, "l'ho trovato sfiduciato. La cosa non sorprende dato l'andamento del conflitto. Il suo pessimo stato di salute fa sì che il tremore alla mano sinistra sia sensibilmente peggiorato". Lo stesso Goebbels confermò, poi, che nella buona e nella cattiva sorte, lui e i suoi familiari sarebbero rimasti a Berlino. Morell non aveva accompagnato Hitler al fronte perché allettato da una tromboflebite. Hitler si recò a fargli visita il 4 marzo e, preoccupato per la sua salute, anche il giorno successivo.

Le riserve militari tedesche erano da tempo esaurite. Il 27 febbraio, Jodl mostrò a Hitler un telegramma di Rundstedt che protestava perché dei 52.215 soldati promessigli in febbraio ne aveva ricevuti solo 11.902. Intanto, Bormann proponeva la pubblica impiccagione per i codardi e i disertori, avvalendosi di uno slogan che il gerarca Hanke aveva trovato efficace durante la difesa di Breslavia: "Morte e disonore a quanti temono una morte onorevole!" Hitler, invece, suggerì a Himmler due radicali soluzioni per far rientrare i disertori, con vergogna, alle loro unità: per sortire un buon effetto sul comportamento degli uomini, egli proponeva di consultare la responsabile femminile del *Reich*, la signora Scholtze-Klink, in merito all'istituzione di un battaglione femminile. Inoltre, 6.000 adolescenti dovevano essere reclutati per rinforzare la linea difensiva di Himmler. Bormann così scrisse in un memorandum diretto ai propri collaboratori: "Ciò significa che adesso ci rivolgeremo alle donne e ai ragazzi di 15 anni per rinforzare il fronte".

La Turchia, l'Egitto e un nutrito gruppo di nazioni sudamericane, intanto, dichiaravano guerra alla Germania.

A Ovest, il 28 febbraio, gli americani avanzavano fra Dusseldorf e Venlo alla volta del Reno.

Mezzi corazzati statunitensi, che sventolavano bandiera tedesca, tentarono di raggiungere i ponti di Düsseldorf e Uerdingen trovandoli, come tutti gli altri ponti tra Duisburg e Coblenza, distrutti. L'apatia dei residenti a ovest del Reno stupì il Führer. Ovunque, il nemico trovava bandiere bianche. In alcuni casi, i contadini aggredirono i soldati tedeschi e, a Treier, la *Volkssturm* si disperse. Altri reparti avevano gettato nei laghi gli armamenti. A Remagen, i contingenti Alleati, entrati in città, trovarono addirittura intatto il ponte ferroviario che attraversava il Reno. Così, i loro corpi corazzati stabilirono immediatamente una testa di ponte sull'altra sponda. Infine, la maggior parte della città di Colonia fu occupata senza incontrare alcuna resistenza.

L'8 marzo, anche a Est la situazione precipitava. LaPomerania era persa e, con essa, si dileguò la cieca fiducia di Hitler e Himmler. Dichiarandosi sofferente di angina, il comandante delle *SS*, abbandonato il posto di comando, si era fatto ricoverare in una clinica di Hohenlychen. I suoi collaboratori definivano utopico l'ordine del Führer di ricucire gli strappi che il nemico aveva aperto nelle difese della Pomerania.

Il 4 marzo, il generale Krebs, che sostituiva il ferito Weichs, aveva riferito a Hitler le obiezioni mosse da Kinzel, ufficiale operativo di Himmler: "Stiamo combattendo questa guerra sulla carta, in modo ben lontano dalla realtà della situazione!" Solo un anno prima Hitler non avrebbe tollerato simili critiche, ma adesso doveva digerirle: le sconfitte militari avevano azzerato il suo prestigio.

Il Führer risolse allora di sferrare un limitato contrattacco a Est, partendo da Stettino. Il generale Erhard Raus, al comando della Terza Armata Corazzata, avrebbe ricevuto i necessari rinforzi entro il 6 marzo. A breve, il Terzo Corpo Corazzato *SS* (comandato dal generale Martin Unrein) fece sapere di disporre di munizioni sufficienti a un attacco di un paio di giorni. Hitler, che da Avranches si era fatto più accorto, mandò a Stettino, per controllare, il maggiore delle *SS* Johannes Göhler, che riferì di non aver trovato traccia di munizioni. "Dirigendoci verso Stettino", scrisse Göhler in una lettera privata, "ci imbattevamo in interminabili colonne di profughi. Uno spettacolo sconvolgente. Tutti i soldati con i quali mi fermavo a parlare, dai generali in giù, chiedevano informazioni sulla salute del Führer, sull'andamento del conflitto sugli altri fronti e sull'eventuale esistenza di armi segrete con cui conseguire la vittoria".

Nel pomeriggio dell'8 marzo, Raus si presentò al bunker per spiegare le ragioni della sconfitta patita in Pomerania. Fece presente che le sue otto divisioni (che in tutto disponevano solo di 70 carri armati) avevano tenuto 250 chilometri di fronte contro otto armate sovietiche che disponevano di 1.600 mezzi corazzati. Hitler, irritato, lo interruppe: "Erano 1.400!"

Nel corso della battaglia di Pomerania si era assistito a numerosi atti di eroismo. Il 7 marzo, dei 34 carri armati sovietici che avevano attaccato una testa di ponte a Dinenow, difesa dalla marina, solo uno ne era uscitoindenne. E, nella stessa mattinata, alcune pattuglie di marinai avevano coraggiosamente corso in campo aperto per distruggere i 36 carri armati russi che li avevano attaccati. La battaglia di Pomerania era costata a Stalin 580 mezzi corazzati, 360 dei quali distrutti da colpi di lanciarazzi anticarro sparati da corta distanza. Ma Hitler, non convinto, rimosse il generale Raus dall'incarico: "Anche lui si perde ininsignificanti dettagli". In sostituzione, mise Manteuffel.

Sempre l'8 marzo 1945, Guderian predisse che, non essendo più possibile impegnare dalla Pomeriana il fianco dell'Armata Rossa, entro una settimana Stalin avrebbe attaccato la capitale. Quando Göring suggerì di tastare il terreno politicamente, Hitler si infuriò. Non ci è dato sapere in quale futuro egli nutrisse ancora speranza.

Il 13 marzo, consigliò all'anziano ex segretario di stato di Hindenburg, Otto Meissner, di rimanere in servizio per godere della ricostruzione post-bellica del paese: "Non posso lasciarla andare in pensione prima dei 70 anni...", vale a dire prima del 1950.

Riflettendo su quanto avrebbe dovuto accadere, Hitler mostrò a Goebbels gli appunti stenografati dei discorsi, nei quali aveva previsto che l'esercito sovietico avrebbe fatto rotta sulla Pomerania prima che su Berlino. Lo Stato Maggiore generale aveva fornito un'opposta previsione, ma adesso i fatti gli davano ragione. Hitler e Goebbels, pur di pessimo umore, passeggiarono insieme, gettando qualche sguardo distratto ai pompieri indaffarati tra le macerie del ministero della Propaganda, sito in fondo alla *Wilhelmstrasse*, dove poche ore prima era caduta una bomba inglese. Due sere dopo, Hitler paventava a Kesselring la speranza di una grande "vittoria difensiva" a Est, seguita da una massiccia offensiva portata dalle forze corazzate tedesche sul fronte occidentale. Ordinò, quindi, che la Nona Armata, partendo dalla ormai esigua testa di ponte di Francoforte sull'Oder, attaccasse improvvisamente verso nord per distruggere le forze di Zukov che si ammassavano a Kostrzyn: ciò avrebbe, almeno per qualche ora, impossibilitato i russi a portare una nuova offensiva. Il 15 marzo durante una riunione con Himmler, Göring e Guderian, Hitler dispose di far credere ai sovietici che l'attacco sarebbe stato sferrato verso sud e non verso nord. Questo era l'estremo colpo da lui portato e non doveva fallire.

Il crollo

Schopenhauer identificò un raro tipo di individui che il destino eleva dall'oscurità all'eminenza: individui portati a credere che una misteriosa forza non li abbandonerà mai, perfino nei momenti di sventura più nera. Per loro nessun abisso è senza fondo e qualsiasi caduta deve essere necessariamente seguita da una risalita. Adolf Hitler era tra questi.

La 'tenzone' intrapresa da Occidente e Oriente per raggiungere Berlino lo aveva convinto che, nell'arco di qualche mese, i due emisferi del mondo sarebbero scesi in campo l'uno contro l'altro, originando un conflitto da cui la Germania sarebbe uscita come *tertius gaudens*. Se esso fosse durato sette anni pieni, avrebbe inoltre potuto raccogliere i frutti della conseguente guerra fredda. Fino agli ultimi giorni della sua vita, i servizi segreti tedeschi rafforzarono in lui speranze in tale direzione, assicurandogli che un nuovo conflitto era alle porte. Un gruppo di agenti sovietici, paracadutati a Templin nella notte fra il 7 e l'8 aprile 1945, ammisero sotto interrogatorio che la loro missione era scoprire i piani degli Alleati per attaccare l'Urss.

Visto che perfino Stalin riteneva possibile quel conflitto, Hitler era determinato a mantenere in piedi il *Reich*, sia pure ridotto a pezzi, fino a quel momento.

Fin dalla fine di febbraio del 1945, Hitler e i suoi collaboratori trascorrevano la notte nei rifugi antiaerei della cancelleria. Il bunker principale, profondissimo, fu definito da Schaub "un *U-Boot* immerso negli abissi del mare berlinese di case e di edifici ministeriali". Questo, lo scenario del capitolo finale della vita di

Hitler: un succedersi di stretti cunicoli, fra l'incessante ronzio dei condizionatori e l'accalcarsi dei funzionari di partito, tenacemente avvinti al loro Führer e alla sua malsana convinzione che, in qualche modo, la sconfitta sarebbe stata evitata[136].

A destra del corridoio d'ingresso, superata la sala dei macchinari, vi era l'ufficio di Bormann con il centralino telefonico e le telescriventi; le pareti erano interamente tappezzate di carte geografiche della Germania e di Berlino e su di esse, cinque addetti segnavano in blu le direttrici di avvicinamento dei bombardieri nemici.

In questa stanza, Hitler trascorreva le ore dei grandi allarmi aerei, seguendo con gli occhi stanchi l'inesorabile avanzare delle frecce verso Berlino. I bombardieri britannici attaccavano protetti da schermi diversivi radiofonici, mentre i loro "gruppi d'attacco veloce" puntavano su falsi obiettivi. In seguito all'olocausto di Dresda, i bombardieri notturni britannici avevano sganciato valanghe di bombe incendiarie ed esplosive su Chemnitz, Duisburg, Worms (o Vormazia), Kassel e sull'antica Würzburg. Durante il giorno, le cose cambiavano, grazie ai nuovi jet *Me262* che potenziavano le squadriglie da caccia tedesche. Le scarne pagine del diario dell'Alto Comando della *Luftwaffe* riferivano cose del genere: "Quattro bombardieri abbattuti da quattro *Me-262*".

Nel mese di febbraio il generale Peltz (Nono Corpo Aereo) e il colonnello Hajo Hermann (Nona Divisione Caccia) avevano ottenuto il benestare di Göring per un attacco di massa di piloti kamikaze contro i bombardieri americani. Tale missione suicida, quasi ignorata dagli storici, costituiva una prova evidente dell'asprezza della guerra di bombardamento. Il 3 aprile, Koller mise a disposizione 180 aerei *Me-109* con motori potenziati. Ben 184 piloti si offrirono volontari. Lo scontro ebbe luogo a ovest di Hannover il 7 aprile 1945 e si concluse con la perdita di 133 aerei suicidi *Me-109* e 23 bombardieri americani. Morirono suicidi 77

136 Nda. Il 3 marzo 1945 l'ammiraglio Dönitz parlò in questo modo ai suoi comandanti: "Diamo la nostra fiducia incondizionata a Hitler. Credetemi, nei due anni trascorsi nel ruolo di comandante in capo della marina, ho scoperto che le sue visioni strategiche si sono sempre rivelate corrette".

piloti. Altri caccia tedeschi, nella stessa occasione, abbatterono 28 aerei americani.

Alla sinistra del corridoio centrale del bunker, segnalato da un tappeto di colore rosso, vi era l'appartamento privato di Hitler. Esso era composto dalla sua stanza, arredata con una branda militare, un armadio, un cassettone e una cassaforte, e da un soggiorno dal soffitto basso nel quale si trovavano una scrivania, un tavolino centrale e un divano. Dietro la scrivania, era appeso un ritratto di Federico *il Grande*, il suo idolo. Fra la stanza da letto e il corridoio era stata allestita una piccola sala riunioni, arredata con il tavolo delle mappe, contornato tutt'intorno da una panca di legno. In fondo al corridoio, alcune porte permettevano l'accesso a una scala a chiocciola, attraverso la quale si raggiungevano i giardini della cancelleria.

Questo rifugio blindato era collegato al *Voss Bunker*, che ospitava 2.000 persone. Nel 1939, Hitler lo aveva messo a disposizione degli ospedali e dei servizi sanitari di Berlino: molti piccoli ariani erano nati in quel luogo e ogni parto veniva festeggiato con un mazzo di fiori per la madre e un libretto di risparmio con 100 marchi per il neonato. Adesso, ogni sera, le persone che andavano a rifugiarsi nel *Voss Bunker* formavano una lunga fila sul marciapiede, tanto che Hitler ordinò la costruzione di una tettoia in cemento sotto la quale potessero attendere quando pioveva. Ma, dopo alcune settimane, i lavori non erano ancora stati eseguiti: "Devo curare ogni dettaglio personalmente", esclamò adirato, rivolto alle sue segretarie "e ancora non c'è persona che possa succedermi". La signorina Schroeder, la più schietta fra tutte loro, obiettò: "La gente menziona spesso Himmler".

"No, quell'uomo non ha il minimo senso artistico!" ribatté Hitler. Allora la donna rispose in tono sarcastico: "Data la situazione attuale, non mi sembra proprio che il senso artistico conti qualcosa!"

Oltre un milione di persone era rimasto ucciso nei bombardamenti Alleati.

Un giorno, all'inizio di aprile, Bormann lesse a Hitler una notizia riportata da un giornale Alleato, in cui si raccontava come dei soldati tedeschi avessero salvato l'equipaggio di un bombardiere americano che stava per essere linciato dalla folla inferocita. Hitler, furibondo, si rivolse al generale Koller, in piedi alla sua sinistra: "Questi sono gli uomini che stanno ammazzando le nostre donne e i nostri bambini! È incredibile!"

Poi si rivolse a Kaltenbrunner: "Ordino che tutti gli equipaggi dei bombardieri abbattuti negli ultimi mesi o che verranno abbattuti in futuro, siano consegnati al servizio segreto delle *SS* (*Sicherheitsdienst – SD*) e giustiziati". Pochi minuti dopo, Hitler tornò da Koller e si appellò a lui: "Deve aiutarmi... non possiamo andare avanti così.

Cosa posso fare contro questo incubo dei bombardamenti terroristici e il massacro di donne e bambini?"

Koller lo invitò alla pazienza: "Quando i nostri caccia a reazione saranno più numerosi, la guerra aerea sulla Germania volgerà nuovamente a nostro favore". Ma Hitler rispose: "Non posso aspettare fino ad allora. Se questi piloti capiscono che saranno uccisi come terroristi, forse ci penseranno due volte prima di volare sopra di noi".

Koller ribatté che né la *Luftwaffe*, né il *SD* avrebbero accettato di eseguire quell'ordine. L'incapacità, da parte di Hitler, di imporre la propria decisione mostrava come la sua autorità andasse gradualmente sgretolandosi.

Un altro segnale dell'indebolimento del potere del Führer furono le offerte di pace che alcuni ministri rivolsero, a sua insaputa, al nemico. Ribbentrop ne era un esempio. Questi, infatti, aveva inviato il suo esperto in questioni britanniche, Fritz Hesse, a Stoccolma. La stampa svedese, il 15 marzo, rivelò lo scopo della missione di Hesse e Ribbentrop fu severamente rimproverato da Hitler. Nonostante ciò, pochi giorni dopo, il ministro degli Esteri trasgredì nuovamente gli ordini, inviando Werner Schmieden e il console tedesco a Roma, Eitel Friedrich Moellhausen, rispettivamente in Svizzera e a Madrid, con l'incarico di negoziare perché si fermassero "gli spaventosi bombardamenti e i massacri". Hitler, furibondo, bloccò questi e altri tentativi, portando lo stesso Göring, in una conversazione privata tenutasi verso la fine di marzo, ad accennare all'inesauribile testardaggine del Führer. In quell'occasione, Koller, che aveva protestato con Göring per la mancanza di direttive chiare da parte di Hitler, così annotò sul proprio diario:

"Il maresciallo del *Reich* mi ha dato ragione, confessandomi che anche lui viene, sempre più spesso, tenuto all'oscuro. Il Führer non gli dice nulla e non permette ad alcuno di azzardare la minima mossa politica; per esempio, il tentativo di un diplomatico britannico in Svezia di prendere contatto con noi è stato duramente criticato dal Führer, che ha vietato al maresciallo del *Reich* di ricorrere ai suoi vasti contatti personali con l'estero. Ripetutamente il ministro degli Esteri [Ribbentrop] ha sottoposto al Führer nuove possibilità di intermediazione, ma quest'ultimo le ha respinte in blocco".

Sul fronte occidentale, tutti i tentativi tedeschi di distruggere il ponte di Remagen sul fiume Reno continuarono a fallire fino a quando non fu troppo tardi. Quando finalmente i sommozzatori della marina e alcuni aerei a reazione riuscirono ad abbatterlo, gli americani avevano messo in funzione un altro ponte[137]. Nella notte del 22 marzo, alcuni mezzi corazzati americani crearono un'altra testa di ponte oltre il Reno, a Oppenheim. Alle 3:00 del mattino del 24 marzo, nella città di Wesel, anche le truppe di Montgomery attraversarono il fiume. Il 28 marzo fu chiaro che la Ruhr sarebbe stata circondata. Interi reparti tedeschi gettavano le armi e disertavano. Sulla costa baltica verso metà marzo, Kolberg, dopo aver lungamente resistito agli attacchi sovietici e polacchi, era caduta. L'audacia dei suoi difensori aveva però consentito a 60.000 civili di salvarsi via mare. Anche l'evacuazione dei civili da Königsberg e Danzica procedeva a pieno ritmo. In Ungheria i contrattacchi nei quali Hitler aveva riposto tante speranze erano miseramente falliti.

---

137 Nda. Al Consiglio di Guerra tenutosi l'8 marzo 1945, dopo lo scandalo del ponte di Remagen, Sündermann annotò sul suo diario: "Il Führer sta pianificando di inviare provvisorie Corti marziali sul posto per reprimere tali segni di dissoluzione. Ha detto 'Solo i metodi sovietici possono aiutarci adesso!' e ancora 'Se perdiamo la guerra, i tedeschi saranno sterminati ugualmente – dunque, è un bene eliminare alcuni di questi fin da adesso'". I colpevoli di Remagen vennero giustiziati.

Se egli appariva sorpreso dal precipitare degli eventi a Ovest, per l'Est si era sempre detto sicuro di un grande trionfo difensivo tedesco. Il 25 marzo confidò al gerarca Fritz Sauckel come, per la prima volta, fosse arrivato a paventare la sconfitta. Alcuni manuali di istruzioni per le truppe americane, finiti in mani tedesche, erano giunti alla cancelleria. Uno degli assistenti del Führer scrisse: "Questi opuscoli, con le loro prediche di implacabile odio contro l'intera nazione tedesca, mi ricordano il linguaggio dell'Antico Testamento".

All'inizio di aprile a Hitler fu mostrato un manuale operativo britannico dal titolo decisamente sinistro: *Eclipse* (Eclissi). Elencava numerose categorie di tedeschi per i quali era previsto "l'arresto automatico" e comprendeva una serie di mappe in cui era indicato il sezionamento della Germania e di Berlino in zone di occupazione.

Sporadici contrattacchi tedeschi nella Prussia orientale, con conseguenti limitate riconquiste territoriali, permisero di conoscere quale destino aspettava i tedeschi incapaci di fuggire per tempo.

"Non può essere così! Questi bruti analfabeti non invaderanno l'Europa intera!" tuonò Hitler. "Io sono l'ultimo baluardo contro questo pericolo. Se esiste una giustizia al mondo, la Germania uscirà vittoriosa. Un giorno, il mondo capirà la morale di questa guerra!"

La sconfitta sembrava inevitabile a tutti tranne che ai fedelissimi. Con loro Hitler trascorreva sempre più tempo. Il dottor Robert Ley, capo del Fronte del Lavoro, sembrava, in quei momenti, il favorito e Hitler gli concedeva ore e ore di chiacchiere in privato. Ley lasciò Berlino pieno di fiducia e di nuovo ardore, con l'intento di organizzare in Austria un *Freikorps Adolf Hitler*, unità anti-carro formate da uomini addestrati ed equipaggiati per operare dietro le linee sovietiche. "Il Führer superava abbondantemente tutti noi in grandezza", scrisse Ley dopo la guerra. "Noi eravamo troppo inferiori rispetto a un tale Titano!"

Il 20 marzo, Hitler aveva tolto al comandante del *Reich* il comando del Gruppo di Armate della Vistola. "Il Führer conosceva Himmler molto bene", scrisse Ley. "Ricordo una lunga discussione in cui lui si sfogò, amareggiato dalla disobbedienza, dalla disonestà e dall'incompetenza dimostrate da Himmler".

A conferma delle preoccupazioni di Hitler, numerosi generali e ministri stavano predisponendo, in segreto, le prove a loro discolpa per i processi sui crimini di guerra, che si presentavano già come inevitabili. A seguito della destituzione di Himmler, e in mancanza di generali migliori sulla piazza, Hitler aveva nominato in sua vece Gotthard Heinrici, un uomo dai modi garbati, assiduo frequentatore di chiese, il quale, tuttavia, mancava del generoso impegno di uno Schörner o di un Model. Quest'ultimo aveva difeso, con il suo Gruppo Armate B, la Ruhr accerchiata, fino a quando le sue truppe non avevano sparato l'ultima cartuccia. Poi si era tolto la vita, quasi con tale gesto intendesse beffare il nemico. Questo era lo spirito che aveva salvato la Russia di Stalin nel 1941 e 1942. Ma gli ufficiali di Hitler mancavano, ormai, perfino della volontà di burlare il nemico, privandolo del bottino di guerra. Le fabbriche di armi dell'alta Slesia erano cadute intatte nelle mani dei sovietici. Se a gennaio, Speer non aveva esitato a ordinare la distruzione delle raffinerie di petrolio ungheresi – una distruzione prematura che l'*OKW* aveva fermato appena in tempo nel mese di marzo, l'ambivalente ministro degli Armamenti sembrava più preoccupato di difendere se stesso, che non le sorti del proprio paese. Poche settimane più tardi, avrebbe dichiarato di avere "contato tutti gli atti di alto tradimento da lui commessi dalla fine di gennaio, arrivando a un totale di più di 60". Hitler non si rendeva conto di ciò che stava accadendo. Deluso dal fallimento della produzione dell'aereo a reazione *Me-262*, assegnò al generale delle *SS* Hans Kammler il comando di quel settore.

Speer era sempre più convinto che la guerra fosse ormai perduta. In un memorandum indirizzato a Hitler affermò che i bombardamenti nemici e la perdita delle regioni produttrici di carbone rendevano inevitabile, in quattro otto settimane, "il collasso economico finale". "Dopo questo collasso", scrisse, "la guerra neppure potrà essere continuata militarmente". Nello stesso documento, Speer sollecitava Hitler a tenere a mente gli obblighi del governo verso il proprio popolo e gli chiedeva di diramare precise direttive che vietassero la distruzione di fabbriche e ponti, poiché tali distruzioni avrebbero solo recato danno alla Germania.

Hitler non diede importanza a quel dossier. Disse a Guderian di averlo depositato, senza neanche leggerlo, nella cassaforte che teneva ai piedi della sua branda. Quando il 18 marzo Speer, questa volta di persona, ritornò sull'argomento, Hitler a malapena gli diede ascolto: in fondo, Speer era un intellettuale, del tutto estraneo ai dettami della strategia, e avrebbe compiuto quarant'anni proprio il giorno seguente. Ma l'indulgenza di Hitler nei suoi confronti decadde allorché apprese, attraverso i canali del partito, che Speer si era personalmente recato nelle regioni occidentali per sabotare il suo piano di fare "terra bruciata" per rallentare l'avanzata degli Alleati.

Hitler aveva dato disposizioni in merito il 19 marzo, dopo che un analogo ordine di Keitel, emanato in gennaio, non era riuscito a impedire che si ripetessero gli scandalosi fatti dell'Alta Slesia e della Saar, dove interi stabilimenti industriali erano caduti intatti nelle mani del nemico.

La direttiva di Hitler ordinava la distruzione di tutte le installazioni militari e delle reti di trasporti, di comunicazioni e di pubblica utilità "laddove esse potessero essere utili al nemico per la prosecuzione della guerra".

Durante la sua visita ai territori dell'Ovest, Speer aveva fatto di tutto per infondere pessimismo e sconforto, incoraggiando chiunque incontrasse a cedere al nemico, integre, tutte le fabbriche. Il 27 marzo, passeggiando con Goebbels nei giardini della cancelleria, Hitler gli confidò la propria decisione di restare a Berlino. In seguito, il ministro della Propaganda lamentò che Bormann e Speer avevano convinto Hitler a non ripudiare la Convenzione di Ginevra, in reazione al bombardamento di Dresda. Senza le garanzie di Ginevra, ai soldati tedeschi non sarebbe rimasta altra scelta che battersi a oltranza.

Il 28 marzo, in serata, il Führer ricevette Speer. Freddamente, lo invitò a rinunciare all'incarico di ministro degli Armamenti, facendogli notare che ciò era necessario alla luce della sua sfiducia nella possibilità che gli eventi potessero di nuovo volgere in loro favore.

Speer arrossì e protestò, ma Hitler lo incalzò: "Ha ancora fiducia nella vittoria in questa guerra o la sua fede è compromessa?"

Poiché, dopo ventiquattr'ore, ancora non gli aveva dato una risposta chiara ed esaustiva, Hitler lo licenziò in tronco, pur continuando ad apprezzare la sua presenza alla cancelleria, come amico.

In seguito, Hitler spiegò a Goebbels che Speer, troppo legato all'ambiente degli affari, pensava unicamente a se stesso. Jodl e i suoi collaboratori, nel frattempo, tentavano di attuare i concetti difensivi di Hitler, ordinando ai comandi del fronte occidentale di far giungere agli Alleati la voce che stavano penetrando in una Germania "fanatica nel suo spirito combattivo". L'ordine dell'*OKW* terminava dicendo che quello non era "né il tempo né il luogo per preoccuparsi della popolazione civile". Bormann aggiunse uno dei suoi tipici ammonimenti ai gerarchi: "Che il diavolo si porti via chiunque abbandoni il proprio distretto sotto l'attacco del nemico, se non dietro espresso ordine del Führer, o chiunque non si batta fino a esalare l'ultimo respiro. Colui che adotterà tale comportamento sarà bollato come disertore e trattato come merita".

La caduta in disgrazia di Himmler fu ancor più spettacolare. Dopo il fallimento della sua Sesta Armata Corazzata, coordinata dal generale delle *SS* Sepp Dietrich, Hitler, parlando con Goebbels, aveva definito il comandante del *Reich* "un uomo puntiglioso, ma inadatto alla guerra". Niente poteva più fermare l'ingresso dei sovietici a Vienna e la perdita dei pozzi petroliferi ungheresi. "Se perdiamo la guerra sarà colpa sua!" tuonò Hitler e ordinò che, per punizione, alle divisioni di Dietrich fossero tolte, per tre giorni, insegne e bracciali. Himmler fu spedito a Vienna in tutta fretta, come uno scolaretto, con l'incarico di ammonire i generali delle *Waffen SS*.

La destituzione di Guderian fu la conseguenza di un'ulteriore disfatta, avvenuta alle porte di Berlino. Fin dalla metà di marzo del 1945, il generale aveva preparato un parziale contrattacco in direzione di Kostrzyn, partendo dalla testa di ponte di Francoforte sull'Oder, nella speranza di annientare le forze nemiche che si accingevano ad attaccare la capitale. Ma prima che la Nona

Armata di Theodor Busse potesse dare inizio al contrattacco, i sovietici si mossero e accerchiarono completamente Kostrzyn. L'attacco di Busse, sferrato il 22 marzo, fallì.

Hitler insistette, allora, che fosse ripetuto. Il 25 marzo, il generale Heinrici in persona venne al bunker per chiedere l'autorizzazione ad abbandonare Kostrzyn al nemico, onde poter conservare munizioni e carburante per la grande battaglia difensiva che si presentava come imminente. Ancora una volta, Hitler insistette nella sua politica di attacco: una linea puramente difensiva avrebbe consentito ai sovietici di colpire a piacimento. Il nuovo attacco ebbe luogo il 28 marzo. I carri armati tedeschi raggiunsero la periferia di Kostrzyn, ma ancora una volta, poiché la fanteria non fu pronta a seguirli, dovettero ritirarsi. Contro gli ordini di Hitler, allora, la guarnigione accerchiata di Kostrzyn creò un varco di uscita sul versante ovest dell'accerchiamento, sfondando quelle linee sovietiche che Heinrici e Busse avevano definito impenetrabili.

Hitler convocò Busse al bunker e gli espresse il proprio disappunto. E quando Guderian ne prese le difese, Hitler pregò di lasciarli soli; quindi disse a Guderian: "Ha bisogno di una vacanza. Non credo che il suo cuore possa reggere la tensione. Torni fra sei settimane".

In seguito, parlando con Goebbels dell'accaduto, affermò che il capo dello Stato Maggiore generale era diventato "isterico e nervoso": Guderian, disse, aveva mandato tutto a monte sul fronte Orientale, esattamente come aveva fatto a Mosca nell'inverno del 1941.

Con grande cautela, in considerazione del palese disprezzo che Hitler nutriva per gli astrologi, Goebbels aveva chiesto gli oroscopi della Repubblica (fondata il 9 novembre 1918) e della carica di Führer (istituita il 30 gennaio 1933) che la Gestapo custodiva gelosamente in archivio. Quella stessa mattina (30 marzo '45) Goebbels dichiarò: "I due oroscopi combaciano in modo sorprendente". Potevano infatti essere interpretati come esatte previsioni dello scoppio della guerra nel 1939, delle vittorie fino al 1941 e delle amare sconfitte che ne erano seguite. I colpi più pesanti, dicevano le profezie, sarebbero arrivati nella prima metà di aprile del 1945, mentre la seconda metà del mese avrebbe consentito alla Germania una certa ripresa. Un periodo di stallo sarebbe seguito fino al mese di agosto, quando si sarebbe arrivati alla pace. Dopo tre anni di sofferenze, concludevano gli oroscopi, nel 1948 la Germania sarebbe tornata alla sua grandezza.

Deciso a convincere Hitler a parlare ancora una volta al popolo tedesco, il 30 marzo Goebbels scese nel bunker.

"Il Führer", scrisse nel suo diario, "in questo momento ha una paura incomprensibile del microfono".

Dal canto suo, Hitler spiegò che voleva, prima, ottenere una vittoria militare a Ovest. Aggiunse che, alla luce della nuova mandata di diserzioni, si pentiva di non aver dato ascolto al consiglio di Goebbels di ripudiare la Convenzione di Ginevra.

"Ammette di aver permesso a Keitel, Bormann e Himmler di decidere al posto suo", annotò Goebbels. Fu così che il ministro optò per un'altra strada. Un mese prima si era procurato una copia della splendida opera di Thomas Carlyle su Federico *il Grande*[138]. Parlando con Hitler si era detto profondamente commosso da quel testo: "Quale esempio per tutti noi!" aveva scritto Goebbels il 5 marzo, "e quale fonte di consolazione e di ispirazione in questi tempi così difficili!"

Goebbels, tornato al bunker, lesse ad alta voce la potente descrizione che Carlyle aveva fatto delle ore più drammatiche della Guerra dei Sette Anni. Hitler lo ascoltava. C'era stato un momento in cui Federico *il Grande* appariva senza scampo, in cui i suoi generali erano convinti dell'imminente sconfitta e i nemici della Prussia già pregustavano la scomparsa di quella gloriosa nazione. Il grande sovrano aveva scritto al conte d'Argenson che, se gli eventi non fossero mutati entro una certa data, avrebbe accettato la disfatta e si sarebbe avvelenato.

A quel punto Carlyle, secondo la lettura di Goebbels, avrebbe apostrofato: "Coraggioso sovrano! Indugia ancora un po', le

---

138 Ndt. Il titolo esatto dell'opera in questione è History of Friedrich II of Prussia, called Frederick the Great, 1858 BernhardTauchnitz edizioni, Leipzig.

tue tribolazioni cesseranno presto. Il sole è già riapparso dietro le nubi delle tue sfortune e presto splenderà ancora". Tre giorni prima della scadenza fissata dal re, la zarina Elisabetta era deceduta e l'ascesa al trono di Pietro III aveva fatto sì che la Russia uscisse dal conflitto. La casa di Brandeburgo fu salva. Nel mettere il libro da parte, Goebbels si accorse che gli occhi del Führer erano bagnati di lacrime.

Più tardi, nella stessa giornata del 30, Hitler stilò una precisa descrizione della situazione, "abbiamo perduto l'occasione di bloccare, con un contrattacco, la manovra di preparazione del nemico".

Ordinò al generale Heinrici di costituire una "linea principale di battaglia" da quattro a sei chilometri, dietro la linea del fronte: una lezione che lui stesso aveva amaramente appreso dagli americani all'inizio dell'offensiva nelle Ardenne. Non appena si fosse avuto sentore dell'attacco sovietico, Heinrici si sarebbe dovuto posizionare indietro, sulla seconda linea, in modo che lo spaventoso fuoco di artiglieria del nemico si abbattesse sulle vuote trincee della prima linea. Heinrici avrebbe piazzato le proprie artiglierie ancora più indietro e da lì, appena scattata l'offensiva nemica, avrebbe bombardato a tappeto tutto il terreno fra la prima linea e la "linea principale di battaglia".

Dunque, il perverso e brillante cervello di Hitler funzionava ancora in modo logico e sembrava perfettamente capace di adattarsi al mutamento degli eventi. Ciò fu in seguito confermato anche dal suo staff medico, unanime nel dichiararlo sano di mente fino alla fine. Non si poteva dire altrettanto sul piano fisico. La vista gli era calata al punto da costringerlo a ricorrere agli occhiali anche per leggere documenti scritti a caratteri cubitali. Il colore dei suoi capelli volgeva al grigio cenere e Morell notò in lui, per la prima volta, la presenza di *fetor ex ore*, espressione clinica per indicare l'alitosi. Solo un anno prima quest'uomo dominava l'Europa da Capo Nord fino alla Crimea e alla frontiera spagnola; adesso milioni di soldati nemici erano a un'ora d'auto di distanza dalla sua capitale, sia a Est che a Ovest, e il suo quartier generale era un rifugio antiaereo. Eppure, l'ammirazione che i suoi collaboratori nutrivano per lui era immutata. "Tenendo presente il quadro generale", disse il generale Jodl durante gli interrogatori del 1945, "sono convinto che Hitler sia stato un grande capo militare. Certamente, nessuno storico oserebbe sostenere che Annibale fu un generale mediocre solo perché alla fine Cartagine venne distrutta".

L'arrivo della primavera, e con essa di alcuni segnali incoraggianti, distolse per un attimo l'attenzione di Hitler dall'avanzare inesorabile delle forze nemiche. Aerei da ricognizione a reazione erano riapparsi sui cieli di Inghilterra e Scozia e il 17 marzo era salpato il primo sottomarino del *Tipo XXI*, diretto verso la costa orientale degli Stati Uniti. Nel mese di febbraio, Stalin aveva perduto 4.600 carri armati contro una produzione mensile di soli 2.300, e nei primi 22 giorni di marzo venne riferita la distruzione di almeno altri 5.452 carri sovietici.

"Le riserve del nemico saranno presto esaurite", assicurava al Führer lo Stato Maggiore generale. Nelle assediate fortezze di Breslavia e di Königsberg le guarnigioni tedesche resistevano ancora. "E fino a quando Königsberg sarà in mano mia, potrò sostenere col popolo tedesco che la Prussia orientale non è perduta", spiegò Hitler.

Sulla frontiera cecoslovacca, intanto, il coriaceo generale Ferdinand Schörner combatteva da venti giorni una sfiancante battaglia difensiva davanti alla città industriale morava di Ostrau. Lo scontro si concluse il 3 aprile con una piena vittoria. "Schörner" disse Hitler a Goebbels "è un eccellente compagno, uno di cui ti puoi fidare ciecamente". Quindi lo nominò feldmaresciallo.

Durante la prima settimana di aprile, tuttavia, l'ottimismo di Hitler fu messo a dura prova. Il 2, il dottor Brandt gli disse, in privato, che le restanti riserve, pari a due quinti dello stock, di materiale medico indispensabile si sarebbero esaurite nell'arco di due mesi. Ciò poneva la strategia di Hitler davanti a delle brevissime scadenze: senza scorte di medicinali il popolo tedesco avrebbe dovuto affrontare il rischio di malattie ed epidemie. E adesso che gli arsenali della Ruhr e della Saar erano caduti in mano nemica, la sempre più grave mancanza di armi pesanti e leggere, di munizioni e di esplosivi ridicolizzava i suoi sforzi di creare nuovi reparti combattenti attingendo alla *Gioventù Hitleriana* o al Servizio del Lavoro.

Nel Consiglio di guerra del 1 aprile, Hitler disse chiaro e tondo: "Chiunque arretrerà, in Austria, dovrà essere fucilato". Ma ciò non impedì che, nel pomeriggio del 5 aprile, il Gruppo Armate Sud, guidato dal generale Otto Wöhler, si ritirasse di ben 80 chilometri. Bormann annotò sul suo diario: "I bolscevichi sono alle porte di Vienna".

Hitler si limitò a destituire Wöhler, sostituendolo con Lothar Rendulic, il coraggioso generale che aveva contrastato l'ultimo attacco perpetuato dai sovietici contro il Gruppo di Armate della Curlandia.

Uno dei funzionari di partito alle dipendenze di Bormann telefonò nella notte: "Nessuno dei signori del Gruppo di Armate" intendendo gli ufficiali di Wöhler "ha la benché minima fiducia nella possibilità di resistere alla penetrazione nemica nei campi petroliferi [di Zistersdorf]. E non credono nemmeno, e questo lo dico chiaramente, che sia ancora possibile vincere la guerra. Nella notte del 3 aprile, la *Luftwaffe* ha fatto saltare tutti gli impianti dei riflettori senza neanche avvisare il Gruppo di Armate".

Zistersdorf, appena fuori Vienna, era per Hitler l'ultima fonte di petrolio rimasta. La stessa Vienna sembrava ormai rassegnata al suicidio. Da lì, il colonnello delle *SS* Skorzeny riferì che, mentre le brigate corazzate erano a corto di carburante, alcune unità in ritirata della *Luftwaffe* passavano con camion carichi di ragazze e mobilia.

A Berlino l'aria era resa densa dalla polvere e ovunque si respirava un forte odore di bruciato. Morell aveva notato che, dalla fine di marzo, Hitler aveva a malapena messo piede fuori dal bunker. Usciva infatti solo una volta al giorno per recarsi qualche piano più in alto, nella cancelleria, dove consumava un pasto. "Da tempo, a quanto mi ha detto Hitler, perfino il quotidiano Consiglio di guerra si tiene, per ragioni di sicurezza nel bunker".

Il tremore alle mani era sempre più evidente ed entrambi gli occhi erano affetti da congiuntivite. Il 7 aprile un celebre oculista, il professor Löhlein, venne a visitarlo. Diagnosticò che la vista dall'occhio destro fosse particolarmente indebolita, mentre sulla palpebra sinistra stava sviluppandosi un *calazio*, un fastidioso gonfiore che poteva essere rimosso solo per via chirurgica.

"Recentemente, in ambedue gli occhi si è manifestata una secrezione", annotò il professore, "certamente dovuta all'elevata concentrazione di polvere nell'aria di Berlino. Il Führer si allontana dal suo bunker, ben ventilato e illuminato, solo per brevissimi periodi (da mezz'ora a due ore al giorno) e si reca nei giardini della cancelleria, che, pur non presentando gravi danni, sono comunque cosparsi di pulviscolo, soprattutto se soffia il vento. Appare eccessivamente sensibile sia alla luce che alle correnti d'aria ed è difficile stabilire una terapia continuativa a causa dell'irregolarità della sua vita e della necessità di essere sempre disponibile per riunioni o altri impegni".

Il professore gli prescrisse impacchi caldi all'occhio sinistro.

Tutti i medici (Löhlein, Morell e Stumpfegger) avevano notato che, durante l'esame della retina, la mano sinistra di Hitler era rimasta piuttosto ferma. Anche il tremito alla gamba sinistra sembrava cessato. Morell attribuì quei disturbi al morbo di Parkinson e, dall'8 aprile, avviò una terapia elettrogalvanica. "Questa mattina", registrò il 9 aprile, "il Consiglio di guerra si è protratto fino alle 5:30 ed è stato seguito da un tè! Speriamo che adesso non ci sia un allarme aereo e che il Führer possa riposare un po'".

Sebbene la grande offensiva di Stalin sul fronte dell'Oder sarebbe potuta scattare in qualsiasi momento, il generale Busse era fiducioso che la sua Nona Armata avrebbe potuto fermarla prima che questa raggiungesse Berlino. A livello numerico, le forze sovietiche non apparivano così schiaccianti come lo erano invece sul piano della forza materiale: decine di migliaia di fucili e lanciarazzi sovietici attendevano silenti sulla sponda orientale dell'Oder che dava sulle postazioni tedesche.

Ma Hitler sembrava ancora fiducioso in una vittoria difensiva. Egli credeva, infatti, che la concentrazione davanti a Berlino fosse soltanto una finta e che la vera offensiva sarebbe stata in direzione di Praga[139]. Stalin intendeva certamente circondare l'importante regione industriale ceca, prima che i rivali americani potessero giungervi. Hitler aveva rimproverato il generale Guderian: "I sovietici non saranno ingenui come noi. Ci siamo fatti abbagliare dalla nostra vicinanza a Mosca e dalla prospettiva di espugnare la capitale. Si ricordi Guderian: lei era quello che voleva assolutamente entrare per primo a Mosca in testa al suo esercito! E adesso guardi le conseguenze!"

Non è certo se tale decisione sia dipesa da un'intuizione personale o dai consigli fornitigli dallo Stato Maggiore generale, ma è indubbio che, in quel momento cruciale, Hitler abbia ordinato d'impulso al generale Busse di trasferire quattro divisioni corazzate delle *SS* al Gruppo di Armate di Schörner, che difendevano la Cecoslovacchia.

Il 4 aprile, Hitler convocò nuovamente Heinrici al bunker per discutere in dettaglio il sistema difensivo dell'Oder. Nell'occasione rammentò al generale la necessità di disporre di micidiali campi minati e, naturalmente, di individuare lo *Schwerpunkt* maggiormente difendibile. Ordinò che la Nona Armata scavasse dei tunnel nelle cruciali colline di Seelow, che dominavano la paludosa vallata a ovest di Kostrzyn attraverso la quale si sarebbe sviluppato l'attacco sovietico allo scopo di preservare le proprie riserve dal fuoco dell'artiglieria nemica. Inoltre, mise in guardia Heinrici contro il rischio di "ufficiali tipo Seydlitz", che potessero infiltrarsi camuffati da uniformi tedesche. Appena dietro le linee del fronte, migliaia di alberi dovevano essere abbattuti sul terreno, dove sarebbero state scavate apposite trincee anti-carro.

Entro l'11 aprile, le forze americane avevano raggiunto l'Elba a Magdeburgo, a soli 100 chilometri da Berlino. Appreso da un disertore sovietico che l'offensiva sull'Oder sarebbe scattata quattro giorni dopo, chiese nuovamente un rapporto completo sulla composizione dei reparti di Heinrici. In tutta risposta, i generali gli assicurarono che, in Germania, non vi era settore così

139 Nda. La supposizione di Hitler, secondo cui Stalin avrebbe in primo luogo diretto il proprio attacco contro la Boemia, emerge dalle annotazioni del suo aiutante relative ai Consigli di guerra che si tennero dal 28 marzo al 6 aprile (vedi microfilm T78 rullino 305).

ben difeso da uomini e artiglierie. Hitler si congratulò con gli ufficiali di Heinrici, e disse loro: "I sovietici subiranno la loro più sanguinosa sconfitta!"

Una cosa era certa: Hitler non avrebbe potuto sostenere una lunga guerra di logoramento poiché le riserve di carburante potevano consentire alla *Luftwaffe* di volare solo per pochi giorni e, come il 15 aprile fece presente il capo del dipartimento Amministrazione, le stesse scorte di munizioni erano prossime all'esaurimento. Tutte le fabbriche di armamenti erano ormai nelle mani del nemico. "Ciò potrebbe avere molto presto gravi ripercussioni sul nostro sforzo bellico", ammonì.

Mentre le truppe americane avanzavano in Turingia, Hitler doveva affrontare anche il problema dei grandi campi di concentramento, come Buchenwald. Göring gli suggerì di consegnarli intatti e, sotto sorveglianza, alle potenze occidentali, al fine di evitare che una massa di ex detenuti inferociti si riversasse nelle campagne, infliggendo ulteriori sofferenze alla popolazione.

Ma Hitler non condivideva l'ingenua fiducia di Göring nei confronti del nemico. Sedutosi distrattamente sul bordo del tavolo centrale, a seguito di un Consiglio di guerra, ordinò al rappresentante di Himmler di accertarsi che tutti i detenuti, che non fosse stato possibile evacuare, venissero giustiziati. A tale proposito, non dimenticò la sua collezione di prigionieri speciali, caricati l'8 aprile su camion diretti a sud. Fra loro vi era un caleidoscopio di nomi celebri: Kurt Schuschnigg e la sua famiglia, il generale Thomas, il dottor Schacht, il generale Halder, un nipote di Molotov, il capitano S. Payne Best (l'ufficiale dei servizi segreti britannici che era stato rapito a Venlo, nei Paesi Bassi, nel novembre 1939) e il colonnello Bogislaw Bonin. Questi, più fortunati, riuscirono a essere evacuati, mentre altri, tra cui i traditori Canaris e Oster, rimasero nel campo di Flossenbürg. Pochi giorni prima, il generale Buhle si era imbattuto per caso nei tanto ricercati diari segreti dell'ammiraglio dell'*Abwehr* e ciò ne aveva segnata la sorte. Sia lui che il generale Oster furono impiccati il 9 aprile, dopo un sommario giudizio della corte marziale. La vaga prospettiva di continuare la guerra dalle regioni montane e facilmente difendibili della Boemia, della Baviera e dell'Italia settentrionale aveva cominciato a cristallizzarsi nella mente di Hitler. Quando, il 9 aprile, il gerarca Franz Hofer giunse dal Tirolo e suggerì a Hitler di abbandonare quasi tutta l'Italia settentrionale (sostenendo che la sola produzione bellica di qualche valore proveniva dall'Alto Adige), Hitler gli fece notare che l'intero sforzo bellico dipendeva ormai dall'acciaio prodotto proprio in quelle regioni. Nella serata del 10 aprile ordinò a Karl-Otto Saur, succeduto a Speer quale ministro degli Armamenti, di studiare la possibilità di creare uno stabilimento bellico sulle Alpi.

Se ciò che restava del *Reich* si fosse trovato spezzato in due, l'ammiraglio Dönitz e il feldmaresciallo Kesselring avrebbero comandato rispettivamente la zona settentrionale e quella meridionale. Hitler ebbe con Kesselring un lungo colloquio la sera del 12 aprile. Gli parlò dell'imminente grande vittoria di Busse sull'Oder, delle sue nuove armi segrete, della creazione della Dodicesima Armata che, sotto la guida del generale Wenck, avrebbe sconfitto gli Alleati sull'Elba, e dell'imminente rottura tra Stalin e le potenze occidentali.

Busse condivideva la fiducia di Hitler: "Se necessario, non ci muoveremo di qui finché gli americani non ci prenderanno a calci nel sedere", disse quella sera senza mezzi termini, a Goebbels.

Il ministro della Propaganda assicurò ai collaboratori più scettici di Busse che, se al mondo esisteva una giustizia, un miracolo avrebbe certamente salvato le sorti del *Reich*, proprio come era accaduto nel 1762. E mentre sul fronte dell'Oder l'artiglieria sovietica apriva il fuoco in preparazione dell'offensiva, un ufficiale ribatté a Goebbels con sottile ironia: "Sì, ma quale zarina morirà stavolta?"

La notizia della morte improvvisa di Franklin D. Roosevelt, avvenuta il 12 aprile a Warm Springs, in Georgia, raggiunse Hitler proprio quella notte. Goebbels telefonò, strillando dall'eccitazione: "Questa è la grande svolta!" Tutti i ministri di Hitler convennero che Dio aveva voluto che un improvviso e terribile castigo piombasse sul capo del loro odiato nemico.

Il mattino seguente, il Führer cominciò a dettare il suo celebre ultimo proclama ai soldati del fronte orientale. "Per l'ultima volta i nostri nemici mortali, gli ebrei bolscevichi, stanno riversando tutto il loro peso in un'offensiva...". Volle che le sue parole giungessero quella notte stessa ai comandi dei Gruppi di Armate. Il proclama si chiudeva con un accenno a Roosevelt: "In questo momento, mentre il destino porta via dalla faccia della terra il più grande criminale di guerra di tutti i tempi, questo conflitto è giunto a una svolta".

Hitler sembrava ignorare la possibilità che Berlino stessa potesse diventare un campo di battaglia. Ma nella sera del 13 aprile 1945, discutendo con Ribbentrop, autorizzò il corpo diplomatico, sempre più preoccupato, a lasciare la capitale per il sud. Il giorno seguente i tiri di artiglieria contro le posizioni di Busse si fecero più massicci e 200 carri armati sovietici lanciarono attacchi a livello di reggimento: 98 di essi finirono distrutti. Il 15 aprile arrivò finalmente la quiete.

Quel giorno, Eva Braun tornò inaspettatamente a Berlino, forse grazie a un passaggio su un mezzo partito dalla Baviera.

Voleva morire con lui. Anche alcuni collaboratori di Hitler avevano deciso di restare al suo fianco, nel bunker, fino alla fine.

Il suo assistente personale Alwin-Broder Albrecht ammise in una lettera indirizzata alla moglie:

"Certamente è triste per noi padri di famiglia combattere questa battaglia lontano da casa, sapendo che in futuro le nostri mogli e i nostri figli dovranno affrontare da soli le dure prove della vita. Ma centinaia di migliaia di altri uomini hanno trovato la forza per farlo, e vorrei anch'io dare un esempio, anche se umile, che possa servire a tutti i miei compatrioti".

Nella notte, la nuova armata del generale Wenck era riuscita ad annientare una testa di ponte americana sull'Elba, a sud di Magdeburgo, e a indebolirne un'altra. Un prigioniero russo catturato a sud di Kostrzyn rivelò tuttavia che la grande offensiva di Stalin sull'Oder sarebbe scattata il mattino seguente. Parlò di uno spaventoso sbarramento iniziale di artiglieria e di poderosi nuovi carri e obici pronti a entrare in azione. Riferì inoltre che ai soldati era stato ingiunto di lavarsi e rasarsi ogni giorno "per apparire come persone civili". Le informazioni furono giudicate attendibili e Hitler ordinò alla Nona Armata di Busse di ritirarsi sulla seconda linea di difesa, di cui il nemico non era a conoscenza. Nel Consiglio di guerra di mezzanotte, Hitler apprese con sorpresa e preoccupazione che il generale Heinrici aveva chiesto di poter ritirare il proprio quartier generale in una nuova località, che si venne a sapere essere dietro Berlino e quindi in posizione arretrata rispetto allo stesso quartier generale del Führer[140].

Hitler negò seccamente il proprio consenso. Alle 5:00 del mattino seguente, il 16 aprile, un imponente dispiegamento di artiglieria sovietica attaccò sui fronti dell'Oder e del Neisse. Quasi mezzo milione di granate piombò sulle posizioni avanzate tedesche, ora virtualmente abbandonate. Alle 6:30 i carri armati e la fanteria di Zukov cominciarono a dilagare su entrambi i lati di Francoforte sull'Oder, punto di resistenza ancora tenuto dalla Nona Armata di Busse. Un'ora più tardi scattò il contrattacco della Quarta Armata Corazzata, che difendeva il Neisse.

La forza aerea tedesca entrò in azione con la massima aggressività. In una seconda operazione kamikaze, misconosciuta dalla Storia, 60 aerei della *Luftwaffe*, comandati da piloti suicidi, precipitarono, distruggendo i ponti dell'Oder che il nemico stava attraversando, diretto a Ovest. In serata, nonostante i russi avessero

---

140 Nda. A dispetto degli ordini ricevuti da Hitler, Heinrici aveva segretamente deciso che, se il suo fronte sull'Oder avesse ceduto, egli avrebbe abbandonato Berlino, senza neppure fingere di combattere. Dopo la guerra, Speer ammise di aver influito significativamente sulla decisione del collega (come attestano gli interrogatori CIOS del 1° giugno 1945). Nel diario di Milch, in data giugno 1947, è trascritto: "Hitler indugiava a Berlino per organizzare la resistenza. Speer si opponeva al fatto che la città dovesse essere sacrificata, demolendone le fabbriche e i ponti prima che vi giungesse il nemico". Permane, sul diario di guerra del Gruppo di Armate di Heinrici, una vaga registrazione della visita che Speer fece al quartier generale del loro comandante, il 15 aprile 1945. In essa, Speer si diceva contrario a qualsiasi battaglia per Berlino, non solo a causa del pericolo in cui si sarebbero ritrovati i civili, ma altresì per l'inevitabile distruzione che ne sarebbe conseguita. Se il Gruppo di Armate sulla Vistola avesse ceduto, egli suggeriva di far ritirare la Nona Armata, su entrambi i lati, oltre la città, lasciando che il nemico vi si addentrasse senza colpo ferire. Chiaramente, non ne parlò mai con Hitler. Questi aveva ordinato a Heinrici di istituire una Commissione per preparare e supervisionare alla demolizione dei ponti berlinesi, ma nessuna traccia indica che tale disposizione sia stata eseguita (diario dello Stato Maggiore generale, allegati, microfilm T78 rullino 305, pag. 6.931 e 6.945).

aperto un varco profondo circa otto chilometri vicino Wriezen, non vi era dubbio, alla cancelleria, che i generali di Hitler avessero inflitto al nemico una sonora sconfitta.

La segretaria Christa Schroeder chiese timidamente se non fosse giunto il momento di lasciare Berlino. Hitler le rispose in tono quasi risentito: "No! Stia calma... Berlino sarà sempre tedesca!"

La donna ribatté che ormai presentiva imminente la propria fine. "Mi domando come tutto ciò avrà termine, con gli americani che avanzano da un lato e i sovietici dall'altro".

"Dobbiamo solo guadagnare tempo!" disse Hitler.

Eclissi

Dai documenti reperiti, è possibile stabilire per quanto tempo Hitler pensasse di rimandare la fine. Per esempio, aveva ordinato allo Stato Maggiore, qualora la città fosse stata circondata, di approvvigionare la zona di Berlino con mezzi logistici sufficienti a resistere 20 giorni. Sembrava perfettamente consapevole che, se entro quell'arco di tempo non fosse scoppiato il conflitto aperto tra Stalin e gli americani, la sua scommessa sarebbe stata irrimediabilmente persa. In tal caso, quella sarebbe stata la sua "eclissi", per usare il nome in codice con cui i suoi antagonisti avrebbero trionfalmente designato la suddivisione postbellica del *Reich*.

Entro il 15 aprile 1945, il documento contenente la bozza del piano degli Alleati, trafugato dagli inglesi a Occidente, era nelle sue mani; le mappe rivelavano che Berlino post-bellica sarebbe stata un'enclave all'interno della zona di occupazione russa, divisa, come la stessa Germania, in un settore inglese, americano e sovietico.

Ciò che incoraggiò Hitler, studiando queste mappe, fu che i reparti d'assalto americani, nel raggiungere l'Elba, avevano già invaso la zona di Stalin, mentre nello stesso 15 aprile i russi si erano puntualmente arrestati alla linea di demarcazione presso Saint-Pölten, in Austria.

Quello stesso giorno, gli eserciti stranieri orientali riportarono che gli ufficiali russi temevano che gli americani stessero preparando un attacco: "Dobbiamo casualmente sommergere gli statunitensi con il nostro fuoco di artiglieria", avevano detto i russi "così che provino il flagello dell'Armata Rossa".

Più volte, nelle due settimane successive, Hitler ripeté la convinzione che lo sosteneva: "Forse gli altri" intendendo la Gran Bretagna e gli Stati Uniti "potranno convincersi che, dopo tutto, c'è un solo uomo in grado di fermare il colosso bolscevico e quell'uomo sono io."

Queste le motivazioni che lo inducevano a combattere una battaglia altrimenti impossibile da sostenere.

Se fino a quel momento gli inglesi erano stati accecati dall'odio, gli americani si rivelarono improvvisamente più docili. Nella notte del 17 aprile, il generale delle *SS* Fegelein, rappresentante di Himmler, informò Hitler che le conversazioni segrete avvenute in Svizzera tra il generale delle *SS* Karl Wolff e Allen Dulles[141] si erano concluse con la pianificazione, ancora in fase di bozza, di un armistizio separato sul fronte italiano.

In questo modo, l'alleanza nemica poteva essere fatta a pezzi.

Alle 3:00 il Führer mandò a chiamare Wolff e si congratulò con lui. Chiese al generale di non lasciare Berlino fino alla sera seguente, per dargli il tempo di meditare sul da farsi. "Le sono grato per aver aperto il primo varco per l'Occidente", disse. "Naturalmente, le condizioni inserite in tale proposta di accordo sono negative".

Entro le 17:00, il suo umore si era fatto cupo. Passeggiando nei giardini della cancelleria con Wolff, Kaltenbrunner e Fegelein, espresse le sue promettenti teorie: "Voglio che il fronte re-

141 Ndt. Allen Welsh Dulles (New York, 1893 – Washington, 1969), durante la seconda guerra mondiale, fu reclutato come Direttore del OSS (Office of Strategic Services ovvero servizi segreti americani) in Europa, con sede a Berna (Svizzera), nome in codice Agente 110. Come copertura ricopriva il ruolo di assistente dell'ambasciatore americano in Svizzera. Fu uno degli attori principali nelle trattative che portarono alla capitolazione delle truppe tedesche in Italia. Nel 1945, fece un patto con Bormann, in cui assicurava l'immunità a questi, ad Heinrich Muller e ad altri gerarchi nazisti, in cambio di informazioni e scienziati per il progetto Manhattan (che portò alla realizzazione delle prime bombe atomiche).

sista per altre otto settimane. Sto aspettando che l'alleanza tra Oriente e Occidente si sfaldi. Manterremo la piazzaforte italiana a tutti i costi, così come Berlino".

Franz Sonnleithner venne a prendere congedo da Hitler. Ribbentrop lo stava mandando a sud a occuparsi dell'oro italiano. Probabilmente, Hitler sapeva che quello sarebbe stato il suo ultimo incontro con il veterano del partito austriaco. Per un attimo, in piedi nel salone dal pavimento dissestato al primo piano della cancelleria, parlarono di Salisburgo, città natale di Sonnleithner. Allorché quegli accennò al grappolo di bombe che aveva devastato la cattedrale, Hitler fu preso da un senso di nostalgia architettonica: gli americani, disse, stavano distruggendo i grandi tesori dell'Europa poiché loro non ne possedevano. Rifletté sulla propria cavalleria mal riposta, nel momento in cui, nel giugno 1944, aveva risparmiato Roma, dichiarandola città aperta, e lasciato successivamente intatto il Ponte Vecchio, a Firenze. La demolizione del casinò a Ostenda, disse, era stata da lui avallata unicamente per soddisfare le richieste del comando costiero locale.

Sospirò, consolando Sonnleithner: "Non si preoccupi, la cattedrale di Salisburgo sarà ricostruita e pure velocemente". Di fronte all'espressione incredula del diplomatico, Hitler continuò: "Pensi soltanto alla colossale potenzialità di cui disporremo quando la guerra sarà finita e la produzione potrà finalmente ripartire!" Poi, si strinsero la mano e ognuno andò per la propria strada.

Hitler seguitava a non tollerare segnali di disfattismo. Quindi, ordinò l'arresto del dottor Brandt, il suo chirurgo, reo di aver mandato la moglie e la famiglia a Bad Liebenstein, dove sarebbero finiti in mano agli americani. Il 18 aprile, Karl Brandt fu condannato a morte con procedura sommaria[142].

Ma non si potevano condannare intere armate solo perché era loro venuto meno il coraggio. La città di Zistersdorf si arrese ai russi. Il 17 aprile, il gerarca August Eirgruber telegrafò da Linz che i campi petroliferi erano a repentaglio. E infatti, il giorno seguente, l'Ottava Armata del generale Hans Kreysing, distrutti gli

142 Nda. Brandt, sopravvissuto alla guerra, fu in seguito impiccato dagli americani a Landsberg, nel 1947.

impianti, li avrebbe abbandonati precipitosamente. Himmler riferì a Hitler che, in Austria, l'esercito tendeva a ripiegare ovunque anche se "*Ivan* appariva cauto e stanco di combattere". C'era poi un ulteriore motivo che spingeva Hitler a fare di Berlino il suo ultimo caposaldo: essere di esempio ai suoi generali e così riaffermare su di loro il proprio personale prestigio.

I sovietici continuavano a subire spaventose perdite. Sull'Older, nella sola giornata del 16 aprile, la Nona Armata di Busse aveva annientato 211 carri armati. Il giorno seguente ne aveva distrutti altri 106. Sul Neisse, la Quarta Armata Corazzata del generale Fritz Gräser, ne aveva messi fuori uso prima 93, poi altri 140.

Eppure, nonostante le truppe di Busse resistessero eroicamente all'assalto nemico, a Wriezen i russi avevano aperto una pericolosa breccia nella linea difensiva tedesca. Nel contempo, il Gruppo di Armate del maresciallo sovietico Konev, a sud-est di Berlino, aveva gettato due teste di ponte sul fiume Neisse – esattamente dove Hitler aveva previsto che si sarebbe stabilito, anche se da una diversa angolazione, lo *Schwerpunkt* russo. I carri armati sovietici si trovavano ormai nei pressi di Cottbus e di Spremberg, sul fiume Spree. Divenne così sempre più palese che il reale obiettivo di Konev e Zukov fosse Berlino, non Praga, considerazione che restringeva notevolmente le speranze di Hitler di poter disporre di più tempo.

Il 17 aprile, Hitler, ordinata la distruzione dei ponti autostradali, stabilì altresì che tutti gli aerei, inclusi i *Messerschmitt* a reazione, fossero impegnati al fine di impedire al nemico di raggiungere Cottbus. Al Consiglio di guerra di mezzogiorno annunciò: "Prima che raggiungano Berlino, i russi riceveranno un'inimmaginabile quanto sanguinosa sconfitta!"

Quindi, rimase a lungo a meditare con Eva Braun e le sue segretarie, nel tentativo di convincere loro, e forse anche se stesso, che lo smacco di Wriezen fosse stato per i russi solo un colpo di fortuna. Alla fine, risolse di attribuire al generale Heinrici la responsabilità della crisi sull'Oder, definendolo "un uomo goffo e indeciso, privo di entusiasmo per il proprio lavoro e dunque inadatto al ruolo che ricopriva".

Il 18 aprile, un violento scontro sull'altipiano di Seelow conferì nuovamente a Zukov la supremazia. Quella sera, Hitler apprese che soltanto la Divisione *SS Nederland*, un'unità di volontari olandesi, aveva sferrato un contrattacco. Furioso, la sua rabbia divenne incontenibile non appena seppe che Goebbels aveva mandato sull'Oder cinque inadeguati battaglioni delle truppe *Berlin Volkssturm*, le stesse che avrebbero dovuto essere utilizzate esclusivamente come ultima risorsa difensiva della città. Vi erano numerosi soldati, ben più capaci, che attendevano solo armi e munizioni, per potersi dirigere al fronte.

Alla vigilia dell'offensiva sovietica, nel tentativo di contrastare l'insorgere del morbo di Parkinson nel suo paziente, il professor Morell aveva cominciato a somministrargli dosi sempre più massicce di medicinali esotici. "Poiché il tremore è un tipo di *paralysis agitans*," aveva osservato il 15 aprile 1945, usando con circospezione l'espressione latina, "sto cercando di stimolarlo temporaneamente attraverso iniezioni sottocutanee di *Harmin* e somministrando l'*Homburg-680*" (entrambe sostanze chimiche estratte da velenose piante solanacee).

Il giorno seguente, procedette con una nuova iniezione e, alla sera, gli fece assumere una goccia di *Homburg-680*. Il 17 aprile, provò con due gocce, notando un lieve miglioramento. Decise dunque di aumentare il dosaggio. Il calendario da tavolo di Hitler, ritrovato nel settembre 1945 tra le rovine del bunker, mostra che Morell aveva lasciato disposizioni quotidiane per la cura della malattia, fino a un massimo di 13 gocce al giorno, prescritte il 28 aprile (data cui risale l'ultima annotazione).

A partire da quel momento, fino alla fine, Hitler ebbe un sonno intermittente e irregolare. Il 18 aprile, dopo la consueta iniezione di *Harmin*, il medico annotò: "Tremore alla mano sinistra in netto miglioramento, ma ancora intorpidito. Sonno notturno possibile solo con il *Tempidorms*".

Nel corso di quelle giornate, le cattive notizie si succedevano senza interruzione, a preannunciare una fine ormai imminente. Pallido e inquieto, Hitler si aggirava nel bunker, emergendo alla luce del sole per rare, quanto brevi, passeggiate nel giardino. Talvolta, trascorreva il tempo accanto al centralino telefonico o andava dai suoi cani, costretti in improvvisati giacigli ricavati dietro i gabinetti. Prese anche l'abitudine di sedersi in corridoio con uno dei cuccioli in grembo, fissando in silenzio gli ufficiali che passavano.

L'ultimo messaggio del Gruppo di Armate di Heinrici, datato 19 aprile, confermava che tra le 17:00 e le 18:00 i russi erano riusciti ad aprirsi un varco a Müncheberg, a est di Berlino, oltre che a Wriezen. Un massiccio dispiegamento di forze nemiche si stava riversando attraverso tali brecce, ma, nelle ore successive, i plotoni anticarro e la *Luftwaffe* erano riusciti ad annientare 60 carri armati sovietici nella sola Müncheberg e la Nona Armata ne aveva distrutti altri 22. "La battaglia", riportò il contingente di Heinrici quella sera, "è quasi conclusa".

Hitler chiamò il dottor Morell, il quale, su ordine del paziente, gli prelevò una quantità tale di sangue che il flusso bloccò l'ago ipodermico e il medico dovette conficcargli nelle vene un ago molto più spesso. Heinz Linge, il domestico, impallidì alla vista del sangue che si riversava nel *beaker*, ma ebbe la battuta pronta: "*Mein Führer*, tutto ciò che ci serve adesso è mischiare il sangue con del grasso e metterlo in vendita come salsiccia al sangue del Führer!" Quella sera Hitler ripeté la freddura a Eva e alle sue segretarie.

A mezzanotte avrebbe compiuto 56 anni. Bormann riportò che "non si respirava certo un'atmosfera da compleanno". Nonostante Hitler avesse chiesto al personale di risparmiargli i festeggiamenti, Eva lo convinse ad andare nell'anticamera a stringere le mani agli aiutanti. Saur aveva portato il modellino in scala di un mortaio da 350 millimetri per la collezione di Hitler. Più tardi, il Führer esternò a Goebbels e Ley la sua volontà di difendere, a sud, il ridotto alpino e la Boemia-Moravia e, a nord, la Norvegia; poi si ritirò con Eva. Quella notte, non riuscì a dormire ed era ancora sveglio quando Linge, il domestico, bussò alla porta della sua stanza, annunciandogli il sorgere del sole. Il generale Burgdorf, in attesa, lo accolse con una notizia catastrofica: nella notte, i russi avevano travolto la divisione di Schörner sui due lati di Spremberg e la Quarta Armata Corazzata aveva sferrato una controffensiva per porre rimedio ai danni subiti. Hitler si limitò a dire: "Linge, ancora non sono riuscito a chiudere occhio. Mi svegli un'ora dopo il solito, alle 14:00".

Al suo risveglio, Berlino soggiaceva a un imponente attacco aereo. Era il 20 aprile 1945. Hitler, sofferente per un fastidioso bruciore agli occhi, si sottopose a un'iniezione di glucosio, poi, dopo aver giocato con uno dei cuccioli, pranzò insieme a Eva Braun e alle segretarie, Johanna Wolf e Christa Schroeder. Al termine di quel silenzioso pasto, percorsero insieme le passerelle di legno nel *Voss Bunker*, per gettare una rapida occhiata al modello della cittadina di Linz, su cui Hitler indicò alle signore la casa della sua gioventù.

Più tardi, avvolto in un cappotto grigio con il bavero rimboccato, salì la scala a chiocciola fino al giardino della cancelleria, seguito dal fedele Goebbels. Le polveri e i fumi degli incendi addensavano l'aria di Berlino. Un esiguo schieramento di reclute della *Gioventù hitleriana* attendeva venisse loro conferita, per il coraggio dimostrato, una decorazione al merito. Il muro perimetrale era costellato di fortificazioni e armi anticarro. In prossimità della sala della musica, alcuni reduci, provenienti dal campo di battaglia della Curlandia, attendevano l'ispezione del Führer. Questi, scusandosi per il debole tono della sua voce, promise un'imminente vittoria e si disse certo che tutti loro, un giorno, avrebbero potuto raccontare ai propri figli di avervi contribuito. Intorno alle 16:00, dopo aver guardato il cielo per l'ultima volta, fece ritorno nel rifugio antiaereo. Prima che il Consiglio di guerra avesse inizio, Hitler consentì ai ministri di porgergli formali auguri di compleanno. Ma quando Keitel sostenne esplicitamente che per il Führer fosse giunto il momento di abbandonare la città, Hitler lo interruppe: "Keitel, so quello che voglio; combatterò davanti a Berlino, dentro Berlino e alle sue spalle!"

Il Consiglio cominciò immediatamente. A nord come a sud, i reparti d'assalto russi proseguivano la loro inarrestabile avanzata verso ovest. Se la controffensiva di Schörner non avesse dato esito positivo, l'ultima importante strada che conduceva a sud sarebbe stata impraticabile. Il generale Koller sollecitò che documenti ed equipaggiamento dell'Alto Comando *OKW*, stipati in camion, fossero immediatamente allontanati dalla capitale.

Hitler autorizzò altresì un immediato smembramento delle responsabilità di comando: Dönitz e parte dello staff *OKW* sarebbero partiti per la Germania settentrionale, mentre altri ufficiali si sarebbero diretti a sud. Parlando, diede l'impressione che, a tempo debito, sarebbe partito anche lui. Bormann si allontanò immediatamente per organizzare il trasferimento.

Göring, i cui automezzi stipati di beni personali erano pronti per la partenza, chiese: "*Mein Führer*, le dispiace se parto immediatamente per Berchtesgaden?"

Hitler accolse freddamente la sua richiesta.

Alle 21:30, nel corso di un nuovo allarme aereo, mandò a chiamare le due segretarie più anziane, Johanna Wolf e Christa Schroeder. Pochi giorni dopo, quest'ultima scrisse quanto segue:

"Pallido, stanco e apatico, ha voluto incontrarci nel piccolo studio del bunker, dove ultimamente abbiamo mangiato e bevuto tè in sua compagnia. Ci ha riferito che la situazione, negli ultimi quattro giorni, era notevolmente peggiorata: 'Mi vedo costretto a smembrare il personale e poiché voi siete le più anziane andrete per prime. Tra un'ora un'auto partirà per il sud. Potete portare due bagagli a testa. Bormann vi dirà il resto'. Chiesi di restare a Berlino e di far partire, in mia vece, la collega più giovane, la cui madre viveva a Monaco. Mi rispose: 'No, necessito del vostro aiuto al Sud, ove intendo avviare un movimento di resistenza'. Con un cenno della mano, fece intendere che ogni insistenza sarebbe stata inutile. Poi, accortosi del nostro dispiacere, cercò di confortarci. 'Ci rivedremo presto, vi raggiungerò tra pochi giorni!'. Mentre preparavamo i bagagli squillò il telefono. Risposi io; era nuovamente il Capo. Disse con voce piatta: 'Ragazze, siamo bloccati... la vostra auto non arriverà. Partirete in aereo domattina, all'alba'. Poco dopo, telefonò ancora una volta:'Ragazze, sbrigatevi. Decollerete non appena sarà cessato l'allarme'. La sua voce era triste e malinconica e si interruppe a metà frase. Dissi qualcosa, ma, anche se non aveva ancora riagganciato, non ricevetti risposta".

I carri armati sovietici seguitavano a dilagare attraverso l'enorme varco apertosi tra la Quarta e la Nona Armata. Seppure Schörner avesse avviato la controffensiva, quando Hitler ordinò a Heinrici di fare altrettanto, in modo da richiudere la breccia, il comandante della divisione preferì tergiversare, chiedendo l'autorizzazione a far arretrare il fianco destro della Nona Armata, che rischiava l'accerchiamento.

Poiché Heinrici non poteva in alcun modo garantire a Hitler che tale manovra non avrebbe comportato la perdita dell'artiglieria, questi ordinò di non retrocedere. Mezz'ora dopo la mezzanotte, Heinrici, chiamato lo Stato Maggiore, dichiarò che l'ordine di Hitler era "inattuabile e inconcepibile". Infine, aggiunse che avrebbe rivolto al Führer queste parole: "*Mein Führer*, essendo il suo ordine contrario ai suoi stessi interessi, le chiedo di sollevarmi dal mio incarico, così ch'io possa affrontare la battaglia come un *Volkssturm* qualunque con un fucile in mano!"

Il generale Krebs rispose seccamente: "Il Führer si aspetta che lei faccia del suo meglio per chiudere quei minacciosi varchi quanto più a est possibile, servendosi di qualsiasi mezzo e disinteressandosi della successiva difesa di Berlino".

Eppure, il generale Heinrici aveva ormai deciso di contravvenire agli ordini. Di sua iniziativa, fece retrocedere la Nona Armata verso ovest, contribuendo, in tal modo, ad allargare ulteriormente la breccia sul fronte tedesco che avrebbe ben presto decretato la sorte di Berlino.

Hitler, convinto che le sue disposizioni venissero eseguite senza indugio, quella notte prese la definitiva decisione di non allontanarsi da Berlino.

Chiuso nel suo studio con le segretarie rimaste, Traudl Junge e Gerda Daranowski, spiegò: "Qualsiasi decisione deve essere presa da Berlino!" Bormann telegrafò alla Berghof: "*Wolf* (nome in codice di Hitler) resta qui, perché solo lui è in grado di gestire la situazione".

Quella sera, il numero di coloro che si presentarono al Consiglio di guerra era particolarmente esiguo. Il vice di Krebs annunciò sgomento che il varco apertosi nel settore della Quarta

Armata Corazzata si era ulteriormente allargato. Hitler, pur mantenendo la calma, attribuì il fatto al "tradimento" dell'esercito. L'ufficiale replicò coraggiosamente: "*Mein Führer*, crede veramente si sia verificata una defezione di così vasta portata?"

Hitler gli volse uno sguardo pieno di commiserazione. "Tutte le sconfitte verificatesi a Est sono unicamente il risultato di molteplici tradimenti".

All'1:00 congedò gli stenografi, Kurt Peschel e Hans Jonuschat, affinché potessero imbarcarsi su un volo diretto a sud.

Hewel si presentò chiedendo: "*Mein Führer*, ha qualche ordine per me?" Hitler scosse la testa. Il delegato di Ribbentrop, allora, esclamò: "*Mein Führer*, l'ora zero sta per scoccare! Se vuole ottenere qualcosa con mezzi politici, questo è il momento giusto!"

Hitler rispose con aria esausta: "Quando sarò morto, potrete discutere con tutti i politici che vorrete".

Mentre risuonava il cessato allarme, l'ammiraglio Puttkamer si dispose a partire. Karl-Otto Saur lo raggiunse sul velivolo, con l'ordine di costruire, sulle Alpi, stabilimenti per la produzione di armi. Quella stessa notte, partirono altri otto ufficiali.

Il mattino seguente, 21 aprile, Linge bussò energicamente alla porta della camera da letto di Hitler, gridando che l'artiglieria nemica aveva cominciato a bersagliare il centro di Berlino. Hitler impartì ordini telefonici al comando *OKL*, affinché individuassero e attaccassero immediatamente la batteria sovietica. Il generale Koller garantì: "I russi non hanno ponti transitabili sull'Oder. Probabilmente hanno catturato e rovesciato una delle nostre batterie più pesanti". Poco dopo, Koller richiamò. La batteria russa responsabile dell'offensiva nel cuore della città localizzata dalla torre di osservazione antiaerea del giardino zoologico si trovava a sole otto miglia di distanza, a Marzahn (quartiere nord-orientale di Berlino).

Durante la giornata, una crescente sensazione di isolamento si diffuse all'interno del bunker di Hitler. Nessuna notizia era pervenuta dalla Cinquantaseiesima Armata Corazzata del generale Weidling, atteso, sin dalla sera precedente, a est della città.

Secondo alcuni, Weidling era fuggito con i suoi uomini, rifugiandosi al villaggio olimpico a ovest di Berlino. Turbato, Hitler ne ordinò l'arresto[143].

A causa dei caccia da ricognizione delle forze nemiche, i jet tedeschi non potevano attaccare i reparti d'assalto russi, a sud della città.

Hitler, adirato, telefonò a Koller: "I jet sono completamente inutili, l'intera *Luftwaffe* non serve a nulla!" Più tardi lo richiamò, sempre in collera: "Tutti gli ufficiali della *Luftwaffe* dovrebbero essere impiccati!" e sbatté violentemente la cornetta.

Nel pomeriggio, Hitler studiò un piano per occludere nuovamente lo squarcio sul fronte tedesco a nord-est di Berlino, difeso dal Gruppo di Armate di Heinrici (che nel frattempo si era rifiutato di fare rapporto personalmente al Führer, perché oberato dagli impegni). Una divisione appositamente costituita, posta sotto il comando del generale delle *SS* Felix Steiner, avrebbe dovuto spingersi a sud, nella notte, da Eberswalde a Werneuchen. Se Steiner fosse riuscito nell'impresa, le avanguardie di Zukov a nord di Berlino sarebbero state isolate. L'ordine di Hitler a Steiner, trasmesso intorno alle 17:00, risuonò come un bisbiglio isterico:

"Qualunque ufficiale, che rifiuti di accettare quest'ordine senza riserve, sarà immediatamente arrestato e giustiziato. Risponderete con la vostra vita per la mancata attuazione di tale disposizione".

Krebs ripeté il messaggio all'indaffaratissimo Heinrici, che tentava disperatamente di evitare l'accerchiamento sovietico dell'ala destra della Nona Armata. "Tutto ciò che posso fare è ripiegare oltre i laghi a sud-est di Berlino" avvertì. Una proposta che equivaleva all'abbandono della città al suo destino. Per quanto riguardava l'ordine di attacco rivolto a Steiner, Heinrici dichiarò che, se il Führer avesse insistito, avrebbe chiesto di essere sostituito.

Hitler insistette, ma in carenza di generali non ne ordinò la destituzione. Alle 21:00, appreso che un battaglione della Divi-

---

143 Nda. Helmuth Weidling morì in una prigione sovietica, ma il suo lungo resoconto della battaglia fu pubblicato nel Voennoistoricheskii Zhurnal, Mosca, ottobre-novembre 1961.

sione *Hermann Göring* era ancora impegnato a difendere il palazzo abbandonato del maresciallo del *Reich* nella foresta di Carinhall, predispose che tale unità fosse affidata a Steiner. Quando, alle 10:30, Koller telefonò, chiedendo dove quegli si trovasse, il Führer, strappato il ricevitore dalle mani di Krebs, esclamò con voce stridula: "Ogni comandante che trattenga i suoi uomini da questo attacco esalerà l'ultimo respiro entro cinque ore! Voi stessi pagherete con le vostre vite, se non manderete in battaglia ogni uomo rimasto". Krebs confermò quanto testé dichiarato. "Tutti all'attacco da Eberswalde verso sud!" e riattaccò. Quali ordini Heinrici impartì a Steiner da quel dato momento, non ci è dato saperlo. Ma, visto che attaccare il fianco di Zukov con un'accozzaglia di truppe sguarnite e malandate equivaleva al preludio del disastro, Steiner non fece alcunché.

Il 22 aprile, il Consiglio di guerra iniziò, come sempre, intorno alle 15:00. Hitler volle essere ragguagliato sull'operazione che, inevitabilmente, aveva monopolizzato i suoi pensieri notturni: il contrattacco di Steiner a nord. Un'autorità delle *SS* gli assicurò che l'offensiva era cominciata. Entro un'ora, però, il generale Koller venne al telefono e smentì l'informazione.

Dopo il fiasco di Sepp Dietrich in Ungheria, l'inazione del generale delle *SS* non fu che l'ennesima delusione per Hitler. Nessun ostacolo si frapponeva ormai tra Berlino e il nemico. I russi, raggiunta Köpenick, (un sobborgo orientale), stavano per arrivare a Spandau. Di questo passo, entro sera avrebbero combattuto nel quartiere governativo. Questa la situazione militare, quando Krebs riuscì finalmente a ottenere da Hitler il consenso a far ritirare la guarnigione dislocata a Francoforte sull'Oder, lasciando la città nelle mani del nemico.

L'inganno delle *SS* turbò profondamente Hitler. Sospettò volessero metterlo di fronte al fatto compiuto, per costringerlo ad abbandonare Berlino. Il volto arrossato dall'esasperazione, gli occhi fuori dalle orbite, gridò: "Basta! Come si può pensare ch'io conduca un conflitto in queste condizioni! La guerra è perduta! Ma se voi, cari signori, pensate ch'io lasci Berlino adesso, vi sbagliate di grosso. Preferirei anzi spararmi in testa!"

Poi, lasciò bruscamente la stanza.

Walther Hewel, in preda all'agitazione, telefonò a Ribbentrop: "Il Führer ha avuto un crollo di nervi, vuole spararsi!"

Hitler chiese di essere messo in comunicazione con Goebbels per dettargli il seguente proclama: "Ho deciso di rimanere a Berlino fino alla fine della battaglia". Poi, gli ordinò di condurre la sua famiglia al rifugio.

Non appena Schaub entrò nella stanza, il Führer gli diede alcune disposizioni: "Dobbiamo distruggere tutti i documenti. Qui, subito. Prendi della benzina".

Mentre Schaub apriva la cassaforte e ne metteva il contenuto in una valigia marrone sul letto, Hitler estrasse la sua pistola leggera dalla tasca dei pantaloni e la sostituì con la maggiormente efficace *Walther 7.65* che teneva in un cassetto. Riempite alcune valigie con il contenuto di altre cassaforti collocate al piano superiore, le svuotarono nel cratere che una bomba aveva scavato nel giardino. Hitler contemplò a lungo le fiamme che distruggevano le sue carte.

Lo staff del Führer, in angoscia per quanto stava accadendo, si rese conto una volta per tutte che Hitler intendeva realmente rimanere a Berlino e affrontare la sorte. Goebbels, Bormann e Jodl lo implorarono di ripensarci. Telefonarono anche Dönitz e Himmler; lo stesso Keitel cercò di parlargli in privato, ma fu interrotto quasi subito: "So cosa sta per dire. È tempo di prendere una decisione vera, una *ganzer Entschluss*! Bene, l'ho fatto. Difenderò Berlino fino alla fine. O ripristino il mio comando qui nella capitale, posto che Wenck riesca a tenere a bada gli americani spingendoli al di là dall'Elba, o percorrerò io stesso le strade di Berlino al fianco delle mie truppe, combattendo per la città simbolo del *Reich*!"

Jodl fece notare che, se Hitler si fosse suicidato, l'esercito tedesco si sarebbe trovato senza una guida. Impassibile, Hitler fece entrare Bormann e ordinò a lui, Keitel e Jodl di trasferirsi a Berchtesgaden quella notte stessa per continuare la guerra con Göring nelle vesti di Führer. Tutti e tre rifiutarono.

Allorché qualcuno obiettò che non c'era soldato tedesco disposto a combattere per il maresciallo del *Reich*, Hitler replicò: "Non c'è rimasto molto per cui combattere. E quando sarà il momento di negoziare, lui sarà più bravo nel compito di quanto avrei mai potuto essere io".

Erano circa le 17:00 e si diceva che i russi avessero occupato la stazione ferroviaria Slesia. Il personale di Hitler, impietrito, si radunò nel corridoio, in attesa di sentire i colpi di pistola annunciare che Hitler li aveva abbandonati. In privato, il generale Burgdorg disse con chiarezza a Eva Braun che avevano solo il 10% di possibilità di sopravvivere.

Fu allora che Jodl ebbe un'idea: ricordando a Hitler la linea di demarcazione mostrata sulle mappe *Eclipse*, suggerì di invertire la direzione della Dodicesima Armata di Wenck da ovest a est, utilizzandola, quindi, per liberare Berlino. Hitler scrollò le spalle.

"Fate quello che volete!"[144]

Forse, come sosteneva Jodl, gli Alleati avrebbero preso seriamente il suo intento anti-bolscevico. Keitel annunciò che, quella notte, si sarebbe recato di persona da Wenck per dargli le disposizioni necessarie. Prima che egli si congedasse, Hitler ordinò un pasto abbondante per il feldmaresciallo.

Hitler non guardava con sgomento alla prospettiva di un'imminente dipartita. A un Consiglio di guerra, tenutosi nell'agosto del 1944, aveva detto ai suoi generali che nella morte avrebbe cercato "una liberazione dai dolori, dalle notti insonni e dalla tensione nervosa. Una frazione di secondo e si è liberi da tutto, immersi in una pace eterna". Inoltre, come aveva detto al feldmaresciallo Schörner, la sua morte avrebbe potuto rimuovere l'ultimo ostacolo che impediva agli Alleati di fare causa comune con la Germania. Se Model aveva trovato il coraggio di togliersi la vita, lui, Adolf Hitler, avrebbe fatto altrettanto. Di certo non si

144 Nda. Un'importante lettera privata, inviata da Eva Braun alla sorella, in data 23 aprile 1945, descrive l'atmosfera nel bunker. La decisione di spostare la Dodicesima Armata, stanziata a ovest di Berlino, affinché contrastasse l'avanzata russa a Est – che appariva un invito alle truppe anglo-americane affinché conquistassero Berlino – fu presa alle ore 17:00, perché a quell'ora Krebs la comunicò ad Heinrici (microfilm T311, rullino 170, pag. 2.182 e seg.).

sarebbe comportato come Paulus!

Si volse bruscamente a Eva Braun e alle due segretarie rimaste, intimando loro di cambiarsi e prendere il volo verso sud. Eva gli prese entrambe le mani, stringendole fra le sue. "Sai che resterò qui con te!" A Hitler brillarono gli occhi e la baciò delicatamente sulle labbra. Intervenne anche Traudl Junge: "Resto anch'io!" e Gerda Christian le fece eco. "Magari i miei generali fossero coraggiosi quanto voi", rispose Hitler.

Nonostante la telefonata di Hermann Fegelein, suo ufficiale di collegamento, Himmler non si era presentato al rifugio: evidentemente, quanto riferito da quegli lo aveva indotto a temere di essere arrestato per la passività del generale delle *SS* Steiner. Fegelein, incaricato di raggiungerlo, non fece ritorno. Avendo appreso che Himmler aveva, fuori Berlino, un battaglione di 600 uomini delle SS posto a vigilare sulla sua sicurezza, Hitler lo invitò, tramite il dottor Karl Gebhardt, a mettere quei reparti a difesa della cancelleria.

Poco dopo, giunse al bunker il maresciallo luogotenente di Himmler, il generale Gottlob Berger. Hitler, dopo avergli esposto la propria indignazione per la slealtà mostrata dalle *SS*, gli ordinò di recarsi in Baviera per sedare i movimenti dissidenti e separatisti che si stavano diffondendo in quella zona, oltre che nella regione del Württemberg e in Austria. Le sue ultime disposizioni a Berger, prima che questi partisse per il sud, furono di radunare il maggior numero possibile di ufficiali prigionieri inglesi e americani e condurli sotto scorta al ridotto alpino per usarli come ostaggi.

Nella notte, altri collaboratori di Hitler lasciarono Berlino. Prima di partire, il professor Morell, pallido e ansimante, propose al suo paziente di fargli un'ultima e generosa iniezione di morfina, ma Hitler, sospettando che tale offerta celasse l'intenzione di drogarlo e allontanarlo a forza da Berlino, rifiutò. "Adesso può togliersi quell'uniforme e tornare a fare il medico nel suo studio sulla *Kurfürstendamm*!"

Morell partì quella notte stessa. Anche i due stenografi rimasti furono allontanati, con il pretesto di portare al "mondo esterno" gli ultimi documenti da loro stilati. Heinz Lorenz, addetto stampa, fu incaricato di redigere i verbali relativi ai successivi Consigli di guerra.

Le annotazioni frammentarie prese da Lorenz (che cominciano con il ritorno dal fronte, alle 15:00 del 23 aprile, degli esausti Keitel e Jodl) rivelano il crescente sconforto diffusosi all'interno del bunker.

"Tutto ciò è abominevole! A pensarci bene, che senso ha continuare a vivere?" esclamò Hitler a un certo punto, riferendosi alla persistente inerzia di Steiner, che nulla aveva messo in atto per impedire ai russi di superare il fiume Havel, tra Oranienburg e Spandau.

Quanto accadeva sugli altri fronti della Germania sembrava non interessare più il Führer, i cui ultimi Consigli di guerra vertevano unicamente sulla difesa di Berlino. A mezzogiorno il ministero di Goebbels diramò la seguente notizia: "Il Führer si trova a Berlino... Il comando ha deciso di restare in città e difendere la capitale del *Reich* fino alla fine"[145].

Lorenz riportò le parole di Hitler: "Il nemico adesso sa che sono qui... e questo ci permette di attirarlo in un'imboscata. Ma perché quest'azione riesca, è necessario che il popolo capisca l'importanza di questo momento e si attenga scrupolosamente agli ordini che riceverà dall'alto. Il popolo dovrà essere leale! Quanto si è verificato qui", e indicò sulla carta geografica il punto in cui si trovava Steiner, "è stato assolutamente disonesto!"

Intervenne il generale Krebs: "Credo ci restino ancora quattro giorni di tempo". Hitler fu d'accordo: "In quattro giorni, sapremo ciò che accadrà!"

L'imboscata di cui parlava Hitler altro non era che il piano

145 Nda. La radio tedesca diffuse la decisione di Hitler di rimanere a Berlino alle 12:40 del 23 aprile (come annunciato dalla BBC). Tra le carte dell'avvocato difensore di Ribbentrop a Norimberga, ho trovato un resoconto di 11 pagine del ministro degli Esteri. Egli descrive l'arrivo al bunker del Führer, dopo il Consiglio di guerra del 23 aprile: "Mentre ero là, appresi che non vi era alcuna certezza che Hitler intendesse spostarsi a Sud. Chiesi a Eva Braun di tentare di influenzare la decisione del Führer, perché se la città fosse stata isolata, lui non avrebbe più potuto comandare e tutte le linee del fronte avrebbero ceduto. La signorina Braun mi disse che non capiva, giacché la sera prima Hitler sembrava propenso a trasferirsi a Sud. Forse qualcuno lo aveva indotto a cambiare idea?"

proposto da Keitel e Jodl, che prevedeva l'inversione di marcia dell'Armata di Wenck – dislocata sui fronti dell'Elba e del Mulde – e il suo congiungimento, a sud di Berlino, con la Nona Armata di Busse: insieme avrebbero puntato a nord, verso Potsdam e Berlino, isolando e piegando le unità sovietiche lì penetrate. Frattanto, il Quarantunesimo Corpo Corazzato comandato dal generale Rudolf Holste, anziano camerata di reggimento di Keitel e fidato collaboratore, sarebbe stato richiamato dal fronte dell'Elba e avrebbe contrattaccato fra Spandau e Oranienburg. Quanto a Steiner, avrebbe dovuto cedere le sue divisioni motorizzate al generale Holste.

Eppure, dentro di sé, Hitler sembrava certo che la sconfitta fosse inevitabile. Così Eva Braun scrisse alla sorella il 23 aprile: "Perfino il Führer ha perso ogni speranza in un lieto fine". Più tardi, quello stesso giorno, aggiunse però: "In questo momento, sembra che la situazione stia migliorando. Il generale Burgdorf, che ieri ci dava solo il 10%di possibilità, oggi parla del 50%. Chissà, forse le cose potrebbero volgere al meglio, dopo tutto!"

Hitler bevve una cioccolata con i figli di Goebbels, trasferitisi nelle stanze che prima erano occupate da Morell. Hellmut lesse ad alta voce un tema che aveva scritto per il compleanno del Führer, ma Helga strillò: "L'hai rubato a papà!"

"No, è papà che l'ha rubato a me!" replicò Hellmut, suscitando l'ilarità dei presenti.

Prima di rientrare al quartier generale di Wenck, Keitel si recò da Hitler e gli chiese se fossero in atto delle trattative con il nemico.

Hitler rispose che, era necessario prima ottenere "un'altra vittoria, quella della battaglia di Berlino".

Poi lo informò che avrebbe discusso la cosa con Ribbentrop, quella sera stessa. Tuttavia, la sola proposta di Ribbentrop consisteva nel mandare, quella notte, alcuni industriali cecoslovacchi in Francia, dove avrebbero cercato di convincere gli americani a non abbandonare Boemia e Moravia nella mani dei sovietici.

"Il Führer ha acconsentito", scrisse in proposito Ribbentrop a Karl-Hermann Frank. Per la prima volta, parlando con Ribbentrop, Hitler ammise che la guerra era perduta. Poi, gli dettò quattro punti segreti da negoziare con gli inglesi, qualora se ne fosse presentata l'opportunità. Se l'Europa doveva sopravvivere in un mondo dominato dal bolscevismo, allora Londra e Berlino dovevano sotterrare l'ascia di guerra. Ordinò a Ribbentrop di scrivere in segreto a Churchill: "Vedrai", predisse il Führer, "il mio spirito risorgerà dalla tomba. Un giorno si accorgeranno che avevo ragione".

Ripartito Ribbentrop, un aiutante annunciò che Albert Speer era riuscito a effettuare un audace atterraggio con un aereo leggero, lungo il viale est-ovest. Eva Braun, turbata come Hitler dalle voci diffusesi sull'inspiegabile comportamento di Speer, accolse l'ex ministro con calore. "Sapevo che sarebbe tornato e non avrebbe abbandonato il Führer!" Speer sogghignò: "Lascerò di nuovo Berlino questa sera stessa".

Hitler gli chiese cosa pensasse della sua decisione di restare a Berlino fino alla fine. La risposta brutale di Speer fu che, se si dava importanza al verdetto della Storia, era più decoroso morire lì che nel cottage sull'Obersalzberg dove trascorreva i fine settimana. Hitler si disse d'accordo, ignaro del fatto che Speer aveva segretamente concordato con Heinrici l'abbandono di Berlino al suo destino.

Dopo il Consiglio di guerra, Bormann consegnò a Hitler un allarmante telegramma da parte di Göring, appena giunto da Berchtesgaden. Il maresciallo del *Reich* sembrava volersi impadronire del potere:

"*Mein Führer*! Considerata la sua decisione di restare nel bunker di Berlino, acconsente a che io assuma la guida del *Reich*, con piena libertà d'azione in patria e all'estero, in conformità al suo decreto del 29 giugno 1941? Se non riceverò risposta entro le ore 22:00 di oggi, ne dedurrò che è stato privato della sua libertà d'azione e, ritenendo realizzate le condizioni previste dal suo decreto, agirò, di conseguenza, nell'interesse del popolo e della patria. Conosce i sentimenti che nutro nei suoi confronti in questa che è l'ora più grave della mia vita. Le parole non bastano a esprimere ciò che sento. Che Dio la protegga e le consenta di arrivare qui al più presto, nonostante tutto.

Il Suo fedele Hermann Göring".

Ribbentrop aveva ricevuto da Göring un telegramma in cui gli si chiedeva di raggiungerlo quanto prima. Anche Keitel fu contattato. Hitler, allora, telegrafò immediatamente a Göring che sarebbe stato lui stesso, e solo lui, a decidere quando il decreto del 29 giugno 1941 sarebbe entrato in vigore. Nel messaggio, poi, gli proibì di intraprendere qualsiasi passo nella direzione da lui prospettata. Dispose, inoltre, che il generale venisse messo agli arresti domiciliari. Quindi, con l'esitazione che gli era tipica, Hitler si risolse a tradurre in pratica una volontà che covava fin dal settembre 1944: destituire Göring. Telegrafò al maresciallo del *Reich* nei seguenti termini: "Le sue azioni sono punibili con la morte, ma in virtù dei preziosi servigi da lei resi in passato, eviterò di avviare le procedure previste in tal senso, a condizione che abbandoni spontaneamente i suoi incarichi e titoli. In caso contrario, agirò secondo la prassi".

Ma tutto ciò, a parere di Bormann, non era abbastanza drastico, come rivelano i telegrammi scritti a mano, ritrovati tre mesi più tardi sulla sua scrivania, tra le rovine del bunker[146]. Probabilmente su sollecito del Führer, Bormann telegrafò al colonnello Bernhard Frank, che comandava il distaccamento delle *SS* sull'Obersalzberg: "Faccia circondare la villa di Göring e arresti immediatamente l'ex maresciallo del *Reich*, stroncando ogni eventuale tentativo di resistenza".

Bormann aveva dei conti in sospeso anche con Speer e Lammers. Il suo successivo telegramma, sempre diretto a Frank, così recitava:

"Risponderà con la sua vita dell'esecuzione di questi ordini del Führer. Rintracci Speer, ovunque si trovi. Arresti Lammers. Agisca con circospezione, ma rapido come un fulmine. Firmato: Bormann".

I suoi giorni erano contati, ma Bormann, in quel contesto di ferocia, sembrava a suo agio. Telegrafò a Paul Giesler, gerarca di

146 Questi testi furono pubblicati per la prima volta nella biografia del maresciallo del Reich, Göring, dello stesso autore del presente libro (William Morrow, New York&Macmillan, Londra, 1989).

Monaco, la seguente disposizione:

"Führer trasmesso a distaccamento *SS* di O'berg ordine di immediato arresto Göring per complotto alto tradimento. Stroncare qualsiasi resistenza. Occupare subito aeroporto Salisburgo per impedire fughe aeree. Firmato: Bormann".

Alle 22:25 telefonò a Dönitz, che si trovava nel nord della Germania e gli disse che il Führer aveva proibito a tutti i membri di governo del *Reich* di dirigersi a sud per raggiungere Göring. "È questa una cosa che va evitata a ogni costo", ribadì.

Nel bunker, si parlò molto del "tradimento" di Göring. Prima di lasciare il rifugio per l'ultima volta, Speer scrisse al generale Galland, che in quel momento si trovava in Baviera al comando di una squadriglia di caccia a reazione: "Il Führer ha ordinato l'arresto di Göring. Chiedo a lei e ai suoi uomini di fare, nei modi discussi, tutto il possibile per impedire che il maresciallo del *Reich* fugga".

In questo modo, Speer sperava probabilmente di far uccidere il suo antico rivale. Alle 23:44, giunse però dall'Obersalzberg un telegramma che frustrò tali aspettative: "*Mein Führer*", riferì Frank, "sono lieto di informarla che Göring e compagni sono stati arrestati. Nessun incidente si è verificato fino a questo momento. Seguiranno ulteriori dettagli".

Hitler ordinò al generale Robert Ritter Greim di raggiungere in volo Berlino per assumere il comando della *Luftwaffe*, ma la partenza del generale da Monaco venne ritardata da un bombardamento aereo.

Il giorno seguente, 24 aprile, Hitler assegnò il fronte orientale alla diretta competenza dello Stato Maggiore operativo dell'*OKW*. I confini del suo orizzonte si restringevano ogni giorno. Presto, avrebbe potuto comunicare con l'esterno solo tramite una linea telefonica collegata con il ministero della Marina, dove era ancora in funzione una centrale radiotrasmittente. Le disposizioni di Jodl all'esercito furono ribadite da Hitler nella stessa giornata del 24: i generali Holste, Wenck, Schörner e Busse dovevano accelerare la loro marcia verso la capitale, rispettivamente da nord-ovest, da sud-ovest e da sud, al fine di "ristabilire un contatto con Berlino e assicurarsi la vittoria nella battaglia per la città". Ma a parte Wenck e Schörner, i comandanti di Hitler erano ormai mossi unicamente dall'urgenza di sfuggire ai sovietici prima del crollo finale.

Alcune voci sostenevano che la Nona Armata fosse circondata dal nemico a sud-est di Berlino, ma Weidling, il comandante "scomparso" del Cinquantaseiesimo Corpo Corazzato, raggiunta la periferia della città, riuscì a chiamare da un telefono pubblico. Poi si precipitò alla cancelleria, proclamandosi innocente rispetto all'accusa di diserzione. Innanzi a tanto ardore, Hitler fu lieto di nominarlo Comandante della difesa di Berlino. Il compito di Weidling appariva, tuttavia, praticamente impossibile da attuarsi. Hitler e Goebbels avevano sacrificato le risorse difensive della città a favore del fronte dell'Oder e, a Krampnitz, l'ultimo importante deposito di munizioni era stato fatto saltare da un comandante in ritirata. Weidling non disponeva di carri armati. A parte ciò che rimaneva delle sue truppe, nell'imminente battaglia cittadina avrebbe potuto contrapporre, a soldati russi professionisti, addestrati e galvanizzati dalla certezza della vittoria, soltanto poche migliaia di militanti tedeschi della contraerea, anziani reduci della *Volkssturm* e unità di polizia. Circa 2.700 giovani confluirono in una nuova Brigata Anticarro, cui Hitler affidò il compito di difendere i ponti, attraverso i quali sarebbero transitate le truppe di soccorso. Da Flensburg, l'ammiraglio Dönitz promise di inviare in aereo, entro 48 ore, 2.000 dei suoi migliori uomini e di tenere pronti a intervenire anche 3.500 dei suoi più preziosi marinai, compresi quelli addestrati all'uso dei nuovi sottomarini segreti: in fondo, se Berlino avesse perso la battaglia, quegli *UBoote* non sarebbero mai entrati in funzione.

A differenza di Himmler, che inviò solo metà della sua guardia personale, Dönitz mantenne la promessa. Perfino Ribbentrop, in un gesto di coraggio, chiese il permesso di battersi per Berlino. Ma Hewel lo raggiunse telegraficamente a Meclenburgo: "Il Führer apprezza la sua offerta, ma non può accettarla. Finché l'assedio che circonda Berlino non sarà spezzato, o finché non riceverà altre disposizioni, dovrà restare fuori dalla zona di combattimento".

Incurante del veto imposto da Hitler, Ribbentrop chiese a un reparto corazzato di accettarlo come recluta. Questa volta, fu il generale Weidling a rifiutargli il consenso. Anche Himmler si trovava fuori dall'accerchiamento sovietico. Bormann dettò alla sua segretaria Ilse Krüger questo rapporto (finora mai pubblicato) destinato al comandante del *Reich*:

Bo/Kr. 25 aprile 1945 "Mio caro Heinrich!

Fegelein mi ha accennato per telefono che era tua intenzione venire qui, ma, visto il pericolo che correresti, ti sconsiglio vivamente di farlo. Restane fuori. Il Führer continua a ripetere quanto il tuo contributo sia valido e indispensabile. Le ragioni per cui ha deciso di restare a Berlino sono le seguenti [...]. Inoltre, come potrebbero il Führer e il governo del *Reich* 'ripiegare' (per usare questa parola orrenda) con la facilità con cui lo fa il nostro esercito? Se i capi ordinano ai soldati di resistere, loro stessi devono essere capaci di tracciare sul terreno una linea da non valicare. Nella Germania del sud, un governo non avrebbe più possibilità di sopravvivere di quanto possa averne al nord. Perfino il tanto decantato ridotto alpino in Tirolo avrebbe vita assai breve [...]. Il collasso conseguente alla caduta di Berlino e della Germania del nord non tarderebbe a estendersi anche a tutto il fronte orientale (Schörner e Rendulic) e il governo tedesco si vedrebbe costretto, di conseguenza, ad accettare qualsiasi condizione di pace gli venisse imposta. Se Göring accetterebbe senza indugio un simile compromesso, il Führer non potrebbe mai farlo [...]. Quanto al piano del maresciallo del *Reich*, secondo il Führer, lo stava meditando da tempo. Prima di partire in auto per il sud, nel pomeriggio del 20 aprile, egli ribadì all'ambasciatore Hewel che era necessario negoziare immediatamente, a qualsiasi prezzo, e che lui soltanto poteva farlo... lui, Göring, che non era implicato nei peccati del partito nazista, nei problemi con la Chiesa, nella questione dei campi di concentramento, eccetera: i nostri nemici avrebbero accettato di discutere solo con un uomo irreprensibile, che, come lui, aveva sempre condannato molte delle cose che stavano accadendo. Secondo il Führer, i telegrammi di invito mandati da Göring mostrano chiaramente il fine cui mirava: dopo aver preteso, mediante un ultimatum, di avere assoluta libertà d'azione all'interno come all'estero, aveva addirittura fatto predisporre, lì vicino, un camion attrezzato con un impianto radiotrasmittente. Ancora si sta indagando. In linea con il suo carattere, da quando ha lasciato la capitale l'ex maresciallo del *Reich* non ha mosso un dito per sostenere la battaglia di Berlino; al contrario, ha pensato bene di preparare il suo tradimento. È opinione di tutti, qui, che chiunque si fosse trovato nella sua posizione avrebbe fatto di tutto per dimostrare al Führer la propria lealtà mediante un'azione concreta ed energica. Ma non lui, Göring! Non è difficile immaginare ciò che avrebbe detto nel suo messaggio radio: a parte il resto, avrebbe provocato il collasso totale e immediato del fronte orientale. Colui che il Führer nominerà suo successore avrà molto presto un nome. Comunque, noi restiamo qui e cercheremo di resistere più a lungo possibile. Se riuscirete a soccorrerci in tempo, questo sarà certamente uno dei momenti decisivi della guerra. Perché, non dimentichiamoci, il nemico è sempre più diviso da forti contrasti d'opinione. Personalmente, ritengo che il Führer abbia preso ancora una volta la decisione giusta. Altri la pensano diversamente o preferiscono dispensare consigli dai loro sicuri rifugi. Mai come adesso così in pochi hanno desiderato venire a Berlino e incontrare il Führer: si preferisce andare lontano, magari accampando pretesti più o meno verosimili, e limitarsi a osservare ciò che accadrà. Ma per quanto ci riguarda, noi resteremo legati, come sempre, al nostro onore e alla nostra fedeltà!"[147]

Quel giorno i russi completarono l'accerchiamento di Berlino e, con un'azione rapida, si congiunsero con gli americani sull'Elba. Frattanto, l'avanzata soccorritrice di Wenck cominciò a fare qualche progresso in direzione di Potsdam, mentre il feldmaresciallo Schörner, la cui unità aveva da poco riconquistato Bautzen e Weissenberg, a sud di Berlino, infliggendo gravissime

147 Nda. I telegrammi originali di Bormann e la sua lettera scritta a mano a Himmler furono trovati tra le rovine del bunker dal colonnello John Bradin, dell'esercito degli Stati Uniti. Suo figlio mi fornì delle copie (ora inserite nella mia collezione all'Istituito di Storia contemporanea). Dietro mio suggerimento, gli originali furono successivamente donati agli archivi dell'Istituto di Storia militare di Carlisle (USA).

perdite ai russi, procedeva verso nord, in direzione della capitale. "L'attacco delle truppe di Schörner dimostra", telegrafò il personale di Hitler a Dönitz il 26 aprile, "che se c'è la volontà, siamo ancora in grado di piegare il nemico".

Le notizie di queste vittorie locali, che giungevano fra un'interruzione e l'altra delle comunicazioni, rischiararono un poco la lugubre atmosfera del bunker: "Le forze anglo-americane si sono arrestate sull'Elba", osservò Hitler. "Se riuscirò a salvare la capitale, forse nei cuori inglesi e americani nascerà la speranza che, con l'aiuto della Germania nazista, dopo tutto, potrebbero scongiurare il pericolo bolscevico. E l'unico uomo in grado di fare questo sono io [...]. Datemi una sola vittoria qui, quale che sia il prezzo da pagare, e riacquisirò il diritto di eliminare tutti i pesi morti che persistono nel loro ostruzionismo. Successivamente, lavorerò solo con quei generali che si saranno dimostrati all'altezza". Qualche ora più tardi, tornò sull'argomento. "In primo luogo, devo dare l'esempio innanzi a tutti coloro che ho biasimato per essersi ritirati, ovvero, devo evitare di farlo io stesso. Se anche è destino ch'io muoia qui, per lo meno, la mia sarà un'onorevole dipartita".

Nel frattempo, era giunto il primo battaglione di marinai mandato da Dönitz. L'ospedale d'emergenza allestito all'interno del *Voss Bunker*, accanto al rifugio di Hitler, traboccava di feriti. L'intero quartiere governativo era sottoposto a un continuo bombardamento. Weidling riferì al Führer che, avendo i collaboratori di Speer portato con sé i disegni dei progetti, distruggere i ponti sarebbe stato più complicato del previsto. Inoltre, Speer si era fermamente opposto alla demolizione dei lampioni lungo l'asse statale est-ovest, nel centro di Berlino, operazione finalizzata a trasformare il viale in un campo di atterraggio d'emergenza. "Ho l'impressione", aveva ribadito Speer, "che lei dimentichi che sono il responsabile della ricostruzione di Berlino".

Nella sera del 26 aprile, il generale Greim giunse zoppicando al bunker, accompagnato da una donna, Hanna Reitsch. Il suo aereo aveva fatto un atterraggio di fortuna e lui era rimasto ferito a una gamba. Hitler, seduto al suo capezzale, gli parlò dell'*ultimatum* di Göring e dei motivi del fallimento della *Luftwaffe*.

Alle 22:00, la radio tedesca annunciò la promozione di Greim a feldmaresciallo e la sua nomina a successore di Göring. Hitler ordinò al nuovo comandante della *Luftwaffe* di concentrare tutti i *Messerschmitt* a reazione intorno a Praga.

Quella notte, Hitler rimase insonne a causa del frastuono dei colpi d'artiglieria e dei suoi stessi pensieri. Era come un'altra Stalingrado, pensava, ma questa volta il miracolo sarebbe accaduto.

"Immaginate! La voce si spargerebbe in un attimo per tutta Berlino: una delle nostre armate ha sfondato da occidente e ripristinato i contatti con noi!" disse. Come poteva Stalin pensare di espugnare una città di 4 milioni di abitanti con appena 400 carri armati, 50 dei quali venivano messi fuori combattimento ogni giorno? "I russi hanno già esaurito le loro forze nell'attraversamento dell'Oder, in particolare l'Armata Nord [guidata da Zukov]".

Secondo Keitel, le truppe del generale Holste, a nordovest, avevano guadagnato terreno a Nauen e a Kremmen. Hitler, impaziente, disse a Krebs: "È ora che si diano una mossa!"

L'avanzata liberatrice di Wenck, a sud-ovest, aveva già raggiunto il Lago Schwielow; in mattinata fu annunciato che aveva raggiunto anche Potsdam, centrando quindi l'obiettivo tattico prefissato quattro giorni prima.

Alle 5:00 del mattino del 27 aprile, tuttavia, i sovietici avviarono una poderosa offensiva lungo il viale *Hohenzillerndamm*. Goebbels, in preda al nervosismo, osservò: "Una visione inquietante continua a tormentarmi: Wenck è a Potsdam, ma intanto qui i russi si riversano a *Potsdamer Platz*!"

"E il guaio è che io mi trovo nella *Potsdamer Platz*, non a Potsdam!" commentò Hitler, condividendo l'ansia del ministro. I suoi occhi indugiavano sulle frecce colorate che, sulla mappa, segnalavano la posizione delle armate di soccorso. La sera del 26 aveva inviato un messaggio radio a Jodl: "Dica alla Nona Armata che deve virare decisamente a nord, insieme alla Dodicesima Armata, per ridurre la pressione su Berlino".

La Nona Armata di Busse, circondata a sud-est di Berlino, pur disponendo di carri armati, sembrava dirigersi a sud, quasi volesse evitare la capitale. Hitler apparve sconcertato da tanta inadempienza[148]. Continuò a parlarne per tutto il giorno successivo: "Non capisco proprio la direzione del suo attacco. Sta andando verso il vuoto più assoluto". Più tardi, nel corso del 27, comprese finalmente perché la Nona Armata avesse detto che la sua radio era guasta. "Se la radio tace a lungo, significa inevitabilmente che le cose vanno male. È impossibile portare avanti una guerra se ogni volta che si concorda un piano, puntualmente, i comandanti lo modificano come conviene a loro".

A nord di Berlino, la disobbedienza dei generali agli ordini del Führer pareva ancora più evidente. Ciò che rimaneva del settore difeso da Heinrici lungo il fiume Oder era crollato sotto il peso dell'attacco del maresciallo Rokossovski. Fin da mezzogiorno del 26 aprile, Heinrici aveva supplicato Jodl di consentire alle due Divisioni Corazzate di Steiner di intervenire e cercare di riparare al danno. Benché Heinrici avesse assicurato a Keitel che la linea del fronte da Angermünde a Uckerheim fosse ancora ben salda, quando il feldmaresciallo si recò sul posto trovò le truppe intente a effettuare una ritirata evidentemente già programmata. Preso il ricevitore, Keitel comunicò a Hitler l'inganno di Heinrici. Lui e Manteuffel (comandante della Terza Armata Corazzata sul settore sfondato dell'Oder) stavano facendo tutto fuorché difendere il fronte. Sembravano più che altro decisi a dirigere i loro soldati verso la salvezza delle linee americane.

Intorno alle 17:00, Jodl comunicò a Hitler, via radio, la sua spietata decisione: le due Divisioni Corazzate di Steiner dovevano allontanarsi da Berlino e dirigersi a nord verso le avanguardie sovietiche che inseguivano le truppe di Manteuffel. L'isterismo generato dal messaggio di Jodl traspare dalle parole che Martin Bormann annotò frettolosamente nel proprio diario:

"Le divisioni che marciavano per venire a liberarci sono state fermate da Himmler e da Jodl. Non ci resta che resistere e morire con il nostro Führer, leali fino alla fine. Se altri pensano di dover agire 'sulla base di valutazioni superiori', allora significa che vogliono sacrificare il Führer. E la loro lealtà – che il diavolo se li

148 Nda. Busse aveva infatti deciso di dirigersi, con ciò che restava della sua armata, verso le linee americane.

porti! è pari al loro senso dell'onore".

Nella sua grafia disordinata, Bormann si espresse anche su Heinrich Himmler, in tono vagamente isterico:

"Ci si sarebbe aspettati da H.H., almeno dopo aver ricevuto la mia lettera del 25 aprile, che rivolgesse un appello appassionato ai suoi, del tipo: 'Uomini delle *SS*, il nostro onore è la nostra lealtà' [motto delle *SS*]. Invece non ha detto nulla! Mentre Keitel girava in lungo in largo, sgolandosi con tutti per trovare un aiuto immediato per noi, H.H. se la squagliava in quel di Hohenlychen [clinica del dottor Gebhardt]! E intanto le *SS* di Steiner, che avrebbero dovuto muoversi per prime alla nostra volta, segnavano il passo sul posto, fingendo di marciare. A loro, Himmler avrebbe dovuto rivolgersi, come prima cosa: 'Uomini delle *SS*, correte dal vostro Führer! Per la nostra bandiera, che sventola alta davanti a noi, rispettiamo il giuramento che tutti abbiamo fatto. Il nostro onore è la nostra lealtà'. E invece no, H.H. non ha detto una parola. Come dovremmo interpretare il suo silenzio? E che dire del messaggio da lui inviato al generale Burgdorf, per dirgli che forse il Führer era stato troppo duro nel giudicare le intenzioni di Göring? È chiaro che egli abbia inesorabilmente perduto il senso della realtà. Se il Führer muore, come pensa di poter sopravvivere!!? Le ore passano inesorabili e il Führer è sempre più stanco dei tradimenti che ha dovuto sopportare! Se non fosse per l'eroismo che hanno dimostrato in molti, compresi donne e bambini, non si potrebbe che essere d'accordo con lui. Quante delusioni ha dovuto sopportare quest'uomo, fino alla fine!"

Un prematuro crepuscolo, provocato dalla polvere e dal fumo che celavano la luce del sole, discese su Berlino e sul bunker. Camuffati da una bandiera con la svastica, 4 carri armati sovietici erano riusciti a raggiungere la *Wilhelms Platz*, prima di essere localizzati e distrutti. "Le norme di identificazione devono essere rigorosamente rispettate", osservò Hitler.

I russi annunciarono che avrebbero messo in linea mortai da 406 e 370 millimetri. Hitler diede ai suoi collaboratori delle capsule di cianuro, da usare solo se strettamente necessario. Quando sarebbe stato il momento, lui stesso avrebbe ordinato un contrattacco verso Potsdam, dove si trovava l'armata di Wenck. Rivelò in segreto al colonnello Below: "Soltanto io e la mia compagna resteremo qui". Quindi, paragonò la fedeltà di Eva alla grossolana disonestà di Göring e Himmler, responsabile della disobbedienza di Steiner.

Nel corso del Consiglio di guerra tenutosi quella notte, il generale Krebs rassicurò Hitler che la linea del fronte all'interno di Berlino si era nuovamente stabilizzata. Le unità della *Gioventù hitleriana,* in attesa dell'arrivo di Wenck, tenevano saldamente il settore a sud del ponte Pichelsdorf. Benché alcuni autocarri isolati, appartenenti all'Armata di Wenck, fossero già pervenuti sul posto, i militari sovietici si erano infiltrati nella *Potsdamer Platz.* "Le gallerie della metropolitana sono una fonte di pericolo", osservò Hitler. E, mentre il ticchettio di un orologio proveniente dagli altoparlanti annunciava che i bombardieri nemici sorvolavano i cieli di Berlino, da una stanza lontana del bunker Hitler udì il canto dei figli di Goebbels, che si apprestavano a coricarsi.

Quella sera, Hitler, tolto il distintivo d'oro del partito che portava sulla sua giacca, lo appuntò sul petto della loro madre, Magda. Così, la donna scrisse, piena di commozione: "Il frastuono delle granate mi sta portando all'esasperazione, ma la presenza dei bambini qui è una benedizione per tutti noi, visto che ogni tanto riescono a strappare un sorriso perfino al Führer". I bambini non facevano che ripetere allo "zio Adolf" che aspettavano con ansia l'arrivo dei nuovi soldati, i quali, come lui aveva promesso, avrebbero cacciato i sovietici. Anche Hitler lo sperava, ma soltanto per la loro salvezza, visto che da tempo aveva deciso di restare lì. "In questa città ho esercitato il diritto di comandare gli altri; adesso devo obbedire agli ordini del Fato. Anche se potessi salvarmi, non lo farei. Il capitano deve affondare con la sua nave".

Alle 3:00 del 28 aprile, Krebs raggiunse al telefono Keitel, che si trovava al quartier generale dell'*OKW* al fronte. "Il Führer è in attesa di ragguagli sull'attacco a ovest di Oranienburg. Ci sono notizie? Si va avanti? Non vuole che sia Steiner a guidare l'operazione! Holste non ha ancora assunto il comando? Se gli aiuti non arrivano entro le prossime 36 o 48 ore, sarà troppo tardi!"

Keitel rispose che avrebbe incontrato Steiner personalmente.

Come prevedibile, quella notte Hitler non chiuse occhio. La cancelleria era sotto un continuo e serrato bombardamento. Camminava nervosamente, a grandi passi, per i corridoi del bunker, stringendo, fra le mani sudate, una mappa di Berlino ormai logora. La Nona Armata di Busse si era finalmente congiunta con la Dodicesima di Wenck, ma entrambe le unità erano allo stremo delle forze. Inoltre, entro le 16:30, il generale Krebs era stato informato da Jodl circa l'entità della disobbedienza di Heinrici a nord di Berlino: il fianco meridionale della Terza Armata Corazzata di Manteuffel si stava ritirando attraverso la brughiera di Schorf; Steiner, che copriva questa fuga illegale, non stava facendo alcunché per chiudere il varco apertosi nei pressi di Prenzlau. Furibondo, Keitel concordò con Heinrici e Manteuffel un crocevia isolato ove si sarebbero presentati per rispondere delle loro azioni. Una cosa era certa: le difese a nord di Berlino erano ormai inesistenti. Ma il loro non era l'unico tradimento. Nell'ultima settimana, Hitler quasi non aveva visto il generale Fegelein. Il 28, i suoi collaboratori ricevettero da questi una serie di chiamate confuse. Hitler, che sospettava una sua fuga, discusse con Greim della possibilità che il comandante delle *SS* stesse condonando tale comportamento, il che, ovviamente, poteva avere gravi implicazioni. Più tardi, quello stesso pomeriggio, Bormann mostrò a Hitler un sorprendente comunicato stampa: la radio degli Alleati aveva annunciato che Himmler, presi contatti con Stati Uniti e Gran Bretagna, si era prodigato nel garantire loro la resa incondizionata della Germania![149] Bormann sghignazzò: "Ho sempre pensato che la parola lealtà dovesse essere impressa nel cuore, non sulla fibbia della cintura".

Nella successiva perquisizione degli effetti personali di Fe-

149 Nda. Il rapporto della BBC registra l'offerta di resa di Himmler alle 13:55. In seguito, Himmler avrebbe negato. Permangono ancora dubbi sul fatto che egli avesse realmente effettuato tale proposta. Di sicuro, vi fu un incontro tra lui e l'inviato britannico a Stoccolma. Un cablogramma spedito a Londra il 13 aprile, attesta però che Himmler rifiutò di prendere in considerazione una resa, giacché era legato a un giuramento fatto al Führer, a cui egli doveva tutto e che, pertanto, non avrebbe potuto tradire. Forse, l'intento degli inglesi era di screditare deliberatamente Himmler agli occhi del Führer.

gelein, furono rinvenuti documenti che certificavano altresì il tradimento di Himmler, insieme a due cinture di stoffa, imbottite di sovrane d'oro e valuta straniera. Eva Braun, la cui sorella aveva sposato l'ufficiale delle *SS*, osservò mestamente: "Nulla è stato risparmiato al Führer". L'aiutante di Fegelein dichiarò di averlo visto l'ultima volta, in abiti civili, nel suo appartamento sulla *Kurfürstendamm*. Alle 20:00, Bormann telegrafò alla sede del partito, a Monaco: "Invece di incitare le truppe a venire in nostro soccorso con ordini e appelli, i comandanti rimangono in silenzio. La lealtà sembra aver ceduto il passo alla più totale infedeltà. Noi restiamo qui. La cancelleria del *Reich* è ormai un cumulo di macerie".

Due ore dopo, il generale Weidling riferì che i russi stavano facendo scempio dell'Armata di Wenck. La situazione in città era ormai disperata; le scorte di cibo e medicinali scarseggiavano. Weidling prospettò un'eventuale fuga di massa, ma Hitler fu irremovibile e ribadì la propria volontà di restare alla cancelleria. Il suo addetto navale contattò Dönitz via radio: "Resisteremo fino alla fine".

Alle 24:00, giunse un telegramma di Keitel, il quale riferiva in merito all'incontro avuto con Heinrici. Quest'ultimo, promessa con la consueta pacatezza la più assoluta obbedienza, aveva poi ordinato un'ingiustificata ritirata. Keitel lo esonerò senza ulteriore indugio.

All'incirca alla stessa ora, Eva Braun ricevette una telefonata da Fegelein: "Eva, se non riuscirai a convincere il Führer a lasciare Berlino, dovrai abbandonarlo al suo destino. Sii ragionevole, è una questione di vita o di morte!" Entro un'ora, il disertore fu rintracciato e condotto al bunker. Hitler disse a Bormann di consegnarlo al generale delle *SS* Wilhelm Mohnke, perché combattesse per Berlino, ma quando Bormann e Günsche obiettarono che si sarebbe certamente dato alla fuga una seconda volta, Hitler ordinò che, processato con procedura sommaria da una corte marziale, fosse immediatamente giustiziato.

"La cancelleria del *Reich* è a pezzi" scrisse Bormann sul suo diario. "Il mondo è sul filo di un rasoio. Il tradimento e l'inganno di Himmler, la sua resa incondizionata sono stati annunciati all'estero".

Hitler vedeva nel gesto del comandante delle *SS*, l'origine del cedimento di Steiner. Chissà, forse in quello stesso istante, Himmler stava complottando per farlo uccidere o rapire? D'un tratto, cominciò perfino a sospettare delle capsule di cianuro fornitegli dal sostituto di Morell, il dottor Stumpfegger, chirurgo delle *SS*. Fatto chiamare il professor Werner Haase, che operava nell'ospedale del *Voss Bunker*, gli ordinò di testare una di quelle capsule su Blondi, il cane di grossa taglia che si trovava nel rifugio. L'animale, emesso un breve lamento, si irrigidì nella morte. Hitler distribuì il veleno al resto dei suoi collaboratori, scusandosi di non poter offrire loro un diverso dono d'addio.

Intanto giungeva notizia che altri carri armati sovietici si stavano ammassando a sud della *Potsdamer Platz*, pronti ad assaltare la cancelleria. Mentre Eva Braun, Goebbels e Hewel scrivevano in tutta fretta un ultimo messaggio ai parenti, Hitler, cereo in volto, crollava sulla branda del feldmaresciallo Greim. "La nostra ultima speranza è Wenck. Dobbiamo mandare in azione ogni aereo disponibile per coprire la sua avanzata".

Un bombardiere *Arado* aveva appena effettuato uno splendido atterraggio fra i crateri delle granate, sul viale est-ovest. Hitler ordinò a Greim di servirsene per recarsi alla base aerea di Reichlin. Da qui avrebbe diretto l'offensiva della *Luftwaffe* e, infine, arrestato Himmler. Bormann e Krebs sottoscrissero una richiesta congiunta al generale Wenck, perché sfondasse al più presto le linee nemiche, così da fornire a Hitler il terreno favorevole per una trattativa politica. Ma questi, nel suo intimo, aveva già scritto la parola fine: il voltafaccia di Himmler e il mancato arrivo delle truppe di soccorso avevano prosciugato in lui ogni residua speranza di vita.

Mentre i soffitti in cemento armato vibravano sotto i colpi delle granate sovietiche, Hitler fece chiamare la sua segretaria più giovane, la vedova Traudl Junge. In piedi, appoggiato con entrambe le mani al tavolo, ora spoglio, dove un tempo venivano disposte le carte geografiche, egli fissava il blocchetto di carta della donna.

D'improvviso proruppe: "Il mio testamento politico!" e cominciò a dettare, senza essersi preparato alcun discorso, lodi e giustificazioni in merito ai risultati ottenuti dalle sue coraggiose truppe.

"Grazie al sacrificio dei nostri soldati e alla coesione che ci ha tenuto uniti fino alla morte, abbiamo gettato un seme dal quale un giorno, nella storia della Germania, sboccerà una gloriosa rinascita del movimento nazionalsocialista, che porterà alla realizzazione di una vera comunità nazionale".

Benché Hitler avesse dettato in condizioni di forte stress e senza appunti predisposti, il documento non mostrava, almeno nella stesura e nella costruzione,alcuna traccia di squilibrio mentale. Hitler espulse formalmente Göring e Himmler dal partito e nominò Dönitz suo successore. Anche Speer fu esonerato. Il feldmaresciallo Schörner, definito dal Führer "il solo a essersi distinto come un vero uomo di guerra sull'intero fronte orientale", fu nominato Comandante in Capo dell'esercito.

Erano circa le 2:00 del 29 aprile 1945. Restava da compiere un altro importante passo: l'introduzione del testamento privato, che Hitler si accinse ora a dettare. "Durante gli anni di guerra, ho sempre ritenuto di non dover contrarre matrimonio. Ora che la mia vita volge al termine, ho deciso, tuttavia, di prendere in moglie la donna che, dopo tanti anni di vera amicizia, è venuta di sua spontanea volontà in questa città sotto assedio, per condividere la mia sorte. È suo desiderio morire al mio fianco come mia consorte. Questo ci ricompenserà di tutto ciò che non ho potuto darle a causa del lavoro svolto nell'interesse del mio popolo". Hitler dispose di lasciare i suoi beni al partito o, qualora questo non fosse più esistito, allo stato tedesco. Con lucido realismo, aggiunse che, nel caso in cui lo stato medesimo fosse stato smantellato, altre disposizioni da parte sua sarebbero risultate superflue.

Un piccolo ricevimento nuziale fu allestito in un locale del bunker. Goebbels aveva convocato un funzionario comunale per celebrare il matrimonio: un uomo esile e pacato in uniforme di partito, con al braccio la fascia della *Volkssturm*. Più volte, durante la tetra cena nuziale che seguì, Hitler si assentò per discutere con Goebbels e Bormann della composizione di un gabinetto con cui Dönitz avrebbe dovuto portare avanti la guerra contro "l'avvelenatore di tutte le nazioni, l'ebreo internazionale".

Goebbels venne incluso come cancelliere del *Reich*, ma a quel punto quegli avvisò Hitler che non avrebbe abbandonato Berlino. Quasi la totalità degli altri ministri erano dei "moderati", come Seyss-Inquart, Schwerin Krosigk e Backe. Il gerarca Karl Hanke, ancora impegnato a difendere dall'assedio la sua Breslavia, avrebbe sostituito Himmler come comandante delle *SS* e capo dei servizi di polizia. Intanto Bormann, nuovo ministro del partito, continuava a tempestare Dönitz, in quel momento a Flensburg, di messaggi: "La stampa straniera riferisce di recenti tradimenti. Il Führer si aspetta da lei un'azione tempestiva e implacabile contro qualsiasi traditore che operi a nord.

Senza paure né favoritismi. Schörner, Wenck e gli altri devono provare la loro fedeltà al Führer venendo al più presto a liberarlo dall'assedio. Firmato: Bormann".

Entro le 4:00, la stenografa Junge aveva finito di battere a macchina il testamento, di cui, come le era stato ingiunto dal suo capo, aveva prodotto tre copie (Hitler voleva infatti essere certo che almeno una copia raggiungesse il mondo esterno). Nel frattempo, Hitler, abbandonatosi ai ricordi, ripercorreva insieme a Goebbels gli anni appassionati della lotta per il potere e il controllo dell'impero, ormai prossimo al collasso.

I Consigli di guerra che si tennero nelle successive 36 ore furono brevi e irregolari. Un silenzio solenne era sceso su quanto accadeva all'esterno; gli eserciti erano stranamente silenti e, da giorni, neppure arrivavano messaggi diplomatici. L'andamento della battaglia che si stava combattendo per le strade Berlino si poteva conoscere solo componendo numeri telefonici a caso. Spesso, dall'altro lato del ricevitore si udivano voci russe. A mezzogiorno del 29 aprile, Jodl riferì, in modo conciso, che Wenck era ancora a un punto morto, ma 50 minuti dopo il canale radiofonico dell'*OKW* si interruppe. Da quel momento, i bollettini di guerra nemici furono per Hitler la principale fonte di informazione per conoscere i movimenti delle sue truppe. Si monitorava anche la radio italiana, che descriveva la terribile scena dei corpi straziati di Mussolini e della sua consorte Clara Petacci, oltre che di una dozzina di gerarchi fascisti, "appesi per i piedi" (Hitler sottolineò queste parole a matita) in una piazza di Milano.

Alle 16.00, l'ammiraglio Voss contattò Dönitz dal bunker: "Tutti i contatti con i comandi dell'esercito sono interrotti. Chiediamo urgentemente informazioni sui combattimenti in atto fuori Berlino a mezzo di un canale radio della marina".

L'assistente di Krebs, il capitano Gerhardt Boldt, si offrì volontario per prendere contatto, insieme ad altri due ufficiali, con la Dodicesima Armata. Hitler acconsentì con entusiasmo. "Portate i miei saluti a Wenck e ditegli di sbrigarsi o sarà troppo tardi!"

Le tre copie del testamento furono affidate a tre anime intrepide, con l'ordine di consegnarne due nelle mani di Dönitz e Schörner e di inviare la terza all'Obersalzberg. Burgdorf scrisse a Schörner: "Il testamento dovrà essere pubblicato non appena il Führer ordinerà di farlo o quando la sua morte sarà stata confermata".

Intanto, i combattimenti infuriavano alla stazione ferroviaria Anhalt. Con la cartina della città ormai ridotta a brandelli fra le mani, Hitler si volse al suo autista, Erich Kempka, fidato compagno in tutti i suoi spostamenti dal 1933. Kempka lo informò che le auto del garage della cancelleria trasportavano rifornimenti per le truppe appostate lungo il perimetro dalla *Porta di Brandeburgo* fino a *Potsdamer Platz*. "Il loro coraggio è qualcosa di veramente eccezionale. Resistono in attesa che Wenck arrivi a soccorrerli". Hitler rispose con voce calma: "Siamo tutti in attesa di Wenck".

Poi, nel suo studio, scrisse un'ultima lettera a Keitel: la guerra sarebbe finita presto e lui si sarebbe tolto la vita. Keitel avrebbe dovuto supportare l'ammiraglio Dönitz fino alla fine. "In molti, hanno abusato della fiducia ch'io avevo riposto in loro. La slealtà e il tradimento hanno minato la nostra resistenza nel corso della guerra. È per questo che non sono riuscito a guidare il mio popolo alla vittoria". Si rifiutava di credere che un tale sacrificio potesse essere stato vano: "L'obiettivo per il popolo tedesco sarà sempre quello di conquistare l'Est ".

Intanto, i sovietici, penetrati nella *Saarlandstrasse* e nella *Wilhelmstrasse*, erano prossimi al ministero dell'Aeronautica.

Alle 19:52, Hitler trasmise cinque domande urgenti a Jodl. "Uno: dove sono le truppe di Wenck? Due: quando attaccheranno? Tre: dov'è la Nona Armata? Quattro: in che direzione essa sfonderà? Cinque: dove sono le unità di Holste?"

Circa alla stessa ora, Bormann, a sua volta, trasmise due messaggi. Il primo rifletteva la drammatica atmosfera del bunker. Diceva: "Abbiamo la netta impressione che, per molti giorni, le nostre divisioni nell'area di Berlino abbiano temporeggiato, invece di combattere per creare una via d'uscita per il Führer. Le sole notizie che riceviamo sono controllate, occultate o manipolate da Teilhaus [nome in codice di Keitel]. Possiamo trasmettere solo via Teilhaus. Il Führer ordina che, nei confronti di tutti i traditori, siano prese iniziative rapide e spietate". Il secondo messaggio era più conciso: "Il Führer è vivo e guida la difesa di Berlino".

Nel corso dell'ultimo Consiglio di guerra, il giorno 29, il generale Weidling annunciò che la battaglia era ancora in corso nei pressi della stazione Potsdam. Tutte le armi anticarro erano ormai fuori uso. Seguì un lungo silenzio. Hitler si alzò stancamente dalla sedia e si avviò verso l'uscita. Weidling lo fermò e gli chiese cosa dovessero fare le sue truppe quando si fossero trovate sprovviste di munizioni. "Dovranno avanzare a piccoli gruppi" rispose Hitler. Nella notte, riaffermò tale convinzione in un messaggio indirizzato a Weidling e Mohnke. Poco dopo, ricevette un telegramma da Keitel, che rispondeva a quattro delle sue domande. Nessuna speranza permaneva per la liberazione di Berlino. "Uno: le truppe di Wenck sono bloccate a sud del Lago Schwielow. Due: La Dodicesima Armata non è in grado di proseguire l'avanzata verso Berlino. Tre: gran parte della Nona Armata è circondata. Quattro: le unità di Holste sono costrette sulla difensiva".

Su suggerimento di Eva, tutte le donne nascoste nei rifugi intorno alla cancelleria (profughe in fuga dai sovietici, infermiere del *Voss Bunker*, cuoche e mogli di ufficiali) furono radunate in un corridoio. Con gli occhi spenti e velati, Hitler si avvicinò e strinse loro le mani, mormorando a ciascuna qualche parola. Una delle infermiere proruppe in un discorso isterico, insistendo che il Führer li avrebbe comunque portati alla vittoria, ma Hitler la mise a tacere bruscamente: "Tutti dobbiamo accettare il nostro destino".

Aveva deliberatamente giocato una carta rischiosa, restando a Berlino, ne era consapevole. E aveva perso la scommessa.

La mattina del 30 aprile 1945, decise che sarebbe morto alle 15:00 di quello stesso giorno. Si rasò e si vestì con la meticolosità di sempre, indossando per l'ultima volta la camicia verde, le scarpe nere, le calze e i pantaloni dell'uniforme. Fece chiamare Bormann e Otto Günsche. Disse loro che lui e sua moglie si sarebbero tolti la vita quel pomeriggio. Günsche avrebbe dovuto assicurarsi che entrambi fossero effettivamente morti (dando loro il colpo di grazia, se necessario) e, infine, avrebbe dovuto bruciare i loro corpi fino a ridurli in cenere. "Non voglio che il mio corpo un giorno venga esposto in un museo delle cere".

Il bunker doveva essere lasciato intatto: "Voglio che i sovietici vedano che sono rimasto qui fino alla fine".

Magda Goebbels, in ginocchio, lo implorò di restare con loro, ma lui la fece alzare con dolcezza, spiegandole che la sua morte era necessaria per rimuovere l'ultimo ostacolo sulla strada di Dönitz, se si voleva che la Germania fosse salva. Venne chiamato l'intero personale femminile per un ultimo pranzo comune, quindi Hitler percorse insieme a Eva i corridoi del bunker, per dare a tutti l'estremo saluto. Probabilmente, non gli sfuggì il gruppetto di ufficiali che attendevano, con due barelle, presso le scale che conducevano all'uscita.

Erano circa le 15:30 quando Hitler ed Eva si ritirarono nel piccolo studio dalle pareti bianche e verdi. Hitler chiuse la porta doppia, isolandosi da qualsiasi rumore che non fosse il ronzio del sistema di ventilazione e quello, esterno, dei colpi delle granate. Eva sedette sul divanetto, si tolse le scarpe e appoggiò le gambe sulla tappezzeria scolorita. Lui le sedette accanto, la fotografia della madre alla sua destra e il ritratto di Federico *il Grande* che, con sguardo accigliato, lo fissava dalla parete di fronte.

Estrassero dalle custodie metalliche le piccole fiale dal contenuto color ambra. Appoggiata la testa alla spalla di lui, Eva spezzò la fiala tra i denti. Subito le sue gambe si contrassero nell'agonia della morte. Controllando a fatica il tremore alla mano, Adolf Hitler, portatosi la pesante *Walther 7.65* alla tempia, ruppe la fiala tra i denti e premette il grilletto.

Il bunker sottostante la cancelleria di Berlino, dal quale Hitler e i suoi più stretti collaboratori assistono impotenti al crollo del *Reich*. La camera di Hitler era dislocata in alto a sinistra, accanto a una piccola stanza delle riunioni.

Indice

Usa il QR code

e scopri gli altri titoli della stessa collana